工业和信息化部“十二五”规划教材
普通高等教育“十二五”规划教材
电工电子基础课程规划教材

信号与系统分析

王明泉　郝利华　主编
陈友兴　郝慧艳　李化欣　副主编
李光亚　侯慧玲　编

電子工業出版社
Publishing House of Electronics Industry
北京 • BEIJING

内 容 简 介

本书为工业和信息化部“十二五”规划教材，主要研究确定性信号在时域和变换域中的表示方法和特性，线性时不变系统在时域和变换域中的描述和特性，以及信号通过线性时不变系统传输与处理的时域分析和变换域分析，重点是变换域分析。

全书共10章。第1章介绍信号与系统的概念、特性以及信号的运算与变换。第2章介绍连续时间系统的数学模型和求解方法，并引入冲激响应和卷积积分的概念。第3章介绍连续时间傅里叶变换的基本理论和方法。第4章介绍连续时间系统的频域分析，并讨论傅里叶变换在滤波、调制和传输中的应用。第5章介绍拉普拉斯变换及其在系统分析中的应用。第6章介绍连续时间信号的抽样与量化。第7章介绍离散时间系统的求解方法、抽样响应与线性卷积和。第8章介绍离散时间信号与系统的z域分析。第9章介绍离散信号的傅里叶变换的基本理论和方法。第10章介绍连续时间系统和离散时间系统的状态空间分析。本书提供配套多媒体电子课件等。

本书可作为高等学校信息与通信工程、仪器科学与技术、计算机控制与工程等学科各专业信号与系统类课程的教材，也可供相关领域的工程技术人员学习、参考。

图书在版编目（CIP）数据

信号与系统分析/王明泉，郝利华主编. —北京：电子工业出版社，2015.3
电工电子基础课程规划教材
ISBN 978-7-121-25446-8

Ⅰ. ①信… Ⅱ. ①王… ②郝… Ⅲ. ①信号分析－高等学校－教材 ②信号系统－系统分析－高等学校－教材 Ⅳ. ①TN911.6

中国版本图书馆 CIP 数据核字（2015）第 012350 号

策划编辑：王晓庆
责任编辑：王羽佳　　文字编辑：王晓庆
印　　刷：北京盛通商印快线网络科技有限公司
装　　订：北京盛通商印快线网络科技有限公司
出版发行：电子工业出版社
　　　　　北京市海淀区万寿路 173 信箱　邮编　100036
开　　本：787×1 092　1/16　印张：22.5　字数：635 千字
版　　次：2015 年 3 月第 1 版
印　　次：2022 年 7 月第 6 次印刷
定　　价：48.00 元

凡所购买电子工业出版社图书有缺损问题，请向购买书店调换。若书店售缺，请与本社发行部联系，联系及邮购电话：（010）88254888。

质量投诉请发邮件至 zlts@phei.com.cn，盗版侵权举报请发邮件至 dbqq@phei.com.cn。

服务热线：（010）88258888。

前　言

“信号与系统”课程是高等学校电子信息工程、电子信息科学与技术、通信工程、自动化、生物医学工程、测控技术与仪器、电子科学与技术、计算机科学与技术、信息科学与技术等专业的一门重要的学科基础教育课程，而且随着数字技术与计算机应用技术的飞速发展，信号与系统理论的应用领域正在逐渐拓宽，已经远远超出了电子信息、通信技术和测控技术领域。

本书为省级精品课程“信号与系统”的配套教材，并被评为“工业和信息化部‘十二五’规划教材”。本书主要研究确定性信号在时域和变换域中的表示方法和特性，线性时不变系统在时域和变换域中的描述和特性，以及信号通过线性时不变系统传输与处理的时域分析和变换域分析，重点是变换域分析。时域分析中，强调典型信号的性质、信号分解的理论和方法，以及系统的时域描述和特性；变换域分析中，强调三大变换的数学概念和物理意义，建立信号频谱与系统函数的概念。全书按照先信号后系统，先连续后离散，先时域分析后变换域分析，先输入/输出描述后状态变量描述，对信号与系统的分析方法进行了全面的介绍，由浅入深，由简单到复杂，将一些基本概念和基本分析方法逐步引出。

根据当前信号与信息处理技术的发展动态，作者结合教育部高校教学质量工程和教学改革的形势和要求，结合十几年教学实践中的经验和教学需要，考查国内外教材内容的变化，对本书内容进行了精心编排，以期能够更好地为各高校信号与系统的教学服务。本书具有如下特点。

（1）加强基础训练和分析能力的培养。主要体现在：在基本内容的讨论中，对重点和难点问题进行较为透彻的讨论和分析，同时对精选典型例题进行分析，可以更好地理解和掌握本课程的核心内容，培养如何利用所学知识分析、解决实际问题。

（2）将信号与系统的分析方法融为一体，有利于更好地理解信号与系统的基本概念、基本理论和基本分析方法，编写的过程中按照先连续信号与系统的分析，后离散信号与系统的分析，在连续到离散的过渡过程中，详细介绍连续时间信号的抽样和量化。

（3）连续时间信号的抽样和量化是连续时间信号与系统分析到离散时间信号和系统分析的桥梁，在本书中注重抽样定理在工程实际中的应用，详细介绍频率混叠效应、信号抽样频率的选择及信号的截断与时窗。

（4）加强离散信号与系统的分析。随着数字化的发展，“信号与系统”课程也应该以离散信号和系统为主，同时也为了满足不能开设“数字信号处理”课程专业的学生对数字信号处理知识的迫切需要，增加了离散时间信号与系统的频域分析（第 9 章）。读者通过本课程的学习，能为进一步学习数字信号处理课程打下良好的基础，以适应数字技术和计算机技术的飞速发展及广泛应用的需要。

（5）结合学科发展，注重理论联系工程实际。本书给出一些用信号与系统的理论分析实际问题的例子。这不仅可以开阔学生的思路，激发学生的兴趣，而且通过适当应用，可以加深学生对所学基本理论的进一步理解。

全书共 10 章。第 1 章介绍信号与系统的概念、特性及信号的运算与变换。第 2 章介绍连续时间系统的数学模型和求解方法，并引入冲激响应和卷积积分的概念。第 3 章介绍连续时间傅里叶变换的基本理论和方法。第 4 章介绍连续时间系统的频域分析，并讨论傅里叶变换在滤波、调制和传输中的应用。第 5 章介绍拉普拉斯变换及其在系统分析中的应用。第 6 章介绍连续时间信号的抽样与量化。第7章介绍离散时间系统的求解方法、抽样响应与线性卷积和。第8章介绍离散时间信号的z域分析。第9章介绍离散信号的傅里叶变换的基本理论和方法。第10章介绍连续时间系统和离散时间系统的状态空间分析。本书编写结构合理，内容突出基本理论和基本方法，并注重理论联系工程实践。

本书语言简明扼要、通俗易懂，具有很强的技术性和实用性。每章都附有丰富的习题，供学生课后练习以巩固所学知识。

教学中，可以根据教学对象和学时等具体情况对书中的内容进行删减和组合，也可以进行适当扩展，参考学时为64学时。**为适应教学模式、教学方法和手段的改革，本书提供配套多媒体电子课件，请登录华信教育资源网（http://www.hxedu.com.cn）注册下载。**读者可扫描本书封面上的二维码，浏览“信号与系统”精品资源共享课网站。

参加本书编写的有中北大学王明泉（第4章），郝利华（第3章），陈友兴（第7章和第8章），郝慧艳（第2章），李化欣（第6章和第10章），李光亚（第5章和第9.1、9.2、9.3、9.4节），侯慧玲（第1章、第9.5、9.6节和第9章习题）。王明泉和郝利华担任主编，负责全书的组织、修改和定稿；陈友兴、郝慧艳、李化欣担任副主编，协助主编工作。

本书的编写参考了大量近年来出版的相关技术资料，吸取了许多专家和同仁的宝贵经验，在此向他们深表谢意。电子工业出版社的王晓庆编辑为本书的出版做了大量工作，在此一并表示感谢！

限于作者学识有限，书中误漏之处难免，望广大读者批评指正。

作　者

2015年3月

目　录

第 1 章　信号与系统概述 ……1

1.1　引言 ……1
1.2　信息、信号和系统 ……1
1.3　信号的描述和分类 ……2
1.3.1　确定性信号与随机信号 ……2
1.3.2　连续时间信号与离散时间信号 ……3
1.3.3　实信号与复信号 ……4
1.3.4　周期信号与非周期信号 ……4
1.3.5　能量信号与功率信号 ……5
1.3.6　普通信号与奇异信号 ……6
1.3.7　一维信号与多维信号 ……6
1.3.8　因果信号与反因果信号 ……6
1.4　典型连续时间信号及其基本性质 ……7
1.4.1　正弦型信号 ……7
1.4.2　指数信号 ……7
1.4.3　矩形脉冲和三角脉冲 ……8
1.4.4　抽样信号 ……9
1.4.5　符号信号 ……10
1.4.6　钟形脉冲信号 ……10
1.5　奇异信号及其基本性质 ……10
1.5.1　单位斜变信号 ……10
1.5.2　单位阶跃信号 ……11
1.5.3　单位冲激信号 ……12
1.6　典型离散时间信号及其基本性质 ……16
1.6.1　单位采样序列 $\delta(n)$ ……16
1.6.2　单位阶跃序列 $u(n)$ ……17
1.6.3　矩形序列 $R_N(n)$ ……17
1.6.4　正弦序列 ……18
1.6.5　实指数序列 ……18
1.6.6　复指数序列 ……18
1.6.7　周期序列 ……19
1.7　信号的基本运算 ……20
1.7.1　相加和相乘 ……20
1.7.2　信号的时移 ……21
1.7.3　信号的反褶 ……21
1.7.4　信号的尺度变换 ……22
1.7.5　连续时间信号的微分和离散时间信号的差分运算 ……25
1.7.6　连续时间信号积分和离散时间序列累加运算 ……25
1.7.7　信号的对称 ……26
1.8　信号的分解 ……27
1.8.1　直流分量和交流分量 ……27
1.8.2　偶分量和奇分量 ……27
1.8.3　脉冲分量 ……28
1.8.4　实部分量和虚部分量 ……29
1.9　系统模型及分类 ……30
1.9.1　系统模型 ……30
1.9.2　系统的分类 ……34
1.10　线性时不变系统的性质 ……37
1.10.1　线性性质 ……37
1.10.2　时不变性质 ……38
1.10.3　微分特性 ……38
1.10.4　积分特性 ……38
1.10.5　频率保持性 ……38
1.11　线性时不变系统的分析方法 ……39
习题 ……40

第 2 章　连续时间信号与系统的时域分析 ……43

2.1　引言 ……43
2.2　经典时域解法 ……43
2.2.1　微分方程的建立与求解 ……43
2.2.2　从 0_- 到 0_+ 状态的转换 ……47
2.3　零输入响应和零状态响应 ……49
2.3.1　零输入响应 ……49
2.3.2　零状态响应 ……50
2.3.3　零输入线性和零状态线性 ……51
2.4　冲激响应和阶跃响应 ……52
2.4.1　冲激响应 ……52
2.4.2　阶跃响应 ……54
2.5　卷积积分 ……56
2.5.1　卷积积分的定义 ……56
2.5.2　卷积积分的计算——图解法 ……57
2.5.3　卷积运算的性质 ……59
2.5.4　利用卷积积分计算线性时不变系统的零状态响应 ……62

2.6 基于单位冲激响应的系统特性分析……65
2.6.1 有记忆和无记忆线性时不变系统……65
2.6.2 线性时不变系统的可逆性……65
2.6.3 线性时不变系统的因果性……65
2.6.4 线性时不变系统的稳定性……66
2.7 相关……66
2.7.1 相关的概念……66
2.7.2 相关函数及其性质……68
2.7.3 相关与卷积的关系……71
习题……72

第3章 连续时间信号的频域分析……76

3.1 引言……76
3.2 正交函数集与信号的正交分解……76
3.2.1 矢量的正交分解……77
3.2.2 信号的正交分解……77
3.2.3 帕塞瓦尔定理……80
3.3 周期信号的傅里叶级数……80
3.3.1 三角函数形式周期信号的傅里叶级数……80
3.3.2 指数函数形式周期信号的傅里叶级数……82
3.3.3 周期信号的功率谱……84
3.3.4 周期信号傅里叶级数的收敛性与傅里叶级数的近似……85
3.3.5 傅里叶级数系数与函数对称性的关系……86
3.4 周期矩形脉冲信号的傅里叶级数……89
3.4.1 周期矩形脉冲信号的傅里叶级数……89
3.4.2 周期矩形脉冲信号的频谱图……90
3.4.3 频谱结构与波形参数之间的关系……91
3.5 非周期信号的傅里叶变换……93
3.5.1 非周期信号傅里叶变换表示式的导出……93
3.5.2 三角函数形式的傅里叶变换……95
3.5.3 傅里叶变换存在的条件……95
3.5.4 典型非周期信号的傅里叶变换……95
3.6 连续时间信号傅里叶变换的性质及应用……102
3.6.1 线性性质……102
3.6.2 奇偶虚实性……103
3.6.3 尺度变换特性……105
3.6.4 对偶性……107
3.6.5 时移特性……109
3.6.6 频移特性……111
3.6.7 时域微分特性……112
3.6.8 时域积分特性……113
3.6.9 频域微分特性……118
3.6.10 频域积分特性……119
3.6.11 时域卷积特性……119
3.6.12 频域卷积特性……121
3.6.13 帕塞瓦尔（Parseval）定理……121
3.7 周期信号的傅里叶变换……123
3.7.1 指数、正弦、余弦信号的傅里叶变换……123
3.7.2 一般周期信号的傅里叶变换……124
3.7.3 傅里叶变换与傅里叶级数系数的关系……125
习题……128

第4章 连续时间系统的频域分析……133

4.1 引言……133
4.2 系统的频率响应函数……133
4.3 非周期信号通过线性时不变系统的频域分析法……135
4.4 周期信号通过系统的频域分析法……139
4.5 无失真传输……143
4.6 理想低通滤波器……148
4.6.1 理想低通滤波器的频率特性和冲激响应……150
4.6.2 理想低通滤波器的阶跃响应……152
4.6.3 理想低通滤波器对矩形脉冲的响应……154
4.7 佩利–维纳准则和实际滤波器……156
4.7.1 系统的物理可实现性和佩利–维纳准则……156
4.7.2 实际滤波器……157
4.8 调制与解调……158

4.8.1　调制的性质……158
4.8.2　连续时间正弦幅度调制……159
4.8.3　正弦幅度调制的解调……160
习题……162

第5章　连续时间信号与系统复频域分析……165

5.1　引言……165
5.2　拉普拉斯变换……165
5.2.1　从傅里叶变换到拉普拉斯变换……165
5.2.2　拉普拉斯变换的物理意义……167
5.2.3　拉普拉斯变换的收敛性……167
5.2.4　常用信号的单边拉普拉斯变换……168
5.3　单边拉普拉斯变换的性质……170
5.3.1　线性性质……170
5.3.2　时移特性……170
5.3.3　s域平移特性……173
5.3.4　时域微分特性……173
5.3.5　时域积分特性……174
5.3.6　s域微分特性……177
5.3.7　s域积分特性……178
5.3.8　尺度变换特性……178
5.3.9　初值定理……179
5.3.10　终值定理……179
5.3.11　时域卷积定理……181
5.3.12　s域卷积定理……181
5.4　拉普拉斯逆变换……183
5.5　拉普拉斯变换与傅里叶变换的关系……188
5.6　线性时不变系统的复频域分析……192
5.6.1　基本信号e^{st}激励下的零状态响应……192
5.6.2　一般信号$x(t)$激励下的零状态响应……193
5.6.3　系统常系数微分方程的复频域解……194
5.7　系统函数……197
5.7.1　系统函数的定义……197
5.7.2　系统的s域方框图表示……199
5.8　系统函数与系统特性……202
5.8.1　系统函数的零点和极点……202
5.8.2　系统函数零、极点分布与系统冲激响应$h(t)$模式的关系……203
5.8.3　系统函数的零、极点与系统响应模式的关系……207
5.8.4　系统函数零、极点分布与系统频响特性的关系……210
5.9　系统的因果性和稳定性……216
5.9.1　系统的因果性……216
5.9.2　系统的稳定性……216
习题……221

第6章　从连续到离散的过渡：抽样与量化……227

6.1　引言……227
6.2　时域抽样定理……227
6.2.1　抽样的时域表示……228
6.2.2　矩形脉冲序列的抽样……229
6.2.3　冲激序列抽样……230
6.2.4　时域抽样定理……230
6.3　信号重建……233
6.3.1　理想内插……233
6.3.2　零阶保持内插……234
6.3.3　线性内插……237
6.4　信号重建中的实际困难……238
6.5　采样定理的应用……240
6.6　频域抽样定理……241
6.6.1　频域抽样……242
6.6.2　频域抽样定理……242
6.7　信号的截断与时窗……243
6.8　连续时间信号的量化……246
习题……248

第7章　离散时间系统的时域分析……250

7.1　引言……250
7.2　离散时间系统的模型……250
7.2.1　常系数差分方程的建立……250
7.2.2　离散时间系统的框图模型……253
7.3　常系数差分方程的时域解法……254
7.3.1　常系数差分方程的经典解法……254
7.3.2　常系数差分方程的迭代解法……257
7.3.3　离散时间系统的零输入响应与零状态响应……258

7.4 线性卷积和与单位样值响应 ········259
7.4.1 线性卷积和 ········259
7.4.2 单位样值响应 ········262
7.4.3 互联离散时间系统的单位样值响应 ········265
7.4.4 单位样值响应与离散时间系统性质的关系 ········266
7.5 离散相关 ········269
7.5.1 相关函数的定义 ········269
7.5.2 相关函数和线性卷积的关系 ··269
7.5.3 相关函数的性质 ········270
7.5.4 相关函数的应用 ········270
习题 ········272

第 8 章 离散时间信号与系统的 z 域分析 ····275
8.1 引言 ········275
8.2 z 变换 ········275
8.2.1 z 变换的定义 ········275
8.2.2 z 变换的收敛域 ········276
8.2.3 常用序列的 z 变换 ········279
8.3 z 逆变换 ········282
8.3.1 部分分式展开法 ········282
8.3.2 幂级数展开法（长除法） ········283
8.3.3 围线积分法（留数法） ········284
8.4 z 变换的性质 ········285
8.5 z 变换与拉普拉斯变换的关系 ········291
8.6 离散时间系统的 z 域分析 ········293
8.6.1 离散时间系统的系统函数 ········293
8.6.2 利用 z 变换求解差分方程 ········294
8.6.3 因果稳定系统的零、极点分析 ········296
8.6.4 离散时间系统的 z 域框图 ········297
习题 ········300

第 9 章 离散时间信号与系统的频域分析 ··303
9.1 引言 ········303
9.2 离散时间傅里叶变换（DTFT） ····303
9.2.1 离散傅里叶级数（DFS） ········303
9.2.2 离散时间傅里叶变换 ········305
9.3 序列傅里叶变换的性质 ········306
9.4 常用序列的傅里叶变换 ········310
9.5 DTFT 与 z 变换、连续时间傅里叶变换的关系 ········313
9.5.1 DTFT 与 z 变换的关系 ········313
9.5.2 DTFT 与连续时间傅里叶变换的关系 ········314
9.5.3 4 种傅里叶变换的比较 ········314
9.6 离散时间系统的频域分析 ········315
9.6.1 离散时间系统的频率响应 ········315
9.6.2 信号对离散时间系统的响应 ··317
9.6.3 由零、极点分布图分析系统的频率响应 ········320
习题 ········322

第 10 章 状态空间分析 ········324
10.1 引言 ········324
10.2 状态变量与状态方程 ········324
10.2.1 状态与状态变量的概念 ········324
10.2.2 状态方程和输出方程 ········326
10.3 连续时间系统状态方程的建立 ··327
10.3.1 由电路图直接建立状态方程 ····327
10.3.2 由输入–输出方程建立状态方程 ········329
10.4 离散时间系统状态方程的建立 ··333
10.5 连续系统状态方程的求解 ········335
10.5.1 用拉普拉斯变换法求解状态方程 ········335
10.5.2 用时域法求解状态方程 ········338
10.6 离散系统状态方程的求解 ········340
10.6.1 用时域法求解离散系统的状态方程 ········341
10.6.2 用 z 变换法求解离散系统的状态方程 ········342
10.7 线性系统的可控制性和可观测性 ········346
10.7.1 线性系统的可控制性 ········346
10.7.2 线性系统的可观测性 ········347
习题 ········348

参考文献 ········351

第1章　信号与系统概述

1.1　引言

人类已经进入信息时代，在这样一个信息科学与技术、电子、计算机科学与技术取得巨大成就的时代，信息的获取、传输、分析、加工、处理与重现显得更加重要，其理论和方法在科学研究、工程技术、经济贸易、生产管理及文化艺术领域都有广泛的应用。

本章是全书的基础，概括介绍有关信号与系统的基本概念和基本理论。有关信号方面，概要介绍信号的描述、分类、分解、基本运算和波形变换，详细阐述常用的典型信号、奇异信号的概念及其基本性质，重点描述冲激信号的物理意义、定义和性质。有关系统方面，概要介绍系统的概念和分析方法，详细阐述系统的模型及其划分，重点描述线性时不变系统的性质。

1.2　信息、信号和系统

在人类认识和改造自然界的过程中，都离不开获取自然界的信息。上至天文、下至地理，大到宇宙、小到核粒子研究，人类社会各个领域无时无刻不涉及语言、文字、图像、编码、符号、数据等信息的传输。所谓信息，是指存在于客观世界的一种事物形象，一般泛指消息、情报、指令、数据和信号等有关周围环境的知识。凡是物质的形态、特性在时间或空间上的变化，以及人类社会的各种活动都会产生信息。千万年来，人类用自己的感觉器官从客观世界获取各种信息，如语言、文字、图像、颜色、声音和自然景物信息等，可以说，我们生活在信息的海洋之中，获取信息的活动是人类最基本的活动之一。

消息是指用来表达信息的语言、文字、图像和数据，如电报中的电文、电话中的声音、电视中的图像和雷达探测的目标距离等都是消息。在得到一个消息后，可能得到一定数量的信息，而所得到的信息是与在得到消息前后对某一事件的无知程度有关的。

信号是消息的表现形式与传送载体，消息是信号的传送内容。信号是消息的表现形式，是带有信息的某种物理量，如电信号、光信号和声信号等。消息的传送一般都不是直接的，必须借助于一定形式的信号才能便于远距离快速传输和进行各种处理。由于信号是带有信息的某种物理量，这些物理量的变化包含着信息，因此信号可以是随时间或空间变化的物理量，在数学上，可以用一个或几个独立变量的函数表示，也可以用曲线、图形等方式表示。例如，一个电视信号，要传送的消息是配有声音的图像。图1.2.1所示为这种信号的基本形式，图1.2.1（a）所示为一段鸟叫的语音信号，它是一个随着时间t的变化而变化的一维函数$f(t)$。图1.2.1（b）所示为一帧“lena”的图像信号，它是随空间位置(x, y)的变化而变化的二维函数$f(x, y)$，该信号反映的是空间某位置的光强度大小。

电信号是应用最广泛的物理量，是电压、电流或电磁场等物理量与消息内容相对应的变化形式，简称为信号，它可以用以时间t为自变量的某一函数关系来表示。

各种信号从来都不是孤立存在的，信号总是在系统中产生又在系统中不断地处理、传递。所谓系统，就是由若干相互作用和相互依赖的事物组合而成的具有特定功能的整体。系统是由各个不同单元按照一定的方式组成并完成某种任务的整体的总称。系统所完成的任务就是处理、传输和存储信号，以达到自然界、人类社会、生产设备按照对人类有利的规律运动的目的，所以系统的组成、特性应由信息和信号决定。

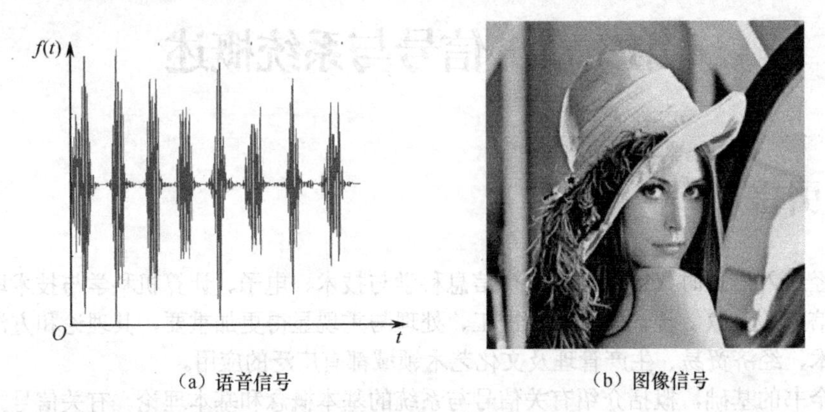

(a) 语音信号　　(b) 图像信号

图 1.2.1　语音信号和图像信号

系统所涉及的范围十分广泛，包括太阳系、生物系和动物的神经组织等自然系统，电网、运输系统、计算机网络等人工系统，电气、机械、声学和光学等物理系统，以及生物系统、化学系统、政治体系、经济结构系统、管理组织系统等非物理系统。

从上述可知，信息、信号与系统是不可分割的整体。

1.3　信号的描述和分类

对于信号的描述主要有两种方式：一是写出的它的数学表达式，即用函数来表达信号；二是绘出信号的图像或波形。除了表达式和波形这两种直观的描述外，针对问题从不同角度进行分析的需要，还可用频谱分析、各种变换及其他方式来描述和研究信号。

1.3.1　确定性信号与随机信号

若信号用确定的时间函数来表达，即对指定的某一时刻 t，有相应的函数值 $f(t)$与之对应（若干不连续点除外），这种信号称为确定性信号。例如，余弦信号如图 1.3.1（a）所示。在工程上，有许多物理过程产生的信号都是可以重复出现、可以预测的，并且能够用明确的数学表示式表示。例如，卫星在轨道上的运行、电容器通过电阻放电时电路中电流的变化、机器工作时各个构件的运动等，它们产生的信号都属于确定性信号。但是，实际传输的信号往往具有未可预知的不确定性，这种信号通常称为随机信号或不确定的信号。它是随机的，不能以明确的数学表示式表示，只能知道它的统计特性。例如，在通信传输过程中引入的各种噪声，即使在相同的条件下进行观察测试，每次的结果都不相同，呈现出随机性和不可预测性，如图 1.3.1（b）所示。

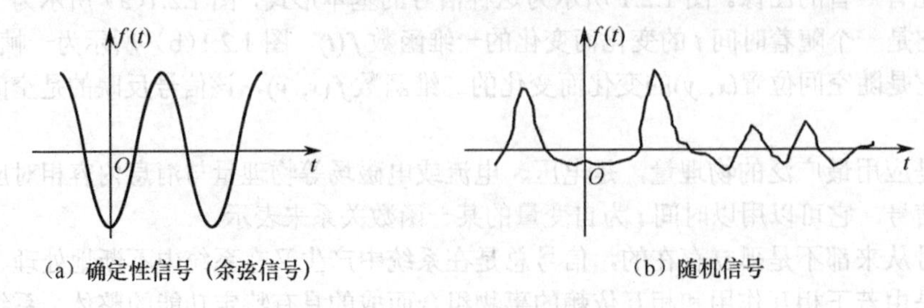

(a) 确定性信号（余弦信号）　　(b) 随机信号

图 1.3.1　确定信号与随机信号波形

确定性信号与随机信号有着密切的联系，在一定条件下，随机信号也会表现出某种确定性。例如，乐音表现为某种周期性变化的波形，电码可描述为具有某种规律的脉冲波形等。作为理论上的抽象，应该首先研究确定性信号，在此基础之上才能根据随机信号的统计规律进一步研究随机信号的特性。

1.3.2　连续时间信号与离散时间信号

按照信号在时间轴上的取值是否连续，可将信号分成连续时间信号与离散时间信号。

连续时间信号是指在信号的定义域内，任意时刻都有确定函数值的信号，通常用 $f(t)$ 表示。连续时间信号最明显的特点是自变量 t 在其定义域上除有限个间断点外，其余都是连续可变的，简称连续信号。由于“连续”是相对时间而言的，故信号幅值可以是连续的，也可以是不连续的，如图 1.3.2 所示。对于幅值和时间都是连续的信号，又称为模拟信号，例如，正弦信号为模拟信号，如图 1.3.2（c）所示。

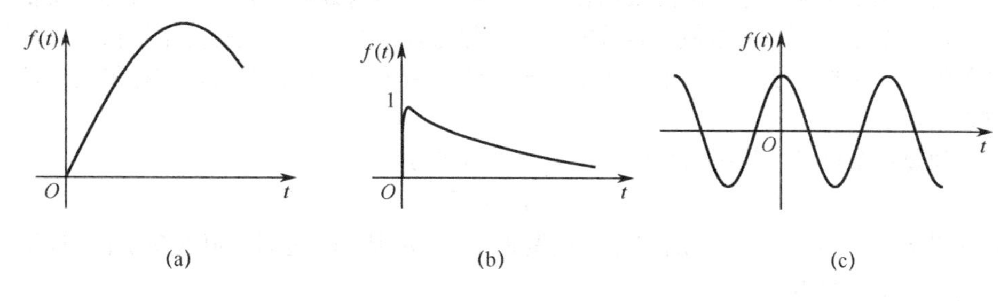

图 1.3.2　连续时间信号波形

与连续信号相对应的是离散信号。离散时间信号是指时间（其定义域为一个整数集）是离散的，只在某些不连续的规定瞬时给出函数值，在其他时间没有定义的信号（或称序列），简称离散信号，如图 1.3.3 所示。

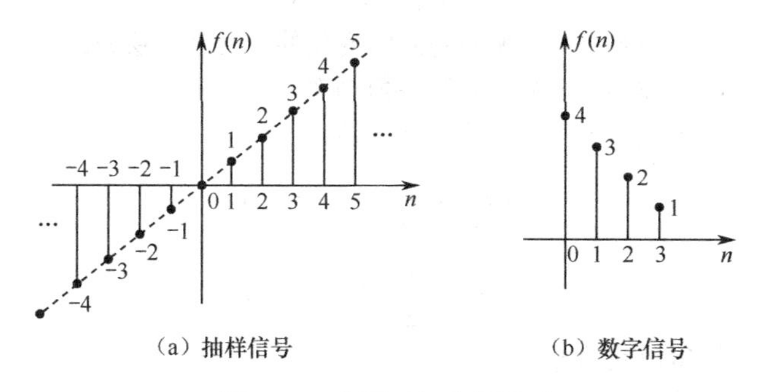

图 1.3.3　离散时间信号波形

如果离散时间信号的幅值是连续的，则称为抽样信号，如图 1.3.3（a）所示。如果离散时间信号不仅在时间上是离散的，而且在幅度上又是量化的，则称为数字信号，如图 1.3.3（b）所示。一般都采用均匀间隔，这时自变量 t 简化为用整数序号 n 表示，函数符号写做 $f(n)$，当 n 为整数时，$f(t)$才有意义。

序列 $f(n)$的数学表达式可以写成闭合形式，也可以逐个列出 $f(n)$的值。通常把对应某序号 n 的序列值称为第 n 个样点的“样值”。图 1.3.3（a）所示的序列以闭合形式表示为

$$f(n)=n$$

而图 1.3.3（b）所示的序列为

$$f(n)=\begin{cases}0 & n<0\\ 4 & n=0\\ 3 & n=1\\ 2 & n=2\\ 1 & n=3\\ 0 & n>3\end{cases}$$

列出了每个样点的值。为了简化表达方式，此式也可表示为

$$f(n)=\{\underset{\uparrow}{4},3,2,1\}$$

序列中数字 4 下方的箭头↑表示与 $n=0$ 相对应，左右两边依次为 n 取负整数和 n 取正整数时相对应的样值。

1.3.3 实信号与复信号

物理可实现的信号通常是时间的实函数，即在各时刻的函数值均为实数，统称为实信号，如无线电信号、语音信号等。函数值为复数的信号，称为复信号，如常见的复指数信号。复信号由实部和虚部组成，虽然在实际中不能产生复信号，但是为了便于理论分析，往往采用复信号来代表某些物理量。

连续时间复指数信号，简称指数信号，其一般形式为

$$f(t)=A\mathrm{e}^{st} \tag{1.3.1}$$

式中，复变量 $s=\sigma+\mathrm{j}\omega$，$\sigma$ 是 s 的实部，记做 $\mathrm{Re}\{s\}$，ω 是 s 的虚部，记做 $\mathrm{Im}\{s\}$。根据欧拉公式，式（1.3.1）可展开为

$$f(t)=A\mathrm{e}^{(\sigma+\mathrm{j}\omega)t}=A\mathrm{e}^{\sigma t}\cos\omega t+A\mathrm{j}\mathrm{e}^{\sigma t}\sin\omega t \tag{1.3.2}$$

可见一个复指数信号可以分解为实、虚两部分，即

$$\mathrm{Re}\{f(t)\}=A\mathrm{e}^{\sigma t}\cos\omega t \tag{1.3.3}$$

$$\mathrm{Im}\{f(t)\}=A\mathrm{e}^{\sigma t}\sin\omega t \tag{1.3.4}$$

两者均为实信号，且是频率相同、振幅随时间变化的正（余）弦振荡。s 的实部 σ 表征了该信号振幅随时间变化的情况，虚部 ω 表征了其振荡角频率。

利用欧拉公式，正、余弦信号可用如下形式表达：

$$\sin\omega t=\frac{1}{2\mathrm{j}}(\mathrm{e}^{\mathrm{j}\omega t}+\mathrm{e}^{-\mathrm{j}\omega t}) \tag{1.3.5}$$

$$\cos\omega t=\frac{1}{2}(\mathrm{e}^{\mathrm{j}\omega t}+\mathrm{e}^{-\mathrm{j}\omega t}) \tag{1.3.6}$$

由以上两个例子可以得出实信号

$$f(t)=f^*(t) \tag{1.3.7}$$

式中，$f^*(t)$ 为 $f(t)$ 的共轭函数。

复信号 $f(t)\neq f^*(t)$，即

$$f(t)=f_1(t)+\mathrm{j}f_2(t) \tag{1.3.8}$$

式中，$f_1(t)$ 与 $f_2(t)$ 均为实函数。

1.3.4 周期信号与非周期信号

对连续时间信号 $f(t)$，若对所有 t 均有

$$f(t)=f(t+nT),\quad n=0,\pm1,\pm2,\cdots \tag{1.3.9}$$

则称 $f(t)$ 为连续周期信号，满足式（1.3.9）的最小 T 值称为 $f(t)$ 的周期。图 1.3.4（a）所示为周期为 T 的连续周期信号。

对离散时间信号 $f(k)$，有

$$f(k)=f(k+N)\text{，}\ k\ \text{取整数，}\ N\ \text{为整数} \tag{1.3.10}$$

则称 $f(k)$ 为离散周期信号，满足式（1.3.10）的最小 N 值称为 $f(k)$ 的周期。图 1.3.4（b）所示为周期为 4 的离散周期信号。

对于周期信号，只要给出任一周期内的变化规律，即可确定它在所有其他时间内的规律，如图 1.3.4 所示。而非周期信号在时间上不具有周而复始的特性，往往就有瞬变性，也可以看做是周期为无穷大的周期信号，如图 1.3.5 所示。

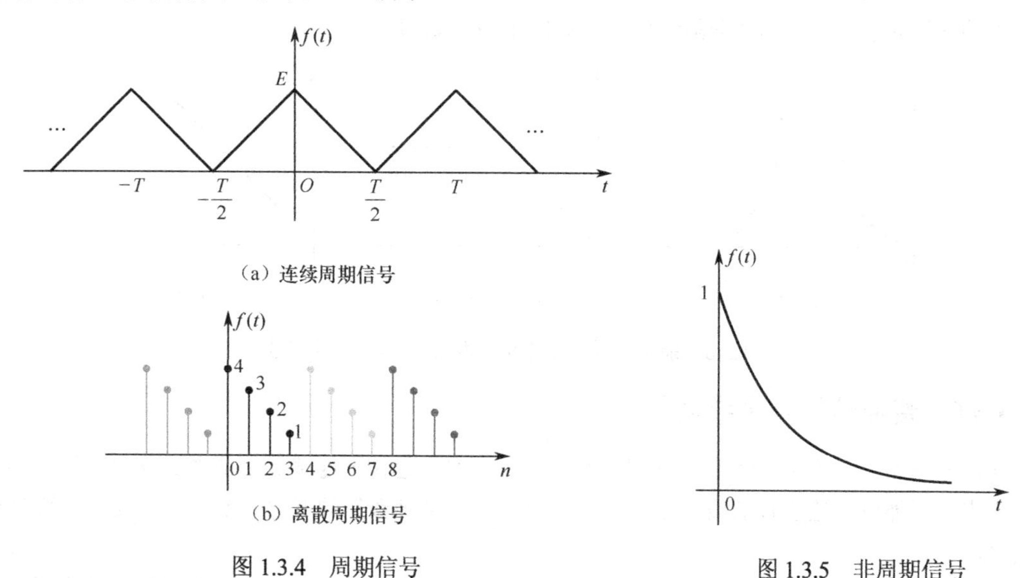

图 1.3.4　周期信号

图 1.3.5　非周期信号

在通信领域还经常出现一种由有限个周期信号合成，但周期信号的各周期相互间不是公倍数关系的信号，其合成信号不满足周期的条件，这种信号称为准周期信号，如信号

$$f(t)=\cos t+\cos(\sqrt{3}t) \tag{1.3.11}$$

1.3.5　能量信号与功率信号

信号按时间函数的可积性，可分为能量信号和非能量信号，以及功率信号和非功率信号。

若将信号 $f(t)$ 看做是随时间变化的电压或电流，信号平方的无穷积分加到 1Ω电阻上的能量，称为信号能量 E，即

$$E=\lim_{T\to+\infty}\int_{-\frac{T}{2}}^{\frac{T}{2}}\left|f(t)\right|^2\mathrm{d}t \tag{1.3.12}$$

信号功率等于所有时间段上信号能量的时间平均值，即

$$P=\lim_{T\to+\infty}\frac{1}{T}\int_{-\frac{T}{2}}^{\frac{T}{2}}\left|f(t)\right|^2\mathrm{d}t \tag{1.3.13}$$

对于离散时间信号 $f(k)$，其信号能量 E 与平均功率 P 的定义分别为

$$E=\lim_{N\to+\infty}\sum_{k=-N}^{N}\left|f(k)\right|^2 \tag{1.3.14}$$

$$P=\lim_{N\to+\infty}\frac{1}{2N+1}\sum_{k=-N}^{N}\left|f(k)\right|^2 \tag{1.3.15}$$

如果在无限大时间区间内，信号的总能量为有限值，且平均功率$P\to 0$，这类信号称为能量有限信号，简称能量信号。如果在无限大时间区间内，信号的总能量为无穷大，平均功率为有限值，则称此类信号为功率有限信号，简称功率信号。

需要注意的是，一个信号不可能同时既是功率信号，又是能量信号；但可以是非功率非能量信号，如单位斜坡信号。一般来说，直流信号和周期信号都是功率信号，非周期信号可以是能量信号、功率信号或非功率非能量信号。例如，时间有限的非周期信号为能量信号，如图 1.3.6（a）所示；持续时间无限、幅度有限的非周期信号为功率信号，如图 1.3.6（b）所示；持续时间、幅度均无限的非周期信号为非功率非能量信号，如图 1.3.6（c）所示。

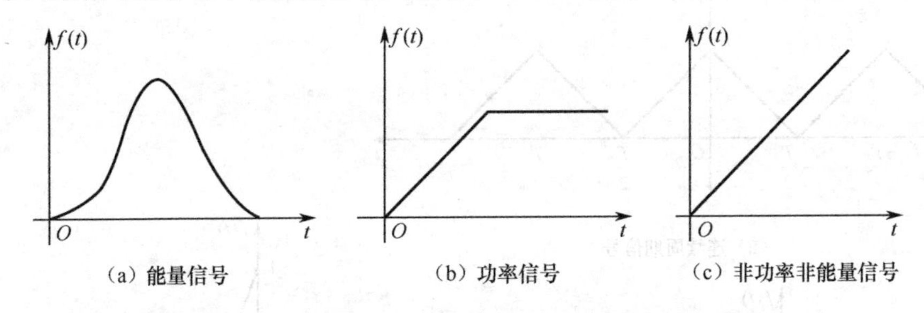

图 1.3.6　能量信号、功率信号和非功率非能量信号

1.3.6　普通信号与奇异信号

在信号与系统分析中，经常会遇到一类信号，它本身包含不连续点，或者其导数与积分存在不连续点，不能以普通函数的概念来定义，只能用“广义函数”的概念来研究，此类信号称为奇异信号。

通常，我们研究的典型信号都是一些抽象的数学模型，这些信号与实际信号可能有差距，然而，只要把实际信号按某种条件理想化，即可运用理想模型进行分析。第 1.5 节将详细介绍斜变、阶跃、冲激和冲激偶 4 种奇异信号，其中，冲激信号与阶跃信号是两种重要的理想信号模型。

1.3.7　一维信号与多维信号

从数学表达式来看，信号可表示为一个或多个变量的函数。一维信号即是由一个自变量描述的信号，多维信号即是由多个自变量描述的信号。例如，语音信号就可以表示为声压随时间变化的函数，是一维信号；静止的黑白图像信号为随像素点变化的光强，像素即可用平面的二维坐标来描述，黑白图像信号是二维信号；运动的平面黑白图像信号则是三维信号；电磁波在三维空间传播，同时考虑时间变量，从而构成四维信号。在以后的讨论中，一般情况下只研究一维信号，且自变量为时间。在个别情况下，自变量可能不是时间，例如，在气象观测中，温度、气压或风速将随高度的变化而变化，此时自变量就是高度。

1.3.8　因果信号与反因果信号

如果当$t<t_0$（t_0为实常数）时，$f(t)=0$；当$t\geqslant t_0$时，$f(t)\neq 0$，则称$f(t)$为因果信号，也叫做物理可实现信号，通常取$t_0=0$，故因果信号可用$f(t)u(t)$表示。在实际中出现的信号，大多数是物理可实现信号，因为这种信号反映了物理上的因果律。实际中所能测得的信号，许

多都是由一个激发脉冲作用于一个物理系统之后所输出的信号。所谓物理系统，是指当激发脉冲作用于物理系统之前，系统是不会有响应的。换言之，在零时刻之前，没有输入脉冲，则输出为零。

如果当 $t \geqslant t_0$（t_0 为实常数）时，$f(t)=0$；当 $t<t_0$ 时，$f(t)\neq 0$，则称 $f(t)$ 为反因果信号。通常取 $t_0=0$，故因果信号可用 $f(t)u(-t)$ 表示。

除以上划分方式外，还可将信号分为时间受限信号与频率受限信号，以及调制信号、载波信号等。

1.4　典型连续时间信号及其基本性质

1.4.1　正弦型信号

正弦信号的一般形式表示为

$$f(t)=K\sin(\omega t+\varphi)=K\cos\left(\omega t+\varphi-\frac{\pi}{2}\right) \tag{1.4.1}$$

式中，K、ω 和 φ 分别为正弦信号的振幅、角频率和初相。由于余弦信号同正弦信号只是在相位上相差 $\frac{\pi}{2}$，所以将余弦信号和正弦信号统称为正弦型信号。正弦型信号是周期信号，其周期 T、频率 f 和角频率 ω 之间的关系为 $T=\frac{2\pi}{\omega}=\frac{1}{f}$。如图 1.4.1 所示。

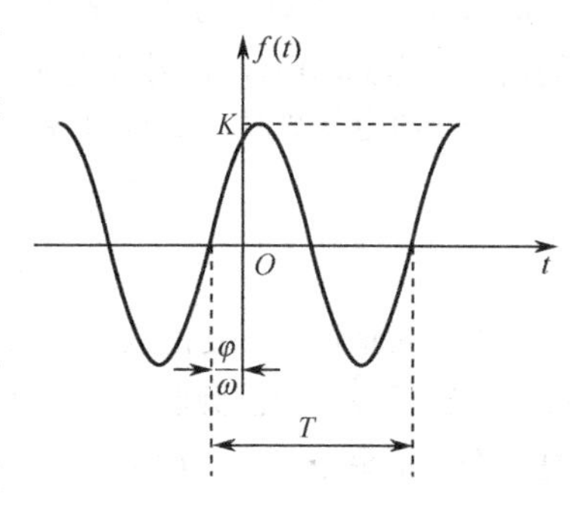

图 1.4.1　正弦型信号的波形

正弦型信号具有如下性质：

（1）两个频率相同的正弦型信号相加，即使其振幅和相位各不相同，但相加后的结果仍是原频率的正弦型信号；

（2）若一个正弦型信号的频率是另一个信号频率的整数倍，则合成信号是一个非正弦型周期信号，其周期等于基波的周期；

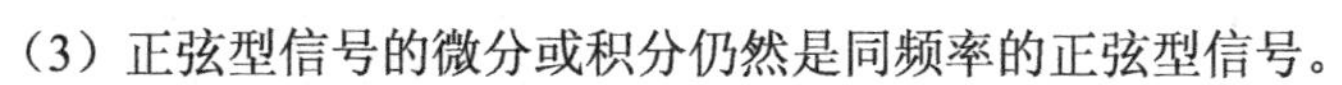

（3）正弦型信号的微分或积分仍然是同频率的正弦型信号。

1.4.2　指数信号

连续时间实指数信号的一般形式为

$$f(t)=A\mathrm{e}^{\sigma t} \tag{1.4.2}$$

式中，A 和 σ 均为常实数。若 $\sigma<0$，则 $f(t)$ 随着时间 t 的增加按指数衰减；若 $\sigma>0$，则 $f(t)$ 随着时间 t 的增加按指数增长；若 $\sigma=0$，则 $f(t)$ 为直流信号，如图 1.4.2 所示。

实际上，遇到较多的是单边指数衰减信号，如图 1.4.3 所示，其表达式为

$$f(t)=\begin{cases}0 & t<0\\ \mathrm{e}^{-\frac{t}{\tau}} & t\geqslant 0\end{cases} \tag{1.4.3}$$

在 $t=0$ 处，$f(t)=1$；在 $t=\tau$ 处，$f(\tau)=\frac{1}{\mathrm{e}}\approx 0.368$。即经过时间 τ，信号衰减到初始值的 36.8%。

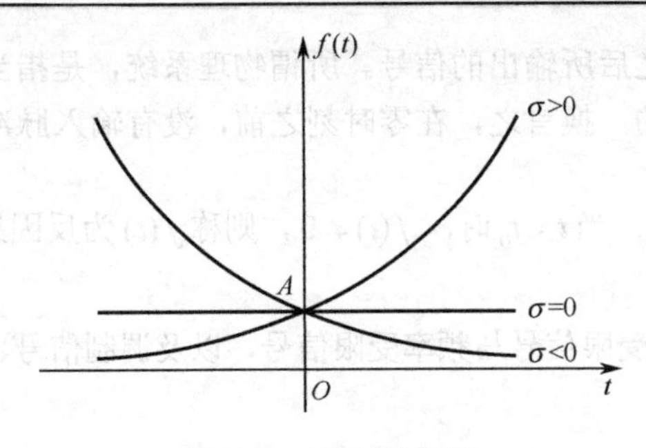

图 1.4.2　实指数信号

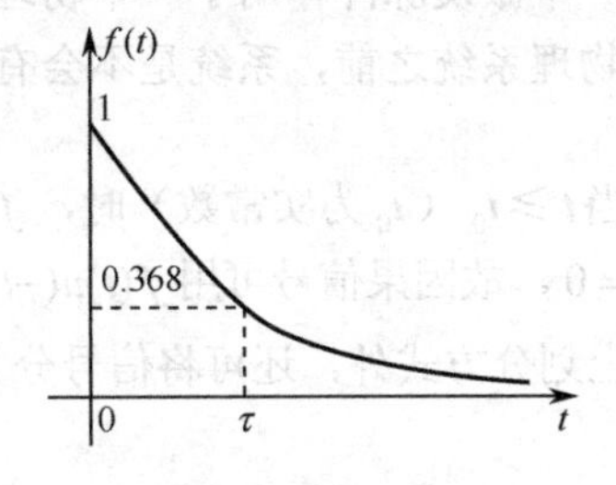

图 1.4.3　单边指数衰减信号

指数信号的一个重要特性是其对时间的微分和积分仍然是指数形式。

连续时间复指数信号，可表示为

$$f(t)=Ae^{st}\text{，}\quad s=\sigma+j\omega \tag{1.4.4}$$

式中，s 称为复频率。根据欧拉公式，可得

$$e^{st}=e^{\sigma t}\cos\omega t+je^{\sigma t}\sin\omega t \tag{1.4.5}$$

复指数信号可以表示为

$$f(t)=Ae^{\sigma t}\cos\omega t+jAe^{\sigma t}\sin\omega t=\mathrm{Re}[f(t)]+j\mathrm{Im}[f(t)] \tag{1.4.6}$$

由此可知，复指数信号可分解为实部和虚部两部分，代表余弦和正弦振荡信号，其波形随 s 的不同而异。当 $s=0$ 时，信号为直流信号；当 $\omega=0$ 时，信号变成实指数信号。

当 s 均为复数时，$f(t)$ 可表示为

$$\begin{aligned}f(t)=Ae^{st}&=|A|e^{j\varphi}\cdot e^{(\sigma+j\omega)t}=|A|e^{\sigma t}\cdot e^{j(\omega t+\varphi)}\\&=|A|e^{\sigma t}[\cos(\omega t+\varphi)+j\sin(\omega t+\varphi)]\end{aligned} \tag{1.4.7}$$

在通常情况下，复指数信号的实部是一个增幅（$\sigma>0$）或减幅（$\sigma<0$）余弦信号，如图 1.4.4（a）、（b）所示，虚部则是一个增幅（$\sigma>0$）或减幅（$\sigma<0$）正弦信号；当 $\sigma=0$ 时，信号实部是一个等幅余弦信号，虚部是一个等幅正弦信号，如图 1.4.4（c）所示。

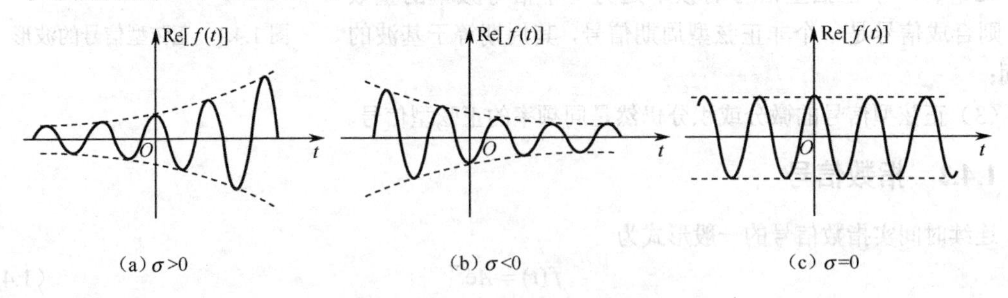

图 1.4.4　复指数信号实部波形

1.4.3　矩形脉冲和三角脉冲

矩形脉冲信号的表示式为

$$f(t)=\begin{cases}1 & |t|<\dfrac{\tau}{2}\\[2mm] 0 & |t|>\dfrac{\tau}{2}\end{cases} \tag{1.4.8}$$

如图 1.4.5（a）所示，矩形脉冲信号经常称为门信号。

三角脉冲信号的表示式为

$$f(t)=\begin{cases}1-\dfrac{2|t|}{\tau} & |t|\leqslant\dfrac{\tau}{2}\\ 0 & |t|>\dfrac{\tau}{2}\end{cases} \tag{1.4.9}$$

如图 1.4.5（b）所示。

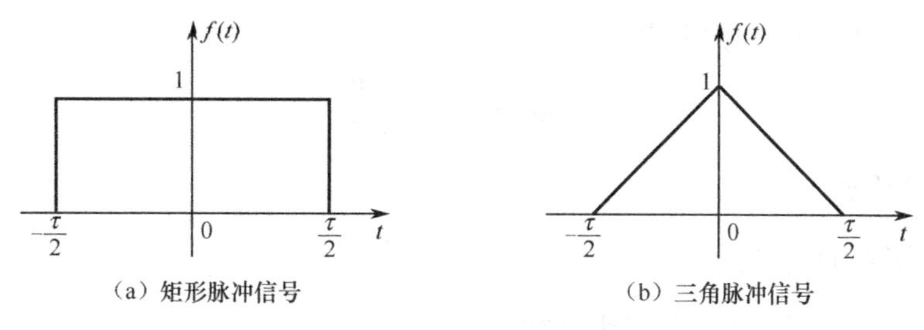

图 1.4.5　矩形脉冲信号和三角脉冲信号

1.4.4　抽样信号

单位抽样信号用 $\mathrm{Sa}(t)$ 表示，其函数表达式为

$$\mathrm{Sa}(t)=\frac{\sin t}{t} \tag{1.4.10}$$

其波形如图 1.4.6 所示。

抽样信号具有以下性质：

（1）抽样信号满足偶对称，即 $\mathrm{Sa}(-t)=\mathrm{Sa}(t)$；

（2）$\mathrm{Sa}(0)=\lim\limits_{t\to 0}\mathrm{Sa}(t)=1$；

（3）当 $t=\pm n\pi$（$n=1,2,3,\cdots$）时，$\mathrm{Sa}(t)=0$，即 $t=n\pi$ 为抽样信号的零点；

（4）$\int_0^{+\infty}\frac{\sin t}{t}\mathrm{d}t=\frac{\pi}{2}$，$\int_{-\infty}^{+\infty}\frac{\sin t}{t}\mathrm{d}t=\pi$；

（5）$\lim\limits_{t\to+\infty}\mathrm{Sa}(t)=0$。

抽样函数的另一常用形式是辛格函数，其表达式为

$$\mathrm{sinc}(t)=\frac{\sin\pi t}{\pi t} \tag{1.4.11}$$

其波形如图 1.4.7 所示。

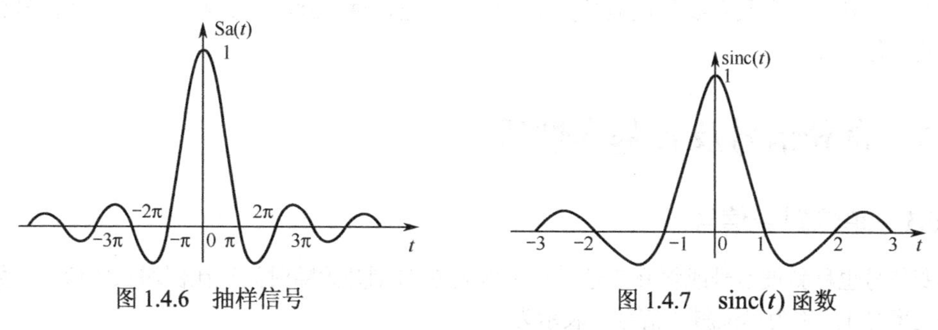

图 1.4.6　抽样信号　　图 1.4.7　sinc(t) 函数

因为 $\mathrm{sinc}(t)$ 函数的因子 $1/t$ 随时间的增大而减小，而正弦项又是振荡的，所以 $\mathrm{sinc}(t)$ 为衰减振荡的。在 $t=0$ 处，$\mathrm{sinc}(t)$ 函数是不定式 $0/0$。利用近似算式 $\sin(\alpha)\approx\alpha$，可得

$$\lim_{t\to 0}\frac{\sin(\pi t)}{\pi t}\approx\frac{\pi t}{\pi t}=1 \text{ 或 } \lim_{t\to 0}\frac{\sin(\pi t)}{\pi t}=\lim_{t\to 0}\frac{\pi\cos(\pi t)}{\pi}=1$$

由图 1.4.7 可见，sinc(t) 具有偶对称性，且在原点具有单位高度。其主瓣位于原点两侧的第一个零点之间，旁瓣向正、负两个方向逐渐衰减。定义中的因子 π 使得 sinc(t) 函数近似具有单位面积，而且使得零点（$t=\pm1,\pm2,\pm3,\cdots$）之间为单位距离。

1.4.5 符号信号

符号函数用 sgn(t) 表示，定义式为

$$\mathrm{sgn}(t)=\begin{cases}1 & t>0\\ -1 & t<0\end{cases} \tag{1.4.12}$$

其波形如图 1.4.8 所示。

1.4.6 钟形脉冲信号

钟形脉冲信号（高斯信号）的表达式为

$$f(t)=E\mathrm{e}^{-\left(\frac{t}{\tau}\right)^2} \tag{1.4.13}$$

波形如图 1.4.9 所示。

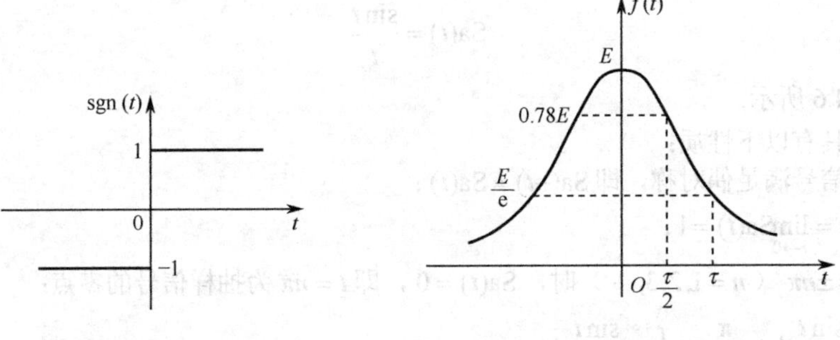

图 1.4.8 符号信号　　图 1.4.9 钟形脉冲信号

令 $t=\dfrac{\tau}{2}$，代入函数式求得

$$f\left(\frac{\tau}{2}\right)=E\mathrm{e}^{-\frac{1}{4}}\approx 0.78E \tag{1.4.14}$$

式 (1.4.14) 表明，函数式中的参数 τ 是当 $f(t)$ 由最大值 E 下降为 $0.78E$ 时所占据的时间宽度。钟形脉冲（高斯）信号最重要的性质是其傅里叶变换也是钟形脉冲（高斯）信号，在信号分析中占有重要地位。

1.5 奇异信号及其基本性质

1.5.1 单位斜变信号

斜变信号也称斜坡信号或斜升信号，它是指从 0 时刻开始随时间正比例增长的信号。如果增长的变化率是 1，称为单位斜变信号，表示为

$$r(t)=\begin{cases}0 & t<0\\ t & t\geqslant 0\end{cases} \tag{1.5.1}$$

其波形如图 1.5.1（a）所示。如果将起始点移至 t_0，则可写成

$$r(t-t_0)=\begin{cases}0 & t<t_0\\ t-t_0 & t\geqslant t_0\end{cases} \tag{1.5.2}$$

其波形如图 1.5.1（b）所示。

在实际应用中，经常遇到截平的斜变信号，在时间 τ 以后斜变波形被切平，如图 1.5.1（c）所示，可表示为

$$f(t)=\begin{cases}\dfrac{k}{\tau}r(t) & t<\tau\\ k & t\geqslant\tau\end{cases} \tag{1.5.3}$$

三角形脉冲信号也可用单位斜变信号表示

$$f(t)=\begin{cases}\dfrac{k}{\tau}r(t) & t\leqslant\tau\\ 0 & t>\tau\end{cases} \tag{1.5.4}$$

其波形如图 1.5.2 所示。

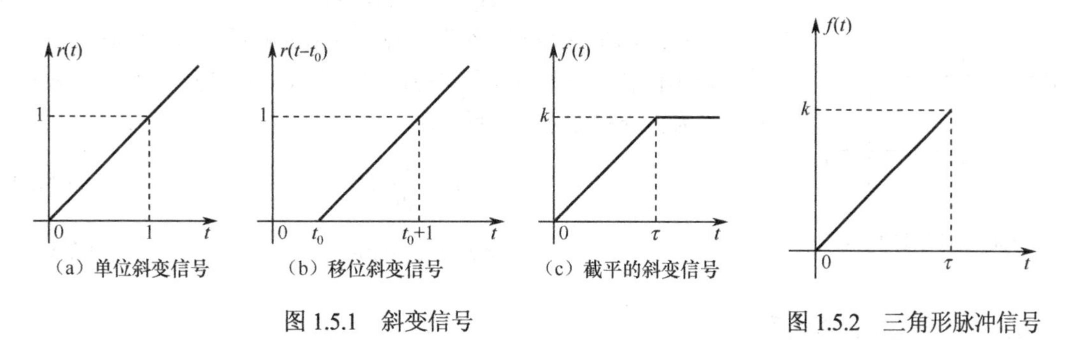

（a）单位斜变信号　（b）移位斜变信号　（c）截平的斜变信号

图 1.5.1　斜变信号　　图 1.5.2　三角形脉冲信号

1.5.2　单位阶跃信号

单位阶跃信号用 $u(t)$ 表示，其定义为

$$u(t)=\begin{cases}0 & t<0\\ 1 & t>0\end{cases} \tag{1.5.5}$$

其波形如图 1.5.3（a）所示。

值得注意的是，单位阶跃信号是一种在 $t=0$ 时刻产生跃变的信号，它在 $t=0$ 时刻有不连续点，所以是一种奇异信号。关于单位阶跃信号在跃变时刻的值，有些书中定义为 1，有些书中定义为 $\dfrac{1}{2}$，也有些书中没有定义。从信号处理的角度看，两个连续时间信号在有限个孤立时刻上的有限个差别不可能导致信号能量的差异，从而也就不可能导致处理结果的差异。

单位阶跃信号也可以延时任意时刻 t_0，其波形如图 1.5.3（b）所示，可以表示为

$$u(t-t_0)=\begin{cases}0 & t<t_0\\ 1 & t>t_0\end{cases} \tag{1.5.6}$$

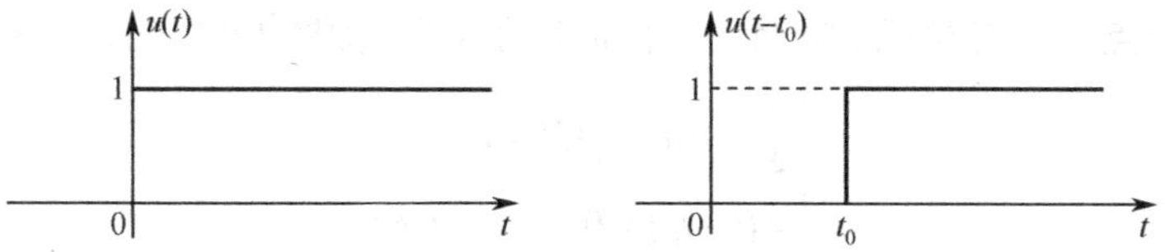

（a）单位阶跃信号　（b）有延时的单位阶跃信号

图 1.5.3　单位阶跃信号

单位阶跃信号的基本性质是单边特性或因果特性，这个性质使其在信号分析与系统分析中具有非常重要的作用。一个在 $-\infty < t < +\infty$ 范围内取值的信号 $f(t)$，与单位阶跃信号相乘后就变成了单边信号：

$$f(t)u(t) = \begin{cases} f(t) & t > 0 \\ 0 & t < 0 \end{cases} \tag{1.5.7}$$

利用单位阶跃信号与延时的单位阶跃信号可以方便地表示某些单边信号，或者组合成其他一些基本信号。例如，式（1.4.3）表示的单边指数信号就可以表示为 $f(t) = \mathrm{e}^{-\frac{t}{\tau}}u(t)$。再如，对于图 1.5.4 所示的矩形脉冲信号 $G_{\mathrm{T}}(t)$，可以用 $u(t)$ 表示为

$$G_{\mathrm{T}}(t) = u\left(t + \frac{T}{2}\right) - u\left(t - \frac{T}{2}\right) \tag{1.5.8}$$

而对于图 1.4.8 所示的符号函数，则可以用 $u(t)$ 表示为

$$\mathrm{sgn}(t) = 2u(t) - 1 \tag{1.5.9}$$

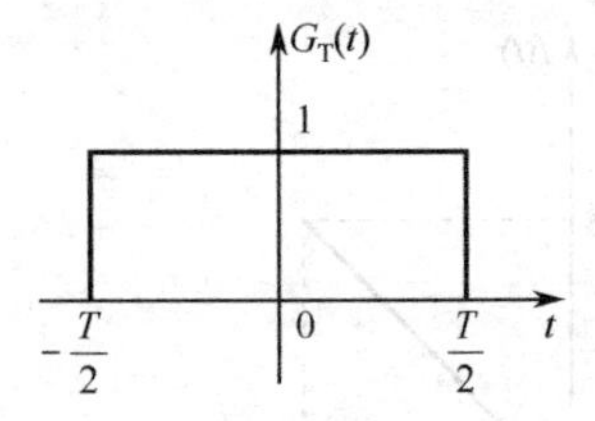

图 1.5.4 矩形脉冲信号

符号函数在 $t = 0$ 时刻也有一个跃变点，其值的性质与 $u(t)$ 相似。

比较单位斜变信号 $r(t)$ 和单位阶跃信号 $u(t)$ 的波形，不难发现 $r(t)$ 和 $u(t)$ 互为积分和微分的关系，即

$$u(t) = \frac{\mathrm{d}}{\mathrm{d}t}r(t) \tag{1.5.10}$$

$$r(t) = \int_0^t u(\tau)\mathrm{d}\tau \tag{1.5.11}$$

1.5.3 单位冲激信号

有时会遇到这样一些物理现象，它发生的时间极短，而取值或能量却极大，如电闪雷击、爆炸等现象。再如，具有一定质量和速度的刚体碰撞时的撞击力 $F(t)$ 就是如此，由于撞击的冲量 $\int_{-\infty}^{+\infty} F(t)\mathrm{d}t$ 等于撞击前后刚体动量的变化，并且是一定的，若撞击接触的时间越短，撞击力 $F(t)$ 也就越大。冲激信号或冲激函数的概念就是由这类背景而引出的。

1．单位冲激信号的定义

狄拉克（Dirac）把单位冲激函数 $\delta(t)$ 定义为

$$\begin{cases} \int_{-\infty}^{+\infty} \delta(t)\mathrm{d}t = 1 \\ \delta(t) = 0 \qquad t \neq 0 \end{cases} \tag{1.5.12}$$

如图 1.5.5（a）所示，冲激信号可用带箭头的线段来表示。线段的长度表示冲激的强度，线段所在的位置表示冲激出现的时刻，表达了函数在 0 时刻取值不确定，在其他时刻取零值，几何意义为面积为 1，(1)表示强度为 1。

为描述在任一点 $t = t_0$ 处出现的冲激，可有如下的定义，如图 1.5.5（b）所示。

$$\begin{cases} \int_{-\infty}^{+\infty} \delta(t - t_0)\mathrm{d}t = 1 \\ \delta(t - t_0) = 0 \qquad t \neq t_0 \end{cases} \tag{1.5.13}$$

冲激信号不是通常意义上的函数，是一种广义函数。因为一般函数当自变量 t 取一定值时，函数总有确定值与之对应，而冲激信号在它出现的时刻并没有确定值。

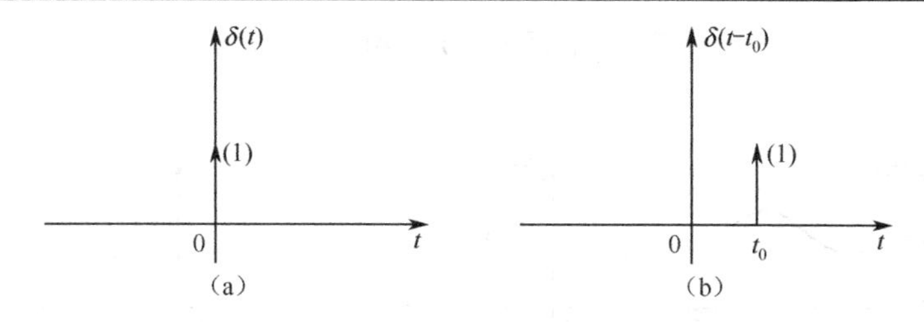

图 1.5.5　单位冲激信号和有延时的单位冲激信号

可以用一个面积为 1 的窄矩形，来近似单位冲激信号。设矩形脉宽为τ，幅值为$\dfrac{1}{\tau}$，当$\tau\to 0$时，其脉冲的幅值$\dfrac{1}{\tau}\to\infty$，将这种极限状态下的函数定义为冲激函数，并且以$\delta(t)$表示，即

$$\delta(t)=\lim_{\tau\to 0}\frac{1}{\tau}\left[u\left(t+\frac{\tau}{2}\right)-u\left(t-\frac{\tau}{2}\right)\right] \tag{1.5.14}$$

如图 1.5.6（b）所示。此脉冲的面积定义为冲激的强度，强度为 1 的冲激称为单位冲激。

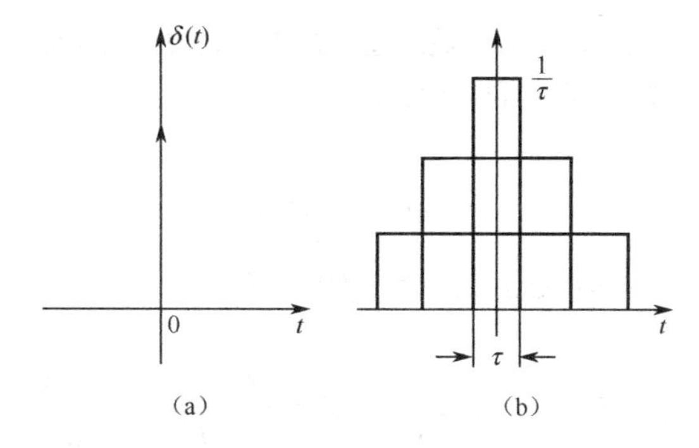

图 1.5.6　冲激函数的定义方式

此外，冲激函数还可以利用三角形脉冲、双边指数脉冲、钟形函数和抽样函数等形式通过求取极限来表示。

三角形脉冲　$\delta(t)=\lim\limits_{\tau\to 0}\left\{\dfrac{1}{\tau}\left(1-\dfrac{|t|}{\tau}\right)[u(t+\tau)-u(t-\tau)]\right\}$

双边指数脉冲　$\delta(t)=\lim\limits_{\tau\to 0}\left(\dfrac{1}{2\tau}\mathrm{e}^{-\frac{|t|}{\tau}}\right)$

钟形函数　$\delta(t)=\lim\limits_{\tau\to 0}\left[\dfrac{1}{\tau}\mathrm{e}^{-\pi\left(\frac{t}{\tau}\right)^2}\right]$

抽样函数　$\delta(t)=\lim\limits_{k\to 0}\dfrac{k}{\pi}\mathrm{Sa}(kt)$

2．冲激函数的性质

（1）筛选特性

根据冲激信号的定义，有

$$f(t)\delta(t-t_0)=f(t_0)\delta(t-t_0) \tag{1.5.15}$$

式中，$f(t)$为在$t=t_0$处连续的普通函数。该式表明，$\delta(t-t_0)$“筛选”出了信号$f(t)$在$t=t_0$时刻的函数值$f(t_0)$。当$t_0=0$时，式（1.5.15）变为

$$f(t)\delta(t)=f(0)\delta(t) \tag{1.5.16}$$

如图 1.5.7 所示。

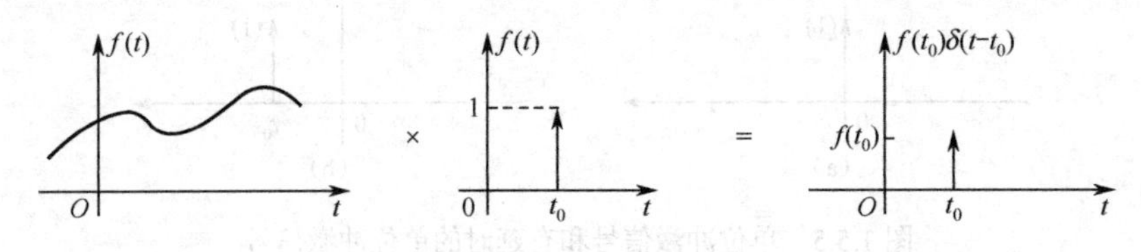

图 1.5.7　筛选特性

（2）抽样特性

若信号 $f(t)$ 是一个在 $t=t_0$ 处连续的普通函数，根据冲激信号的筛选特性，可得到

$$\int_{-\infty}^{+\infty}\delta(t-t_0)f(t)\mathrm{d}t=\int_{-\infty}^{+\infty}\delta(t-t_0)f(t_0)\mathrm{d}t=f(t_0)\int_{-\infty}^{+\infty}\delta(t-t_0)\mathrm{d}t=f(t_0) \tag{1.5.17}$$

当 $t_0=0$ 时，式（1.5.17）变为

$$\int_{-\infty}^{+\infty}\delta(t)f(t)\mathrm{d}t=f(0) \tag{1.5.18}$$

式（1.5.17）和式（1.5.18）表明，冲激函数通过与普通函数乘积的积分，可将普通函数在冲激出现时刻的函数值抽取出来，故称其具有抽样特性。

（3）尺度特性

$$\delta(at)=\frac{1}{|a|}\delta(t) \tag{1.5.19}$$

证明： 令 $at=\tau$，对于在 $t=0$ 处连续的函数 $f(t)$，有

当 $a>0$ 时

$$\int_{-\infty}^{+\infty}\delta(at)f(t)\mathrm{d}t=\int_{-\infty}^{+\infty}\frac{1}{a}\delta(\tau)f\left(\frac{\tau}{a}\right)\mathrm{d}(\tau)=\frac{f(0)}{a}$$

当 $a<0$ 时

$$\int_{-\infty}^{+\infty}\delta(at)f(t)\mathrm{d}t=\int_{+\infty}^{-\infty}\frac{1}{a}\delta(\tau)f\left(\frac{\tau}{a}\right)\mathrm{d}(\tau)=-\int_{-\infty}^{+\infty}\frac{1}{a}\delta(\tau)f\left(\frac{\tau}{a}\right)\mathrm{d}(\tau)=-\frac{f(0)}{a}=\frac{f(0)}{|a|}$$

由于式（1.5.19）右边的积分为

$$\int_{-\infty}^{+\infty}\frac{1}{|a|}\delta(t)f(t)\mathrm{d}t=\frac{1}{|a|}f(0)$$

故可得证。

同理可证

$$\delta(at-t_0)=\frac{1}{|a|}\delta\left(t-\frac{t_0}{a}\right) \tag{1.5.20}$$

当 $a=-1$ 时，有

$$\delta(t)=\delta(-t) \tag{1.5.21}$$

所以冲激信号是偶函数。

（4）冲激函数和阶跃函数的关系

由冲激函数和阶跃函数的定义，可以推出冲激信号与阶跃信号的关系如下

$$\int_{-\infty}^{t}\delta(\tau)\mathrm{d}\tau=\begin{cases}1 & t>0\\ 0 & t<0\end{cases}=u(t) \tag{1.5.22}$$

$$\frac{\mathrm{d}}{\mathrm{d}t}u(t)=\delta(t) \tag{1.5.23}$$

很明显，$\delta(t)$ 和 $u(t)$ 均不是普通函数，因为一个普通函数从 $-\infty$ 到 t 的积分应该是积分上限 t 的连续函数，而 $u(t)$ 在 $t=0$ 这一点明显不连续。同样，一个普通函数在间断点上不存在导数。但在以后的分析中，从物理或工程的角度来看，为了便于描述某些物理量及精确计算，引入 $\delta(t)$ 函数这个独特的信号后，就能够表达具有间断点的连续信号的导数。

3．基于广义函数的单位冲激信号的定义

由狄拉克给出的单位冲激函数的定义从数学上来看是不严谨的，冲激函数的定义不是唯一的。例如，可以证明 $\delta(t)+\delta'(t)$ 也满足式（1.5.15）。$\delta(t)$ 不是一个常规意义下的函数，常规函数是对全部时间 t 所表征的，而冲激函数 $\delta(t)$ 除 $t=0$ 时刻外处处是 0，就是这一点，它存在范围内的唯一关注的部分却没有定义。将冲激函数定义为广义函数而不是一个常规函数能够解决这些困难。一个广义函数是用它对其他函数的作用而不是在每个时刻的值来定义的。

我们不考虑冲激函数是什么，或者看起来像什么，而是通过对一个测试函数 $\phi(t)$ 的作用来定义冲激函数。将一个单位冲激函数定义为这样一种函数，它与某一函数 $\phi(t)$ 的乘积下的积分或面积等于冲激所在时刻的 $\phi(t)$ 的函数值。假设 $\phi(t)$ 在冲激出现的时刻是连续的，因此式（1.5.15）和式（1.5.16）都能用做这种方式下对冲激函数的定义。与此对照，在广义函数中采用筛选特性定义冲激函数。

现在介绍冲激函数的广义函数定义的一种有利的应用。因为单位阶跃函数 $u(t)$ 在 $t=0$ 处不连续，所以在常规意义下当 $t=0$ 时，它的导数不存在。现在要说明的是，在广义函数的意义下，$u(t)$ 的导数存在，而且它就是 $\delta(t)$。为了证明这一点，可以求 $\left(\dfrac{\mathrm{d}u(t)}{\mathrm{d}t}\right)\phi(t)$ 的积分，利用分部积分有：

$$\begin{aligned}\int_{-\infty}^{+\infty}\frac{\mathrm{d}u(t)}{\mathrm{d}t}\phi(t)\mathrm{d}t &= u(t)\phi(t)\Big|_{-\infty}^{+\infty}-\int_{-\infty}^{+\infty}u(t)\phi'(t)\mathrm{d}t\\ &=\phi(\infty)-0-\int_{0}^{+\infty}\phi'(t)\mathrm{d}t\\ &=\phi(\infty)-\phi(t)\Big|_{0}^{+\infty}=\phi(0)\end{aligned}$$

这个结果显示，$\dfrac{\mathrm{d}u(t)}{\mathrm{d}t}$ 满足 $\delta(t)$ 的筛选特性，因此在广义函数意义下它就是一个冲激函数，即

$$\frac{\mathrm{d}u(t)}{\mathrm{d}t}=\delta(t) \tag{1.5.24}$$

$$\int_{-\infty}^{t}\delta(\tau)\mathrm{d}\tau=u(t) \tag{1.5.25}$$

这个结果表明，对单位冲激函数积分可以得到单位阶跃函数，对单位阶跃函数积分可以得到单位斜坡函数 $r(t)=tu(t)$，如此可一直下去。另一方面，也能将冲激函数的各阶导数定义为广义函数。

4．冲激偶信号及其性质

（1）冲激偶信号的定义

冲激信号的微分为具有正、负极性的一对冲激（其强度无穷大），称做冲激偶信号，并且以 $\delta'(t)$ 表示。可以利用规则函数系列取极限的概念引出 $\delta'(t)$。

观察图 1.5.8，三角脉冲 $s(t)$ 的底宽是 2τ，高度为 $\dfrac{1}{\tau}$，此函数系列的微分 $\dfrac{\mathrm{d}}{\mathrm{d}t}s(t)$ 是脉宽为 τ，高度为 $\pm\dfrac{1}{\tau^2}$，面积为 $\dfrac{1}{\tau}$ 的两个矩形脉冲构成的脉冲偶对函数。随着 τ 的减小，脉冲偶对宽度变窄，

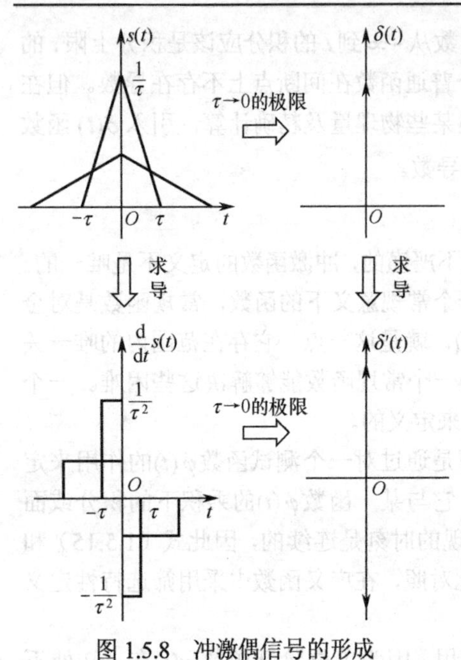

图 1.5.8 冲激偶信号的形成

幅度增大，并且面积为$\frac{1}{\tau}$。当$\tau\to 0$时，$\frac{\mathrm{d}}{\mathrm{d}t}s(t)$是正、负极性的两个冲激函数，其强度均为无穷大，这就是冲激偶信号$\delta'(t)$。

（2）冲激偶信号的性质

① 筛选特性

$$f(t)\delta'(t-t_0)=f(t_0)\delta'(t-t_0)-f'(t_0)\delta(t-t_0) \tag{1.5.26}$$

② 取样特性

$$\int_{-\infty}^{+\infty} f(t)\delta'(t-t_0)\mathrm{d}t=-f'(t_0) \tag{1.5.27}$$

式中，$f'(t_0)$为$f(t)$在t_0时刻的导数。

③ 尺度特性

$$\delta'(at)=\frac{1}{a|a|}\delta'(t), \qquad (a\neq 0) \tag{1.5.28}$$

式（1.5.28）可仿照式（1.5.19）的证明方法得到。当$a=-1$时，有

$$\delta'(-t)=-\delta'(t) \tag{1.5.29}$$

式（1.5.29）说明$\delta'(t)$是奇函数，故满足

$$\int_{-\infty}^{+\infty}\delta'(t)\mathrm{d}t=0 \tag{1.5.30}$$

冲激偶函数所包含的面积等于零，这是因为正、负两个冲激的面积相互抵消的原因。

④ 冲激偶信号与冲激信号的关系

$$\delta'(t)=\frac{\mathrm{d}}{\mathrm{d}t}\delta(t) \tag{1.5.31}$$

$$\int_{-\infty}^{t}\delta'(\tau)\mathrm{d}\tau=\delta(t) \tag{1.5.32}$$

1.6 典型离散时间信号及其基本性质

在离散时域中，也有一些基本的离散时间信号，它们在离散信号与系统中起着重要的作用，有些信号和前面讨论的连续时间的基本信号相似，但也有一些不同之处，将在以下的讨论中予以指出。下面给出一些典型的离散信号表达式和波形。

1.6.1 单位采样序列$\delta(n)$

单位采样序列$\delta(n)$如图 1.6.1 所示，定义如下：

$$\delta(n)=\begin{cases}1 & n=0\\ 0 & n\neq 0\end{cases} \tag{1.6.1}$$

$\delta(n)$也称为单位抽样序列或单位样值序列。该信号在离散信号与系统的分析、综合中起着重要的作用，其地位犹如连续时间信号与系统中的单位冲激信号$\delta(t)$。在实际中，$\delta(t)$是不存在的，$\delta(n)$是存在的。而任意序列可以表示成单位采样序列的移位加权和，即

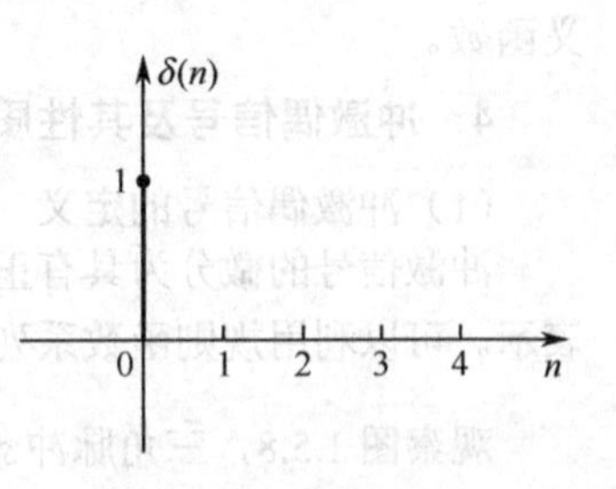

图 1.6.1 单位采样序列

$$f(n)=\sum_{m=-\infty}^{+\infty} f(m)\delta(n-m) \tag{1.6.2}$$

【例 1.6.1】　已知 $f(n)=\begin{cases}1 & n=-1\\1.5 & n=0\\0 & n=1\\-3 & n=2\\2 & n=3\end{cases}$，该序列用单位采样序列信号可表示为：

$$f(n)=\delta(n+1)+1.5\delta(n)-3\delta(n-2)+2\delta(n-3)$$

1.6.2　单位阶跃序列 $u(n)$

单位阶跃序列 $u(n)$ 如图 1.6.2 所示，定义如下：

$$u(n)=\begin{cases}1 & n\geqslant 0\\0 & n<0\end{cases} \tag{1.6.3}$$

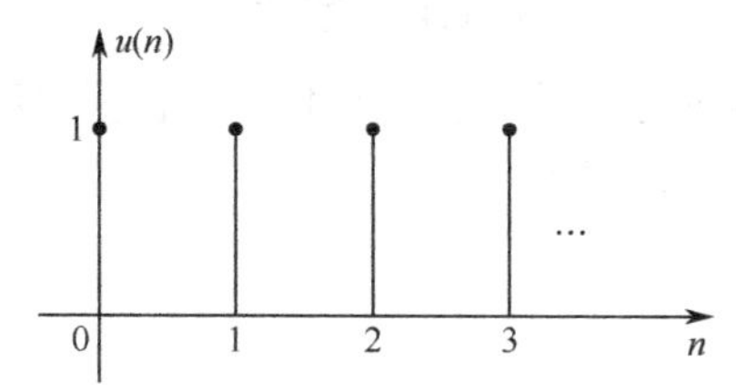

图 1.6.2　阶跃序列

它类似于连续时间信号与系统的单位阶跃信号 $u(t)$。但 $u(t)$ 在 $t=0$ 时常不给予定义，而 $u(n)$ 在 $n=0$ 时定义为 $u(0)=1$。观察 $\delta(n)$ 序列与 $u(n)$ 序列的定义式，可以看出两者之间的关系为：

$$u(n)=\delta(n)+\delta(n-1)+\delta(n-2)+\delta(n-3)+\cdots=\sum_{k=0}^{+\infty}\delta(n-k) \tag{1.6.4}$$

$$\delta(n)=u(n)-u(n-1) \tag{1.6.5}$$

在连续时间信号与系统中，单位冲激信号 $\delta(t)$ 与单位阶跃信号 $u(t)$ 之间的关系使用微分关系来描述，而在离散系统中，单位阶跃序列与单位采样序列之间的关系使用差分关系来描述。

1.6.3　矩形序列 $R_N(n)$

矩形序列 $R_N(n)$ 如图 1.6.3 所示，定义如下：

$$R_N(n)=\delta(n)+\delta(n-1)+\delta(n-2)+\cdots+\delta(n-N+1)=\sum_{m=0}^{N-1}\delta(n-m) \tag{1.6.6}$$

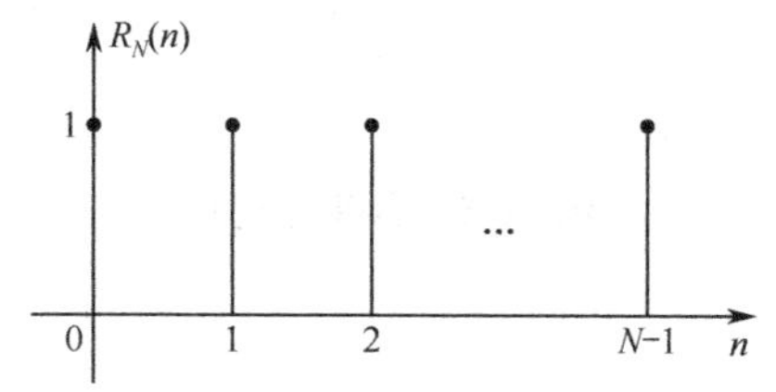

图 1.6.3　矩形序列

矩形序列与阶跃序列、冲激序列的关系为

$$R_N(n)=\delta(n)+\delta(n-1)+\delta(n-2)+\cdots+\delta(n-N+1)=\sum_{m=0}^{N-1}\delta(n-m) \tag{1.6.7}$$

$$R_N(n)=u(n)-u(n-N) \tag{1.6.8}$$

1.6.4 正弦序列

正弦序列如图 1.6.4 所示，其表示式为

$$f(n) = A\sin(n\Omega_0 + \phi) \tag{1.6.9}$$

式中，A 为幅度，ϕ 为起始相位，Ω_0 为正弦序列的数字域频率，$\Omega_0 = \dfrac{2\pi}{N}$。

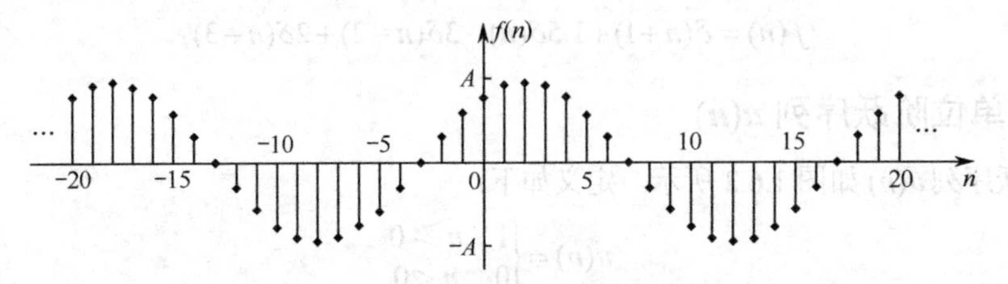

图 1.6.4 正弦序列

虽然正弦序列的包络是周期正弦函数，但序列本身可能是周期的，也可能是非周期的，关于正弦序列的周期性将在后面进行详细讨论。

1.6.5 实指数序列

实指数序列的表示式如下：

$$f(n) = a^n u(n) \tag{1.6.10}$$

其波形特点是：当$|a|>1$时，序列发散，如图 1.6.5（b）和（d）所示；当$|a|<1$时，序列收敛，如图 1.6.5（a）和（c）所示；从图 1.6.5（c）和（d）可以看出，当 a 为负数时，序列值在正、负之间摆动。

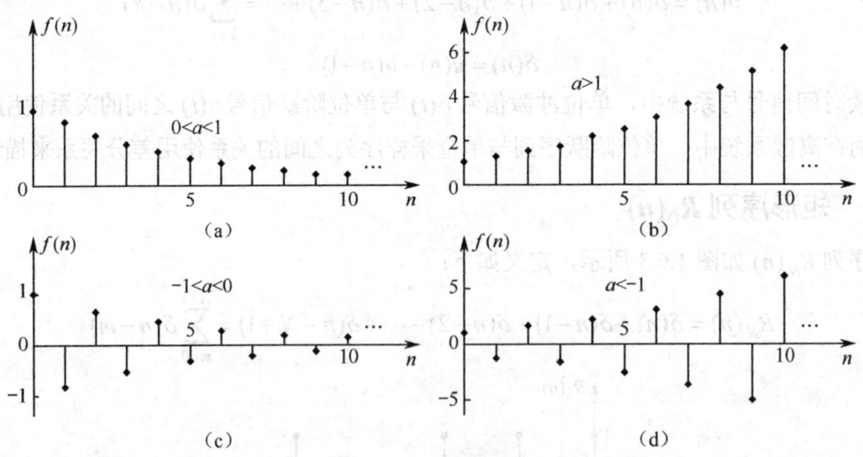

图 1.6.5 实指数序列

1.6.6 复指数序列

复指数序列是最常用的一种复序列，可表示如下：

$$f(n) = \mathrm{e}^{(\sigma + \mathrm{j}\Omega_0)n} \tag{1.6.11}$$

其指数是复数（或纯虚数），该复序列可用欧拉公式展开：

$$f(n) = \mathrm{e}^{\sigma n}\cos\Omega_0 n + \mathrm{j}\mathrm{e}^{\sigma n}\sin\Omega_0 n \tag{1.6.12}$$

可见，Ω_0 为复指数序列的数字域频率，σ 表征了该复指数序列的幅度变化情况。

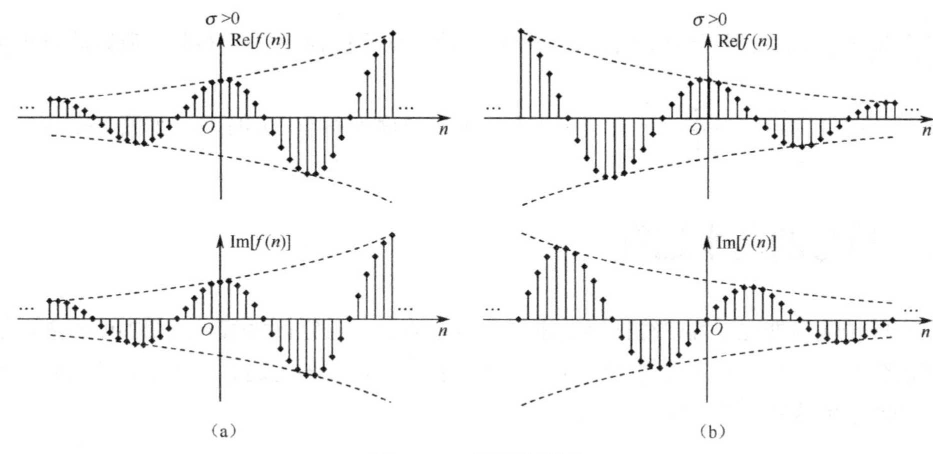

图 1.6.6　复指数序列

1.6.7　周期序列

对于任意整数 n，若 $f(n)=f(n+N)$（N 为某一最小正整数），则序列 $x(n)$ 是周期序列，N 是该序列的周期。

对于正弦序列 $\sin[\Omega_0(n+N)]$，当 $\Omega_0 N=2\pi k$ （k 为整数）时，有 $\sin[\Omega_0(n+N)]=\sin\Omega_0 n$，可见正弦序列在此情况下为周期性序列，周期 $N=\dfrac{2\pi k}{\Omega_0}$。

当 $\dfrac{2\pi}{\Omega_0}$ 是整数时，只要取 $k=1$，则 $N=\dfrac{2\pi}{\Omega_0}$ 为最小正整数，也就是说序列的周期为 $\dfrac{2\pi}{\Omega_0}$。如 $\sin\left[\dfrac{\pi n}{10}\right]$，$\Omega_0=\dfrac{\pi}{10}$，所以周期为 20，如图 1.6.7（a）所示。

当 $\dfrac{2\pi}{\Omega_0}$ 不是整数，而是一有理数时，如 $\dfrac{2\pi}{\Omega_0}=\dfrac{Q}{P}$，其中，$Q$、$P$ 是互素的整数，此时只有取 k 为 P 时，才能保证 N 为整数。这时 $N=\dfrac{2\pi}{\Omega_0}\cdot P=Q$，正弦序列具有周期性，周期大于 $\dfrac{2\pi}{\Omega_0}$。如 $\sin\left[\dfrac{3\pi n}{25}\right]$，$\Omega_0=\dfrac{3\pi}{25}$，取 $P=3$，$Q=50$，得周期为 50，如图 1.6.7（b）所示。

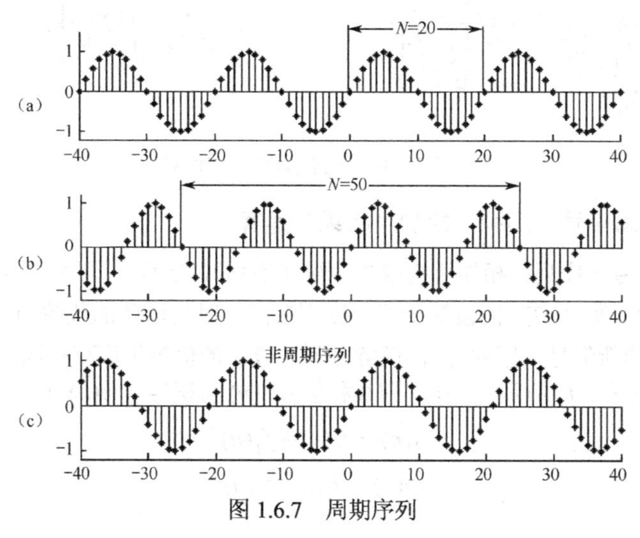

图 1.6.7　周期序列

当$\frac{2\pi}{\Omega_0}$是无理数时，则无论如何取k（整数）值，均不能使N成为整数。所以此时正弦序列具有周期性。如$\sin\left[\frac{3n}{10}\right]$，$\frac{2\pi}{\Omega_0}=\frac{20\pi}{3}$为无理数，所以该序列不是周期序列，如图 1.6.7（c）所示。

1.7 信号的基本运算

在信号的传输与处理过程中往往需要进行信号的运算，它包括两信号的相加或相乘，信号的移位、尺度变换、微分（差分）、积分（累加）等，在本节需要熟悉运算过程中表达式对应的波形变化，并初步了解这些运算的物理背景。

1.7.1 相加和相乘

1．两个连续时间信号相加（相乘）运算

两个连续时间信号相加，则其和信号在任意时刻的幅值等于两信号在该时刻的幅值之和。两个连续时间信号相乘，其积信号在任意时刻的幅值等于两信号在该时刻的幅值之积。信号的相加与相乘运算可通过信号的波形（或其表达式）进行。

设两个连续时间信号$f_1(t)$和$f_2(t)$，则其和信号$s(t)$与积信号$p(t)$可表示为

$$s(t)=f_1(t)+f_2(t) \tag{1.7.1}$$

$$p(t)=f_1(t)\cdot f_2(t) \tag{1.7.2}$$

如图 1.7.1 所示。

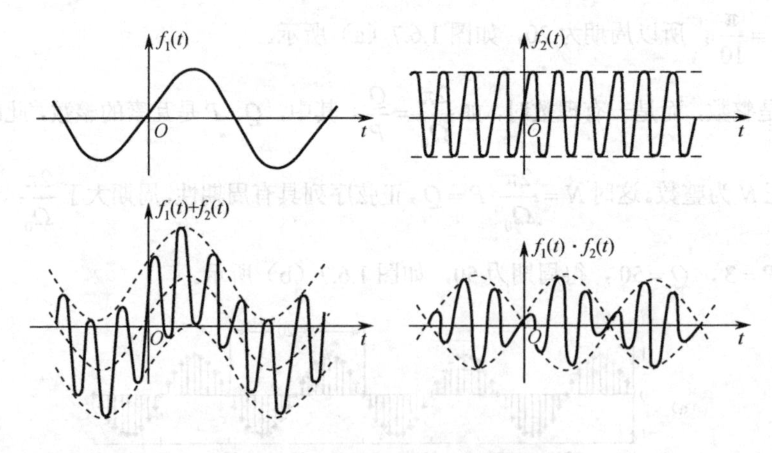

图 1.7.1 信号的相加和相乘运算

2．两个离散时间信号（序列）相加（相乘）运算

两个离散时间信号（序列）相加所构成的信号（序列），序列中同序号的数值逐项对应相加，也就是在任意一离散时刻（nT）的值等于两个序列在同一时刻取值的代数和。两个离散时间信号（序列）相乘所构成的新信号（序列），在任意时刻（nT）的值等于序列在同一时刻取值的乘积。

设两个连续时间信号$f_1(n)$和$f_2(n)$，则其和信号$s(n)$与积信号$p(n)$可表示为

$$s(n)=f_1(n)+f_2(n) \tag{1.7.3}$$

$$p(n)=f_1(n)\cdot f_2(n) \tag{1.7.4}$$

1.7.2　信号的时移

对于连续时间信号，将信号 $f(t)$ 沿 t 轴平移 τ 即得时移信号 $f(t-\tau)$，其中，τ 为常数。当 $\tau>0$ 时，时移信号是原始信号 $f(t)$ 沿时间轴右移 τ 的结果，表征滞后 τ 时间，如图 1.7.2 所示。当 $\tau<0$ 时，时移信号是原始信号 $f(t)$ 沿时间轴左移 τ 的结果，表征超前 τ 时间。

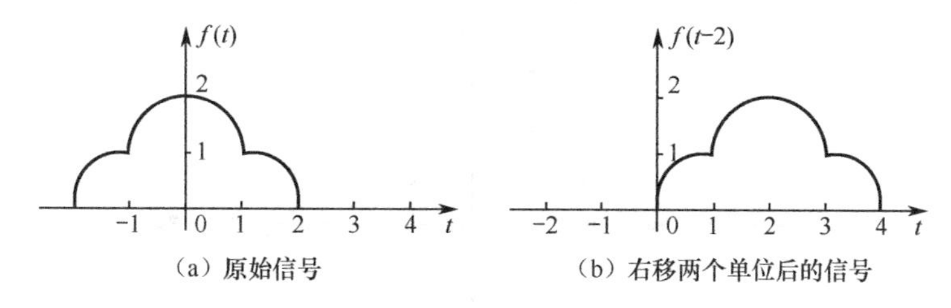

（a）原始信号　　（b）右移两个单位后的信号

图 1.7.2　连续时间信号的时移

时移信号在雷达、声呐和地震信号处理中经常遇到，通过时移信号 $f(t-\tau)$ 和原信号 $f(t)$ 在时间上的迟延，可以探测目标和震源的距离。

相对于离散时间信号，对于离散时间信号（序列）$f(n)$，当整常数 $m>0$ 时，时移信号 $f(n-m)$ 是原序列沿正 n 轴方向（右）移动 m 个单位，而 $f(n+m)$ 是原序列向负 n 轴方向（左）移动 m 个单位，如图 1.7.3 所示。

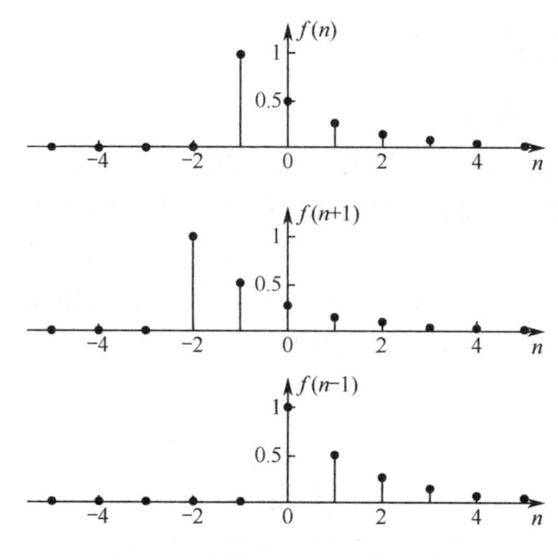

图 1.7.3　离散时间信号的移位运算

从图 1.7.3 可以看出，一个非因果的左边信号可以通过移位将其变成因果信号；反之亦然。由图 1.7.2 和图 1.7.3 可知，一个信号和它时移后的新信号，在波形上完全相同，仅在时间轴上有一个水平移动，故这种信号变换又称为移位。

1.7.3　信号的反褶

信号的反褶也称为反转，对于连续时间信号 $f(t)$ 或离散时间信号 $f(n)$，以纵坐标轴为轴反转 180°（反褶），即可得反褶信号 $f(-t)$ 或 $f(-n)$，也就是将信号的表达式及其定义域中的所有自变量 t 或 n 换成 $-t$ 或 $-n$，可得到另一个信号 $f(-t)$ 或 $f(-n)$，这种变换被称为信号的反褶，它的几何意义是将自变量轴“倒置”，取其原信号自变量轴的负方向作为变换后信号自变量轴的正方向，从波形上看，$f(-t)$ 和 $f(-n)$ 的波形分别是 $f(t)$ 和 $f(n)$ 的波形相对于纵轴的镜像，如图 1.7.4 所示。

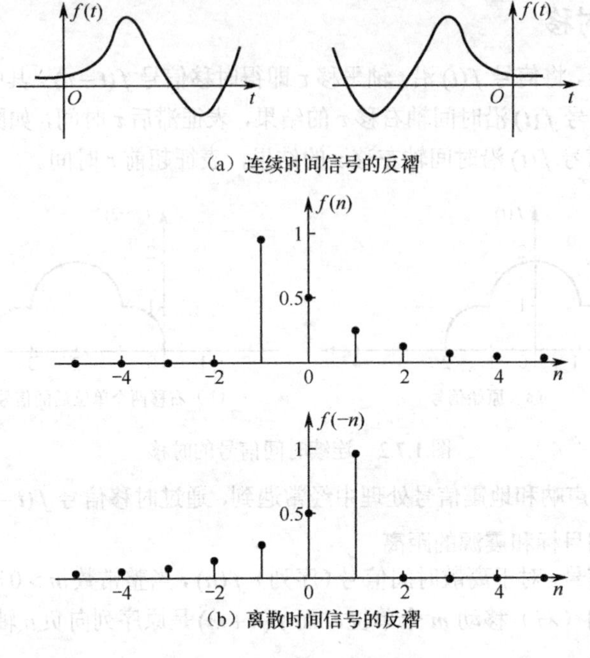

（a）连续时间信号的反褶

（b）离散时间信号的反褶

图 1.7.4　信号的反褶运算

1.7.4　信号的尺度变换

1．连续时间信号的尺度变换

连续时间信号的尺度变换就是把信号 $f(t)$ 及定义域中的自变量 t 以 at 代替，成为 $f(at)$，它是 $f(t)$ 沿时间轴展缩（尺度变换）而成的一个新的信号，信号波形的时间尺度也相应改变，其中，a 为常数，称为尺度变换系数。当 $|a|>1$ 时，$f(at)$ 的波形是把 $f(t)$ 的波形沿时间轴压缩至原来的 $1/|a|$ 倍；当 $|a|<1$ 时，$f(at)$ 的波形是把 $f(t)$ 的波形沿时间轴扩展为原来的 $1/|a|$ 倍。例如，图 1.7.5（a）、（b）、（c）分别表示 $f(t)$、$f(2t)$、$f(t/2)$ 的波形。

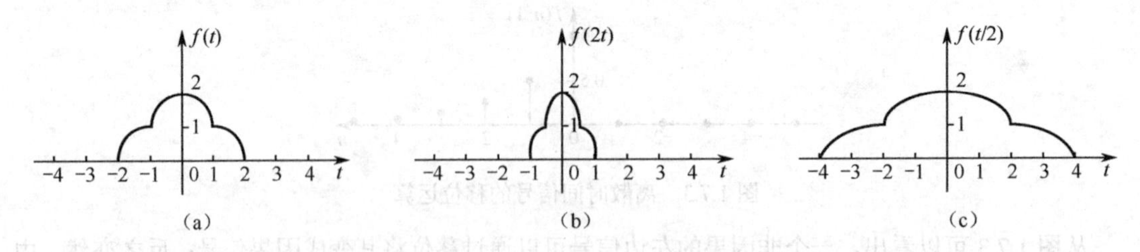

图 1.7.5　$f(t)$、$f(2t)$、$f(t/2)$的波形

如果以变量 $at+b$ 代替 $f(t)$ 中的独立变量 t，可得新的信号函数 $f(at+b)$。当 $a>0$ 时，它是 $f(t)$ 沿时间轴展缩、平移后的信号波形；当 $a<0$ 时，它是 $f(t)$ 沿时间轴展缩、平移和反褶后的信号波形。

从以上的分析可以看出，信号的反褶、尺度变换和时移运算只是函数自变量的简单变换，而变换前后信号端点的函数值不变。因此，可以通过端点函数值不变这一关系来确定信号变换前后其图形中各端点的位置。

设变换前的信号为 $f(t)$，变化后为 $f(at+b)$，t_1 与 t_2 对应变换前信号 $f(t)$ 的左右端点坐标，t_{11} 与 t_{22} 对应变换后信号 $f(at+b)$ 的左右端点坐标。由于信号变化前后端点的函数值不变，故有：

$$\begin{cases} f(t_1) = f(at_{11}+b) \\ f(t_2) = f(at_{22}+b) \end{cases} \tag{1.7.5}$$

根据上述关系可以求解出变换后信号的左右端点坐标 t_{11} 与 t_{22}，即

$$\begin{cases} t_1 = at_{11}+b \\ t_2 = at_{22}+b \end{cases} \Rightarrow \begin{cases} t_{11} = \dfrac{1}{a}(t_1-b) \\ t_{22} = \dfrac{1}{a}(t_2-b) \end{cases} \tag{1.7.6}$$

上述方法的过程简单明了，特别适合信号从 $f(mt+n)$ 变换到 $f(at+b)$ 的过程。根据信号变化前后端点函数值不变的原理，则可以很简单地计算出变换后的信号端点坐标，从而得到变换后的信号 $f(at+b)$。其计算公式如下：

$$\begin{cases} f(mt_1+n) = f(at_{11}+b) \\ f(mt_2+n) = f(at_{22}+b) \end{cases} \tag{1.7.7}$$

根据上述关系可以求解出变换后信号的左右端点坐标 t_{11} 与 t_{22}，即

$$\begin{cases} mt_1+n = at_{11}+b \\ mt_2+n = at_{22}+b \end{cases} \Rightarrow \begin{cases} t_{11} = \dfrac{1}{a}(mt_1+n-b) \\ t_{22} = \dfrac{1}{a}(mt_2+n-b) \end{cases} \tag{1.7.8}$$

【例 1.7.1】　已知信号 $f(t)$ 的波形如图 1.7.6（a）所示，试画出信号 $f(-2-t)$ 的波形。

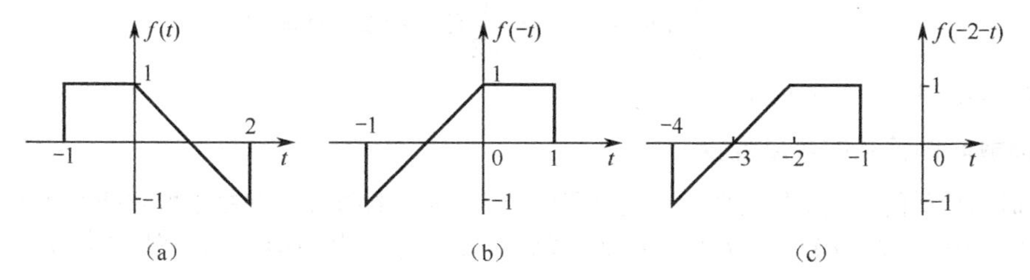

图 1.7.6　$f(t) \to f(-2-t)$ 的波形

解 1： $f(t) \to f(-2-t)$ 可分解为

$$f(t) \xrightarrow{\text{反转}} f(-t) \xrightarrow{\text{平移}} f(-(2+t))$$

解 2： 按式（1.7.8）计算，$t_1=-1$，$t_2=2$，$a=-1$，$b=-2$，则：

$$\begin{cases} t_{11} = \dfrac{1}{a}(t_1-b) = -(-1+2) = -1 \\ t_{22} = \dfrac{1}{a}(t_2-b) = -(2+2) = -4 \end{cases}$$

画出的波形如图 1.7.6（c）所示。

【例 1.7.2】　已知信号 $f(-3t-2)$ 的波形如图 1.7.7（a）所示，试画出信号 $f(t)$ 的波形。

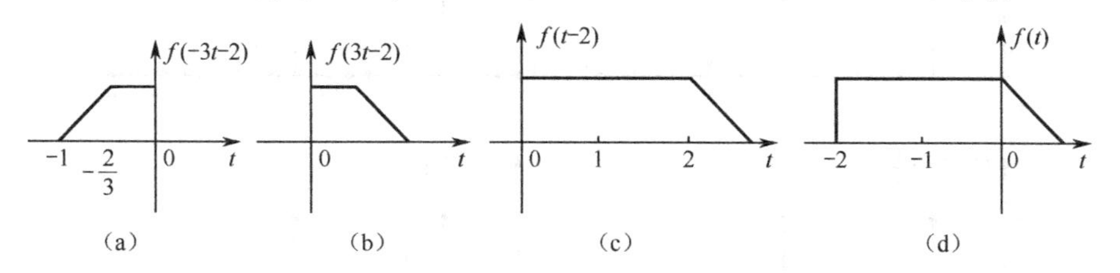

图 1.7.7　$f(-3t-2) \to f(t)$ 的波形

解 1： $f(-3t-2) \to f(t)$ 可分解为

$$f(-3t-2)\xrightarrow{\text{反转}}f(3t-2)\xrightarrow{\text{尺度变换}}f(t-2)\xrightarrow{\text{平移}}f(t)$$

解 2：按式（1.7.6）计算，$t_{11}=-1$，$t_{22}=0$，$a=-3$，$b=-2$，则：

$$\begin{cases}t_1=at_{11}+b=-3\times(-1)-2=1\\ t_2=at_{22}+b=-3\times0-2=-2\end{cases}$$

画出的波形如图 1.7.7（c）所示。

【例 1.7.3】　已知信号 $f(2t+2)$ 的波形如图 1.7.8（a）所示，试画出信号 $f(4-2t)$ 的波形。

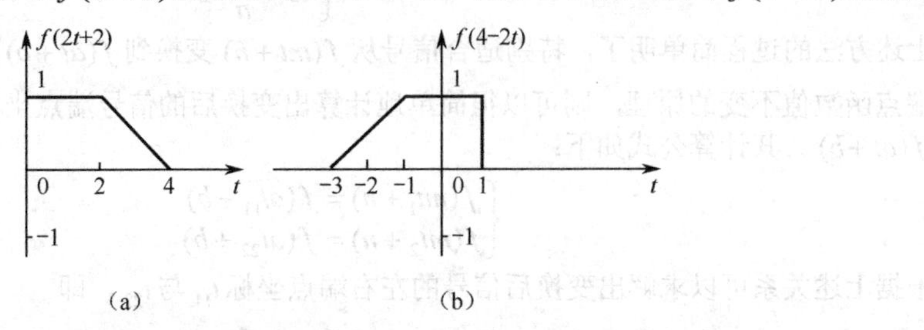

图 1.7.8　$f(2t+2)\to f(4-2t)$ 的波形

解：按式（1.7.8）计算，$t_1=0$，$t_2=4$，$a=-2$，$b=4$，$m=2$，$n=2$，则：

$$\begin{cases}t_{11}=\dfrac{1}{a}(mt_1+n-b)=\dfrac{1}{-2}(2\times0+2-4)=1\\ t_{22}=\dfrac{1}{a}(mt_2+n-b)=\dfrac{1}{-2}(2\times4+2-4)=-3\end{cases}$$

画出的波形如图 1.7.8（b）所示。

2．离散时间信号的尺度变换

离散时间信号的尺度变换类似于连续时间信号的时域伸缩变换，包括抽取和插值两类。给定离散时间信号 $f(n)$，令 $y(n)=f(Mn)$，M 为正整数，称 $y(n)$ 是由 $f(n)$ 作 M 倍的抽取所产生的。令 $y(n)=f\left(\dfrac{n}{L}\right)$，$L$ 为正整数，称 $y(n)$ 是由 $f(n)$ 作 L 倍的插值所产生的。序列的抽取和插值如图 1.7.9 所示。抽取和插值是信号处理中的常用算法，在后续的数字信号处理课程中有详细讨论。

【例 1.7.4】　图 1.7.9 所示为一序列的抽取和插值的过程。

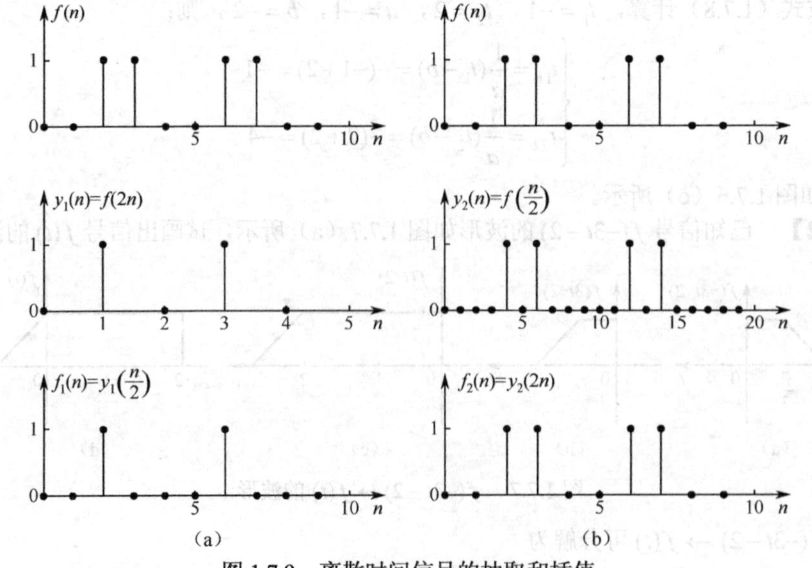

图 1.7.9　离散时间信号的抽取和插值

1.7.5　连续时间信号的微分和离散时间信号的差分运算

对连续时间信号 $f(t)$ 的微分运算是指信号 $f(t)$ 对时间 t 的导数，可表示为 $\dfrac{\mathrm{d}}{\mathrm{d}t}f(t)$，记做 $f'(t)$，它表示信号随时间变化的变化率。当 $f(t)$ 包含不连续点时，$f(t)$ 在这些点上仍有导数，即出现冲激，其强度为该信号在该处的跳变量。信号的微分如图 1.7.10 所示。

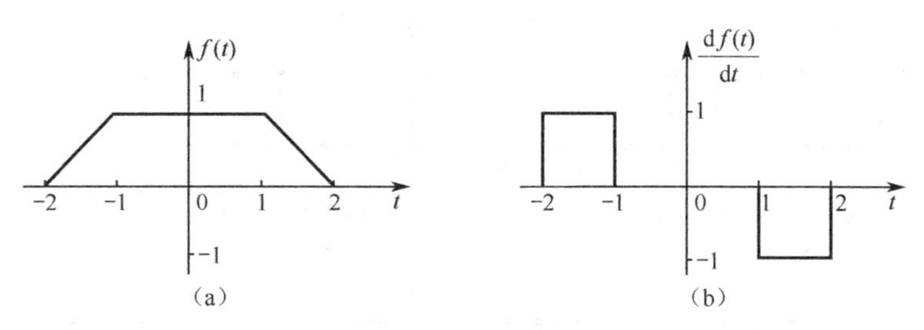

图 1.7.10　信号的微分

离散时间信号（序列）的变量 n 是整数，显然，对离散时间序列没有微分运算，但存在差分运算，离散时间序列的差分运算定义为

$$y(n)=\Delta f(n)=f(n+1)-f(n) \tag{1.7.9}$$

由式（1.7.9）可知，差分信号 $\Delta f(n)$ 在 n 时刻的值，等于 $f(n)$ 在 n 时刻的值减去其前一时刻（$n-1$ 时刻）的值，也意味着 $f(n)$ 在该时刻的变化率。因此，可把离散时间序列的差分运算看成连续时间信号微分运算的对偶运算。

此外，还可以定义 $f(t)$ 的高阶微分和 $f(n)$ 的高阶差分运算，$f(t)$ 的 k 阶微分为

$$y(t)=f^{(k)}(t)=\frac{\mathrm{d}^k f(t)}{\mathrm{d}t^k} \tag{1.7.10}$$

$f(n)$ 的 k 阶差分为

$$y(n)=\Delta^k f(n)=\Delta^{k-1}f(n)-\Delta^{k-1}f(n-1)，\quad k\geqslant 1 \tag{1.7.11}$$

注意：以上定义的差分运算叫做后向差分，还有一种叫做前向差分，用“∇”符号表示一阶前向差分运算，即：

$$y(n)=\nabla f(n)=f(n)-f(n-1) \tag{1.7.12}$$

前向差分和后向差分运算可相互转换，$\Delta f(n-1)=\nabla f(n)$。

序列的差分仍然是一个序列。当序列本身不便进行研究时，可改为研究其差分。在工程上，经常用 $\max|\Delta f(n)|$ 或 $\max|\nabla f(n)|$ 来检测信号的突变点。如图 1.7.11 所示，求差分序列绝对值的最大值，很容易得出信号的突变点在 $n=1$ 和 $n=5$ 处。

【例 1.7.5】　已知序列 $f(n)=\{\underset{\uparrow}{0},0,1,1,1,1,0,0\}$，则 $f(n)$ 的前向差分和后向差分如图 1.7.11 所示。

1.7.6　连续时间信号积分和离散时间序列累加运算

一个连续信号的积分是指信号在区间$(-\infty,t)$上的积分，可表示为

$$y(t)=\int_{-\infty}^{t}f(\tau)\mathrm{d}\tau=f^{(-1)}(t) \tag{1.7.13}$$

它在任意时刻 t 的值为从 $-\infty$ 到时刻 t，曲线 $f(t)$ 与时间轴所包围的面积。信号的积分如图 1.7.12 所示。

对于离散时间序列，与连续时间信号积分运算相对应的是运算是序列的累加，$f(n)$ 的一次累加运算定义为

$$y(n)=\sum_{n=-\infty}^{n} f(n) \tag{1.7.14}$$

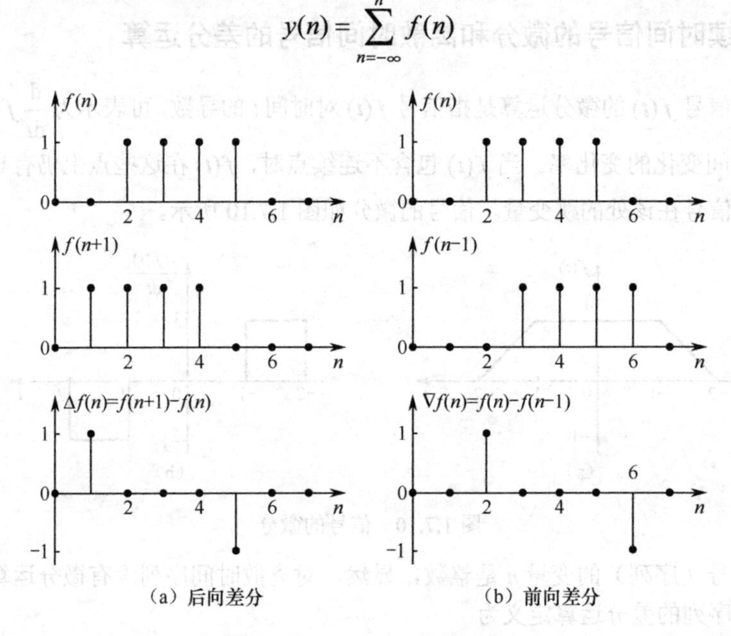

（a）后向差分　　　　　　　　　　　（b）前向差分

图 1.7.11　序列的差分运算

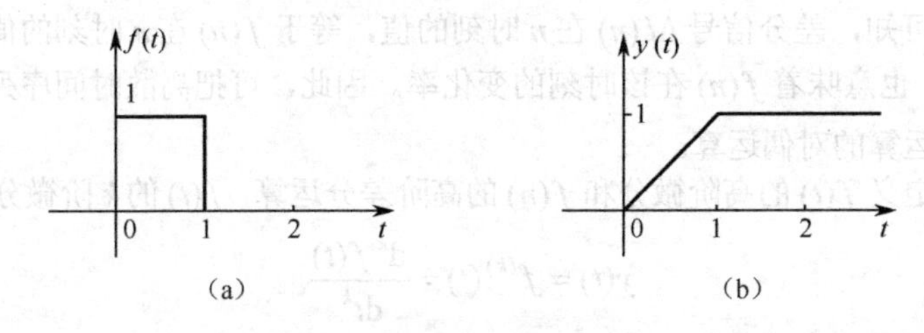

（a）　　　　　　　　　　　　　　（b）

图 1.7.12　信号的积分

式（1.7.14）表明，一次累加后的产生的序列 $y(n)$ 在 n 时刻的序列值等于原序列在该时刻及以前所有时刻序列值之和，它等于在区间 $(-\infty,n)$ 内原序列图形下的“面积”，它与连续时间积分运算有同样的含义。

1.7.7　信号的对称

如果信号 $f(t)$ 存在

$$f(t)=f(-t) \tag{1.7.15}$$

则称此信号是偶对称，信号关于纵轴对称，常用 $f_e(t)$ 表示。

如果信号 $f(t)$ 存在

$$f(t)=-f(-t) \tag{1.7.16}$$

则称此信号是奇对称，信号关于原点对称，常用 $f_o(t)$ 表示。

图 1.7.13 所示为偶对称信号和奇对称信号，在对称区间 $(-a,a)$ 上的对称信号面积如下：

偶对称：

$$\int_{-a}^{a} f_e(t)\mathrm{d}t = 2\int_{0}^{a} f_e(t)\mathrm{d}t \tag{1.7.17}$$

奇对称：

$$\int_{-a}^{a} f_o(t)\mathrm{d}t = 0 \tag{1.7.18}$$

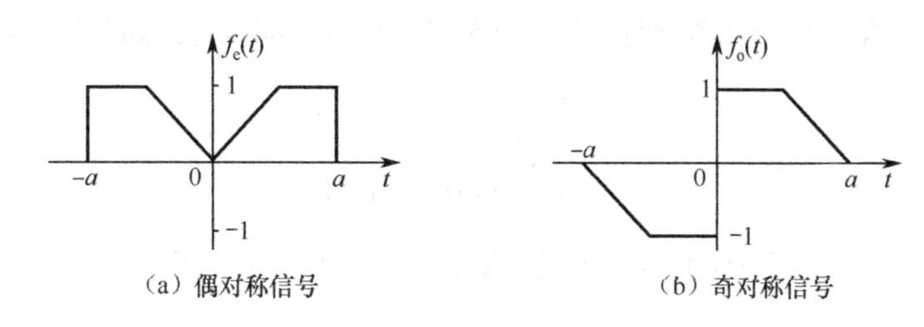

（a）偶对称信号　（b）奇对称信号

图 1.7.13　连续对称信号

两个对称信号 $f(t)$、$x(t)$ 之相加或相乘具有如下性质：

（1）$f_e(t)+f_e(t)$ 为偶对称，$f_e(t)x_e(t)$ 为偶对称，$f_o(t)x_o(t)$ 为偶对称；

（2）$f_o(t)+x_o(t)$ 为奇对称，$f_e(t)x_o(t)$ 为奇对称；

（3）$f_e(t)+x_o(t)$ 为不对称。

其中，$f_e(t)$、$x_e(t)$ 为偶对称信号，$f_o(t)$、$x_o(t)$ 为奇对称信号。

1.8　信号的分解

在研究信号传输与处理的问题时，如果将一些复杂信号分解为简单的（基本的）信号分量之和，将使问题的分析变得简单容易。信号可以从不同角度进行分解，可以按信号时间函数进行计算、也可以按信号的不同频率进行分解等，下面介绍几种信号的分解方法。

1.8.1　直流分量和交流分量

任意连续时间信号 $f(t)$ 可分解为直流分量 $f_D(t)$ 与交流分量 $f_A(t)$ 之和，即

$$f(t)=f_D(t)+f_A(t) \tag{1.8.1}$$

式中，直流分量 $f_D(t)$ 是指信号的平均值，从原信号中去掉直流分量即得信号的交流分量 $f_A(t)$，如图 1.8.1 所示。

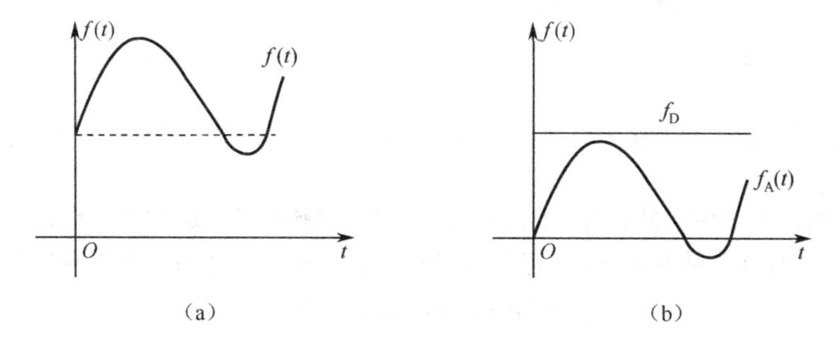

（a）　（b）

图 1.8.1　信号的直流分量和交流分量

1.8.2　偶分量和奇分量

任意连续时间信号 $f(t)$ 可分解为偶分量 $f_e(t)$ 和奇分量 $f_o(t)$ 之和，即

$$f(t)=f_e(t)+f_o(t) \tag{1.8.2}$$

式中，偶分量满足 $f_e(t)=f_e(-t)$，奇分量满足 $f_o(t)=-f_o(-t)$。

任何信号可写成如下形式

$$f(t)=\frac{1}{2}[f(t)+f(t)+f(-t)-f(-t)]=\frac{1}{2}[f(t)+f(-t)]+\frac{1}{2}[f(t)-f(-t)] \tag{1.8.3}$$

式（1.8.3）中的第一部分是偶分量，第二部分是奇分量，即可得到偶分量和奇分量的定义：

$$\begin{cases} f_e(t)=\dfrac{1}{2}[f(t)+f(-t)] \\ f_o(t)=\dfrac{1}{2}[f(t)-f(-t)] \end{cases} \tag{1.8.4}$$

如图 1.8.2 所示，给出了将信号分解为偶分量和奇分量的一个实例。

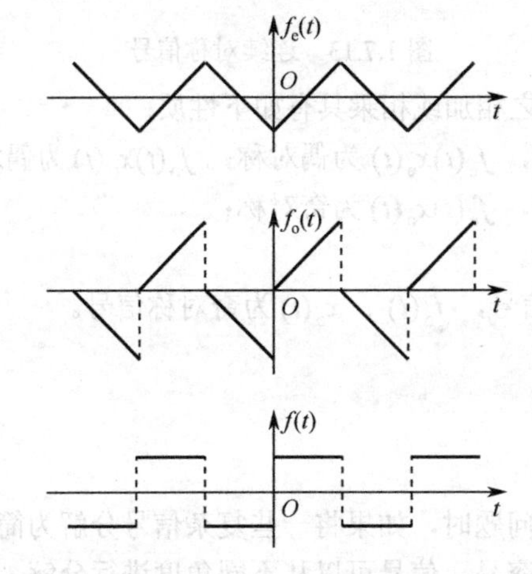

图 1.8.2　信号的偶分量和奇分量

此外，信号 $f(t)$ 与其奇分量 $f_o(t)$ 和偶分量 $f_e(t)$ 之间还满足以下的能量关系式：

$$\begin{aligned}\int_{-\infty}^{+\infty} f^2(t)\mathrm{d}t &= \int_{-\infty}^{+\infty}[f_e(t)+f_o(t)\mathrm{d}t]^2\,\mathrm{d}t \\ &= \int_{-\infty}^{+\infty}[f_e^2(t)+2f_ef_o(t)+f_o^2(t)\mathrm{d}t]\mathrm{d}t \\ &= \int_{-\infty}^{+\infty} f_e^2(t)\mathrm{d}t+\int_{-\infty}^{+\infty} f_o^2(t)\mathrm{d}t\end{aligned} \tag{1.8.5}$$

即信号的平均功率=偶分量功率+奇分量功率。

1.8.3　脉冲分量

一个信号可以近似地分解成冲激脉冲分量之和的形式，常用的分解方式为：矩形脉冲分量和阶跃信号分量的叠加。

按图 1.8.3 所示的分解方式，将 $f(t)$ 近似地分解为窄脉冲信号的叠加。设在 $t=\tau$ 时刻被分解的矩形脉冲脉高为 $f(\tau)$，脉宽为 $\Delta\tau$，存在区间 $u(t-\tau)-u(t-\tau-\Delta\tau)$，此窄脉冲可表示为

$$f(\tau)\left[u(t-\tau)-u(t-\tau-\Delta\tau)\right] \tag{1.8.6}$$

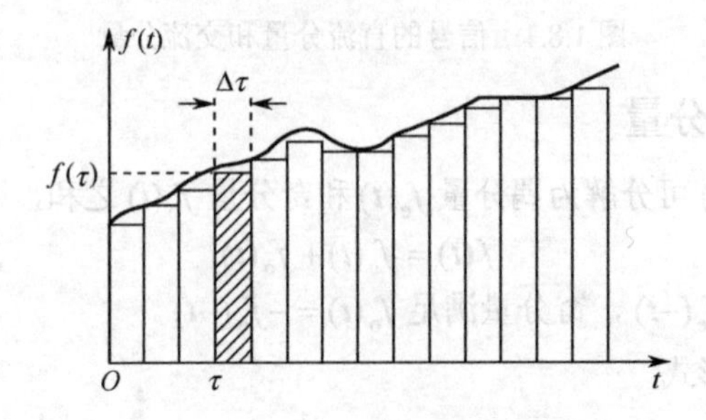

图 1.8.3　信号分解成矩形脉冲分量的叠加

从$\tau=-\infty$到$+\infty$，$f(t)$可以表示为许多窄脉冲叠加，即

$$\begin{aligned} f(t) &= \sum_{\tau=-\infty}^{+\infty} f(\tau)\left[u(t-\tau)-u(t-\tau-\Delta\tau)\right] \\ &= \sum_{\tau=-\infty}^{+\infty} f(\tau)\frac{\left[u(t-\tau)-u(t-\tau-\Delta\tau)\right]}{\Delta\tau}\cdot\Delta\tau \end{aligned} \tag{1.8.7}$$

令$\Delta\tau\to 0$，可得

$$\begin{aligned} f(t) &= \lim_{\Delta\tau\to 0}\sum_{\tau=-\infty}^{+\infty} f(\tau)\frac{\left[u(t-\tau)-u(t-\tau-\Delta\tau)\right]}{\Delta\tau}\Delta\tau \\ &= \lim_{\Delta\tau\to 0}\sum_{\tau=-\infty}^{+\infty} f(\tau)\delta(t-\tau)\Delta\tau \\ &= \int_{-\infty}^{+\infty} f(\tau)\delta(t-\tau)\mathrm{d}\tau \end{aligned} \tag{1.8.8}$$

所以$f(t)$是出现在不同时刻的不同强度的冲激函数之和。将信号分解为冲激信号叠加的方法应用很广，后面的卷积积分中将用到，可以利用卷积积分求系统的零状态响应。

按图 1.8.4 所示的分解方式，可以将$f(t)$近似地分解为阶跃信号分量叠加的形式：

$$f(t)=f(0)u(t)+\int_{0}^{+\infty}\frac{\mathrm{d}f(t_1)}{\mathrm{d}t_1}u(t-t_1)\mathrm{d}t_1 \tag{1.8.9}$$

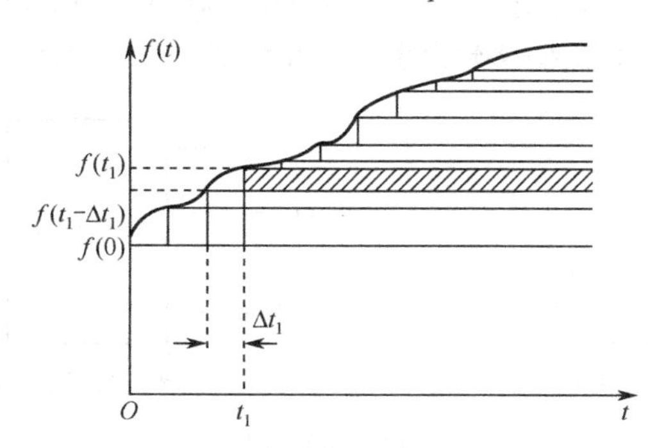

图 1.8.4　信号分解成阶跃信号分量的叠加

1.8.4　实部分量和虚部分量

任意复信号$f(t)$可分解为实部分量$f_{\mathrm{r}}(t)$和虚部分量$f_{\mathrm{i}}(t)$之和的形式，即

$$f(t)=f_{\mathrm{r}}(t)+\mathrm{j}f_{\mathrm{i}}(t) \tag{1.8.10}$$

因为它的共轭复函数为

$$f^{*}(t)=f_{\mathrm{r}}(t)-\mathrm{j}f_{\mathrm{i}}(t) \tag{1.8.11}$$

所以实部和虚部分别为

$$f_{\mathrm{r}}(t)=\frac{1}{2}[f(t)+f^{*}(t)] \tag{1.8.12}$$

$$f_{\mathrm{i}}(t)=\frac{1}{2\mathrm{j}}[f(t)-f^{*}(t)] \tag{1.8.13}$$

离散时间复序列也可以分解为实部分量和虚部分量，只需将式（1.8.12）和式（1.8.13）中的连续时间变量t换成离散时间变量n即可。

虽然工程实际中的信号都是实信号，但是在信号分析中常常借助于复信号来研究实信号，如拉普拉斯变换。近年来，在通信系统、网络理论和数字信号处理等方面，复信号的应用越来越广泛。

1.9　系统模型及分类

所谓系统，是指由若干相互作用和相互依赖的事物组合而成的，具有稳定功能的整体，如通信系统、控制系统、经济系统、生态系统等，其中，电系统是如今应用最为广泛的系统之一。如果某个电路的输入、输出是完成某种功能（如微分、积分、放大等）的，这个电路也可以称为系统。

1.9.1　系统模型

为了便于对系统进行分析，同样需要建立系统的模型。所谓模型，是指对系统物理特性的数学抽象，以数学表达式或具有理想特性的符号组合来表征系统特性。

在建立系统的模型时，对于同一物理系统，在不同的条件下可以得到不同形式的数学模型；对于不同的物理系统，经过抽象和近似，有可能得到形式相同的数学模型。虽然系统的功能不尽相同，但系统分析的着眼点是分析系统输入和输出的关系，不涉及系统内部情况。因此，在系统分析中，其输入/输出关系可以简单地用框图表示出来。如一个输入（激励）信号 $x(t)$加到系统上，有一个输出（响应）$y(t)$与之对应，这样的系统称为单输入-单输出（SISO）系统，表示方法如图 1.9.1（a）所示；若系统的输入有多个，如 $x_1(t), x_2(t),\cdots, x_p(t)$，输出信号也有多个，如 $y_1(t), y_2(t),\cdots, y_q(t)$，则称此系统为多输入-多输出系统，如图 1.9.1（b）所示。

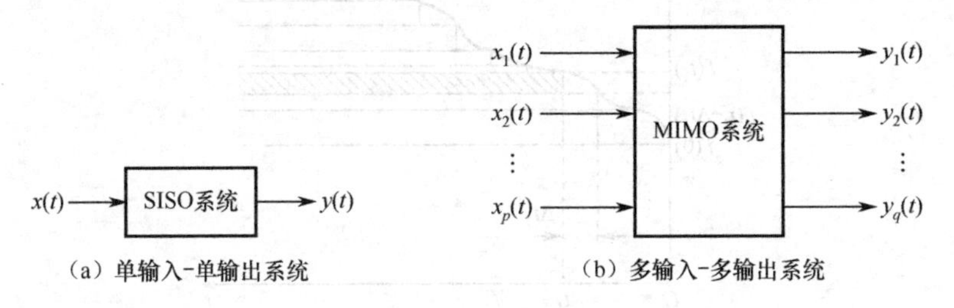

（a）单输入-单输出系统　　（b）多输入-多输出系统

图 1.9.1　系统方框图

1．数学表达式描述系统模型

系统物理特性的数学抽象，即利用数学表达式描述系统模型。例如，由电阻、电容和电感组成的串联回路，如图 1.9.2 所示。图中，R 代表电阻，C 代表电容，L 代表电感。若激励信号是电压源 $e(t)$，求解响应信号电流 $i(t)$ 。由元件的特性与基尔霍夫电压定律（KVL）约束关系，可建立微分方程。

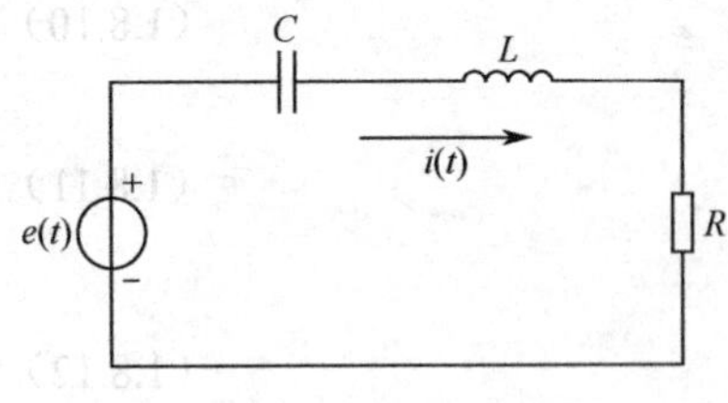

图 1.9.2　RLC 串联回路

其中元件的特性满足

电阻：$v_R(t)=Ri_R(t)$，电感：$v_L(t)=L\dfrac{\mathrm{d}i_L(t)}{\mathrm{d}t}$，电容：$v_C(t)=\dfrac{1}{C}\int_{-\infty}^{t} i_C(\tau)\,\mathrm{d}\tau$ 。

根据基尔霍夫电压定律可得

$$v_L(t)+v_R(t)+v_C(t)=e(t)$$

利用每个元件的电压-电流定律可将上述方程表示为

$$L\frac{\mathrm{d}i(t)}{\mathrm{d}t}+Ri(t)+\frac{1}{C}\int_{-\infty}^{t} i(\tau)\mathrm{d}\tau=e(t) \tag{1.9.1}$$

对这个方程两边进行微分得

$$L\frac{\mathrm{d}i^2(t)}{\mathrm{d}t^2}+R\frac{\mathrm{d}i(t)}{\mathrm{d}t}+\frac{1}{C}i(t)=\frac{\mathrm{d}e(t)}{\mathrm{d}t} \tag{1.9.2}$$

整理得

$$LC\frac{\mathrm{d}i^2(t)}{\mathrm{d}t^2}+RC\frac{\mathrm{d}i(t)}{\mathrm{d}t}+i(t)=C\frac{\mathrm{d}e(t)}{\mathrm{d}t} \tag{1.9.3}$$

这就是电容、电阻、电感串联组合的数学模型，是一个二阶微分方程。

对于同一数学模型，还可以描述物理外貌截然不同的系统。例如，将在第 2 章中介绍的机械位移系统（第 2.2 节）。机械位移系统的微分方程为

$$m\frac{\mathrm{d}^2 v(t)}{\mathrm{d}t^2}+f\frac{\mathrm{d}v(t)}{\mathrm{d}t}+kv(t)=\frac{\mathrm{d}F_{\mathrm{S}}(t)}{\mathrm{d}t} \tag{1.9.4}$$

也是一个二阶系统。

对于较复杂的系统，其数学模型可能是一个高阶微分方程，规定此微分方程的阶次就是系统的阶数。

以上讲述的是单输入–单输出的系统模型，也叫做输入–输出描述法，主要关注的是系统激励与响应之间的关系，分析对象是单输入–单输出系统。如果要分析多输入–多输出系统的输入与输出变量，或者欲考虑系统内部的某些物理量及其对输出的影响，用输入–输出描述法就不能满足要求，需要用状态变量分析法来进行分析。

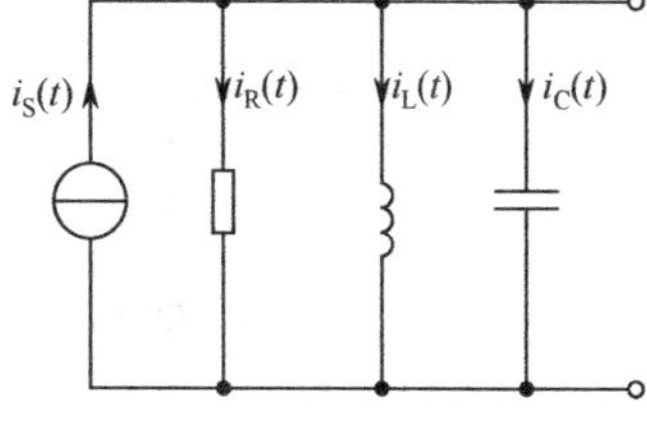

图 1.9.3　RLC 并联电路

例如，一 RLC 并联电路如图 1.9.3 所示，输入为 $i_{\mathrm{S}}(t)$，输出为电容上的电压 $v_{\mathrm{C}}(t)$。按照输入–输出描述法建立的微分方程为

$$\frac{1}{R}\frac{\mathrm{d}v_{\mathrm{C}}(t)}{\mathrm{d}t}+\frac{1}{L}v_{\mathrm{C}}(t)+C\frac{\mathrm{d}^2 v_{\mathrm{C}}(t)}{\mathrm{d}t^2}=\frac{\mathrm{d}i_{\mathrm{S}}(t)}{\mathrm{d}t} \tag{1.9.5}$$

这是一个二阶的输入/输出方程，它所描述的是输入 $i_{\mathrm{S}}(t)$ 和输出 $v_{\mathrm{C}}(t)$ 之间的关系。

如果欲了解电路中另一变量电感电流 $i_{\mathrm{L}}(t)$ 和电容电压 $v_{\mathrm{C}}(t)$、电流源 $i_{\mathrm{S}}(t)$ 之间的关系，可将式（1.9.5）分解为

$$\begin{cases}\dfrac{\mathrm{d}v_{\mathrm{C}}(t)}{\mathrm{d}t}=-\dfrac{1}{RC}v_{\mathrm{C}}(t)-\dfrac{1}{C}i_{\mathrm{L}}(t)+\dfrac{1}{C}i_{\mathrm{S}}(t)\\[2ex] \dfrac{\mathrm{d}i_{\mathrm{L}}(t)}{\mathrm{d}t}=\dfrac{1}{L}v_{\mathrm{C}}(t)\end{cases} \tag{1.9.6}$$

式中，$i_{\mathrm{L}}(t)$ 和 $v_{\mathrm{C}}(t)$ 是系统的状态变量，在已知初始条件 $i_{\mathrm{L}}(t_0)$ 和 $v_{\mathrm{C}}(t_0)$ 与激励 $i_{\mathrm{S}}(t)$ 的条件下，根据式（1.9.6）可以唯一地确定系统在 $t\geqslant t_0$ 后任意时刻的状态变量 $v_{\mathrm{C}}(t)$、$i_{\mathrm{L}}(t)$。

若系统的状态变量仍为 $i_{\mathrm{L}}(t)$ 和 $v_{\mathrm{C}}(t)$，输出改为 $v_{\mathrm{L}}(t)$ 和 $i_{\mathrm{C}}(t)$，则系统的输出方程为

$$\begin{cases}v_{\mathrm{L}}(t)=v_{\mathrm{C}}(t)\\[1ex] i_{\mathrm{C}}(t)=-\dfrac{1}{R}v_{\mathrm{C}}(t)-i_{\mathrm{L}}(t)+i_{\mathrm{S}}(t)\end{cases} \tag{1.9.7}$$

在已知初始条件 $i_{\mathrm{L}}(t_0)$ 和 $v_{\mathrm{C}}(t_0)$ 与激励 $i_{\mathrm{S}}(t)$ 的条件下，根据式（1.9.7）能够唯一地确定系统在 $t\geqslant t_0$ 后任意时刻的输出响应。

所谓状态变量分析法，就是把系统内独立的物理变量作为状态变量，利用状态变量与输入变量、状态变量与输出变量描述系统特性的方法。通常系统特性的描述用状态变量方程（简称为状

态方程）和输出方程来完成。状态方程是描述状态变量变化规律，用状态变量和激励表示的一组独立的一阶微分方程，状态方程中每一个等式的左边是状态变量的一阶导数，右边是包含系统参数、状态变量和激励的一般函数表达式。输出方程是描述系统的输出与状态变量之间关系的方程组，每个等式左边是输出变量，右边是只包含系统参数、状态变量和激励的一般函数表达式。选择不同的输出方程，可以得到不同的输出，所以状态变量分析法特别适用于多输入–多输出系统。在上例中，式（1.9.6）是一组状态方程，式（1.9.7）是一组输出方程。

2．框图表示系统模型

除了可以利用数学表达式描述系统模型之外，也可借助框图表示系统模型，每个框图反映某种数学运算功能。如果给出每个框图输出与输入信号的约束条件，那么若干方框图就可以组成一个完整的系统。利用线性微分方程基本运算单元给出系统框图的方法也称为系统仿真（或模拟）。在实际应用中，考虑到抑制突发干扰（噪声）信号的影响，往往不使用微分电路，尽量使用积分电路。系统的模拟通常由加法器、标量乘法器（数乘器）和积分器三种基本运算器组成，如图 1.9.4 所示。

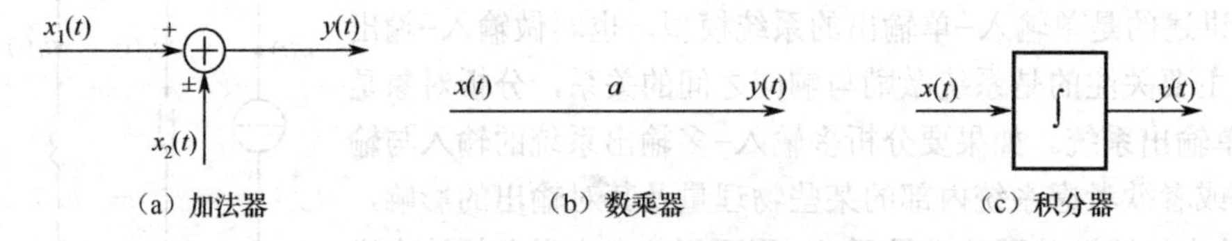

图 1.9.4　基本运算器示意图

【例 1.9.1】　画出如下微分方程所代表的系统的系统框图。

$$\frac{\mathrm{d}^2 y(t)}{\mathrm{d}t^2}+3\frac{\mathrm{d}\,y(t)}{\mathrm{d}t}+2y(t)=\frac{\mathrm{d}\,x(t)}{\mathrm{d}t}+x(t)$$

解：方程左端只保留输出的最高阶导数项

$$\frac{\mathrm{d}^2 y(t)}{\mathrm{d}t^2}=-3\frac{\mathrm{d}\,y(t)}{\mathrm{d}t}-2y(t)+\frac{\mathrm{d}\,y(t)}{\mathrm{d}t}+y(t)$$

积分两次，使方程左端只剩下 $y(t)$ 项

$$y(t)=-3\int y(t)\,\mathrm{d}t-2\iint y(t)\,\mathrm{d}t+\int x(t)\,\mathrm{d}t+\iint x(t)\,\mathrm{d}t$$

即可画出描述该微分方程的系统的框图，如图 1.9.5 所示。

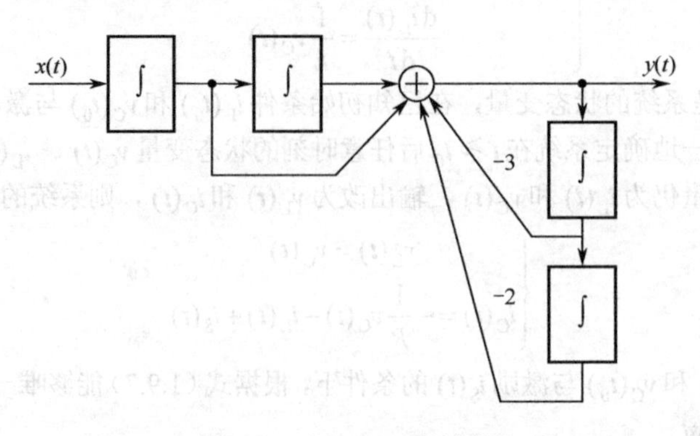

图 1.9.5　例 1.9.1 系统框图

【例 1.9.2】　某连续系统框图如图 1.9.6 所示，写出该系统的微分方程。

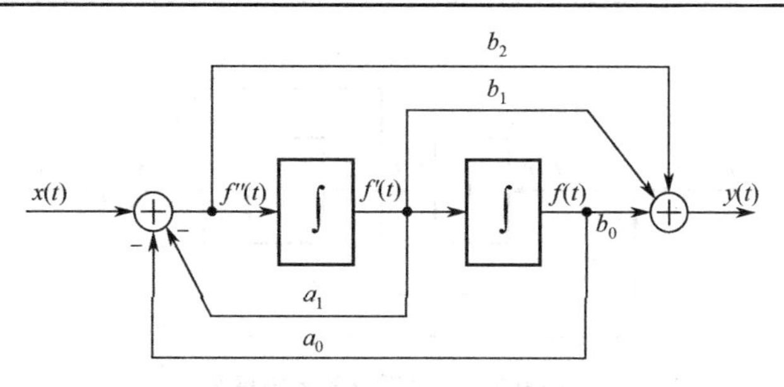

图 1.9.6 例 1.9.2 系统框图

解：图 1.9.6 所示系统有两个积分器，因而仍为二阶系统。与前例不同的是，系统的响应 $y(t)$ 并非是右端积分器的输出信号。设第二个积分器的输出信号为 $f(t)$，则第二个积分器输入端的信号就为 $f'(t)$，第一个积分器输入端的信号就为 $f''(t)$。

根据第一个加法器的输入和输出信号，可得到如下关系式

$$f''(t)=x(t)-a_1f'(t)-a_0f(t)$$

即

$$f''(t)+a_1f'(t)+a_0f(t)=x(t) \tag{1.9.8}$$

根据第二个加法器的输入和输出信号，可得到如下关系式

$$y(t)=b_2f''(t)+b_1f'(t)-b_0f(t) \tag{1.9.9}$$

为求得表示响应 $y(t)$ 与激励 $x(t)$ 之间关系的方程，应从式（1.9.8）和式（1.9.9）中消去中间变量 $f(t)$ 及其导数。由式（1.9.9）知，响应 $y(t)$ 是 $f(t)$ 及其各阶导数的线性组合，因而以 $y(t)$ 为未知变量的微分方程左端的系数应与式（1.9.8）相同。由式（1.9.9）可得（为简便，略去了自变量 t）

$$a_0y=b_2(a_0f'')+b_1(a_0f')+b_0(a_0f)$$
$$a_1y'=b_2(a_1f'')'+b_1(a_1f')'+b_0(a_1f)'$$
$$y''=b_2(f'')''+b_1(f')''+b_0(f)''$$

将以上三式相加，得

$$y''+a_1y'+a_0y=b_2(f''+a_1f'+a_0f)''+b_1(f''+a_1f'+a_0f)'+b_0(f''+a_1f'+a_0f)$$

考虑到式（1.9.8），上式右端等于 $b_2x''+b_1x'+b_0x$，故得

$$y''(t)+a_1y'(t)+a_0y(t)=b_2x''(t)+b_1x'(t)+b_0x(t)$$

此式即为图 1.9.6 所示系统的微分方程。

【例 1.9.3】 某连续系统的输入/输出方程为 $y''(t)+a_1y'(t)+a_0y(t)=b_1x'(t)+b_0x(t)$，试画出该系统的系统框图。

解：该系统方程是一个一般的二阶微分方程，方程中除含有输入信号 $x(t)$ 外，还包含 $x(t)$ 的导数。对于这类系统，可以通过引用辅助函数的方法画出系统框图。

设辅助函数 $f(t)$ 满足

$$f''(t)+a_1f'(t)+a_0f(t)=x(t)$$

将其代入系统输入/输出方程，得：

$$\begin{aligned}y''(t)+a_1y'(t)+a_0y(t)&=b_1[f''(t)+a_1f'(t)+a_0f(t)]'+b_0[f''(t)+a_1f'(t)+a_0f(t)]\\&=[b_1f'(t)+b_0f(t)]''+a_1[b_1f'(t)+b_0f(t)]'+a_0[b_1f'(t)+b_0f(t)]\end{aligned}$$

所以

$$y(t)=b_1f'(t)+b_0f(t)$$

该系统的框图如下：

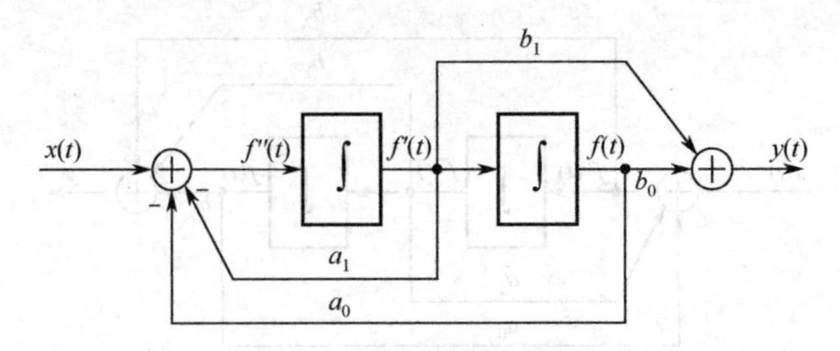

图 1.9.7　二阶系统的系统框图

将上述结论推广应用于 n 阶连续系统。设 n 阶系统输入/输出方程为

$$y^{(n)}+a_{n-1}y^{(n-1)}+\cdots+a_1y'+a_0y=b_mx^{(m)}+b_{m-1}x^{(m-1)}+\cdots+b_1x'+b_0x \tag{1.9.10}$$

则系统框图如图 1.9.8 所示。

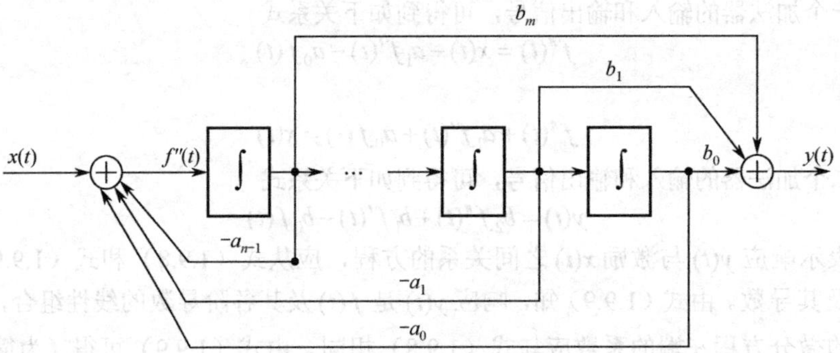

图 1.9.8　n 阶系统的系统框图

1.9.2　系统的分类

1．线性系统与非线性系统

线性性质包含两个内容：齐次性和叠加性。若输入为 $x(t)$，系统输出为 $y(t)$，用 $x(t)\to y(t)$ 表示。

所谓齐次性，是指若系统的激励增大 k（k 为任意常数）倍时，其响应也增大 k 倍。齐次性也叫做均匀性或比例性。如图 1.9.9（a）所示，对满足齐次性的系统，若

$$x_1(t)\to y_1(t),\quad x_2(t)\to y_2(t)$$

则有

$$kx_1(t)\to ky_1(t),\quad kx_2(t)\to ky_2(t) \tag{1.9.11}$$

若有几个激励同时作用于系统时，系统的总响应等于各激励单独作用时引起的响应之和，就是叠加性。如图 1.9.9（b）所示，对满足叠加性的系统，若

$$x_1(t)\to y_1(t),\quad x_2(t)\to y_2(t)$$

则有

$$x_1(t)+x_2(t)\to y_1(t)+y_2(t) \tag{1.9.12}$$

能同时满足齐次性和叠加性的系统称为线性系统。如图 1.9.9（c）所示，对于线性系统，若

$$x_1(t)\to y_1(t),\quad x_2(t)\to y_2(t)$$

则有

$$k_1x_1(t)+k_2x_2(t)\to k_1y_1(t)+k_2y_2(t) \tag{1.9.13}$$

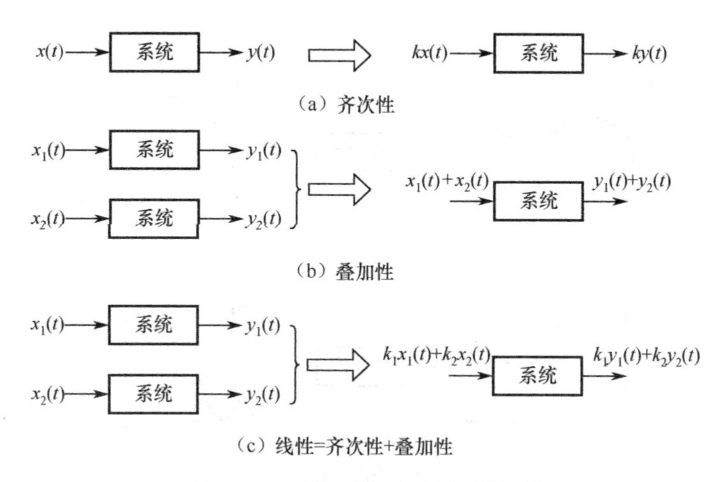

图 1.9.9　线性系统=齐次性+叠加性

2．时不变系统与时变系统

如果系统的参数与时间无关，是常数，或它的输入/输出特性不随时间起点而变化，则称该系统为时不变系统，否则称为时变系统。图 1.9.10 所示为时不变系统示意图，如果激励是 $x(t)$，系统产生的响应为 $y(t)$，当将激励的时间延迟 τ，即 $x(t)$ 变为 $x(t-\tau)$，则其输出响应也相同延迟 τ，为 $y(t-\tau)$，它们之间的变化规律保持不变，其波形保持不变。即若 $x(t)\to y(t)$，则有

$$x(t-\tau)\to y(t-\tau) \tag{1.9.14}$$

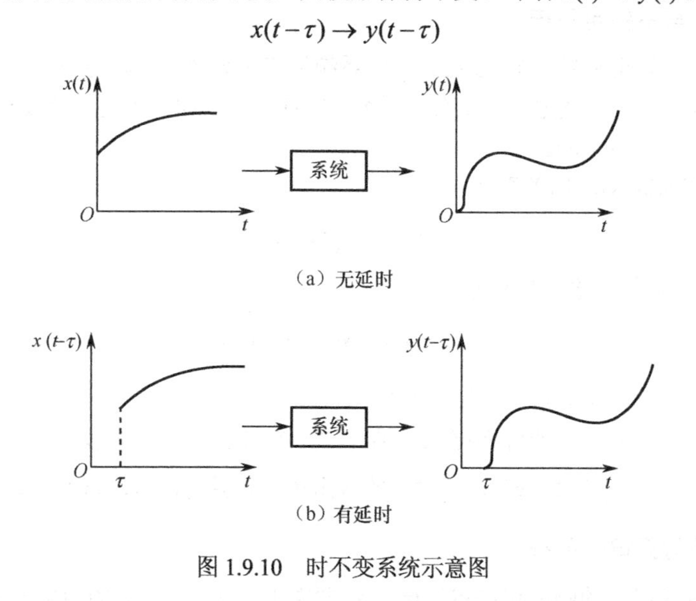

图 1.9.10　时不变系统示意图

系统的线性和时不变是两个不同的概念，线性系统可以是时不变的，也可以是时变的，非线性系统也是如此。若系统既是线性又是时不变的系统，则称为线性时不变系统，简记为 LTI。

3．因果系统与非因果系统

因果系统是指其响应不出现于激励作用之前，也就是在某时刻的输出只取决于某时刻的输入和过去的输入，而与未来的输入无关。否则，称为非因果系统。即设输入信号 $x(t)$ 在 $t<t_0$ 时恒等于零，则因果系统的输出在 $t<t_0$ 时也必然为零。而非因果系统的响应领先于激励，它的输出与将来的值有关。例如，输出 $y(t)=x(t+3)$，当 $t=0$ 时，$y(0)=x(3)$，0 时刻的输出由 3 时刻的输入决定，输出超前于输入，此系统为非因果系统。图 1.9.11 所示为因果系统与非因果系统的

示意图。

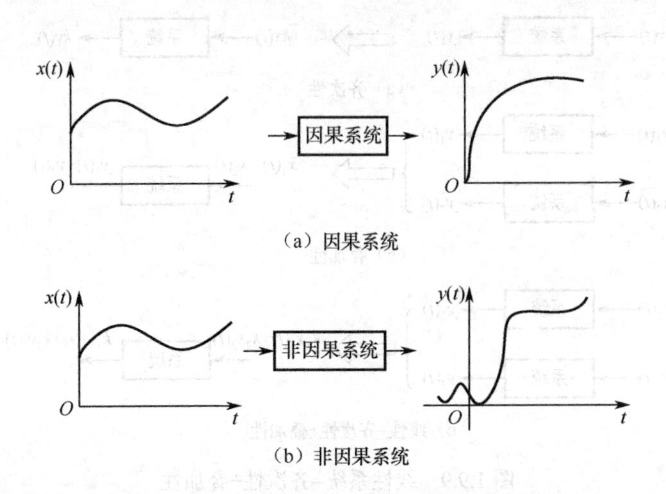

图 1.9.11　因果系统与非因果系统的示意图

许多以时间为自变量的实际系统都是因果系统，如收音机、电视机等。需要指出的是，如果自变量不是时间，而是空间位置等其他变量，因果就失去了意义。

由于因果系统没有预测未来输入的能力，因而也常称为不可预测系统，实际的物理可实现系统均为因果系统。

4．稳定系统与不稳定系统

若输入有界，则输出有界（BIBO 准则）的系统为稳定系统，否则为非稳定系统。对于非稳定系统，一个小的激励（如干扰电压）就会使系统的响应发散（如产生的电流或热量趋于无限），这对于系统的设计是所不希望的。

例如，某系统的输入/输出关系为

$$y(t)=\int_0^t x(\tau)\mathrm{d}\tau$$

若 $x(t)=u(t)$，显然该输入是有界的，但

$$y(t)=\int_0^t u(\tau)\mathrm{d}\tau=t,\quad t\geqslant 0$$

它随时间 t 无限增长，故该系统不是稳定系统。

例如，有一个系统 $y(t)=\mathrm{e}^{x(t)}$，现在要判断它是否为稳定的。可先假设输入 $x(t)$ 是有界的（即 $x(t)\leqslant M$），由于 $|y(t)|=\left|\mathrm{e}^{x(t)}\right|\leqslant \mathrm{e}^M$，其对应的输出也是有界的，所以该系统是稳定的。

5．记忆系统与无记忆系统

如果系统在任意时刻的响应仅决定于该时刻的激励，而与它过去的历史无关，则称为无记忆系统（或即时系统）。全部由无记忆元件（如电阻）组成的系统是即时系统。如果系统在任意时刻的响应不仅与该时刻的激励有关，而且与它过去的历史有关，则称为记忆系统（或动态系统）。含有记忆元件（如电容、电感、磁芯、存储器）的系统是记忆系统。

对于无记忆系统，有输入才有输出，一旦输入取消，其输出即刻为零，其输入/输出的关系可用代数方程描述。对于记忆系统的数学模型，则需用微分方程或差分方程来描述。

6．可逆系统与不可逆系统

若系统在不同的激励信号作用下产生不同的响应，则称此系统为可逆系统，反之为不可逆系统。对于可逆系统，都存在一个“逆系统”，当原系统与此系统级联后，输出信号与输入信号相同，

如图 1.9.12 所示。

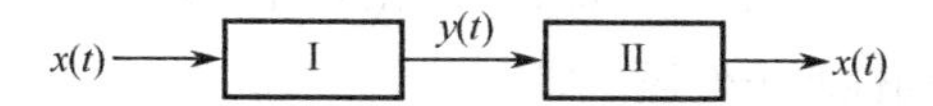

图 1.9.12　可逆系统及逆系统

例如，输入 $y(t)$ 与输入 $x(t)$ 具有如下约束关系的系统是可逆的

$$y(t)=Kx(t)\text{，}\quad K\text{ 为非零常数}$$

此可逆系统的逆系统输出 $y_1(t)$ 与输入 $x(t)$ 满足如下关系

$$y_1(t)=\frac{1}{K}x(t)$$

例如，$y(t)=x^2(t)$ 描述的系统是一个不可逆系统，显然无法根据给定的输出来确定输入的正、负号，也就是说，不同的激励产生了相同的响应，因而该系统是不可逆的。

可逆系统的概念在信号传输与处理领域得到了广泛的应用。例如，在通信系统中，为满足某些要求，可将要传输的信号进行编码，在接收到信号后仍要恢复原信号，该编码器就需要是可逆的。

除以上几种划分方式之外，还可以按照系统元件的特性，将它们划分为集总参数与分布参数系统以及物理系统与非物理系统等。

1.10　线性时不变系统的性质

在工程实际中，相当广泛的系统的数学模型可以用一个集总参数的线性时不变系统来描述，为基于线性和时不变性系统分析建立了一套完整的普遍适用的方法。因此，线性时不变系统（Linear Time-Invariant，LTI）将成为本课程重点研究的对象。

本节将讨论线性时不变系统的一些基本性质，这些性质既有数学上的表示，又有其物理内容，通过对这些性质的研究，可以深入了解并且熟练运用这些性质来描述信号与系统。

1.10.1　线性性质

具有叠加性与齐次性（也称均匀性）的系统称为线性系统。线性包含了齐次性与叠加性两个性质。

1．齐次性

如果系统的激励为 $x(t)$，产生的响应为 $y(t)$，则激励 $ax(t)$ 的响应即为 $ay(t)$，此性质即为齐次性，其中，a 为任意常数。即

若

$$x(t)\to y(t) \tag{1.10.1}$$

则有

$$ax(t)\to ay(t) \tag{1.10.2}$$

2．叠加性

如果系统的激励为 $x_1(t)$ 和 $x_2(t)$，产生的响应分别为 $y_1(t)$ 和 $y_2(t)$，则激励 $x_1(t)+x_2(t)$ 的响应即为 $y_1(t)+y_2(t)$，此性质即为叠加性。即

若

$$x_1(t)\to y_1(t)\text{，}\quad x_2(t)\to y_2(t) \tag{1.10.3}$$

则有

$$x_1(t)+x_2(t) \to y_1(t)+y_2(t) \tag{1.10.4}$$

线性包含了齐次性与叠加性两个性质，即

若

$$x_1(t) \to y_1(t),\ x_2(t) \to y_2(t) \tag{1.10.5}$$

则有

$$a_1x_1(t)+a_2x_2(t) \to a_1y_1(t)+a_2y_2(t) \tag{1.10.6}$$

式中，a_1、a_2 为任意常数。

1.10.2 时不变性质

如果系统的激励为 $x(t)$，产生的响应为 $y(t)$，则激励为 $x(t)$ 时移 t_0 后的信号 $x(t-t_0)$ 产生的响应即为 $y(t-t_0)$，此性质即为时不变性，也称做定常性或延迟性。即

若

$$x(t) \to y(t)$$

则有

$$x(t-t_0) \to y(t-t_0) \tag{1.10.7}$$

1.10.3 微分特性

如果系统的激励为 $x(t)$，产生的响应为 $y(t)$，则激励为 $x(t)$ 的导数 $\dfrac{\mathrm{d}x(t)}{\mathrm{d}t}$ 时，产生的响应即为 $y(t)$ 的导数 $\dfrac{\mathrm{d}y(t)}{\mathrm{d}t}$，此性质称为微分特性。即

若

$$x(t) \to y(t)$$

则有

$$\frac{\mathrm{d}x(t)}{\mathrm{d}t} \to \frac{\mathrm{d}y(t)}{\mathrm{d}t} \tag{1.10.8}$$

1.10.4 积分特性

如果系统的激励为 $x(t)$，产生的响应为 $y(t)$，则激励为 $x(t)$ 的积分 $\int_{-\infty}^{t} x(\tau)\mathrm{d}\tau$ 时，产生的响应即为 $y(t)$ 的积分 $\int_{-\infty}^{t} y(\tau)\mathrm{d}\tau$，此性质称为积分特性。即

若

$$x(t) \to y(t)$$

则有

$$\int_{-\infty}^{t} x(\tau)\mathrm{d}\tau \to \int_{-\infty}^{t} y(\tau)\mathrm{d}\tau \tag{1.10.9}$$

1.10.5 频率保持性

如果线性时不变系统的输入信号含有角频率 $\omega_1,\omega_2,\cdots,\omega_n$ 的成分，则系统的稳态响应也只可能含有 $\omega_1,\omega_2,\cdots,\omega_n$ 的成分，换言之，信号通过线性系统后不会产生新的频率分量，即线性时不变系统的频率保持性。

1.11　线性时不变系统的分析方法

在系统分析中，线性时不变系统（LTI）的分析具有重要意义。在实际中，大部分系统属于 LTI 系统或可以近似地看做是 LTI 系统，还有一些非线性系统或时变系统在限定范围与指定条件下，遵从线性时不变特性的规律，而且，LTI 系统的分析方法已经形成了完整的、严密的体系，日趋完善和成熟。

对系统的理论研究主要包括系统的分析和综合两个方面。系统分析主要是在已知系统结构和激励的前提下，分析系统产生的相应响应。简而言之，系统分析就是建立描述系统特性的数学模型并求其解。系统综合是讨论根据实际提出的激励和响应的要求，也就是系统的功能，设计出具体的系统。分析和综合有各自不同的特点和方法，又有密切的联系，分析是综合的基础。

在建立系统模型方面，描述的方法主要两种：输入–输出描述法和状态变量描述法。

输入–输出描述法是一种外部描述法，主要是研究系统激励和响应之间的直接关系，并不涉及系统内部的变量。一般来说，对于连续的线性时不变系统来说，可以采用常系数线性微分方程来描述；对于离散的线性时不变系统，采用常系数差分方程来描述。这种方法对于常见的单输入–单输出系统的描述和求解响应都是极为方便和可行的。

状态变量描述法不仅要涉及输入和输出之间的关系，还要考虑系统内部各变量的情况，相对输入–输出描述法来说是一种内部描述法。状态变量描述法是由状态方程和输出方程两组方程来描述的。状态方程描述了系统内部状态变量与激励之间的关系，对于线性时不变系统来说，也是由常系数微分方程或常系数差分方程来描述的。输出方程描述了系统响应与状态变量和激励的关系，输出方程是代数方程。因此，状态变量描述法适用于多输入–多输出系统，对于时变系统和非线性系统也是方便推广的。

从系统数学模型的求解方法上看，处理方法大体可以分为时间域方法与变换域方法两大类型。

时间域方法是直接分析时间变量的函数，研究系统的时间响应特性，这种方法的主要优点是物理概念清楚。对于输入–输出描述的数学模型，可以利用经典法解常系数线性微分方程或差分方程，辅以算子符号方法可使分析过程适当简化；对于状态变量描述的数学模型，则需求解矩阵方程。变换域方法是将信号与系统模型的时间变量函数变换成相应变换域的某种变量函数。它的优点是可以将时域分析中的微分、积分运算转化为代数运算，或将卷积积分变换为乘法，可根据信号所占有频带与系统通带间的适应关系来分析信号传输问题，往往比时域法简便和直观。本书中的时域法主要介绍卷积法；变换域主要是傅里叶变换、拉普拉斯变换与 z 变换。卷积方法只能求得零状态响应，而变换法不限于求解零状态响应，也可以求解零输入响应和全响应，是求解数学模型的有力工具。并且，傅里叶变换以频率为独立变量，以频域特性为主要研究对象；拉普拉斯变换与 z 变换则注重研究极点与零点分析，可以利用复频域或 z 域的特性来解释现象和说明问题。状态变量描述法既适用于时域分析法，又适用于变换域分析法。

LTI 系统的研究，以叠加性、均匀性和时不变特性作为分析一切问题的基础，按照这一规律去研究问题，时间域方法与变换域方法并没有本质区别。这两种方法都是把激励信号分解为某种基本单元，在这些单元信号分别作用的条件下求得系统的响应，然后叠加。例如，在时域卷积方法中，这种单元是冲激函数，在傅里叶变换中是正弦函数或指数函数，在拉普拉斯变换中则是复指数信号。因此，变换域方法不仅可以视为求解数学模型的有力工具，而且能够赋予明确的物理意义，基于这种物理解释，时间域方法与变换域方法得到了统一。

综上所述，系统分析的过程是从实际物理问题抽象为数学模型，经数学解析后再回到物理实际的过程。本书按照先连续后离散，先时间域后变换域的顺序，采用了输入–输出描述和状态变量描述两种系统的描述方法，研究线性时不变系统的基本分析方法。

习　题

1.1　画出下列各信号的波形。

（1）$f(t)=(2-3\mathrm{e}^{-t})u(t)$；（2）$f(t)=\sin(\pi t)u(t)$；

（3）$f(n)=2^n u(n)$；（4）$f(t)=r(t)u(2-t)$（式中，$r(t)=tu(t)$ 为斜升函数）；

（5）$\left[1+\frac{1}{2}\sin(\Omega t)\right]\sin(8\Omega t)$；（6）$[1+\sin(\Omega t)]\sin(8\Omega t)$；

（7）$[u(t)-u(t-T)]\sin\left(\frac{4\pi}{T}t\right)$；（8）$[u(t)-2u(t-T)+u(t-2T)]\sin\left(\frac{4\pi}{T}t\right)$；

（9）$f(t)=(2-\mathrm{e}^{-t})u(t)$；（10）$f(t)=(3\mathrm{e}^{-t}+6\mathrm{e}^{-2t})u(t)$；

（11）$f(t)=\mathrm{e}^{-t}\cos(10\pi t)[u(t-1)-u(t-2)]$；（12）$t\mathrm{e}^{-t}u(t)$；

（13）$u(t)-2u(t-1)+u(t-2)$；（14）$\frac{\mathrm{d}}{\mathrm{d}t}[\mathrm{e}^{-t}\sin tu(t)]$。

1.2　判断下列各序列是否为周期性的。如果是，确定其周期。

（1）$f(n)=\cos\left(\frac{3\pi}{5}n\right)$；（2）$f(n)=\sin\left(\frac{1}{2}n\right)$；

（3）$f(n)=\mathrm{e}^{\mathrm{j}\frac{\pi}{3}n}$；（4）$f(t)=2\cos\left(3t+\frac{\pi}{4}\right)$；

（5）$f(t)=\mathrm{e}^{\mathrm{j}(\pi t-1)}$；（6）$f(n)=\sum_{m=0}^{+\infty}[\delta(n-3m)-\delta(n-1-3m)]$；

（7）$f(n)=2\cos\left(\frac{\pi n}{4}\right)+\sin\left(\frac{\pi n}{8}\right)-2\sin\left(\frac{\pi n}{2}+\frac{\pi}{6}\right)$。

1.3　试判断下列信号中哪些为能量信号，哪些为功率信号，或者都不是。

（1）$x(t)=A\sin(\omega_0 t+\theta)$；（2）$x(t)=A\mathrm{e}^{-t}$；

（3）$x(t)=\mathrm{e}^{-t}\cos t, t\geqslant 0$；（4）$x(t)=2t+1, -1\leqslant t\leqslant 2$；

（5）$x(n)=\left(\frac{4}{5}\right)^n, n\geqslant 0$。

1.4　分别求下列各周期信号的周期 T。

（1）$\cos(10t)-\cos(30t)$；（2）$\mathrm{e}^{\mathrm{j}10t}$；

（3）$[5\sin(8t)]^2$；（4）$\sum_{n=0}^{+\infty}(-1)^n[u(t-nT)-u(t-nT-T)]$（$n$为正整数）。

1.5　已知信号 $f(t)$ 的波形如题 1.5 图所示，画出下列各函数的波形。

（1）$f(t-1)u(t)$；（2）$f(2-t)u(2-t)$；

（3）$f(0.5t-2)$；（4）$\int_{-\infty}^{t}f(x)\mathrm{d}x$。

1.6　已知信号的波形如题 1.6 图所示，绘出下列信号的波形。

（1）$x(3t-4)$；（2）$x(-3t-2)$；

（3）$x\left(\frac{t}{3}+1\right)$；（4）$x\left(-\frac{t}{3}+1\right)$。

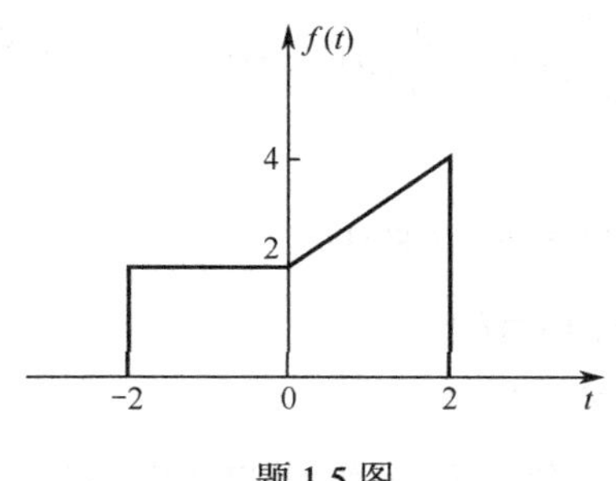

题 1.5 图

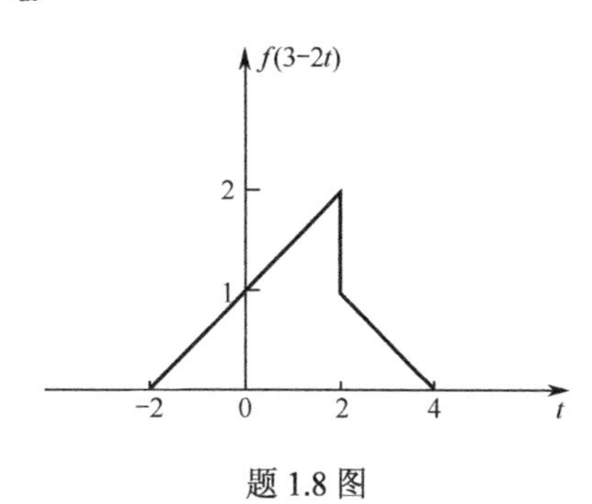

题 1.6 图

1.7 已知序列 $f(n)$ 的波形如题 1.7 图所示，画出下列各函数的波形。

（1） $f(n-2)u(n)$；（2） $f(n-2)u(n-2)$；

（3） $f(-n-2)$；（4） $f(n)-f(n-3)$；

（5） $f(2n-5)$。

1.8 已知信号的波形如题 1.8 图所示，分别画出 $f(t)$ 和 $\dfrac{\mathrm{d}f(t)}{\mathrm{d}t}$ 的波形。

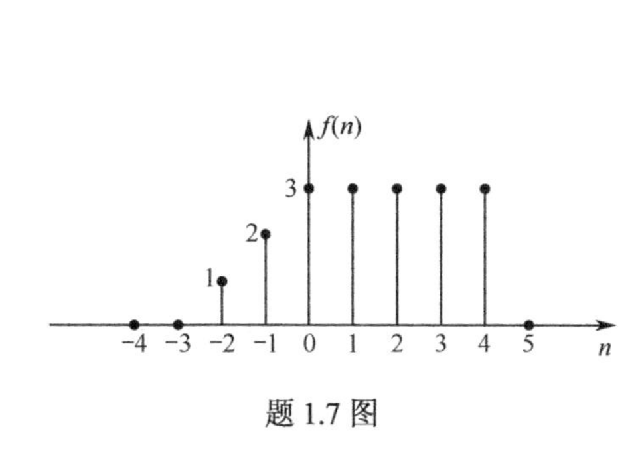

题 1.7 图

题 1.8 图

1.9 计算下列各式。

（1） $\int_{-\infty}^{+\infty}(t^2+2)\delta\left(\dfrac{t}{2}\right)\mathrm{d}t$；（2） $\int_{-\infty}^{t}(1-x)\delta'(x)\mathrm{d}x$；

（3） $\int_{-\infty}^{+\infty}f(t-t_0)\delta(t)\mathrm{d}t$；（4） $\int_{-\infty}^{+\infty}\delta(t-t_0)u\left(t-\dfrac{t_0}{2}\right)\mathrm{d}t$；

（5） $\int_{-\infty}^{+\infty}\delta(t-t_0)u(t-2t_0)\mathrm{d}t$；（6） $\int_{-\infty}^{+\infty}(\mathrm{e}^{-t}+t)\delta(t+2)\mathrm{d}t$；

（7） $\int_{-\infty}^{+\infty}(t+\sin t)\delta\left(t-\dfrac{\pi}{6}\right)\mathrm{d}t$；（8） $\int_{-\infty}^{+\infty}\mathrm{e}^{-\mathrm{j}\omega t}[\delta(t)-\delta(t-t_0)]\mathrm{d}t$。

1.10 粗略绘出题 1.10 图所示各波形的偶分量和奇分量。

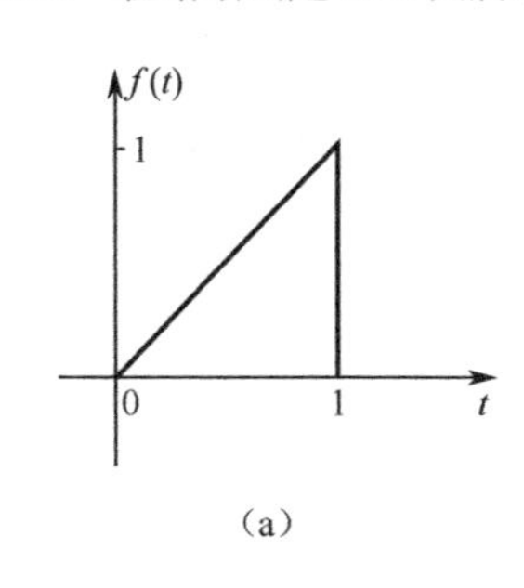

（a）

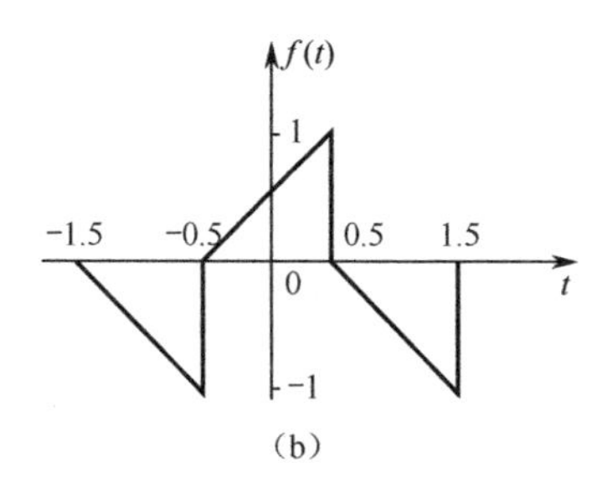

（b）

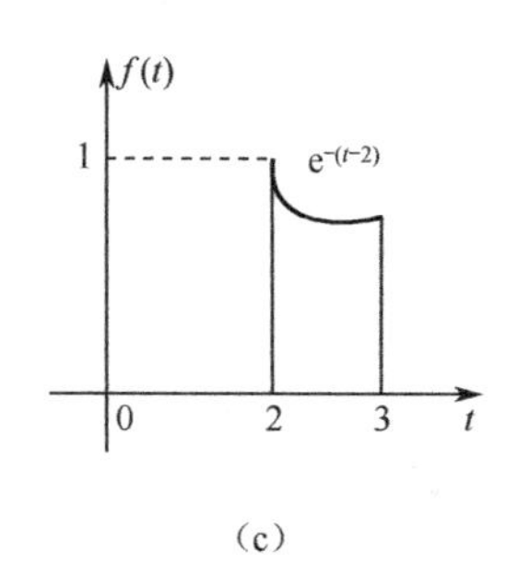

（c）

题 1.10 图

1.11 绘出下列系统的仿真框图。

（1）$\frac{\mathrm{d}}{\mathrm{d}t}y(t)+a_0y(t)=b_0x(t)+b_1\frac{\mathrm{d}}{\mathrm{d}t}x(t)$；（2）$\frac{\mathrm{d}^2}{\mathrm{d}t^2}y(t)+a_1\frac{\mathrm{d}}{\mathrm{d}t}y(t)+a_0y(t)=b_0x(t)+b_1\frac{\mathrm{d}}{\mathrm{d}t}x(t)$。

1.12 判断下列系统是否为线性的、时不变的、因果的。

（1）$y(t)=\frac{\mathrm{d}x(t)}{\mathrm{d}t}$；（3）$y(t)=\sin[x(t)]u(t)$；

（4）$y(t)=x(1-t)$；（5）$y(t)=x(2t)$；

（6）$y(t)=x^2(t)$；（7）$y(t)=\int_{-\infty}^{t}x(\tau)\mathrm{d}\tau$。

1.13 判断下列系统是否为可逆的。若可逆，给出它的逆系统；若不可逆，指出使该系统产生相同输出的两个输入信号。

（1）$y(t)=x(t-5)$；（2）$y(t)=\int_{-\infty}^{t}x(\tau)\mathrm{d}\tau$。

1.26 某 LTI 连续系统，已知当激励 $x(t)=u(t)$ 时，其零状态响应 $y_{zs}(t)=\mathrm{e}^{-2t}u(t)$。求：

（1）当输入为冲激响应函数 $\delta(t)$ 时的零状态响应。

（2）当输入为斜变函数 $tu(t)$ 时的零状态响应。

第 2 章　连续时间信号与系统的时域分析

2.1　引言

时域分析方法是直接研究系统时间响应或时域特性的一种方法，它以时间 t 为变量，在时域内进行分析，具有直观、物理概念清楚等优点，是学习各种变换分析方法的基础。

对于系统分析主要有两个方面的内容：一是用数学语言描述系统，建立系统的数学模型；二是分析信号经过系统产生的响应。

对于线性时不变连续时间系统，通常可用微分方程来描述这类系统，也就是系统的输入和输出之间通过时间函数及函数的各阶导数的线性组合联系起来。如果输入与输出只用一个微分方程相联系，而不研究系统内其他信号的变化，这种描述方法称为输入–输出变量法。如果要分析多输入–多输出系统的输入与输出变量，或者考虑系统内部的某些物理量及其对输出的影响，用输入–输出变量法就不能满足要求，需要用状态变量分析法来进行分析。利用状态变量描述的系统分析法将在第 10 章介绍。

系统时域分析法包含两方面内容，一方面是求解微分方程，另一方面是已知系统的单位冲激响应，将冲激响应与输入激励信号进行卷积积分，得到系统的输出响应。在解微分方程过程中采用的经典法，即采用高等数学中的经典解法求解微分方程，这种解法着重说明解的物理意义，并建立了零输入响应和零状态响应两个重要的基本概念。虽然卷积积分只能求到系统的零状态响应，但卷积法的物理概念明确、运算过程方便，卷积积分还是时间域和变换域分析线性系统的纽带，它给变换域分析赋以清晰的物理概念，是系统分析的基本方法，是近代计算分析系统的强有力工具之一。

本章首先介绍系统的数学模型——微分方程的建立，以及经典解法；在此基础上介绍微分方程的解——系统的响应，主要包括零输入响应与零状态响应、自由响应与强迫响应等响应分类和单位冲激响应和单位阶跃响应；通过引入卷积的概念，利用冲激响应和卷积求解系统的零状态响应；最后对相关分析法加以介绍。

2.2　经典时域解法

线性时不变系统是最常见、最典型的一类系统，描述这类系统输入/输出特性的是常系数微分方程。为了在时域中分析系统，对给定的具体物理模型，要按照原件的约束特性及系统结构的约束特性来建立对应的微分方程。如电路系统，建立微分方程的基本依据主要是基尔霍夫定律（KCL 与 KVL）及元件端口的电压/电流关系。利用经典法可以计算出微分方程的齐次解和特解，其解法已经在高等数学等先修课程中讲解过，本节将做简单回顾。

2.2.1　微分方程的建立与求解

为了构建一个系统的模型，必须研究系统中各种不同变量的关系。比如在电气系统中必须为每个元件的电压/电流关系确定一个符合要求的模型，如对电阻的欧姆定律；另外，当若干元件相互连接在一起时，还必须确定在电流和电压上的各种限制，这些就是互联定律，如基尔霍夫电压定律；在这些方程中消去不需要的变量，以得到输入/输出方程。在平移系统中建模的基本元件是理想质量、线性弹簧和阻尼器等，根据牛顿运动定律或受力平衡即可建立系统模型。

【例 2.2.1】 RLC 串联电路如图 2.2.1 所示，求输入电压 $v_{\mathrm{i}}(t)$ 和回路电流 $i(t)$ 之间的输入/输出方程。

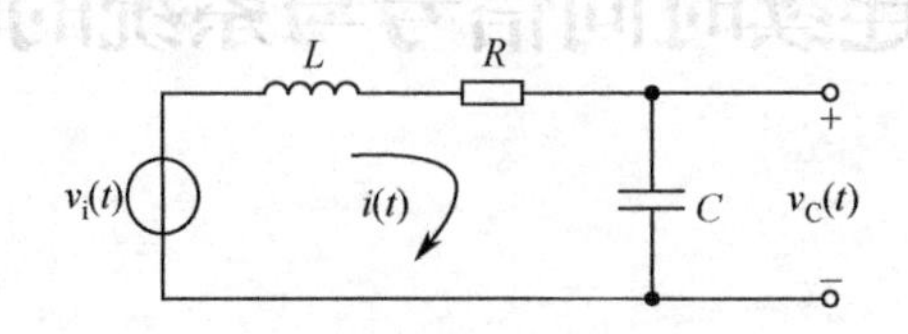

图 2.2.1 RLC 串联电路

解：在电流、电压取关联参考方向的条件下，常用元件的电压/电流关系如下：

电阻 R：
$$i_{\mathrm{R}}(t)=\frac{1}{R}u_{\mathrm{R}}(t) \tag{2.2.1}$$

电感 L：
$$\begin{cases} v_{\mathrm{L}}(t)=L\dfrac{\mathrm{d}i_{\mathrm{L}}(t)}{\mathrm{d}t} \\ i_{\mathrm{L}}(t)=\dfrac{1}{L}\displaystyle\int_{-\infty}^{t}v_{\mathrm{L}}(\tau)\,\mathrm{d}\tau \end{cases} \tag{2.2.2}$$

电容 C：
$$\begin{cases} i_{\mathrm{C}}(t)=C\dfrac{\mathrm{d}v_{\mathrm{C}}(t)}{\mathrm{d}t} \\ v_{\mathrm{C}}(t)=\dfrac{1}{C}\displaystyle\int_{-\infty}^{t}i_{\mathrm{C}}(\tau)\,\mathrm{d}\tau \end{cases} \tag{2.2.3}$$

根据网络拓扑约束关系，即环绕回路应用基尔霍夫电压定律，可得
$$v_{\mathrm{L}}(t)+v_{\mathrm{R}}(t)+v_{\mathrm{C}}(t)=v_{\mathrm{i}}(t) \tag{2.2.4}$$

利用每个元件的电压/电流关系可将上述方程表示为
$$L\frac{\mathrm{d}i(t)}{\mathrm{d}t}+Ri(t)+\frac{1}{C}\int_{-\infty}^{t}i(\tau)\mathrm{d}\tau=v_{\mathrm{i}}(t) \tag{2.2.5}$$

对这个方程两边进行微分，得
$$L\frac{\mathrm{d}i^2(t)}{\mathrm{d}t^2}+R\frac{\mathrm{d}i(t)}{\mathrm{d}t}+\frac{1}{C}i(t)=\frac{\mathrm{d}v_{\mathrm{i}}(t)}{\mathrm{d}t} \tag{2.2.6}$$

这个微分方程就是输出 $i(t)$ 和输入 $v_{\mathrm{i}}(t)$ 之间的关系，是一个 RLC 串联电路系统的二阶微分方程。

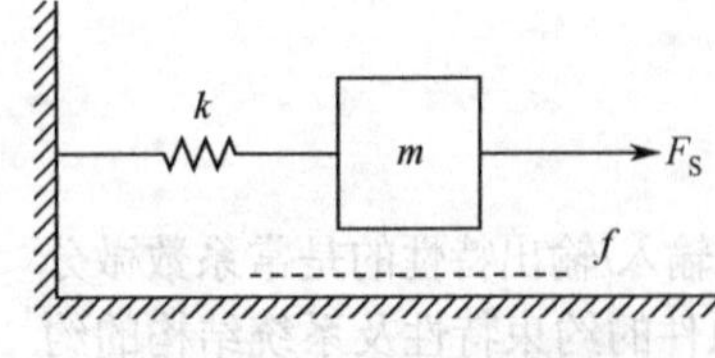

图 2.2.2 机械位移系统

【例 2.2.2】 图 2.2.2 所示为机械位移系统，质量为 m 的刚体一端由弹簧牵引，弹簧的另一端固定在壁上，刚体与地面的摩擦系数为 f，求外加牵引力 $F_{\mathrm{S}}(t)$ 与刚体运动速度 $v(t)$ 间的关系。

解：由机械位移系统元件特性：

弹簧在弹性限度内，拉力 F_{k} 与位移 x 成正比，而位移和速度的关系如式（2.2.7 所示）。
$$x(t)=\int_{-\infty}^{t}v(\tau)\mathrm{d}\tau \tag{2.2.7}$$

设刚度系数为 k，即
$$F_{\mathrm{k}}(t)=k\int_{-\infty}^{t}v(\tau)\mathrm{d}\tau \tag{2.2.8}$$

刚体在地面滑动，摩擦力 $F_{\mathrm{f}}(t)$ 与速度 $v(t)$ 成正比，则有
$$F_{\mathrm{f}}(t)=f\cdot v(t) \tag{2.2.9}$$

式中，f 为摩擦系数。

运动物体的惯性力由牛顿第二定律决定

$$F_{\mathrm{m}}(t)=m\frac{\mathrm{d}}{\mathrm{d}t}v(t) \tag{2.2.10}$$

整个系统中力的平衡由达朗贝尔原理确定，因而有

$$m\frac{\mathrm{d}}{\mathrm{d}t}v(t)+f\cdot v(t)+k\int_{-\infty}^{t}v(\tau)\mathrm{d}\tau=F_{\mathrm{S}}(t)$$

化简得

$$m\frac{\mathrm{d}^2 v(t)}{\mathrm{d}t^2}+f\frac{\mathrm{d}v(t)}{\mathrm{d}t}+kv(t)=\frac{\mathrm{d}F_{\mathrm{S}}(t)}{\mathrm{d}t} \tag{2.2.11}$$

即为图 2.2.2 所示机械位移系统的微分方程表示。

以上通过两个例子说明了系统微分方程的列写方法。如果组成系统的元件都是参数恒定的线性元件（且无储能），则构成的系统是线性时不变系统，体现在方程形式上是线性常系数常微分方程。

任何线性时不变的连续时间系统，只要给定系统结构及构成系统的各元件特性，即可写出描述该系统输入/输出关系的线性常系数微分方程式，其一般形式为

$$\begin{aligned}&a_n\frac{\mathrm{d}^n y(t)}{\mathrm{d}t^n}+a_{n-1}\frac{\mathrm{d}^{n-1}y(t)}{\mathrm{d}t^{n-1}}+\cdots+a_1\frac{\mathrm{d}y(t)}{\mathrm{d}t}+a_0y(t)\\&=b_m\frac{\mathrm{d}^m x(t)}{\mathrm{d}t^m}+b_{m-1}\frac{\mathrm{d}^{m-1}x(t)}{\mathrm{d}t^{m-1}}+\cdots+b_1\frac{\mathrm{d}x(t)}{\mathrm{d}t}+b_0x(t)\end{aligned} \tag{2.2.12}$$

式中，$x(t)$ 为激励信号，$y(t)$ 为系统响应，n 为微分方程的阶数。由于构成线性时不变系统的元件均是恒定参数的线性元件，因此方程中系数 a_i、b_j 均为实常数。

由时域经典解法可知，常系数微分方程（2.2.12）的完全解由两部分构成，即齐次解和特解。

齐次解为满足齐次方程

$$a_n\frac{\mathrm{d}^n y(t)}{\mathrm{d}t^n}+a_{n-1}\frac{\mathrm{d}^{n-1}y(t)}{\mathrm{d}t^{n-1}}+\cdots+a_1\frac{\mathrm{d}y(t)}{\mathrm{d}t}+a_0y(t)=0 \tag{2.2.13}$$

的解，其解的形式为 $c\mathrm{e}^{\lambda t}$ 函数的线性组合。

将 $y(t)=c\mathrm{e}^{\lambda t}$ 代入式（2.2.13）并加以简化，可得特征方程

$$a_n\lambda^n+a_{n-1}\lambda^{n-1}+\cdots+a_1\lambda+a_0=0 \tag{2.2.14}$$

解此特征方程，得微分方程的特征根 $\lambda_1,\lambda_2,\cdots,\lambda_n$。这些特征根也称为系统的自然频率或固有频率，特征根可以是 n 个不同的根，也可以是重根。

当特征根各不相同时，微分方程的齐次解为

$$y_{\mathrm{h}}(t)=c_1\mathrm{e}^{\lambda_1 t}+c_2\mathrm{e}^{\lambda_2 t}+\cdots+c_n\mathrm{e}^{\lambda_n t}=\sum_{i=1}^{n}c_i\mathrm{e}^{\lambda_i t} \tag{2.2.15}$$

式中，$c_1,c_2,\cdots,c_n$ 为由初始条件决定的系数。

当特征根有重根时，如 λ_1 有 k 重根，则对应于 λ_1 的重根部分将有 k 项，重根对应的齐次解为

$$y_{\mathrm{h}}(t)=c_1t^{k-1}\mathrm{e}^{\lambda_1 t}+c_2t^{k-2}\mathrm{e}^{\lambda_2 t}+\cdots+c_{k-1}t\mathrm{e}^{\lambda_{k-1}t}+c_k\mathrm{e}^{\lambda_k t}=\sum_{i=1}^{k}c_it^{k-i}\mathrm{e}^{\lambda_i t} \tag{2.2.16}$$

当特征根有一对单复根，即 $\lambda_{1,2}=a\pm\mathrm{j}b$ 时，则微分方程重根对应的齐次解

$$y_{\mathrm{h}}(t)=c_1\mathrm{e}^{at}\cos bt+c_2\mathrm{e}^{at}\sin bt \tag{2.2.17}$$

当特征根有一对 m 重复根，即共有 m 重 $\lambda_{1,2}=a\pm\mathrm{j}b$ 的复根，则微分方程重根对应的齐次解

$$y_h(t) = c_1 \cos bt + c_2 t e^{at} \cos bt + \cdots + c_m t^{m-1} e^{at} \cos bt + \\ d_1 e^{at} \sin bt + d_2 t e^{at} \sin bt + \cdots + d_m t^{m-1} e^{at} \sin bt \tag{2.2.18}$$

特解的函数形式与激励函数的形式有关。表 2.2.1 列出了常用的几种激励函数 $x(t)$ 及其所对应的特解 $y_p(t)$，以供查用。选定特解形式后，将其代入到原微分方程，求出待定系数，即可得出特解。

表 2.2.1 几种典型函数对应的特解

激励函数 $x(t)$	响应函数 $y(t)$ 的特解
E（常数）	B
t^p	$b_1 t^p + b_2 t^{p-1} + \cdots + b_p t + b_{p+1}$
e^{at}	$b e^{at}$
$\cos \omega t$	$b_1 \cos \omega t + b_2 \sin \omega t$
$\sin \omega t$	
$t^p e^{at} \cos(\omega t)$	$(b_1 t^p + \cdots + b_p t + b_{p+1}) e^{at} \cos \omega t$
$t^p e^{at} \sin(\omega t)$	$+(d_1 t^p + \cdots + d_p t + d_{p+1}) e^{at} \sin \omega t$

注：表中的 B、b、d 是待定系数。

齐次解和特解相加可得系统方程的完全解。在特征根各不相同的情况下，方程的完全解可写成

$$y(t) = y_h(t) + y_p(t) = \sum_{i=1}^{n} c_i e^{\lambda_i t} + y_p(t) \tag{2.2.19}$$

在系统分析中，响应区间定义为激励信号 $x(t)$ 加入后系统的状态变化区间。一般激励 $x(t)$ 都是从 $t=0$ 时刻开始加入，此时系统响应的求解区间为 $0_+ \leqslant t < +\infty$。一组边界条件可以给定为在此区间内任一时刻 t_0，要求解满足 $y(t_0)$，$\frac{dy(t_0)}{dt}$，…，$\frac{d^{n-1}y(t_0)}{dt^n}$ 的各值。通常取 $t_0 = 0_+$，相对应的一组条件就称为初始条件。于是，将初始条件代入式（2.2.19），得

$$\begin{aligned} y(0_+) &= c_1 + c_2 + \cdots c_n + y_p(0_+) \\ y'(0_+) &= c_1\lambda_1 + c_2\lambda_2 + \cdots + c_n\lambda_n + \frac{d}{dt} y_p(0_+) \\ &\vdots \\ y^{n-1}(0_+) &= c_1\lambda_1^{n-1} + c_2\lambda_2^{n-1} + \cdots + c_n\lambda_n^{n-1} + \frac{d^{n-1}}{dt^{n-1}} y_p(0_+) \end{aligned} \tag{2.2.20}$$

式（2.2.20）是一个联立的方程组，解此方程组可得齐次解中的待定系数 $c_1, c_2, \cdots, c_n$。

【例 2.2.3】 已知给定的线性时不变系统微分方程为

$$\frac{d^2 y(t)}{dt^2} + 5\frac{dy(t)}{dt} + 6y(t) = 2\frac{dx(t)}{dt} + 6x(t)$$

其中，激励 $x(t) = e^{-t}u(t)$，并且 $y(0_+) = 0$，$y'(0_+) = 1$，求系统方程的全响应。

解：特征方程为

$$\lambda^2 + 5\lambda + 6 = 0$$

特征根为

$$\lambda_1 = -2, \quad \lambda_2 = -3$$

得到齐次解

$$y_h(t) = c_1 e^{-2t} + c_2 e^{-3t}$$

当激励 $x(t) = e^{-t}u(t)$ 时，根据表 2.1.1 可设微分方程的特解为

$$y_{\rm p}(t)=b{\rm e}^{-t}$$

将 $y_{\rm p}(t)$、$y_{\rm p}'(t)$、$y_{\rm p}''(t)$ 和 $x(t)$ 代入系统的微分方程，得

$$b{\rm e}^{-t}-5b{\rm e}^{-t}+6{\rm e}^{-t}=-2{\rm e}^{-t}+6{\rm e}^{-t}$$

$$b=2$$

微分方程的特解为

$$y_{\rm p}(t)=2{\rm e}^{-t}$$

$$y(t)=y_{\rm h}(t)+y_{\rm p}(t)=c_1{\rm e}^{-2t}+c_2{\rm e}^{-3t}+2{\rm e}^{-t}$$

$$y'(t)=-2c_1{\rm e}^{-2t}-3c_2{\rm e}^{-3t}-2{\rm e}^{-t}$$

令 $t=0_+$，并考虑已知初始条件，得

$$y(0_+)=c_1+c_2+2=0$$

$$y'(0_+)=-2c_1-3c_2-2=1$$

求解以上两式得

$$c_1=-3\text{，}\quad c_2=1$$

所以系统响应的完全解为

$$y(t)=-3{\rm e}^{-2t}+{\rm e}^{-3t}+2{\rm e}^{-t},t\geqslant 0$$

特解的函数形式由系统所加的激励决定，齐次解的函数形式完全取决于特征方程的根。由于构成系统的各元件本身所遵从的规律、系统的结构与参数决定了微分方程的阶次与系数，因此，齐次解只与系统本身的特性有关，而与激励信号的函数形式无关，但齐次解的系数与激励有关。因此，齐次解常称为系统的自由响应或固有响应。特解的形式由激励信号决定，常称为强迫响应。

系统响应的另一种分解方式为瞬态响应和稳态响应。当 $t\to+\infty$ 时，响应趋于零的那部分分量称为瞬态响应；当 $t\to+\infty$ 时，保留下来的那部分分量称为稳态响应。瞬态响应和稳态响应在系统分析中起着重要的作用。

2.2.2　从 0_- 到 0_+ 状态的转换

在例 2.2.3 中，初始条件 $y(0)$、$y'(0)$ 是已知的，而在实际问题中，必须从具体情况中推导出这些初始条件。例如，在 RLC 电路中会给定一些条件（初始电容电压、初始电流电感等）。我们需要从这些条件中对期望变量导出 $y(0)$、$y'(0)$。本书大多数的讨论中，如果没有特别说明，都假设输入是从 $t=0$ 开始的，因此 $t=0$ 是一个参考点。在 $t=0$ 之前的瞬间（恰好在输入作用之前）的状态是 $t=0_-$ 时的状态，而在 $t=0$ 之后的瞬间（恰好在输入作用之后）的状态是 $t=0_+$ 时的状态。在实际中，很可能知道的是 $t=0_-$ 时的起始状态，而不是 $t=0_+$ 时的初始条件。这两组条件一般是不同的，虽然在某些情况下是相同的。

确定系统全响应

$$y(t)=y_{\rm h}(t)+y_{\rm p}(t)=\sum_{i=1}^{n}c_i{\rm e}^{\alpha_i t}+y_{\rm p}(t)\tag{2.2.21}$$

式中，待定系数 c_i 是由响应区间内 $t=0_+$ 时刻的一组状态 $y(0_+),y'(0_+),y''(0_+),y'''(0_+),\cdots,\dfrac{{\rm d}^{n-1}}{{\rm d}t^{n-1}}y(0_+)$ 确定的，也就是由 0_+ 状态确定的。可见用时域经典法求解系统响应时，必须根据系统的 0_- 状态和激励信号的情况求出 0_+状态。例如，一个具体的电网络，系统的 0_-状态就是系统中储能元件的储能情况，因此在一般情况下，首先求出 $v_{\rm C}(0_-)$和 $i_{\rm L}(0_-)$，即电容上的起始电压和电感中的起始电流。当电路中没有冲激电流或阶跃电压强迫作用于电容以及冲激电压或阶跃电流强迫作用于电感，则

换路期间电容两端的电压和流过电感中的电流不会发生突变，即 $v_C(0_+)=v_C(0_-)$，$i_L(0_+)=v_L(0_-)$。若电路中有冲激电流或阶跃电压强迫作用于电容以及冲激电压或阶跃电流强迫作用于电感，则有 $v_C(0_+)\neq v_C(0_-)$，$i_L(0_+)\neq i_L(0_-)$。

当系统用微分方程表示时，系统从 0_-到 0_+状态有没有跳变取决于微分方程右端自由项中是否包含$\delta(t)$及其各阶导数项。如果包含$\delta(t)$及其各阶导数项，则说明相应的 0_-到 0_+状态发生了跳变，即 $y(0_+)\neq y(0_-)$ 或 $y'(0_+)\neq y'(0_-)$ 等。这时，如果要确定 $y(0_+)$ 、 $y'(0_+)$ 等状态，可以采用冲激函数匹配法来实现。冲激函数匹配法的原理是 $t=0$ 时刻微分方程左右两端的$\delta(t)$及其各阶导数项应该平衡相等。

【例 2.2.4】 描述系统的微分方程为 $\dfrac{dy(t)}{dt}+2y(t)=3\delta'(t)$，给定的 0_- 状态的起始初值为 $y(0_-)$，确定它的 0_+ 状态 $y(0_+)$ 。

解：由给定的方程可以看出，方程右端存在 $\delta'(t)$，因而可推出 $y'(t)$ 包含 $3\delta'(t)$，从而 $f_1(t)$ 包含 $f_2(t)$，而方程右边没有 $f_1(t)*f_2(t)$，因此 $y'(t)$ 还必须包含 $-6\delta(t)$ 项，以平衡 $3y(t)$ 产生的 $6\delta(t)$ 项。由于 $y'(t)$ 包含 $-6\delta(t)$ 项，得出 $y(t)$ 在 $t=0$ 时刻有 $-6\Delta u(t)$ 存在，其中，$\Delta u(t)$ 表示 0_- 到 0_+ 相对单位跳变函数，因此，$y(0_+)-y(0_-)=-6$ ，所以 $y(0_+)=y(0_-)-6$ 。

上述过程可表示为如下形式

$$\frac{dy(t)}{dt}+2y(t)=3\delta'(t)$$

$$3\delta'(t)\to 3\delta(t)\quad 3\delta'(t)$$

$$\downarrow\times 2$$

$$-6\delta(t)\leftarrow 6\delta(t)$$

$$\to -6\Delta u(t)$$

可以看出，$y(t)$ 在 $t=0$ 时刻有 $-6\Delta u(t)$ 存在，表示 0_- 到 0_+ 跳变值为 -6 ，因此，$y(0_+)-y(0_-)=-6$ 。

通过例 2.2.4 可以得出冲激函数匹配法在实现过程中应注意的问题：

（1）该方法只匹配$\delta(t)$及其各阶导数项，微分方程两端的这些函数项都对应相等。

（2）先从最高阶项 $y^{(k)}(t)$开始匹配，首先使方程右端δ函数最高阶次项得到匹配，在已匹配好的高阶次δ函数项系数不变的条件下，再匹配低阶项。

（3）每次匹配方程低阶δ函数项时，如果方程左端所有同阶次δ函数各项系数之和不能和右端匹配，则由左端 $y^{(k)}(t)$最高阶项中补偿。

【例 2.2.5】 系统微分方程为 $\dfrac{d^2y(t)}{dt}+7\dfrac{dy(t)}{dt}+10y(t)=\dfrac{d^2x(t)}{dt}+6\dfrac{dx(t)}{dt}+4x(t)$，并且已知 $y(0_-)$、$\dfrac{dy(0_-)}{dt}$ 和 $\dfrac{d^2y(0_-)}{dt^2}$ 的状态，当 $t=0$ 时，激励发生从 2 到 4 跳变，求 0_+状态。

解：激励 $x(t)$ 从 2 跳变到 4，可表示为 $2\Delta u(t)$，$\Delta u(t)$ 表示 0_- 到 0_+ 相对单位跳变函数，那么，可求得 $t=0$ 时微分 $\dfrac{d^2y(t)}{dt^2}+7\dfrac{dy(t)}{dt}+10y(t)=2\delta'(t)+12\delta(t)+8\Delta u(t)$，方程右端含有 $\delta'(t)$，它一定属于 $\dfrac{d^2y(t)}{dt^2}$，由此可推出 $\dfrac{dy(t)}{dt}$ 必定含有 $\delta(t)$，$y(t)$ 必定含有 $\Delta u(t)$ 。因而可设

$$\begin{cases}\dfrac{d^2y(t)}{dt^2}=a\delta'(t)+b\delta(t)+c\Delta u(t)\\[2mm] \dfrac{dy(t)}{dt}=a\delta(t)+b\Delta u(t)\\[2mm] y(t)=a\Delta u(t)\end{cases}$$

代入 $t=0$ 时，微分得 $a\delta'(t)+(b+7a)\delta(t)+(c+7b+10a)\Delta u(t)=2\delta'(t)+12\delta(t)+8\Delta u(t)$

由两端平衡得

$$a=2,\quad b=-2,\quad c=2$$

有

$$y(0_+)-y(0_-)=a=2$$

$$\frac{\mathrm{d}y(0_+)}{\mathrm{d}t}-\frac{\mathrm{d}y(0_-)}{\mathrm{d}t}=b=-2$$

$$\frac{\mathrm{d}^2y(0_+)}{\mathrm{d}t^2}-\frac{\mathrm{d}^2y(0_-)}{\mathrm{d}t^2}=c=2$$

因而所求的 0_+ 状态为

$$y(0_+)=y(0_-)+2$$

$$\frac{\mathrm{d}y(0_+)}{\mathrm{d}t}=\frac{\mathrm{d}y(0_-)}{\mathrm{d}t}-2$$

$$\frac{\mathrm{d}^2y(0_+)}{\mathrm{d}t^2}=\frac{\mathrm{d}^2y(0_-)}{\mathrm{d}t^2}+2$$

2.3 零输入响应和零状态响应

线性时不变系统的全响应也可以根据系统响应是仅由储能元件的初始储能产生还是仅由外加激励所产生，分解为零输入响应和零状态响应。

2.3.1 零输入响应

若系统在未施加输入信号时，由于 $t<t_0$ 时系统的工作，可以使其中的储能元件蓄有能量，而能量不可能突然消失，它将逐渐释放出来，直至最后消耗殆尽。零输入响应正是由这种初始的能量分布状态（即起始条件）所决定的。当系统的激励 $x(t)$为零，仅由系统的初始储能（初始条件）产生的响应称为系统的零输入响应，并记为 $y_{\mathrm{zi}}(t)$。

零输入响应 $y_{\mathrm{zi}}(t)$是满足方程

$$a_ny^{(n)}(t)+a_{n-1}y^{(n-1)}(t)+\cdots+a_1y^{(1)}(t)+a_0y(t)=0$$

及起始状态 $y^{(k)}(0_-)(k=0,1,\cdots,n-1)$ 的解，它是齐次解的一部分，可写成

$$y_{\mathrm{zi}}(t)=\sum_{k=1}^{n}c_{\mathrm{zi}k}\mathrm{e}^{\alpha_kt}\tag{2.3.1}$$

由于没有外界激励作用，因而系统的状态不会发生跳变，$y^{(k)}(0_-)=y^{(k)}(0_+)$，所以 $y_{\mathrm{zi}}(t)$ 中的常数 $c_{\mathrm{zi}k}$ 由 $y^{(k)}(0_-)$ 确定。

【例 2.3.1】 已知系统微分方程为 $\frac{\mathrm{d}y(t)}{\mathrm{d}t}+2y(t)=x(t)$，起始状态 $y(0_-)=2$，求系统的零输入响应。

解： 微分方程的特征方程为

$$\lambda+2=0$$

特征根

$$\lambda=-2$$

得到通解

$$y(t)=c\mathrm{e}^{-2t}$$

由

$$y(0_-)=2$$

得出

$$y(0_-)=c=2$$

所以系统的零输入响应为

$$y_{zi}(t)=2\mathrm{e}^{-2t}, t\geqslant 0$$

虽然零输入响应和自由响应都是齐次方程的解，但二者的系数各不相同。零输入响应的系数 c_{zik} 仅由系统的初始状态决定，而自由响应的系数 c_i 要由系统的初始状态和激励共同来确定。当初始状态为零时，零输入响应为零，但在激励信号的作用下，自由响应并不为零。

2.3.2 零状态响应

与零输入响应相对应，系统没有初始储能，起始状态为零即

$$y(0_-)=y^{(1)}(0_-)=\cdots=y^{(n-1)}(0_-)=0$$

这时仅由系统的外加激励和系统作用所产生的响应称为零状态响应，记为 $y_{zs}(t)$。

零状态响应 $y_{zs}(t)$ 由起始状态为零时的方程

$$\begin{cases} a_n\dfrac{\mathrm{d}^n y(t)}{\mathrm{d}t^n}+a_{n-1}\dfrac{\mathrm{d}^{n-1}y(t)}{\mathrm{d}t^{n-1}}+\cdots+a_1\dfrac{\mathrm{d}y(t)}{\mathrm{d}t}+a_0y(t) \\ \quad =b_m\dfrac{\mathrm{d}^m x(t)}{\mathrm{d}t^m}+b_{m-1}\dfrac{\mathrm{d}^{m-1}x(t)}{\mathrm{d}t^{m-1}}+\cdots+b_1\dfrac{\mathrm{d}x(t)}{\mathrm{d}t}+b_0x(t) \\ y^{(k)}(0_-)=0 \quad k=0,1,\cdots,n-1 \end{cases} \tag{2.3.2}$$

所确定。

系统的零状态响应 $y_{zs}(t)$ 由齐次解和特解两部分组成。

$$y_{zs}(t)=y_{zsh}(t)+y_{zsp}(t) \tag{2.3.3}$$

式中，$y_{zsh}(t)$ 和 $y_{zsp}(t)$ 分别为式（2.3.2）的齐次解和特解。

【例 2.3.2】 已知系统微分方程为 $\dfrac{\mathrm{d}y(t)}{\mathrm{d}t}+2y(t)=x(t)$，求激励为 $x(t)=\mathrm{e}^{-t}u(t)$ 时的零状态响应。

解：当输入 $x(t)=\mathrm{e}^{-t}$ 时，可设微分方程的特解为 $y_{\mathrm{p}}(t)=B\mathrm{e}^{-t}$，将 $y_{\mathrm{p}}(t)$、$y'_{\mathrm{p}}(t)$ 和 $x(t)$ 代入系统微分方程，得

$$B=1,\ y_{\mathrm{p}}(t)=\mathrm{e}^{-t}$$

系统的零状态响应为

$$y_{zs}(t)=c\mathrm{e}^{-2t}+\mathrm{e}^{-t}$$

由

$$y_{zs}(0_-)=0$$

得

$$y_{zs}(0_-)=c+1=0$$

$$c=-1$$

所以系统的零状态响应为

$$y_{zs}(t)=-\mathrm{e}^{-2t}+\mathrm{e}^{-t}, t\geqslant 0$$

将系统的响应分解为零输入响应和零状态响应时，求解零输入响应相对比较简单，只需在方程齐次解的基础上，利用系统的起始状态得出齐次解的待定系数即可，但求系统的零状态响应并

不容易，此时，不仅需要求出方程的齐次解和特解，而且需要确定解中的待定系数，如果起始状态有跳变，还要判断系统 0_+ 时刻的状态。

综上所述，线性时不变系统的响应可以认为是由两种不同的起因产生的：一是由系统的起始状态引起的，它是过去的激励产生的现在响应（即零输入响应）；二是现在施加给系统的激励引起的，它是现在的激励形成的现在响应（即零状态响应）。

求解系统的零状态响应的一种比较简便的方法是利用激励与系统冲激响应的卷积来实现的，在第 2.4 节将专门加以介绍。

2.3.3 零输入线性和零状态线性

在建立了零输入响应和零状态响应的概念后，可以进一步说明系统的线性时不变问题。对外加激励信号 $x(t)$ 和它对应的响应 $y_{zs}(t)=H[x(t)]$ 的关系而言，若系统的起始状态为零，即 $y(0_-)=0$，则用常系数线性微分方程描述的系统是线性和时不变的。如果起始状态 $y(0_-)\neq 0$，响应中的零输入分量是存在的，导致系统响应对外加激励 $x(t)$ 不满足叠加性和均匀性，也不满足时不变特性，因而是非线性时变系统。同时由于零输入分量的存在，使响应的变化不可能只发生在激励变化之后，因而也是非因果的。

然而如果把起始状态等效成系统的激励，则对零输入响应而言也满足叠加性和均匀性，因而可以把常系数线性微分方程描述的系统线性加以扩展，得出如下结论。

（1）响应的可分解性：系统的全响应可以分解为零输入响应和零状态响应；

（2）零状态线性：当起始状态为零时，系统的零状态响应对于外加激励信号呈现线性，称为零状态线性；

（3）零输入线性：当外加激励为零时，系统的零输入响应对于各起始状态呈现线性，称为零输入线性。

【例 2.3.3】 描述某 LTI 系统的微分方程为

$$\frac{\mathrm{d}y(t)}{\mathrm{d}t}+2y(t)=\frac{\mathrm{d}^2x(t)}{\mathrm{d}t^2}+\frac{\mathrm{d}x(t)}{\mathrm{d}t}+2x(t)$$

若 $x(t)=u(t)$，求该系统的零状态响应。

解：设仅由 $x(t)$ 作用于上述系统所引起的零状态响应为 $y_1(t)$，即

$$y_1(t)=H[x(t)]$$

显然，它满足方程

$$y_1'(t)+2y_1(t)=x(t) \tag{2.3.4}$$

且初始状态为零，即 $y_1(0_-)=0$。根据零状态响应的微分特性，有

$$y_1'(t)=H[x'(t)]$$
$$y_1''(t)=H[x''(t)]$$

根据线性性质，系统零状态响应

$$y_{zs}(t)=y_1''(t)+y'(t)+2y_1(t) \tag{2.3.5}$$

现在求当 $x(t)=u(t)$ 时的解。由于当 $x(t)=u(t)$ 时，等号右端仅有阶跃函数，故 $y_1'(t)$ 含有跳跃，而 $y_1(t)$ 在 $t=0$ 处是连续的，从而有

$$y_1(0_+)=y_1(0_-)=0$$

不难求得式（2.3.4）的齐次解为 $c\mathrm{e}^{-2t}$，特解为常数 0.5，代入初始值 $y_1(0_+)=0$ 后，得

$$y_1(t)=0.5(1-\mathrm{e}^{-2t}),t\geqslant 0 \tag{2.3.6}$$

由于 $y_1(t)$ 为零状态响应，故当 $t<0$ 时，$y_1(t)=0$。式（2.3.6）可写为

$$y_1(t)=0.5(1-\mathrm{e}^{-2t})u(t)$$

其一阶、二阶导数分别为

$$y_1'(t)=0.5(1-\mathrm{e}^{-2t})\delta(t)+\mathrm{e}^{-2t}u(t)=\mathrm{e}^{-2t}u(t)$$

$$y_1''(t)=\mathrm{e}^{-2t}\delta(t)-2\mathrm{e}^{-2t}\delta(t)=\delta(t)-2\mathrm{e}^{-2t}\delta(t)$$

将 $y_1(t)$、$y_1'(t)$、$y_1''(t)$ 代入式（2.3.5），得该系统的零状态响应

$$y_{zs}(t)=\delta(t)+(1-2\mathrm{e}^{-2t})u(t)$$

【例 2.3.4】 已知一线性时不变系统，在相同初始条件下，当激励为 $x(t)$ 时，其全响应为 $y_1(t)=[2\mathrm{e}^{-3t}+\cos(4t)]\,u(t)$；当激励为 $2x(t)$ 时，其全响应为 $y_2(t)=[\mathrm{e}^{-3t}+2\cos(4t)]\,u(t)$。求：（1）初始条件不变，当激励为 $x(t-t_0)$ 时的全响应 $y_3(t)$，t_0 为大于零的实常数；（2）初始条件增大 2 倍，当激励为 $0.5x(t)$ 时的全响应 $y_4(t)$。

解：（1）当激励为 $x(t)$ 时，系统的全响应为

$$y_1(t)=y_{zi}(t)+y_{zs}(t)=[2\mathrm{e}^{-3t}+\cos(4t)]u(t)$$

当激励为 $2x(t)$ 时，系统的全响应为

$$y_2(t)=y_{zi}(t)+2y_{zs}(t)=[\mathrm{e}^{-3t}+2\cos(4t)]u(t)$$

解得

$$y_{zi}(t)=3\mathrm{e}^{-3t}u(t)$$

$$y_{zs}(t)=[-\mathrm{e}^{-3t}+\cos(4t)]u(t)$$

当激励为 $x(t-t_0)$ 时的全响应 $y_3(t)$ 为

$$\begin{aligned}y_3(t)&=y_{zi}(t)+y_{zs}(t-t_0)\\&=3\mathrm{e}^{-3t}u(t)+[-\mathrm{e}^{-3(t-t_0)}+\cos(4t-4t_0)]u(t-t_0)\end{aligned}$$

（2）当初始条件增大 2 倍，激励为 $0.5x(t)$ 时的全响应 $y_4(t)$ 可写成

$$\begin{aligned}y_4(t)&=3y_{zi}(t)+0.5y_{zs}(t)\\&=3[3\mathrm{e}^{-3t}u(t)]+0.5[-\mathrm{e}^{-3t}+\cos(4t)]u(t)\\&=[8.5\mathrm{e}^{-3t}+0.5\cos(4t)]u(t)\end{aligned}$$

2.4 冲激响应和阶跃响应

2.4.1 冲激响应

线性时不变系统（LTI）在零状态条件下，在单位冲激信号$\delta(t)$作用下产生的零状态响应，称为单位冲激响应，简称冲激响应，记做 $h(t)$，如图 2.4.1 所示。对于线性时不变系统，$h(t)$的性质反映了系统的因果性和稳定性等系统性质，它是利用卷积积分进行系统时域分析的重要基础。$h(t)$的变换域表示更是分析线性时不变系统的重要手段，因而对冲激响应 $h(t)$的分析是系统分析中极为重要的问题。

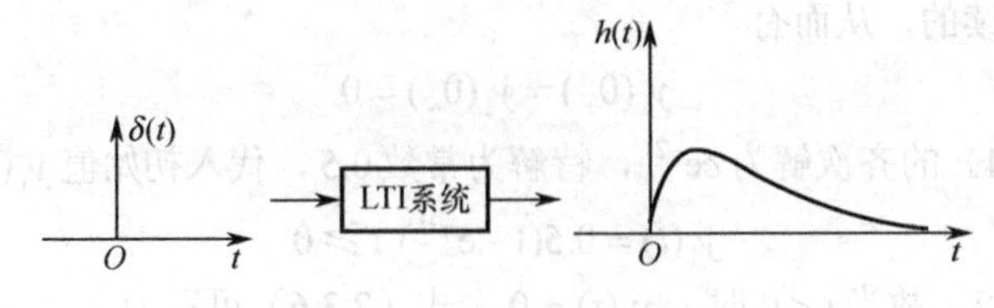

图 2.4.1 系统的冲激响应

对于一般的n阶 LTI 系统，其微分方程的形式可写为

$$\begin{aligned}&a_n\frac{\mathrm{d}^n y(t)}{\mathrm{d}t^n}+a_{n-1}\frac{\mathrm{d}^{n-1}y(t)}{\mathrm{d}t^{n-1}}+\cdots+a_1\frac{\mathrm{d}y(t)}{\mathrm{d}t}+a_0y(t)\\&=b_m\frac{\mathrm{d}^m x(t)}{\mathrm{d}t^m}+b_{m-1}\frac{\mathrm{d}^{m-1}x(t)}{\mathrm{d}t^{m-1}}+\cdots+b_1\frac{\mathrm{d}x(t)}{\mathrm{d}t}+b_0x(t)\end{aligned}\tag{2.4.1}$$

方程中，系数a_i、b_j均为常数，$y(t)$为系统的响应，$x(t)$为系统激励信号。令$x(t)=\delta(t)$，$y(t)=h(t)$，将其代入式（2.4.1）后，因为$\delta(t)$及其各项导数在$t>0$区间均为零，所以式（2.4.1）的右端恒等于零，故$h(t)$与微分方程的齐次解有相同的形式，满足

$$h^{(j)}(0_-)=0\,,\ j=0,1,2,\cdots,n-1\tag{2.4.2}$$

$h(t)$的形式与n、m的值的相对大小密切相关，为使式（2.4.1）成立，待定$h(t)$所含的奇异函数项必须与等式右边的各奇异函数项平衡。

综上所述，当微分方程特征根为各不相同的单根时，则

当$n>m$时，有

$$h(t)=\left(\sum_{i=1}^{n}c_i\mathrm{e}^{\lambda_i t}\right)u(t)\tag{2.4.3}$$

式中，各常数c_i由各0_+状态的初始值确定，$h(0_+)$可通过冲激函数匹配法求得。

当$n=m$时，有

$$h(t)=\left(\sum_{i=1}^{n}c_i\mathrm{e}^{\lambda_i t}\right)u(t)+b\delta(t)\tag{2.4.4}$$

当$n<m$时，$h(t)$中除了含有式（2.4.4）中的指数项$\left(\sum_{i=1}^{n}c_i\mathrm{e}^{\lambda_i t}\right)u(t)$和冲激函数外，还含有冲激函数$\delta(t)$的直到$\delta^{(n-m)}(t)$的各阶导数。式中，各常数$c_i$和$b$等可利用方程等式两端各奇异项函数的系数对应项相等求得。

【例 2.4.1】　求图 2.4.2 所示的 RC 电路的冲激响应。

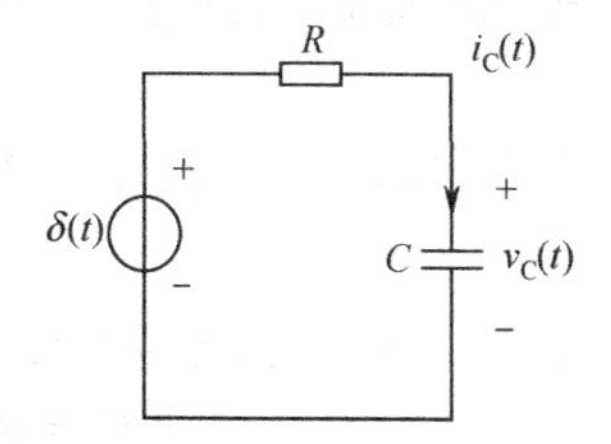

图 2.4.2　RC 电路

解：由电路可列出系统的微分方程：

$$RC\frac{\mathrm{d}v_C(t)}{\mathrm{d}t}+v_C(t)=\delta(t)$$

由$t>0$时$\delta(t)=0$，方程可写为

$$RC\frac{\mathrm{d}v_C(t)}{\mathrm{d}t}+v_C(t)=0\,,\ 且\ v_C(0_-)=0$$

冲激函数$\delta(t)$在$t=0$时转为系统的储能（由$v_C(0_+)$体现），$t>0$时，在非零初始条件下齐次方程的解即为原系统的冲激响应。

特征方程

$$RC\alpha+1=0$$

特征根

$$\alpha=-\frac{1}{RC}$$

得出

$$v_C(t)=A\mathrm{e}^{-\frac{t}{RC}}u(t)\quad (t>0_+)$$

以下的问题是确定系数A，可由冲激函数匹配法确定$v_C(0_+)$，从而得出系数A。

据方程可设

$$\begin{cases}\dfrac{\mathrm{d}v_\mathrm{C}(t)}{\mathrm{d}t}=a\delta(t)+b\Delta u(t)\\ v_\mathrm{C}(t)=a\Delta u(t)\end{cases}$$

代入方程得

$$RCa\delta(t)+RCb\Delta u(t)+a\Delta u(t)=\delta(t)$$

得出

$$a=\frac{1}{RC}$$

所以

$$v_\mathrm{C}(0_+)=v_\mathrm{C}(0_-)+\frac{1}{RC}=\frac{1}{RC}$$

把 $v_\mathrm{C}(0_+)$ 代入 $v_\mathrm{C}(t)=A\mathrm{e}^{-\frac{1}{RC}t}$，得出

$$A=\frac{1}{RC}$$

因此

$$v_\mathrm{C}(t)=\frac{1}{RC}\mathrm{e}^{-\frac{1}{RC}t}u(t)$$

【例 2.4.2】 描述某二阶 LTI 系统的微分方程为 $\dfrac{\mathrm{d}^2y(t)}{\mathrm{d}t}+5\dfrac{\mathrm{d}y(t)}{\mathrm{d}t}+6y(t)=\dfrac{\mathrm{d}^2x(t)}{\mathrm{d}t}+2\dfrac{\mathrm{d}x(t)}{\mathrm{d}t}+3x(t)$，求其冲激响应 $h(t)$。

解：选新变量 $y_1(t)$，它满足方程

$$\frac{\mathrm{d}^2y_1(t)}{\mathrm{d}t^2}+5\frac{\mathrm{d}y_1(t)}{\mathrm{d}t}+6y_1(t)=x(t) \tag{2.4.5}$$

设其冲激响应为 $h_1(t)$，则系统的冲激响应

$$h(t)=h_1''(t)+2h_1'(t)+3h_1(t) \tag{2.4.6}$$

现在求 $h_1(t)$。由于式（2.4.5）与例 2.2.3 中齐次解的形式相同，故冲激响应也相同，即

$$h_1(t)=(\mathrm{e}^{-2t}-\mathrm{e}^{-3t})u(t)$$

它的一阶、二阶导数分别为

$$h_1'(t)=(\mathrm{e}^{-2t}-\mathrm{e}^{-3t})\delta(t)+(-2\mathrm{e}^{-2t}+3\mathrm{e}^{-3t})u(t)=(-2\mathrm{e}^{-2t}+3\mathrm{e}^{-3t})u(t)$$

$$h_1''(t)=(-2\mathrm{e}^{-2t}+3\mathrm{e}^{-3t})\delta(t)+(4\mathrm{e}^{-2t}-9\mathrm{e}^{-3t})u(t)=\delta(t)+(4\mathrm{e}^{-2t}-9\mathrm{e}^{-3t})u(t)$$

将它们代入式（2.4.6），得式（2.4.5）所描述的系统的冲激响应为

$$h(t)=\delta(t)+(3\mathrm{e}^{-2t}-6\mathrm{e}^{-3t})u(t)$$

2.4.2 阶跃响应

线性时不变系统（LTI）在零状态条件下，由单位阶跃信号 $u(t)$ 作用下产生的零状态响应称为单位阶跃响应，简称阶跃响应，记做 $g(t)$，如图 2.4.3 所示。

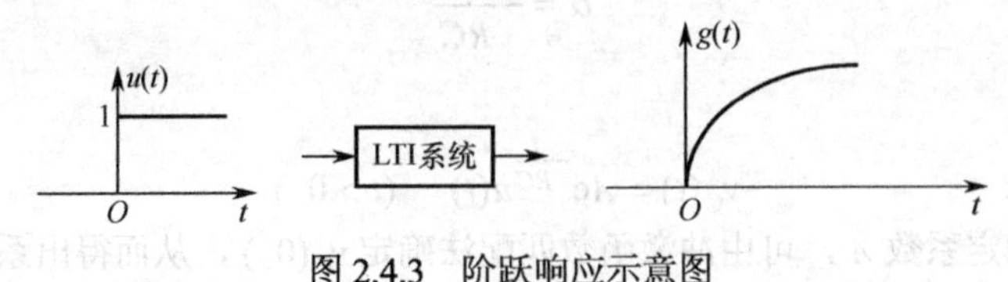

图 2.4.3 阶跃响应示意图

若对一般的 n 阶 LTI 系统求阶跃响应，其微分方程的形式可写为

$$\begin{aligned}&a_n\frac{\mathrm{d}^n g(t)}{\mathrm{d}t^n}+a_{n-1}\frac{\mathrm{d}^{n-1}g(t)}{\mathrm{d}t^{n-1}}+\cdots+a_1\frac{\mathrm{d}g(t)}{\mathrm{d}t}+a_0 g(t)\\&=b_m\frac{\mathrm{d}^m u(t)}{\mathrm{d}t^m}+b_{m-1}\frac{\mathrm{d}^{m-1}u(t)}{\mathrm{d}t^{m-1}}+\cdots+b_1\frac{\mathrm{d}u(t)}{\mathrm{d}t}+b_0 u(t)\end{aligned} \tag{2.4.7}$$

若 n 阶微分方程等号的右端只有激励 $u(t)$，系统的阶跃响应满足方程

$$\begin{cases}a_n\dfrac{\mathrm{d}^n g(t)}{\mathrm{d}t^n}+a_{n-1}\dfrac{\mathrm{d}^{n-1}g(t)}{\mathrm{d}t^{n-1}}+\cdots+a_1\dfrac{\mathrm{d}g(t)}{\mathrm{d}t}+a_0 g(t)=b_0 u(t)\\ g^{(i)}(0_-)=0,\ i=0,1,2,\cdots,n-1\end{cases} \tag{2.4.8}$$

由于等号右端只含有 $u(t)$，故除 $g^{(n)}(t)$ 外，$g(t)$ 及其直到 $n-1$ 阶的导数均连续，即有

$$g^{(i)}(0_+)=g^{(i)}(0_-)=0,\quad i=0,1,2,\cdots,n-1 \tag{2.4.9}$$

若方程（2.4.8）的特征根均为单根，则阶跃响应为

$$g(t)=\left(\sum_{i=1}^{n}c_i\mathrm{e}^{\lambda_i t}+\frac{b_0}{a_0}\right)u(t) \tag{2.4.10}$$

式（2.4.10）中，$\dfrac{b_0}{a_0}$ 为式（2.4.8）的特解，待定系数 c_i 由式（2.4.9）的 0_+ 初始值确定。

如果微分方程的等号右端含有 $u(t)$ 及其各阶导数项，如式（2.4.7）所示，则可根据 LTI 系统的线性性质和微分特性求得其阶跃响应。

由于单位阶跃函数 $u(t)$ 与单位冲激函数 $\delta(t)$ 的关系为

$$\delta(t)=\frac{\mathrm{d}u(t)}{\mathrm{d}t}$$

$$u(t)=\int_{-\infty}^{t}\delta(\lambda)\mathrm{d}\lambda$$

根据线性时不变系统的微分特性，同一系统的阶跃响应与冲激响应的关系为

$$h(t)=\frac{\mathrm{d}g(t)}{\mathrm{d}t} \tag{2.4.11}$$

$$g(t)=\int_{-\infty}^{t}h(\lambda)\mathrm{d}\lambda \tag{2.4.12}$$

【例 2.4.3】　图 2.4.4 所示的 LTI 系统，求其阶跃响应。

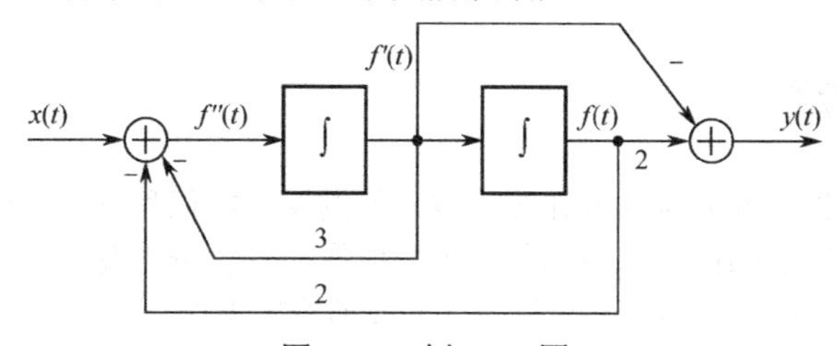

图 2.4.4　例 2.4.3 图

解：（1）列写微分方程

设图中右端积分器的输出为 $f(t)$，则其输入为 $f'(t)$，左端积分器的输入为 $f''(t)$，左端加法器的输出为

$$f''(t)=-3f'(t)-2f(t)+x(t)$$

即

$$f''(t)+3f'(t)+2f(t)=x(t) \tag{2.4.13a}$$

右端加法器的输出

$$y(t) = -f'(t) + 2f(t) \tag{2.4.13b}$$

不难求得描述图 2.4.4 所示系统的微分方程为

$$y''(t) + 3y'(t) + 2y(t) = -x'(t) + 2x(t) \tag{2.4.14}$$

（2）求阶跃响应

若设式（2.4.13a）所述系统的阶跃响应为 $g_x(t)$，由式（2.4.13b）可知，式（2.4.14）所描述系统的阶跃响应为

$$g(t) = -g_x'(t) + 2g_x(t) \tag{2.4.15}$$

由式（2.4.13a）可知，阶跃响应 $g_x(t)$ 满足方程

$$g_x''(t) + 3g_x'(t) + 2g_x(t) = u(t) \tag{2.4.16}$$

由

$$g_x(0_-) = g_x'(0_-) = 0$$

特征根

$$\lambda_1 = -1,\ \lambda_2 = -2$$

解得其特解为 0.5。

于是得

$$g_x(t) = (C_1 e^{-t} + C_2 e^{-2t} + 0.5)u(t) \tag{2.4.17}$$

由式（2.2.20）知，式（2.4.17）的 0_+ 时刻初始值均为零，即 $g_x(0_+) = g_x'(0_+) = 0$。将它们代入到式（2.4.17），有

$$g_x(0_+) = C_1 + C_2 + 0.5 = 0$$
$$g_x'(0_+) = -C_1 - 2C_2 = 0$$

可解得

$$C_1 = -1,\ C_2 = 0.5$$

则

$$g_x(t) = (-e^{-t} + 0.5e^{-2t} + 0.5)u(t)$$

其一阶导数

$$g_x'(t) = (-e^{-t} + 0.5e^{-2t} + 0.5)\delta(t) + (e^{-t} - e^{-2t})u(t) = (e^{-t} - e^{-2t})u(t)$$

将它们代入式（2.4.15），最后得图 2.4.4 所示系统的阶跃响应为

$$g(t) = -g_x'(t) + 2g_x(t) = (-3e^{-t} + 2e^{-2t} + 1)u(t)$$

2.5 卷积积分

随着信号与系统理论研究的深入及计算机技术的发展，卷积和反卷积得到了广泛的应用，越来越受到重视。在现代地震勘探、超声诊断、光学成像、系统辨识及其他诸多信号处理领域中，卷积和反卷积无处不在，而且许多都是有待深入开发研究的课题。

卷积方法在信号与系统理论中占有重要地位。其原理是将信号分解成许多冲激信号之和，借助系统的冲激响应，求解线性时不变系统对任意激励信号的零状态响应。本节将对卷积积分的运算方法加以说明，然后阐述卷积的基本性质及应用。

2.5.1 卷积积分的定义

设有定义在 $(-\infty,+\infty)$ 上的两个函数 $f_1(t)$ 和 $f_2(t)$，则积分

$$y(t) = \int_{-\infty}^{+\infty} f_1(\tau) f_2(t-\tau)\,d\tau \tag{2.5.1}$$

定义为 $f_1(t)$ 和 $f_2(t)$ 的卷积，并记为 $y(t) = f_1(t) * f_2(t)$。式中，τ 是积分变量，积分结果是关于参

变量 t 的函数 $y(t)$。

2.5.2　卷积积分的计算——图解法

为了对卷积有更直观的认识，这里用几何图形的移动来说明卷积积分的计算过程，以便于理解卷积的概念。根据卷积的定义，两个信号 $f_1(t)$和 $f_2(t)$的卷积运算可通过以下几个步骤来完成。

第一步，画出 $f_1(t)$和 $f_2(t)$波形，将波形图中的 t 轴改换成 τ轴，分别得到 $f_1(\tau)$和 $f_2(\tau)$的波形。

第二步，将 $f_2(\tau)$ 波形反褶，得到 $f_2(-\tau)$ 波形。

第三步，给定一个 t 值，将 $f_2(-\tau)$ 波形沿 τ 轴平移 $|t|$。在 $t<0$ 时，波形往左移，在 $t>0$ 时，波形往右移，得到 $f_2(t-\tau)$ 的波形。

第四步，将 $f_1(\tau)$ 和 $f_2(t-\tau)$ 相乘，得到卷积积分式中的被积函数 $f_1(\tau)f_2(t-\tau)$。

第五步，计算乘积信号 $f_1(\tau)f_2(t-\tau)$ 波形与 τ 轴之间包含的净面积。

第六步，令变量 t 在 $(-\infty,+\infty)$ 范围内变化，重复第三、四、五步操作，最终得到卷积信号 $f_1(t)*f_2(t)$。

【例 2.5.1】　已知信号 $f_1(t)=u(t)-u(t-3)$ 和 $f_2(t)=\mathrm{e}^{-t}u(t)$ 的波形如图 2.5.1 所示，试用图解法求 $y(t)=f_1(t)*f_2(t)$。

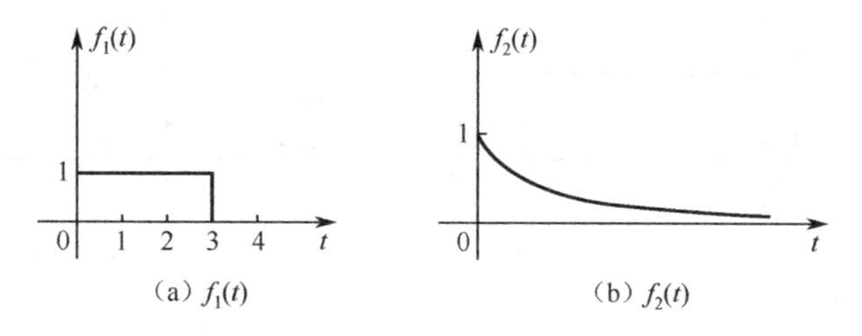

图 2.5.1　$f_1(t)$ 和 $f_2(t)$ 的波形

解：(1) 将 $f_1(t)$ 和 $f_2(t)$ 的自变量 t 换成 τ，然后将信号 $f_2(\tau)$ 以纵坐标为轴反褶，得到与 $f_2(\tau)$ 对称的信号 $f_2(-\tau)$。$f_1(\tau)$ 和 $f_2(-\tau)$ 的波形分别如图 2.5.2（a）和（b）所示。

(2) 将信号 $f_2(-\tau)$ 沿 τ 轴平移，得到信号 $f_2(t-\tau)$，如图 2.5.2（c）所示。

(3) 将 $f_1(\tau)$ 和反褶平移后的信号 $f_2(t-\tau)$ 相乘，然后求积分值

$$y(t)=f_1(t)*f_2(t)=\int_{-\infty}^{+\infty} f_1(\tau)f_2(t-\tau)\mathrm{d}\tau$$

该积分值正好是 $f_1(\tau)f_2(t-\tau)$ 曲线下的面积，如图 2.5.2（d）和（e）中的斜线部分所示。

(4) 将 $f_2(t-\tau)$ 连续沿着 τ 轴平移，就得到在任意时刻 t 的卷积积分，对应不同的 t 值范围，卷积积分的结果如下：

当 $t<0$ 时，$f_2(t-\tau)$ 波形如图 2.5.2（c）所示，对任意 τ，乘积 $f_1(\tau)f_2(t-\tau)$ 恒为零，故 $y(t)=0$。

当 $0\leqslant t<3$ 时，$f_2(t-\tau)$ 波形如图 2.5.2（d）所示，有

$$\begin{aligned}y(t)&=f_1(t)*f_2(t)=\int_{-\infty}^{+\infty} f_1(\tau)f_2(t-\tau)\mathrm{d}\tau\\&=\int_{-\infty}^{+\infty}[u(\tau)-u(\tau-3)\mathrm{d}\tau][\mathrm{e}^{-(t-\tau)}u(t-\tau)]\mathrm{d}\tau\\&=\int_0^t \mathrm{e}^{-(t-\tau)}\mathrm{d}\tau\\&=\mathrm{e}^{-t}\int_0^t \mathrm{e}^{\tau}\mathrm{d}\tau\\&=1-\mathrm{e}^{-t}\end{aligned}$$

当 $t\geqslant 3$ 时，$f_2(t-\tau)$ 波形如图 2.5.2（e）所示，此时，仅在 $0<\tau<3$ 范围内，乘积 $f_1(\tau)f_2(t-\tau)$

不为零，故有

$$y(t)=f_1(t)*f_2(t)=\int_{-\infty}^{+\infty}f_1(\tau)f_2(t-\tau)\mathrm{d}\tau=\int_0^3\mathrm{e}^{-(t-\tau)}\mathrm{d}\tau=(\mathrm{e}^3-1)\mathrm{e}^{-t}$$

将上述结果整理可得

$$y(t)=f_1(t)*f_2(t)=\begin{cases}0 & t<0\\ 1-\mathrm{e}^{-t} & 0\leqslant t<3\\ (\mathrm{e}^3-1)\mathrm{e}^{-t} & t\geqslant 3\end{cases}$$

其波形如图 2.5.2（f）所示。

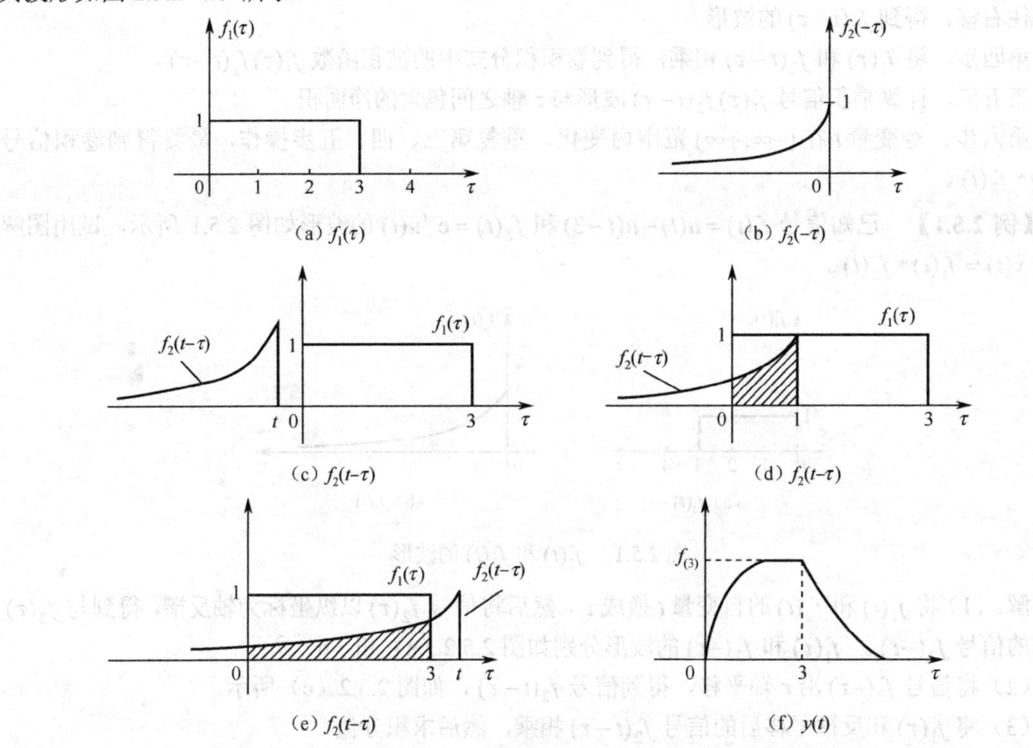

图 2.5.2　卷积积分的求解过程

通过例 2.5.1 的分析可以看出，当信号的波形已知时，用图解法计算卷积积分比较直观，这对于只知信号波形而不易写出其表达式的情况更加有利。

当利用式（2.5.1）计算卷积时，正确选取积分的上、下限是关键问题。对于时限信号，可以按照如下方法确定积分上、下限。

设信号 $f_1(\tau)$ 不等于零的区间为 $[t_{11},t_{12}]$，即当 $\tau<t_{11}$ 和 $\tau>t_{12}$ 时，$f_1(\tau)=0$；$f_2(\tau)$ 不等于零的区间为 $[t_{21},t_{22}]$，则 $f_2(t-\tau)$ 不等于零的区间为 $[t-t_{22},t-t_{21}]$。由于要在 $f_1(\tau)f_2(t-\tau)$ 的公共区间求积分 $\int_{-\infty}^{+\infty}f_1(\tau)f_2(t-\tau)\mathrm{d}\tau$，因此积分的下限应该取 t_{11} 和 $t-t_{22}$ 中较大的值，即积分下限为 $\max[t_{11},t-t_{22}]$，而积分上限应取 t_{12} 和 $t-t_{21}$ 中较小的值，即积分上限为 $\min[t_{12},t-t_{21}]$。

另外，如果当 $t<t_{11}$ 时，$f_1(t)=0$，可以将 $f_1(t)$ 表示为 $f_1(t)u(t-t_{11})$，利用 $u(t)$ 的单边特性，可将式（2.5.1）改写为

$$\begin{aligned}f_1(t)*f_2(t)&=\int_{-\infty}^{+\infty}f_1(\tau)u(\tau-t_{11})f_2(t-\tau)\mathrm{d}\tau\\&=\int_{t_{11}}^{+\infty}f_1(\tau)f_2(t-\tau)\mathrm{d}\tau\end{aligned}\tag{2.5.2}$$

相反，如果当$t<t_{21}$时，$f_2(t)=0$，即$f_2(t)=f_2(t)u(t-t_{21})$，而$f_1(t)$不受限制，则将$f_2(t)$反褶平移后变为$f_2(t-\tau)u(t-\tau-t_{21})$，将其代入式（2.5.1）中，可得到

$$\begin{aligned}f_1(t)*f_2(t)&=\int_{-\infty}^{+\infty}f_1(\tau)f_2(t-\tau)u(t-\tau-t_{21})\mathrm{d}\tau\\&=\int_{-\infty}^{t-t_{21}}f_1(\tau)f_2(t-\tau)\mathrm{d}\tau\end{aligned}\tag{2.5.3}$$

如果同时有$f_1(t)=f_1(t)u(t-t_{11})$和$f_2(t)=f_2(t)u(t-t_{21})$，则有

$$\begin{aligned}f_1(t)*f_2(t)&=\int_{-\infty}^{+\infty}f_1(\tau)u(\tau-t_{11})f_2(t-\tau)u(t-\tau-t_{21})\mathrm{d}\tau\\&=\int_{t_{11}}^{t-t_{21}}f_1(\tau)f_2(t-\tau)\mathrm{d}\tau\end{aligned}\tag{2.5.4}$$

注意，式（2.5.4）中的积分限暗示着$t-t_{21}>t_{11}$，因此为了体现这个定义域，应将式（2.5.4）写为

$$f_1(t)*f_2(t)=\left[\int_{t_{11}}^{t-t_{21}}f_1(\tau)f_2(t-\tau)\mathrm{d}\tau\right]u(t-t_{21}-t_{11})\tag{2.5.5}$$

特殊地，如果$f_1(t)$和$f_2(t)$均是因果信号，即满足当$t<0$时，$f_1(t)=f_2(t)=0$，则式（2.5.5）可表示为

$$f_1(t)*f_2(t)=\left[\int_0^t f_1(\tau)f_2(t-\tau)\mathrm{d}\tau\right]u(t)\tag{2.5.6}$$

式（2.5.6）表明，两个因果信号的卷积仍然是因果信号。

【例2.5.2】 计算$y(t)=[u(t)-u(t-1)]*u(t-2)$。

解：

$$\begin{aligned}y(t)&=[u(t)-u(t-1)]*u(t-2)\\&=\int_{-\infty}^{+\infty}[u(\tau)-u(\tau-1)]u(t-\tau-2)\mathrm{d}\tau\\&=\int_{-\infty}^{+\infty}u(\tau)u(t-\tau-2)\mathrm{d}\tau-\int_{-\infty}^{\infty}u(\tau-1)u(t-\tau-2)\mathrm{d}\tau\\&=\left[\int_0^{t-2}\mathrm{d}\tau\right]u(t-2)-\left[\int_1^{t-2}\mathrm{d}\tau\right]u(t-2-1)\\&=(t-2)u(t-2)-(t-3)u(t-3)\end{aligned}$$

2.5.3　卷积运算的性质

卷积积分是一种数学运算，它有许多重要的性质或运算规则，灵活地运用它们能简化运算，加快系统分析的速度。以下讨论的卷积积分均是收敛的，这时二重积分的次序可以交换，导数与积分的次序也可以交换。

1．代数性质

（1）交换律

$$f_1(t)*f_2(t)=f_2(t)*f_1(t)\tag{2.5.7}$$

证明：将积分变量τ改变为$t-\lambda$，有

$$\begin{aligned}f_1(t)*f_2(t)&=\int_{-\infty}^{+\infty}f_1(\tau)f_2(t-\tau)\mathrm{d}\tau\\&=\int_{-\infty}^{+\infty}f_2(\lambda)f_1(t-\lambda)\mathrm{d}\lambda\\&=f_2(t)*f_1(t)\end{aligned}$$

卷积运算的交换律表明，一个单位冲激响应是$h(t)$的线性时不变系统对输入信号$x(t)$所产生的响应，与一个单位冲激响应是$x(t)$的线性时不变系统对输入信号$h(t)$所产生的响应相同。

（2）结合律

$$f_1(t)*[f_2(t)*f_3(t)]=[f_1(t)*f_2(t)]*f_3(t) \tag{2.5.8}$$

证明： $[f_1(t)*f_2(t)]*f_3(t)=\int_{-\infty}^{+\infty}\left[\int_{-\infty}^{+\infty}f_1(\lambda)f_2(\tau-\lambda)\mathrm{d}\lambda\right]f_3(t-\tau)]\mathrm{d}\tau$

$$=\int_{-\infty}^{+\infty}f_1(\lambda)\left[\int_{-\infty}^{+\infty}f_2(\tau-\lambda)f_3(t-\tau)\mathrm{d}\tau\right]\mathrm{d}\lambda$$

$$=\int_{-\infty}^{+\infty}f_1(\lambda)\left[\int_{-\infty}^{+\infty}f_2(\tau)f_3(t-\tau-\lambda)\mathrm{d}\tau\right]\mathrm{d}\lambda$$

$$=f_1(t)*[f_2(t)*f_3(t)]$$

卷积运算的结合律表明，如有冲激响应分别为$h_2(t)=f_2(t)$和$h_3(t)=f_3(t)$的两个系统级联，其零状态响应等于一个冲激响应为$h(t)=f_2(t)*f_3(t)$的系统的零状态响应，如图 2.5.3 所示。由此可得出在时域中，子系统级联时，系统总的冲激响应等于各子系统冲激响应的卷积。

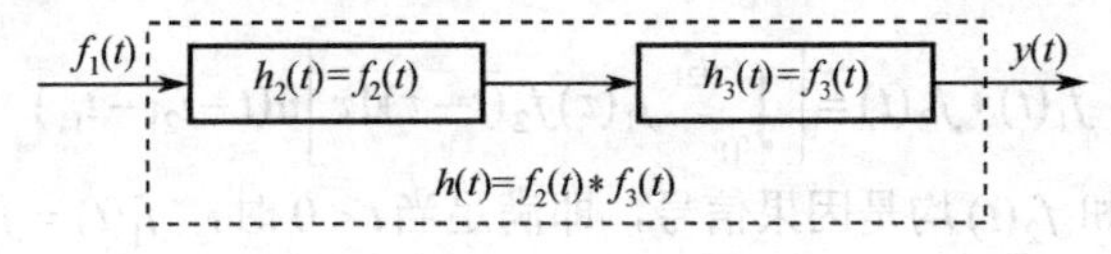

图 2.5.3　卷积的结合律

（3）分配律

$$f_1(t)*[f_2(t)+f_3(t)]=f_1(t)*f_2(t)+f_1(t)*f_3(t) \tag{2.5.9}$$

证明： $f_1(t)*[f_2(t)+f_3(t)]=\int_{-\infty}^{+\infty}f_1(\tau)[f_2(t-\tau)+f_3(t-\tau)]\mathrm{d}\tau$

$$=\int_{-\infty}^{+\infty}f_1(\tau)[f_2(t-\tau)\mathrm{d}\tau+\int_{-\infty}^{+\infty}f_1(\tau)f_3(t-\tau)\mathrm{d}\tau$$

$$=f_1(t)*f_2(t)+f_1(t)*f_3(t)$$

卷积运算的分配律的物理含义可以理解为：若$f_1(t)$是系统的冲激响应，$f_2(t)$和$f_3(t)$是激励，则该式表明几个输入信号之和的零状态响应等于每个输入信号的零状态响应之和；若$f_1(t)$是激励，则系统的冲激响应$h(t)=f_2(t)+f_3(t)$，由此表明，激励作用于冲激响应为$h(t)$的系统产生的零状态响应等于激励分别作用于冲激响应为$h_2(t)=f_2(t)$和$h_3(t)=f_3(t)$的两个子系统并联所产生的零状态响应，如图 2.5.4 所示。由此可得出在时域中，子系统并联时，系统总的冲激响应等于各子系统冲激响应之和。

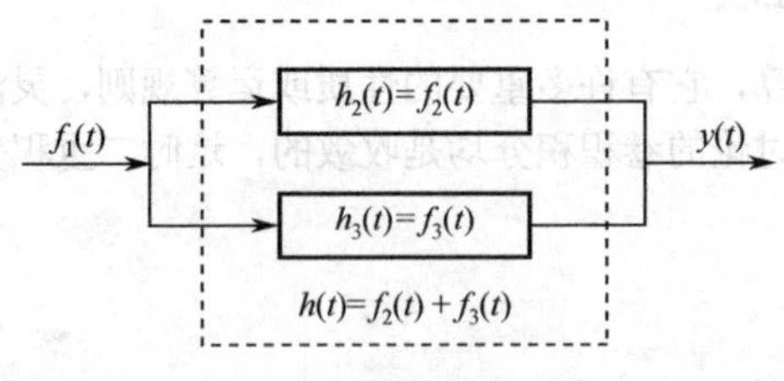

图 2.5.4　卷积的分配律

2．任意信号与奇异信号的卷积

（1）任意信号与单位冲激信号卷积等于信号本身，即

$$f(t)*\delta(t)=f(t) \tag{2.5.10}$$

证明： 根据卷积定义和$\delta(t)$的取样性质，可得

$$f(t)*\delta(t)=\delta(t)*f(t)=\int_{-\infty}^{+\infty}\delta(\tau)f(t-\tau)\mathrm{d}\tau$$

$$=f(t)\int_{-\infty}^{+\infty}\delta(\tau)\mathrm{d}\tau=f(t)$$

同理可证 $f(t)*\delta(t-t_0)=f(t-t_0)$。

（2）任意信号 $f(t)$ 与冲激偶 $\delta'(t)$ 的卷积等于 $f(t)$ 的导数，即

$$f(t)*\delta'(t)=f'(t) \tag{2.5.11}$$

证明：由冲激偶 $\delta'(t)$ 的性质及卷积运算定义和交换律，有

$$f(t)*\delta'(t)=\delta'(t)*f(t)=\int_{-\infty}^{+\infty}\delta'(\tau)f(t-\tau)\mathrm{d}\tau=\frac{\mathrm{d}f(t-\tau)}{\mathrm{d}t}\Big|_{\tau=0}=f'(t)$$

（3）任意信号 $f(t)$ 与阶跃信号 $u(t)$ 的卷积等于该信号对时间的积分 $f^{(-1)}(t)$，即

$$f(t)*u(t)=\int_{-\infty}^{t}f(\tau)\mathrm{d}\tau \tag{2.5.12}$$

证明： $f(t)*u(t)=\int_{-\infty}^{+\infty}f(\tau)u(t-\tau)\mathrm{d}\tau=\int_{-\infty}^{t}f(\tau)\mathrm{d}\tau$

3．卷积的微分与积分

卷积运算的代数运算性质与普通乘法的性质类似，但是卷积的积分或微分运算却与普通两函数的相乘的微分或积分性质有很大的不同。

（1）如果 $y(t)=f_1(t)*f_2(t)$，则有

$$y'(t)=f_1(t)*f_2'(t)=f_1'(t)*f_2(t) \tag{2.5.13}$$

证明：

$$y'(t)=[f_1(t)*f_2(t)]'=\left[\int_{-\infty}^{+\infty}f_1(\tau)f_2(t-\tau)\mathrm{d}\tau\right]'$$

$$=\int_{-\infty}^{+\infty}f_1(\tau)f_2'(t-\tau)\mathrm{d}\tau=f_1(t)*f_2'(t)$$

同理可证

$$y'(t)=f_1'(t)*f_2(t)$$

（2）如果 $y(t)=f_1(t)*f_2(t)$，则

$$\int_{-\infty}^{t}y(\lambda)\mathrm{d}\lambda=f_1(t)*\int_{-\infty}^{t}f_2(\lambda)\mathrm{d}\lambda=f_2(t)*\int_{-\infty}^{t}f_1(\lambda)\mathrm{d}\lambda \tag{2.5.14}$$

证明： $\int_{-\infty}^{t}y(\lambda)\mathrm{d}\lambda=\int_{-\infty}^{t}[f_1(\lambda)*f_2(\lambda)]\mathrm{d}\lambda$

$$=\int_{-\infty}^{t}\left[\int_{-\infty}^{t}f_1(\tau)f_2(\lambda-\tau)\mathrm{d}\tau\right]\mathrm{d}\lambda$$

$$=\int_{-\infty}^{t}f_1(\tau)[\int_{-\infty}^{t}f_2(\lambda-\tau)\mathrm{d}\lambda]\mathrm{d}\tau$$

$$=f_1(t)*\int_{-\infty}^{t}f_2(\lambda)\mathrm{d}\lambda$$

同理可证 $\int_{-\infty}^{t}y(\lambda)\mathrm{d}\lambda=f_2(t)*\int_{-\infty}^{t}f_1(\lambda)\mathrm{d}\lambda$。

应用类似的推演，可以导出卷积的高阶导数或多重积分的运算规律。

设 $y(t)=f_1(t)*f_2(t)$，则有

$$y^{(i)}(t)=f_1^{(j)}(t)*f_2^{(i-j)}(t) \tag{2.5.15}$$

当 i、j 取正整数时，为导数的阶次，i、j 取负整数时，为重积分数的次数。例如

$$y(t)=f_1'(t)*f_2^{(-1)}(t)$$

$$y^{(2)}(t)=f_1'''(t)*f_2^{(-1)}(t)$$

$$y^{(-1)}(t)=f_1''(t)*f_2^{(-3)}(t)$$

注意，应用上述公式时，被积分的函数应该是可积函数，而被求导的函数在 $t=-\infty$ 处应为零值。

利用上述卷积的性质可以大大简化卷积运算。

【例 2.5.3】 已知 $f_1(t)$ 和 $f_2(t)$ 的波形如图 2.5.5 所示，计算 $f_1(t)*f_2(t)$。

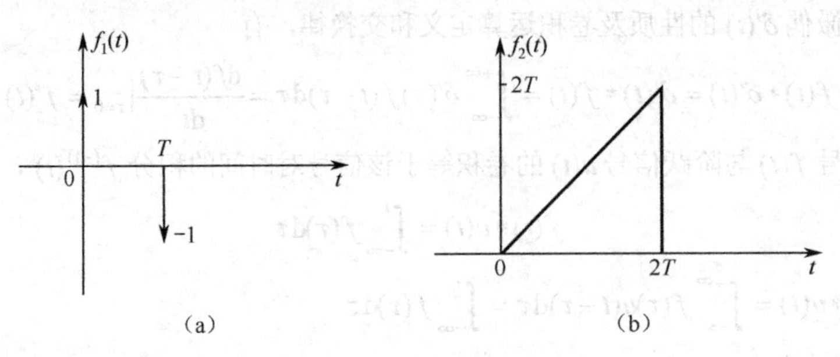

图 2.5.5　$f_1(t)$ 和 $f_2(t)$ 的波形

解：根据波形可知

$$f_1(t)=\delta(t)-\delta(t-T)$$

$$f_2(t)=\begin{cases} t & 0\leqslant t\leqslant 2T \\ 0 & 其他 \end{cases}$$

所以

$$\begin{aligned} f_1(t)*f_2(t) &= [\delta(t)-\delta(t-T)]*f_2(t) \\ &= f_2(t)-f_2(t-T) \\ &= \begin{cases} 0 & t<0 \\ t & 0\leqslant t<T \\ T & T\leqslant t<2T \\ T-t & 2T\leqslant t\leqslant 3T \\ 0 & t>3T \end{cases} \end{aligned}$$

【例 2.5.4】 已知 $f_1(t)=tu(t)$ 和 $f_2(t)=\mathrm{e}^{-\alpha t}u(t)$，计算 $f_1(t)*f_2(t)$。

解：对 $f_1(t)$ 求导，对 $f_2(t)$ 积分，得

$$f_1'(t)=[tu(t)]'=t\delta(t)+u(t)=u(t)$$

$$f_2^{-1}(t)=\int_{-\infty}^{t}\mathrm{e}^{-\alpha t}u(\lambda)\mathrm{d}\lambda=\int_0^t\mathrm{e}^{-\alpha t}\mathrm{d}\lambda=\frac{1-\mathrm{e}^{-\alpha t}}{\alpha}u(t)$$

于是

$$\begin{aligned} f_1(t)*f_2(t) &= f_2^{-1}(t)*f_1'(t) \\ &= \frac{1}{\alpha}\int_{-\infty}^{+\infty}(1-\mathrm{e}^{-\alpha\tau})u(\tau)u(t-\tau)\mathrm{d}\tau \\ &= \frac{1}{\alpha}\int_0^t(1-\mathrm{e}^{-\alpha\tau})\mathrm{d}\tau \\ &= \left[\frac{t}{\alpha}+\frac{\mathrm{e}^{-\alpha\cdot t}-1}{\alpha^2}\right]u(t) \end{aligned}$$

2.5.4　利用卷积积分计算线性时不变系统的零状态响应

第 1 章中已经阐述了，任意信号均可用无穷多个冲激信号的线性组合表示，求 LTI 系统的零状态响应，可以运用叠加性质来求系统对任意输入 $x(t)$ 的响应。定义一个高为单位高度，宽为 $\Delta\tau$，起始于 $t=0$ 的基本脉冲 $p(t)$，如图 2.5.6 所示，图 2.5.6 将输入 $x(t)$ 表示为一系列窄带矩形脉冲之和。

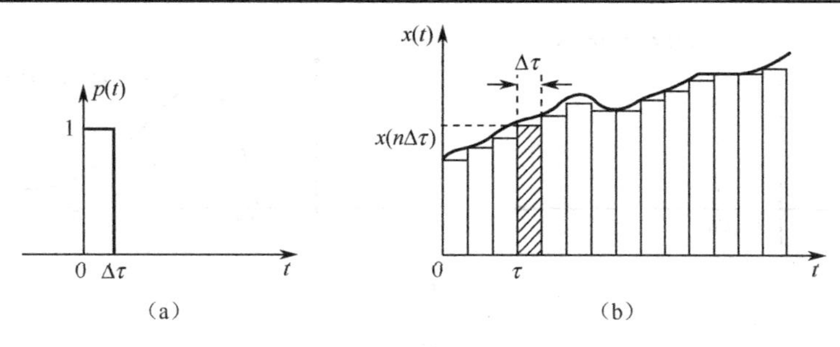

图 2.5.6　窄带矩形脉冲

在图 2.5.6 中，一个始于 $t=n\Delta\tau$ 的脉冲高度为 $x(n\Delta\tau)$ 的脉冲，可表示为 $x(n\Delta\tau)p(t-n\Delta t)$，则 $x(t)$ 是所有这样脉冲的和。

$$x(t)=\lim_{\Delta\tau\to 0}\sum_{\tau}x(n\Delta\tau)p(t-n\Delta\tau)=\lim_{\Delta\tau\to 0}\sum_{\tau}\left[\frac{x(n\Delta\tau)}{\Delta\tau}\right]p(t-n\Delta\tau)\Delta\tau \tag{2.5.16}$$

式中，$\left[\frac{x(n\Delta\tau)}{\Delta\tau}\right]p(t-n\Delta\tau)\Delta\tau$ 代表高度为 $\left[\frac{x(n\Delta\tau)}{\Delta\tau}\right]$ 的脉冲 $p(t-n\Delta\tau)$。当 $\Delta\tau\to 0$ 时，这一小窄脉冲的高度 $\to +\infty$，但它的面积仍然保持为 $x(n\Delta\tau)$。因此，小窄条在 $\Delta\tau\to 0$ 时趋于一个冲激 $x(n\Delta\tau)\delta(t-n\Delta\tau)$，这样就有

$$x(t)=\lim_{\Delta\tau\to 0}\sum_{\tau}x(n\Delta\tau)\delta(t-n\Delta\tau) \tag{2.5.17}$$

为求输入 $x(t)$ 的响应，考虑图 2.5.7 中输入与相应的输出对，用有向箭头表示如下：

$$\text{输入}\Rightarrow\text{输出}$$

$$\delta(t)\Rightarrow h(t)$$

$$\delta(t-n\Delta\tau)\Rightarrow h(t-n\Delta\tau)$$

$$x(n\Delta\tau)\delta(t-n\Delta\tau)\Delta\tau\Rightarrow x(n\Delta\tau)h(t-n\Delta\tau)\Delta\tau$$

$$\underbrace{\lim_{\Delta\tau\to 0}\sum_{\tau}x(n\Delta\tau)\delta(t-n\Delta\tau)\Delta\tau}_{x(t)}\Rightarrow\underbrace{\lim_{\Delta\tau\to 0}\sum_{\tau}x(n\Delta\tau)h(t-n\Delta\tau)\Delta\tau}_{y(t)}$$

因此

$$y(t)=\lim_{\Delta\tau\to 0}\sum_{\tau}x(n\Delta\tau)h(t-n\Delta\tau)\Delta\tau=\int_{-\infty}^{+\infty}x(\tau)h(t-\tau)\mathrm{d}\tau \tag{2.5.18}$$

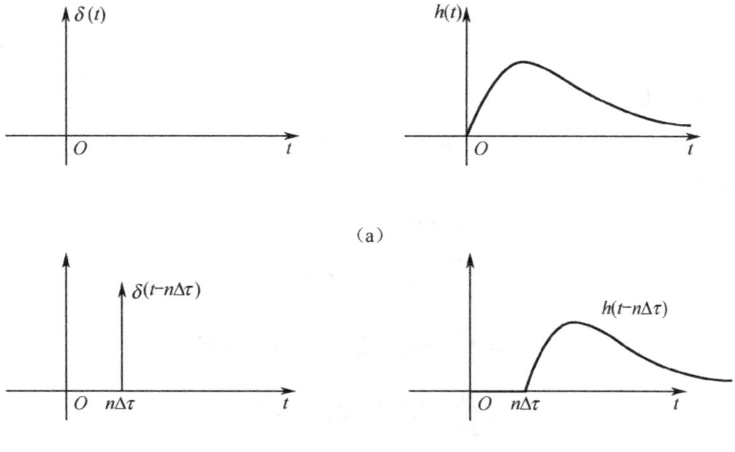

(a)

(b)

图 2.5.7　系统对任意输入的响应

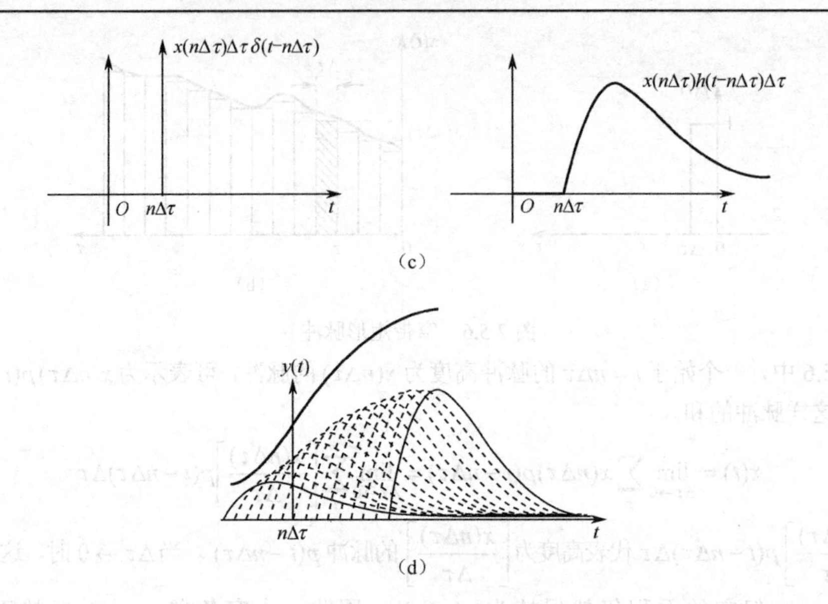

图 2.5.7 系统对任意输入的响应（续）

这样就获得了对任意输入 $x(t)$，以单位冲激响应 $h(t)$ 形式所表示的系统响应 $y(t)$。注意对于式（2.5.18）的结论是在假设系统是线性时不变的基础上得出的，这一假设是非常重要的。线性性质允许叠加原则的运用，而时不变性质使我们能够用 $h(t-n\Delta\tau)$ 来表示系统对 $\delta(t-n\Delta\tau)$ 的响应。因此，对于任意时刻，系统的零状态响应为激励与系统冲激响应的卷积。

【例 2.5.5】 已知某线性时不变系统的微分方程为 $y'(t)+3y(t)=2x(t)$，输入激励为 $3u(t)$，试求系统的零状态响应 $y_{zs}(t)$。

解：首先求系统的冲激响应 $h(t)$，即

$$h'(t)+3h(t)=2\delta(t) \qquad t\geqslant 0$$

可得

$$h(t)=c\mathrm{e}^{-3t}u(t)$$

将 $h(t)$ 及 $h'(t)$ 分别代入冲激响应微分方程式，得

$$c\mathrm{e}^{-3t}\delta(t)-3c\mathrm{e}^{-3t}u(t)+3c\mathrm{e}^{-3t}u(t)=2\delta(t) \qquad t\geqslant 0$$

解得

$$c=2$$

因此，系统的冲激响应为

$$h(t)=2\mathrm{e}^{-3t}u(t)$$

系统的零状态响应为

$$\begin{aligned} y_{zs}(t) &= x(t)*h(t) \\ &= \int_{-\infty}^{+\infty} x(\tau)h(t-\tau)\mathrm{d}\tau \\ &= \int_{-\infty}^{+\infty} 3u(\tau)\cdot 2\mathrm{e}^{-3(t-\tau)}u(t-\tau)\mathrm{d}\tau \\ &= \int_{0}^{t} 3\cdot 2\mathrm{e}^{-3(t-\tau)}\mathrm{d}\tau \qquad t\geqslant 0 \\ &= 2(1-\mathrm{e}^{-3t})u(t) \end{aligned}$$

借助卷积运算和系统的冲激响应，可以方便地求出系统对任意激励信号的零状态响应。需要

注意的是，通过卷积积分得到的只是零状态响应，零输入响应仍需用经典法求得。

从系统的角度来说，如果不考虑系统内部的结构，只要能通过实验的方法，获得系统冲激响应的波形曲线或实验数据（例如，可以在系统的输入端加窄脉冲来近似冲激信号，然后用示波器观测其输出端的响应），再根据激励和冲激响应利用卷积运算，即可得到任意信号在该系统作用下的零状态响应。

2.6　基于单位冲激响应的系统特性分析

系统的单位冲激响应函数是由系统本身特性决定的，反映了系统的特性，所以系统的特性应该体现在系统的单位冲激响应函数的内容上。

2.6.1　有记忆和无记忆线性时不变系统

若一个系统在任何时刻的输出仅与同一时刻的输入有关，它就是无记忆的。

对于连续线性时不变系统，假设系统的单位冲激响应为 $h(t)$，当输入为 $x(t)$ 时的零状态响应为

$$y(t)=x(t)*h(t)=\int_{-\infty}^{+\infty}x(\tau)h(t-\tau)\mathrm{d}\tau$$

可以看出，若一个连续线性时不变系统的单位冲激响应 $h(t)$ 在 $t\neq 0$ 时满足 $h(t)=0$，则该系统就是无记忆的；并且一个无记忆的线性时不变系统满足

$$y(t)=Kx(t) \tag{2.6.1}$$

其单位冲激响应为

$$h(t)=K\delta(t) \tag{2.6.2}$$

式中，K 为某一常数。

若 $K=1$，那么无记忆系统就变成恒等系统，其输出等于输入，单位冲激响应等于单位冲激信号，即

$$x(t)=\int_{-\infty}^{+\infty}x(\tau)\delta(t-\tau)\mathrm{d}\tau \tag{2.6.3}$$

式（2.6.3）即为单位冲激函数的筛选性质。

2.6.2　线性时不变系统的可逆性

根据第 1.9.2 节的讨论，仅当存在一个逆系统，其与原系统级联后产生的输出等于第一个系统的输入时，这个系统才是可逆的。而且如果一个线性时不变系统是可逆的，那么它就有一个线性时不变的逆系统和其对应，如图 2.6.1 所示。给定一个系统的冲激响应为 $h(t)$，逆系统的冲激响应是 $h_1(t)$，它的输出是 $\omega(t)=x(t)$，这样图 2.6.1（a）中的级联系统就与图 2.6.1（b）的恒等系统一样。因为图 2.6.1（a）的总冲激响应是 $h(t)*h_1(t)$，而 $h_1(t)$ 又必须满足它是逆系统冲激响应的条件，即

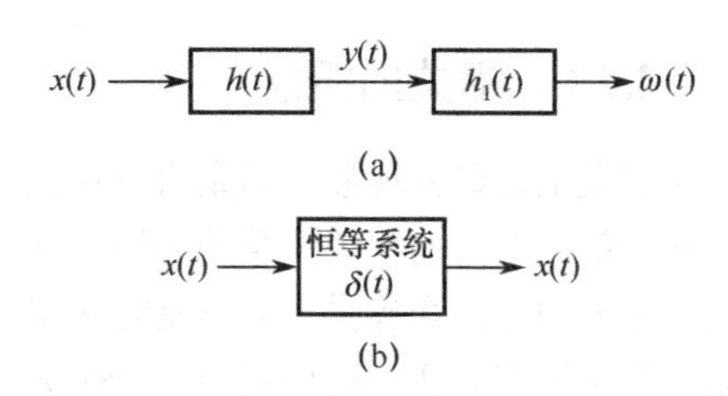

图 2.6.1　连续时间线性时不变系统的逆系统

$$h(t)*h_1(t)=\delta(t) \tag{2.6.4}$$

2.6.3　线性时不变系统的因果性

第 1.9.2 节已经介绍过因果性质，即一个因果系统的输出只取决于现在和过去的输入值。利用线性时不变系统的卷积积分，可以把这一性质与线性时不变系统冲激响应的相关性质联系起来。

直观地来看因果性，就是一个因果的线性时不变系统分析的冲激响应在冲激出现之前必须为零。

由 $y(t)=x(t)*h(t)=\int_{-\infty}^{+\infty}h(\tau)x(t-\tau)\mathrm{d}\tau$ 可知：当 $\tau<0$ 时，响应与未来的输入有关，只有当 $\tau<0$，$h(\tau)=0$ 时，响应才能与将来的输入无关。即可得出因果的线性时不变系统的单位冲激响应满足：

$$h(t)=0,\quad t<0 \tag{2.6.5}$$

一个线性时不变系统的因果性就等效于它的冲激响应是一个因果信号。那么，一个因果线性时不变系统的零状态响应可由式（2.6.6）给出

$$y(t)=\int_{-\infty}^{t}x(\tau)h(t-\tau)\mathrm{d}\tau=\int_{0}^{+\infty}h(\tau)x(t-\tau)\mathrm{d}\tau \tag{2.6.6}$$

2.6.4 线性时不变系统的稳定性

第 1.9.2 节已经介绍过系统稳定的概念，如果一个系统对于每一个有界的输入，其输出都是有界的，就称系统是稳定的。

对于连续线性时不变系统，若对于所有的 t，$|x(t)|<B$，则

$$\begin{aligned}|y(t)|&=\left|\int_{-\infty}^{+\infty}h(\tau)x(t-\tau)\mathrm{d}\tau\right|\\&\leqslant\int_{-\infty}^{+\infty}|h(\tau)||x(t-\tau)|\mathrm{d}\tau\\&\leqslant B\int_{-\infty}^{+\infty}|h(\tau)|\mathrm{d}\tau\end{aligned}$$

因此，若单位冲激响应是绝对可积的，即

$$\int_{-\infty}^{+\infty}|h(\tau)|\mathrm{d}\tau<+\infty \tag{2.6.7}$$

则该系统是稳定的。

2.7 相关

相关是时域中描述信号特征的常用分析方法之一，是抑制随机噪声、提高信噪比等的有利工具之一。相关函数是为了比较信号与另一延时 τ 的信号之间的相似程度而引入的，是鉴别信号的一种有力的工具，被越来越广泛地运用于雷达回波信号的识别、通信同步信号的识别等领域。

2.7.1 相关的概念

相关主要研究现象之间是否存在某种依存关系，并对具体有依存关系的现象探讨其相关程度，是研究信号之间的相关关系的一种方法。相关关系是一种非确定性的关系。例如，以 X 和 Y 分别记一个人的身高和体重，或分别记每平方千米施肥量与每平方千米小麦产量，则 X 与 Y 显然有关系，而又没有确切到可由其中的一个去精确地决定另一个的程度，这就是相关关系。

相关分析的种类按相关的程度，可分为完全相关、不完全相关和不相关；按相关的方向，可分为正相关和负相关；按影响因素的多少，可分为单相关和复相关。

1．完全相关、不完全相关和不相关

（1）两种依存关系的标志，其中一个标志的数量变化由另一个标志的数量变化所确定，则称为完全相关，也称为函数关系。

（2）两个标志彼此互不影响，其数量变化各自独立，称为不相关。

（3）两个现象之间的关系，介乎完全相关与不相关之间，称为不完全相关。

2．正相关和负相关

（1）正相关指相关关系表现为因素标志和结果标志的数量变动方向一致。

（2）负相关指相关关系表现为因素标志和结果标志的数量变动方向是相反的。

（3）按相关的形式，分为线性相关和非线性相关。

一种现象的一个数值和另一种现象相应的数值在某坐标系中确定为一个点，称为线性相关，也就是在一组数据中有一个或者多个量可以被其余量表示。在线性代数里，向量空间的一组元素如果其中没有向量可表示成有限个其他向量的线性组合，称为线性无关，反之称为线性相关。

3．单相关和复相关

（1）如果研究的是一个结果标志与某一因素标志相关，就称单相关。

（2）如果分析若干因素标志对结果标志的影响，称为复相关或多元相关。

一般情况下，同一个过程产生的不同信号之间总是具有一定的相似或相关性。对于两个信号 $f_1(t)$ 和 $f_2(t)$，为了衡量它们之间这种相似、相关性，可选择一个合适的比例因子 a，以 $af_2(t)$ 逼近 $f_1(t)$，再以逼近的误差能量 ε 度量其相似或相关性。

设 $f_1(t)$ 和 $f_2(t)$ 为能量有限信号，引入比例因子 a 后，其误差能量为

$$\varepsilon = \int_{-\infty}^{+\infty} [f_1(t) - af_2(t)]^2 \mathrm{d}t \tag{2.7.1}$$

使 ε 最小的 a 应满足

$$\frac{\mathrm{d}\varepsilon}{\mathrm{d}a} = 2\int_{-\infty}^{+\infty} [-f_1(t)f_2(t) + af_2^2(t)]\mathrm{d}t = 0$$

于是，求得

$$a = \frac{\int_{-\infty}^{+\infty} f_1(t)f_2(t)\mathrm{d}t}{\int_{-\infty}^{+\infty} f_2^2(t)\mathrm{d}t} \tag{2.7.2}$$

将 a 代入式（2.7.1），得

$$\varepsilon = \int_{-\infty}^{+\infty} \left[f_1(t) - \frac{\int_{-\infty}^{+\infty} f_1(t)f_2(t)\mathrm{d}t}{\int_{-\infty}^{+\infty} f_2^2(t)\mathrm{d}t} \cdot f_2(t) \right]^2 \mathrm{d}t$$

将被积函数展开化简后，得到

$$\varepsilon = \int_{-\infty}^{+\infty} f_1^2(t)\mathrm{d}t - \frac{\left[\int_{-\infty}^{+\infty} f_1(t)f_2(t)\mathrm{d}t\right]^2}{\int_{-\infty}^{+\infty} f_2^2(t)\mathrm{d}t} \tag{2.7.3}$$

若令相对误差能量为

$$\frac{\varepsilon}{\int_{-\infty}^{+\infty} f_1^2(t)\mathrm{d}t} = 1 - \rho_{12}^2$$

则有

$$\rho_{12} = \frac{\int_{-\infty}^{+\infty} f_1(t)f_2(t)\mathrm{d}t}{\left[\int_{-\infty}^{+\infty} f_1^2(t)\mathrm{d}t \int_{-\infty}^{+\infty} f_2^2(t)\mathrm{d}t\right]^{\frac{1}{2}}} \tag{2.7.4}$$

ρ_{12} 称为 $f_1(t)$ 和 $f_2(t)$ 的相关系数，并有 $\left|\rho_{12}\right| \leqslant 1$。

图 2.7.1（a）中，$f_1(t)$和 $f_2(t)$两个信号显然没有什么相似之处，它们彼此是独立、互不相关的，有 $\int_{-\infty}^{+\infty}[f_1(t)f_2(t)]\mathrm{d}t = 0$，即$\rho_{12}$=0，此时误差能量 ε 最大；图 2.7.1（b）中，$f_1(t)$和 $f_2(t)$则具有相同的变化规律，它们是完全相似（或称完全相关）的，则ρ_{12}=1，此时误差能量ε为零；图 2.7.1（c）中，$f_1(t)$和 $f_2(t)$是另一种相关情况，与图 2.7.1（b）中的 $f_2(t)$相比，这里的 $f_2(t)$变化相反，ρ_{12}=−1。

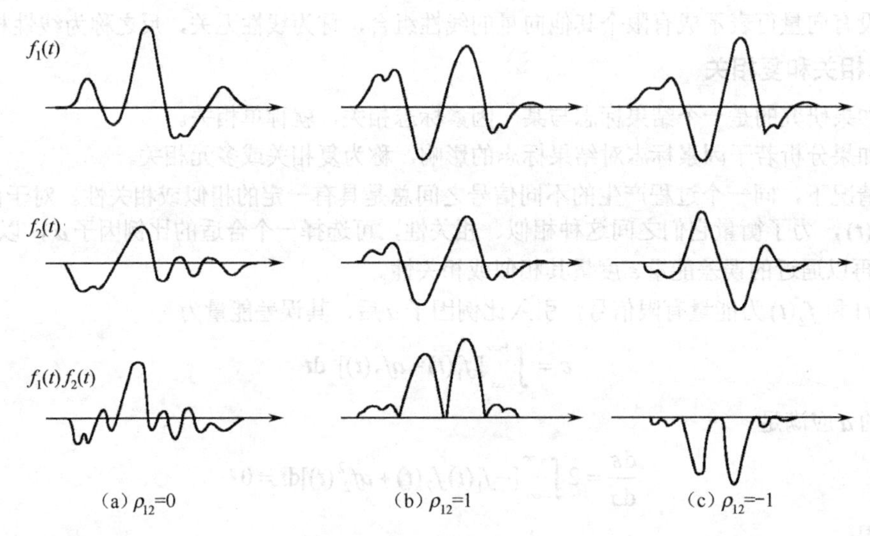

（a）ρ_{12}=0　　（b）ρ_{12}=1　　（c）ρ_{12}=−1

图 2.7.1　相关的概念

综上所述，相关系数 ρ_{12} 从能量误差的角度描述了信号 $f_1(t)$ 和 $f_2(t)$ 的相关特性。

2.7.2　相关函数及其性质

假设信号 $f_2(t)$ 是信号 $f_1(t)$ 经过某一系统后的输出，显然这两个信号之间应具有较强的相关性，但由于 $f_1(t)$ 和 $f_2(t)$ 之间存在一定的时差，如果采用前面讲述的相关系数来衡量它们之间的相关性，显然是不合适的。在这种情况下，较好的办法是考查 $f_1(t)$ 和 $f_2(t)$ 相对时移过程中的相关性。因此，为比较某信号与另一延时信号之间的相似程度，需引入相关函数的概念。

如果 $f_1(t)$ 和 $f_2(t)$ 是两个能量有限的信号，且均为实函数，则它们之间的相关函数（又称为互相关函数）定义为

$$R_{12}(\tau) = \int_{-\infty}^{+\infty} f_1(t)f_2(t-\tau)\mathrm{d}t = \int_{-\infty}^{+\infty} f_1(t+\tau)f_2(t)\,\mathrm{d}t \tag{2.7.5}$$

和

$$R_{21}(\tau) = \int_{-\infty}^{+\infty} f_2(t)f_1(t-\tau)\mathrm{d}t = \int_{-\infty}^{+\infty} f_1(t)f_2(t+\tau)\mathrm{d}t \tag{2.7.6}$$

由于 $R_{12}(\tau)$ 和 $R_{12}(\tau)$ 是 $f_1(t)$ 和 $f_2(t)$ 两个信号时间差 τ 的函数，因此它们描述了不同时间差为 τ 的两个信号的相关性。在一般情况下 $R_{12}(\tau) \neq R_{21}(\tau)$。同时，不难证明 $R_{12}(\tau) = R_{21}(-\tau)$。

例如，图 2.7.2（b）是图 2.7.2（a）中信号 $f_1(t)$ 和 $f_2(t)$ 的相关函数，当 $\tau = \tau_0$ 时，$R_{12}(\tau)$ 最大，表明在时差为 τ_0 时有最强的相关性。

通常，式（2.7.5）和式（2.7.6）中下标 1 和 2 的顺序不能互换，当 $f_1(t)$ 和 $f_2(t)$ 是同一个信号，即 $f_1(t) = f_2(t) = f(t)$ 时，则它们之间的相关函数（又称为自相关函数）定义为

$$R(\tau)=\int_{-\infty}^{+\infty}f(t)f(t-\tau)\mathrm{d}t=\int_{-\infty}^{+\infty}f(t+\tau)f(t)\mathrm{d}t \tag{2.7.7}$$

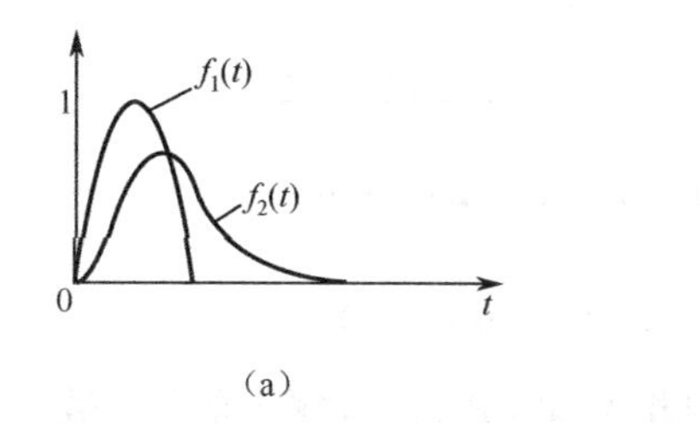

（a）

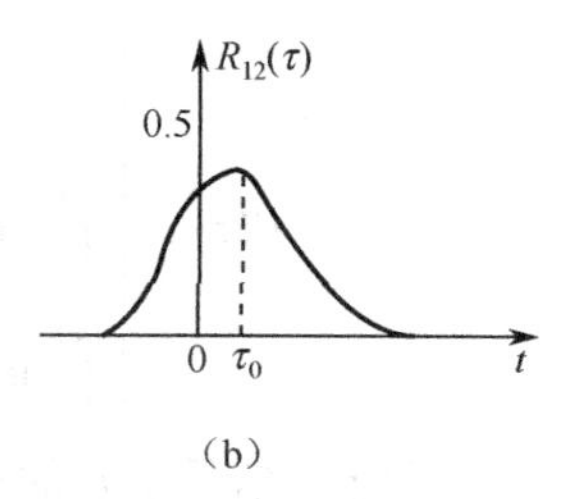

（b）

图 2.7.2　相关函数

自相关函数描述了同一个信号在 t 和 $t+\tau$ 时刻的相关性。

自相关函数有如下性质：

（1）实函数 $f(t)$ 的自相关函数是时移 τ 的偶函数，即 $R(\tau)=R(-\tau)$。

（2）$\tau=0$ 时，相关性最强，即 $R(0)$ 最大，也就是信号 $f(t)$ 与其自身相似度最高，自身和自身的相关性最强。

如果 $f_1(t)$ 和 $f_2(t)$ 是两个能量有限的信号，且均为复函数，它们之间的互相关函数定义为

$$R_{12}(\tau)=\int_{-\infty}^{+\infty}f_1(t)f_2^*(t-\tau)\mathrm{d}t=\int_{-\infty}^{+\infty}f_1(t+\tau)f_2^*(t)\mathrm{d}t \tag{2.7.8}$$

$$R_{21}(\tau)=\int_{-\infty}^{+\infty}f_1^*(t-\tau)f_2(t)\mathrm{d}t=\int_{-\infty}^{+\infty}f_1^*(t)f_2(t+\tau)\mathrm{d}t \tag{2.7.9}$$

自相关函数定义为

$$R(\tau)=\int_{-\infty}^{+\infty}f(t)f^*(t-\tau)\mathrm{d}t=\int_{-\infty}^{+\infty}f(t+\tau)f^*(t)\mathrm{d}t \tag{2.7.10}$$

式中，$f^*(t)$ 表示 $f(t)$ 的共轭函数。同时，互相关函数和自相关函数具有如下关系

$$R_{12}(\tau)=R_{21}{}^*(-\tau)\ R(\tau)=R^*(-\tau) \tag{2.7.11}$$

【例 2.7.1】　求图 2.7.3（a）所示信号 $f(t)$ 的自相关函数。

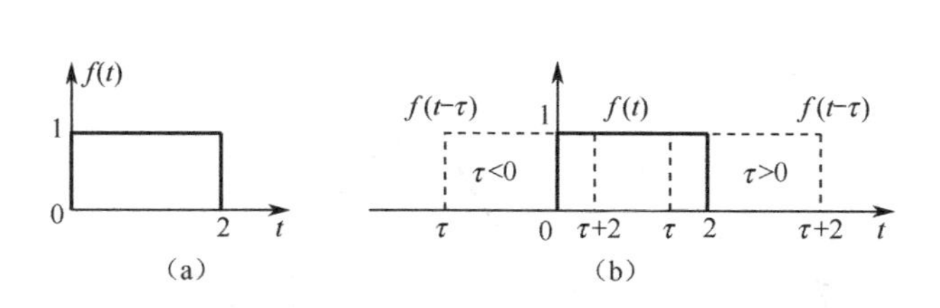

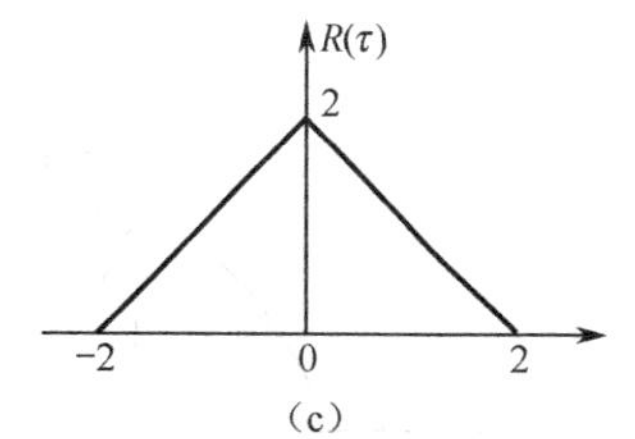

（c）

图 2.7.3　例 2.7.1 图

解：按自相关函数的定义式

$$R(\tau)=\int_{-\infty}^{+\infty}f(t)f(t-\tau)\mathrm{d}t$$

由图 2.7.3（a）可知

$$f(t)=\begin{cases}1, & 0<t<2\\ 0, & t<0\text{ 或 }t>2\end{cases}$$

从而

$$f(t-\tau)=\begin{cases}1, & \tau<t<\tau+2\\ 0, & t<\tau\text{ 或 }t>\tau+2\end{cases}$$

其波形如图 2.7.3（b）中虚线所示，左边的为$\tau<0$，右边的为$\tau>0$。

不难求得，信号$f(t)$的自相关函数

$$R(\tau)=\begin{cases}0, & \tau<-2,\tau>2\\ \int_0^{\tau+2}\mathrm{d}t=\tau+2, & -2<\tau<0\\ \int_\tau^2\mathrm{d}t=2-\tau, & 0<\tau<2\end{cases}$$

波形如图 2.7.3（c）所示，信号$f(t)$的自相关函数$R(\tau)$是时移τ的偶函数。

【例 2.7.2】 求图 2.7.4 所示信号$f_1(t)$和$f_2(t)$的互相关函数$R_{12}(\tau)$和$R_{21}(\tau)$。

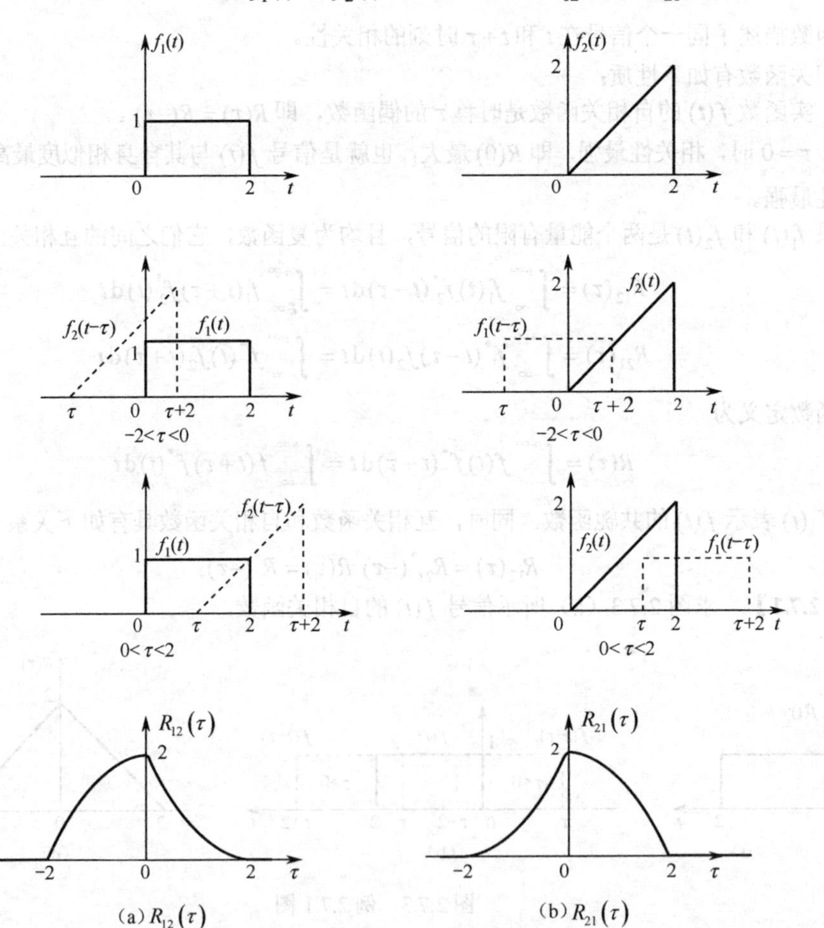

图 2.7.4 例 2.7.2 图

解：图 2.7.4 所示信号$f_1(t)$和$f_2(t)$可写为

$$f_1(t)=\begin{cases}1, & 0<t<2\\ 0, & t<0\text{或}t>2\end{cases}\qquad f_2(t)=\begin{cases}t, & 0<t<2\\ 0, & t<0\text{或}t>2\end{cases}$$

（1）求$R_{12}(\tau)$

由互相关函数的定义$R_{12}(\tau)=\int_{-\infty}^{+\infty}f_1(t)f_2(t-\tau)\mathrm{d}t$

$f_2(t)$时移后为$f_2(t-\tau)$可写为

$$f_2(t-\tau)=\begin{cases}t-\tau, & \tau<t<2+\tau\\ 0, & t<\tau \text{ 或 } t>\tau+2\end{cases}$$

图 2.7.4（a）中画出了 $f_1(t)$（实线）和 $f_2(t-\tau)$（虚线）的波形。

由图可知，当 $\tau<-2$ 和 $\tau>2$ 时，$R_{12}(\tau)=0$；

当 $-2<\tau<0$ 时

$$R_{12}(\tau)=\int_0^{\tau+2}(t-\tau)\mathrm{d}t=2-\frac{1}{2}\tau^2$$

当 $0<\tau<2$ 时

$$R_{12}(\tau)=\int_\tau^2(t-\tau)\mathrm{d}t=\frac{1}{2}\tau^2-2\tau+2$$

波形如图 2.7.4（a）所示。

（2）求 $R_{21}(\tau)$

由互相关函数的定义 $R_{21}(\tau)=\int_{-\infty}^{+\infty}f_2(t)f_1(t-\tau)\mathrm{d}t$

$f_1(t)$ 时移后为 $f_1(t-\tau)$ 可写为

$$f_1(t-\tau)=\begin{cases}1, & \tau<t<2+\tau\\ 0, & t<\tau \text{ 或 } t>\tau+2\end{cases}$$

图 2.7.4（b）中画出了 $f_1(t-\tau)$（虚线）和 $f_2(t)$（实线）的波形。

由图可见，当 $\tau<-2$ 和 $\tau>2$ 时，$R_{21}(\tau)=0$；

当 $-2<\tau<0$ 时

$$R_{21}(\tau)=\int_0^{\tau+2}t\mathrm{d}t=\frac{1}{2}\tau^2+2\tau+2$$

当 $0<\tau<2$ 时

$$R_{12}(\tau)=\int_\tau^2 t\mathrm{d}t=2-\frac{1}{2}\tau^2$$

波形如图 2.7.4（b）所示。

由以上结果可见，互相关函数 $R_{12}(\tau)$ 和 $R_{21}(\tau)$ 满足 $R_{12}(\tau)=R_{21}(-\tau)$。

2.7.3 相关与卷积的关系

实函数 $f_1(t)$ 和 $f_2(t)$ 卷积表达式是

$$f_1(t)*f_2(t)=\int_{-\infty}^{+\infty}f_1(\tau)f_2(t-\tau)\mathrm{d}\tau \tag{2.7.12}$$

实函数 $f_1(t)$ 和 $f_2(t)$ 相关函数表达式为

$$R_{12}(\tau)=\int_{-\infty}^{+\infty}f_1(t)f_2(t-\tau)\mathrm{d}t \tag{2.7.13}$$

将式（2.7.13）中的变量 t 和 τ 互换，$f_1(t)$ 和 $f_2(t)$ 的互相关函数表达式可写为

$$R_{12}(t)=\int_{-\infty}^{+\infty}f_1(\tau)f_2(\tau-t)\mathrm{d}\tau$$

经比较，可得相关与卷积之间的运算关系是

$$R_{12}(t)=f_1(t)*f_2(-t) \tag{2.7.14}$$

如果 $f_1(t)$ 和 $f_2(t)$ 是实偶函数，则其卷积与相关函数完全相同。

由卷积和相关的计算式可以看出，两者都包含移位、相乘和积分三个步骤，区别在于卷积运算需要反褶，而相关运算不需要反褶。

图 2.7.5（a）和（b）分别画出了 $f_1(t)$ 和 $f_2(t)$ 的卷积积分和求相关函数的图解过程。相关与卷积之间的运算关系满足 $R_{12}(t)=f_1(t)*f_2(-t)$。

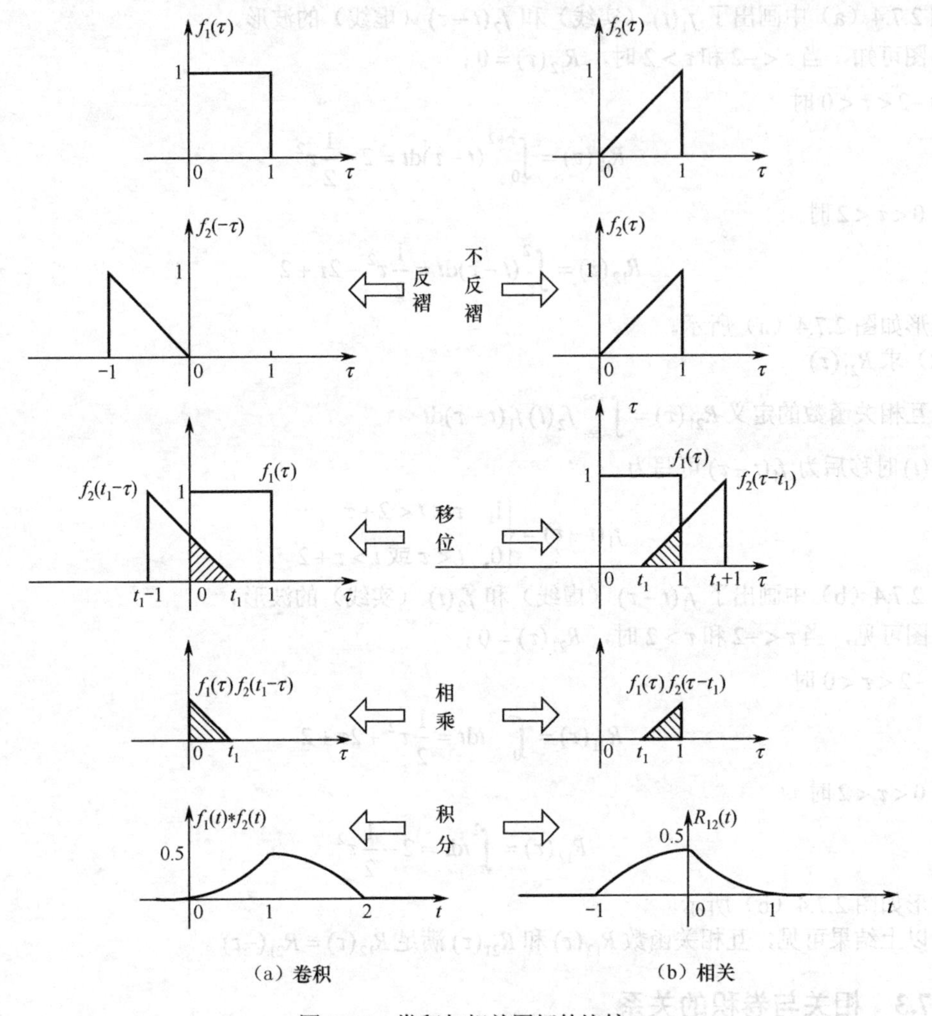

图 2.7.5　卷积与相关图解的比较

习　题

2.1　给定系统微分方程、起始状态及激励信号分别为以下三种情况：

（1）$\dfrac{d}{dt}y(t)+2y(t)=x(t)$，$y(0_-)=0$，$x(t)=u(t)$；

（2）$\dfrac{d}{dt}y(t)+2y(t)=3\dfrac{d}{dt}x(t)$，$y(0_-)=0$，$x(t)=u(t)$；

（3）$2\dfrac{d^2}{dt^2}y(t)+3\dfrac{d}{dt}y(t)+4y(t)=\dfrac{d}{dt}x(t)$，$y(0_-)=1$，$y'(0_-)=1$，$x(t)=u(t)$；

试判断在起始点是否发生跳变，据此对（1）、（2）分别写出其 $y(0_+)$ 的值，对（3）写出 $y(0_+)$ 和 $y'(0_+)$ 的值。

2.2　给定系统微分方程

$$\frac{d^2}{dt^2}y(t)+3\frac{d}{dt}y(t)+2y(t)=\frac{d}{dt}x(t)+3x(t)$$

若激励信号和起始状态为以下两种情况：

（1） $x(t)=u(t)$，$y(0_-)=1$，$y'(0_-)=2$；

（2） $x(t)=\mathrm{e}^{-3t}u(t)$，$y(0_-)=1$，$y'(0_-)=2$；

试分别求它们的全响应，并指出其零输入响应、零状态响应、自由响应、强迫响应等各分量。

2.3 某 LTI 连续系统，其初始状态一定，已知当激励为 $x(t)$ 时，其全响应为

$$y_1(t)=\mathrm{e}^{-t}+\cos(\pi t), t\geqslant 0$$

若初始状态不变，当激励为 $2x(t)$ 时，其全响应为

$$y_2(t)=2\cos(\pi t), t\geqslant 0$$

求初始状态不变，当激励为 $3x(t)$ 时系统的全响应。

2.4 描述系统方程为

$$y'(t)+2y(t)=x'(t)-x(t)$$

求其冲激响应和阶跃响应。

2.5 描述系统方程为

$$y'(t)+2y(t)=x''(t)$$

求其冲激响应和阶跃响应。

2.6 已知描述系统的微分方程和初始状态如下，试求其 0_+ 时刻 $y(0_+)$ 和 $y'(0_+)$ 的值。

（1） $y''(t)+3y'(t)+2y(t)=x(t)$，$y(0_-)=1$，$y'(0_-)=1$，$x(t)=u(t)$；

（2） $y''(t)+6y'(t)+8y(t)=x''(t)$，$y(0_-)=1$，$y'(0_-)=1$，$x(t)=\delta(t)$；

（3） $y''(t)+4y'(t)+3y(t)=x''(t)+x(t)$，$y(0_-)=2$，$y'(0_-)=-2$，$x(t)=\delta(t)$；

（4） $y''(t)+4y'(t)+5y(t)=x'(t)$，$y(0_-)=1$，$y'(0_-)=2$，$x(t)=\mathrm{e}^{-2t}\delta(t)$。

2.7 已知某因果连续时间 LTI 系统的微分方程为

$$y'''(t)+4y''(t)+7y'(t)+10y(t)=2x'(t)+3x(t),\quad t>0$$

激励信号 $x(t)=\mathrm{e}^{-t}u(t)$，初始状态是 $y(0_-)=1$，$y'(0_-)=1$，求：

（1）系统的冲激响应 $h(t)$；

（2）系统的零输入响应 $y_{zi}(t)$、零状态响应 $y_{zs}(t)$ 及全响应 $y_1(t)$；

（3）若 $x(t)=\mathrm{e}^{-t}u(t-1)$，求系统的全响应 $y_2(t)$。

2.8 求下列函数的卷积积分。

（1） $f_1(t)=\mathrm{e}^{-2t}u(t)$，$f_2(t)=u(t)$；

（2） $f_1(t)=\mathrm{e}^{-2t}u(t)$，$f_2(t)=\mathrm{e}^{-3t}u(t)$；

（3） $f_1(t)=u(t+2)$，$f_2(t)=u(t-3)$；

（4） $f_1(t)=tu(t)$，$f_2(t)=u(t)-u(t-2)$。

2.9 对题 2.9 图所示的各种函数，用图解的方法粗略画出 $f_1(t)$ 与 $f_2(t)$ 卷积的波形，并计算卷积积分 $f_1(t)*f_2(t)$。

2.10 某 LTI 系统的冲激响应如题 2.10 图（a）所示，求输入为下列函数时的零状态响应（或画出波形图）。

（1）输入为单位阶跃函数 $u(t)$；

（2）输入为 $x_1(t)$，如题 2.10 图（b）所示；

（3）输入为 $x_2(t)$，如题 2.10 图（c）所示；

（4）输入为 $x_3(t)$，如题 2.10 图（d）所示；

（5）输入为 $x_2(-t+2)$。

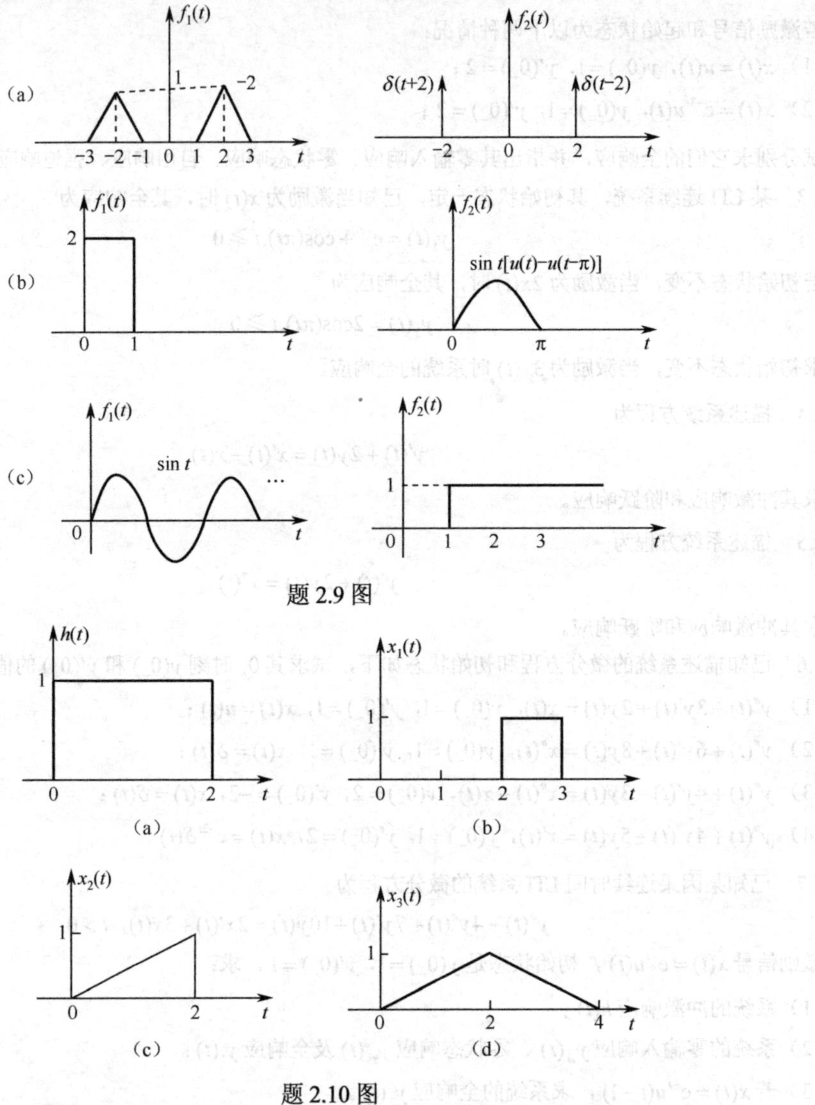

题 2.9 图

题 2.10 图

2.11 某 LTI 系统的输入信号 $x(t)$ 和零状态响应的波形如题 2.11 图所示。

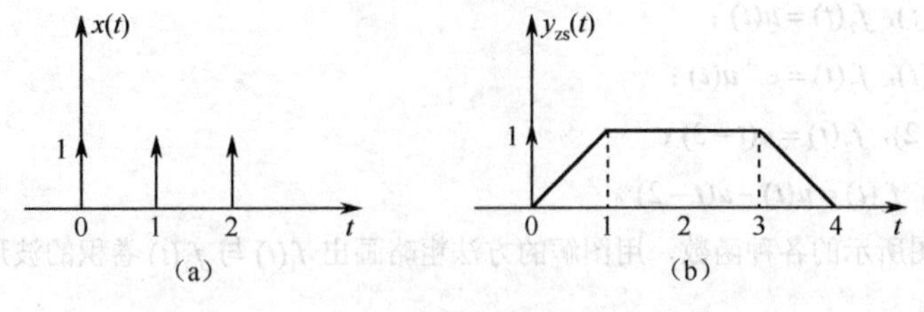

题 2.11 图

（1）求该系统的冲激响应；

（2）用积分器、加法器和延时器构成该系统。

2.12 求题 2.12 图所示系统的冲激响应。

2.13 题 2.13 图所示的系统由几个子系统组合而成，各子系统的冲激响应分别为

$$h_a(t)=\delta(t-1)$$

$$h_b(t)=u(t)-u(t-3)$$

求复合系统的冲激响应。

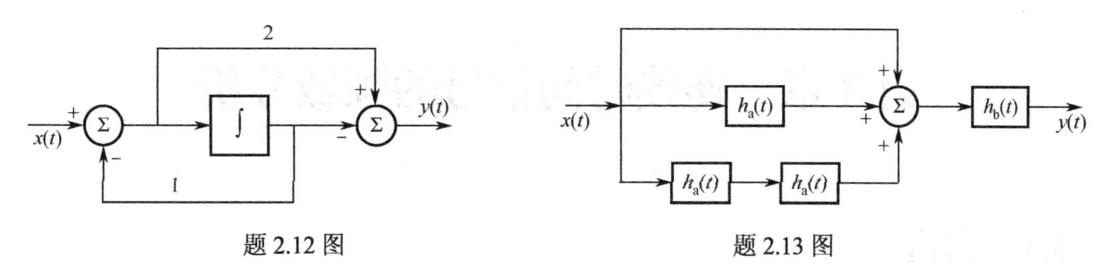

题 2.12 图　　　　题 2.13 图

2.14　求函数 $f(t)=\mathrm{e}^{-\alpha t}u(t)$（$\alpha>0$）的自相关函数。

2.15　求函数 $f(t)=t\left[u(t)-u(t-1)\right]$ 的自相关函数。

2.16　函数 $f_1(t)=\mathrm{e}^{-\alpha_1 t}u(t)$（$\alpha_1>0$），$f_2(t)=\mathrm{e}^{-\alpha_2 t}u(t)$（$\alpha_2>0$），求互相关函数 $R_{12}(\tau)$ 和 $R_{21}(\tau)$。

第3章　连续时间信号的频域分析

3.1　引言

第 2 章中讨论了连续时间信号与系统的时域分析，它以冲激函数为基本信号，将线性时不变连续时间系统的输入信号分解为一系列移位冲激信号的加权积分，根据系统的线性和时不变性导出了用卷积积分求解系统零状态响应的方法，提供了一种重要的系统分析的方法。这种方法启示我们，如果能用一组基本信号来表示一个信号，而且系统对每个基本信号的响应都很容易求出，那么就可以非常方便地求出系统对任意输入信号的响应。这就需要解决以下两个问题：

（1）本身简单，以便线性时不变系统对它的响应可简便得到；

（2）具有普遍性，能够用以构成相当广泛的信号。

显然，在第 2 章中讨论的卷积积分的方法中，这两个问题都得到了解决。而且，除了单位冲激信号外，还有很多信号都可以构成这种基本信号，例如，本章即将讨论的傅里叶变换对应的虚指数信号 $e^{j\omega t}$、第 5 章中拉普拉斯变换对应的复指数信号 e^{st} 等。

把信号表示为一系列不同频率的虚指数信号的线性组合，称为信号的频域分析；用频域分析的观点分析系统，称为系统的频域分析。

频域分析的研究与应用至今已经历了一百余年，最初是由法国科学家傅里叶（J.Fourier，1768—1830 年）提出来的。1807 年，傅里叶向巴黎科学研究院提出了一篇描述热传导的论文，提出了一个著名论断：任意周期信号都可以表示为成谐波关系的正弦信号的加权和，从而奠定了傅里叶级数的理论基础。之后他又进一步提出了一个更重要的论断：任意非周期信号都可以用正弦信号的加权积分来表示，奠定了傅里叶变换的基础。但是由于工程方面的实际困难，当时傅里叶分析并没有得到很大的发展。进入 20 世纪以来，谐振电路、滤波器、正弦振荡器等的出现及工程上各种频率的正弦信号的产生、传输、变换等技术问题的解决，为正弦函数和傅里叶分析的进一步应用开辟了广阔的前景。随着计算机技术的发展，1965 年，美国科学家库利（J.W.Cooley）、图基（J.W.Tukey）发表了快速傅里叶变换（FFT）的计算方法，使傅里叶分析在电领域、力学、光学、量子物理等许多数学、物理及工程技术领域中得到了广泛的应用。

本章首先介绍如何将信号表示为正交函数的线性组合；其次，着重讨论连续时间信号的傅里叶分析，研究信号的频域特性。第 4 章将讨论连续时间系统的频域分析。

3.2　正交函数集与信号的正交分解

信号的分解，在某种意义上与矢量的分解相似。一个矢量可以在某一坐标系中沿着各坐标轴求出其各分量，最常用的坐标系是坐标轴相互正交的系统。类似地，一个信号也可以相对于某一函数集求出此信号在各函数中的分量。用来表示信号分量的函数也有多种选取方法，最常用的则是正交函数集。矢量的正交分解是信号正交分解的基础。本节先介绍矢量分解的概念，然后引入函数正交和完备正交函数集的概念，最后讨论任意信号分解为正交信号的线性组合。

3.2.1　矢量的正交分解

如果两个矢量$\boldsymbol{V}_1$和$\boldsymbol{V}_2$正交，则几何上这两个矢量彼此垂直，即$\boldsymbol{V}_1$沿着$\boldsymbol{V}_2$没有分量，如图 3.2.1 所示。两个矢量$\boldsymbol{V}_1$和$\boldsymbol{V}_2$正交的条件是这两个矢量的点乘为零，即：

$$\boldsymbol{V}_1\cdot\boldsymbol{V}_2=|\boldsymbol{V}_1|\cdot|\boldsymbol{V}_2|\cos 90^\circ=0 \tag{3.2.1}$$

如果$\boldsymbol{V}_1$和$\boldsymbol{V}_2$为相互正交的单位矢量，则$\boldsymbol{V}_1$和$\boldsymbol{V}_2$就构成了一个二维矢量集，而且是二维空间的完备正交矢量集。也就是说，再也找不到另一个矢量$\boldsymbol{V}_3$能满足$\boldsymbol{V}_1\cdot\boldsymbol{V}_3=0$。在二维矢量空间中的任一矢量$\boldsymbol{F}$都可以精确地用两个正交矢量$\boldsymbol{V}_1$和$\boldsymbol{V}_2$的线性组合来表示，如图 3.2.2 所示，有

$$\boldsymbol{F}=C_1\boldsymbol{V}_1+C_2\boldsymbol{V}_2 \tag{3.2.2}$$

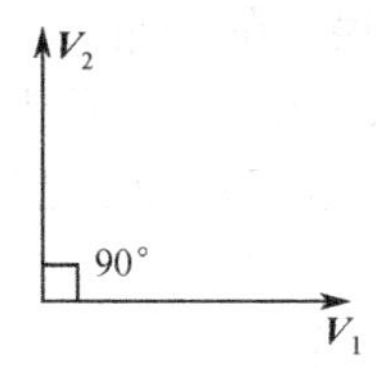

图 3.2.1　正交矢量

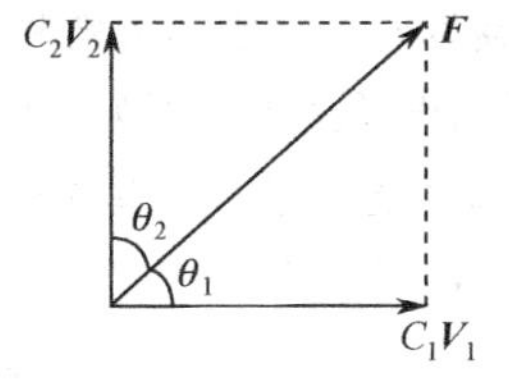

图 3.2.2　矢量的分解

式中，$|C_1\boldsymbol{V}_1|=|\boldsymbol{F}|\cos\theta_1$，于是，可以求出系数$C_1$为

$$C_1=\frac{|\boldsymbol{F}|\cos\theta_1}{|\boldsymbol{V}_1|}=\frac{|\boldsymbol{F}|\cdot|\boldsymbol{V}_1|\cos\theta_1}{|\boldsymbol{V}_1|\cdot|\boldsymbol{V}_1|}=\frac{\boldsymbol{F}\cdot\boldsymbol{V}_1}{\boldsymbol{V}_1\cdot\boldsymbol{V}_1} \tag{3.2.3}$$

同理可求

$$C_2=\frac{|\boldsymbol{F}|\cos\theta_2}{|\boldsymbol{V}_2|}=\frac{|\boldsymbol{F}|\cdot|\boldsymbol{V}_2|\cos\theta_2}{|\boldsymbol{V}_2|\cdot|\boldsymbol{V}_2|}=\frac{\boldsymbol{F}\cdot\boldsymbol{V}_2}{\boldsymbol{V}_2\cdot\boldsymbol{V}_2} \tag{3.2.4}$$

可见，C_1只与$\boldsymbol{F}$和$\boldsymbol{V}_1$有关，C_2只与$\boldsymbol{F}$和$\boldsymbol{V}_2$有关。

矢量的上述分解可以推广到n维矢量空间。n个相互正交的矢量组成一个n维的矢量空间，而正交矢量集$\{\boldsymbol{V}_1,\boldsymbol{V}_2,\cdots,\boldsymbol{V}_n\}$为$n$维矢量空间的完备正交矢量集。$n$维矢量空间的任一矢量$\boldsymbol{F}$都可以精确地表示为这$n$个正交矢量的线性组合，即

$$\boldsymbol{F}=C_1\boldsymbol{V}_1+C_2\boldsymbol{V}_2+\cdots+C_n\boldsymbol{V}_n=\sum_{i=1}^{n}C_i\boldsymbol{V}_i \tag{3.2.5}$$

式中

$$\boldsymbol{V}_i\cdot\boldsymbol{V}_j=\boldsymbol{V}_i^{\mathrm{T}}\boldsymbol{V}_j=\begin{cases}0 & i\neq j\\1 & i=j\end{cases} \tag{3.2.6}$$

第i个分量的系数

$$C_i=\frac{\boldsymbol{F}\cdot\boldsymbol{V}_i}{\boldsymbol{V}_i\cdot\boldsymbol{V}_i} \tag{3.2.7}$$

由矢量正交分解的启示，可以把矢量正交分解的概念推广到信号的分解。在信号空间找到若干正交函数作为基本信号，使得任一信号都可以表示成它们的线性组合，从而实现信号的正交分解。

3.2.2　信号的正交分解

仿照矢量正交的概念，可以定义两个函数正交的条件。若有一个定义在区间(t_1,t_2)的实函数集$\{g_1(t),g_2(t),\cdots,g_n(t)\}$，如果该集合中所有的函数满足。

$$\begin{cases} \int_{t_1}^{t_2} g_i^2(t)\mathrm{d}t = k_i & i=1,2,\cdots,n \\ \int_{t_1}^{t_2} g_i(t)g_j(t)\mathrm{d}t = 0 & i \neq j, j=1,2,\cdots,n \end{cases} \tag{3.2.8}$$

则称这个函数集为区间(t_1,t_2)上的正交函数集。式中，k_i为常数，当$k_i=1$时，称此函数集为归一化正交函数集。

用一个区间(t_1,t_2)上的正交函数集$\{g_1(t),g_2(t),\cdots,g_n(t)\}$中各函数的线性组合就可以逼近定义在区间$(t_1,t_2)$的信号$x(t)$，即

$$x(t) \approx C_1 g_1(t) + C_2 g_2(t) + \cdots + C_n g_n(t) = \sum_{i=1}^{n} C_i g_i(t) \tag{3.2.9}$$

显然，应选择各系数C_i，使实际函数与近似函数之间的误差在区间(t_1, t_2)内最小。这里所说的"误差最小"不是指平均误差最小，因为有可能正误差和负误差在平均过程中相互抵消，以至不能正确反映两函数的近似程度。通常选择误差的均方值最小，这时可认为达到了最佳近似。误差的均方值常称为均方误差，表示为

$$\overline{\varepsilon^2} = \frac{1}{t_2 - t_1}\int_{t_1}^{t_2}\left[x(t) - \sum_{i=1}^{n} C_i g_i(t)\right]^2 \mathrm{d}t \tag{3.2.10}$$

为使均方误差$\overline{\varepsilon^2}$最小，第i个系数C_i必须满足

$$\frac{\partial \overline{\varepsilon^2}}{\partial C_i} = 0 \qquad i=1,2,\cdots,n$$

即

$$\frac{\partial}{\partial C_i}\left\{\int_{t_1}^{t_2}\left[x(t) - \sum_{i=1}^{\infty} C_i g_i(t)\right]^2 \mathrm{d}t\right\} = 0 \tag{3.2.11}$$

展开式（3.2.11）中的被积函数，注意到序号不同的正交函数相乘的各项，其积分为零，而且所有不含C_i的各项对C_i求导也为零。这样，式（3.2.11）中只有两项不为零，所以可以写为

$$\frac{\partial}{\partial C_i}\left\{\int_{t_1}^{t_2}\left[-2C_i x(t) g_i(t) + C_i^2 g_i^2(t)\right]\mathrm{d}t\right\} = 0$$

交换微分和积分的次序，经化简得

$$-2\int_{t_1}^{t_2} x(t) g_i(t)\mathrm{d}t + 2C_i\int_{t_1}^{t_2} g_i^2(t)\mathrm{d}t = 0$$

于是可求得最佳系数

$$C_i = \frac{\int_{t_1}^{t_2} x(t) g_i(t)\mathrm{d}t}{\int_{t_1}^{t_2} g_i^2(t)\mathrm{d}t} \tag{3.2.12}$$

这就是满足最小均方误差条件下式（3.2.9）中各系数C_i的表示式。此时，$x(t)$获得了最佳近似。

将按式（3.2.12）计算的系数C_i代入式（3.2.10），可以得到最佳近似条件下的均方误差

$$\begin{aligned} \overline{\varepsilon^2} &= \frac{1}{t_2 - t_1}\int_{t_1}^{t_2}\left[x(t) - \sum_{i=1}^{+\infty} C_i g_i(t)\right]^2 \mathrm{d}t \\ &= \frac{1}{t_2 - t_1}\left[\int_{t_1}^{t_2} x^2(t)\mathrm{d}t + \sum_{i=1}^{+\infty} C_i^2 \int_{t_1}^{t_2} g_i^2(t)\mathrm{d}t - 2\sum_{i=1}^{+\infty} C_i \int_{t_1}^{t_2} x(t) g_i(t)\mathrm{d}t\right] \\ &= \frac{1}{t_2 - t_1}\left[\int_{t_1}^{t_2} x^2(t)\mathrm{d}t - \sum_{i=1}^{+\infty} C_i^2 \int_{t_1}^{t_2} g_i^2(t)\mathrm{d}t\right] \end{aligned} \tag{3.2.13}$$

利用式（3.2.13）可直接计算在给定项数 n 的条件下的最小均方误差。

用一个正交矢量集中各矢量的线性组合表示任一矢量，要求这个矢量集必须是一个完备的正交矢量集。同样，用一正交函数集中各函数的线性组合表示任一信号，这个函数集也必须是一个完备的正交函数集。

若实函数集 $\{g_1(t),g_2(t),\cdots,g_n(t)\}$ 是区间 (t_1,t_2) 内的正交函数集，且除 $g_i(t)$ 之外，$\{g_1(t),g_2(t),\cdots,g_n(t)\}$ 中不存在 $x(t)$ 满足下式

$$0<\int_{t_1}^{t_2}x^2(t)\mathrm{d}t<+\infty \text{ 且 } \int_{t_1}^{t_2}x(t)g_i(t)\mathrm{d}t=0 \tag{3.2.14}$$

则称函数集 $\{g_1(t),g_2(t),\cdots,g_n(t)\}$ 为完备的正交函数集。也可以说，如果存在函数 $x(t)$，使式（3.2.14）成立，即 $x(t)$ 与函数集中的 $g_i(t)$ 正交，那么它本身就应该属于这个函数集。显然，不包含 $x(t)$ 的函数集 $\{g_i(t)\}$ 是不完备的。一个完备的正交函数集通常包括无穷多个函数。

若在区间 (t_1,t_2) 上找到了一个完备正交函数集 $\{g_1(t),g_2(t),\cdots,g_n(t)\}$，那么，在此区间的信号 $x(t)$ 可以精确地用它们的线性组合来表示

$$x(t)=C_1g_1(t)+C_2g_2(t)+\cdots+C_ng_n(t)=\sum_{i=1}^{n}C_ig_i(t) \tag{3.2.15}$$

各分量的系数为

$$C_i=\frac{\int_{t_1}^{t_2}x(t)g_i(t)\mathrm{d}t}{\int_{t_1}^{t_2}g_i^2(t)\mathrm{d}t} \tag{3.2.16}$$

系数 C_i 只与 $x(t)$ 和 $g_i(t)$ 有关，而且可以互相独立求取。式（3.2.15）表明，函数 $x(t)$ 在区间 (t_1,t_2) 内可分解为无穷多项正交函数之和。

如果研究的是复函数集 $\{g_1(t),g_2(t),\cdots,g_n(t)\}$，若该复函数集在区间 (t_1,t_2) 内满足

$$\begin{cases}\int_{t_1}^{t_2}|g_i(t)|^2\,\mathrm{d}t=k_i & i=1,2,\cdots,n\\ \int_{t_1}^{t_2}g_i(t)g_j^*(t)\mathrm{d}t=0 & i\neq j,j=1,2,\cdots,n\end{cases} \tag{3.2.17}$$

则称 $\{g_1(t),g_2(t),\cdots,g_n(t)\}$ 为区间 (t_1,t_2) 内的正交函数集。式中，$g_j^*(t)$ 为函数 $g_j(t)$ 的共轭函数，k_i 为常数。

如果该复函数集 $\{g_1(t),g_2(t),\cdots,g_n(t)\}$ 中，除 $g_i(t)$ 之外，不存在复函数 $x(t)$ 满足

$$0<\int_{t_1}^{t_2}|x(t)|^2\,\mathrm{d}t<\infty \text{ 且 } \int_{t_1}^{t_2}x(t)g_i^*(t)\mathrm{d}t=0 \tag{3.2.18}$$

则称复函数集 $\{g_1(t),g_2(t),\cdots,g_n(t)\}$ 为完备正交函数集。

若 $\{g_1(t),g_2(t),\cdots,g_n(t)\}$ 是完备的正交复函数集，则最佳系数为

$$C_i=\frac{\int_{t_1}^{t_2}x(t)g_i^*(t)\mathrm{d}t}{\int_{t_1}^{t_2}|g_i(t)|^2\mathrm{d}t} \tag{3.2.19}$$

可以证明，复函数集 $\{\mathrm{e}^{\mathrm{j}n\omega_0t},n=0,\pm1,\pm2,\cdots\}$ 在区间 $(0,\frac{2\pi}{\omega_0})$ 内是完备正交函数集。它在区间 $(0,\frac{2\pi}{\omega_0})$ 内满足

$$\int_0^{\frac{2\pi}{\omega_0}}\mathrm{e}^{\mathrm{j}n\omega_0t}\mathrm{e}^{-\mathrm{j}m\omega_0t}\mathrm{d}t=\int_0^{\frac{2\pi}{\omega_0}}\mathrm{e}^{\mathrm{j}(n-m)\omega_0t}\mathrm{d}t=\begin{cases}0 & m\neq n\\ \frac{2\pi}{\omega_0} & m=n\end{cases} \tag{3.2.20}$$

3.2.3 帕塞瓦尔定理

由均方误差的定义式（3.2.10）可知，由于是函数平方后再积分，故恒有 $\overline{\varepsilon^2} \geqslant 0$。若 $\{g_1(t), g_2(t), \cdots, g_n(t)\}$ 是完备正交函数集，当 $n \to +\infty$ 时，$\overline{\varepsilon^2} = 0$。于是由式（3.2.13）可得

$$\int_{t_1}^{t_2} x^2(t)\mathrm{d}t = \sum_{i=1}^{+\infty}\left[C_i^2 \int_{t_1}^{t_2} g_i^2(t)\mathrm{d}t\right] \tag{3.2.21}$$

式（3.2.21）可以理解为：信号 $x(t)$ 的能量等于其完备正交分量的能量之和，即能量守恒。该式也称为帕塞瓦尔（Parseval）方程。与此相反，如果信号在正交函数集中的各正交函数能量总和小于信号本身的能量，这时式（3.2.21）不成立，则该正交函数集不完备。

这样，当 $n \to +\infty$ 时，均方误差 $\overline{\varepsilon^2} = 0$，式（3.2.15）可写为

$$x(t) = \sum_{i=1}^{+\infty} C_i g_i(t) \tag{3.2.22}$$

即信号 $x(t)$ 在区间 (t_1, t_2) 可表示为无穷多项正交函数的线性组合。

3.3 周期信号的傅里叶级数

第 3.2 节介绍了信号的正交分解。当完备正交函数集 $\{g_i(t), i = 1,2,3,\cdots\}$ 中的每个函数 $g_i(t)$ 都是周期为 T 的周期函数时，则式（3.2.15）可以看成是在区间 $(-\infty, +\infty)$ 上任何一个周期为 T 的周期信号的级数展开式。如果完备的正交函数集 $\{g_i(t), i = 1,2,3,\cdots\}$ 是三角函数集或指数函数集，那么周期信号所展开的无穷级数分别称为三角函数形式傅里叶级数和指数函数形式傅里叶级数。

3.3.1 三角函数形式周期信号的傅里叶级数

对于任何一个周期为 T 的周期信号 $x(t)$，可以分解为

$$x(t) = a_0 + \sum_{n=1}^{+\infty}(a_n \cos n\omega_0 t + b_n \sin n\omega_0 t) \tag{3.3.1}$$

式（3.3.1）称为 $x(t)$ 的三角函数形式的傅里叶级数。式中，n 为正整数，$\omega_0 = \dfrac{2\pi}{T}$ 称为基波角频率，$f_0 = \dfrac{1}{T}$ 称为基波频率，a_0、a_n、b_n 称为傅里叶系数。从信号正交分解的角度来看，这是周期信号 $x(t)$ 基于完备正交函数集 $\{\cos n\omega_0 t, \sin n\omega_0 t, n = 0,1,2,3,\cdots\}$ 的正交分解。因为

$$\int_{t_0}^{t_0+T} \cos(n\omega_0 t)\cdot\sin(m\omega_0)\mathrm{d}t = 0 \tag{3.3.2}$$

$$\int_{t_0}^{t_0+T} \cos(n\omega_0 t)\cdot\cos(m\omega_0 t)\mathrm{d}t = \begin{cases} \dfrac{T}{2} & m = n \\ 0 & m \neq n \end{cases} \tag{3.3.3}$$

$$\int_{t_0}^{t_0+T} \sin(n\omega_0 t)\cdot\sin(m\omega_0 t)\mathrm{d}t = \begin{cases} \dfrac{T}{2} & m = n \\ 0 & m \neq n \end{cases} \tag{3.3.4}$$

由式（3.2.16）可得各傅里叶系数分别为

$$a_0=\frac{\int_{t_0}^{t_0+T}x(t)\cos(0\omega_0)\mathrm{d}t}{\int_{t_0}^{t_0+T}\cos^2(0\omega_0)\mathrm{d}t}=\frac{1}{T}\int_{t_0}^{t_0+T}x(t)\mathrm{d}t \tag{3.3.5}$$

$$a_n=\frac{\int_{t_0}^{t_0+T}x(t)\cos(n\omega_0)\mathrm{d}t}{\int_{t_0}^{t_0+T}\cos^2(n\omega_0)\mathrm{d}t}=\frac{2}{T}\int_{t_0}^{t_0+T}x(t)\cos(n\omega_0)\mathrm{d}t \tag{3.3.6}$$

$$b_n=\frac{\int_{t_0}^{t_0+T}x(t)\sin(n\omega_0)\mathrm{d}t}{\int_{t_0}^{t_0+T}\sin^2(n\omega_0)\mathrm{d}t}=\frac{2}{T}\int_{t_0}^{t_0+T}x(t)\sin(n\omega_0)\mathrm{d}t \tag{3.3.7}$$

上述积分中可以任取一个周期，即 t_0 可以任意选取，视计算方便而定，一般选取$\left(-\frac{T}{2},\frac{T}{2}\right)$。显然，$a_n$ 为 $n\omega_0$ 的偶函数，b_n 为 $n\omega_0$ 的奇函数，即

$$\begin{cases}a_n=a_{-n}\\ b_n=-b_{-n}\end{cases} \tag{3.3.8}$$

若将式（3.3.1）中的同频率项合并，可以写成三角函数形式的傅里叶级数的另外一种形式：

$$\begin{aligned}x(t)&=a_0+\sum_{n=1}^{\infty}(a_n\cos n\omega_0 t+b_n\sin n\omega_0 t)\\&=a_0+\sum_{n=1}^{\infty}\sqrt{a_n^2+b_n^2}\left[\frac{a_n}{\sqrt{a_n^2+b_n^2}}\cos n\omega_0 t-\frac{-b_n}{\sqrt{a_n^2+b_n^2}}\sin n\omega_0 t\right]\\&=a_0+\sum_{n=1}^{\infty}c_n(\cos\phi_n\cos n\omega_0 t-\sin\phi_n\sin n\omega_0 t)\\&=c_0+\sum_{n=1}^{\infty}c_n\cos(n\omega_0 t+\phi_n)\end{aligned} \tag{3.3.9}$$

通常将 $c_1\cos(\omega_0 t+\phi_1)$ 称为 $x(t)$ 的基波分量，$c_2\cos(2\omega_0 t+\phi_2)$ 称为二次谐波分量，…，$c_n\cos(n\omega_0 t+\phi_n)$ 称为 n 次谐波分量。式（3.3.9）表明，任何周期信号都可以分解为直流分量和一系列谐波分量之和，其中 c_0 是常数，表明了信号直流分量的大小，c_n 为 n 次谐波分量的振幅；ϕ_n 为 n 次谐波分量的初始相位。这两种三角形式系数的关系为

$$c_0=a_0,\ c_n=\sqrt{a_n^2+b_n^2},\ \phi_n=-\arctan\frac{b_n}{a_n} \tag{3.3.10}$$

$$a_n=c_n\cos\phi_n,\ b_n=-c_n\sin\phi_n \tag{3.3.11}$$

由式（3.3.8）和式（3.3.10）可知，c_n 为 $n\omega_0$ 的偶函数，ϕ_n 为 $n\omega_0$ 的奇函数。

在式（3.3.10）和式（3.3.11）中，各参数 a_n、b_n、c_n 及 ϕ_n 都是 n（谐波序号）的函数，也可以说是 $n\omega_0$（谐波频率）的函数。如果以频率为横轴，以幅度或相位为纵轴，分别绘出 c_n 和 ϕ_n 等的变化关系，便可直观地看出各频率分量的相对大小和相位情况，这样的图分别称为信号的幅度频谱图和相位频谱图。两者综合起来构成周期信号的频谱函数，简称频谱。

显然，周期信号的频谱只出现在 $0,\omega_0,2\omega_0,\cdots$ 等谐波频率上，因此无论是幅度频谱还是相位频谱，都具有离散性和谐波性。根据帕塞瓦尔定理，信号的能量等于其正交分量的能量之和，因此，当谐波频率 $n\omega_0\to+\infty$ 时，$c_n^2\to 0$，即周期信号的频谱具有收敛性。

【例 3.3.1】　已知周期信号 $x(t)$ 如下：

$$x(t)=1+\sqrt{2}\cos\omega_0 t-\cos\left(2\omega_0 t+\frac{5\pi}{4}\right)+\sqrt{2}\sin\omega_0 t+\frac{1}{2}\sin 3\omega_0 t$$

画出其频谱图。

解：将 $x(t)$ 整理为标准形式

$$x(t)=1+2\cos(\omega_0 t-\frac{\pi}{4})+\cos(2\omega_0 t+\frac{5\pi}{4}-\pi)+\frac{1}{2}\cos(3\omega_0 t-\frac{\pi}{2})$$

$$=1+2\cos(\omega_0 t-\frac{\pi}{4})+\cos(2\omega_0 t+\frac{\pi}{4})+\frac{1}{2}\cos(3\omega_0 t-\frac{\pi}{2})$$

幅度频谱和相位频谱如图 3.3.1 所示。

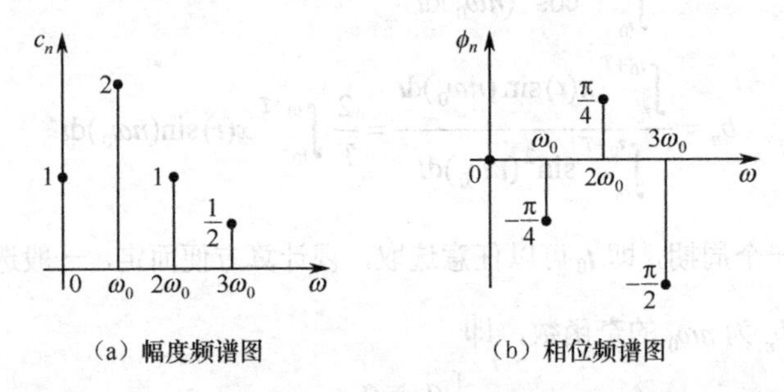

图 3.3.1　例 3.3.1 的频谱图

从图 3.3.1 的频谱图中可以一目了然地看出信号 $x(t)$ 包含哪些频率分量，以及每个分量所占的比重。这种表示方法既方便又直观，因而在以后有关信号的频域分析中经常会被采用。

式（3.3.9）是采用余弦函数的形式，利用类似的方法也可以将式（3.3.1）转换成正弦函数的形式

$$x(t)=d_0+\sum_{n=1}^{+\infty}d_n\sin(n\omega_0 t+\theta_n) \tag{3.3.12}$$

式中

$$d_0=a_0,\ d_n=\sqrt{a_n^2+b_n^2},\ \theta_n=\arctan\frac{b_n}{a_n} \tag{3.3.13}$$

$$a_n=d_n\sin\theta_n,\ b_n=d_n\cos\theta_n \tag{3.3.14}$$

3.3.2　指数函数形式周期信号的傅里叶级数

三角函数形式的傅里叶级数的含义比较明确，但运算很不方便，因此经常采用指数函数形式的傅里叶级数。利用欧拉公式：

$$\left.\begin{aligned}\cos n\omega_0&=\frac{1}{2}(\mathrm{e}^{jn\omega_0}+\mathrm{e}^{-jn\omega_0})\\ \sin n\omega_0&=\frac{1}{2\mathrm{j}}(\mathrm{e}^{jn\omega_0}+\mathrm{e}^{-jn\omega_0})\\ \mathrm{e}^{\pm jn\omega_0}&=\cos n\omega_0\pm \mathrm{j}\sin n\omega_0\end{aligned}\right\} \tag{3.3.15}$$

可以将三角形式的傅里叶级数表示为指数函数形式的傅里叶级数

$$\begin{aligned}x(t)&=c_0+\sum_{n=1}^{+\infty}c_n\cos(n\omega_0 t+\phi_n)\\&=c_0+\sum_{n=1}^{+\infty}\frac{c_n}{2}\left[\mathrm{e}^{\mathrm{j}(n\omega_0 t+\phi_n)}+\mathrm{e}^{-\mathrm{j}(n\omega_0 t+\phi_n)}\right]\\&=c_0+\sum_{n=1}^{+\infty}\frac{c_n}{2}\mathrm{e}^{jn\omega_0 t}\mathrm{e}^{\mathrm{j}\phi_n}+\sum_{n=1}^{+\infty}\frac{c_n}{2}\mathrm{e}^{-jn\omega_0 t}\mathrm{e}^{-\mathrm{j}\phi_n}\\&=c_0+\sum_{n=1}^{+\infty}\frac{c_n}{2}\mathrm{e}^{jn\omega_0 t}\mathrm{e}^{\mathrm{j}\phi_n}+\sum_{n=-1}^{-\infty}\frac{c_{-n}}{2}\mathrm{e}^{jn\omega_0 t}\mathrm{e}^{-\mathrm{j}\phi_{-n}}\end{aligned}$$

由式（3.3.8）可知，a_n 和 b_n 分别是变量 n 的偶函数和奇函数，因此式（3.3.15）可改写为

$$\begin{aligned} x(t) &= c_0 + \sum_{n=1}^{+\infty} \frac{c_n}{2} \mathrm{e}^{\mathrm{j}n\omega_0 t} \mathrm{e}^{\mathrm{j}\phi_n} + \sum_{n=-1}^{-\infty} \frac{c_n}{2} \mathrm{e}^{\mathrm{j}n\omega_0 t} \mathrm{e}^{\mathrm{j}\phi_n} \\ &= c_0 + \sum_{n=1}^{+\infty} \frac{c_n(\cos\phi_n + \mathrm{j}\sin\phi_n)}{2} \mathrm{e}^{\mathrm{j}n\omega_0 t} + \sum_{n=-1}^{-\infty} \frac{c_n(\cos\phi_n + \mathrm{j}\sin\phi_n)}{2} \mathrm{e}^{\mathrm{j}n\omega_0 t} \\ &= c_0 + \sum_{n=1}^{+\infty} \frac{a_n - \mathrm{j}b_n}{2} \mathrm{e}^{\mathrm{j}n\omega_0 t} + \sum_{n=-1}^{-\infty} \frac{a_n - \mathrm{j}b_n}{2} \mathrm{e}^{\mathrm{j}n\omega_0 t} \\ &= \sum_{n=-\infty}^{+\infty} X(n\omega_0) \mathrm{e}^{\mathrm{j}n\omega_0 t} \end{aligned} \tag{3.3.16}$$

式中

$$X(n\omega_0) = \begin{cases} c_0 & n = 0 \\ \dfrac{a_n - \mathrm{j}b_n}{2} & n \neq 0 \end{cases} \tag{3.3.17}$$

这样就得到了周期信号 $x(t)$的指数函数形式的傅里叶级数

$$x(t) = \sum_{n=-\infty}^{\infty} X(n\omega_0) \mathrm{e}^{\mathrm{j}n\omega_0 t} = \sum_{n=-\infty}^{+\infty} X_n \mathrm{e}^{\mathrm{j}n\omega_0 t} \tag{3.3.18}$$

式中，$X(n\omega_0)$ 称为傅里叶系数，简写为 X_n。当然，直接利用完备正交函数集 $\{\mathrm{e}^{\mathrm{j}n\omega_0 t}, n = 0, \pm 1, \pm 2, \cdots\}$ 将周期信号 $x(t)$ 进行正交分解，也可以得到相同的结果。因为

$$\int_{t_0}^{t_0+T} \mathrm{e}^{\mathrm{j}n\omega_0 t} \mathrm{e}^{\mathrm{j}m\omega_0 t} \mathrm{d}t = \begin{cases} 0 & n \neq m \\ T & n = m \end{cases} \tag{3.3.19}$$

式中，$T = \dfrac{2\pi}{\omega_0}$ 为 $x(t)$ 的周期。对信号 $x(t)$ 进行相应的正交分解，可以得到式（3.3.18）所示的正交分解表达式。再根据式（3.2.19）求得傅里叶系数。

$$\begin{aligned} X(n\omega_0) &= \frac{\displaystyle\int_{t_0}^{t_0+T} x(t) \mathrm{e}^{-\mathrm{j}n\omega_0 t} \mathrm{d}t}{\displaystyle\int_{t_0}^{t_0+T} \mathrm{e}^{\mathrm{j}n\omega_0 t} \mathrm{e}^{-\mathrm{j}n\omega_0 t} \mathrm{d}t} = \frac{1}{T} \int_{t_0}^{t_0+T} x(t) \mathrm{e}^{-\mathrm{j}n\omega_0 t} \mathrm{d}t \\ &= \frac{1}{T} \int_{t_0}^{t_0+T} x(t) \cos n\omega_0 t \mathrm{d}t - \mathrm{j}\frac{1}{T} \int_{t_0}^{t_0+T} x(t) \sin n\omega_0 t \mathrm{d}t \\ &= \frac{a_n - \mathrm{j}b_n}{2} \end{aligned} \tag{3.3.20}$$

当 $n = 0$ 时

$$\begin{aligned} X(n\omega_0)\big|_{n=0} &= \frac{1}{T} \int_{t_0}^{t_0+T} x(t) \mathrm{e}^{-\mathrm{j}n\omega_0 t} \mathrm{d}t \Big|_{n=0} \\ &= \frac{1}{T} \int_{t_0}^{t_0+T} x(t) \mathrm{d}t = a_0 = c_0 \end{aligned} \tag{3.3.21}$$

可见，式（3.3.20）和式（3.3.21）与式（3.3.17）的结果相同。

需要指出的是，三角函数形式的傅里叶级数的系数 a_n 和 b_n 都是实数，而 $X(n\omega_0)$一般情况下是复数，可以表示成模和幅角的形式

$$X(n\omega_0) = |X(n\omega_0)| \mathrm{e}^{\mathrm{j}\phi_n} \tag{3.3.22}$$

并将 $X(n\omega_0)$ 称为周期信号的复数频谱，其中 $|X(n\omega_0)|$ 为幅度谱，$\varphi_n = \varphi(n\omega_0)$ 为相位谱。根据式（3.3.17）可得

$$|X(n\omega_0)| = \frac{1}{2}\sqrt{a_n^2 + b_n^2} = \frac{1}{2}c_n \tag{3.3.23}$$

$$\varphi_n = -\arctan\frac{b_n}{a_n} \tag{3.3.24}$$

已知 a_n 和 b_n 分别是变量 $n\omega_0$ 的偶函数和奇函数，因此 $|X(n\omega_0)|$ 和 φ_n 分别为 $n\omega_0$ 的偶函数和奇函数。

从式（3.3.23）和式（3.3.24）中可以看出，三角函数形式的傅里叶级数和指数函数形式的傅里叶级数是等效的。两者的不同之处在于，对于三角函数形式的傅里叶级数，由于 $n \geqslant 0$，得到的频谱图总是在 $n\omega_0 \geqslant 0$ 的半个坐标平面上，所以幅度谱 c_n 和相位谱 ϕ_n 均为单边频谱，而对于指数函数形式的傅里叶级数，$-\infty < n < +\infty$，即频率变量 $n\omega_0$ 从 $-\infty$ 到 $+\infty$ 变化，因此幅度谱 $|X(n\omega_0)|$ 和相位谱 φ_n 称为双边频谱。根据式（3.3.23）和式（3.3.24）可以得到例 3.3.1 所给信号的双边频谱图如图 3.3.2 所示。

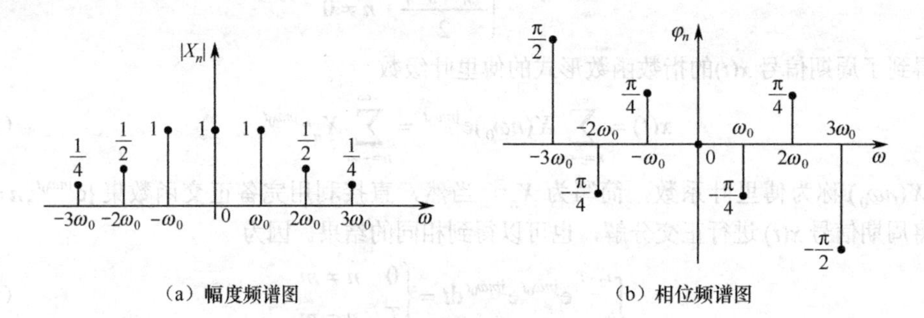

图 3.3.2　例 3.3.1 的频谱图

比较图 3.3.1 和图 3.3.2 可以看出，这两种频谱的表示方法实质上是一样的，不同之处在于：图 3.3.1（a）中的每一条谱线代表一个谐波分量，而在图 3.3.2（a）中，正负频率相对应的两条谱线合并起来才代表一个谐波分量，所以图 3.3.1（a）中的谱线是图 3.3.2（a）中谱线长度的 2 倍，且对称地分布在纵轴两侧；图 3.3.2（a）中的相位 φ_n 是图 3.3.1（a）中的相位 ϕ_n 的奇函数延拓。

这里应该指出，在指数函数形式的傅里叶级数展开式中出现了负频率（$-n\omega_0$），这是在将 $\cos(n\omega_0)$ 和 $\sin(n\omega_0)$ 分解成 $\mathrm{e}^{\mathrm{j}n\omega_0 t}$ 和 $\mathrm{e}^{-\mathrm{j}n\omega_0 t}$ 两项时出现的。对于指数函数形式的傅里叶级数，只有将负频率项与相应的正频率项合并起来才代表一个频率分量。

3.3.3　周期信号的功率谱

为了解周期信号功率在各次谐波中的分布情况，下面讨论周期信号的功率频谱。分析信号的功率关系，一般都将信号 $x(t)$ 看做电压或电流，考查其在 1Ω 电阻上消耗的平均功率，即

$$P = \frac{1}{T}\int_{-\frac{T}{2}}^{\frac{T}{2}} x^2(t)\mathrm{d}t \tag{3.3.25}$$

将 $x(t)$ 表示成傅里叶级数，并代入式（3.3.25）可得

$$\begin{aligned} P &= \frac{1}{T}\int_{-\frac{T}{2}}^{\frac{T}{2}} x(t)\left[\sum_{n=-\infty}^{+\infty} X_n \mathrm{e}^{\mathrm{j}n\omega_0 t}\right]\mathrm{d}t = \sum_{n=-\infty}^{+\infty} X_n\left[\frac{1}{T}\int_{-\frac{T}{2}}^{\frac{T}{2}} x(t)\mathrm{e}^{\mathrm{j}n\omega_0 t}\mathrm{d}t\right] \\ &= \sum_{n=-\infty}^{+\infty} X_n X_{-n} = \sum_{n=-\infty}^{+\infty} X_n X_n^* = \sum_{n=-\infty}^{+\infty} |X_n|^2 \end{aligned} \tag{3.3.26}$$

该式表明：周期信号的平均功率等于各次谐波分量的平均功率之和，称为功率信号的帕塞瓦尔

关系。

由式（3.3.26）可知，信号的幅频特性决定了信号的平均功率分布规律。通常将$|X_n|^2$随$n\omega_0$分布的特性称为周期信号的功率谱。显然，周期信号的功率谱也是离散谱。从周期信号的功率谱中可以直观地看到平均功率在各频率分量上的分布情况。

3.3.4　周期信号傅里叶级数的收敛性与傅里叶级数的近似

必须指出，只有在满足一定条件时，周期信号才能展开成傅里叶级数，这个条件称为狄里赫利（Dirichlet）条件，其内容如下。

条件 1：在一个周期内，周期信号如果有间断点存在，则间断点的数目应是有限个。

条件 2：在一个周期内，周期信号极大值和极小值的数目应是有限个。

条件 3：在一个周期内，信号绝对可积，即

$$\int_{t_0}^{t_0+T}|x(t)|\mathrm{d}t < +\infty \tag{3.3.27}$$

一般来说，不满足狄里赫利条件的信号，在自然界都是比较反常的信号，在实际场合中不会出现。因此，本书假定所有的信号都满足狄里赫利条件。对于满足上述条件的周期信号$x(t)$，其傅里叶级数将在所有连续点收敛于$x(t)$，而在$x(t)$的各个间断点上收敛于$x(t)$的左极限和右极限的平均值。在这种情况下，原来信号和它的傅里叶级数表示之间没有任何能量上的区别。因此，两者只是在一些孤立点上有差异，而在任意区间内的积分是一样的。为此，在卷积的意义下，两者的特性是一样的，因而从线性时不变系统分析的观点来看，两个信号是完全一致的。

前面已经指出，将周期信号$x(t)$用傅里叶级数展开式时，需要无限多项才能完全逼近原信号。但在实际应用中，经常采用有限项级数来代替无限项级数。显然，选取有限项级数是一种近似的方法，所选项数越多，有限项级数就越逼近原函数，也就是说，其均方误差越小。

已知周期信号$x(t)$的傅里叶级数为

$$x(t) = a_0 + \sum_{n=1}^{+\infty}[a_n\cos(n\omega_0 t) + b_n\sin(n\omega_0 t)]$$

若取傅里叶级数的前$(2N+1)$项来逼近周期信号$x(t)$，则有限项傅里叶级数为

$$S_N = a_0 + \sum_{n=1}^{N}[a_n\cos(n\omega_0 t) + b_n\sin(n\omega_0 t)] \tag{3.3.28}$$

这样用S_N逼近$x(t)$引起的误差函数为

$$\varepsilon_N(t) = x(t) - S_N \tag{3.3.29}$$

以均方误差作为衡量误差的准则，其均方误差为

$$E_N = \overline{\varepsilon_N{}^2(t)} = \frac{1}{T}\int_{t_0}^{t_0+T}\varepsilon_N{}^2(t)\mathrm{d}t$$

将$x(t)$、S_N所表示的级数代入式（3.3.29），化简得

$$E_N = \overline{\varepsilon_N{}^2(t)} = \overline{x^2(t)} - \left[a_0{}^2 + \frac{1}{2}\sum_{n=1}^{N}(a_n{}^2 + b_n{}^2)\right] \tag{3.3.30}$$

以下以一个对称方波（T=4T_1）为例，画出其几个N值时S_N的波形，并且在每一种情况下，都把部分和的结果套在原来的方波上，以便比较，如图 3.3.3 所示。因为方波满足狄里赫利条件，因此随着$N\to+\infty$，S_N在不连续点的极限应该是不连续点处的平均值。这点从图 3.3.3 可以看到确实如此，因为对于任意N来说，S_N在不连续点都具有这个平均值。

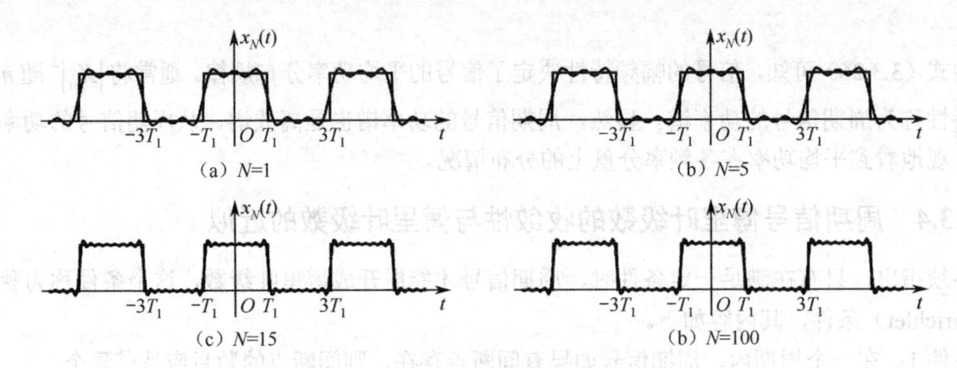

图 3.3.3　方波傅里叶级数表示的收敛

从图 3.3.3 还可以看出这样一种现象：若选取傅里叶有限级数的项数越多，在所合成的波形 S_N 中出现的峰值起伏就越靠近 $x(t)$的不连续点。但是对任何有限的 N 值，部分和所呈现的峰值的最大值趋于一个常数，它大约等于总跳变值的 9%，并从不连续点开始以起伏振荡的形式逐渐衰减下去。这种现象通常称为吉布斯（Gibbs）现象。

吉布斯现象表明：用有限项傅里叶级数表示有间断点的信号时，在间断点附近会不可避免地出现振荡和超量。超量的幅度不会随项数的增加而减少。只是随着项数的增多，振荡频率变高，向间断点处压缩，而使它所占有的能量减少。

3.3.5　傅里叶级数系数与函数对称性的关系

当周期信号的波形具有某种对称性时，其相应的傅里叶级数的系数会呈现出某些特征。周期信号的对称性大致分为两类：一类是波形对原点或纵轴对称，即我们所熟悉的偶函数、奇函数，这种对称性决定了展开式中是否有正弦项（a_n）或余弦项（b_n）；另一类是波形前半周期与后半周期是否相同或成镜像关系，这种对称性决定了展开式中是否含有偶次或奇次谐波。下面具体讨论对称条件对傅里叶级数系数的影响。

1．偶函数

当 $x(t)$ 是偶函数时，满足 $x(t)=x(-t)$ ，其波形关于纵轴对称，如图 3.3.4 所示。

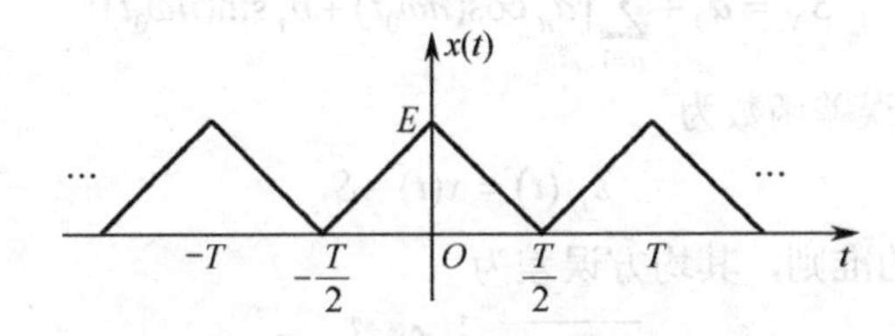

图 3.3.4　偶函数波形

在傅里叶系数的积分式中，$x(t)\cos n\omega_0 t$ 是偶函数，而 $x(t)\sin n\omega_0 t$ 是奇函数。奇函数在对称区间积分为零，故级数中的系数为

$$\left.\begin{aligned} a_n &= \frac{2}{T}\int_{-\frac{T}{2}}^{\frac{T}{2}} x(t)\cos n\omega_0 t\mathrm{d}t = \frac{4}{T}\int_0^{\frac{T}{2}} x(t)\cos n\omega_0 t\mathrm{d}t \\ b_n &= \frac{2}{T}\int_{-\frac{T}{2}}^{\frac{T}{2}} x(t)\sin n\omega_0 t\mathrm{d}t = 0 \end{aligned}\right\} \tag{3.3.31}$$

于是标准三角形式及指数形式的系数关系为

$$X_0 = a_0 = c_0$$
$$X_n = X_{-n} = \frac{a_n}{2}$$
$$\varphi_n = -\arctan\frac{b_n}{a_n} = \begin{cases} 0 & a_n > 0 \\ \pi & a_n < 0 \end{cases}$$

所以，偶函数的傅里叶级数展开式中不含正弦项，只含余弦项和直流项。偶函数的复振幅 X_n 是实数。

2．奇函数

当 $x(t)$ 是奇函数时，满足 $x(t) = -x(-t)$，其波形关于原点对称，如图 3.3.5 所示。

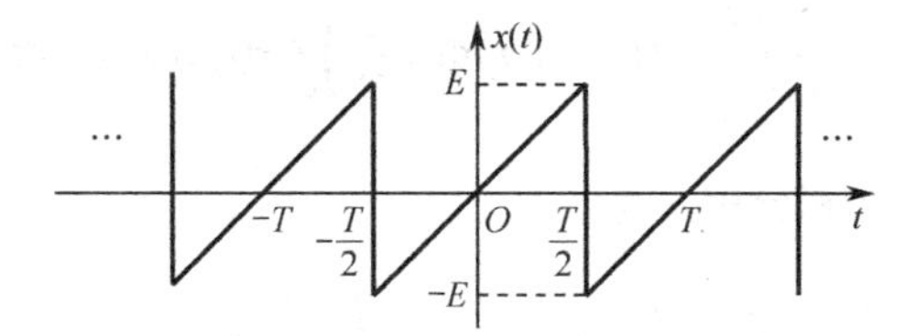

图 3.3.5　奇函数波形

在奇函数傅里叶系数的积分式中，$x(t)\cos n\omega_0 t$ 是奇函数，而 $x(t)\sin n\omega_0 t$ 是偶函数，从而有

$$\left.\begin{aligned} a_n &= \frac{2}{T}\int_{-\frac{T}{2}}^{\frac{T}{2}} x(t)\cos n\omega_0 t\mathrm{d}t = 0 \\ b_n &= \frac{2}{T}\int_{-\frac{T}{2}}^{\frac{T}{2}} x(t)\sin n\omega_0 t\mathrm{d}t = \frac{4}{T}\int_0^{\frac{T}{2}} x(t)\sin n\omega_0 t\mathrm{d}t \end{aligned}\right\} \tag{3.3.32}$$

此时有

$$X_0 = a_0 = c_0 = 0$$
$$X_n = -X_{-n} = -\mathrm{j}\frac{b_n}{2}$$
$$\phi_n = -\arctan\frac{b_n}{a_n} = \begin{cases} -\dfrac{\pi}{2} & b_n > 0 \\ \dfrac{\pi}{2} & b_n < 0 \end{cases}$$

所以，奇函数的傅里叶级数展开式中不含直流项和余弦项，只含正弦项。奇函数的复振幅 X_n 是虚数，其初相位 φ_n 为 $\frac{\pi}{2}$ 或 $-\frac{\pi}{2}$。

3．半波像对称函数

如果函数波形沿时间轴平移半个周期并上下翻转后得到的波形与原波形重合，满足

$$-x\left(t \pm \frac{T}{2}\right) = x(t) \tag{3.3.33}$$

如图 3.3.6 所示，则称该函数为半波像对称函数。

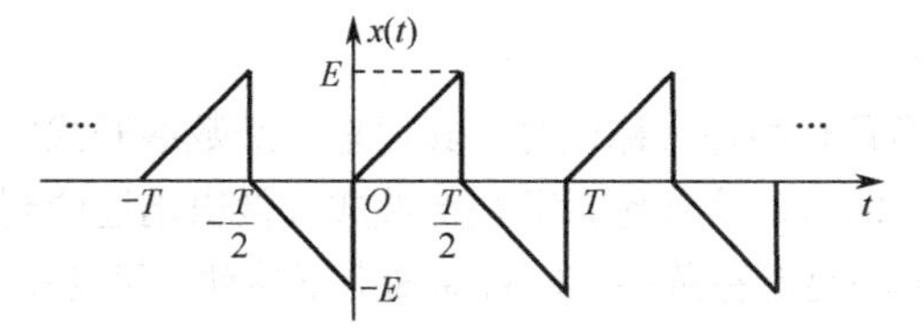

图 3.3.6　半波像对称函数波形

对于半波像对称函数，其傅里叶系数

$$a_0=\frac{1}{T}\int_{-\frac{T}{2}}^{\frac{T}{2}}x(t)\mathrm{d}t=\frac{1}{T}\int_{-\frac{T}{2}}^{0}x(t)\mathrm{d}t+\frac{1}{T}\int_{0}^{\frac{T}{2}}x(t)\mathrm{d}t$$

$$=\frac{1}{T}\int_{0}^{\frac{T}{2}}x\left(t-\frac{T}{2}\right)\mathrm{d}t+\frac{1}{T}\int_{0}^{\frac{T}{2}}x(t)\mathrm{d}t$$

由于 $-x\left(t-\frac{T}{2}\right)=x(t)$，所以

$$a_0=-\frac{1}{T}\int_{0}^{\frac{T}{2}}x(t)\mathrm{d}t+\frac{1}{T}\int_{0}^{\frac{T}{2}}x(t)\mathrm{d}t=0 \tag{3.3.34}$$

$$a_n=\frac{2}{T}\int_{-\frac{T}{2}}^{0}x(t)\cos n\omega_0 t\mathrm{d}t+\frac{2}{T}\int_{0}^{\frac{T}{2}}x(t)\cos n\omega_0 t\mathrm{d}t \tag{3.3.35}$$

将 $x(t)=-x\left(t+\frac{T}{2}\right)$ 代入第一个积分中，有

$$\frac{2}{T}\int_{-\frac{T}{2}}^{0}-x\left(t+\frac{T}{2}\right)\cos n\omega_0\left(t+\frac{T}{2}-\frac{T}{2}\right)\mathrm{d}t$$

$$=\frac{2}{T}\int_{-\frac{T}{2}}^{0}-x\left(t+\frac{T}{2}\right)\cos n\omega_0\left(t+\frac{T}{2}\right)\cos n\pi\mathrm{d}t \tag{3.3.36}$$

$$=-\cos n\pi\frac{2}{T}\int_{0}^{\frac{T}{2}}x(t)\cos n\omega_0 t\mathrm{d}t$$

将式（3.3.36）代入到式（3.3.35），得

$$a_n=\frac{2}{T}\int_{0}^{\frac{T}{2}}x(t)\cos n\omega_0 t\mathrm{d}t-\cos\frac{2}{T}\int_{0}^{\frac{T}{2}}x(t)\cos n\omega_0 t\mathrm{d}t$$

$$=(1-\cos n\pi)\frac{2}{T}\int_{0}^{\frac{T}{2}}x(t)\cos n\omega_0 t\mathrm{d}t \tag{3.3.37}$$

$$=\begin{cases}0 & n\text{为偶数}\\ \frac{4}{T}\int_{0}^{\frac{T}{2}}x(t)\cos n\omega_0 t\mathrm{d}t & n\text{为奇数}\end{cases}$$

同理可得

$$b_n=\begin{cases}0 & n\text{为偶数}\\ \frac{4}{T}\int_{0}^{\frac{T}{2}}x(t)\sin n\omega_0 t\mathrm{d}t & n\text{为奇数}\end{cases} \tag{3.3.38}$$

可以看出，半波像对称函数的傅里叶级数展开式中只含奇次谐波而不含偶次谐波项，故又称为奇谐函数。

另外，还有所谓半波对称函数，就是其波形平移半个周期后得到的波形与原波形重合的函数，即满足 $x\left(t\pm\frac{T}{2}\right)=x(t)$。这时 $x(t)$ 的周期实际上是 $\frac{T}{2}$，其基波频率为 $\frac{2\pi}{\frac{T}{2}}=2\frac{2\pi}{T}=2\omega_0$，即只含有偶次谐波，所以也称为偶谐函数。

综上所述，当信号波形具有某种对称性时，其傅里叶级数展开式中有些项就不出现。掌握傅里叶级数分析的这一特点，即可对信号包含哪些谐波成分做出迅速的判断，从而简化傅里叶系数的计算。有时所给波形虽不满足对称条件，但将横轴上下移动，可使得“隐藏”的对称条件显现。例如，图 3.3.7（a）所示波形，直接观察不具备任何对称性。但如果将横轴向上移至 $x(t)$的平均值

$\dfrac{A}{2}$处，如图 3.3.7（b）所示，显然 $x(t')$ 是奇函数、奇谐函数，同时具备两个对称条件。由图 3.3.7 不难得到 $x(t)=x(t')+\dfrac{A}{2}$，两者只相差平均值。所以一般将横轴移至 $x(t)$的平均值处，更便于观察信号的对称性。

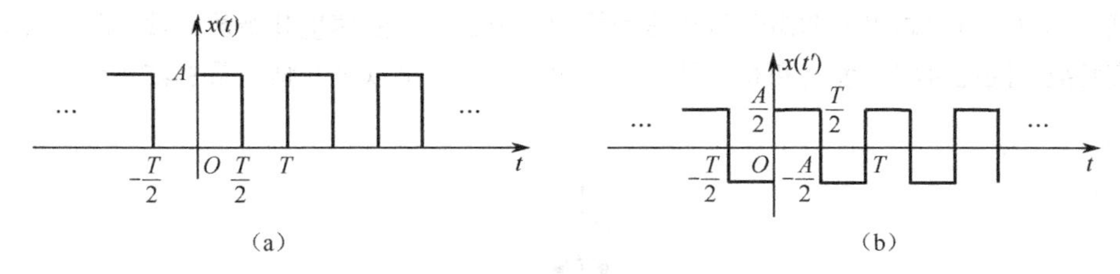

图 3.3.7　具有“隐蔽”对称条件的波形

在分析给定周期信号时，应先判断是否存在可简化运算的对称条件，包括“隐藏”的对称条件。若有对称条件，由以上讨论可知傅里叶级数中的一些项必为零，要确定余下的非零系数，只需对半个周期甚至 1/4 个周期积分即可。

3.4　周期矩形脉冲信号的傅里叶级数

周期矩形脉冲是典型的周期信号，其频谱函数具有周期信号频谱的基本特点。通过分析周期矩形脉冲的频谱，可以了解周期信号频谱的一般规律。

3.4.1　周期矩形脉冲信号的傅里叶级数

设周期矩形脉冲 $x(t)$ 的脉冲宽度为 τ，脉冲幅度为 E，周期为 T（基波角频率 $\omega_0=\dfrac{2\pi}{T}$），波形如图 3.4.1 所示。

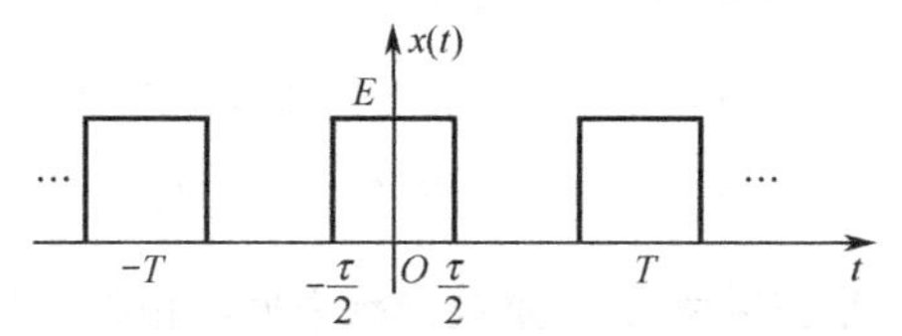

图 3.4.1　周期矩形脉冲信号

该信号在第一个周期内的表示式为

$$x(t)=\begin{cases}E & -\dfrac{\tau}{2}<t<\dfrac{\tau}{2}\\ 0 & \text{其他}\end{cases}$$

将 $x(t)$ 展开成指数函数形式的傅里叶级数，由式（3.3.21）得

$$\begin{aligned}X_n&=\frac{1}{T}\int_{-\frac{\tau}{2}}^{\frac{\tau}{2}}E\mathrm{e}^{-\mathrm{j}n\omega_0 t}\mathrm{d}t=\frac{E}{T}\cdot\frac{1}{\mathrm{j}n\omega_0}\mathrm{e}^{-\mathrm{j}n\omega_0 t}\Big|_{-\frac{\tau}{2}}^{\frac{\tau}{2}}\\&=\frac{E}{T}\cdot\frac{1}{n\omega_0}\frac{2}{2\mathrm{j}}\left(\mathrm{e}^{\mathrm{j}\frac{n\omega_0\tau}{2}}-\mathrm{e}^{-\mathrm{j}\frac{n\omega_0\tau}{2}}\right)\\&=\frac{E}{T}\cdot\frac{2}{n\omega_0}\sin\left(\frac{n\omega_0\tau}{2}\right)=\frac{E\tau}{T}\cdot\mathrm{Sa}\left(\frac{n\omega_0\tau}{2}\right)\end{aligned}\tag{3.4.1}$$

所以，周期矩形脉冲信号的指数函数形式的傅里叶级数为

$$x(t)=\frac{E\tau}{T}\sum_{n=-\infty}^{+\infty}\mathrm{Sa}\left(\frac{n\omega_0\tau}{2}\right)\mathrm{e}^{\mathrm{j}n\omega_0 t} \tag{3.4.2}$$

3.4.2　周期矩形脉冲信号的频谱图

由式（3.4.1）可以画出周期矩形脉冲信号的指数函数形式的傅里叶级数的频谱图。由于 X_n 为 $n\omega_0$ 的实函数，因此可将幅度谱和相位谱画在一起，当然也可以分开画，图 3.4.2 所示为 $T=4\tau$ 时的频谱图。

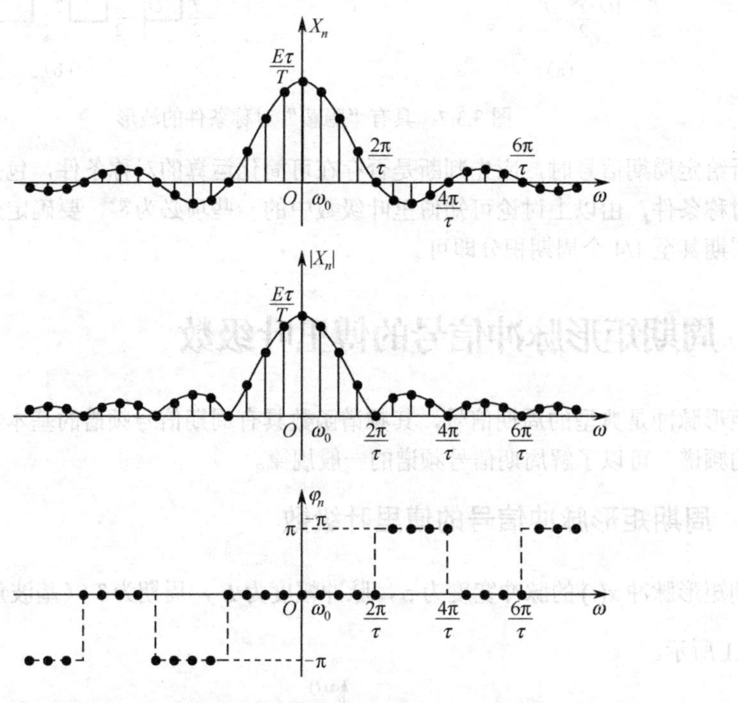

图 3.4.2　周期矩形脉冲信号的频谱（$T=4\tau$）

由图 3.4.2 可以看出，周期矩形脉冲信号的频谱具有一般周期信号频谱的共同特点，它们的频谱都是离散的，谱线只出现在基波频率 ω_0 的整数倍频率处，相邻两条谱线的间隔是 $\omega_0=\frac{2\pi}{T}$，脉冲周期 T 越大，谱线间隔越小，频谱越密集。

各条谱线的幅度包络按照抽样函数 $\mathrm{Sa}\left(\frac{\omega\tau}{2}\right)$ 的规律变化，在 $\frac{\omega\tau}{2}=m\pi$，即 $\omega=m\frac{2\pi}{\tau}$（$m=\pm1,\pm2,\cdots$）时，频谱的包络线为零，其相应的谱线，即相应的频率分量为零。

周期矩形脉冲信号含有无穷多条谱线，也就是说，周期矩形脉冲信号包含无穷多个频率分量。实际上，随着频率的增大，谱线的幅度变化的总趋势收敛于零，即当 $n\omega_0\to+\infty$ 时，$|X_n|\to 0$。因此，信号的能量主要集中在第一个零点（$\omega=\frac{2\pi}{\tau}$）以内。以 $\tau=\frac{1}{20}\mathrm{s}$，$T=\frac{1}{4}\mathrm{s}$ 为例，可以计算出周期矩形脉冲信号前 5 次谐波的功率为

$$P_{5n}=\sum_{n=-4}^{4}\left|F(n\omega_1)\right|^2=0.181E^2 \tag{3.4.3}$$

而信号的总功率

$$P=\frac{1}{T}\int_0^T f^2(t)\mathrm{d}t=0.2E^2 \tag{3.4.4}$$

两者的比值

$$\frac{P_{5n}}{P}=90.5\% \tag{3.4.5}$$

可见，第一个零点内集中信号 90%以上的功率，因此，常常将$0\sim\frac{2\pi}{\tau}$这段频率范围称为矩形脉冲信号的频带宽度，记为

$$B_\omega=\frac{2\pi}{\tau}(\mathrm{rad/s}) \tag{3.4.6}$$

或

$$B_\mathrm{f}=\frac{1}{\tau}(\mathrm{Hz}) \tag{3.4.7}$$

对于一般的频谱，常将从零频率开始到频谱幅度下降到包络线最大值的$\frac{1}{10}$的频率之间的频带定义为信号的频带宽度。在满足一定失真条件下，信号可以用此频率范围的信号来表示。显然，信号的频带宽度 B_f 与信号持续时间τ成反比。这种信号的频宽与时宽成反比的性质是信号分析中最基本的特性，它将贯穿于信号与系统分析的全过程。

3.4.3　频谱结构与波形参数之间的关系

周期矩形脉冲信号的频谱结构与脉冲宽度τ及信号周期 T 有着必然的联系。当周期 T 保持不变时，其基波频率$\omega_0=\frac{2\pi}{T}$为确定值，而随着τ的减小，其第一个包络零点增大，而各次谐波分量的振幅同时减小。图 3.4.3 所示为当 T 保持不变，而$\tau=\frac{T}{5}$与$\tau=\frac{T}{10}$两种情况时的频谱。当脉冲宽度τ为定值时，其频谱包络的第一个零点为确定值。随着周期 T 的增大，基波频率$\omega_0=\frac{2\pi}{T}$逐渐减小，谱线变密，而各次谐波分量的振幅也同时减小。图 3.4.4 所示为脉冲宽度τ不变，而周期分别为$T=5\tau$与$T=10\tau$两种情况时的频谱。

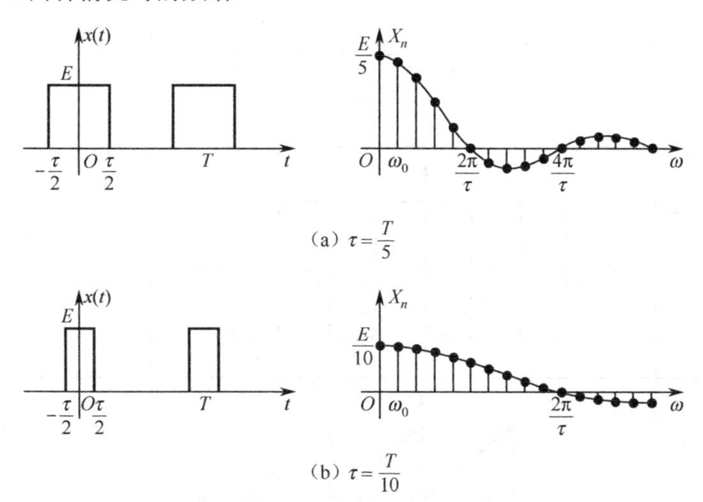

图 3.4.3　不同τ值时周期矩形信号的频谱

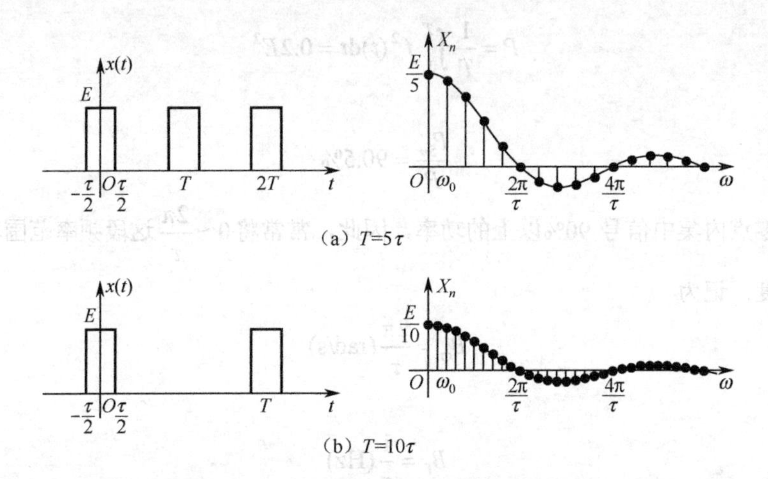

图 3.4.4　不同 T 值时周期矩形信号的频谱

由图 3.4.4 不难看出，当周期 T 无限增大时，频谱的谱线无限密集，而各次谐波分量的振幅趋于无穷小量，此时周期信号将趋于单脉冲的非周期信号。有关非周期信号的频谱将在第 3.5 节讨论。

下面将常用周期信号的傅里叶级数系数列于表 3.4.1，以便查阅。

表 3.4.1　常用周期信号 $x(t)$ 的傅里叶级数系数表

序　号	周期名称	信 号 波 形	傅里叶级数系数 $\left(\omega_0=\frac{2\pi}{T}\right)$
1	矩形脉冲	E … … $-T$ $-\frac{\tau}{2}$ O $\frac{\tau}{2}$ T t	$a_0=\frac{\tau}{T}$ $a_n=\frac{E\tau}{T}\mathrm{Sa}\left(\frac{n\omega_0\tau}{2}\right)$ $b_n=0$
2	对称方波	$\frac{E}{2}$ $-T$ $-\frac{T}{4}$ O $\frac{T}{4}$ T t $-\frac{E}{2}$	$a_0=0$ $a_n=\frac{2E}{n\pi}\sin\left(\frac{n\pi}{2}\right)$ $b_n=0$
		$\frac{E}{2}$ $-T$ $-\frac{T}{2}$ O $\frac{T}{2}$ T t $-\frac{E}{2}$	$a_n=0$ $b_n=\frac{2E}{n\pi}\sin^2\left(\frac{n\pi}{2}\right)$
3	锯齿波	E $-T$ O T t	$a_0=\frac{E}{2}$ $a_n=0$ $b_n=\frac{E}{n\pi}$

（续表）

序　号	周期名称	信 号 波 形	傅里叶级数系数$\left(\omega_0=\dfrac{2\pi}{T}\right)$
3	锯齿波	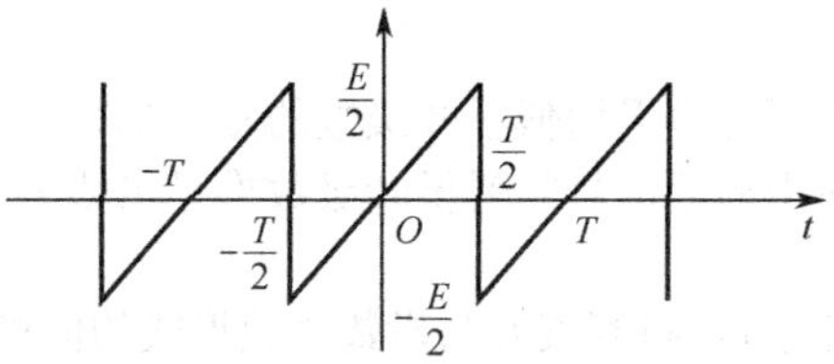	$a_n=0$ $b_n=(-1)^{n+1}\dfrac{E}{n\pi}$
4	三角波	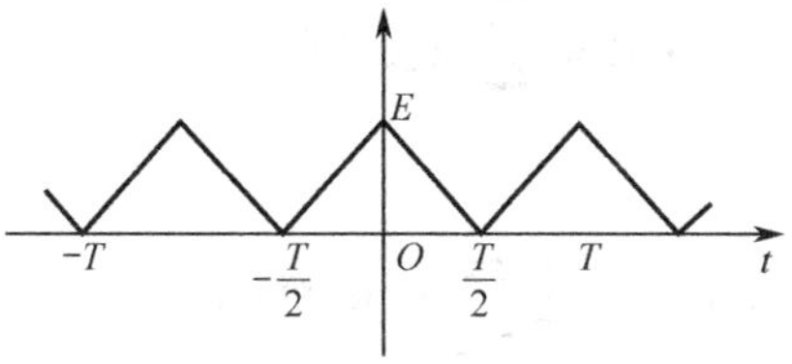	$a_0=\dfrac{E}{2}$ $a_n=\dfrac{4E}{(n\pi)^2}\sin^2\left(\dfrac{n\pi}{2}\right)$ $b_n=0$
		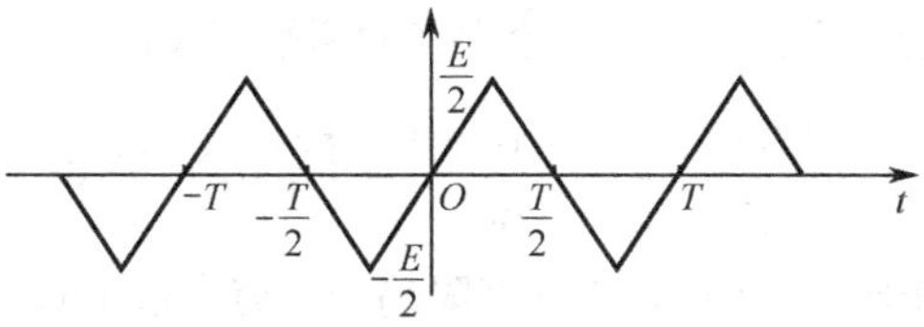	$a_n=0$ $b_n=\dfrac{4E}{(n\pi)^2}\sin^2\left(\dfrac{n\pi}{2}\right)$
5	半波余弦	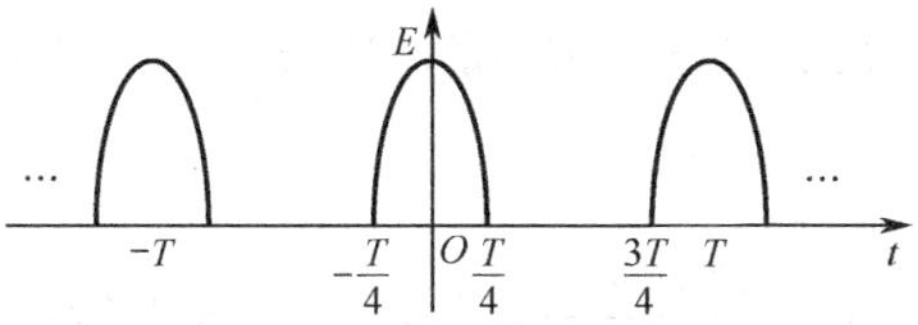	$a_0=\dfrac{E}{\pi}$ $a_n=\dfrac{2E}{(1-n^2)\pi}\cos\left(\dfrac{n\pi}{2}\right)$ $b_n=0$
6	全波余弦	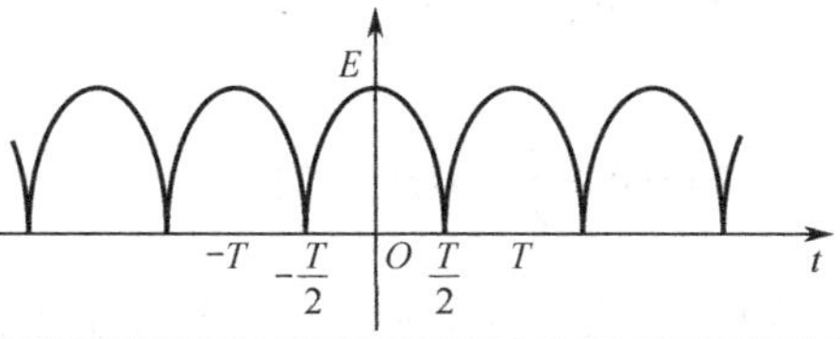	$a_0=\dfrac{2E}{\pi}$ $a_n=(-1)^{n+1}\dfrac{4E}{(4n^2-1)\pi}$ $b_n=0$

3.5　非周期信号的傅里叶变换

从时域可以看到，如果一个周期信号的周期趋于无穷大，则周期信号将演变成一个非周期信号。把非周期信号看成是周期信号在周期趋于无穷大时的极限，考查傅里叶级数在 T 趋于无穷大时的变化，就能够得到非周期信号的频域表示方法。

3.5.1　非周期信号傅里叶变换表示式的导出

在第 3.4 节关于周期信号的傅里叶级数的讨论中，当周期矩形脉冲信号的周期 T 趋于无限大时，周期信号就转化为非周期的单脉冲信号。所以可以把非周期信号看成是周期趋于无限大时的周期信号。当周期信号的周期 T 趋于无限大时，其频谱的谱线间隔 $\omega_0=\dfrac{2\pi}{T}$ 趋于无限小，这样离散频谱就变成连续频谱。同时，当周期 T 趋于无限大时，谱线的长度 $X(n\omega_0)$ 也趋于无限小量。由此可见，对非周期信号采用傅里叶级数的分析方法显然是不行的。但是，从物理概念考虑，既然是一个信号，必然含有一定的能量，无论信号如何分解，其所含能量是不变的。所以，不管周期有多大，频谱的分布依然存在。对于图 3.4.4 所示的周期矩形脉冲信号，当周期 T 趋于无限大时，从求极限的过程可以看出，虽然 X_n 趋于无穷小量，但频谱图的包络仍将保持 $\mathrm{Sa}(\cdot)$ 函数的形状。从数学的角度看，在极限的情况下，无限多的无穷小量之和，仍可等于一个有限值，此有限值的大小取决于信号的能量。

基于上述原因，对非周期信号不能再采用傅里叶级数的复振幅来表示其频谱，而必须引入一个新的量——频谱密度函数。下面由周期信号的傅里叶级数推导出傅里叶变换，从而引出频谱密度函数的概念。

设有一周期信号 $x(t)$，其周期为 T，将其展开为指数函数形式的傅里叶级数，即

$$x(t)=\sum_{n=-\infty}^{+\infty} X_n \mathrm{e}^{\mathrm{j}n\omega_0 t}$$

其频谱为

$$X(n\omega_0)=\frac{1}{T}\int_{-\frac{T}{2}}^{\frac{T}{2}} x(t)\mathrm{e}^{-\mathrm{j}n\omega_0 t}\mathrm{d}t$$

当 T 趋于无限大时，$|X(n\omega_0)|$ 趋于无穷小量。若给上式的两端同乘以 T，则有

$$TX(n\omega_0)=\frac{X(n\omega_0)}{f}=\frac{2\pi X(n\omega_0)}{\omega_0}=\int_{-\frac{T}{2}}^{\frac{T}{2}} x(t)\mathrm{e}^{-\mathrm{j}\omega_0 t}\mathrm{d}t \tag{3.5.1}$$

对于非周期信号，重复周期 T 趋于无限大时，谱线间隔趋于无穷小量 $\mathrm{d}\omega$，而离散频率 $n\omega_0$ 变成连续频率 ω，在这种极限情况下，$X(n\omega_0)$ 趋于无穷小量，但 $2\pi\dfrac{X_n}{\omega_0}$ 可趋于有限值，且为一个连续函数，通常记为 $X(\mathrm{j}\omega)$，即

$$X(\mathrm{j}\omega)=\lim_{T\to+\infty}\frac{2\pi X(n\omega_0)}{\omega_0}=\lim_{T\to+\infty}\int_{-\frac{T}{2}}^{\frac{T}{2}} x(t)\mathrm{e}^{-\mathrm{j}n\omega_0 t}\mathrm{d}t \tag{3.5.2}$$

从而得到

$$X(\mathrm{j}\omega)=\int_{-\infty}^{+\infty} x(t)\mathrm{e}^{-\mathrm{j}\omega t}\mathrm{d}t \tag{3.5.3}$$

式中，$\dfrac{X(n\omega_0)}{\omega_0}$ 表示单位频带的频谱值，因此 $X(\mathrm{j}\omega)$ 称为非周期信号 $x(t)$ 的频谱密度函数。

同样，对 $x(t)$ 的傅里叶级数展开也可改写为如下的形式

$$x(t)=\sum_{n=-\infty}^{+\infty} X_n \mathrm{e}^{\mathrm{j}n\omega_0 t}=\sum_{n=-\infty}^{+\infty}\frac{X(n\omega_0)}{\omega_0}\cdot\omega_0\cdot\mathrm{e}^{\mathrm{j}n\omega_0 t}$$

上式右端在 T 趋于无限大时，即为非周期信号 $x(t)$ 的表达式。此时，$\dfrac{X(n\omega_0)}{\omega_0}$ 趋于 $\dfrac{X(\mathrm{j}\omega)}{2\pi}$，$\omega_0$ 趋于 $\mathrm{d}\omega$，$n\omega_0$ 变成连续频率 ω，而 $\sum$ 转化为从 $-\infty$ 到 $+\infty$ 的积分，从而得到

$$x(t)=\lim_{T\to\infty}\sum_{n=-\infty}^{+\infty}\frac{X(n\omega_0)}{\omega_0}\mathrm{e}^{\mathrm{j}n\omega_0 t}\cdot\omega_0=\frac{1}{2\pi}\int_{-\infty}^{+\infty} X(\mathrm{j}\omega)\mathrm{e}^{\mathrm{j}\omega t}\mathrm{d}\omega \tag{3.5.4}$$

式（3.5.3）和式（3.5.4）为非周期信号的频谱表示式，称其为傅里叶变换。式（3.5.2）为傅里叶正变换，求得的 $X(\mathrm{j}\omega)$ 为 $x(t)$ 的频谱密度函数，或简称为频谱函数。而式（3.5.4）为傅里叶逆变换，$x(t)$ 为频谱函数 $X(\mathrm{j}\omega)$ 的原函数。非周期信号的傅里叶变换习惯上采用如下符号：

$$\left.\begin{aligned}X(\mathrm{j}\omega)&=F[x(t)]\\x(t)&=F^{-1}[X(\mathrm{j}\omega)]\end{aligned}\right\} \tag{3.5.5}$$

$x(t)$ 与 $X(\mathrm{j}\omega)$ 的对应关系也可简记为

$$x(t) \leftrightarrow X(\mathrm{j}\omega) \tag{3.5.6}$$

$X(\mathrm{j}\omega)$ 一般为复数，可以写为

$$X(\mathrm{j}\omega) = |X(\mathrm{j}\omega)|\,\mathrm{e}^{\mathrm{j}\varphi(\omega)} \tag{3.5.7}$$

式中，$|X(\omega)|$ 是 $X(\mathrm{j}\omega)$ 的模，代表信号各频率分量的相对大小，称为 $x(t)$ 的幅度频谱；$\varphi(\omega)$ 是 $X(\mathrm{j}\omega)$ 的相位函数，它表示信号中各频率分量之间的相位关系，称为 $x(t)$ 的相位频谱。

3.5.2　三角函数形式的傅里叶变换

与周期信号类似，也可以将非周期信号的傅里叶变换表示成三角函数的形式，即

$$\begin{aligned} x(t) &= \frac{1}{2\pi}\int_{-\infty}^{+\infty} X(\mathrm{j}\omega)\mathrm{e}^{\mathrm{j}\omega t}\mathrm{d}\omega = \frac{1}{2\pi}\int_{-\infty}^{+\infty}|X(\mathrm{j}\omega)|\mathrm{e}^{\mathrm{j}[\omega t+\varphi(\omega)]}\mathrm{d}\omega \\ &= \frac{1}{2\pi}\int_{-\infty}^{+\infty}|X(\mathrm{j}\omega)|\cos[\omega t+\varphi(\omega)]\mathrm{d}\omega + \frac{\mathrm{j}}{2\pi}\int_{-\infty}^{+\infty}|X(\mathrm{j}\omega)|\sin[\omega t+\varphi(\omega)]\mathrm{d}\omega \end{aligned}$$

由于上式第二个积分式中的被积函数是奇函数，故积分为零，而第一个积分式中的被积函数是 ω 的偶函数，故有

$$x(t) = \int_{0}^{+\infty}\frac{|X(\mathrm{j}\omega)|\mathrm{d}\omega}{\pi}\cos[\omega t+\varphi(\omega)] \tag{3.5.8}$$

可见，非周期信号和周期信号一样，也可分解为许多不同频率的正弦分量。与周期信号不同的是，由于非周期信号的周期趋于无穷大，基波频率趋于无穷小，所以包含了从零到无穷大的所有频率分量，而各个频率分量的幅度 $\frac{|X(\mathrm{j}\omega)|\mathrm{d}\omega}{\pi}$ 趋于无穷小，所以，信号的频谱不能再用幅度表示，而改用密度函数来表示。

3.5.3　傅里叶变换存在的条件

需要指出，在以上推导傅里叶变换时并未遵循数学上的严格步骤。从理论上讲，$x(t)$ 应满足一定的条件才可存在傅里叶变换。一般来说，傅里叶变换存在的充分条件是在无限区间内 $x(t)$ 满足绝对可积，即要求

$$\int_{-\infty}^{+\infty}|x(t)|\mathrm{d}t < +\infty \tag{3.5.9}$$

但这并不是必要条件，因为当 $\int_{-\infty}^{+\infty}|x(t)|\mathrm{d}t$ 的结果为无穷大时，只要能唯一地表示这个无穷大，则 $x(t)$ 的傅里叶变换依然存在。由于引入广义函数的概念，许多并不满足绝对可积条件的信号也存在傅里叶变换，这在后面典型非周期信号的傅里叶变换中讨论。

3.5.4　典型非周期信号的傅里叶变换

本节利用傅里叶变换分析几种典型非周期信号的频谱。

1．矩形脉冲信号

已知矩形脉冲信号的表示式为

$$x(t) = E\left[u\left(t+\frac{\tau}{2}\right) - u\left(t-\frac{\tau}{2}\right)\right]$$

式中，E 为脉冲幅度，τ 为脉冲宽度，也可记为 $G_\tau(t)$。其傅里叶变换为

$$X(\mathrm{j}\omega)=\int_{-\frac{\tau}{2}}^{\frac{\tau}{2}}E\mathrm{e}^{-\mathrm{j}\omega t}\,\mathrm{d}t=\frac{E}{-\mathrm{j}\omega}\mathrm{e}^{-\mathrm{j}\omega t}\Big|_{-\frac{\tau}{2}}^{\frac{\tau}{2}}$$

$$=\frac{E\tau}{\omega\frac{\tau}{2}}\cdot\frac{\mathrm{e}^{\mathrm{j}\omega\frac{\tau}{2}}-\mathrm{e}^{-\mathrm{j}\omega\frac{\tau}{2}}}{2\mathrm{j}}=E\tau\frac{\sin\left(\frac{\omega\tau}{2}\right)}{\frac{\omega\tau}{2}} \tag{3.5.10}$$

$$=E\tau\,\mathrm{Sa}\left(\frac{\omega\tau}{2}\right)$$

其幅度频谱和相位频谱分别为

$$|X(\mathrm{j}\omega)|=E\tau\left|\mathrm{Sa}\left(\frac{\omega\tau}{2}\right)\right|$$

$$\varphi(\omega)=\begin{cases}0 & \frac{4n\pi}{\tau}<|\omega|<\frac{2(2n+1)\pi}{\tau}\\ \pm\pi & \frac{2(2n+1)\pi}{\tau}<|\omega|<\frac{2(2n+2)\pi}{\tau}\end{cases},\quad n=0,1,2,\cdots$$

矩形脉冲信号 $x(t)$ 及其频谱如图 3.5.1 所示。其中，图 3.5.1（a）为信号波形，图 3.5.1（b）为频谱 $X(\mathrm{j}\omega)$。由于 $X(\mathrm{j}\omega)$ 是 ω 的实函数，可以同时表示幅度频谱 $|X(\mathrm{j}\omega)|$ 和相位频谱 $\varphi(\omega)$，也可以幅度频谱 $|X(\mathrm{j}\omega)|$ 和相位频谱 $\varphi(\omega)$ 分别画在两张图上，如图 3.5.1（c）和（d）所示。

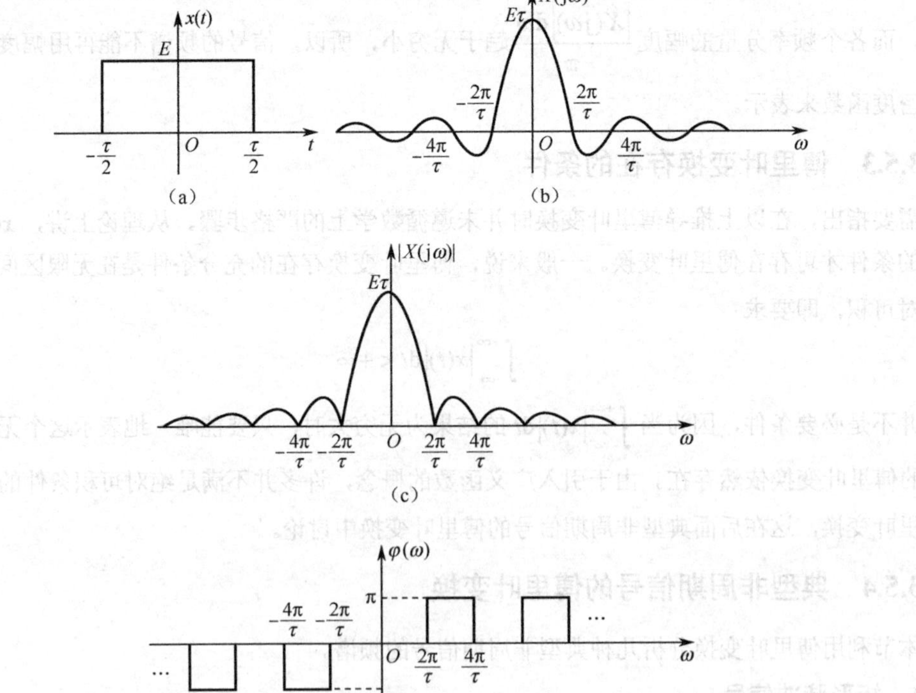

图 3.5.1　矩形脉冲信号的波形和频谱

从图 3.5.1 可以看出，虽然矩形脉冲信号是一个在时间上有限的信号，但是它的频谱却存在于整个频率范围。不过，从 $X(\mathrm{j}\omega)$ 的波形可以看到，矩形脉冲信号的绝大部分能量集中在第一个零

点 $\dfrac{2\pi}{\tau}$ 之内。因而，通常将矩形脉冲信号的第一个零点称为信号的频带宽度，于是有

$$B_{\omega}=\frac{2\pi}{\tau} \tag{3.5.11}$$

或者

$$B_{\mathrm{f}}=\frac{1}{\tau} \tag{3.5.12}$$

即矩形脉冲信号的带宽与脉宽成反比。

2．单边指数信号

已知单边指数信号的表示式为

$$x(t)=\mathrm{e}^{-at}u(t)\,,\quad a>0$$

其傅里叶变换为

$$\begin{aligned}X(\mathrm{j}\omega)&=\int_{-\infty}^{+\infty}\mathrm{e}^{-at}\mathrm{e}^{-\mathrm{j}\omega t}\mathrm{d}t\\&=\frac{1}{a+\mathrm{j}\omega}-\mathrm{e}^{-(a+\mathrm{j}\omega)t}\Big|_{0}^{+\infty}\\&=\frac{1}{a+\mathrm{j}\omega}\end{aligned} \tag{3.5.13}$$

其幅度频谱和相位频谱分别为

$$|X(\mathrm{j}\omega)|=\frac{1}{\sqrt{a^2+\omega^2}}$$

$$\varphi(\omega)=-\arctan\frac{\omega}{a}$$

单边指数信号的波形 $x(t)$、幅度频谱 $|X(\mathrm{j}\omega)|$ 和相位频谱 $\varphi(\omega)$ 如图 3.5.2 所示。

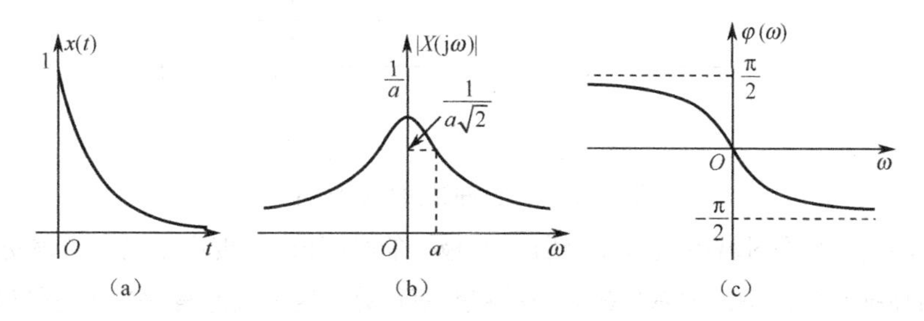

图 3.5.2　单边指数信号的波形和频谱

3．双边指数信号

已知双边指数信号的表示式为

$$x(t)=\mathrm{e}^{-a|t|},\quad a>0$$

其傅里叶变换为

$$\begin{aligned}X(\mathrm{j}\omega)&=\int_{-\infty}^{0}\mathrm{e}^{at}\mathrm{e}^{-\mathrm{j}\omega t}\mathrm{d}t+\int_{0}^{+\infty}\mathrm{e}^{-at}\mathrm{e}^{-\mathrm{j}\omega t}\mathrm{d}t\\&=\frac{1}{a-\mathrm{j}\omega}+\frac{1}{a+\mathrm{j}\omega}=\frac{2a}{a^2+\omega^2}\end{aligned} \tag{3.5.14}$$

由式（3.5.14）可以看出，对于双边指数信号，其频谱 $X(\mathrm{j}\omega)$ 是一个实函数，而且由于 $a>0$，$X(\mathrm{j}\omega)$

还是一个恒大于零的正实函数。因此，其幅度频谱与 $X(\mathrm{j}\omega)$ 相同，相位频谱为 0，即

$$|X(\mathrm{j}\omega)| = \frac{2a}{a^2+\omega^2}$$

$$\varphi(\omega)=0$$

双边指数信号的波形 $x(t)$ 和幅度频谱 $|X(\mathrm{j}\omega)|$ 如图 3.5.3 所示。

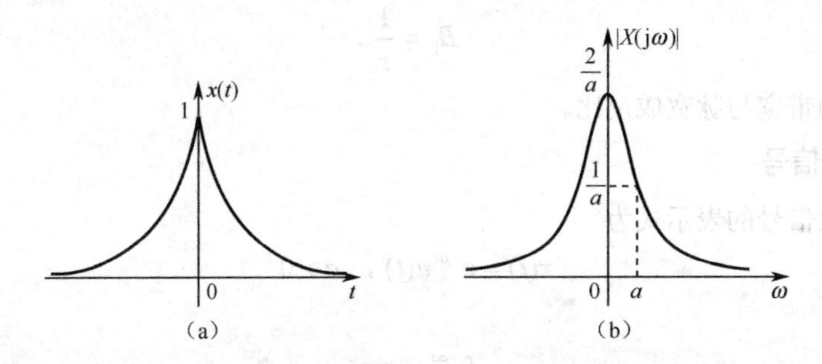

图 3.5.3 双边指数信号的波形和频谱

以上几个信号都是通常意义上的信号，它们一般都满足绝对可积条件。第 2 章中时域分析的讨论表明，奇异信号在信号与系统的分析中占有很重要的地位，而奇异信号往往不满足绝对可积条件，因此，无法通过傅里叶变换的定义求解它们的频谱函数。下面分析几个常用的奇异函数的频谱。

4．单位冲激信号

根据傅里叶变换的定义及单位冲激函数 $\delta(t)$ 的取样性质，可得

$$X(\mathrm{j}\omega)=\int_{-\infty}^{+\infty}\delta(t)\mathrm{e}^{-\mathrm{j}\omega t}\mathrm{d}t=1 \tag{3.5.15}$$

即单位冲激信号的频谱是常数 1。$\delta(t)$ 的波形和频谱如图 3.5.4 所示。

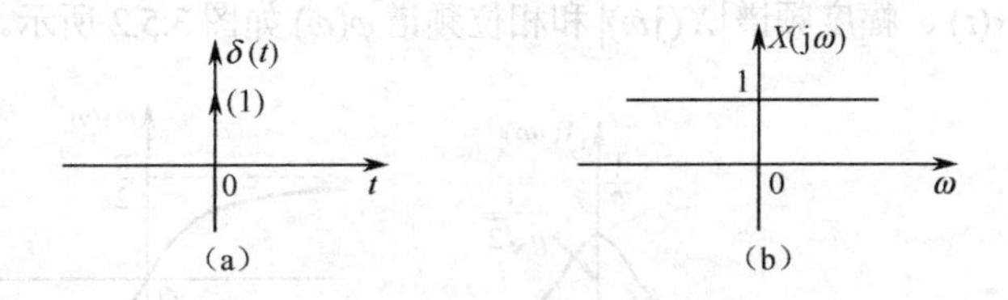

图 3.5.4 单位冲激信号和频谱

由于单位冲激信号在时域中从 $t=0_-$ 到 $t=0_+$ 极短的时间内，幅度产生极大的跳变，因此，$\delta(t)$ 包含了丰富的高频分量，而各频率分量的频谱密度都相等。这种频谱常称为“均匀谱”或“白色谱”。

冲激信号的频谱是常数，符合在前面讨论矩形脉冲信号频谱时得到的结论：脉冲的带宽与脉宽成反比。冲激信号在时域中持续时间非常短，所以在频域中占有无限宽的频率范围。

5．单位直流信号

单位直流信号可表示为

$$x(t)=1$$

根据傅里叶变换的定义式（3.5.3）可得

$$X(\mathrm{j}\omega)=\int_{-\infty}^{+\infty}1\cdot\mathrm{e}^{-\mathrm{j}\omega t}\mathrm{d}t$$

按常规函数的积分无法求出这个积分。对照单位冲激函数的傅里叶变换，由傅里叶逆变换容

易求得

$$1=\frac{1}{2\pi}\int_{-\infty}^{+\infty}\delta(\omega)\mathrm{e}^{\mathrm{j}\omega t}\mathrm{d}\omega$$

所以

$$\int_{-\infty}^{+\infty}1\mathrm{e}^{-\mathrm{j}\omega t}\mathrm{d}t=2\pi\delta(\omega) \tag{3.5.16}$$

单位直流信号及其频谱如图 3.5.5 所示。图 3.5.5 表明单位直流信号的频谱除了有在 ω=0 处的一个冲激 $2\pi\delta(\omega)$ 外，在其他频率处均为零。这个结果可以用信号的脉宽与带宽成反比这个结论进行解释。

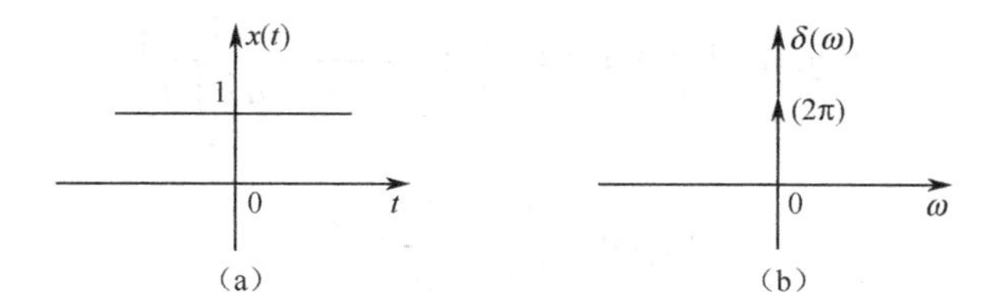

图 3.5.5　单位直流信号和频谱

单位直流信号还可以看做图 3.5.3 所示的双边指数信号 $x(t)=\mathrm{e}^{-a|t|}$ 在 $a\to 0$ 时的极限，所以也可在双边指数信号的频谱中再进行 $a\to 0$ 的极限来求得直流信号的频谱。

对于 $x(t)=E$，则有

$$E\leftrightarrow 2\pi\delta(\omega) \tag{3.5.17}$$

6．符号函数

符号函数也称为正负函数，记为 $\mathrm{sgn}(t)$，表示式为

$$x(t)=\mathrm{sgn}(t)=\begin{cases}1 & t>0\\ 0 & t=0\\ -1 & t<0\end{cases}$$

显然，该函数不满足绝对可积条件，但它却存在傅里叶变换。符号函数 $\mathrm{sgn}(t)$ 可看做如下信号

$$x_1(t)=\begin{cases}\mathrm{e}^{-at} & t>0\\ -\mathrm{e}^{at} & t<0\end{cases},\quad a>0$$

当 $a\to 0$ 时的极限。信号 $x_1(t)$ 的频谱为

$$\begin{aligned}X_1(\mathrm{j}\omega)&=\int_{0}^{+\infty}\mathrm{e}^{-at}\,\mathrm{e}^{-\mathrm{j}\omega t}\mathrm{d}t+\int_{-\infty}^{0}-\mathrm{e}^{at}\mathrm{e}^{-\mathrm{j}\omega t}\mathrm{d}t\\&=\frac{1}{a+\mathrm{j}\omega}+\frac{-1}{a-\mathrm{j}\omega}=\frac{-\mathrm{j}2\omega}{a^2+\omega^2}\end{aligned} \tag{3.5.18}$$

其幅度频谱和相位频谱分别为

$$|X_1(\mathrm{j}\omega)|=\frac{2|\omega|}{a^2+\omega^2}$$

$$\varphi(\omega)=\begin{cases}\dfrac{\pi}{2} & \omega<0\\[2mm] -\dfrac{\pi}{2} & \omega>0\end{cases}$$

其波形和幅度频谱如图 3.5.6 所示。

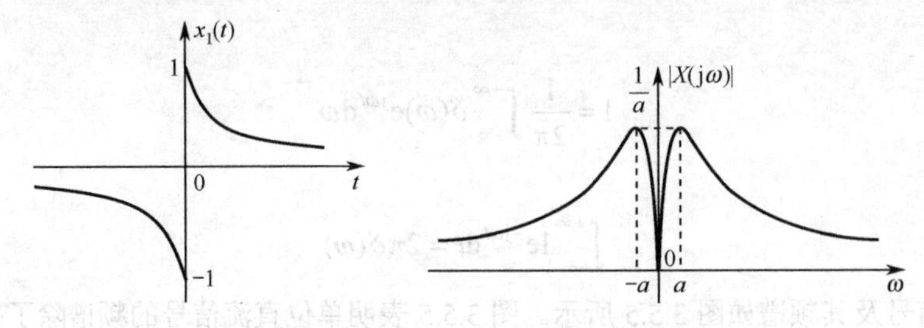

图 3.5.6　信号 $x_1(t)$ 的波形和频谱

符号函数 sgn(t) 的频谱为

$$X(\mathrm{j}\omega)=\lim_{a\to 0}X_1(\mathrm{j}\omega)=\lim_{a\to 0}\left[\frac{1}{a+\mathrm{j}\omega}-\frac{1}{a-\mathrm{j}\omega}\right]$$

当 $\omega=0$ 时

$$X(\mathrm{j}\omega)=\frac{1}{\mathrm{j}\omega}-\frac{1}{-\mathrm{j}\omega}=\frac{2}{\mathrm{j}\omega}$$

当 $\omega\neq 0$ 时

$$X(\mathrm{j}\omega)=\lim_{a\to 0}\left[\frac{1}{a}-\frac{1}{a}\right]=0$$

所以

$$X(\mathrm{j}\omega)=\begin{cases}\dfrac{2}{\mathrm{j}\omega} & \omega\neq 0\\ 0 & \omega=0\end{cases}\tag{3.5.19}$$

其幅度频谱和相位频谱分别为

$$|X(\mathrm{j}\omega)|=\frac{2}{|\omega|}$$

$$\varphi(\omega)=\begin{cases}\dfrac{\pi}{2} & \omega<0\\ -\dfrac{\pi}{2} & \omega>0\end{cases}$$

符号函数的波形 $x(t)$、幅度频谱 $|X(\mathrm{j}\omega)|$ 和相位频谱 $\varphi(\omega)$ 如图 3.5.7 所示。

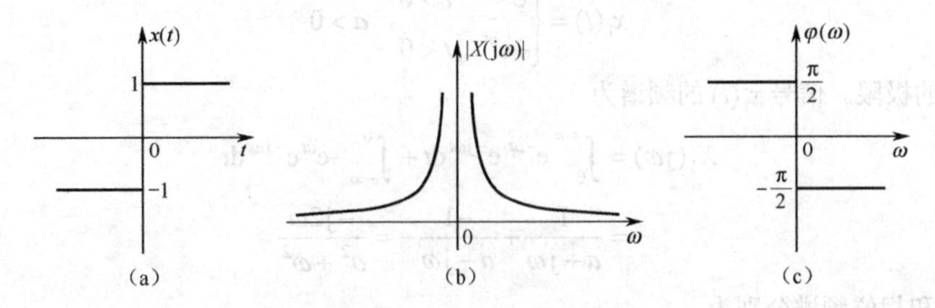

图 3.5.7　符号函数的波形和频谱

7. 单位阶跃信号

显然，单位阶跃信号 $u(t)$ 不满足绝对可积条件，直接利用傅里叶变换的定义式无法求得其频谱。但是由于

$$x(t)=u(t)=\frac{1}{2}+\frac{1}{2}\mathrm{sgn}(t)$$

由式（3.5.17）和式（3.5.19）可得 $u(t)$ 的频谱为

$$X(\mathrm{j}\omega)=\pi\delta(\omega)+\frac{1}{\mathrm{j}\omega} \tag{3.5.20}$$

其幅度频谱和相位频谱分别为

$$|X(\mathrm{j}\omega)|=\sqrt{\pi^2\delta^2(\omega)+\frac{1}{\omega^2}}$$

$$\varphi(\omega)=\begin{cases}-\dfrac{\pi}{2} & \omega>0\\ 0 & \omega=0\\ \dfrac{\pi}{2} & \omega<0\end{cases}$$

单位阶跃信号 $u(t)$ 的频谱如图 3.5.8 所示。

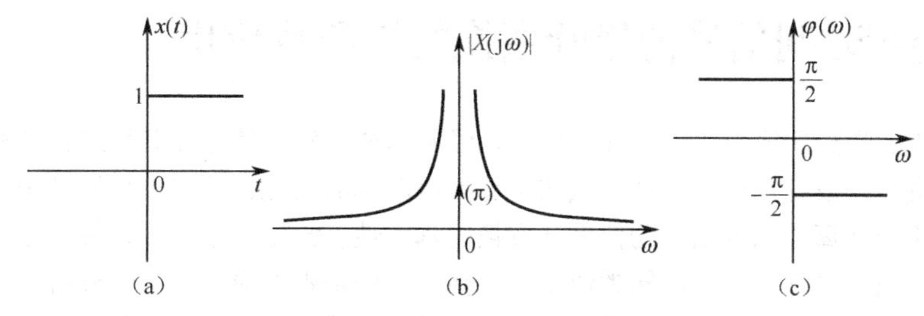

图 3.5.8　单位阶跃信号的波形和频谱

可见，单位阶跃信号 $u(t)$ 的频谱在 $\omega=0$ 处存在一个冲激函数，这是因为 $u(t)$ 含有直流分量。此外，由于 $u(t)$ 不是纯直流信号，它在 $t=0$ 处有跳变，因此在频谱中还出现其他频率分量。

最后，将上述结果及其他常用函数的傅里叶变换列于表 3.5.1，以便查阅。

表 3.5.1　常用信号的傅里叶变换

序　号	名　称	时间表示式 $x(t)$	傅里叶变换 $X(\mathrm{j}\omega)$
1	矩形脉冲信号	$G_\tau(t)=E\left[u\left(t+\frac{\tau}{2}\right)-u\left(t-\frac{\tau}{2}\right)\right]$	$E\tau\,\mathrm{Sa}\left(\frac{\omega\tau}{2}\right)$
2	单边指数信号	$\mathrm{e}^{-at}u(t)$，$a>0$	$\frac{1}{a+\mathrm{j}\omega}$
3	双边指数信号	$\mathrm{e}^{-a\|t\|}$　$a>0(-\infty<t<+\infty)$	$\frac{2a}{a^2+\omega^2}$
4	三角脉冲信号	$\begin{cases}\left(1-\frac{2\|t\|}{\tau}\right) & \|t\|<\frac{\tau}{2}\\ 0 & \|t\|>\frac{\tau}{2}\end{cases}$	$\frac{\tau}{2}\mathrm{Sa}^2\left(\frac{\omega\tau}{2}\right)$
5	抽样脉冲信号	$\mathrm{Sa}(\omega_0 t)$	$\begin{cases}\frac{\pi}{\omega_0} & \|\omega\|<\omega_0\\ 0 & \|\omega\|>\omega_0\end{cases}$
6	钟形脉冲信号	$\mathrm{e}^{-\left(\frac{t}{\tau}\right)^2}$	$\sqrt{\pi}\tau\mathrm{e}^{-\left(\frac{\omega\tau}{2}\right)^2}$
7	余弦脉冲信号	$\begin{cases}\cos\frac{\pi t}{\tau} & \|t\|<\frac{\tau}{2}\\ 0 & \|t\|>\frac{\tau}{2}\end{cases}$	$\frac{2\tau}{\pi}\frac{\cos\frac{\omega\tau}{2}}{1-\left(\frac{\omega\tau}{\pi}\right)^2}$
8	升余弦脉冲信号	$\begin{cases}\frac{1}{2}\left(1+\cos\frac{2\pi t}{\tau}\right) & \|t\|<\frac{\tau}{2}\\ 0 & \|t\|>\frac{\tau}{2}\end{cases}$	$\frac{\tau}{2}\frac{\mathrm{Sa}\left(\frac{\omega\tau}{2}\right)}{1-\left(\frac{\omega\tau}{2\pi}\right)^2}$

（续表）

序　号	名　称	时间表示式 $x(t)$	傅里叶变换 $X(\mathrm{j}\omega)$
9	符号函数	$\mathrm{sgn}(t)=\begin{cases}1 & t>0\\-1 & t<0\end{cases}$	$\dfrac{2}{\mathrm{j}\omega}$
10	单位冲激函数	$\delta(t)$	1
11	直流信号	1	$2\pi\delta(\omega)$
12	单位阶跃函数	$u(t)$	$\pi\delta(\omega)+\dfrac{1}{\mathrm{j}\omega}$
13	冲激偶信号	$\delta'(t)$	$\mathrm{j}\omega$
14	单位斜变信号	$tu(t)$	$\mathrm{j}\pi\delta'(\omega)-\dfrac{1}{\omega^2}$

3.6　连续时间信号傅里叶变换的性质及应用

在信号分析的理论研究与实际设计工作中，经常需要了解当信号在时域进行某种运算后在频域会发生何种变化，或者反过来，从频域的运算推测时域的变化。这时，可以利用式（3.3.2）和式（3.3.3）求积分计算，也可以借助傅里叶变换的基本性质给出结果。后一种方法计算过程比较简便，而且物理概念清楚，因此，熟悉傅里叶变换的一些基本性质成为信号分析研究工作中最重要的内容之一。本节将讨论连续时间傅里叶变换的基本性质，旨在通过这些性质揭示信号时域特性与频域特性之间的关系，同时掌握和运用这些性质可以简化傅里叶变换对的求取。

3.6.1　线性性质

若 $x(t)\leftrightarrow X(\mathrm{j}\omega)$，$y(t)\leftrightarrow Y(\mathrm{j}\omega)$，且设 a、b 为常数，则

$$ax(t)+by(t)\leftrightarrow aX(\mathrm{j}\omega)+bY(\mathrm{j}\omega) \tag{3.6.1}$$

由傅里叶变换的定义很容易证明上述结论。显然傅里叶变换是一种线性运算，它满足叠加定理，所以相加信号的频谱等于各单独信号的频谱之和。这个性质虽然简单，但是很重要，它是频域分析的基础。在第 3.5 节求单位阶跃信号 $u(t)$ 的频谱时，我们已经应用了此性质。式（3.6.1）可以推广到多个信号的线性组合，即若 $x_i(t)\leftrightarrow X_i(\mathrm{j}\omega)(i=1,2,\cdots,n)$，则

$$\sum_{i=1}^{n}a_i x_i(t)\leftrightarrow\sum_{i=1}^{n}a_i X_i(\mathrm{j}\omega) \tag{3.6.2}$$

式中，a_i 为常数，n 为正整数。

【例 3.6.1】　求图 3.6.1（a）所示的单位阶跃信号 $u(t)$ 的频谱。

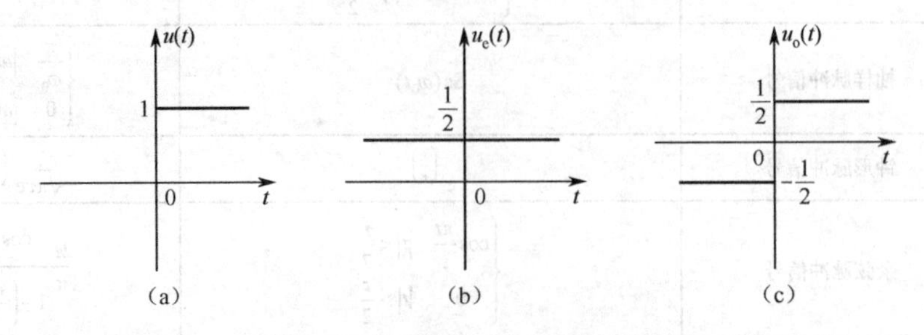

图 3.6.1　单位阶跃信号及其频谱

解： $u(t)$ 可分解为图 3.6.1（b）和（c）所示的偶函数和奇函数两部分，即：

$$u(t)=u_{\mathrm{e}}(t)+u_{\mathrm{o}}(t)$$

式中，$u_{\mathrm{e}}(t)=\frac{1}{2}$，$u_{\mathrm{o}}(t)=\frac{1}{2}\mathrm{sgn}(t)$。

因为

$$1\leftrightarrow 2\pi\delta(\omega)，\quad \mathrm{sgn}(t)\leftrightarrow\frac{2}{\mathrm{j}\omega}$$

则

$$u_{\mathrm{e}}(t)=\frac{1}{2}\leftrightarrow\pi\delta(\omega)，\quad u_{\mathrm{o}}(t)=\frac{1}{2}\mathrm{sgn}(t)\leftrightarrow\frac{1}{\mathrm{j}\omega}$$

所以

$$u(t)=u_{\mathrm{e}}(t)+u_{\mathrm{o}}(t)\leftrightarrow\frac{1}{\mathrm{j}\omega}+\pi\delta(\omega)$$

此结果和式（3.5.20）是一样的。

3.6.2　奇偶虚实性

所谓奇偶虚实性，就是当时域信号 $x(t)$ 是奇函数、偶函数、虚函数、实函数时，其频谱 $X(\mathrm{j}\omega)$ 所表现的某种对称性。

假设信号 $x(t)$ 是 t 的复函数，设 $x_1(t)$ 和 $x_2(t)$ 分别为 $x(t)$ 的实部和虚部，即

$$x(t)=x_1(t)+\mathrm{j}x_2(t) \tag{3.6.3}$$

由傅里叶变换的定义，有

$$X(\mathrm{j}\omega)=\int_{-\infty}^{+\infty}x(t)\mathrm{e}^{-\mathrm{j}\omega t}\mathrm{d}t$$

将式（3.6.3）代入上式，并根据欧拉公式，则上式可写为

$$\begin{aligned}X(\mathrm{j}\omega)&=\int_{-\infty}^{+\infty}[x_1(t)+\mathrm{j}x_2(t)][\cos\omega t-\mathrm{j}\sin\omega t]\mathrm{d}t\\&=\int_{-\infty}^{+\infty}[x_1(t)\cos\omega t+x_2(t)\sin\omega t]\mathrm{d}t+\mathrm{j}\int_{-\infty}^{+\infty}[-x_1(t)\sin\omega t+x_2(t)\cos\omega t]\mathrm{d}t\end{aligned}$$

设

$$R(\mathrm{j}\omega)=\int_{-\infty}^{+\infty}[x_1(t)\cos\omega t+x_2(t)\sin\omega t]\mathrm{d}t \tag{3.6.4}$$

$$I(\mathrm{j}\omega)=\int_{-\infty}^{+\infty}[-x_1(t)\sin\omega t+x_2(t)\cos\omega t]\mathrm{d}t \tag{3.6.5}$$

则

$$X(\mathrm{j}\omega)=R(\mathrm{j}\omega)+\mathrm{j}I(\mathrm{j}\omega)$$

其模和相角分别为

$$|X(\mathrm{j}\omega)|=\sqrt{R^2(\mathrm{j}\omega)+I^2(\mathrm{j}\omega)} \tag{3.6.6}$$

$$\varphi(\omega)=\arctan\frac{I(\mathrm{j}\omega)}{R(\mathrm{j}\omega)} \tag{3.6.7}$$

下面讨论两种特殊情况。

1．$x(t)$ 是实函数

设函数 $x(t)$ 是 t 的实函数，即 $x_2(t)=0$，$x(t)=x_1(t)$，显然

$$R(\mathrm{j}\omega)=\int_{-\infty}^{+\infty}x(t)\cos\omega t\mathrm{d}t \tag{3.6.8}$$

$$I(\mathrm{j}\omega)=-\int_{-\infty}^{+\infty}x(t)\sin\omega t\mathrm{d}t \tag{3.6.9}$$

由式（3.6.8）和式（3.6.9）可以看出，由于 $x(t)\cos\omega t$ 是 ω 的偶函数，$x(t)\sin\omega t$ 是 ω 的奇函数，所以频谱函数 $X(\mathrm{j}\omega)$ 的实部 $R(\mathrm{j}\omega)$ 是 ω 的偶函数，虚部 $I(\mathrm{j}\omega)$ 是 ω 的奇函数，即

$$R(-\mathrm{j}\omega)=R(\mathrm{j}\omega)$$
$$I(-\mathrm{j}\omega)=-I(\mathrm{j}\omega)$$

进而容易证明 $|X(\mathrm{j}\omega)|$ 是 ω 的偶函数，$\varphi(\omega)$ 是 ω 的奇函数。这一特点在信号分析中得到了广泛应用。

当 $x(t)$ 是时间 t 的偶函数时，上述结论可进一步简化，由于

$$x(t)=x(-t)$$

式（3.6.9）成为

$$I(\mathrm{j}\omega)=0$$

此时

$$X(\mathrm{j}\omega)=R(\mathrm{j}\omega)=2\int_0^{+\infty}x(t)\cos\omega t\mathrm{d}t$$

可见，若 $x(t)$ 是时间 t 的实、偶函数，$X(\mathrm{j}\omega)$ 必为 ω 的实、偶函数。

若 $x(t)$ 是时间 t 的奇函数，即

$$x(t)=-x(-t)$$

则由式（3.6.8）求得

$$R(\mathrm{j}\omega)=0$$

此时

$$X(\mathrm{j}\omega)=\mathrm{j}I(\mathrm{j}\omega)=-2\mathrm{j}\int_0^{+\infty}x(t)\sin\omega t\mathrm{d}t$$

可见，若 $x(t)$ 是时间 t 的实、奇函数，则 $X(\mathrm{j}\omega)$ 必为 ω 的虚、奇函数。

此外，还可以求出 $x(-t)$ 的傅里叶变换为

$$x(-t)\leftrightarrow\int_{-\infty}^{+\infty}x(-t)\mathrm{e}^{\mathrm{j}\omega t}\mathrm{d}t$$

令 $\tau=-t$，得

$$x(-t)\leftrightarrow\int_{-\infty}^{+\infty}x(\tau)\mathrm{e}^{\mathrm{j}\omega\tau}\mathrm{d}\tau=\int_{-\infty}^{+\infty}x(\tau)\mathrm{e}^{-\mathrm{j}(-\omega)\tau}\mathrm{d}\tau=X(-\mathrm{j}\omega)$$

考虑到 $R(\mathrm{j}\omega)$ 是 ω 的偶函数，$I(\mathrm{j}\omega)$ 是 ω 的奇函数，所以

$$X(-\mathrm{j}\omega)=R(-\mathrm{j}\omega)+\mathrm{j}I(-\mathrm{j}\omega)=R(\mathrm{j}\omega)-\mathrm{j}I(\mathrm{j}\omega)=X^*(\mathrm{j}\omega)$$

式中，$X^*(\mathrm{j}\omega)$ 是 $X(\mathrm{j}\omega)$ 的共轭复函数。于是 $x(-t)$ 的傅里叶变换为

$$F[x(-t)]=X(-\mathrm{j}\omega)=X^*(\mathrm{j}\omega) \tag{3.6.10}$$

进一步，若一个实信号 $x(t)$ 用其偶分量和奇分量表示，即

$$x(t)=x_{\mathrm{e}}(t)+x_{\mathrm{o}}(t)$$

其中

$$x_{\mathrm{e}}(t)=\frac{x(t)+x(-t)}{2},\quad x_{\mathrm{o}}(t)=\frac{x(t)-x(-t)}{2}$$

根据傅里叶变换的线性及式（3.6.10），有

$$x_{\mathrm{e}}(t)\leftrightarrow\frac{X(\mathrm{j}\omega)+X(-\mathrm{j}\omega)}{2}=R(\mathrm{j}\omega) \tag{3.6.11}$$

$$x_{\mathrm{o}}(t)\leftrightarrow\frac{X(\mathrm{j}\omega)-X(-\mathrm{j}\omega)}{2}=\mathrm{j}I(\mathrm{j}\omega) \tag{3.6.12}$$

所以

$$X(\mathrm{j}\omega)=F[x_{\mathrm{e}}(t)]+F[x_{\mathrm{o}}(t)]=R(\mathrm{j}\omega)+\mathrm{j}I(\mathrm{j}\omega)$$

即，实信号频谱的实部由其偶分量贡献，而实信号频谱的虚部由其奇分量贡献。

2．$x(t)$ 是虚函数

设 $x(t)$ 是纯虚数，即 $x_1(t)=0$，$x(t)=\mathrm{j}x_2(t)$，则

$$R(\mathrm{j}\omega)=\int_{-\infty}^{+\infty}x_2(t)\sin\omega t\mathrm{d}t \tag{3.6.13}$$

$$I(\mathrm{j}\omega)=\int_{-\infty}^{+\infty}x_2(t)\cos\omega t\mathrm{d}t \tag{3.6.14}$$

在这种情况下，$R(\mathrm{j}\omega)$ 是 ω 的奇函数，$I(\mathrm{j}\omega)$ 是 ω 的偶函数，而 $|X(\mathrm{j}\omega)|$ 仍是 ω 的偶函数，$\varphi(\omega)$ 仍是 ω 的奇函数。

此外，无论 $x(t)$ 是实函数还是复函数，都具有以下性质

$$\left.\begin{aligned}x(-t)&\leftrightarrow X(-\mathrm{j}\omega)\\x^*(t)&\leftrightarrow X^*(-\mathrm{j}\omega)\\x^*(-t)&\leftrightarrow X^*(\mathrm{j}\omega)\end{aligned}\right\} \tag{3.6.15}$$

【例 3.6.2】　求信号 $x(t)=\mathrm{e}^{at}u(-t)$ 的傅里叶变换，其中，$a>0$。

解：根据式（3.5.13），信号 $x_1(t)=\mathrm{e}^{-at}u(t)$ 的傅里叶变换为

$$X_1(\mathrm{j}\omega)=\frac{1}{a+\mathrm{j}\omega}$$

由于 $x(t)=x_1(-t)$，根据式（3.6.10）可求得

$$X_1(\mathrm{j}\omega)=\frac{1}{a-\mathrm{j}\omega}$$

信号 $x(t)$ 及其频谱如图 3.6.2 所示。对照图 3.5.2 可知，这两个信号的幅度频谱相同，但相位频谱却不同。

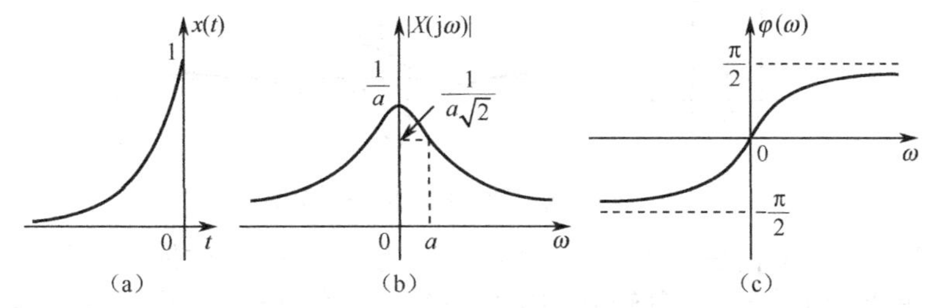

图 3.6.2　例 3.6.2 中信号的波形和频谱

3.6.3　尺度变换特性

若 $x(t)\leftrightarrow X(\mathrm{j}\omega)$，$a$ 为常数（$a\neq 0$），则

$$x(at)\leftrightarrow\frac{1}{|a|}X\left(\mathrm{j}\frac{\omega}{a}\right) \tag{3.6.16}$$

证明：根据傅里叶变换的定义，有

$$F[x(at)]=\int_{-\infty}^{+\infty}x(at)\mathrm{e}^{-\mathrm{j}\omega t}\mathrm{d}t$$

令 $u=at$，则 $t=\dfrac{u}{a}$，$\mathrm{d}u=a\mathrm{d}t$，因而可得

当 $a>0$ 时

$$F[x(at)]=\int_{-\infty}^{+\infty}x(u)\mathrm{e}^{-\mathrm{j}\frac{\omega}{a}t}\cdot\frac{1}{a}\mathrm{d}u=\frac{1}{a}\int_{-\infty}^{+\infty}x(u)\mathrm{e}^{-\mathrm{j}\frac{\omega}{a}t}\frac{1}{a}\mathrm{d}u=\frac{1}{a}X\left(\mathrm{j}\frac{\omega}{a}\right)$$

当$a<0$时

$$F[x(at)]=\int_{+\infty}^{-\infty}x(u)\mathrm{e}^{-\mathrm{j}\frac{\omega}{a}t}\cdot\frac{1}{a}\mathrm{d}u=\frac{1}{-a}\int_{-\infty}^{+\infty}x(u)\mathrm{e}^{-\mathrm{j}\frac{\omega}{a}t}\frac{1}{a}\mathrm{d}u=\frac{1}{-a}X\left(\mathrm{j}\frac{\omega}{a}\right)$$

由以上两种情况可知

$$x(at)\leftrightarrow\frac{1}{|a|}X\left(\mathrm{j}\frac{\omega}{a}\right)$$

由上可见，在信号时域中压缩（$a>1$）等效于频谱在频域中扩展；反之，信号在时域中扩展（$a<1$）则等效于频谱在频域中压缩。上述结论是不难理解的，因为时间坐标尺度的变化会改变信号变化的快慢，当时间坐标尺度压缩时，信号变化加快，因而频率提高；反之，当时间尺度扩展时，信号变化减慢，所以频率降低。图 3.6.3 所示为对矩形脉冲信号进行尺度变换的举例说明。

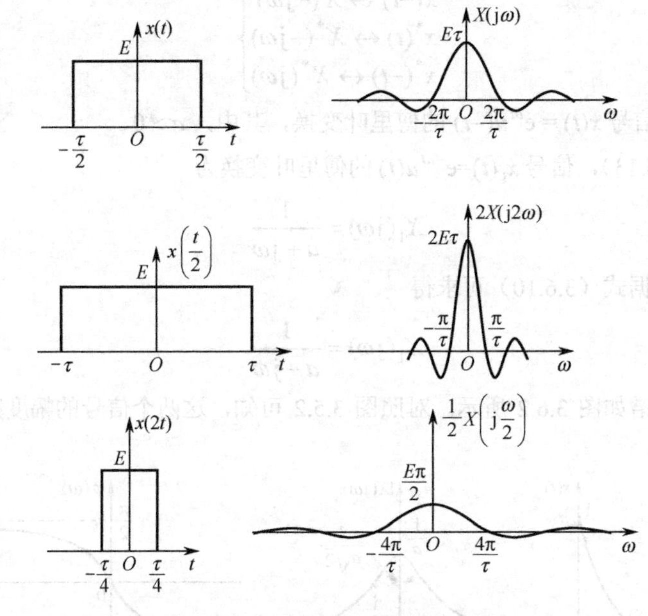

图 3.6.3　尺度变换特性的举例说明

举一个通俗的例子可以清楚地说明这个性质。有一盘已经录好的磁带，如果重放的速度为录音时速度的二倍，就相当于信号在时间轴上压缩（$a>1$），那么频谱宽度展宽了，即信号带宽扩展，增加了高频分量，所以听起来声音变尖了；反之，如果重放速度为录音时速度的一半，相当于信号在时间轴上扩展（$a<1$），那么信号带宽被压缩了，削弱了高频分量，所以听起来感到声音低沉。

顺便指出，在式（3.6.16）中，当$a=-1$时，得到

$$x(-t)\leftrightarrow X(-\mathrm{j}\omega)$$

这正是式（3.6.10）。

为了加深对尺度变换性质的理解，下面再对一般信号及频谱进行分析说明。

设一个信号$x(t)$，其频谱函数为$X(\mathrm{j}\omega)$，同时为了表示$x(t)$的任意性，假设$t\to+\infty$时，$x(t)\to0$；$\omega\to+\infty$时，$X(\mathrm{j}\omega)\to0$。因为

$$X(\mathrm{j}\omega)=\int_{-\infty}^{+\infty}x(t)\mathrm{e}^{-\mathrm{j}\omega t}\mathrm{d}t$$

则

$$X(0)=\int_{-\infty}^{+\infty}x(t)\mathrm{e}^{-\mathrm{j}\omega t}\mathrm{d}t\Big|_{\omega=0}=\int_{-\infty}^{+\infty}x(t)\mathrm{d}t \tag{3.6.17}$$

式（3.6.17）表明：$X(0)$等于时间信号曲线下的面积。同样，$X(\mathrm{j}\omega)$的逆变换为

$$x(t)=\frac{1}{2\pi}\int_{-\infty}^{+\infty}X(\mathrm{j}\omega)\mathrm{e}^{\mathrm{j}\omega t}\,\mathrm{d}\omega$$

则

$$x(0)=\frac{1}{2\pi}\int_{-\infty}^{+\infty}X(\mathrm{j}\omega)\mathrm{e}^{\mathrm{j}\omega t}\,\mathrm{d}\omega\bigg|_{t=0}=\frac{1}{2\pi}\int_{-\infty}^{+\infty}X(\mathrm{j}\omega)\,\mathrm{d}\omega \tag{3.6.18}$$

式（3.6.18）表明：频谱函数 $X(\mathrm{j}\omega)$ 曲线下的面积等于 $2\pi x(0)$。

由式（3.6.17）和式（3.6.18）可知，令 τ 为时间信号 $x(t)$ 的等效带宽，B_ω 为频谱函数 $X(\mathrm{j}\omega)$ 的等效带宽，如果 $x(0)$ 和 $X(0)$ 各自等于 $x(t)$ 和 $X(\mathrm{j}\omega)$ 曲线的最大值，则信号 $x(t)$ 曲线下的面积等效为 $x(0)\tau$，而频谱函数 $X(\mathrm{j}\omega)$ 曲线下的面积等效为 $X(0)B_\omega$，如图 3.6.4 所示。

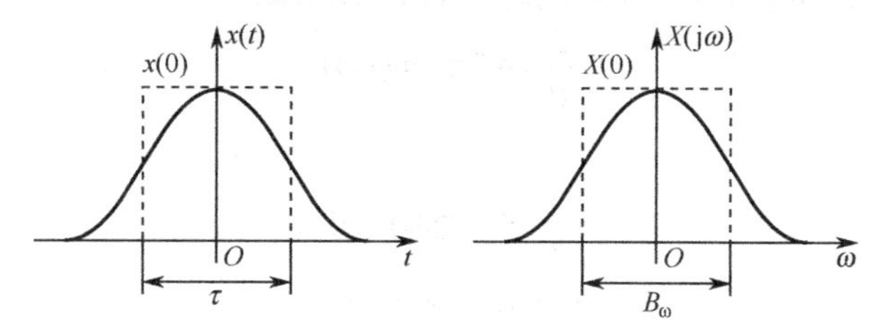

图 3.6.4　等效脉冲宽度和等效频带宽度

这时，式（3.6.17）和式（3.6.18）也可写为

$$X(0)=x(0)\tau \tag{3.6.19}$$

$$x(0)=\frac{1}{2\pi}X(0)B_\omega \tag{3.6.20}$$

由此可以得到一个重要的公式

$$B_\omega=\frac{2\pi}{\tau} \tag{3.6.21}$$

式（3.6.21）表明：信号的等效脉冲宽度与其占有的等效带宽成反比。

3.6.4　对偶性

比较傅里叶变换及其逆变换的定义式

$$X(\mathrm{j}\omega)=\int_{-\infty}^{+\infty}x(t)\mathrm{e}^{-\mathrm{j}\omega t}\mathrm{d}t \tag{3.6.22}$$

$$x(t)=\frac{1}{2\pi}\int_{-\infty}^{+\infty}X(\mathrm{j}\omega)\mathrm{e}^{\mathrm{j}\omega t}\mathrm{d}\omega \tag{3.6.23}$$

可以发现，这两个积分式在形式上是很相似的，除了常数项 $\frac{1}{2\pi}$ 之外，只在指数函数 $\mathrm{e}^{-\mathrm{j}\omega t}$ 和 $\mathrm{e}^{\mathrm{j}\omega t}$ 上存在符号差别。如果将式（3.6.23）中的 t 和 ω 互换，得到

$$x(\omega)=\frac{1}{2\pi}\int_{-\infty}^{+\infty}X(\mathrm{j}t)\mathrm{e}^{\mathrm{j}\omega t}\mathrm{d}t$$

再令 $\omega=-\omega$，则有

$$x(-\omega)=\frac{1}{2\pi}\int_{-\infty}^{+\infty}X(\mathrm{j}t)\mathrm{e}^{-\mathrm{j}\omega t}\mathrm{d}t=\frac{1}{2\pi}F[X(\mathrm{j}t)]$$

因此，将傅里叶变换的对偶性表述如下：

若 $x(t)\leftrightarrow X(\mathrm{j}\omega)$，则

$$X(\mathrm{j}t)\leftrightarrow 2\pi x(-\omega) \tag{3.6.24}$$

特别地，当 $x(t)$ 是 t 的偶函数时，那么

$$X(\mathrm{j}t) \leftrightarrow 2\pi x(\omega) \tag{3.6.25}$$

利用对偶特性，可以从已知信号的傅里叶变换对中求得另一个信号的傅里叶变换。

【例 3.6.3】　已知信号 $x(t)=\dfrac{1}{t}$，求其傅里叶变换。

解：显然，直接利用傅里叶变换的定义求 $x(t)=\dfrac{1}{t}$ 的频谱不是很容易，但是在典型非周期信号的傅里叶分析中，已经讨论了符号函数的傅里叶变换

$$\mathrm{sgn}(t) \leftrightarrow \frac{2}{\mathrm{j}\omega}$$

根据对偶性，将上式中的 ω 换成 t，而将 t 换成 $-\omega$，则可求得

$$\frac{2}{\mathrm{j}t} \leftrightarrow 2\pi\,\mathrm{sgn}(-\omega)$$

所以

$$\frac{1}{t} \leftrightarrow -\pi\mathrm{j}\,\mathrm{sgn}(\omega)$$

即

$$X(\mathrm{j}\omega) = -\pi\mathrm{j}\,\mathrm{sgn}(\omega)$$

【例 3.6.4】　已知信号 $x(t)$ 的傅里叶变换为 $X(\mathrm{j}\omega)=E[u(\omega+\omega_0)-u(\omega-\omega_0)]$，利用对称性求 $x(t)$。

解：在典型非周期信号的傅里叶分析中，已经讨论了矩形脉冲信号的傅里叶变换，即

$$E[u(t+\omega_0)-u(t-\omega_0)] \leftrightarrow 2E\tau\mathrm{Sa}(\omega\tau)$$

根据对偶性，并考虑矩形脉冲信号是偶函数，则可得

$$2E\omega_0\mathrm{Sa}(\tau t) \leftrightarrow 2\pi E[u(\omega+\omega_0)-u(\omega-\omega_0)]$$

于是

$$\frac{E\omega_0}{\pi}\mathrm{Sa}(\tau t) \leftrightarrow E[u(\omega+\omega_0)-u(\omega-\omega_0)]$$

由此可知，本例所求信号 $x(t)$ 为抽样函数，即

$$x(t) = \frac{E\omega_0}{\pi}\mathrm{Sa}(\omega_0 t)$$

由于矩形脉冲信号的傅里叶变换是一个抽样函数，因此，在时域和频域之间，矩形脉冲信号和抽样信号是对偶的，如图 3.6.5 所示。

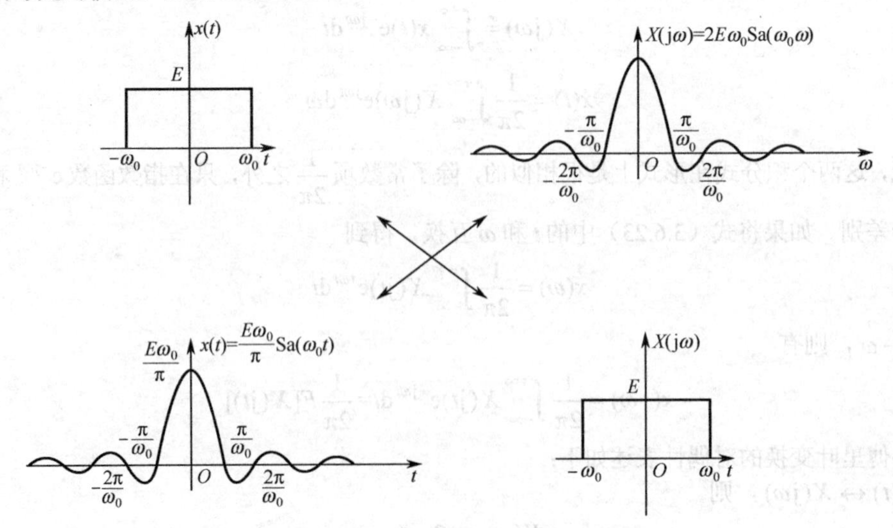

图 3.6.5　时域信号与频域信号的对偶性举例

图 3.6.6 所示为单位冲激信号和直流信号的频谱图，从图中也可以清楚地看到傅里叶变换的对偶性。

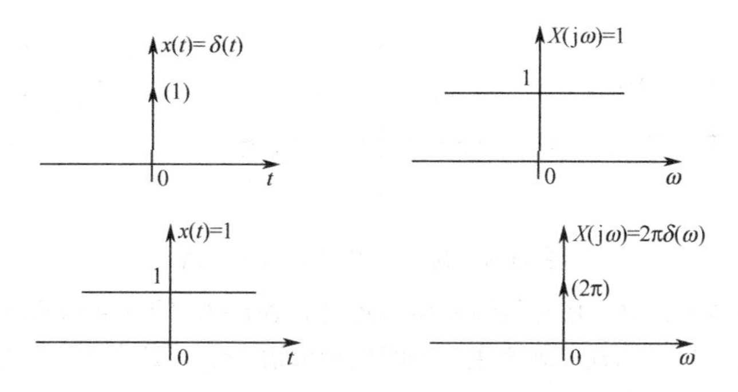

图 3.6.6　时域信号与频域信号的对偶性举例

傅里叶变换在时域和频域之间的对偶性意味着时间变量 t 和频率变量 ω 之间存在互换性。这种互换性表明，如果信号在时域中的某种运算引起了频域中的某种变化，则频域中的相应运算也必然会引起时域中的相应变化。在以下讨论的傅里叶变换的其他性质中也可以看到这一点。

3.6.5　时移特性

若 $x(t) \leftrightarrow X(\mathrm{j}\omega)$，则

$$x(t-t_0) \leftrightarrow X(\mathrm{j}\omega)\mathrm{e}^{-\mathrm{j}\omega t_0} \tag{3.6.26}$$

证明：因为

$$x(t)=\frac{1}{2\pi}\int_{-\infty}^{+\infty} X(\mathrm{j}\omega)\mathrm{e}^{\mathrm{j}\omega t}\mathrm{d}\omega$$

所以

$$\begin{aligned} x(t-t_0) &= \frac{1}{2\pi}\int_{-\infty}^{+\infty} X(\mathrm{j}\omega)\mathrm{e}^{\mathrm{j}\omega(t-t_0)}\mathrm{d}\omega \\ &= \frac{1}{2\pi}\int_{-\infty}^{+\infty} X(\mathrm{j}\omega)\mathrm{e}^{-\mathrm{j}\omega t_0}\mathrm{e}^{\mathrm{j}\omega t}\mathrm{d}\omega \end{aligned}$$

即

$$x(t-t_0) \leftrightarrow \mathrm{e}^{-\mathrm{j}\omega t_0}X(\mathrm{j}\omega)$$

同理可得

$$x(t+t_0) \leftrightarrow \mathrm{e}^{\mathrm{j}\omega t_0}X(\mathrm{j}\omega) \tag{3.6.27}$$

从式（3.6.26）可以看出，将一个信号延时 t_0，其频谱函数的幅度频谱不变，而相位频谱变化 $-\omega t_0$。也就是说，在一个信号中的时间延迟会在它的频谱中产生一个线性相移，这就意味着较高的频率分量必须按比例承受较大的相移，以实现相同的延时。图 3.6.7 用两个正弦信号表示这种效果，图中 $x_2(t)$ 的频率是 $x_1(t)$ 的 2 倍。如果这两个信号具有相同的延时 t_0，那么若 $x_1(t)$ 的相移是 π，则 $x_2(t)$ 的相移就是 2π。线性相移的原理很重要，今后在信号的无失真传输和滤波应用中还会讨论。

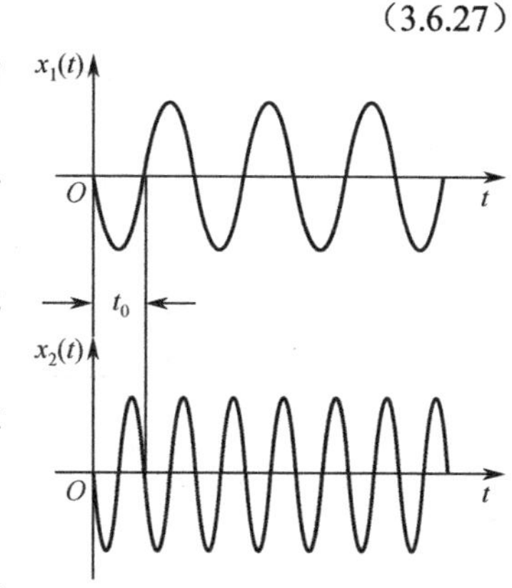

图 3.6.7　时移特性的物理解释

【例 3.6.5】　求移位冲激函数 $x(t)=\delta(t-t_0)$ 的频谱函数。

解：由于已知冲激函数 $\delta(t)$ 的频谱函数为 1，利用傅里叶变换的时移特性，有

$$x(t)=\delta(t-t_0)\leftrightarrow X(\mathrm{j}\omega)=\mathrm{e}^{-\mathrm{j}\omega t_0}$$

其波形及频谱如图 3.6.8 所示。

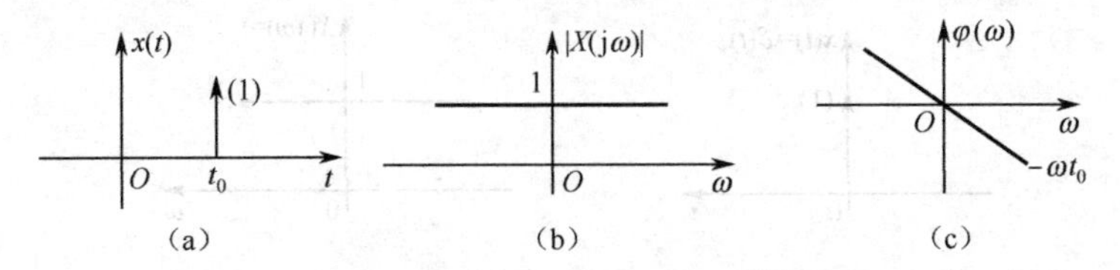

图 3.6.8　例 3.6.5 中的信号和频谱

从图 3.6.8 可以看出，除了增加线性相移 $-\omega t_0$ 外，$\delta(t-t_0)$ 的频谱和 $\delta(t)$ 的频谱（如图 3.5.4 所示）是相同的。可见，时间延迟就产生一个线性相位谱 $-\omega t_0$。这个例子清楚地说明了时移特性的效果。

【例 3.6.6】　求图 3.6.9（a）所示单边矩形脉冲信号 $x(t)$ 的傅里叶变换，并画出其频谱图。

解：图 3.6.9（a）所示的单边矩形脉冲可以看做是将图 3.5.1（a）所示的对称矩形脉冲在时间上延迟 $\frac{\tau}{2}$ 得到的。于是根据时移特性，单边矩形脉冲信号的频谱函数应等于式（3.5.10）乘以 $\mathrm{e}^{-\mathrm{j}\omega\frac{\tau}{2}}$，即

$$X(\mathrm{j}\omega)=E\tau\,\mathrm{Sa}\left(\frac{\omega\tau}{2}\right)\mathrm{e}^{-\mathrm{j}\omega\frac{\tau}{2}}$$

显然，该信号的幅度频谱与图 3.5.1（c）完全一样，将其重画于图 3.6.9（b）。但是，相位频谱附加了一个线性项 $-\frac{\omega\tau}{2}$，所以 $x(t)$ 的相位频谱就是图 3.5.1（d）的相位频谱上加上 $-\frac{\omega\tau}{2}$，如图 3.6.9（c）所示。

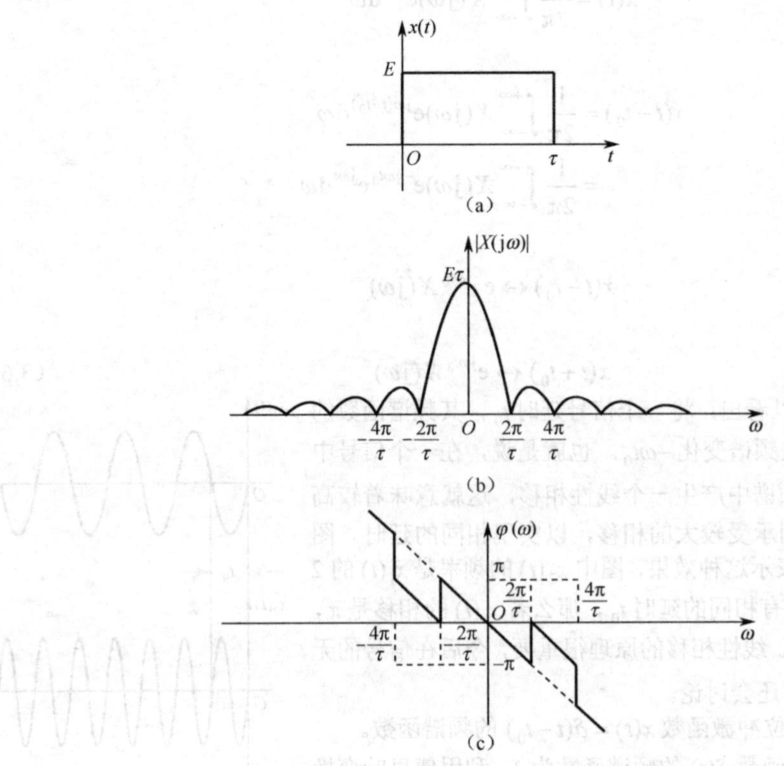

图 3.6.9　例 3.6.6 中单边矩形脉冲信号的波形和频谱

不难证明，如果信号既有时移，又有尺度变换，即若 $x(t) \leftrightarrow X(\mathrm{j}\omega)$，则

$$x(at+b) \leftrightarrow \frac{1}{|a|}X\left(\mathrm{j}\frac{\omega}{a}\right)\cdot \mathrm{e}^{\mathrm{j}\omega\frac{b}{a}} \tag{3.6.28}$$

式中，a 和 b 都是实常数。显然，尺度变换和时移特性是式（3.6.28）的两种特殊情况，当 $b=0$ 时，得到式（3.6.16），当 $a=1$ 时，得到式（3.6.26）。

3.6.6 频移特性

若 $x(t) \leftrightarrow X(\mathrm{j}\omega)$，则

$$x(t)\mathrm{e}^{\mathrm{j}\omega_0 t} \leftrightarrow X[\mathrm{j}(\omega-\omega_0)] \tag{3.6.29}$$

证明： 令 $x_1(t)=x(t)\mathrm{e}^{\mathrm{j}\omega_0 t}$，则

$$\begin{aligned} X_1(\mathrm{j}\omega) &= \int_{-\infty}^{+\infty}\left[x(t)\mathrm{e}^{\mathrm{j}\omega_0 t}\right]\mathrm{e}^{-\mathrm{j}\omega t}\mathrm{d}t \\ &= \int_{-\infty}^{+\infty}x(t)\mathrm{e}^{-\mathrm{j}(\omega-\omega_0)t}\mathrm{d}t = X[\mathrm{j}(\omega-\omega_0)] \end{aligned}$$

所以

$$x(t)\mathrm{e}^{\mathrm{j}\omega_0 t} \leftrightarrow X[\mathrm{j}(\omega-\omega_0)]$$

同理

$$x(t)\mathrm{e}^{-\mathrm{j}\omega_0 t} \leftrightarrow X[\mathrm{j}(\omega+\omega_0)] \tag{3.6.30}$$

在式（3.6.29）和式（3.6.30）中，ω_0 是大于零的实常数。该性质表明信号在时域中与复因子 $\mathrm{e}^{\mathrm{j}\omega_0 t}$ 相乘，则在频域中将原信号的频谱沿频率轴向右平移 ω_0；同理，在时域中信号与 $\mathrm{e}^{-\mathrm{j}\omega_0 t}$ 相乘，则在频域中将原信号的频谱沿频率轴向左平移 ω_0。要注意到，时移和频移两个性质的对偶性。

傅里叶变换的频移特性在实际工作中有着非常广泛的应用，特别是在无线电领域中，诸如调制、混频、同步解调等都需要进行频谱的搬移。由于 $\mathrm{e}^{\mathrm{j}\omega_0 t}$ 不是一个可以产生的实信号，所以实际中实现频谱搬移的方法是将信号乘以正弦信号来完成的。因为

$$\cos\omega_0 t = \frac{1}{2}(\mathrm{e}^{\mathrm{j}\omega_0 t}+\mathrm{e}^{-\mathrm{j}\omega_0 t})$$

依据频移特性，可以导出

$$x(t)\cos\omega_0 t \leftrightarrow \frac{1}{2}[X(\mathrm{j}(\omega-\omega_0))+X(\mathrm{j}(\omega+\omega_0))] \tag{3.6.31}$$

即信号 $x(t)$ 乘以 $\cos\omega_0 t$ 的结果就是把原信号的频谱分别向左、向右搬移 ω_0。在搬移过程中，信号频谱的结构并不发生变化，但幅度是原来的一半。

$x(t)$ 乘以 $\cos\omega_0 t$ 就是对正弦信号的幅度进行调制，称为幅度调制。正弦信号 $\cos\omega_0 t$ 称为载波，信号 $x(t)$ 称为调制信号，$x(t)\cos\omega_0 t$ 则称为已调信号。

同理可得

$$x(t)\sin\omega_0 t \leftrightarrow \frac{1}{2\mathrm{j}}[X(\mathrm{j}(\omega-\omega_0))-X(\mathrm{j}(\omega+\omega_0))] \tag{3.6.32}$$

用调制可以搬移信号的频谱。如果几个信号都占有相同的频带，而又同时在同一个传输媒质上传输，它们一定会全受到干扰，在接收端也不可能分开它们。例如，如果全部无线电台同时广播音频信号，那么接收机一定不可能分开它们。利用调制可以解决这个问题，每一电台都指定一个不同的载波频率，将信号频谱搬移到指定的频带上，这个频带不被其他任何电台占有。接收机必须对接收到的信号进行解调。解调由另一种频谱搬移过程组成，将信号恢复到它原来的频带内。

注意到，调制和解调都实现了频谱搬移，因此解调运算和调制运算是相似的。

【例 3.6.7】 求 $x(t)=\mathrm{e}^{\mathrm{j}\omega_0 t}$ 的频谱。

解：已知直流信号的频谱是位于 $\omega=0$ 处的冲激函数，即

$$1\leftrightarrow 2\pi\delta(\omega)$$

利用频移特性有

$$X(\mathrm{j}\omega)=2\pi\delta(\omega-\omega_0)$$

【例 3.6.8】 已知矩形调幅信号 $x(t)=G_\tau(t)\cos(\omega_0 t)$，如图 3.6.10（a）所示，其中 $G_\tau(t)$ 为矩形脉冲，脉冲幅度为 E，脉冲宽度为 τ，求其频谱。

解：已知矩形脉冲 $G_\tau(t)$的频谱 $G(\mathrm{j}\omega)$为

$$G(\mathrm{j}\omega)=E\tau\cdot\mathrm{Sa}\left(\frac{\omega\tau}{2}\right)$$

由欧拉公式有

$$x(t)=\frac{1}{2}G_\tau(t)(\mathrm{e}^{\mathrm{j}\omega_0 t}+\mathrm{e}^{-\mathrm{j}\omega_0 t})$$

根据频移特性，$x(t)$ 的频谱 $X(\mathrm{j}\omega)$ 为

$$\begin{aligned}X(\mathrm{j}\omega)&=\frac{1}{2}G[\mathrm{j}(\omega-\omega_0)]+\frac{1}{2}G[\mathrm{j}(\omega+\omega_0)]\\&=\frac{E\tau}{2}\mathrm{Sa}\left[\frac{(\omega-\omega_0)\tau}{2}\right]+\frac{E\tau}{2}\mathrm{Sa}\left[\frac{(\omega+\omega_0)\tau}{2}\right]\end{aligned}$$

其波形如图 3.6.10（b）所示。

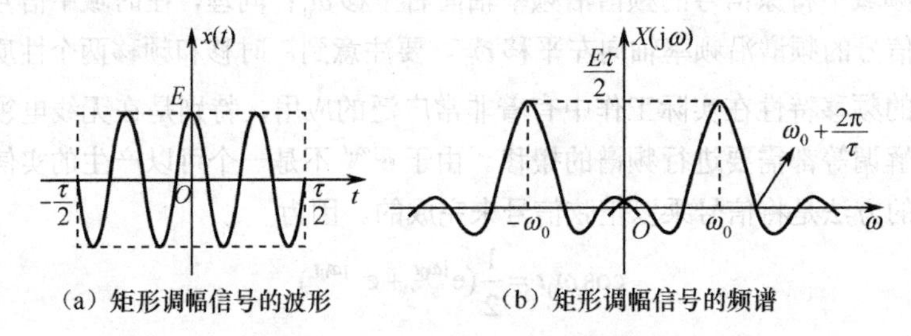

（a）矩形调幅信号的波形　（b）矩形调幅信号的频谱

图 3.6.10 矩形调幅信号及其频谱

3.6.7 时域微分特性

若 $x(t)\leftrightarrow X(\mathrm{j}\omega)$，则

$$\frac{\mathrm{d}x(t)}{\mathrm{d}t}\leftrightarrow \mathrm{j}\omega X(\mathrm{j}\omega) \tag{3.6.33}$$

证明：根据傅里叶逆变换的定义式

$$x(t)=\frac{1}{2\pi}\int_{-\infty}^{+\infty}X(\mathrm{j}\omega)\mathrm{e}^{\mathrm{j}\omega t}\mathrm{d}\omega$$

上式两边分别对 t 求微分，得

$$\frac{\mathrm{d}x(t)}{\mathrm{d}t}=\frac{\mathrm{d}}{\mathrm{d}t}\left[\frac{1}{2\pi}\int_{-\infty}^{+\infty}X(\mathrm{j}\omega)\mathrm{e}^{\mathrm{j}\omega t}\mathrm{d}\omega\right]$$

交换微分和积分的顺序，可得

$$\frac{\mathrm{d}x(t)}{\mathrm{d}t}=\frac{1}{2\pi}\int_{-\infty}^{+\infty}X(\mathrm{j}\omega)\frac{\mathrm{d}\mathrm{e}^{\mathrm{j}\omega t}}{\mathrm{d}t}\mathrm{d}\omega=\frac{1}{2\pi}\int_{-\infty}^{+\infty}\mathrm{j}\omega X(\mathrm{j}\omega)\mathrm{e}^{\mathrm{j}\omega t}\mathrm{d}\omega$$

所以

$$\frac{\mathrm{d}x(t)}{\mathrm{d}t} \leftrightarrow \mathrm{j}\omega X(\mathrm{j}\omega)$$

依据上述推导过程，可以得到 $x(t)$ 的 n 阶微分，有

$$\frac{\mathrm{d}^n x(t)}{\mathrm{d}t^n} \leftrightarrow (\mathrm{j}\omega)^n X(\mathrm{j}\omega) \tag{3.6.34}$$

此性质表明，在时域对信号 $x(t)$ 进行微分，对应于在频域中用 $\mathrm{j}\omega$ 乘 $x(t)$ 的频谱函数。例如，由 $\delta(t) \leftrightarrow 1$，可得

$$\delta'(t) \leftrightarrow \mathrm{j}\omega \tag{3.6.35}$$

$$\delta^{(n)}(t) \leftrightarrow (\mathrm{j}\omega)^n \tag{3.6.36}$$

由 $\frac{1}{t} \leftrightarrow -\pi\mathrm{j}\,\mathrm{sgn}(\omega)$，可得

$$\frac{1}{t^2} \leftrightarrow -\pi\omega\,\mathrm{sgn}(\omega) = -\pi|\omega| \tag{3.6.37}$$

如果在求解微分方程时，利用时域微分性质对微分方程两端求傅里叶变换，即可将微分方程转换为代数方程，这将简化微分方程的求解。在第 4 章将要讨论的系统响应的频域分析中就利用了这个性质。

3.6.8 时域积分特性

若 $x(t) \leftrightarrow X(\mathrm{j}\omega)$，则

$$\int_{-\infty}^{t} x(\tau)\mathrm{d}\tau \leftrightarrow \frac{1}{\mathrm{j}\omega}X(\mathrm{j}\omega) + \pi X(0)\delta(\omega) \tag{3.6.38}$$

证明： 令 $y(t) = \int_{-\infty}^{t} x(\tau)\mathrm{d}\tau$，则

$$Y(\mathrm{j}\omega) = \int_{-\infty}^{+\infty}\left(\int_{-\infty}^{t} x(\tau)\mathrm{d}\tau\right)\mathrm{e}^{-\mathrm{j}\omega t}\mathrm{d}t$$

由于 $x(t)*u(t) = \int_{-\infty}^{t} x(\tau)u(t-\tau)\mathrm{d}\tau = \int_{-\infty}^{t} x(\tau)\mathrm{d}\tau$，则

$$Y(\mathrm{j}\omega) = \int_{-\infty}^{+\infty}\left[\int_{-\infty}^{+\infty} x(\tau)u(t-\tau)\mathrm{d}\tau\right]\mathrm{e}^{-\mathrm{j}\omega t}\mathrm{d}t$$

交换积分次序，得到

$$Y(\mathrm{j}\omega) = \int_{-\infty}^{+\infty} x(\tau)\left[\int_{-\infty}^{+\infty} u(t-\tau)\mathrm{e}^{-\mathrm{j}\omega t}\mathrm{d}\tau\right]\mathrm{d}\tau$$

注意到 $\int_{-\infty}^{\infty} u(t-\tau)\mathrm{e}^{-\mathrm{j}\omega t}\mathrm{d}\tau$ 表示移位单位阶跃信号的傅里叶变换，则

$$\begin{aligned}
Y(\mathrm{j}\omega) &= \int_{-\infty}^{+\infty} x(\tau)\left[\pi\delta(\omega) + \frac{1}{\mathrm{j}\omega}\right]\mathrm{e}^{-\mathrm{j}\omega t}\mathrm{d}\tau \\
&= \int_{-\infty}^{+\infty} x(\tau)\delta(\omega)\mathrm{e}^{-\mathrm{j}\omega t}\mathrm{d}\tau + \int_{-\infty}^{+\infty} x(\tau)\frac{1}{\mathrm{j}\omega}\mathrm{e}^{-\mathrm{j}\omega t}\mathrm{d}\tau \\
&= \pi\delta(\omega)\int_{-\infty}^{+\infty} x(\tau)\mathrm{d}\tau + \frac{1}{\mathrm{j}\omega}X(\mathrm{j}\omega) \\
&= \pi X(0)\delta(\omega) + \frac{1}{\mathrm{j}\omega}X(\mathrm{j}\omega)
\end{aligned}$$

特别地，当 $X(0)=0$ 时，

$$\int_{-\infty}^{t} x(\tau)\mathrm{d}\tau \leftrightarrow \frac{1}{\mathrm{j}\omega}X(\mathrm{j}\omega) \tag{3.6.39}$$

此时傅里叶变换的微分性质和积分性质的表达式是一致的。

傅里叶变换的积分性质表明，信号在时域中进行积分，其频谱的低频分量增强，高频分量减弱，积分相当于对信号起平滑作用，因为积分后的频谱等于原信号频谱乘以随频率增大而减小的因子 $\frac{1}{\mathrm{j}\omega}$。

在求信号 $x(t)$ 的傅里叶变换 $X(\mathrm{j}\omega)$ 时，如果信号 $x(t)$ 微分后的信号 $x_1(t)=\frac{\mathrm{d}x(t)}{\mathrm{d}t}$ 的频谱 $X_1(\mathrm{j}\omega)$ 容易求出，则利用时域积分特性可以方便地求出 $x(t)$ 的频谱，即有

$$X(\mathrm{j}\omega)=\frac{1}{\mathrm{j}\omega}X_1(\mathrm{j}\omega)+\pi X_1(0)\delta(\omega) \tag{3.6.40}$$

但是式（3.6.40）只适用于 $\int_{-\infty}^{t} x_1(t)\mathrm{d}t=\int_{-\infty}^{t}\frac{\mathrm{d}x(t)}{\mathrm{d}t}\mathrm{d}t=x(t)$ 的情况，而积分 $\int_{-\infty}^{t}\frac{\mathrm{d}x(t)}{\mathrm{d}t}\mathrm{d}t$ 应该等于 $x(t)-x(-\infty)$。也就是说，只有当 $x(-\infty)=0$ 时才能利用式（3.6.40）计算 $x(t)$ 的傅里叶变换。如果 $x(-\infty)\neq 0$，表明信号 $x(t)$ 含有常数项。信号 $x(t)$ 经过微分后，这个常数项就不存在了，所以再积分后就不一定能恢复原信号 $x(t)$。这里存在积分常数问题。例如，$u(t)$ 和 $\frac{1}{2}\mathrm{sgn}(t)$ 的微分都是 $\delta(t)$，但是 $\delta(t)$ 的积分只等于 $u(t)$，却不等于 $\frac{1}{2}\mathrm{sgn}(t)$，就是因为 $\lim\limits_{t\to-\infty}u(t)=0$，而 $\lim\limits_{t\to-\infty}\left[\frac{1}{2}\mathrm{sgn}(t)\right]\neq 0$。

如果对于任意信号 $x(t)$，都可以利用微分后信号 $x_1(t)=\frac{\mathrm{d}x(t)}{\mathrm{d}t}$ 的傅里叶变换 $X_1(\mathrm{j}\omega)$ 求取 $x(t)$ 的傅里叶变换 $X(\mathrm{j}\omega)$，应该考虑积分常数问题。这样式（3.6.40）应修改为

$$X(\mathrm{j}\omega)=\frac{1}{\mathrm{j}\omega}X_1(\mathrm{j}\omega)+\pi[x(-\infty)+x(+\infty)]\delta(\omega) \tag{3.6.41}$$

且 $x(-\infty)$ 和 $x(+\infty)$ 应为有限值。

证明： 因为

$$\int_{-\infty}^{t} x_1(t)\mathrm{d}t=\int_{-\infty}^{t}\frac{\mathrm{d}x(t)}{\mathrm{d}t}\mathrm{d}t=x(t)-x(-\infty)$$

根据式（3.6.40），有

$$\int_{-\infty}^{t}\frac{\mathrm{d}x(t)}{\mathrm{d}t}\mathrm{d}t \leftrightarrow \frac{1}{\mathrm{j}\omega}X_1(\mathrm{j}\omega)+\pi X_1(0)\delta(\omega)$$

则有

$$x(t)-x(-\infty)\leftrightarrow \frac{1}{\mathrm{j}\omega}X_1(\mathrm{j}\omega)+\pi X_1(0)\delta(\omega)$$

又因为

$$x(t)\leftrightarrow X(\mathrm{j}\omega)$$

$$x(-\infty)\leftrightarrow 2\pi x(-\infty)\delta(\omega)$$

$$X_1(0)=X_1(\mathrm{j}\omega)\big|_{\omega=0}=\int_{-\infty}^{+\infty}x_1(t)\mathrm{d}t=\int_{-\infty}^{+\infty}\frac{\mathrm{d}x(t)}{\mathrm{d}t}\mathrm{d}t=x(+\infty)-x(-\infty)$$

所以有

$$X(\mathrm{j}\omega)-2\pi x(-\infty)\delta(\omega)=\frac{1}{\mathrm{j}\omega}X_1(\mathrm{j}\omega)+\pi\left[x(+\infty)-x(-\infty)\right]\delta(\omega)$$

即

$$X(\mathrm{j}\omega)=\frac{1}{\mathrm{j}\omega}X_1(\mathrm{j}\omega)+\pi\left[x(-\infty)+x(+\infty)\right]\delta(\omega)$$

由上式可知，当 $x(+\infty)=x(+\infty)=0$ 时，有

$$X(\mathrm{j}\omega)=\frac{1}{\mathrm{j}\omega}X_1(\mathrm{j}\omega) \tag{3.6.42}$$

而当 $x(-\infty)=0$，$x(+\infty)\neq 0$ 时，有

$$X(\mathrm{j}\omega)=\frac{1}{\mathrm{j}\omega}X_1(\mathrm{j}\omega)+\pi x(\infty)\delta(\omega)=\frac{1}{\mathrm{j}\omega}X_1(\mathrm{j}\omega)+\pi X_1(0)\delta(\omega) \tag{3.6.43}$$

前面已经举了 $u(t)$ 和 $\frac{1}{2}\mathrm{sgn}(t)$ 的例子，利用式（3.6.41）可以很方便地求出它们的傅里叶变换。这两个信号的微分都是 $\delta(t)$，但是它们的傅里叶变换却不同。当 $x(t)=u(t)$ 时，$x_1(t)=\frac{\mathrm{d}x(t)}{\mathrm{d}t}$，而且 $X_1(\mathrm{j}\omega)=1$，$x(-\infty)=0$，$x(+\infty)=1$，由式（3.6.41）可知 $x(t)=u(t)$ 的傅里叶变换为

$$X(\mathrm{j}\omega)=\pi\delta(\omega)+\frac{1}{\mathrm{j}\omega}$$

与式（3.5.20）结果一致。而当 $x(t)=\frac{1}{2}\mathrm{sgn}(t)$ 时，$x_1(t)=\frac{\mathrm{d}x(t)}{\mathrm{d}t}$，而且 $X_1(\mathrm{j}\omega)=1$，但 $x(-\infty)=-\frac{1}{2}$，$x(+\infty)=\frac{1}{2}$，则由式（3.6.41）可知 $x(t)=\frac{1}{2}\mathrm{sgn}(t)$ 的傅里叶变换为

$$X(\mathrm{j}\omega)=\frac{1}{\mathrm{j}\omega}$$

可得到符号函数的傅里叶变换为

$$\mathrm{sgn}(t)\leftrightarrow\frac{2}{\mathrm{j}\omega}$$

与式（3.5.19）结果一致。

【例 3.6.9】 利用时域积分特性求图 3.6.11（a）所示信号 $x(t)$ 的傅里叶变换 $X(\mathrm{j}\omega)$。

解：图 3.6.11（a）所示信号的表达式为 $x(t)=\frac{1}{2}\mathrm{sgn}(t-1)$，对其进行一阶微分，得到

$$x_1(t)=\frac{\mathrm{d}x(t)}{\mathrm{d}t}=\delta(t-1)$$

其傅里叶变换为

$$X_1(\mathrm{j}\omega)=\mathrm{e}^{-\mathrm{j}\omega}$$

如果把 $x_1(t)$ 的积分看成 $x(t)$，直接利用时域积分特性（式（3.6.38）或式（3.6.40））计算得到傅里叶变换为

$$\begin{aligned}X(\mathrm{j}\omega)&=\frac{1}{\mathrm{j}\omega}X_1(\mathrm{j}\omega)+\pi X_1(0)\delta(\omega)\\&=\frac{1}{\mathrm{j}\omega}\mathrm{e}^{-\mathrm{j}\omega}+\pi\delta(\omega)\end{aligned}$$

这个结果显然是错误的。这是因为 $\lim\limits_{t\to-\infty}\left[\dfrac{1}{2}\mathrm{sgn}(t-1)\right]\neq 0$，所以 $\int_{-\infty}^{+\infty}x_1(t)\mathrm{d}t=\int_{-\infty}^{+\infty}\dfrac{\mathrm{d}x(t)}{\mathrm{d}t}\mathrm{d}t$ 并不等于原信号 $x(t)=\dfrac{1}{2}\mathrm{sgn}(t-1)$，而等于 $u(t-1)$。信号 $x(t)$ 的微分和微分后的积分信号分别如图 3.6.11（b）和（c）所示。导致上述错误的原因是没有考虑积分常数。正确的解法是利用式（3.6.41）计算。将 $x(-\infty)=-\dfrac{1}{2}$、$x(+\infty)=\dfrac{1}{2}$ 和 $X_1(\mathrm{j}\omega)=\mathrm{e}^{-\mathrm{j}\omega}$ 代入到式（3.6.41）中，得到

$$X(\mathrm{j}\omega)=\frac{1}{\mathrm{j}\omega}\mathrm{e}^{-\mathrm{j}\omega}$$

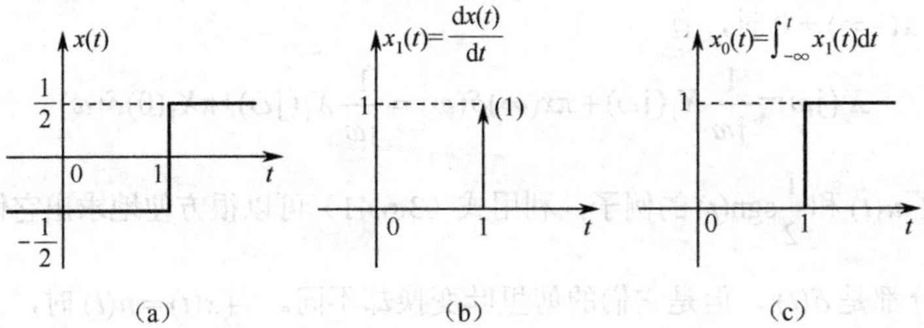

图 3.6.11　例 3.6.9 中各信号的波

【例 3.6.10】　求图 3.6.12（a）所示三角脉冲信号 $x(t)$ 的频谱函数 $X(\mathrm{j}\omega)$。

解：由图 3.6.12（a）可得三角脉冲信号的表达式为

$$x(t)=\begin{cases}E\left(1-\dfrac{2}{\tau}|t|\right) & |t|<\dfrac{\tau}{2}\\[2mm] 0 & |t|>\dfrac{\tau}{2}\end{cases}$$

求出 $x(t)$ 的一阶微分，得到

$$x_1(t)=\frac{\mathrm{d}x(t)}{\mathrm{d}t}=\begin{cases}\dfrac{2E}{\tau} & -\dfrac{\tau}{2}<t<0\\[2mm] -\dfrac{2E}{\tau} & 0<t<\dfrac{\tau}{2}\\[2mm] 0 & |t|>\dfrac{\tau}{2}\end{cases}=\frac{2E}{\tau}\left[G_{\frac{\tau}{2}}\left(t+\frac{\tau}{2}\right)-G_{\frac{\tau}{2}}\left(t-\frac{\tau}{2}\right)\right]$$

其波形如图 3.6.12（b）所示。

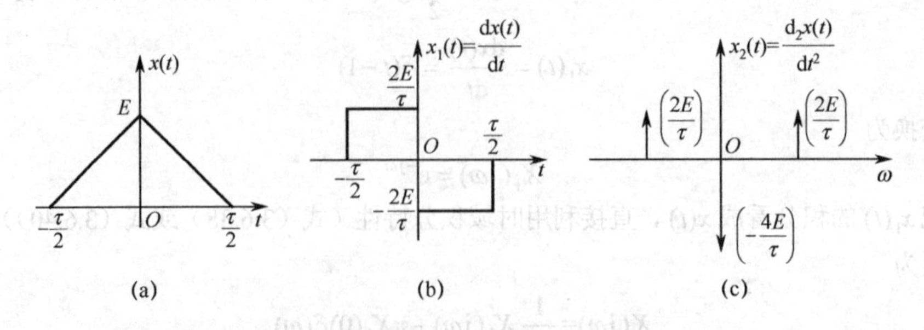

图 3.6.12　例 3.6.10 中各信号的波形

利用矩形脉冲信号的频谱及傅里叶变换的时移特性，$x_1(t)=\dfrac{\mathrm{d}x(t)}{\mathrm{d}t}$ 的频谱为

$$X_1(\mathrm{j}\omega)=E\mathrm{Sa}\left(\frac{\omega\tau}{4}\right)\left[\mathrm{e}^{\mathrm{j}\frac{\omega\tau}{4}}-\mathrm{e}^{-\frac{\omega\tau}{4}}\right]=2E\,\mathrm{jSa}\left(\frac{\omega\tau}{4}\right)\sin\left(\frac{\omega\tau}{4}\right)$$

由于 $x(+\infty)=x(-\infty)=0$，利用式（3.6.42）得到 $x(t)$ 的频谱为

$$X(\mathrm{j}\omega)=\frac{1}{\mathrm{j}\omega}2E\,\mathrm{jSa}\left(\frac{\omega\tau}{4}\right)\sin\left(\frac{\omega\tau}{4}\right)=\frac{2E}{\omega}\mathrm{Sa}\left(\frac{\omega\tau}{4}\right)\sin\left(\frac{\omega\tau}{4}\right)$$

$$=\frac{8E}{\tau\omega^2}\left(\sin\frac{\omega\tau}{4}\right)^2\frac{\left(\frac{\omega\tau}{4}\right)^2}{\left(\frac{\omega\tau}{4}\right)^2}=\frac{E\tau}{2}\mathrm{Sa}\left(\frac{\omega\tau}{4}\right)^2$$

在此例中，可以对 $x_1(t)=\frac{\mathrm{d}x(t)}{\mathrm{d}t}$ 再次微分，得到

$$x_2(t)=\frac{\mathrm{d}^2x(t)}{\mathrm{d}t^2}=\frac{2E}{\tau}\left[\delta\left(t+\frac{\tau}{2}\right)-2\delta(t)+\delta\left(t-\frac{\tau}{2}\right)\right]$$

其波形如图 3.6.12（c）所示。其傅里叶变换为

$$X_2(\mathrm{j}\omega)=\frac{2E}{\tau}\mathrm{e}^{\mathrm{j}\omega\frac{\tau}{2}}-\frac{4E}{\tau}+\frac{2E}{\tau}\mathrm{e}^{-\mathrm{j}\omega\frac{\tau}{2}}$$

由于 $x(+\infty)=x(-\infty)=0$ 和 $x_1(+\infty)=x_1(-\infty)=0$，利用式（3.6.42）可得到 $x(t)$ 的频谱为

$$X(\mathrm{j}\omega)=\frac{1}{(\mathrm{j}\omega)^2}\left[\frac{2E}{\tau}\mathrm{e}^{\mathrm{j}\omega\frac{\tau}{2}}-\frac{4E}{\tau}+\frac{2E}{\tau}\mathrm{e}^{-\mathrm{j}\omega\frac{\tau}{2}}\right]=\frac{1}{-\omega^2}\frac{2E}{\tau}\left[\mathrm{e}^{\mathrm{j}\omega\frac{\tau}{2}}-2+\mathrm{e}^{-\mathrm{j}\omega\frac{\tau}{2}}\right]$$

$$=\frac{-2E}{\tau\omega^2}\left[\mathrm{e}^{\mathrm{j}\omega\frac{\tau}{4}}-\mathrm{e}^{-\mathrm{j}\omega\frac{\tau}{2}}\right]^2=\frac{-2E}{\tau\omega^2}\left(2\mathrm{j}\sin\frac{\omega\tau}{4}\right)^2$$

$$=\frac{8E}{\tau\omega^2}\left(\sin\frac{\omega\tau}{4}\right)^2\frac{\left(\frac{\omega\tau}{4}\right)^2}{\left(\frac{\omega\tau}{4}\right)^2}=\frac{\tau E}{2}\mathrm{Sa}\left(\frac{\omega\tau}{4}\right)^2$$

$X(\mathrm{j}\omega)$ 的波形如图 3.6.13 所示。

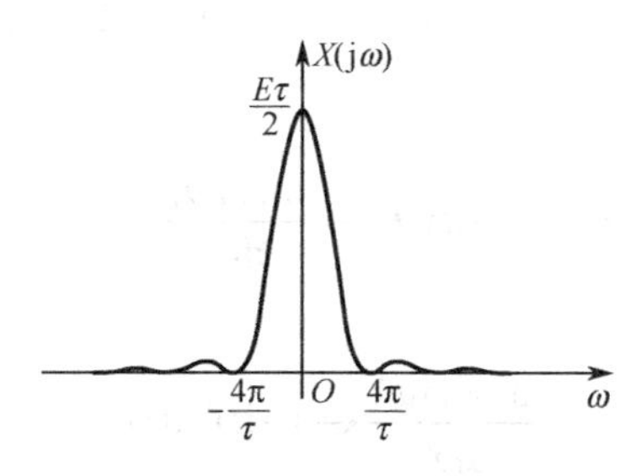

图 3.6.13　三角脉冲信号的频谱

【例 3.6.11】　求图 3.6.14（a）所示信号 $x(t)$ 的频谱。

解：从图中可以得出信号 $x(t)$ 的表达式为

$$x(t)=t[u(t)-u(t-1)]+u(t-1)=tu(t)-(t-1)u(t-1)$$

对 $x(t)$ 微分一次，得到图 3.6.14（b）所示的波形 $x_1(t)$，其表达式为

$$x_1(t)=\frac{\mathrm{d}x(t)}{\mathrm{d}t}=u(t)-u(t-1)$$

根据矩形脉冲的频谱及时移特性，可得 $x_1(t)$ 的频谱为

$$X_1(\mathrm{j}\omega)=\mathrm{Sa}\left(\frac{\omega}{2}\right)\mathrm{e}^{-\mathrm{j}\frac{\omega}{2}}$$

由于 $x(-\infty)=0$，$x(+\infty)=1$，即 $X_1(0)=1$，根据式（3.6.43）可得

$$X(\mathrm{j}\omega)=\frac{1}{\mathrm{j}\omega}\mathrm{Sa}\left(\frac{\omega}{2}\right)\mathrm{e}^{-\mathrm{j}\frac{\omega}{2}}+\pi X_1(0)\delta(\omega)$$

$$=\frac{1}{\mathrm{j}\omega}\mathrm{Sa}\left(\frac{\omega}{2}\right)\mathrm{e}^{-\mathrm{j}\frac{\omega}{2}}+\pi\delta(\omega)$$

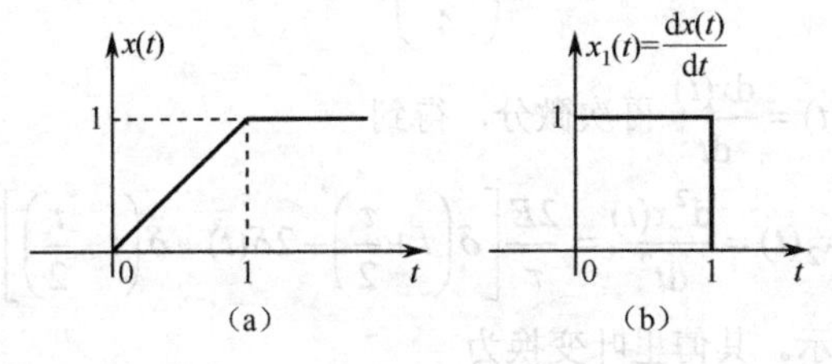

图 3.6.14 例 3.6.11 中的波形及其一阶微分信号的波形

3.6.9 频域微分特性

若 $x(t)\leftrightarrow X(\mathrm{j}\omega)$，则

$$-\mathrm{j}tx(t)\leftrightarrow\frac{\mathrm{d}X(\mathrm{j}\omega)}{\mathrm{d}\omega}\tag{3.6.44}$$

一般频域微分特性的实用形式为

$$tx(t)\leftrightarrow\mathrm{j}\frac{\mathrm{d}X(\mathrm{j}\omega)}{\mathrm{d}\omega}\tag{3.6.45}$$

证明：根据傅里叶变换的定义

$$X(\mathrm{j}\omega)=\int_{-\infty}^{+\infty}x(t)\mathrm{e}^{-\mathrm{j}\omega t}\mathrm{d}t$$

两端对 ω 求一次微分，得到

$$\frac{\mathrm{d}X(\mathrm{j}\omega)}{\mathrm{d}\omega}=\int_{-\infty}^{+\infty}x(t)\frac{\mathrm{d}\mathrm{e}^{-\mathrm{j}\omega t}}{\mathrm{d}\omega}\mathrm{d}t=\int_{-\infty}^{+\infty}-\mathrm{j}tx(t)\mathrm{e}^{-\mathrm{j}\omega t}\mathrm{d}t$$

所以

$$-\mathrm{j}tx(t)\leftrightarrow\frac{\mathrm{d}X(\mathrm{j}\omega)}{\mathrm{d}\omega}$$

同理可证明

$$\frac{\mathrm{d}^nX(\mathrm{j}\omega)}{\mathrm{d}\omega^n}\leftrightarrow(-\mathrm{j}t)^nx(t)\tag{3.6.46}$$

或

$$t^nx(t)\leftrightarrow\mathrm{j}^n\frac{\mathrm{d}^nX(\mathrm{j}\omega)}{\mathrm{d}\omega^n}\tag{3.6.47}$$

【例 3.6.12】 求 $x(t)=t^n$ 的频谱 $X(\mathrm{j}\omega)$。

解：因为 $t^n=t^n\cdot1$，而 $1\leftrightarrow2\pi\delta(\omega)=X_1(\mathrm{j}\omega)$，所以

$$t\cdot1\leftrightarrow\mathrm{j}\frac{\mathrm{d}X_1(\mathrm{j}\omega)}{\mathrm{d}\omega}$$

$$t\cdot(t\cdot 1)\leftrightarrow \mathrm{j}\cdot\left[\mathrm{j}\frac{\mathrm{d}X_1^{\ 2}(\mathrm{j}\omega)}{\mathrm{d}\omega^2}\right]$$

$$\vdots$$

$$t^n\cdot 1\leftrightarrow(\mathrm{j})^n\frac{\mathrm{d}^n X_1(\mathrm{j}\omega)}{\mathrm{d}\omega^n}=2\pi(\mathrm{j})^n\frac{\mathrm{d}^n[\delta(\omega)]}{\mathrm{d}\omega^n}$$

所以

$$X(\mathrm{j}\omega)=2\pi(\mathrm{j})^n\frac{\mathrm{d}^n[\delta(\omega)]}{\mathrm{d}\omega^n}$$

【例 3.6.13】　求 $x(t)=t\mathrm{e}^{-at}u(t)$ 的频谱 $X(\mathrm{j}\omega)$。

解： 利用 $\mathrm{e}^{-at}u(t)\leftrightarrow\dfrac{1}{a+\mathrm{j}\omega}$，则

$$\begin{aligned}X(\mathrm{j}\omega)&=\mathrm{j}\frac{\mathrm{d}}{\mathrm{d}\omega}\left(\frac{1}{a+\mathrm{j}\omega}\right)\\&=\mathrm{j}\frac{-\mathrm{j}}{(a+\mathrm{j}\omega)^2}=\frac{1}{(a+\mathrm{j}\omega)^2}\end{aligned}$$

3.6.10　频域积分特性

若 $x(t)\leftrightarrow X(\mathrm{j}\omega)$，则

$$\frac{x(t)}{-\mathrm{j}t}+\pi x(0)\delta(t)\leftrightarrow\int_{-\infty}^{\omega}X(\mathrm{j}\tau)\mathrm{d}\tau \tag{3.6.48}$$

若 $x(0)=0$，则有

$$\frac{x(t)}{t}\leftrightarrow -\mathrm{j}\int_{-\infty}^{\omega}X(\mathrm{j}\tau)\mathrm{d}\tau \tag{3.6.49}$$

由于此特性应用较少，此处不再讨论。

3.6.11　时域卷积特性

若 $x_1(t)\leftrightarrow X_1(\mathrm{j}\omega)$， $x_2(t)\leftrightarrow X_2(\mathrm{j}\omega)$，则

$$x_1(t)*x_2(t)\leftrightarrow X_1(\mathrm{j}\omega)\cdot X_2(\mathrm{j}\omega) \tag{3.6.50}$$

证明： 由卷积定义可知

$$y(t)=x_1(t)*x_2(t)=\int_{-\infty}^{+\infty}x_1(\tau)x_2(t-\tau)\,\mathrm{d}\tau$$

其傅里叶变换为

$$Y(\mathrm{j}\omega)=\int_{-\infty}^{+\infty}\left[\int_{-\infty}^{+\infty}x_1(\tau)x_2(t-\tau)\,\mathrm{d}\tau\right]\mathrm{e}^{-\mathrm{j}\omega t}\,\mathrm{d}t$$

交换积分次序，得到

$$Y(\mathrm{j}\omega)=\int_{-\infty}^{+\infty}x_1(\tau)\left[\int_{-\infty}^{+\infty}x_2(t-\tau)\mathrm{e}^{-\mathrm{j}\omega t}\mathrm{d}t\right]\mathrm{d}\tau$$

由时移特性可得

$$\begin{aligned}Y(\mathrm{j}\omega)&=\int_{-\infty}^{+\infty}x_1(\tau)X_2(\mathrm{j}\omega)\mathrm{e}^{-\mathrm{j}\omega\tau}\mathrm{d}\tau\\&=X_2(\mathrm{j}\omega)\int_{-\infty}^{+\infty}x_1(\tau)\mathrm{e}^{-\mathrm{j}\omega\tau}\,\mathrm{d}\tau=X_1(\mathrm{j}\omega)X_2(\mathrm{j}\omega)\end{aligned}$$

所以

$$x_1(t)*x_2(t)\leftrightarrow X_1(\mathrm{j}\omega)\cdot X_2(\mathrm{j}\omega)$$

式（3.6.50）称为时域卷积定理，它说明两个时间函数卷积的频谱等于各个时间函数频谱的乘积，即在时域中两信号的卷积等效于在频域中频谱相乘。

时域卷积定理是傅里叶变换中最重要的性质之一，在分析线性时不变系统时有着重要的意义。

【例 3.6.14】 利用时域卷积定理求图 3.6.12（a）所示三角脉冲信号 $x(t)$ 的频谱函数 $X(\mathrm{j}\omega)$。

解：在第 2.4 节（卷积积分）中已经了解，两个等宽矩形脉冲信号的卷积是三角脉冲信号。因此，可将图 3.6.12（a）所示三角脉冲信号 $x(t)$ 看做是矩形脉冲信号 $x_1(t)$ 与其自己的卷积，如图 3.6.15（b）所示，即

$$x(t)=x_1(t)*x_1(t)$$

于是有

$$X(\mathrm{j}\omega)=X_1^2(\mathrm{j}\omega)$$

可见，本例的关键是如何从三角脉冲信号 $x(t)$ 求得矩形脉冲信号 $x_1(t)$。

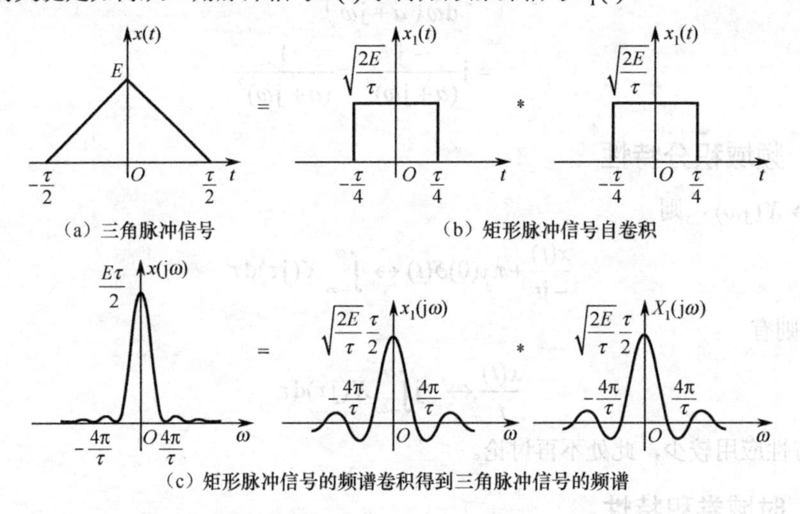

图 3.6.15　利用卷积定理求三角脉冲信号的频谱

由图 3.6.12（a）可知，由于三角脉冲信号的脉宽是 τ，因此，矩形脉冲信号的脉冲宽度应为 $\dfrac{\tau}{2}$。如果设矩形脉冲信号的脉冲幅度为 A，由于

$$x(t)=x_1(t)*x_1(t)=\int_{-\infty}^{+\infty}x_1(\tau)x_1(t-\tau)\,\mathrm{d}\tau$$

令 $t=0$，得到

$$x(0)=\int_{-\frac{\tau}{4}}^{\frac{\tau}{4}}x_1^2(\tau)\,\mathrm{d}\tau=A^2\frac{\tau}{2}=E$$

于是得到矩形脉冲信号的脉冲幅度

$$A=\sqrt{\frac{2E}{\tau}}$$

这样，矩形脉冲信号就可以表示为

$$x_1(t)=\sqrt{\frac{2E}{\tau}}\left[u\left(t+\frac{\tau}{4}\right)-u\left(t-\frac{\tau}{4}\right)\right]$$

其傅里叶变换为

$$X_1(\mathrm{j}\omega)=\sqrt{\frac{2E}{\tau}}\frac{\tau}{2}\mathrm{Sa}\left(\frac{\omega\tau}{4}\right)$$

利用时域卷积定理可得三角脉冲信号的傅里叶变换为

$$X(\mathrm{j}\omega)=X_1^2(\mathrm{j}\omega)=\frac{E\tau}{2}\mathrm{Sa}^2\left(\frac{\omega\tau}{4}\right)$$

其波形如图 3.6.15（c）所示。

3.6.12　频域卷积特性

若 $x_1(t)\leftrightarrow X_1(\mathrm{j}\omega)$， $x_2(t)\leftrightarrow X_2(\mathrm{j}\omega)$，则

$$x_1(t)\cdot x_2(t)\leftrightarrow\frac{1}{2\pi}X_1(\mathrm{j}\omega)*X_2(\mathrm{j}\omega)\tag{3.6.51}$$

证明：因为

$$\frac{1}{2\pi}X_1(\mathrm{j}\omega)*X_2(\mathrm{j}\omega)=\frac{1}{2\pi}\int_{-\infty}^{+\infty}X_1(\mathrm{j}u)X_2[\mathrm{j}(\omega-u)]\mathrm{d}u$$

所以

$$\begin{aligned}F^{-1}\left[\frac{1}{2\pi}X_1(\mathrm{j}\omega)*X_2(\mathrm{j}\omega)\right]&=\frac{1}{2\pi}\int_{-\infty}^{+\infty}\left[\frac{1}{2\pi}\int_{-\infty}^{+\infty}X_1(\mathrm{j}u)X_2[\mathrm{j}(\omega-u)]\mathrm{d}u\right]\mathrm{e}^{\mathrm{j}\omega t}\mathrm{d}\omega\\&=\frac{1}{2\pi}\int_{-\infty}^{+\infty}X_1(\mathrm{j}u)\left[\frac{1}{2\pi}\int_{-\infty}^{+\infty}X_2[\mathrm{j}(\omega-u)]\mathrm{e}^{\mathrm{j}\omega t}\mathrm{d}\omega\right]\mathrm{d}u\\&=\frac{1}{2\pi}\int_{-\infty}^{+\infty}X_1(\mathrm{j}u)x_2(t)\mathrm{e}^{\mathrm{j}\omega t}\mathrm{d}u=x_1(t)x_2(t)\end{aligned}$$

式（3.6.51）称为频域卷积定理，它说明两个时间函数频谱的卷积等效于两函数的乘积，或者说两个时间信号乘积的频谱等于两个信号频谱函数的卷积乘以 $\frac{1}{2\pi}$。显然时域与频域卷积定理是对偶的，这是由傅里叶变换的对偶特性所决定的。频域卷积定理有时也称为时域相乘定理。前面介绍的频移特性及第 6 章将要讨论的抽样都是频域卷积定理的重要应用。

3.6.13　帕塞瓦尔（Parseval）定理

若 $x(t)\leftrightarrow X(\mathrm{j}\omega)$，则

$$\int_{-\infty}^{+\infty}|x(t)|^2\,\mathrm{d}t=\frac{1}{2\pi}\int_{-\infty}^{+\infty}|X(\mathrm{j}\omega)|^2\,\mathrm{d}\omega\tag{3.6.52}$$

证明：利用傅里叶逆变换的定义，有

$$\begin{aligned}\int_{-\infty}^{+\infty}|x(t)|^2\,\mathrm{d}t&=\int_{-\infty}^{+\infty}x(t)x^*(t)\mathrm{d}t\\&=\int_{-\infty}^{+\infty}x(t)\left[\frac{1}{2\pi}\int_{-\infty}^{+\infty}X^*(\mathrm{j}\omega)\mathrm{e}^{-\mathrm{j}\omega t}\mathrm{d}\omega\right]\mathrm{d}t\end{aligned}$$

交换右边的积分次序，有

$$\begin{aligned}\int_{-\infty}^{+\infty}|x(t)|^2\,\mathrm{d}t&=\frac{1}{2\pi}\int_{-\infty}^{+\infty}X^*(\mathrm{j}\omega)\left[\int_{-\infty}^{+\infty}x(t)\mathrm{e}^{-\mathrm{j}\omega t}\mathrm{d}t\right]\mathrm{d}\omega\\&=\frac{1}{2\pi}\int_{-\infty}^{+\infty}X^*(\mathrm{j}\omega)X(\mathrm{j}\omega)\mathrm{d}\omega\\&=\frac{1}{2\pi}\int_{-\infty}^{+\infty}|X(\mathrm{j}\omega)|^2\,\mathrm{d}\omega\end{aligned}$$

在周期信号的傅里叶级数讨论中，我们曾得到周期信号的帕塞瓦尔（Parseval）定理，即

$\frac{1}{T}\int_{-\frac{T}{2}}^{\frac{T}{2}} x^2(t)\mathrm{d}t = \sum_{n=-\infty}^{+\infty}|X_n|^2$，它表明周期信号在时域中的功率等于该信号在频域中各分量功率之和，即信号在时域和在频域的功率是守恒的。一般来说，非周期信号不是功率信号，其平均功率为零，但其能量为有限量，因而是一个能量信号。非周期信号 $x(t)$ 在 1Ω 电阻上消耗的总能量 W 为

$$W = \int_{-\infty}^{+\infty} x^2(t)\mathrm{d}t \tag{3.6.53}$$

式（3.6.52）表明，对能量有限的非周期信号，在时域中求得的信号能量与在频域中求得的信号能量相等，符合能量守恒定律。式（3.6.52）称为帕塞瓦尔定理。由于 $|X(\mathrm{j}\omega)|$ 是关于 ω 的偶函数，因而式（3.6.53）还可以写为

$$W = \int_{-\infty}^{+\infty} x^2(t)\mathrm{d}t = \frac{1}{2\pi}\int_{-\infty}^{+\infty}|X(\mathrm{j}\omega)|^2\,\mathrm{d}\omega = \frac{1}{\pi}\int_{0}^{+\infty}|X(\mathrm{j}\omega)|^2\,\mathrm{d}\omega \tag{3.6.54}$$

非周期信号是由无限多个振幅为无穷小的频率分量组成的，各频率分量的能量也为无穷小量。为了表明信号能量在频率分量上的分布情况，与频谱密度函数相似，引入能量密度频谱函数，简称为能量谱，记为 $G(\omega)$。能量谱 $G(\omega)$ 表示单位频带上的信号能量，所以信号在整个频率范围的全部能量为

$$W = \int_{0}^{+\infty} G(\omega)\mathrm{d}\omega \tag{3.6.55}$$

与式（3.6.54）相比，可得

$$G(\omega) = \frac{1}{\pi}|X(\mathrm{j}\omega)|^2 \tag{3.6.56}$$

从式（3.6.56）可以看出，能量谱函数仅与幅度谱有关，不含相位信息，是一个非负的纯实数，因而不能从给定的能量谱函数中恢复原信号，但它对充分利用信号能量、确定信号的有效带宽起着重要的作用。

最后，将以上讨论的傅里叶变换的性质列于表 3.6.1 中，以便查阅。

表 3.6.1　傅里叶变换的性质

序　号	性质名称	时　域		频　域
1	线性性质	$ax(t)+by(t)$		$aX(\mathrm{j}\omega)+bY(\mathrm{j}\omega)$
2	奇偶虚实性	$x(t)$ 为实函数		$\lvert X(\mathrm{j}\omega)\rvert=\lvert X(-\mathrm{j}\omega)\rvert$ $\varphi(\omega)=-\varphi(-\omega)$ $R(\mathrm{j}\omega)=R(-\mathrm{j}\omega)$ $I(\mathrm{j}\omega)=-I(-\mathrm{j}\omega)$ $X(-\mathrm{j}\omega)=X^*(\mathrm{j}\omega)$
			$x(t)=x(-t)$ $x(t)=-x(-t)$	$X(\mathrm{j}\omega)=R(\mathrm{j}\omega)$，$I(\mathrm{j}\omega)=0$ $X(\mathrm{j}\omega)=\mathrm{j}I(\mathrm{j}\omega)$，$R(\mathrm{j}\omega)=0$
		$x(t)$ 为虚函数		$\lvert X(\mathrm{j}\omega)\rvert=\lvert X(-\mathrm{j}\omega)\rvert$ $\varphi(\omega)=-\varphi(-\omega)$ $R(\mathrm{j}\omega)=R(-\mathrm{j}\omega)$ $I(\mathrm{j}\omega)=-I(-\mathrm{j}\omega)$ $X(-\mathrm{j}\omega)=X^*(\mathrm{j}\omega)$
3	尺度变换特性	$x(at)$，$a\neq 0$		$\frac{1}{\lvert a\rvert}X\left(\mathrm{j}\frac{\omega}{a}\right)$
4	对偶性	$X(\mathrm{j}t)$		$2\pi x(-\omega)$
5	时移特性	$x(t-t_0)$		$X(\mathrm{j}\omega)\mathrm{e}^{-\mathrm{j}\omega t_0}$
6	频移特性	$x(t)\mathrm{e}^{\mathrm{j}\omega_0 t}$		$X[\mathrm{j}(\omega-\omega_0)]$

（续表）

序　号	性质名称	时　域	频　域
7	时域微分特性	$\frac{\mathrm{d}x(t)}{\mathrm{d}t}$	$\mathrm{j}\omega X(\mathrm{j}\omega)$
		$\frac{\mathrm{d}^n x(t)}{\mathrm{d}t^n}$	$(\mathrm{j}\omega)^n X(\mathrm{j}\omega)$
8	时域积分特性	$\int_{-\infty}^{t} x(\tau)\mathrm{d}\tau$	$\frac{1}{\mathrm{j}\omega}X(\mathrm{j}\omega)+\pi X(0)\delta(\omega)$
9	频域微分特性	$-\mathrm{j}tx(t)$	$\frac{\mathrm{d}}{\mathrm{d}\omega}X(\mathrm{j}\omega)$
		$t^n x(t)$	$\mathrm{j}^n \frac{\mathrm{d}^n X(\mathrm{j}\omega)}{\mathrm{d}\omega^n}$
10	频域积分特性	$\frac{x(t)}{-\mathrm{j}t}+\pi x(0)\delta(t)$	$\int_{-\infty}^{\omega} X(\mathrm{j}\tau)\mathrm{d}\tau$
11	时域卷积特性	$x_1(t)*x_2(t)$	$X_1(\mathrm{j}\omega)\cdot X_2(\mathrm{j}\omega)$
12	频域卷积特性	$x_1(t)\cdot x_2(t)$	$\frac{1}{2\pi}X_1(\mathrm{j}\omega)*X_2(\mathrm{j}\omega)$
13	帕塞瓦尔定理	$\int_{-\infty}^{+\infty}\lvert x(t)\rvert^2\,\mathrm{d}t=\frac{1}{2\pi}\int_{-\infty}^{+\infty}\lvert X(\mathrm{j}\omega)\rvert^2\,\mathrm{d}\omega$	

3.7　周期信号的傅里叶变换

由周期信号的傅里叶级数及非周期信号的傅里叶变换的讨论，得到了周期信号的频谱是离散的幅度谱，而非周期信号的频谱是连续的密度谱的结论。在信号与系统的频域分析中，如果对周期信号用傅里叶级数，对非周期信号用傅里叶变换，显然会给频域分析带来很多不便。那么，能否将二者统一起来呢？这就需要讨论周期信号是否存在傅里叶变换。一般来说，周期信号不满足傅里叶变换存在的充分条件——绝对可积，因而直接用傅里叶变换的定义是无法求解的，然而，在允许冲激信号存在并认为它是有意义的前提下，周期信号也可求其傅里叶变换，例如，前面讨论的直流信号、阶跃函数等。

本节将借助频移特性导出指数、正弦、余弦信号的频谱，然后研究一般周期信号的傅里叶变换。

3.7.1　指数、正弦、余弦信号的傅里叶变换

已知$1\leftrightarrow\delta(\omega)$，由频域特性得

$$1\cdot \mathrm{e}^{\mathrm{j}\omega_0 t}\leftrightarrow 2\pi\delta(\omega-\omega_0)$$

$$1\cdot \mathrm{e}^{-\mathrm{j}\omega_0 t}\leftrightarrow 2\pi\delta(\omega+\omega_0)$$

再由欧拉公式，可以得到正弦和余弦信号的傅里叶变换分别为

$$\cos\omega_0 t\leftrightarrow \pi\delta(\omega+\omega_0)+\pi\delta(\omega-\omega_0) \tag{3.7.1}$$

$$\sin\omega_0 t\leftrightarrow -\mathrm{j}\pi\delta(\omega-\omega_0)+\mathrm{j}\pi\delta(\omega+\omega_0) \tag{3.7.2}$$

其波形分别如图 3.7.1 和图 3.7.2 所示。

式（3.7.1）和式（3.7.2）表明，由于正弦信号与余弦信号都是单频周期信号，其频谱密度函数只包含位于$\pm\omega_0$处的冲激函数，且幅度相同。由于$\sin\omega_0 t$是奇函数，其频谱密度函数为纯虚函数，相位取值为$\pm\frac{\pi}{2}$；而$\cos\omega_0 t$是偶函数，其频谱密度函数为实函数，相位为零。由于$\cos\omega_0 t$的频谱为实数而且相位为零，因此在分析中更为简单方便，实际应用较多。

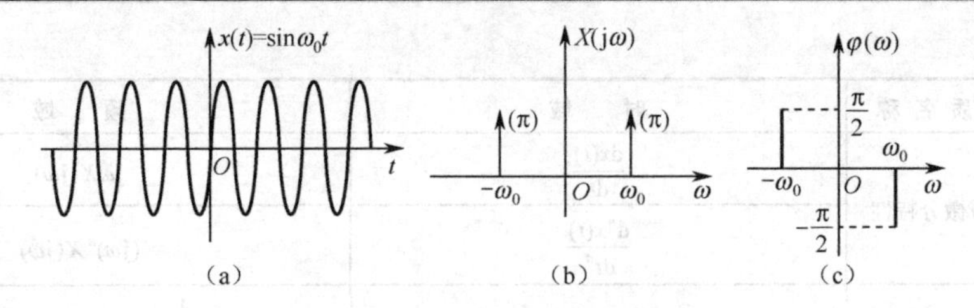

图 3.7.1 正弦信号的波形和频谱

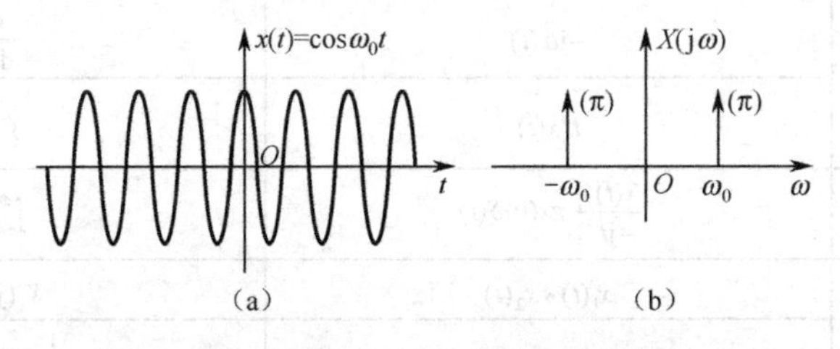

图 3.7.2 余弦信号的波形和频谱

3.7.2 一般周期信号的傅里叶变换

从物理意义上讲，傅里叶级数系数是频谱函数，而傅里叶变换是频谱密度函数。周期信号的频谱是出现在各次谐波频率处的有限值，其密度为有限值除以无穷小，结果为无穷大，但这个无穷大的积分为有限值，因此可以采用冲激函数来描述这个无穷大。所以，我们定性地得到周期信号的频谱密度函数是出现在各次谐波频率处的冲激函数。

设 $x_T(t)$ 为周期信号，其周期为 T，基波角频率为 $\omega_0=\dfrac{2\pi}{T}$，指数函数形式的傅里叶级数为

$$x_T(t)=\sum_{n=-\infty}^{+\infty}X(n\omega_0)e^{jn\omega_0 t} \tag{3.7.3}$$

式中，$X(n\omega_0)$ 是傅里叶级数系数

$$X(n\omega_0)=\frac{1}{T}\int_{-\frac{T}{2}}^{\frac{T}{2}}x_T(t)e^{-jn\omega_0 t}dt \tag{3.7.4}$$

对式（3.7.3）两端求傅里叶变换，从而有

$$\begin{aligned}X(j\omega)&=F[x_T(t)]\\&=F\left[\sum_{n=-\infty}^{+\infty}X(n\omega_0)e^{jn\omega_0 t}\right]=\sum_{n=-\infty}^{+\infty}X(n\omega_0)F\left[e^{jn\omega_0 t}\right]\end{aligned}$$

根据傅里叶变换的频移特性，可知

$$e^{j\omega_0 t}\leftrightarrow 2\pi\delta(\omega-\omega_0)$$

所以得到

$$X(j\omega)=2\pi\sum_{n=-\infty}^{+\infty}X(n\omega_0)\cdot\delta(\omega-n\omega_0) \tag{3.7.5}$$

式（3.7.5）表明，周期信号的频谱由无限多个冲激函数组成，各冲激函数位于周期信号 $x_T(t)$ 的各次谐波 $n\omega_0$ 处，且冲激强度为 $X(n\omega_0)$ 的 2π 倍。显然，周期信号的频谱是离散的，这与第 3.3 节的结论一致。然而，由于傅里叶变换是反映频谱密度的概念，因此周期信号的傅里叶变换不同于傅里叶级数，这里不是有限值，而是冲激函数，它表明在无穷小的频带内（即频谱点）取得了无限大的频谱值。

从以上的分析还可以看出，引入冲激函数之后，对周期信号也能进行傅里叶变换，从而使周期信号和非周期信号的频域分析统一起来，这给信号与系统的频域分析带来很大方便。

【例 3.7.1】　求图 3.7.3 所示的周期单位冲激序列 $\delta_{\mathrm{T}}(t)=\sum\limits_{n=-\infty}^{+\infty}\delta(t-nT)$ 的傅里叶级数系数与傅里叶变换。

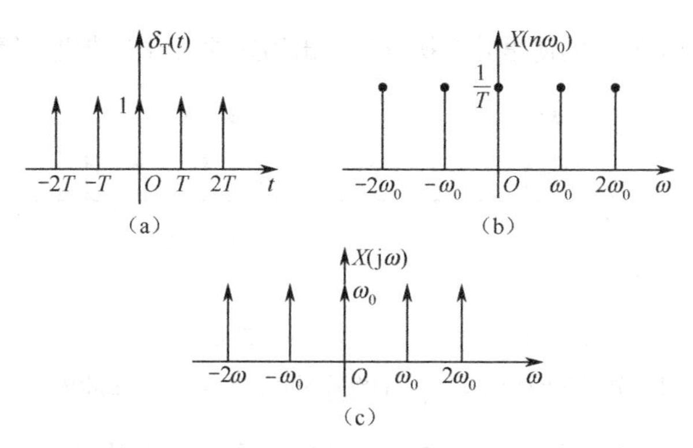

图 3.7.3　周期单位冲激序列的波形及其傅里叶级数系数和傅里叶变换

解： 首先求周期单位冲激序列的傅里叶级数系数。由式（3.7.4）得到

$$
\begin{aligned}
X(n\omega_0)&=\frac{1}{T}\int_{-\frac{T}{2}}^{\frac{T}{2}}\delta_{\mathrm{T}}(t)\mathrm{e}^{-\mathrm{j}n\omega_0 t}\mathrm{d}t\\
&=\frac{1}{T}\int_{-\frac{T}{2}}^{\frac{T}{2}}\delta(t)\mathrm{e}^{-\mathrm{j}n\omega_0 t}\mathrm{d}t=\frac{1}{T}
\end{aligned}
$$

所以 $\delta_{\mathrm{T}}(t)$ 的傅里叶级数为

$$
\delta_{\mathrm{T}}(t)=\sum_{n=-\infty}^{+\infty}X(n\omega_0)\mathrm{e}^{\mathrm{j}n\omega_0 t}=\frac{1}{T}\sum_{n=-\infty}^{+\infty}\mathrm{e}^{\mathrm{j}n\omega_0 t} \tag{3.7.6}
$$

由式（3.7.5），得到 $\delta_{\mathrm{T}}(t)$ 的傅里叶变换

$$
\begin{aligned}
X(\mathrm{j}\omega)&=\frac{1}{T}\sum_{n=-\infty}^{+\infty}2\pi\delta(\omega-n\omega_0)=\frac{2\pi}{T}\sum_{n=-\infty}^{+\infty}\delta(\omega-n\omega_0)\\
&=\omega_0\sum_{n=-\infty}^{+\infty}\delta(\omega-n\omega_0)=\delta_{\omega}(\omega)
\end{aligned} \tag{3.7.7}
$$

$\delta_{\mathrm{T}}(t)$ 的频谱和频谱密度如图 3.7.3 所示。

可见，在周期单位冲激序列的傅里叶级数中只包含位于 $\omega=0,\pm\omega_0,\pm2\omega_0,\cdots,\pm n\omega_0,\cdots$ 的频率分量，且分量大小相等，均等于 $\frac{1}{T}$，而在周期单位冲激序列的傅里叶变换中只包含位于 $\omega=0,\pm\omega_0,\pm2\omega_0,\cdots,\pm n\omega_0,\cdots$ 频率处的冲激函数，其强度大小相等，均等于 ω_0。

3.7.3　傅里叶变换与傅里叶级数系数的关系

假设 $x_0(t)$ 是周期信号 $x_{\mathrm{T}}(t)$ 在 $\left(-\frac{T}{2},\frac{T}{2}\right)$ 区间的单脉冲信号，如图 3.7.4 所示。单脉冲信号为非周期信号，其傅里叶变换可由定义求得

$$
X_0(\mathrm{j}\omega)=\int_{-\frac{T}{2}}^{\frac{T}{2}}x_0(t)\mathrm{e}^{-\mathrm{j}\omega t}\,\mathrm{d}t \tag{3.7.8}
$$

比较式（3.7.4）和式（3.7.8），在$\left(-\frac{T}{2},\frac{T}{2}\right)$内$x_0(t)$和$x_T(t)$相同，所以

$$X(n\omega_0)=\frac{1}{T}X_0(\mathrm{j}\omega)\bigg|_{\omega=n\omega_0} \tag{3.7.9}$$

周期信号的傅里叶级数的系数$X(n\omega_0)$等于单脉冲信号的傅里叶变换$X_0(\mathrm{j}\omega)$在$n\omega_0$频率点的值乘以$\frac{1}{T}$，所以可利用单脉冲的傅里叶变换方便求出周期性信号的傅里叶级数的系数。

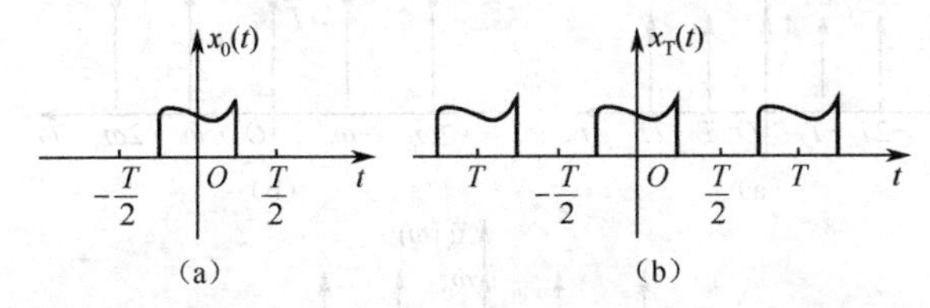

图 3.7.4 单脉冲信号与周期脉冲信号的波形

【例 3.7.2】 已知周期矩形脉冲信号$x_T(t)$的脉冲幅度为E，脉冲宽度为τ，周期为T，基波角频率为$\omega_0=\frac{2\pi}{T}$，如图 3.7.5 所示。求周期矩形脉冲信号$x_T(t)$的傅里叶级数和傅里叶变换。

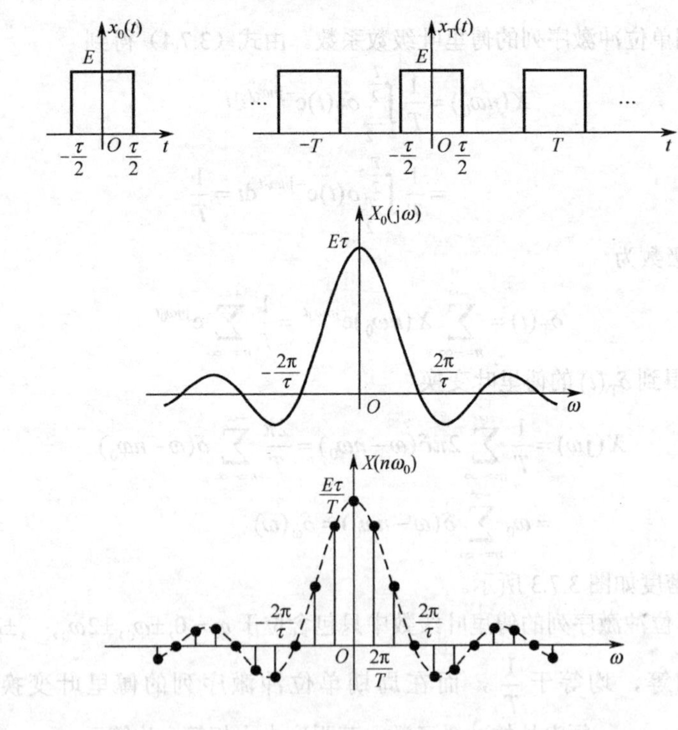

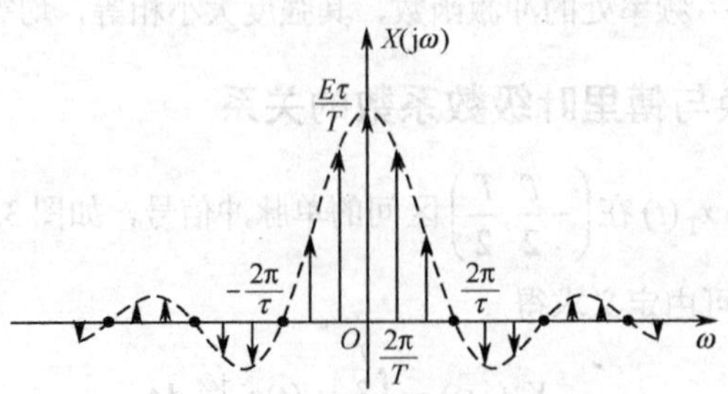

图 3.7.5 周期矩形脉冲信号的傅里叶级数系数与傅里叶变换

解：利用本节所给出的方法，可以很方便地求出傅里叶级数与傅里叶变换。已知单脉冲 $x_0(t)$ 的傅里叶变换 $X_0(\mathrm{j}\omega)$ 等于

$$X_0(\mathrm{j}\omega)=E\tau\mathrm{Sa}\left(\frac{\omega\tau}{2}\right)$$

由式（3.7.9）可以求出周期矩形脉冲信号的傅里叶级数系数 $X(n\omega_0)$

$$X(n\omega_0)=\frac{1}{T}X_0(\mathrm{j}\omega)\bigg|_{\omega=n\omega_0}=\frac{E\tau}{T}\mathrm{Sa}\left(\frac{n\omega_0\tau}{2}\right)$$

这样，$x_\mathrm{T}(t)$ 的傅里叶级数为

$$x_\mathrm{T}(t)=\frac{E\tau}{T}\sum_{n=-\infty}^{+\infty}\mathrm{Sa}\left(\frac{n\omega_0\tau}{2}\right)\mathrm{e}^{\mathrm{j}n\omega_0 t}$$

再由式（3.7.5）便可得到 $x_\mathrm{T}(t)$ 的傅里叶变换

$$\begin{aligned}X(\mathrm{j}\omega)&=2\pi\sum_{n=-\infty}^{+\infty}X(n\omega_0)\delta(\omega-n\omega_0)\\&=E\tau\omega_0\sum_{n=-\infty}^{+\infty}\mathrm{Sa}\left(\frac{n\omega_0\tau}{2}\right)\delta(\omega-n\omega_0)\end{aligned}\tag{3.7.10}$$

如图 3.7.5 所示。

由第 2.4 节可知，周期为 T 的周期 $x_\mathrm{T}(t)$ 可看做单脉冲信号 $x_0(t)$ 与周期为 T 的单位冲激序列 $\delta_\mathrm{T}(t)$ 的卷积，即

$$x_\mathrm{T}(t)=x_0(t)*\delta_\mathrm{T}(t)=x_0(t)*\sum_{n=-\infty}^{+\infty}\delta(t-nT)\tag{3.7.11}$$

根据时域卷积定理，则有

$$\begin{aligned}X(\mathrm{j}\omega)&=X_0(\mathrm{j}\omega)\cdot\omega_0\sum_{n=-\infty}^{+\infty}\delta(\omega-n\omega_0)\\&=\omega_0\sum_{n=-\infty}^{+\infty}X_0(\mathrm{j}n\omega_0)\delta(\omega-n\omega_0)\end{aligned}\tag{3.7.12}$$

式（3.7.12）表明，利用 $x_0(t)$ 的傅里叶变换 $X_0(\mathrm{j}\omega)$，可以很容易地求得周期信号 $x_\mathrm{T}(t)$ 的傅里叶变换。

【例 3.7.3】　求例 3.7.2 中周期矩形脉冲信号 $x_\mathrm{T}(t)$ 的傅里叶变换。

解：对于例 3.7.2 的周期矩形脉冲信号，$x_0(t)$ 为幅度为 E，脉冲宽度为 E 的矩形脉冲信号，已经知道

$$X_0(\mathrm{j}\omega)=E\tau\mathrm{Sa}\left(\frac{\omega\tau}{2}\right)$$

将其代入到式（3.7.12）中，得到

$$\begin{aligned}X(\mathrm{j}\omega)&=\omega_0\sum_{n=-\infty}^{+\infty}E\tau\mathrm{Sa}\left(\frac{n\omega_0\tau}{2}\right)\delta(\omega-n\omega_0)\\&=E\tau\omega_0\sum_{n=-\infty}^{+\infty}\mathrm{Sa}\left(\frac{n\omega_0\tau}{2}\right)\delta(\omega-n\omega_0)\end{aligned}$$

其结果与例 3.7.2 所得结果相同。

以下将常见周期信号的傅里叶变换列于表 3.7.1，以便查阅。

表 3.7.1 常见周期信号的傅里叶变换

序 号	信号名称	时间函数 $x(t)$	傅里叶变换 $X(\mathrm{j}\omega)$
1	虚指数信号（一）	$\mathrm{e}^{\mathrm{j}\omega_0 t}$	$2\pi\delta(\omega-\omega_0)$
2	虚指数信号（二）	$\mathrm{e}^{-\mathrm{j}\omega_0 t}$	$2\pi\delta(\omega+\omega_0)$
3	余弦信号	$\cos\omega_0 t$	$\pi\delta(\omega+\omega_0)+\pi\delta(\omega-\omega_0)$
4	正弦信号	$\sin\omega_0 t$	$-\mathrm{j}\pi\delta(\omega-\omega_0)+\mathrm{j}\pi\delta(\omega+\omega_0)$
5	冲激序列	$\delta_T(t)=\sum_{n=-\infty}^{+\infty}\delta(t-nT)$	$\delta_{\omega_0}(\omega)=\omega_0\sum_{n=-\infty}^{+\infty}\delta(\omega-n\omega_0)$ ，$\omega_0=\dfrac{2\pi}{T}$
6	一般周期信号	$\sum_{n=-\infty}^{+\infty}X_n\mathrm{e}^{\mathrm{j}n\omega_0 t}$	$\delta_{\omega_0}(\omega)=\omega_0\sum_{n=-\infty}^{+\infty}\delta(\omega-n\omega_0)$ ，$\omega_0=\dfrac{2\pi}{T}$

习 题

3.1 证明函数集 $\{\cos n\omega_0 t\ ,\ n=0,1,2,\cdots\}$ 在区间 $(0,2\pi/\omega_0)$ 内是正交函数集。

3.2 证明题 3.2 图所示的矩形脉冲信号 $x(t)$ 在区间(0, 1)内与 $\{\cos\pi t,\cos2\pi t,\cdots,\cos n\pi t\}$ 正交，其中，n 为正整数。

3.3 求下列每个周期信号的基波角频率 ω_0 和周期 T 。

（1）$\mathrm{e}^{\mathrm{j}200t}$ ；（2）$\cos\left[\dfrac{\pi(t-1)}{4}\right]$；

（3）$\cos4t+\sin8t$；（4）$\sin^2 t$；

（5）如题 3.3 图所示的周期信号。

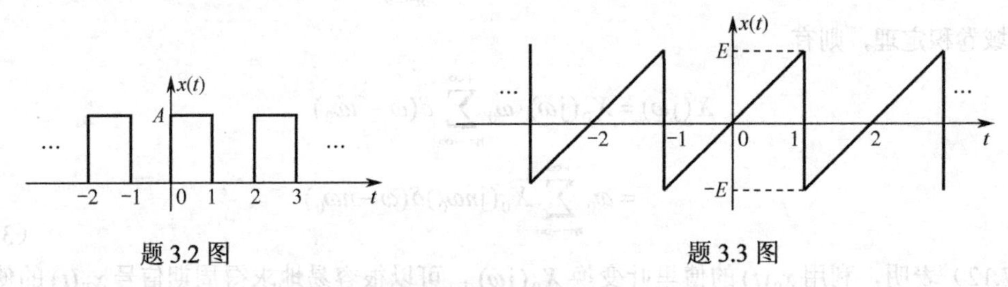

题 3.2 图 题 3.3 图

3.4 已知周期信号 $x(t)=2\sin\left(\dfrac{\pi}{2}t+\dfrac{\pi}{4}\right)-\cos\left(\dfrac{4\pi}{3}t+\dfrac{3\pi}{4}\right)$。

（1）求该周期信号的周期 T 和基波角频率 ω_0；

（2）该信号非零的谐波有哪些？并指出它们的谐波次数；

（3）画出该信号的单边幅度频谱图和相位频谱图。

3.5 一个周期信号 $x(t)$ 由以下的傅里叶级数表示：

$$x(t)=10\cos\left(8\pi t+\frac{\pi}{4}\right)+7\cos\left(12\pi t-\frac{\pi}{3}\right)-5\cos(16\pi t)$$

（1）画出 $x(t)$ 的三角函数形式的幅度谱和相位谱；

（2）通过（1）中的频谱直接画出 $x(t)$ 的指数函数形式的频谱图；

（3）通过（2）中的频谱直接写出 $x(t)$ 的指数函数形式的傅里叶级数；

（4）考虑一个新的信号 $y(t)=x(t)+5\cos\left(1000\pi t+\dfrac{\pi}{2}\right)$。请问频谱如何变化？

3.6 一个周期信号 $x(t)$ 的指数函数形式的傅里叶级数表示为

$$x(t)=(2+\mathrm{j}2)\mathrm{e}^{-\mathrm{j}3t}+\mathrm{j}2\mathrm{e}^{-\mathrm{j}2t}+4-\mathrm{j}2\mathrm{e}^{\mathrm{j}2t}+(2-\mathrm{j}2)\mathrm{e}^{\mathrm{j}3t}$$

（1）画出 $x(t)$ 的指数函数形式的幅度谱和相位谱；

（2）通过（1）中的频谱直接画出 $x(t)$ 的三角函数形式的频谱图；

（3）通过（2）中的频谱直接写出 $x(t)$ 的三角函数形式的傅里叶级数。

3.7　已知周期信号 $x(t)$ 的频谱如题 3.7 图所示。

（1）直接写出 $x(t)$ 的指数函数形式的傅里叶级数；

（2）根据题 3.7 图，直接画出 $x(t)$ 的三角函数形式的频谱图；

（3）直接写出 $x(t)$ 的三角函数形式的傅里叶级数。

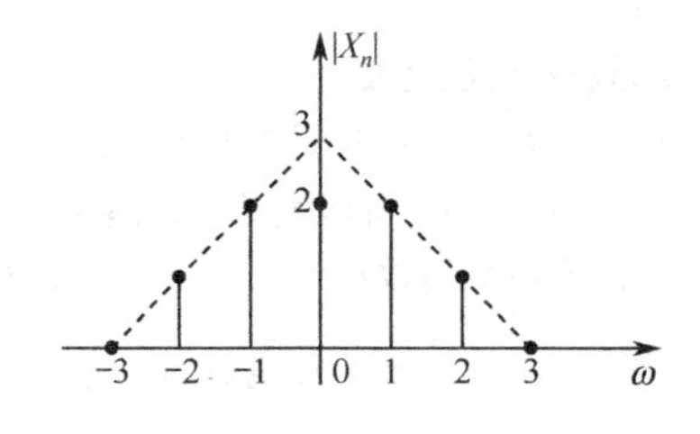

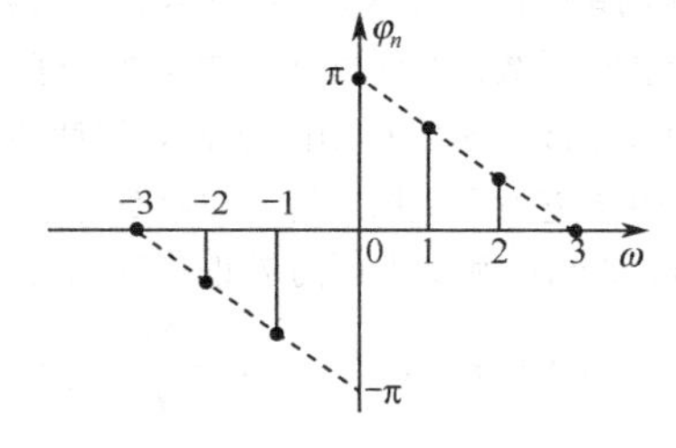

题 3.7 图

3.8　求题 3.8 图所示各周期信号的三角函数形式和指数函数形式的傅里叶级数展开式。

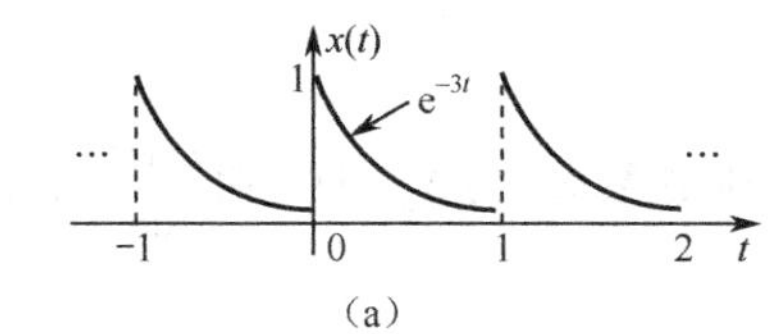

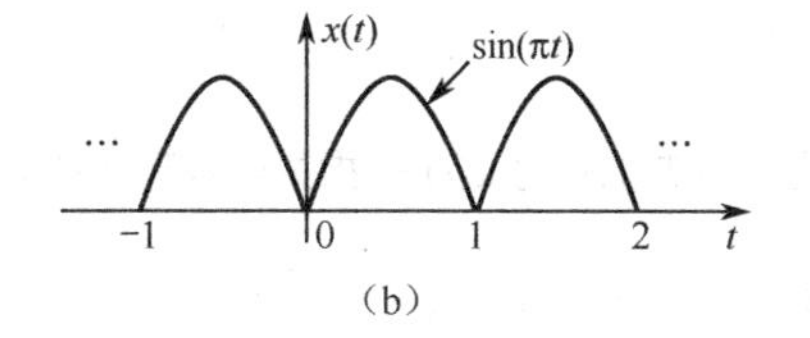

题 3.8 图

3.9　求题 3.9 图所示各周期信号的傅里叶系数 X_n，并画出其幅度频谱图。

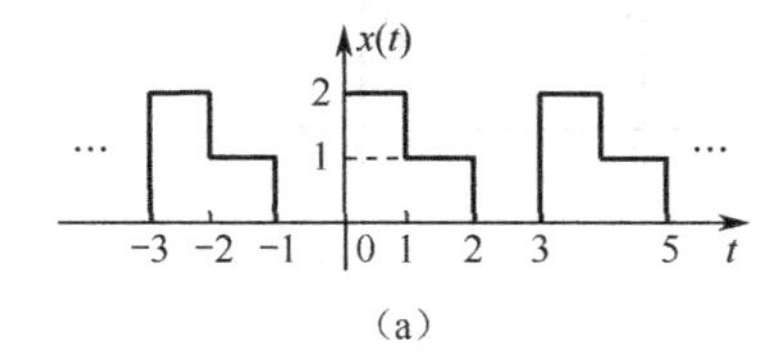

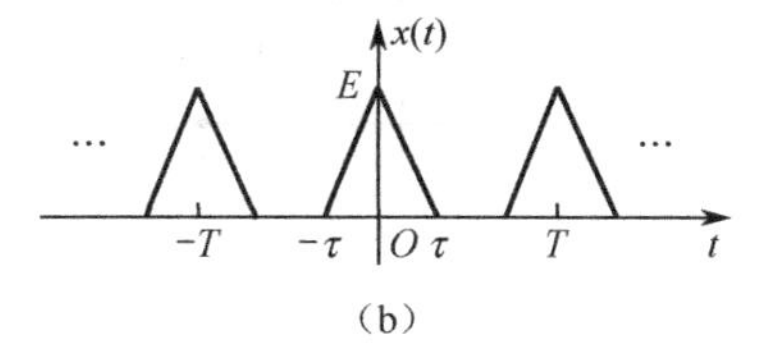

题 3.9 图

3.10　题 3.10 图所示为 4 个周期相同的周期信号。

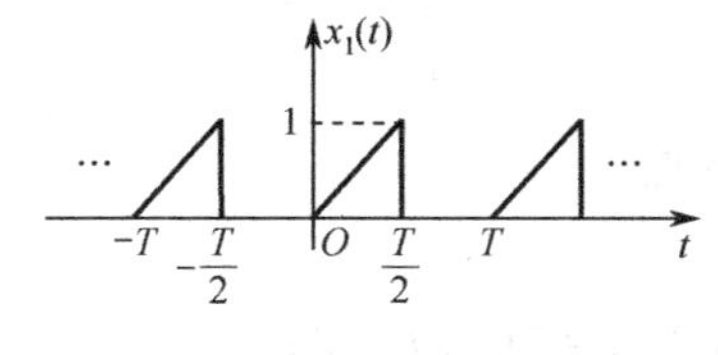

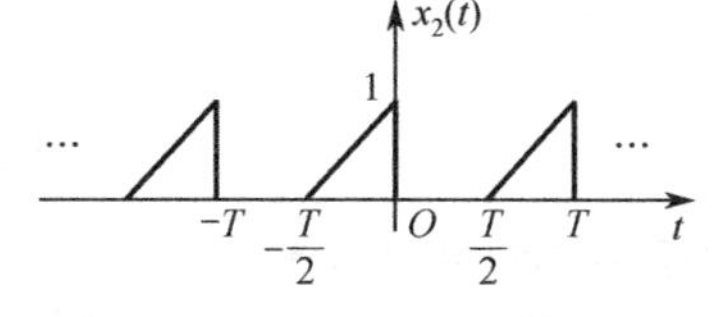

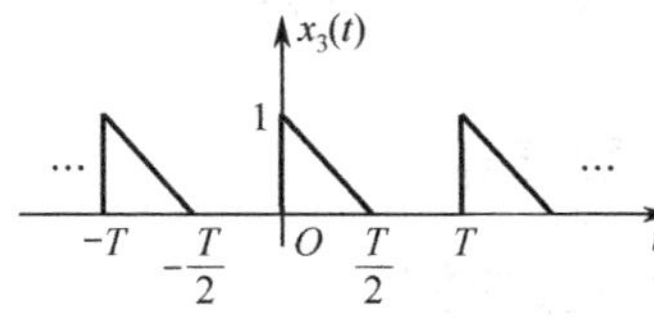

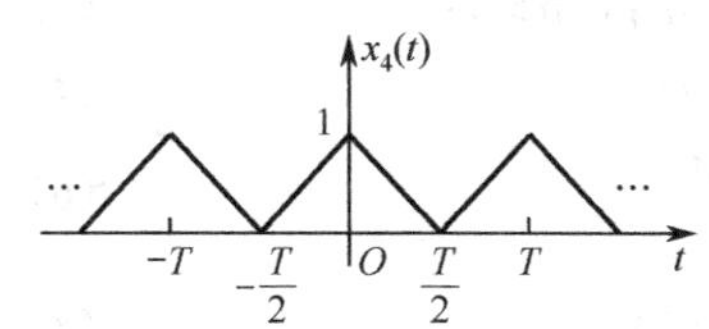

题 3.10 图

（1）求 $x_1(t)$ 的三角函数形式的傅里叶级数；

（2）利用各波形与 $x_1(t)$ 的关系，求另外三个信号的三角函数形式的傅里叶级数。

3.11 已知周期信号 $x(t)$ 前四分之一周期的波形如题 3.11 图所示。根据下列条件画出 $x(t)$ 在一个周期（$0<t<T$）内的信号波形。

（1）$x(t)$ 是 t 的偶函数，其傅里叶级数只有偶次谐波；

（2）$x(t)$ 是 t 的偶函数，其傅里叶级数只有奇次谐波；

（3）$x(t)$ 是 t 的偶函数，其傅里叶级数同时含有偶次谐波和奇次谐波；

（4）$x(t)$ 是 t 的奇函数，其傅里叶级数只有偶次谐波；

（5）$x(t)$ 是 t 的奇函数，其傅里叶级数只有奇次谐波；

（6）$x(t)$ 是 t 的奇函数，其傅里叶级数同时含有偶次谐波和奇次谐波。

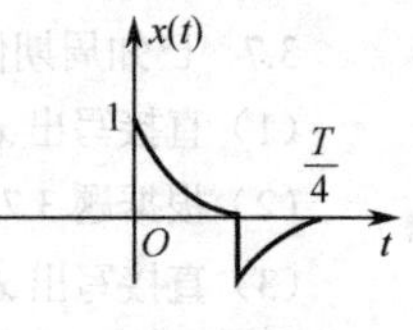

题 3.11 图

3.12 考虑信号 $x(t)=\cos 2\pi t$，由于 $x(t)$ 是周期的，其基波周期为 1，因此它也是以 N 为周期的，这里 N 为任意正整数。如果把它看做是周期为 3 的周期信号，那么 $x(t)$ 的傅里叶级数的系数是什么？

3.13 若 $x_1(t)$ 和 $x_2(t)$ 都是周期为 T 的周期信号，它们的指数函数形式的傅里叶级数表示式分别为：$x_1(t)=\sum\limits_{k=-\infty}^{+\infty} d_k \mathrm{e}^{\mathrm{j}k\omega_0 t}$，$x_2(t)=\sum\limits_{k=-\infty}^{+\infty} e_k \mathrm{e}^{\mathrm{j}k\omega_0 t}$，$\omega_0=\dfrac{2\pi}{T}$。证明：信号 $x(t)=x_1(t)x_2(t)$ 也是周期为 T 的周期信号，且其表示式为

$$x(t)=\sum_{k=-\infty}^{+\infty} c_k \mathrm{e}^{\mathrm{j}k\omega_0 t}$$

式中，$c_k=\sum\limits_{m=-\infty}^{+\infty} d_m e_{k-m}$。

3.14 设周期为 T 的信号 $x(t)$ 的指数函数形式的傅里叶级数系数为 X_n，试证明 $\dfrac{\mathrm{d}x(t)}{\mathrm{d}t}$ 的指数函数形式的傅里叶级数系数为 $\mathrm{j}n\omega_0 X_n$（式中 $\omega_0=\dfrac{2\pi}{T}$）。

3.15 求题 3.15 图所示各信号的傅里叶变换。

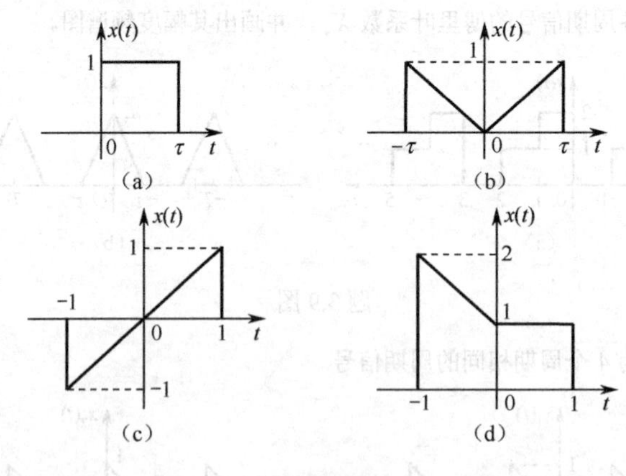

题 3.15 图

3.16 计算下列各信号的傅里叶变换。

（1）$\mathrm{e}^{-at}\cos\omega_0 t u(t)$，$a>0$；

（2）$\mathrm{e}^{-3t}[u(t+2)-u(t-3)]$；

（3）$t\mathrm{e}^{-2t}\sin 4t u(t)$；

（4）$\mathrm{e}^{-3|t-2|}$；

（5）$\dfrac{\sin t\cdot\sin 2t}{t^2}$；

（6）$\int_{-\infty}^{t}\dfrac{\sin\pi\tau}{\pi\tau}\mathrm{d}\tau$；

（7）$\sum\limits_{n=0}^{+\infty} a_n\delta(t-nT)$；

（8）$\dfrac{\sin 2\pi t}{2\pi t} * \dfrac{\sin 8\pi t}{8\pi t}$。

3.17 先求出题 3.17 图所示信号 $x(t)$ 的频谱 $X(\mathrm{j}\omega)$，再利用傅里叶变换的性质，由 $X(\mathrm{j}\omega)$ 求出其余信号的频谱。

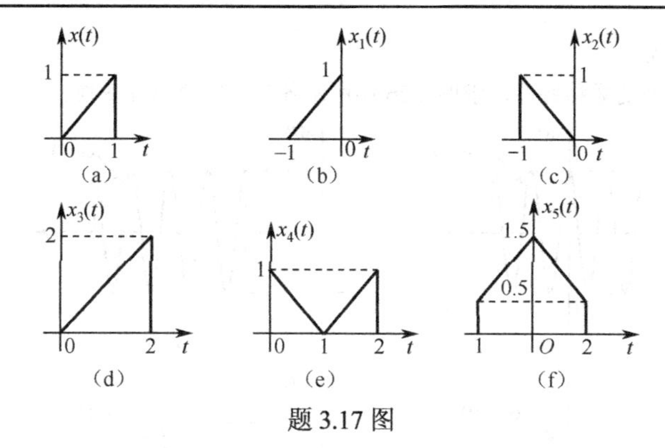

题 3.17 图

3.18　利用傅里叶变换的微分积分性质，求题 3.18 图所示信号的频谱。

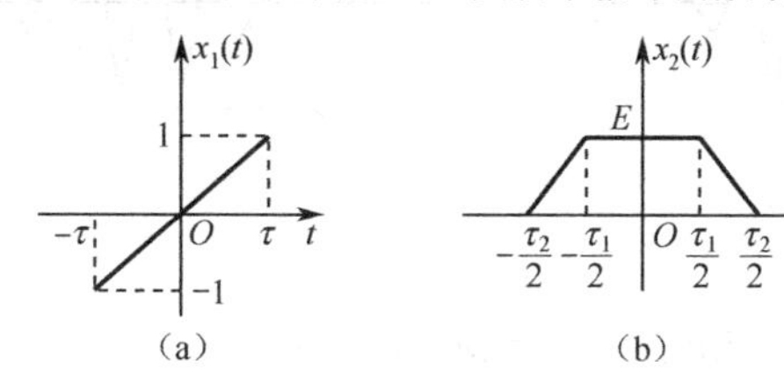

题 3.18 图

3.19　利用傅里叶变换的对称性，求下列信号的频谱函数。

（1）$x_1(t)=\dfrac{2\alpha}{\alpha+\mathrm{j}t}(\alpha>0)$；　　（2）$x_2(t)=\dfrac{2\alpha}{\alpha^2+t^2}(\alpha>0)$；

（3）$x_3(t)=\dfrac{\sin 2\pi(t-2)}{\pi(t-2)}$；　　（4）$x_4(t)=\left(\dfrac{\sin 2\pi t}{2\pi t}\right)^2$。

3.20　若已知 $x(t)\leftrightarrow X(\mathrm{j}\omega)$，求下列各信号的频谱。

（1）$x_1(t)=tx(5t)$；　　（2）$x_2(t)=(t-3)x(-3t)$；

（3）$x_3(t)=x(4-t)$；　　（4）$x_4(t)=t\dfrac{\mathrm{d}x(t)}{\mathrm{d}t}$；

（5）$x_5(t)=x(4t-7)$；　　（6）$x_6(t)=(4-t)x(4-t)$；

（7）$x_7(t)=\mathrm{e}^{\mathrm{j}3t}x(t)$；　　（8）$x_8(t)=x(t)*\dfrac{1}{\pi t}$。

3.21　若已知 $x(t)\leftrightarrow X(\mathrm{j}\omega)$，求 $y(t)=t\left\{\dfrac{\mathrm{d}}{\mathrm{d}t}\left[x\left(\dfrac{t}{a}\right)*x(t-b)\right]\right\}\mathrm{e}^{\mathrm{j}\omega_0 t}$ 的傅里叶变换 $Y(\mathrm{j}\omega)$。

3.22　已知 $x_1(t)\leftrightarrow X_1(\mathrm{j}\omega)$，$x_2(t)=\int_{-\infty}^{t}x_1[2(\tau-1)]\mathrm{d}\tau$，求 $x_2(t)$ 的频谱 $X_2(\mathrm{j}\omega)$。

3.23　利用频域卷积定理求下列信号的频谱函数。

（1）$\cos\omega_0 t u(t)$；　　（2）$\sin\omega_0 t u(t)$。

3.24　求题 3.24 图所示信号 $x(t)$ 的频谱函数 $X(\mathrm{j}\omega)$。

3.25　试用下列方法求题 3.25 图所示信号的频谱函数。

（1）利用时移特性和线性性质；

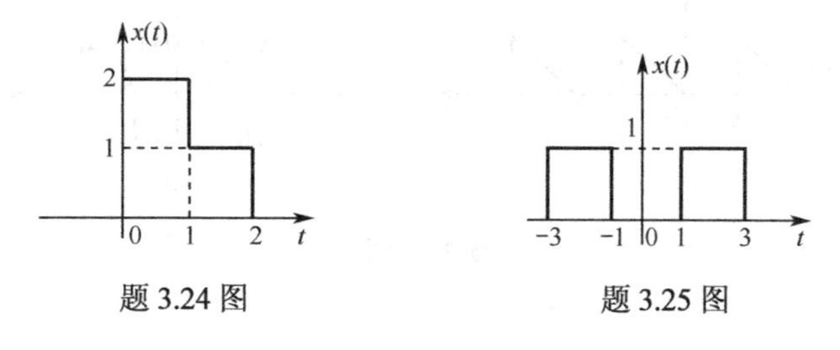

题 3.24 图　　　　题 3.25 图

（2）利用时域积分特性。

3.26 利用傅里叶变换的频移特性，求题 3.26 图所示各信号的傅里叶变换。

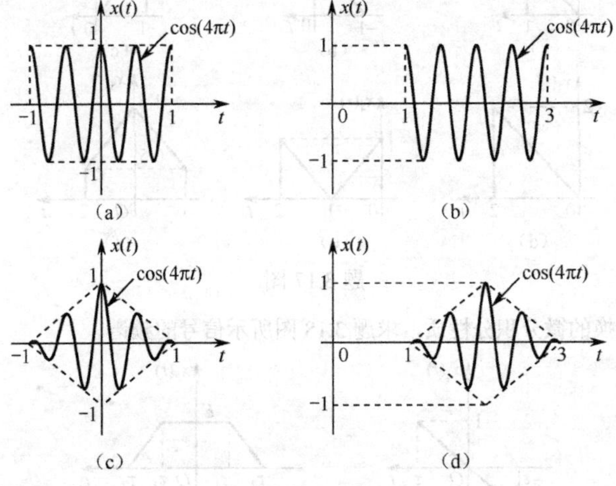

题 3.26 图

3.27 设 $X(\mathrm{j}\omega)$ 代表题 3.27 图所示信号 $x(t)$ 的傅里叶变换。

（1）求 $X(\mathrm{j}\omega)$ 的相频特性 $\varphi(\omega)$；（2）求 $X(0)$；

（3）计算 $\int_{-\infty}^{+\infty} X(\mathrm{j}\omega)\mathrm{d}\omega$；（4）计算 $\int_{-\infty}^{+\infty} X(\mathrm{j}\omega)\dfrac{2\sin\omega}{\omega}\mathrm{e}^{\mathrm{j}2\omega}\mathrm{d}\omega$；

（5）画出 $\mathrm{Re}\{X(\mathrm{j}\omega)\}$ 的傅里叶逆变换。

3.28 求下列各频谱函数的傅里叶逆变换。

（1）$X(\mathrm{j}\omega)=\delta(\omega+\omega_0)-\delta(\omega-\omega_0)$；（2）$X(\mathrm{j}\omega)=u(\omega+\omega_0)-u(\omega-\omega_0)$；

（3）$X(\mathrm{j}\omega)=2\cos(3\omega)$；（4）$X(\mathrm{j}\omega)=\tau\mathrm{Sa}\left(\dfrac{\omega\tau}{2}\right)$；

（5）$X(\mathrm{j}\omega)=\dfrac{1}{(\mathrm{j}\omega+2)^2}$；（6）$X(\mathrm{j}\omega)=-\dfrac{2}{\omega^2}$。

3.29 已知 $X(\mathrm{j}\omega)$ 的幅频与相频特性如题 3.29 图所示，求其傅里叶逆变换 $x(t)$。

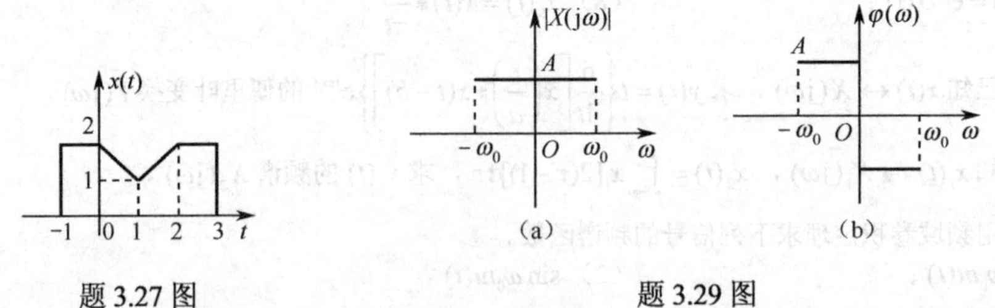

题 3.27 图　　题 3.29 图

3.30 求题 3.30 图所示各周期信号 $x(t)$ 的傅里叶变换。

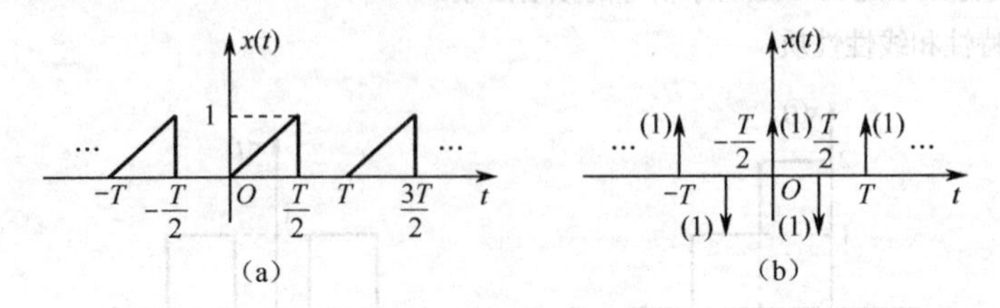

题 3.30 图

第4章　连续时间系统的频域分析

4.1　引言

第 2 章中已经讨论了连续时间系统响应的时域求解方法，它将信号分解为一系列移位冲激信号的线性组合，根据系统的线性和时不变性，将所有移位冲激信号的响应叠加，就得到了系统总的响应。本章将讨论连续时间系统的频域分析法，它仍然建立在系统具有线性和时不变性的基础上。与时域分析法不同的是，频域分析是将信号分解为不同幅度和不同频率的正弦信号或虚指数信号 $e^{j\omega t}$ 的线性组合，将系统对每一个正弦信号或虚指数信号 $e^{j\omega t}$ 的响应叠加，得到系统的响应。

时域分析反映了输入信号 $x(t)$ 通过系统后，其输出信号 $y(t)$ 随时间变化的规律。频域分析反映输入信号的频谱 $X(j\omega)$ 通过系统后，输出信号频谱 $Y(j\omega)$ 随频率变化的情况。

本章将在第 3 章信号频域分析的基础上，利用频谱的概念讨论系统的频域分析法。首先介绍系统频率响应函数的概念及信号通过线性时不变系统的零状态响应的求解。然后，利用系统函数建立信号传输的一些重要概念，包括无失真传输条件、理想低通滤波器模型及系统的物理可实现条件等。

4.2　系统的频率响应函数

从系统的时域分析可知，对于一个线性时不变系统，如果激励信号为 $x(t)$，零状态响应为 $y_{zs}(t)$，则 $y_{zs}(t)$ 等于 $x(t)$ 与系统单位冲激响应 $h(t)$ 的卷积，即

$$y_{zs}(t)=x(t)*h(t) \tag{4.2.1}$$

若令

$$\left.\begin{array}{l}X(j\omega)\leftrightarrow x(t)\\H(j\omega)\leftrightarrow h(t)\\Y_{zs}(j\omega)\leftrightarrow y_{zs}(t)\end{array}\right\} \tag{4.2.2}$$

根据傅里叶变换的时域卷积定理，则有

$$Y_{zs}(j\omega)=X(j\omega)H(j\omega) \tag{4.2.3}$$

式中，$H(j\omega)$ 为该系统单位冲激响应 $h(t)$ 的傅里叶变换。系统单位冲激响应 $h(t)$ 表征的是系统在时域的时间特性，相应地，其频谱密度函数 $x(t)$ 表征的是系统在频域的频率特性，所以 $H(j\omega)$ 称做系统的频率响应函数，简称频响函数或系统函数。根据式（4.2.3），系统函数可以定义为系统零状态响应的傅里叶变换与激励信号傅里叶变换之比，即

$$H(j\omega)=\frac{Y_{zs}(j\omega)}{X(j\omega)}=|H(j\omega)|e^{j\varphi(\omega)} \tag{4.2.4}$$

式中，$|H(j\omega)|$ 是系统的幅（模）频特性，它描述了系统对各个频率的信号的幅度影响；$\varphi(\omega)$ 是系统的相频特性，它描述了系统对各个频率的信号的相位影响。当 $x(t)=\delta(t)$ 时，$X(j\omega)=1$，根据式（4.2.3）得到 $Y_{zs}(j\omega)=H(j\omega)$。这说明一个不随频率变化、具有无限带宽频谱的信号，通过线性时不变系统后，使原来不随频率变化的频谱 $X(j\omega)=1$ 变成了频谱随频率变化的输出信号，且

等于系统的频率响应函数，所以 $H(\mathrm{j}\omega)$ 全面反映了系统的频率特性。

正因为 $h(t)$ 具有一般函数的表现形式，可以采用相同的数学手段对 $h(t)$ 进行傅里叶变换，可以得到系统的频率响应函数 $H(\mathrm{j}\omega)$。所以与一般信号的频谱密度函数相同，$|H(\mathrm{j}\omega)|$ 是 ω 的偶函数，$\varphi(\omega)$ 是 ω 的奇函数，如图 4.2.1 所示。

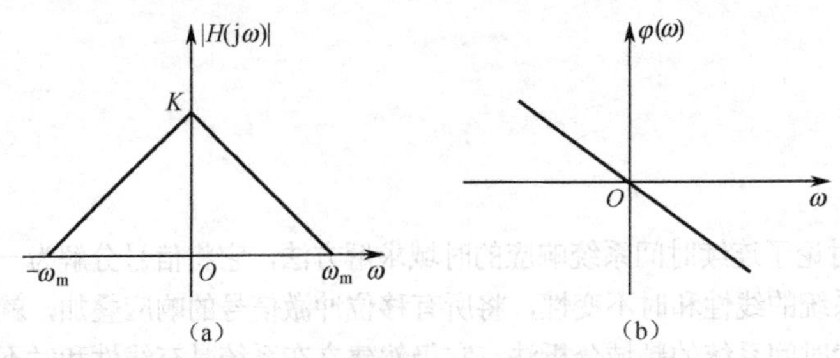

图 4.2.1 系统的幅频特性和相频特性

为了书写方便，在以后的频域分析中，可省略零状态响应符号的下标。在实际应用中，稳定系统的频响函数才有意义，有关稳定系统的内容将在第 5 章介绍。

工程实际中，有相当广泛的线性时不变系统，其输入/输出关系可以由一个线性常系数微分方程表述，即

$$a_n\frac{\mathrm{d}^n y(t)}{\mathrm{d}t^n}+a_{n-1}\frac{\mathrm{d}^{n-1} y(t)}{\mathrm{d}t^{n-1}}+\cdots+a_1\frac{\mathrm{d}y(t)}{\mathrm{d}t}+a_0 y(t)$$
$$=b_m\frac{\mathrm{d}^m x(t)}{\mathrm{d}t^m}+b_{m-1}\frac{\mathrm{d}^{m-1} x(t)}{\mathrm{d}t^{m-1}}+\cdots+b_1\frac{\mathrm{d}x(t)}{\mathrm{d}t}+b_0 x(t) \tag{4.2.5}$$

对式（4.2.5）两端同时求傅里叶变换，由时域微分性质，可得

$$\left[a_n(\mathrm{j}\omega)^n+a_{n-1}(\mathrm{j}\omega)^{n-1}+\cdots+a_1(\mathrm{j}\omega)+a_0\right]Y(\mathrm{j}\omega)$$
$$=\left[b_m(\mathrm{j}\omega)^m+b_{m-1}(\mathrm{j}\omega)^{m-1}+\cdots+b_1(\mathrm{j}\omega)+b_0\right]X(\mathrm{j}\omega) \tag{4.2.6}$$

可见，通过傅里叶变换，可以把常系数线性微分方程变成关于激励和响应的傅里叶变换的代数方程，从而使问题得以简化。由式（4.2.4）可得系统的频率响应函数

$$H(\mathrm{j}\omega)=\frac{Y(\mathrm{j}\omega)}{X(\mathrm{j}\omega)}=\frac{b_m(\mathrm{j}\omega)^m+b_{m-1}(\mathrm{j}\omega)^{m-1}+\cdots+b_1(\mathrm{j}\omega)+b_0}{a_n(\mathrm{j}\omega)^n+a_{n-1}(\mathrm{j}\omega)^{n-1}+\cdots+a_1(\mathrm{j}\omega)+a_0} \tag{4.2.7}$$

式（4.2.7）表明，$H(\mathrm{j}\omega)$ 只与系统本身有关，而与激励无关。

【例 4.2.1】 已知描述线性时不变系统的常系数微分方程为

$$\frac{\mathrm{d}^2 y(t)}{\mathrm{d}t^2}+6\frac{\mathrm{d}y(t)}{\mathrm{d}t}+8y(t)=\frac{\mathrm{d}x(t)}{\mathrm{d}t}+3x(t)$$

求该系统的频率响应函数 $H(\mathrm{j}\omega)$。

解： 对方程两端同时求傅里叶变换，可以得到

$$(\mathrm{j}\omega)^2 Y(\mathrm{j}\omega)+6\mathrm{j}\omega Y(\mathrm{j}\omega)+8Y(\mathrm{j}\omega)=\mathrm{j}\omega X(\mathrm{j}\omega)+3X(\mathrm{j}\omega)$$

化简此式，有

$$\left[(\mathrm{j}\omega)^2+6\mathrm{j}\omega+8\right]Y(\mathrm{j}\omega)=(\mathrm{j}\omega+3)X(\mathrm{j}\omega)$$

所以

$$H(\mathrm{j}\omega)=\frac{\mathrm{j}\omega+3}{(\mathrm{j}\omega)^2+6(\mathrm{j}\omega)+8}$$

【例 4.2.2】 设某线性时不变系统的单位冲激响应为 $h(t)=(3\mathrm{e}^{-2t}-2\mathrm{e}^{-4t})u(t)$，求该系统的频率响应函数。

解：根据常用信号的傅里叶变换，可得

$$H(\mathrm{j}\omega)=\frac{3}{\mathrm{j}\omega+2}-\frac{2}{\mathrm{j}\omega+4}=\frac{\mathrm{j}\omega+8}{(\mathrm{j}\omega+2)(\mathrm{j}\omega+4)}$$

【例 4.2.3】　已知某连续线性时不变系统的输入信号为 $x(t)=\mathrm{e}^{-2t}u(t)$，零状态响应为 $y(t)=(\mathrm{e}^{-2t}-\mathrm{e}^{-3t})u(t)$。求该系统的频率响应函数 $H(\mathrm{j}\omega)$。

解：分别求 $x(t)$ 和 $y(t)$ 的傅里叶变换，得

$$X(\mathrm{j}\omega)=\frac{1}{\mathrm{j}\omega+2}$$

$$Y(\mathrm{j}\omega)=\frac{1}{\mathrm{j}\omega+2}-\frac{1}{\mathrm{j}\omega+3}=\frac{1}{(\mathrm{j}\omega+2)(\mathrm{j}\omega+3)}$$

根据式（4.2.4），可得到系统的频率响应函数为

$$H(\mathrm{j}\omega)=\frac{Y(\mathrm{j}\omega)}{X(\mathrm{j}\omega)}=\frac{1}{\mathrm{j}\omega+3}$$

【例 4.2.4】　已知某连续时不变系统由两个子系统级联组成，如图 4.2.2 所示，其中 $h_1(t)=u(t)$，$h_2(t)=\mathrm{e}^{-t}u(t)$。求该系统的频率响应函数。

解：从第 2 章关于系统的时域分析中已经知道：级联系统的单位冲激响应等于各子系统单位冲激响应的卷积，即

$$h(t)=h_1(t)*h_2(t)$$

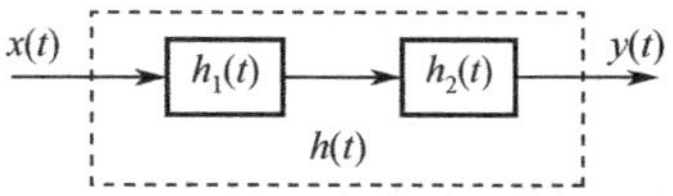

图 4.2.2　例 4.2.4 中的系统图

对此式两边同时求傅里叶变换，得

$$H(\mathrm{j}\omega)=H_1(\mathrm{j}\omega)H_2(\mathrm{j}\omega) \tag{4.2.8}$$

因为 $u(t)\leftrightarrow\pi\delta(\omega)+\dfrac{1}{\mathrm{j}\omega}$，$\mathrm{e}^{-t}u(t)\leftrightarrow\dfrac{1}{\mathrm{j}\omega+1}$，所以

$$H(\mathrm{j}\omega)=\left[\pi\delta(\omega)+\frac{1}{\mathrm{j}\omega}\right]\frac{1}{\mathrm{j}\omega+1}=\pi\delta(\omega)+\frac{1}{\mathrm{j}\omega(\mathrm{j}\omega+1)}$$

由式（4.2.8）可以得出结论：级联系统的总的频率响应函数等于各子系统频率响应函数的乘积。

利用例 4.2.4 的方法还可以求出，当系统 $h_1(t)$ 和 $h_2(t)$ 并联时，总的频率响应函数等于各子系统频率响应函数的和，即

$$H(\mathrm{j}\omega)=H_1(\mathrm{j}\omega)+H_2(\mathrm{j}\omega) \tag{4.2.9}$$

4.3　非周期信号通过线性时不变系统的频域分析法

第 4.1 节中已经提到，频域分析法就是把信号分解为不同频率的虚指数信号之和，然后求出系统对每个虚指数信号的响应，并将得到的每个响应叠加，得到系统的总响应，因此先讨论虚指数信号作用于系统引起的响应。

假设线性时不变系统的冲激响应为 $h(t)$，输入信号为角频率为 ω 的虚指数信号 $x(t)=\mathrm{e}^{\mathrm{j}\omega t}$（$-\infty<t<+\infty$），则系统的零状态响应为

$$\begin{aligned}y(t)&=x(t)*h(t)=\mathrm{e}^{\mathrm{j}\omega t}*h(t)\\&=\int_{-\infty}^{+\infty}h(\tau)\mathrm{e}^{\mathrm{j}\omega(t-\tau)}\mathrm{d}\tau\\&=\mathrm{e}^{\mathrm{j}\omega t}\int_{-\infty}^{+\infty}h(\tau)\mathrm{e}^{-\mathrm{j}\omega\tau}\mathrm{d}\tau\end{aligned} \tag{4.3.1}$$

式中，$H(\mathrm{j}\omega)=\int_{-\infty}^{+\infty}h(\tau)\mathrm{e}^{-\mathrm{j}\omega\tau}\mathrm{d}\tau$ 是系统的频率响应函数，因此式（4.3.1）可表示为

$$y(t)=H(\mathrm{j}\omega)\mathrm{e}^{\mathrm{j}\omega t} \tag{4.3.2}$$

式（4.3.2）表明，当系统的输入信号是虚指数信号 $x(t)=\mathrm{e}^{\mathrm{j}\omega t}$（$-\infty<t<+\infty$）时，系统的零状态响应仍是同频率的虚指数信号，不同的是幅度发生了变化 $|H(\mathrm{j}\omega)|$，同时产生附加相位 $\arg[H(\mathrm{j}\omega)]$。可见，$H(\mathrm{j}\omega)$ 反映了响应 $y(t)$ 的幅度和相位。

通常，如果一个系统对某个输入信号的响应等于这个输入信号乘以某个常数，就将该信号称为这个系统的特征函数，将这个常数称为这个系统的特征值。对于线性时不变系统，复指数信号 $\mathrm{e}^{\mathrm{j}\omega t}$ 是特征函数，$H(\mathrm{j}\omega)$ 是特征值。

从式（4.3.2）可以看出，$H(\mathrm{j}\omega)$ 与系统的单位冲激响应 $h(t)$ 有关，对于每个确定的 ω，都有一个确定的 $H(\mathrm{j}\omega)$ 与其对应。这样，如果一个输入信号可以表示为

$$x(t)=c_1\mathrm{e}^{\mathrm{j}\omega_1 t}+c_2\mathrm{e}^{\mathrm{j}\omega_2 t}$$

根据式（4.3.2）可得系统对这个输入信号的响应为

$$y(t)=c_1H(\mathrm{j}\omega_1)\mathrm{e}^{\mathrm{j}\omega_1 t}+c_2H(\mathrm{j}\omega_2)\mathrm{e}^{\mathrm{j}\omega_2 t}$$

将其推广，如果系统的输入信号为

$$x(t)=\sum_{i=-\infty}^{+\infty}c_i\mathrm{e}^{\mathrm{j}\omega_i t} \tag{4.3.3}$$

则系统对其的响应就为

$$y(t)=\sum_{i=-\infty}^{+\infty}c_iH(\mathrm{j}\omega_i)\mathrm{e}^{\mathrm{j}\omega_i t} \tag{4.3.4}$$

可见，如果输入信号可以表示为虚指数信号的线性组合，则系统的响应就是对各项虚指数信号响应的线性组合。这正是系统频域分析的基础。

以下对照系统的时域分析，从信号的分解和线性叠加的思路，进一步讨论系统的频域分析法。

若信号 $x(t)$ 的傅里叶变换存在，根据傅里叶逆变换的定义

$$x(t)=\frac{1}{2\pi}\int_{-\infty}^{+\infty}X(\mathrm{j}\omega)\mathrm{e}^{\mathrm{j}\omega t}\mathrm{d}\omega=\int_{-\infty}^{+\infty}\frac{X(\mathrm{j}\omega)\mathrm{d}\omega}{2\pi}\mathrm{e}^{\mathrm{j}\omega t} \tag{4.3.5}$$

可知，任意信号 $x(t)$ 可以表示为无穷多个不同频率的虚指数信号 $\mathrm{e}^{\mathrm{j}\omega t}(-\infty<t<\infty)$ 的线性组合，各个虚指数信号 $\mathrm{e}^{\mathrm{j}\omega t}$ 的系数可以看做是 $\dfrac{X(\mathrm{j}\omega)\mathrm{d}\omega}{2\pi}$。

利用系统的线性性质，不难得出任意信号 $x(t)$ 激励下系统的零状态响应。其推导过程如下。

已知

$$\mathrm{e}^{\mathrm{j}\omega t}\to H(\mathrm{j}\omega)\mathrm{e}^{\mathrm{j}\omega t}$$

根据系统的齐次性，有

$$\frac{1}{2\pi}X(\mathrm{j}\omega)\mathrm{e}^{\mathrm{j}\omega t}\mathrm{d}\omega\to\frac{1}{2\pi}H(\mathrm{j}\omega)X(\mathrm{j}\omega)\mathrm{e}^{\mathrm{j}\omega t}\mathrm{d}\omega$$

再由系统的可加性，得到

$$\int_{-\infty}^{+\infty}\frac{1}{2\pi}X(\mathrm{j}\omega)\mathrm{e}^{\mathrm{j}\omega t}\mathrm{d}\omega\to\int_{-\infty}^{+\infty}\frac{1}{2\pi}H(\mathrm{j}\omega)X(\mathrm{j}\omega)\mathrm{e}^{\mathrm{j}\omega t}\mathrm{d}\omega$$

根据式（4.3.5），上式左端

$$\frac{1}{2\pi}\int_{-\infty}^{+\infty}X(\mathrm{j}\omega)\mathrm{e}^{\mathrm{j}\omega t}\mathrm{d}\omega=x(t)$$

则右端就是系统在信号 $x(t)$ 激励下的零状态响应，即

$$y(t)=\frac{1}{2\pi}\int_{-\infty}^{+\infty}H(\mathrm{j}\omega)X(\mathrm{j}\omega)\mathrm{e}^{\mathrm{j}\omega t}\mathrm{d}\omega \tag{4.3.6}$$

若用 $Y(\mathrm{j}\omega)$ 表示系统响应 $y(t)$ 的频谱密度，根据傅里叶逆变换的定义，可得

$$Y(\mathrm{j}\omega)=X(\mathrm{j}\omega)H(\mathrm{j}\omega) \tag{4.3.7}$$

即信号 $x(t)$ 作用于系统的零状态响应的频谱等于输入信号的频谱乘以系统的频率响应函数。

式（4.3.7）表明，当输入信号 $x(t)$ 通过系统后，系统的频率响应函数 $H(\mathrm{j}\omega)$ 对输入信号的频谱进行加权处理，输出信号的频谱为 $Y(\mathrm{j}\omega)=X(\mathrm{j}\omega)H(\mathrm{j}\omega)$。显然，$H(\mathrm{j}\omega)$ 可能改变输入信号的频谱结构，使输入信号中的某些频率分量得到增强，某些频率分量保持不变，某些频率被消弱或完全抑制。同时，在相位上，不同频率分量受到 $\varphi(\omega)$ 的影响而产生相移，使信号在时域上产生延时，即

$$\begin{aligned}Y(\mathrm{j}\omega)&=|Y(\mathrm{j}\omega)|\mathrm{e}^{\mathrm{j}\varphi_y(\omega)}=|X(\mathrm{j}\omega)|\mathrm{e}^{\mathrm{j}\varphi_x(\omega)}\cdot|H(\mathrm{j}\omega)|\mathrm{e}^{\mathrm{j}\varphi(\omega)}\\&=|X(\mathrm{j}\omega)|\cdot|H(\mathrm{j}\omega)|\mathrm{e}^{\mathrm{j}[\varphi_x(\omega)+\varphi(\omega)]}\end{aligned} \tag{4.3.8}$$

从而可以得到输出的幅度频谱和相位频谱分别为

$$|Y(\mathrm{j}\omega)|=|X(\mathrm{j}\omega)|\cdot|H(\mathrm{j}\omega)| \tag{4.3.9}$$

$$\varphi_y(\omega)=\varphi_x(\omega)+\varphi(\omega) \tag{4.3.10}$$

可见，输入信号的频谱 $X(\mathrm{j}\omega)$ 经过系统的处理后，其幅度频谱和相位频谱都发生了改变，得到输出信号的频谱 $Y(\mathrm{j}\omega)=X(\mathrm{j}\omega)H(\mathrm{j}\omega)$。对 $Y(\mathrm{j}\omega)$ 求傅里叶逆变换，即可得到系统的零状态响应 $y(t)$，即

$$y(t)=F^{-1}[Y(\mathrm{j}\omega)]=F^{-1}[X(\mathrm{j}\omega)H(\mathrm{j}\omega)] \tag{4.3.11}$$

应用式（4.3.11）求解系统零状态响应的方法实质上就是系统的频域分析方法。系统的时域分析和频域分析的对应关系如图 4.3.1 所示。频域分析方法将时域中的卷积运算变换成频域的相乘关系，这给系统响应的求解带来很大方便。

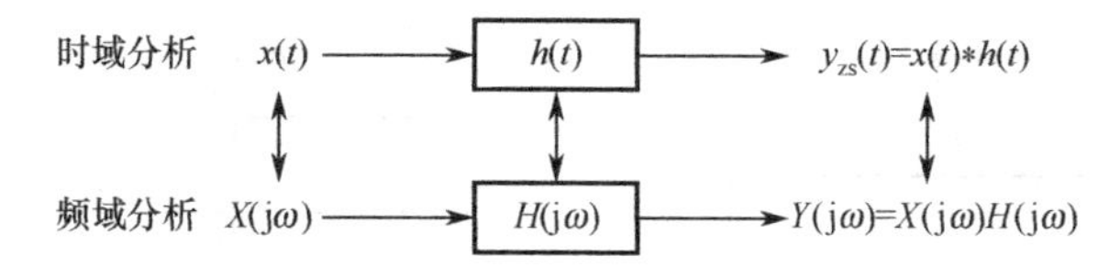

图 4.3.1　线性时不变系统时域分析和频域分析的对应关系

然而，频域分析方法只能求解系统的零状态响应，使得它的应用受到一定的限制。第 5 章将介绍系统的复频域分析，扩展了傅里叶变换的应用范围，使得系统的复频域分析既可以求零状态响应，也可以求零输入响应。

综合以上的讨论，可得到求解系统对非周期信号激励下的响应的频域分析法的计算步骤为：

（1）求激励信号 $x(t)$ 的傅里叶变换 $X(\mathrm{j}\omega)$；

（2）求系统的频率响应函数 $H(\mathrm{j}\omega)$；

（3）求零状态响应 $y(t)$ 的傅里叶变换 $Y(\mathrm{j}\omega)=X(\mathrm{j}\omega)H(\mathrm{j}\omega)$；

（4）求 $Y(\mathrm{j}\omega)$ 的傅里叶逆变换，即可得到 $y(t)=F^{-1}[X(\mathrm{j}\omega)H(\mathrm{j}\omega)]$。

【例 4.3.1】　假设描述某线性时不变系统的微分方程为

$$\frac{\mathrm{d}^2y(t)}{\mathrm{d}t^2}+3\frac{\mathrm{d}y(t)}{\mathrm{d}t}+2y(t)=\frac{\mathrm{d}x(t)}{\mathrm{d}t}+3x(t)$$

求该系统在激励 $x(t)=\mathrm{e}^{-3t}u(t)$ 下的零状态响应 $y(t)$。

解：（1）对激励 $x(t)$ 进行傅里叶变换，得到其频谱函数为

$$X(\mathrm{j}\omega)=\frac{1}{\mathrm{j}\omega+3}$$

（2）求系统的频率响应函数 $H(\mathrm{j}\omega)$

对微分方程两边进行傅里叶变换，得到

$$(\mathrm{j}\omega)^2Y(\mathrm{j}\omega)+3\mathrm{j}\omega Y(\mathrm{j}\omega)+3Y(\mathrm{j}\omega)=\mathrm{j}\omega X(\mathrm{j}\omega)+3X(\mathrm{j}\omega)$$

化简此式，有

$$[(\mathrm{j}\omega)^2+3\mathrm{j}\omega+3]Y(\mathrm{j}\omega)=(\mathrm{j}\omega+3)X(\mathrm{j}\omega)$$

从而可得到系统的频率响应函数为

$$H(\mathrm{j}\omega)=\frac{\mathrm{j}\omega+3}{(\mathrm{j}\omega)^2+3(\mathrm{j}\omega)+2}$$

（3）求零状态响应 $y(t)$ 的傅里叶变换 $Y(\mathrm{j}\omega)$

$$\begin{aligned}Y(\mathrm{j}\omega)&=X(\mathrm{j}\omega)H(\mathrm{j}\omega)\\&=\frac{1}{(\mathrm{j}\omega+1)(\mathrm{j}\omega+2)}=\frac{1}{\mathrm{j}\omega+1}-\frac{1}{\mathrm{j}\omega+2}\end{aligned}$$

（4）求 $Y(\mathrm{j}\omega)$ 的傅里叶逆变换，得到系统的零状态响应 $y(t)$

$$y(t)=F^{-1}[Y(\mathrm{j}\omega)]=(\mathrm{e}^{-t}-\mathrm{e}^{-2t})u(t)$$

系统的频率响应函数 $H(\mathrm{j}\omega)$ 是一个非常重要的函数，在实际应用中，有时无法得到系统的微分方程，但是可以通过测量的方法得到系统的幅频特性和相频特性，综合出 $H(\mathrm{j}\omega)$，由此求解系统的响应。所以在很多场合直接给出 $H(\mathrm{j}\omega)$，不需要系统的微分方程。

【例 4.3.2】 已知系统的频率响应函数如图 4.3.2 所示，系统的激励 $x(t)=\dfrac{\sin 3t}{t}\cos 5t$，求系统的零状态响应 $y(t)$。

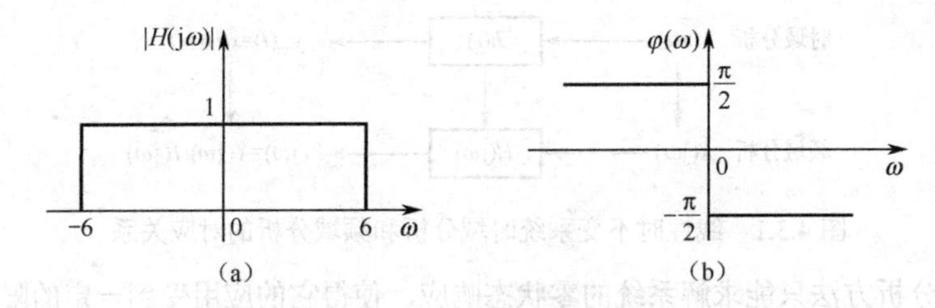

图 4.3.2 例 4.3.2 中系统的频率响应函数

解：已知

$$G_\tau(t)\leftrightarrow\tau\frac{\sin\left(\dfrac{\omega\tau}{2}\right)}{\dfrac{\omega\tau}{2}}$$

令 $\tau=6$，由傅里叶变换的对偶性，可知

$$\frac{\sin 3t}{t}\leftrightarrow\pi G_6(\omega)$$

而

$$\cos 5t\leftrightarrow\pi[\delta(\omega+5)+\delta(\omega-5)]$$

由傅里叶变换的频域卷积定理，得到

$$Y(\mathrm{j}\omega)=\frac{1}{2\pi}\pi G_6(\omega)*\pi[\delta(\omega+5)+\delta(\omega-5)]$$
$$=\frac{\pi}{2}[G_6(\omega+5)+G_6(\omega-5)]$$

由题意可知系统的频率响应为

$$H(\mathrm{j}\omega)=\begin{cases}\mathrm{e}^{\mathrm{j}\frac{\pi}{2}} & -6<\omega<0\\ \mathrm{e}^{-\mathrm{j}\frac{\pi}{2}} & 0<\omega<6\end{cases}$$

响应的频谱为

$$Y(\mathrm{j}\omega)=X(\mathrm{j}\omega)H(\mathrm{j}\omega)$$
$$=\frac{\pi}{2}[G_6(\omega+5)+G_6(\omega-5)]H(\mathrm{j}\omega)$$
$$=\frac{\pi}{2}\left[G_4(\omega+4)\mathrm{e}^{\mathrm{j}\frac{\pi}{2}}+G_4(\omega-4)\mathrm{e}^{-\mathrm{j}\frac{\pi}{2}}\right]$$

再根据傅里叶变换的频移特性，可得系统的零状态响应为

$$y(t)=\frac{1}{2}\frac{\sin 2t}{t}\mathrm{e}^{-\mathrm{j}4t}\mathrm{e}^{\mathrm{j}\frac{\pi}{2}}+\frac{1}{2}\frac{\sin 2t}{t}\mathrm{e}^{\mathrm{j}4t}\mathrm{e}^{-\mathrm{j}\frac{\pi}{2}}$$
$$=\frac{2\sin 2t}{2t}\cdot\frac{\mathrm{e}^{-\mathrm{j}\left(4t-\frac{\pi}{2}\right)}+\mathrm{e}^{\mathrm{j}\left(4t-\frac{\pi}{2}\right)}}{2}$$
$$=2\mathrm{Sa}(2t)\cos\left(4t-\frac{\pi}{2}\right)$$
$$=2\mathrm{Sa}(2t)\sin 4t$$

由例 4.3.1 和例 4.3.2 看到，利用频域分析法可求解系统的零状态响应。该方法的优点是时域的卷积运算变为频域的代数运算，代价是求解正、反两次傅里叶变换。

4.4　周期信号通过系统的频域分析法

大多数周期信号都可以表示为傅里叶级数的形式，因此系统对周期信号的响应可以归结为对周期虚指数信号 $\mathrm{e}^{\mathrm{j}\omega t}$ 的响应。

假设某线性时不变系统的频率响应函数为 $H(\mathrm{j}\omega)$，激励信号 $x(t)$ 为周期信号，其傅里叶级数展开式为

$$x(t)=\sum_{n=-\infty}^{+\infty}X(n\omega_0)\mathrm{e}^{\mathrm{j}n\omega_0 t}\text{ ，}\quad \omega_0=\frac{2\pi}{T} \tag{4.4.1}$$

根据式（4.3.4），可以得到系统对周期信号的响应为

$$y(t)=\sum_{n=-\infty}^{+\infty}X(n\omega_0)H(\mathrm{j}n\omega_0)\mathrm{e}^{\mathrm{j}n\omega_0 t} \tag{4.4.2}$$

即输出也为相同周期的周期信号，其傅里叶级数的系数为

$$Y(n\omega_0)=X(n\omega_0)H(\mathrm{j}n\omega_0) \tag{4.4.3}$$

【例 4.4.1】　已知某系统的频率响应函数 $H(\mathrm{j}\omega)$ 如图 4.4.1（a）所示，求在图 4.4.1（b）所示的 $x(t)$ 激励下的零状态响应。

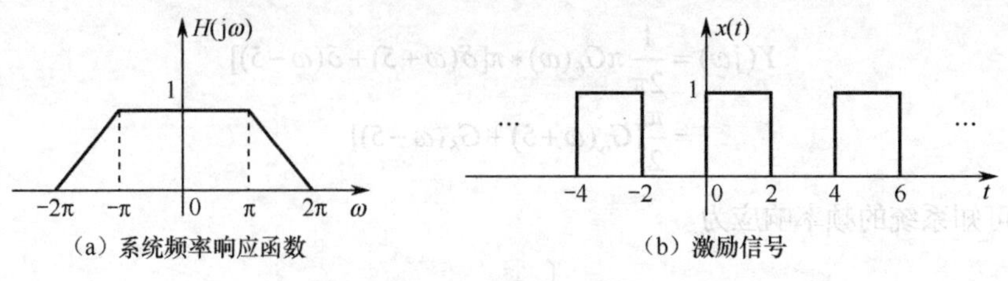

（a）系统频率响应函数　　（b）激励信号

图 4.4.1　例 4.4.1 图

解：从图 4.4.1（b）可以看出，激励信号 $x(t)$ 是周期为 $T=4$ 的周期信号，可以展开傅里叶级数

$$x(t)=\sum_{n=-\infty}^{\infty}X(n\omega_0)\mathrm{e}^{\mathrm{j}n\omega_0 t}$$

其中，$\omega_0=\dfrac{2\pi}{T}=\dfrac{\pi}{2}$。根据式（4.3.4），得到

$$y(t)=\sum_{n=-\infty}^{+\infty}X(n\omega_0)H(\mathrm{j}n\omega_0)\mathrm{e}^{\mathrm{j}n\omega_0 t}=\sum_{n=-\infty}^{+\infty}X\left(\frac{n\pi}{2}\right)H\left(\mathrm{j}\frac{n\pi}{2}\right)\mathrm{e}^{\mathrm{j}n\frac{\pi}{2}t}$$

由图 4.4.1（a）得知，当 $|n\omega_0|=\left|n\dfrac{\pi}{2}\right|\geqslant 2\pi$，即 $|n|\geqslant 4$ 时，$H(\mathrm{j}n\omega_0)=0$，所以

$$\begin{aligned}y(t)&=\sum_{n=-3}^{3}X\left(\frac{n\pi}{2}\right)H\left(\mathrm{j}\frac{n\pi}{2}\right)\mathrm{e}^{\mathrm{j}n\frac{\pi}{2}t}\\&=X\left(-\frac{3\pi}{2}\right)H\left(-\mathrm{j}\frac{3\pi}{2}\right)\mathrm{e}^{-\mathrm{j}\frac{3\pi}{2}t}+X(-\pi)H(-\mathrm{j}\pi)\mathrm{e}^{-\mathrm{j}\pi t}+X\left(-\frac{\pi}{2}\right)H\left(-\mathrm{j}\frac{\pi}{2}\right)\mathrm{e}^{-\mathrm{j}\frac{\pi}{2}t}\\&\quad+X(0)H(\mathrm{j}0)+X\left(\frac{\pi}{2}\right)H\left(\mathrm{j}\frac{\pi}{2}\right)\mathrm{e}^{\mathrm{j}\frac{\pi}{2}t}+X(\pi)H(\mathrm{j}\pi)\mathrm{e}^{\mathrm{j}\pi t}+X\left(\frac{3\pi}{2}\right)H\left(\mathrm{j}\frac{3\pi}{2}\right)\mathrm{e}^{\mathrm{j}\frac{3\pi}{2}t}\end{aligned}$$

由图 4.4.1（a）可知，$H(\mathrm{j}0)=H(-\mathrm{j}\pi)=H(\mathrm{j}\pi)=H\left(-\mathrm{j}\dfrac{\pi}{2}\right)=H\left(\mathrm{j}\dfrac{\pi}{2}\right)=1$，$H\left(-\mathrm{j}\dfrac{3\pi}{2}\right)=H\left(\mathrm{j}\dfrac{3\pi}{2}\right)=\dfrac{1}{2}$，所以

$$\begin{aligned}y(t)=&\frac{1}{2}X\left(-\frac{3\pi}{2}\right)\mathrm{e}^{-\mathrm{j}\frac{3\pi}{2}t}+X(-\pi)\mathrm{e}^{-\mathrm{j}\pi t}+X\left(-\frac{\pi}{2}\right)\mathrm{e}^{-\mathrm{j}\frac{\pi}{2}t}+X(0)\\&+X\left(\frac{\pi}{2}\right)\mathrm{e}^{\mathrm{j}\frac{\pi}{2}t}+X(\pi)\mathrm{e}^{\mathrm{j}\pi t}+\frac{1}{2}X\left(\frac{3\pi}{2}\right)\mathrm{e}^{\mathrm{j}\frac{3\pi}{2}t}\end{aligned}$$

又因为

$$X(n\omega_0)=\frac{1}{T}\int_{t_0}^{t_0+T}x(t)\mathrm{e}^{-\mathrm{j}n\omega_0 t}\mathrm{d}t=\frac{1}{4}\int_0^2\mathrm{e}^{-\mathrm{j}n\frac{\pi}{2}t}\mathrm{d}t=\frac{1}{2}\mathrm{Sa}\left(\frac{n\pi}{2}\right)\mathrm{e}^{-\mathrm{j}n\frac{\pi}{2}}$$

因而有

$$X\left(-\frac{3\pi}{2}\right)=\mathrm{j}\frac{1}{3\pi}，\ X(-\pi)=0，\ X\left(-\frac{\pi}{2}\right)=\mathrm{j}\frac{1}{\pi}$$

$$X(0)=\frac{1}{2}，\ X\left(\frac{\pi}{2}\right)=-\mathrm{j}\frac{1}{\pi}，\ X(\pi)=0，\ X\left(\frac{3\pi}{2}\right)=-\mathrm{j}\frac{1}{3\pi}$$

所以

$$\begin{aligned}y(t)&=\mathrm{j}\frac{1}{6\pi}\mathrm{e}^{-\mathrm{j}\frac{3\pi}{2}t}+\mathrm{j}\frac{1}{\pi}\mathrm{e}^{-\mathrm{j}\frac{\pi}{2}t}+\frac{1}{2}-\mathrm{j}\frac{1}{\pi}\mathrm{e}^{\mathrm{j}\frac{\pi}{2}t}-\mathrm{j}\frac{1}{6\pi}\mathrm{e}^{-\mathrm{j}\frac{3\pi}{2}t}\\&=\frac{1}{2}+\frac{2}{\pi}\cos\left(\frac{\pi}{2}t\right)+\frac{1}{3\pi}\cos\left(\frac{3\pi}{2}t\right)\end{aligned}$$

以上讨论的是复指数信号输入时的情况，但是一般工程应用中都是实信号输入，所以对正弦信号激励下的响应的分析更有使用价值。因此，可将式（4.4.1）改写成三角函数形式的级数展开式，即

$$x(t)=c_0+\sum_{n=1}^{+\infty}c_n\cos(n\omega_0 t+\phi_n) \tag{4.4.4}$$

显然，只要求出系统对 $c_n\cos(\omega_0 t+\phi_n)$ 的响应，就可以求出系统对一般周期信号的响应。

根据欧拉公式，实正弦信号可分解成两个虚指数信号之和，即

$$\begin{aligned}c_n\cos(\omega_0 t+\phi_n)&=\frac{c_n\mathrm{e}^{\mathrm{j}(\omega_0 t+\phi_n)}+c_n\mathrm{e}^{-\mathrm{j}(\omega_0 t+\phi_n)}}{2}\\&=\frac{c_n\mathrm{e}^{\mathrm{j}\phi_n}}{2}\mathrm{e}^{\mathrm{j}\omega_0 t}+\frac{c_n\mathrm{e}^{-\mathrm{j}\phi_n}}{2}\mathrm{e}^{-\mathrm{j}\omega_0 t}\end{aligned} \tag{4.4.5}$$

也就是说，$c_n\cos(\omega_0 t+\phi_n)$ 可以看成是两个频率分别为 ω_0 和 $-\omega_0$、幅度分别为 $\frac{c_n\mathrm{e}^{\mathrm{j}\phi_n}}{2}$ 和 $\frac{c_n\mathrm{e}^{-\mathrm{j}\phi_n}}{2}$ 的两个复指数信号之和，所以可以分别求出系统对这两个虚指数信号的响应，然后相加就可以得到系统对实正弦信号的响应。根据式（4.3.2），有

$$y_n(t)=\frac{H(\mathrm{j}\omega_0)c_n\mathrm{e}^{\mathrm{j}\phi_n}}{2}\mathrm{e}^{\mathrm{j}\omega_0 t}+\frac{H(-\mathrm{j}\omega_0)c_n\mathrm{e}^{-\mathrm{j}\phi_n}}{2}\mathrm{e}^{-\mathrm{j}\omega_0 t}$$

对于实际系统，单位冲激响应是实函数，其频率响应函数 $H(\mathrm{j}\omega)$ 一定满足共轭对称性，即 $H(-\mathrm{j}\omega)=H^*(\mathrm{j}\omega)$。那么如果 $H(\mathrm{j}\omega_0)$ 的模和相位分别为 $|H(\mathrm{j}\omega_0)|$ 和 $\varphi(\omega_0)$，则 $H(-\mathrm{j}\omega_0)$ 的模和相位就分别为 $|H(\mathrm{j}\omega_0)|$ 和 $-\varphi(\omega_0)$。代入式（4.4.5）中，可得

$$\begin{aligned}y_n(t)&=\frac{|H(\mathrm{j}\omega_0)|\mathrm{e}^{\mathrm{j}\varphi(\omega_0)}c_n\mathrm{e}^{\mathrm{j}\phi_n}}{2}\mathrm{e}^{\mathrm{j}\omega_0 t}+\frac{|H(\mathrm{j}\omega_0)|\mathrm{e}^{-\mathrm{j}\varphi(\omega_0)}c_n\mathrm{e}^{-\mathrm{j}\phi_n}}{2}\mathrm{e}^{-\mathrm{j}\omega_0 t}\\&=c_n|H(\mathrm{j}\omega_0)|\left\{\frac{\mathrm{e}^{\mathrm{j}[\omega_0 t+\phi_n+\varphi(\omega_0)]}}{2}+\frac{\mathrm{e}^{-\mathrm{j}[\omega_0 t+\phi_n+\varphi(\omega_0)]}}{2}\right\}\\&=c_n|H(\mathrm{j}\omega_0)|\cos[\omega_0 t+\phi_n+\varphi(\omega_0)]\end{aligned} \tag{4.4.6}$$

可见，系统对正弦信号的响应依然是同频率的正弦信号，其幅度等于原信号的幅度乘以频率响应函数在 ω_0 处的模 $|H(\mathrm{j}\omega_0)|$，相位等于原信号的相位加上频率响应函数在 ω_0 处的相位 $\varphi(\omega_0)$。所以，只要得到 $H(\mathrm{j}\omega)$，就可以通过式（4.4.6）直接得到系统对正弦信号的响应。

式（4.4.6）提示我们，可以通过测量的方法了解系统的频率特性。例如，输入幅度为 1 的不同频率的正弦信号，测量系统的输出即可得到系统的频率特性曲线。

同理可知，系统对 $d_n\sin(\omega_0 t+\theta_n)$ 的响应为

$$y_n(t)=d_n|H(\mathrm{j}\omega_0)|\sin[\omega_0 t+\theta_n+\varphi(\omega_0)] \tag{4.4.7}$$

利用式（4.4.6），根据系统的线性性质可知，系统对式（4.4.4）所示的周期信号 $x(t)$ 的响应为

$$y(t)=c_0H(0)+\sum_{n=1}^{\infty}c_n|H(\mathrm{j}n\omega_0)|\cos[n\omega_0 t+\phi_n+\varphi(n\omega_0)] \tag{4.4.8}$$

综上所述，求解系统对周期性激励信号的频域分析法的计算步骤为：

（1）通过傅里叶级数将周期激励信号分解成多个正弦信号分量；

（2）求出系统的频率响应函数 $H(\mathrm{j}\omega)$；

（3）求解每个频率分量的响应；

（4）将各个响应分量相加，得到系统的响应 $y(t)$。

【例 4.4.2】 某线性时不变系统的幅频特性和相频特性如图 4.4.2 所示。如果系统的激励信号为 $x(t)=1+2\cos5t+2\cos10t$，求系统的零状态响应。

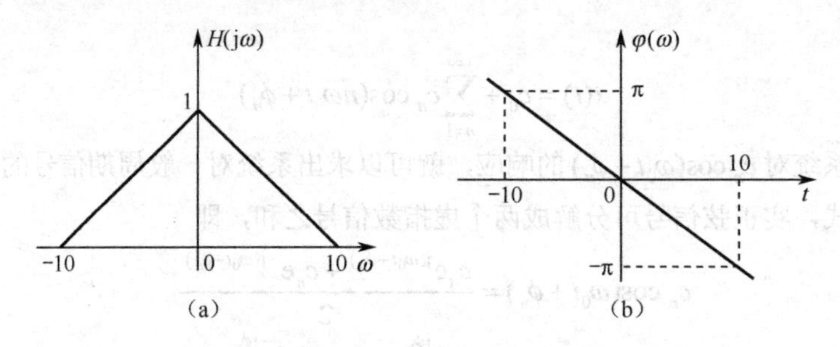

图4.4.2　例 4.4.2 中系统的频率特性曲线

解：本例题要求系统对正弦信号的响应，可以利用式（4.4.8）关于系统对正弦信号的响应的结论，也可以按照复指数信号的分析方法。

方法一：激励信号包括直流、基波及二次谐波分量，基波频率为 $\omega_0=5\text{rad/s}$。

通过图 4.4.2 所示的系统频率特性曲线，可以得到系统对于直流、基波及二次谐波分量的频域加权系数分别为

$$|H(\text{j}0)|=1，\varphi(0)=0；|H(-\text{j}5)|=\frac{1}{2}，\varphi(5)=-\frac{\pi}{2}；|H(-\text{j}10)|=0，\varphi(10)=-\pi$$

利用式（4.4.6）可得各个频率的响应分量为

$$y_0(t)=1$$

$$y_1(t)=\frac{1}{2}\cdot2\cos\left(5t-\frac{\pi}{2}\right)=\cos\left(5t-\frac{\pi}{2}\right)$$

$$y_2(t)=0$$

根据式（4.4.8），将以上各个响应分量相加，得到系统的零状态响应为

$$y(t)=1+\cos\left(5t-\frac{\pi}{2}\right)$$

方法二：利用欧拉公式，将激励信号展开为复指数信号的形式

$$\begin{aligned}x(t)&=1+2\cos5t+2\cos10t\\&=1+(\text{e}^{\text{j}5t}+\text{e}^{-\text{j}5t})+(\text{e}^{\text{j}10t}+\text{e}^{-\text{j}10t})\end{aligned}$$

利用式（4.4.2），有

$$y(t)=H(\text{j}0)+H(\text{j}5)\text{e}^{\text{j}5t}+H(-\text{j}5)\text{e}^{-\text{j}5t}+H(\text{j}10)\text{e}^{\text{j}10t}+H(-\text{j}10)\text{e}^{-\text{j}10t}$$

根据系统的频率特性曲线可知

$$H(\text{j}0)=1，H(\text{j}5)=\frac{1}{2}\text{e}^{-\text{j}\frac{\pi}{2}}，H(-\text{j}5)=\frac{1}{2}\text{e}^{\text{j}\frac{\pi}{2}}，H(\text{j}10)=H(-\text{j}10)=0$$

所以系统的零状态响应为

$$y(t)=1+\frac{1}{2}\left\{\text{e}^{\text{j}\left(5t-\frac{\pi}{2}\right)}+\text{e}^{-\text{j}\left(5t-\frac{\pi}{2}\right)}\right\}=1+\cos\left(5t-\frac{\pi}{2}\right)$$

两种方法的结果是一样的。

4.5　无失真传输

信号经系统传输，要受到系统函数的加权，输出波形发生了变化，与输入波形不同，即产生失真。在信号传输过程中，为了不丢失信息，系统应该不失真地传输信号。信号失真有以下两类。

一类是信号经过线性系统产生的失真，称为线性失真。其特点是信号经过系统后没有产生新的频率分量，也就是说，组成输出和输入信号的频率成分是相同的。下面通过信号叠加的原理讨论失真的原因。

如果系统对不同频率分量的幅度加权系数不同，或者对不同频率分量产生的相移不同，那么，根据系统叠加的结果，系统的响应将会有失真，其波形将不同于激励信号的波形。通常将前一种情况的失真称为幅度失真，将后一种情况的失真称为相位失真。幅度失真是因为改变了不同频率分量之间的相对大小，而相位失真是因为改变了不同频率分量之间的相对位置。图 4.5.1 中 $x(t)$是激励信号，由基波和二次谐波分量组成。$y_1(t)$是幅度失真时的响应波形，从图中可以看出，经过系统后虽然没有产生新的频率分量，但是频谱的幅度关系发生了变化；$y_2(t)$是由于系统对基波和二次谐波分量的延时不同而产生的相位失真时的波形，这里假设基波没有相移，而二次谐波移位$\frac{T_2}{2}$，其中，T_2是二次谐波的周期。

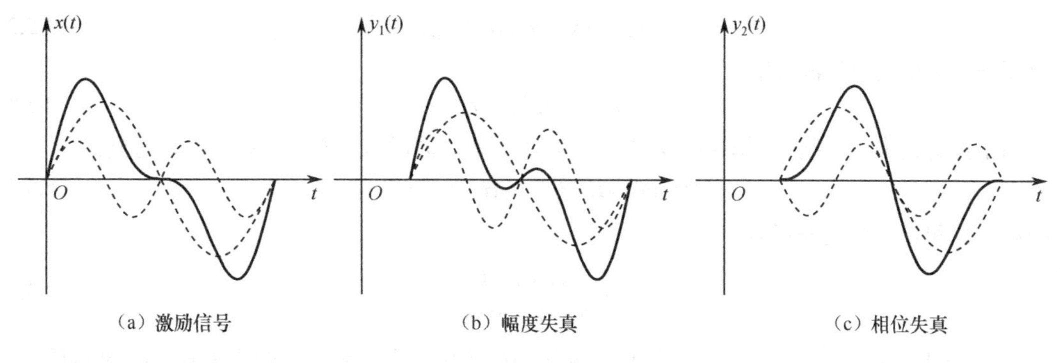

(a) 激励信号　(b) 幅度失真　(c) 相位失真

图 4.5.1　系统的线性失真

另一类是非线性失真，是由信号通过非线性系统产生的，特点是信号通过系统后产生了新的频率分量。如图 4.5.2 所示，激励信号 $x(t)$ 是一个频率为 f_0 的正弦信号，$y(t)$ 是经过二极管半波整流电路后的输出信号，波形产生了失真，而且通过频谱分析可以发现会产生无穷多个 f_0 的谐波分量。

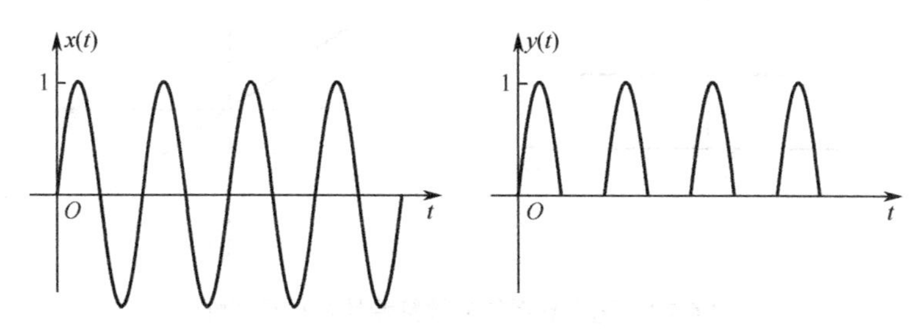

图 4.5.2　系统的非线性失真

工程设计中针对不同的实际应用，对系统有不同的要求。对传输系统，一般要求不失真，但在对信号处理时失真往往是必要的。在通信、电子技术领域中，失真的应用也十分广泛，如角调制技术就是利用非线性系统产生所需要的频率分量；而滤波是提取所需要的频率分量，衰减其余部分。本节从时域、频域两个方面讨论线性系统所具有的线性失真，即振幅、相位失真。

根据以上的分析可知，如果系统的响应 $y(t)$ 仅仅改变了激励信号 $x(t)$ 的幅度大小或波形位置，但没有改变激励信号的波形形状，则这个系统就是无失真系统，如图 4.5.3 所示。

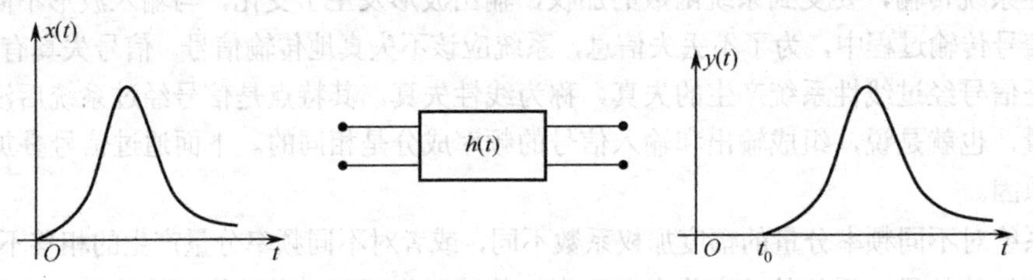

图 4.5.3 无失真传输

从图 4.5.3 可以看出，激励信号为 $x(t)$ 经过无失真系统时，其响应 $y(t)$ 与激励信号 $x(t)$ 之间满足

$$y(t)=Kx(t-t_0) \tag{4.5.1}$$

式中，$K\neq 0$ 为系统的增益，t_0 为延迟时间，K 和 t_0 都为常数。如果系统满足此条件，响应 $y(t)$ 是激励信号 $x(t)$ 延迟 t_0，并且其幅度是激励信号的 K 倍，但其波形形状与激励信号的波形是相同的。

又因为 $y(t)=x(t)*h(t)$，所以式（4.5.1）又可以表示为

$$y(t)=x(t)*K\delta(t-t_0) \tag{4.5.2}$$

因此无失真系统的单位冲激响应为

$$h(t)=K\delta(t-t_0) \tag{4.5.3}$$

为了分析无失真系统的频率特性，对式（4.5.3）两边同时求傅里叶变换，可以得到：

$$H(\mathrm{j}\omega)=K\mathrm{e}^{-\mathrm{j}\omega t_0}=|H(\mathrm{j}\omega)|\mathrm{e}^{\mathrm{j}\varphi(\omega)} \tag{4.5.4}$$

其幅频特性和相频特性分别为

$$\begin{cases}|H(\mathrm{j}\omega)|=K\\ \varphi(\omega)=-\omega t_0\end{cases} \tag{4.5.5}$$

式（4.5.4）或式（4.5.5）就是无失真系统的频域条件。它表明，一个无失真系统的幅频特性在整个频率范围内为常数 K；相频特性在整个频率范围内应该是线性相位，即是一条通过原点的负斜率直线，斜率为 $-t_0$，如果 $t_0=0$，则 $\varphi(\omega)=0$，表示无相移，说明激励信号经过系统后只有幅度大小的改变而没有延时。无失真系统的频率特性如图 4.5.4 所示。

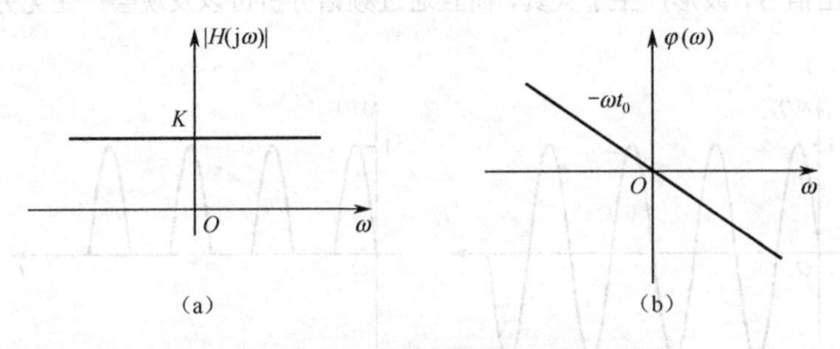

图 4.5.4 无失真系统的幅频特性及相频特性

式(4.5.4)可以从物理概念上得到直观的解释。由于无失真系统的幅频特性 $|H(\mathrm{j}\omega)|$ 为常数 K，因而不会改变激励信号中各频率分量之间的幅度的相对大小，所以不会产生幅度失真。这一点比较容易理解。那么为什么又要求系统的相频特性为线性呢？因为只有线性相位时才能保证响应中

各频率分量的相对位置与激励中的一样，从而不会产生相位失真，下面举例说明。

设激励信号 $x(t)$ 由两个频率分量组成，如图 4.5.5（a）所示，表示式为

$$x(t) = \sin t + \sin 2t$$

显然，为了保证响应中各频率分量的相对位置和激励信号一样，响应中各频率分量的延迟时间必须完全相同。例如，假设经系统传输后，激励信号的两个频率分量都延迟了 t_0，并假设系统的幅频特性为常数 1。这样，系统的响应为

$$y(t) = \sin(t - t_0) + \sin[2(t - t_0)]$$

波形如图 4.5.5（b）所示。显然，系统的响应仅仅是激励信号延迟 t_0，因而没有失真。从相频特性来看，分量 $\sin t$ 的相移是 $-t_0$，分量 $\sin 2t$ 的相移是 $-2t_0$，它们都满足 $\varphi(\omega) = -\omega t_0$ 的线性相位条件。如果不满足这种线性相位条件，例如，激励信号 $x(t)$ 经过系统的响应为

$$\begin{aligned} y(t) &= \sin(t-2) + \sin(2t-3) \\ &= \sin(t-2) + \sin\left[2\left(t - \frac{3}{2}\right)\right] \end{aligned}$$

显然，由于响应中不同频率分量的延迟时间不相等，它们的相对位置发生了改变，从而使得信号经系统传输后产生失真，如图 4.5.5（c）所示。于是，可以得出结论：只有相位与频率成正比，才能保证各谐波分量有相同的延迟时间，在延迟后各次谐波叠加才能不失真。延迟时间 t_0 是相频特性的斜率，即

$$\frac{\mathrm{d}\varphi(\omega)}{\mathrm{d}\omega} = -t_0 \tag{4.5.6}$$

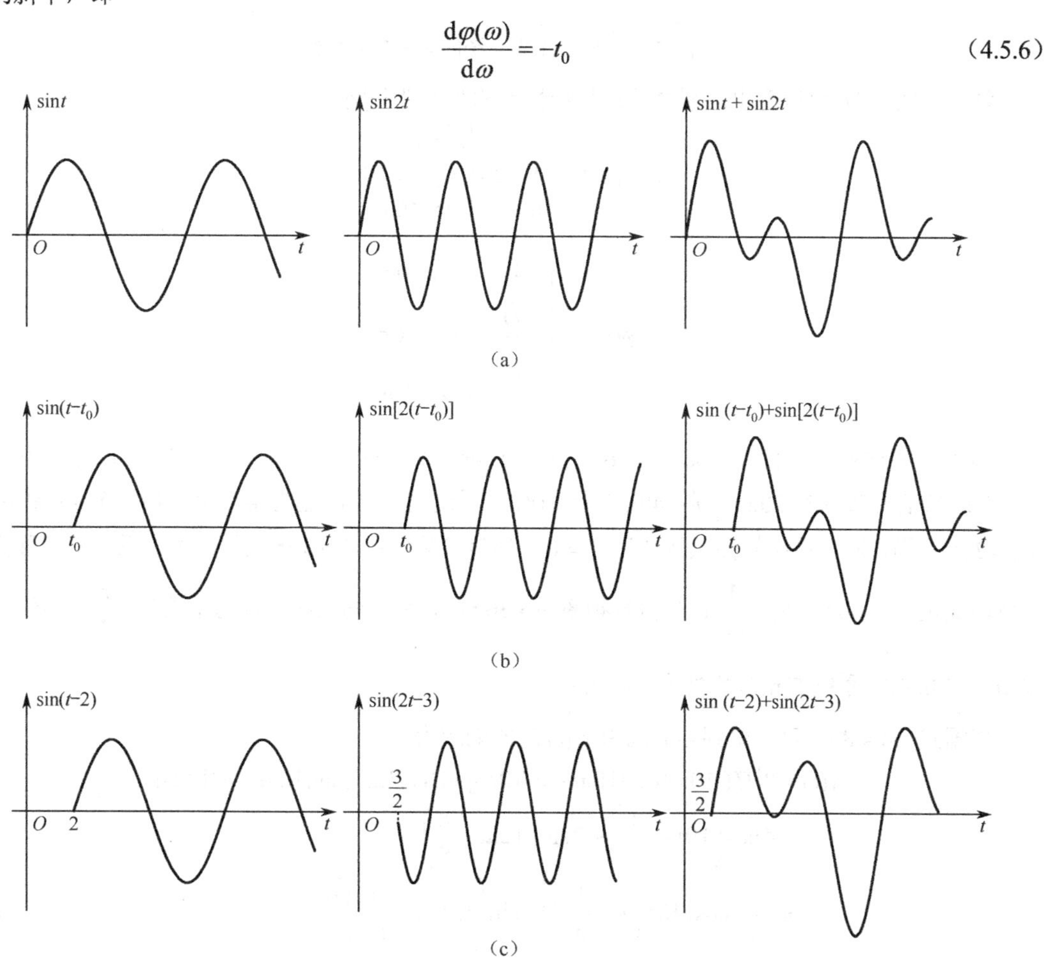

图 4.5.5　相位失真传输波形举例

对于传输系统相移特性的另一种描述方法是以“群延时”特性来表示。群延时τ的定义为

$$\tau = -\frac{\mathrm{d}\varphi(\omega)}{\mathrm{d}\omega} \tag{4.5.7}$$

在满足信号传输不产生相位失真的情况下，系统的群延时特性应为常数。群延时表示信号经过系统时，各频率分量的公共延时特性。

【例 4.5.1】 已知一线性时不变系统的幅频特性和相频特性曲线如图 4.5.6 所示。

（1）给定激励信号 $x_1(t) = 2\cos(10\pi t) + \sin(12\pi t)$ 和 $x_2(t) = 2\cos(10\pi t) + \sin(26\pi t)$，分别求它们的响应 $y_1(t)$ 和 $y_2(t)$；

（2）$y_1(t)$ 和 $y_2(t)$ 有无失真？若有失真，指出是何种失真。

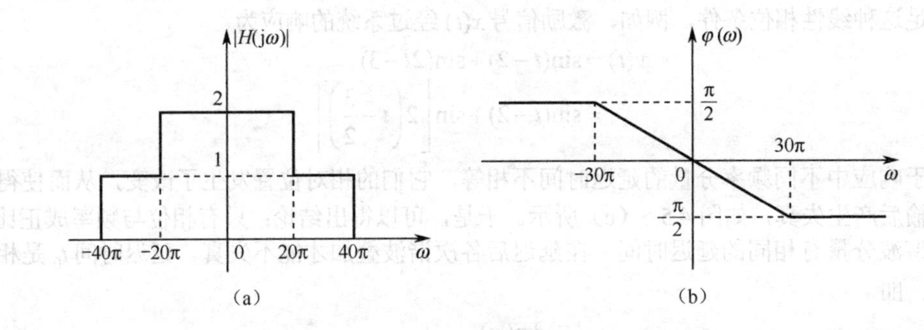

图 4.5.6 例 4.5.1 中系统的频率响应特性

解： 由图 4.5.6 可以看出，系统的幅频特性和相频特性分别为

$$|H(\mathrm{j}\omega)| = \begin{cases} 2 & |\omega| < 20\pi \\ 1 & 20\pi < |\omega| < 40\pi \\ 0 & |\omega| > 40\pi \end{cases}$$

$$\phi(\omega) = \begin{cases} -\dfrac{\pi}{2} & \omega > 30\pi \\ -\dfrac{\omega}{60} & |\omega| < 30\pi \\ \dfrac{\pi}{2} & \omega < -30\pi \end{cases}$$

由幅频特性和相频特性可知，当信号频率在$|\omega| < 20\pi$的范围内时，系统的幅频特性为常数$K = 2$；当信号频率在$20\pi < |\omega| < 40\pi$范围内时，系统的幅频特性为常数$K = 1$；当信号频率在$|\omega| > 20\pi$范围内时，系统的幅频特性为$K = 0$。当信号频率在$\omega > 30\pi$范围内时，系统的相移特性与频率成正比，其斜率为$-\dfrac{1}{60}$；当信号频率$\omega > 30\pi$时，系统的相频特性为常数为$-\dfrac{\pi}{2}$；当信号频率$\omega < -30\pi$时，系统的相频特性为常数为$\dfrac{\pi}{2}$。

根据式（4.4.8），可以得到当激励为$x_1(t)$时的响应为

$$\begin{aligned} y_1(t) &= 2|H(\mathrm{j}10\pi)|\cos[10\pi t + \varphi(10\pi)] + |H(\mathrm{j}12\pi)|\sin[12\pi t + \varphi(12\pi)] \\ &= 4\cos\left(10\pi t - \frac{\pi}{6}\right) + 2\sin\left(12\pi t - \frac{\pi}{5}\right) \\ &= 2\left\{2\cos\left[10\pi\left(t - \frac{1}{60}\right)\right] + \sin\left[12\pi\left(t - \frac{1}{60}\right)\right]\right\} \\ &= Kx_1(t - t_0) \end{aligned}$$

此时输出信号无失真。

同理，可得当激励为 $x_2(t)$ 时的响应为

$$\begin{aligned}
y_2(t) &= 2\left|H(\mathrm{j}10\pi)\right|\cos[10\pi t+\varphi(10\pi)]+\left|H(\mathrm{j}26\pi)\right|\sin[12\pi t+\varphi(26\pi)] \\
&= 4\cos\left(10\pi\, t-\frac{\pi}{6}\right)+\sin\left(26\pi t-\frac{13\pi}{30}\right) \\
&= 4\cos\left[10\pi\left(t-\frac{1}{60}\right)\right]+\sin\left[26\pi\left(t-\frac{1}{60}\right)\right] \\
&\neq Kx_2(t-t_0)
\end{aligned}$$

此时，输出信号产生幅度失真。

需要说明的是，式（4.5.4）所表示的系统无失真条件是理想的条件，在实际应用中，一个信号经过系统总会产生一定的幅度失真和相位失真。因为实际物理系统的幅频特性不可能在无限宽的频率范围内为常数，相频特性也不可能是 ω 的线性函数。所以，理想的无失真传输条件是无法实现的，实际的线性时不变系统只能保证在一定的频率范围内近似为无失真系统。而且，常见信号的功率或能量主要集中在一定的频率范围内，即通常信号的有效带宽是有限的。因此，在实际应用中，只要在信号的有效频带范围内，系统的幅频特性和相频特性满足不失真传输条件即可。例如，对于图 4.5.7（a）所示的信号 $x(t)$，图 4.5.7（b）所示的系统就是无失真传输系统。

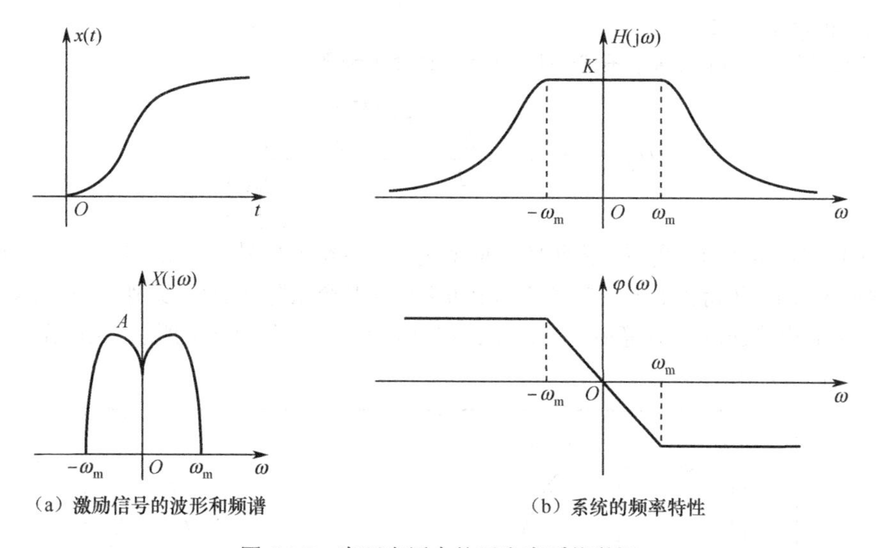

图 4.5.7　实际应用中的无失真系统举例

失真对于传输系统来说是不希望出现的，但并不能认为失真就一定是不可取的，实际应用中许多场合是希望产生失真的。例如，许多音乐播放软件都提供均衡器，以达到相应的播放效果，如加重低音等。再如信号发生器，尤其是模拟电路实现的信号发生器，其基本信号源一般是正弦信号或矩形脉冲信号，就是通过有意识地利用系统引起的失真来形成某种特定波形。这时，系统频率响应函数 $H(\mathrm{j}\omega)$ 则应根据所需具体要求来设计。当希望得到 $y(t)$ 波形时，若已知 $y(t)$ 的频谱为 $Y(\mathrm{j}\omega)$，那么，系统的频率响应函数应满足

$$H(\mathrm{j}\omega)=Y(\mathrm{j}\omega) \tag{4.5.8}$$

于是，在系统输入端加入冲激信号 $x(t)=\delta(t)$ 时，输出端得到的响应就为 $H(\mathrm{j}\omega)$，也即 $Y(\mathrm{j}\omega)$，它的逆变换就是所需的 $y(t)$。

例如，需要产生图 4.5.8（a）所示的底宽为 τ 的升余弦脉冲信号，它的表达式为

$$y(t)=\begin{cases}\dfrac{E}{2}\left[1+\cos\left(\dfrac{2\pi}{\tau}t\right)\right] & -\dfrac{\tau}{2}<t<\dfrac{\tau}{2}\\ 0 & \text{其他}\end{cases} \tag{4.5.9}$$

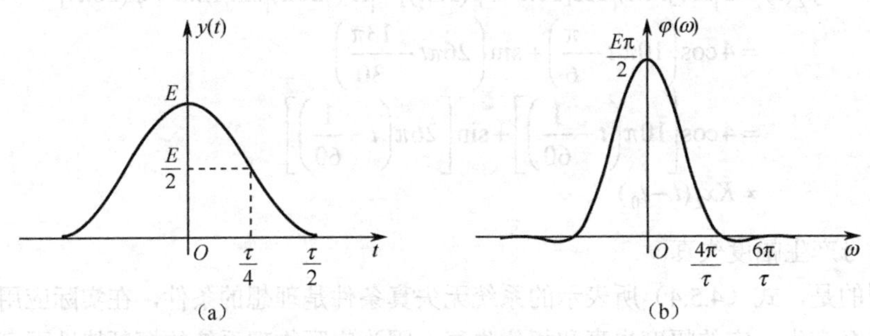

图 4.5.8 升余弦脉冲信号的波形和频谱

频谱函数为

$$Y(\mathrm{j}\omega)=\frac{E\tau}{2}\cdot\frac{\sin\left(\dfrac{\omega\tau}{2}\right)}{\dfrac{\omega\tau}{2}}\cdot\frac{1}{1-\left(\dfrac{\omega\tau}{2\pi}\right)^2} \tag{4.5.10}$$

频谱如图 4.5.8（b）所示。

如果使系统函数 $H(\mathrm{j}\omega)$ 等于升余弦脉冲信号的频谱函数

$$H(\mathrm{j}\omega)=Y(\mathrm{j}\omega)=\frac{E\tau}{2}\cdot\frac{\sin\left(\dfrac{\omega\tau}{2}\right)}{\dfrac{\omega\tau}{2}}\cdot\frac{1}{1-\left(\dfrac{\omega\tau}{2\pi}\right)^2} \tag{4.5.11}$$

于是，在冲激信号 $\delta(t)$ 的作用下，系统的响应就是升余弦脉冲信号。在实际应用中，$\delta(t)$ 无法实现，只要脉冲足够窄，所得到的输出信号基本上可近似为升余弦脉冲信号。此外，实际实现的 $H(\mathrm{j}\omega)$ 还应包含一定的相移 $\varphi(\omega)$，这意味着波形 $y(t)$ 在时间上滞后。图 4.5.9 所示为用上述方法产生升余弦脉冲信号的方框图。

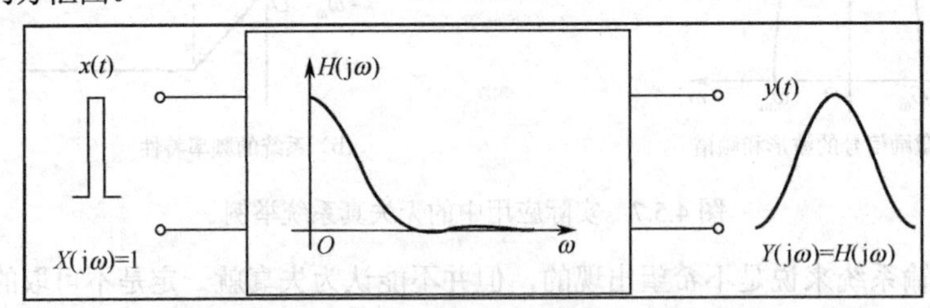

4.5.9 利用系统的冲激响应产生升余弦脉冲信号

4.6 理想低通滤波器

在实际应用中，常常希望从一个激励信号中提取或增强某些需要的频率分量，滤除或衰减某些不需要的频率分量，这个处理过程称为信号的滤波。例如，在音响设备中，可以通过均衡器调节声音中高、低频分量的相对大小。又如，在无线广播中，可以根据需要调节收音机的调谐旋钮，选择自己喜欢收听的电台。这些功能都是通过信号滤波来实现的。

由于线性时不变系统的响应频谱等于系统激励信号频谱与系统频率响应的乘积，因此，只要适当选择系统的频率响应特性，就可以实现滤波功能。用于完成滤波功能的系统，称为滤波器。

滤波器可以让信号中的一部分频率分量通过，而使另一部分频率分量很少通过。一般信号通过系统后，其频率分量就会改变，所以从频谱的角度看，任何一个系统都可以看做是滤波器。在实际应用中，按照允许通过的频率划分，滤波器可以分为低通滤波器、高通滤波器、带通滤波器和带阻滤波器，它们在理想情况下的频率响应特性分别如图 4.6.1～图 4.6.4 所示。

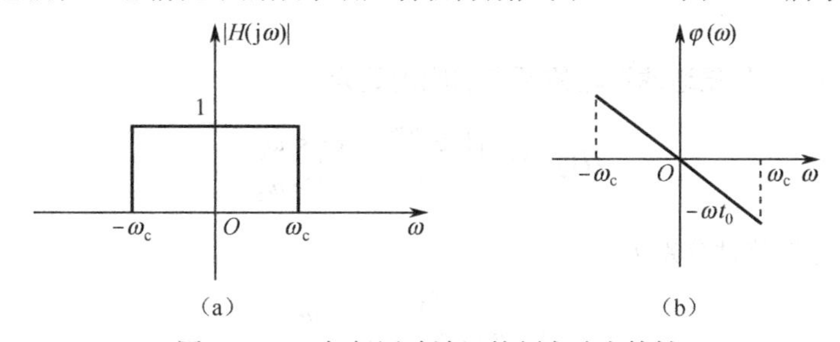

图 4.6.1　理想低通滤波器的频率响应特性

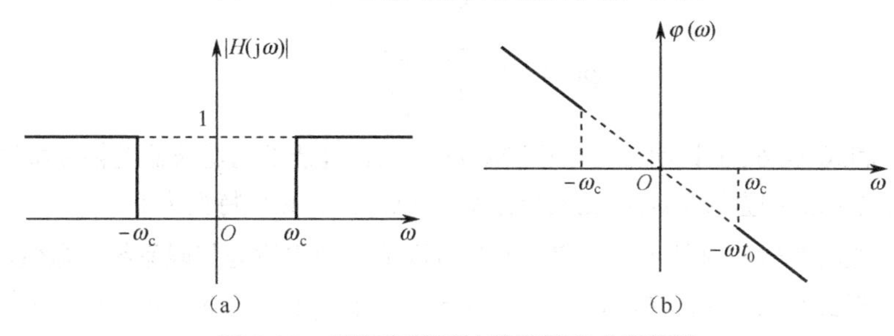

图 4.6.2　理想高通滤波器的频率响应特性

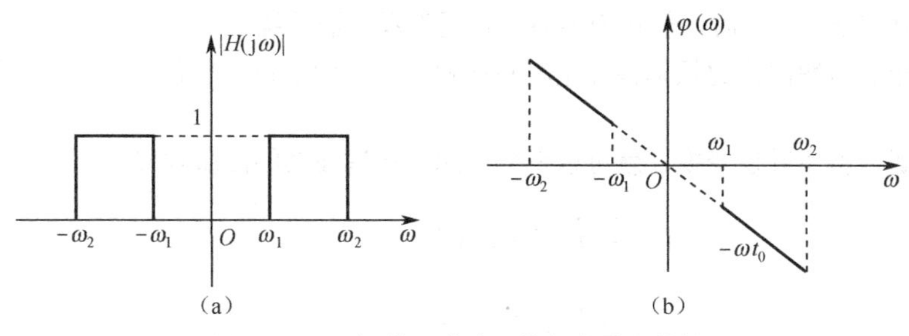

图 4.6.3　理想带通滤波器的频率响应特性

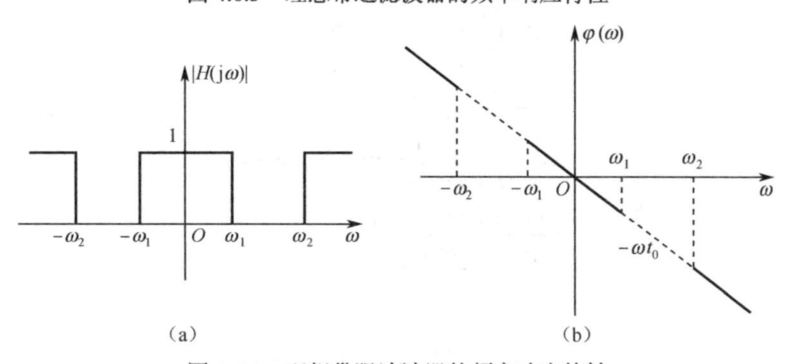

图 4.6.4　理想带阻滤波器的频率响应特性

不难看出，这些滤波器是在特定的频率范围内实现无失真传输系统，而且这 4 种滤波器存在转换关系，设计其他三种滤波器，只需设计相应的低通滤波器，便可通过其与低通滤波器的转换关系得到所需要的滤波器。因此本节重点讨论理想低通滤波器。

4.6.1 理想低通滤波器的频率特性和冲激响应

理想低通滤波器的幅频、相频特性如图 4.6.1 所示。它对低于某一角频率 ω_c 的所有频率分量无失真地全部通过，同时滤除高于 ω_c 的所有频率分量。ω_c 称为理想低通滤波器的截止角频率。因此将 0～ω_c 的频率范围称为理想低通滤波器的通带或带宽，而将高于 ω_c 的频率范围称为理想低通滤波器的阻带。

由图 4.6.1 可知，理想低通滤波器的频率响应函数为

$$H(\mathrm{j}\omega)=\begin{cases}1\cdot \mathrm{e}^{-\mathrm{j}\omega t_0} & |\omega|<\omega_c \\ 0 & |\omega|>\omega_c\end{cases} \tag{4.6.1}$$

式中，幅频特性和相频特性分别为

$$|H(\mathrm{j}\omega)|=\begin{cases}1 & |\omega|<\omega_c \\ 0 & |\omega|>\omega_c\end{cases} \tag{4.6.2}$$

$$\varphi(\omega)=\begin{cases}-\omega t_0 & |\omega|<\omega_c \\ 0 & |\omega|>\omega_c\end{cases} \tag{4.6.3}$$

式（4.6.2）和式（4.6.3）说明，在截止频率 ω_c 以内，理想低通滤波器的幅频特性等于常数 1，相频特性是一条过原点的直线 $-\omega t_0$；在截止频率 ω_c 以外，其频率特性为 0。

由于理想低通滤波器的通带不是无穷大而是有限值，故也称为带限系统。显然，信号通过这种带限系统时，将会产生失真。失真的大小一方面取决于带限系统的通带宽度，另一方面也取决于激励信号的带宽，因此，理想低通滤波器通带的大小是相对于激励信号的带宽而言的，当系统的通带大于激励信号的带宽时，就认为该系统是无失真传输系统。

显然，理想低通滤波器的频率特性是容易理解的，下面通过其单位冲激响应对其时域特征进行进一步讨论。

对 $H(\mathrm{j}\omega)$ 进行傅里叶逆变换，就可以得到理想低通滤波器的冲激响应

$$\begin{aligned}h(t)&=\frac{1}{2\pi}\int_{-\infty}^{+\infty}H(\mathrm{j}\omega)\mathrm{e}^{\mathrm{j}\omega t}\,\mathrm{d}\omega\\&=\frac{1}{2\pi}\int_{-\omega_c}^{\omega_c}1\cdot\mathrm{e}^{-\mathrm{j}\omega t_0}\mathrm{e}^{\mathrm{j}\omega t}\,\mathrm{d}\omega\\&=\frac{1}{2\pi}\int_{-\omega_c}^{\omega_c}1\cdot\mathrm{e}^{\mathrm{j}\omega(t-t_0)}\,\mathrm{d}\omega\\&=\frac{1}{2\pi}\cdot\frac{1}{\mathrm{j}(t-t_0)}\mathrm{e}^{\mathrm{j}\omega(t-t_0)}\Big|_{-\omega_c}^{\omega_c}\\&=\frac{1}{\pi}\cdot\frac{1}{(t-t_0)}\cdot\frac{1}{2\mathrm{j}}[\mathrm{e}^{\mathrm{j}\omega_c(t-t_0)}-\mathrm{e}^{-\mathrm{j}\omega_c(t-t_0)}]\\&=\frac{\omega_c}{\pi}\cdot\frac{\sin\omega_c(t-t_0)}{\omega_c(t-t_0)}\end{aligned}$$

即

$$h(t)=\frac{\omega_c}{\pi}\cdot\mathrm{Sa}[\omega_c(t-t_0)] \tag{4.6.4}$$

由式（4.6.4）可以看出，理想低通滤波器的冲激响应是一个峰值位于 t_0 时刻的Sa 函数，其波形如图 4.6.5 所示。由图 4.6.5 可以看出，理想低通滤波器的冲激响应具有以下几个特点。

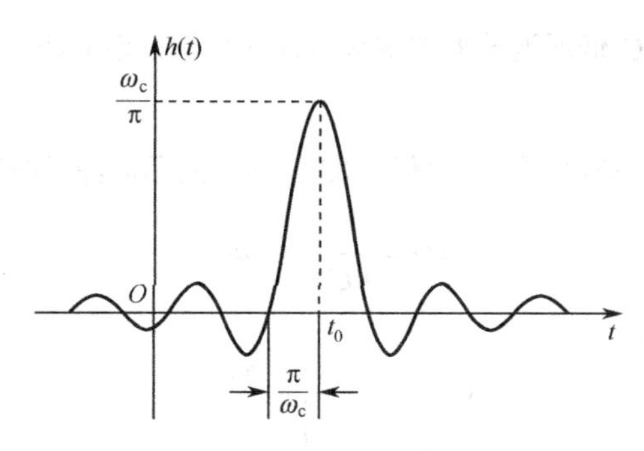

图 4.6.5　理想低通滤波器的冲激响应

（1）激励信号 $\delta(t)$ 在 $t=0$ 时刻作用于理想低通滤波器，而其冲激响应的最大值出现在 $t=t_0$ 时刻，比激励信号加入系统的时间延迟了 t_0，这是理想低通滤波器的相频特性作用的结果。

（2）理想低通滤波器的冲激响应 $h(t)$ 与激励信号 $\delta(t)$ 比较，波形产生了失真，这是由于 $\delta(t)$ 中大于 ω_c 的频率分量被为理想低通滤波器滤除了。当 $\omega_c \to +\infty$ 时，理想低通滤波器的冲激响应将演变成一个位于 t_0 时刻的冲激信号，即

$$h(t)=\lim_{\omega_c\to+\infty}\frac{\omega_c}{\pi}\cdot \mathrm{Sa}[\omega_c(t-t_0)]=\delta(t-t_0) \tag{4.6.5}$$

此时，理想低通滤波器变为无失真传输系统。

（3）理想低通滤波器的冲激响应的主瓣宽度为 $\dfrac{2\pi}{\omega_c}$，它与理想低通滤波器的截止频率（或带宽）ω_c 成反比：ω_c 越大，即理想低通滤波器的带宽越大，冲激响应的主瓣宽度就越窄；反之，ω_c 越小，即理想低通滤波器的带宽越小，冲激响应的主瓣宽度就越宽。这实际上是傅里叶变换尺度变换特性的具体表现。

（4）理想低通滤波器的冲激响应在 $t<0$ 时不等于 0，而冲激信号是在 $t=0$ 时才接入系统。这表明，它在激励信号接入系统之前就已经存在，所以理想低通滤波器是一个非因果系统，在物理上是不可实现的。其实所有理想滤波器都是物理上无法实现的。

然而，有关理想低通滤波器的研究并不因其无法实现而失去价值，实际滤波器的分析与设计往往需要理想滤波器的理论做指导。下面通过一个例题来观察实际应用中较为广泛而又简单的 RC 低通滤波器。

【例 4.6.1】　图 4.6.6 所示为 RC 低通滤波器。求该电路的频率响应函数和冲激响应。

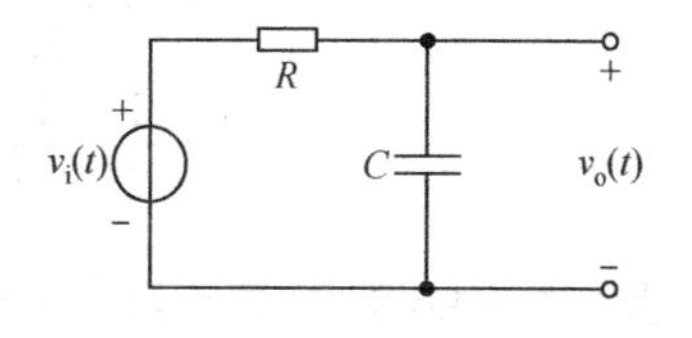

图 4.6.6　例 4.6.1 中的 RC 低通滤波器

解： 该 RC 低通滤波器的频率响应函数为

$$H(\mathrm{j}\omega)=\frac{V_o(\mathrm{j}\omega)}{V_i(\mathrm{j}\omega)}=\frac{\dfrac{1}{\mathrm{j}\omega C}}{R+\dfrac{1}{\mathrm{j}\omega C}}=\frac{\dfrac{1}{RC}}{\mathrm{j}\omega+\dfrac{1}{RC}}$$

其幅频特性和相频特性分别为

$$|H(\mathrm{j}\omega)|=\frac{\dfrac{1}{RC}}{\sqrt{\omega^2+\left(\dfrac{1}{RC}\right)^2}}$$

$$\varphi(\omega)=-\arctan(RC\omega)$$

令$\omega_c=\dfrac{1}{RC}$，可画出 RC 低通滤波器的幅频特性和相频特性曲线分别如图 4.6.7（a）和（b）所示。

利用单边指数信号的傅里叶变换，可得到 RC 低通滤波器的冲激响应为

$$h(t)=\frac{1}{RC}\mathrm{e}^{-\frac{1}{RC}t}u(t)$$

其波形如图 4.6.7（c）所示。

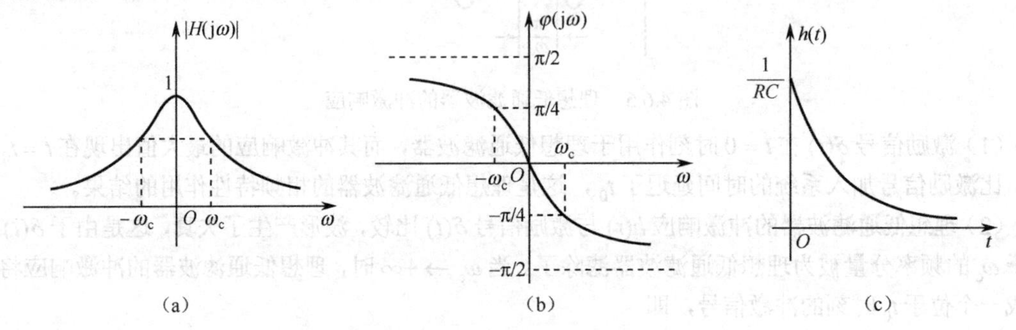

图 4.6.7 RC 低通滤波器的频率响应特性和冲激响应

4.6.2 理想低通滤波器的阶跃响应

下面来讨论理想低通滤波器的阶跃响应。已知阶跃信号的频谱为

$$X(\mathrm{j}\omega)=\pi\delta(\omega)+\frac{1}{\mathrm{j}\omega} \tag{4.6.6}$$

则理想低通滤波器的阶跃响应$g(t)$的频谱$G(\mathrm{j}\omega)$为

$$G(\mathrm{j}\omega)=H(\mathrm{j}\omega)X(\mathrm{j}\omega)$$

$$=\begin{cases}\left[\pi\delta(\omega)+\dfrac{1}{\mathrm{j}\omega}\right]\mathrm{e}^{-\mathrm{j}\omega t_0} & |\omega|<\omega_c\\ 0 & |\omega|>\omega_c\end{cases} \tag{4.6.7}$$

现在，可以利用卷积定理或傅里叶逆变换的方法求得阶跃响应，按逆变换的定义可得

$$\begin{aligned}g(t)&=\frac{1}{2\pi}\int_{-\omega_c}^{\omega_c}\left[\pi\delta(\omega)+\frac{1}{\mathrm{j}\omega}\right]\mathrm{e}^{-\mathrm{j}\omega t_0}\mathrm{e}^{\mathrm{j}\omega t}\mathrm{d}\omega\\&=\frac{1}{2}+\frac{1}{2\pi}\int_{-\omega_c}^{\omega_c}\frac{\mathrm{e}^{\mathrm{j}\omega(t-t_0)}}{\mathrm{j}\omega}\mathrm{d}\omega\\&=\frac{1}{2}+\frac{1}{2\pi}\int_{-\omega_c}^{\omega_c}\frac{\cos[\omega(t-t_0)]}{\mathrm{j}\omega}\mathrm{d}\omega+\frac{1}{2\pi}\int_{-\omega_c}^{\omega_c}\frac{\sin[\omega(t-t_0)]}{\omega}\mathrm{d}\omega\end{aligned} \tag{4.6.8}$$

注意到式（4.6.8）中前一项积分的被积函数$\dfrac{\cos[\omega(t-t_0)]}{\mathrm{j}\omega}$是$\omega$的奇函数，所以积分为零，后一项积分的被积函数$\dfrac{\sin[\omega(t-t_0)]}{\omega}$是$\omega$的偶函数，所以有

$$g(t)=\frac{1}{2}+\frac{1}{\pi}\int_0^{\omega_c}\frac{\sin[\omega(t-t_0)]}{\omega}\mathrm{d}\omega=\frac{1}{2}+\frac{1}{\pi}\int_0^{\omega_c(t-t_0)}\frac{\sin x}{x}\mathrm{d}x \tag{4.6.9}$$

这里使用了积分变量代换$x=\omega(t-t_0)$。函数$\dfrac{\sin x}{x}$的积分称为“正弦积分”，在一些数学手册中已制成标准表格或曲线，通常记为

$$\mathrm{Si}(y)=\int_0^y \frac{\sin x}{x}\mathrm{d}x \tag{4.6.10}$$

这是一个奇函数，各极值点与 $\frac{\sin x}{x}$ 函数的零点对应。最大值出现在 $y=\pi$ 处，最小值出现在 $y=-\pi$ 处，当 $y\to+\infty$ 时

$$\mathrm{Si}(+\infty)=\int_0^{+\infty} \frac{\sin x}{x}\mathrm{d}x=\frac{\pi}{2} \tag{4.6.11}$$

函数 $\frac{\sin x}{x}$ 与 $\mathrm{Si}(y)$ 函数的波形如图 4.6.8 所示。

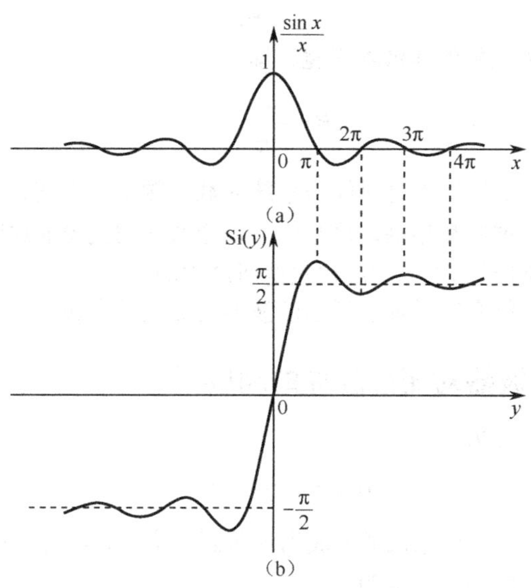

图 4.6.8　函数 $\frac{\sin x}{x}$ 与 $\mathrm{Si}(y)$ 函数的波形

引用正弦积分的上述特性，理想低通滤波器的阶跃响应最终可表示为

$$g(t)=\frac{1}{2}+\frac{1}{\pi}\mathrm{Si}[\omega_\mathrm{c}(t-t_0)] \tag{4.6.12}$$

为了比较激励和响应之间的变化，图 4.6.9 画出了单位阶跃信号和阶跃响应的波形。

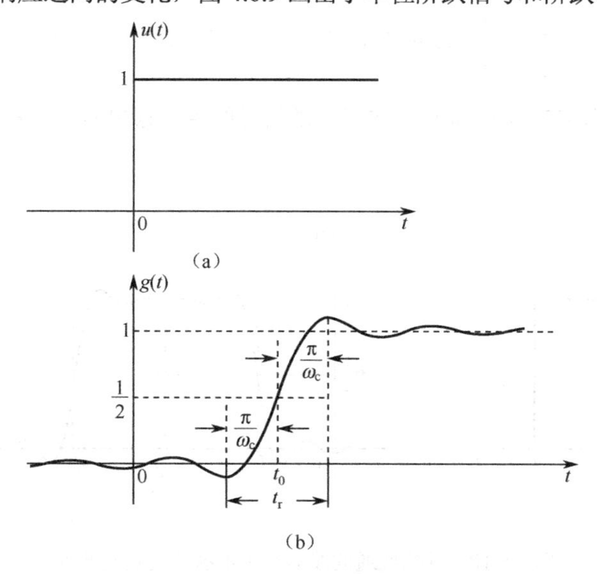

图 4.6.9　理想低通滤波器的阶跃响应

从图 4.6.9 可以看出，理想低通滤波器的阶跃响应有如下的特点。

（1）阶跃响应 $g(t)$比激励信号 $u(t)$延迟了一段时间。如果以阶跃响应中幅值达到 0.5 的瞬时作为响应出现的时间，则此延迟时间等于理想低通滤波器相频特性的斜率 t_0。

（2）与阶跃信号在瞬时发生跳变不同，阶跃响应出现了平滑的缓升，这说明阶跃响应的建立需要一段时间。通常将阶跃响应由最小值上升到最大值所需的时间称为上升时间 t_r。由图 4.6.9 可以得到

$$t_r = \frac{2\pi}{\omega_c} \tag{4.6.13}$$

设 B 是将角频率折合为频率的滤波器带宽，即

$$B = \frac{\omega_c}{2\pi} = f_c \tag{4.6.14}$$

则可得到重要的结论：阶跃响应的上升时间与系统的截止频率（带宽）成反比。

（3）阶跃响应中出现了过冲和振荡，这是由于理想低通滤波器的通带在 $\omega=\pm\omega_c$ 处突然截断，从而在时域中出现了一直延伸到 $t\pm\infty$ 的起伏振荡所产生的。

（4）吉布斯波纹的振荡频率等于理想低通滤波器的截止频率 ω_c。

4.6.3 理想低通滤波器对矩形脉冲的响应

设矩形脉冲信号的表示式为

$$x(t) = u(t) - u(t-\tau) \tag{4.6.15}$$

波形如图 4.6.10（a）所示。利用理想低通滤波器的阶跃响应，并结合线性时不变系统的线性性质，求得理想低通滤波器对矩形脉冲的响应为

$$y(t) = \frac{1}{\pi}\{\mathrm{Si}[\omega_c(t-t_0)] - \mathrm{Si}[\omega_c(t-t_0-\tau)]\} \tag{4.6.16}$$

其波形如图 4.6.10（b）所示。注意，这里画出的是 $\frac{2\pi}{\omega_c} \ll \tau$ 的情形。如果 $\frac{2\pi}{\omega_c}$ 与 τ 接近或大于 τ，$y(t)$ 的波形将完全不像一个矩形。这意味着，矩形脉冲经理想低通滤波器传输时，必须使脉宽 τ 与滤波器的截止频率相适应 $\left(\tau \gg \frac{2\pi}{\omega_c}\right)$，才能得到接近矩形的响应，如果 τ 过窄（或 ω_c 过小），则响应波形的上升与下降时间连在一起，完全丢失了激励信号的矩形脉冲形状。图 4.6.11 所示为 $\frac{2\pi}{\omega_c} = 2\tau$ 的情况。

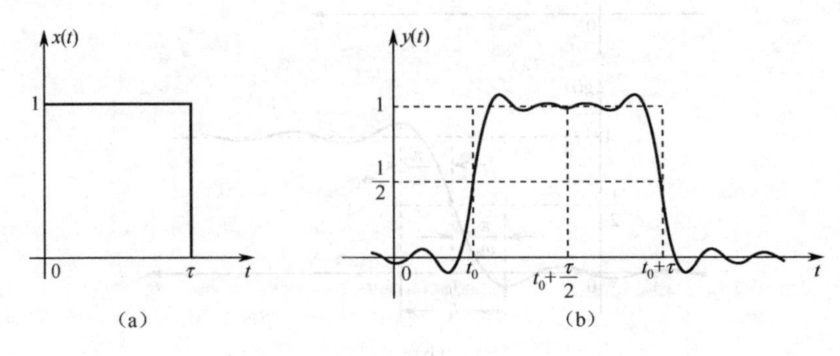

图 4.6.10 理想低通滤波器对矩形脉冲的响应波形

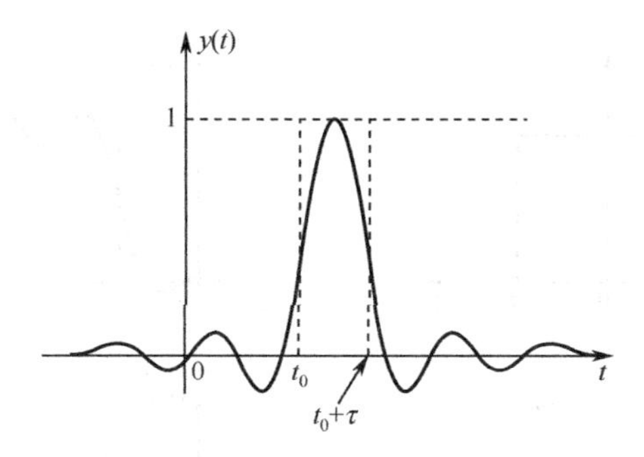

图 4.6.11 矩形脉冲激励时不满足 $\frac{2\pi}{\omega_c} \ll \tau$ 的响应波形

同样地，由式（4.6.13）可知，理想低通滤波器对矩形脉冲信号的响应的上升时间也是 $t_r = \frac{2\pi}{\omega_c}$。上升时间与系统的带宽成反比，这个从理想低通滤波器得到的结论其实适应于所有系统。上升时间反映了信号变化的快慢，上升时间越短，信号变化越快。从通信系统的数据传输来看，数据速率越高的信号，其变化越快。因此，在要求网络服务更快的今天，不得不改造网络的基础设施，以增加网络的带宽，提高数据的传输速率。

借助理想低通滤波器阶跃响应的有关结论，可以解释吉布斯现象。在第 3.3 节曾讲到，周期信号波形经傅里叶级数分解后，取有限项级数相加，可以逼近原信号。所谓吉布斯现象，是指对于具有不连续点（跳变点）的波形，所取级数项数越多，近似波形的均方误差虽然可以减小，但在跳变点的峰值起伏值不能减小，此峰值起伏随项数的增多，向跳变点靠近，而峰值起伏值趋近于跳变值的 9%。

参看图 4.6.9 不难发现类似的现象。理想低通滤波器阶跃响应的第一个峰值在 $t = t_0 + \frac{\pi}{\omega_c}$ 处，将其代入到式（4.6.12）中，有

$$g(t)\big|_{\max} = \frac{1}{2} + \frac{1}{\pi}\mathrm{Si}(\pi)$$

利用 $\mathrm{Si}(\pi) = 1.8514$，可计算出峰值（上冲）

$$g(t)\Big|_{\max} = \frac{1}{2} + \frac{1.8514}{\pi} \approx 1.0895 \tag{4.6.17}$$

即第一个峰值的上冲约为跳变值的 8.95%，近似为 9%，该值与 ω_c 无关。如果增大理想低通滤波器的带宽 ω_c，将使阶跃响应的上升时间减小，但不能改变 9%上冲的强度。当 $\omega_c \to \infty$ 时，该峰值的能量趋于零。

显然，理想低通滤波器对矩形脉冲信号的响应同样存在此现象。假设图 4.6.10（a）的矩形脉冲信号的脉冲宽度为 1，即 $x(t)=u(t)-u(t-1)$，将此信号经过图 4.6.12（a）所示的理想低通滤波器，其响应波形如图 4.6.12（b）所示。当加大此低通滤波器的带宽时，如图 4.6.12（c）所示，此时允许激励信号的更多高频分量通过，于是，响应波形得到改善，如图 4.6.12（d）所示，但在跳变点处 9%的上冲始终存在。

总之，低通滤波器对信号的作用是对信号的频谱进行频域加窗（理想低通滤波器相当于矩形窗），频窗有限引起时域的吉布斯波纹。另外，由于傅里叶变换的对偶性，当对信号的波形进行时域截断（时域加窗）时，其频谱也会相应地出现吉布斯波纹，这些基本原理在数字信号处理中有很大的用途。

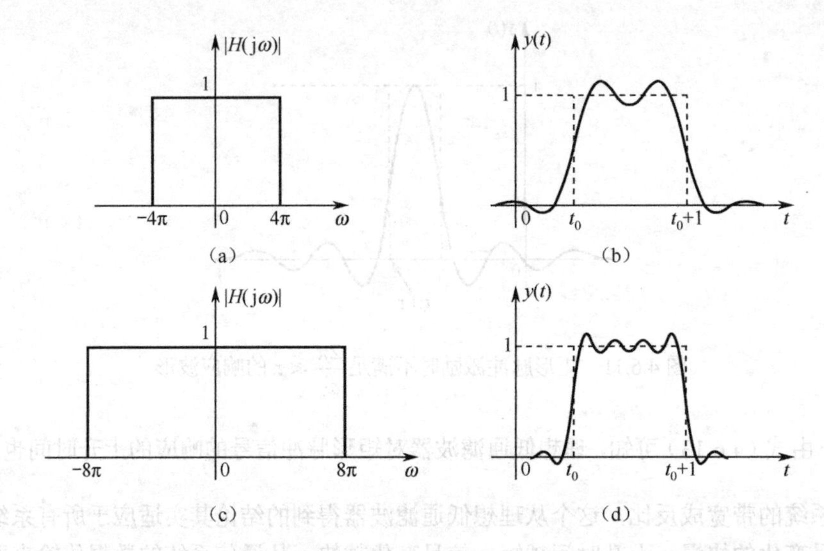

图 4.6.12 具有不同截止频率的理想低通滤波器对矩形脉冲的响应

4.7 佩利–维纳准则和实际滤波器

通过第 4.6 节的讨论可知，理想低通滤波器的特性违背了因果性，在物理上是不可实现的，因此，实际中系统不可能达到理想特性，只能接近于理想特性。为此，下面讨论系统的物理可实现条件。

4.7.1 系统的物理可实现性和佩利–维纳准则

因果性在时域中表现为响应必须出现在激励之后，这可以利用系统的冲激响应来考查。冲激响应 $h(t)$ 是系统单位冲激信号 $\delta(t)$ 的响应，而 $\delta(t)$ 是在 $t=0$ 时开始激励系统的，所以物理可实现系统的单位冲激响应 $h(t)$ 必须是因果的，即

$$h(t)=0,\quad t<0 \tag{4.7.1}$$

或表示为

$$h(t)=h(t)u(t) \tag{4.7.2}$$

有时将这个条件称为“因果条件”。

如果得到了系统的频率响应函数 $H(\mathrm{j}\omega)$，就不难得到冲激响应 $h(t)$，进而可以利用式（4.7.1）判别系统的因果性。但是在一些情况下无法得到完整 $H(\mathrm{j}\omega)$，只是给出了幅频特性 $|H(\mathrm{j}\omega)|$，这时就无法得到 $h(t)$，从而不可能用式（4.7.1）进行判别。佩利（Paley）和维纳（Winner）证明了物理可实现系统的必要条件是幅频特性满足

$$\int_{-\infty}^{+\infty}\frac{\left|\ln|H(\mathrm{j}\omega)|\right|}{1+\omega^2}\mathrm{d}\omega<+\infty \tag{4.7.3}$$

而且 $|H(\mathrm{j}\omega)|$ 必须平方可积，即

$$\int_{-\infty}^{+\infty}|H(\mathrm{j}\omega)|^2\,\mathrm{d}\omega<+\infty \tag{4.7.4}$$

式（4.7.3）称为佩利–维纳准则。如果系统的幅频特性不满足此准则，则该系统的单位冲激响应就是非因果的，即响应先于冲激出现。

按此准则，如果系统的频率响应函数在某一限定的频带内为零，则有 $\left|\ln|H(\mathrm{j}\omega)|\right|=+\infty$，式(4.7.3)

的积分不收敛，系统将不符合因果性，这时系统在物理上是无法实现的。对于物理可实现系统，可以允许 $|H(\mathrm{j}\omega)|$ 在某些不连续的频率点上为零，但不允许在一个有限频带内为零。显然，理想低通滤波器满足式（4.7.4），但其幅频特性存在 $|H(\mathrm{j}\omega)|=0$ 的频率区间，所以是物理不可实现的。对于无失真系统，由于 $\int_{-\infty}^{+\infty}|H(\mathrm{j}\omega)|^2\,\mathrm{d}\omega\to+\infty$，式（4.7.4）不能成立，因而也是物理不可实现的。

此外，佩利–维纳准则也要求物理可实现系统的幅度特性的衰减不能过于迅速，即当 $|\omega|\to+\infty$ 时，$|H(\mathrm{j}\omega)|$ 的衰减速度应不大于指数衰减速度。例如，当系统 $|H(\mathrm{j}\omega)|=\mathrm{e}^{-a\omega^2}$ 时，由于

$$
\begin{aligned}
\int_{-\infty}^{+\infty}\frac{\left|\ln|H(\mathrm{j}\omega)|\right|}{1+\omega^2}\mathrm{d}\omega &= \int_{-\infty}^{+\infty}\frac{\left|\ln \mathrm{e}^{-a\omega^2}\right|}{1+\omega^2}\mathrm{d}\omega=\int_{-\infty}^{+\infty}\frac{a\omega^2}{1+\omega^2}\mathrm{d}\omega\\
&= a\int_{-\infty}^{+\infty}\left(1-\frac{1}{1+\omega^2}\right)\mathrm{d}\omega\\
&= \lim_{\omega\to+\infty}(\omega-\arctan\omega)\Big|_{-\omega}^{\omega}\\
&= 2a\left(\lim_{\omega\to+\infty}\omega-\frac{\pi}{2}\right)\to+\infty
\end{aligned}
$$

显然，该积分不收敛，所以是不可实现的。**佩利–维纳准则指出系统的幅度特性既不允许在有限的频带内为零，也不允许幅度特性衰减得过快。**

需要说明的是，佩利–维纳准则只对系统的幅度特性提出了要求，而对相位特性却没有给出约束条件。例如，一个系统的幅度特性 $|H(\mathrm{j}\omega)|$ 如果满足佩利–维纳准则，单位冲激响应 $h(t)$是因果函数，则它是物理可实现的系统。但如果将此系统的单位冲激响应函数 $h(t)$沿时间轴向左平移，使 $t<0$ 时，$h(t)\neq 0$，那么系统就变成了不可实现的。显然，平移前后的 $|H(\mathrm{j}\omega)|$ 是一样的，但相位特性是不一样的。因此，佩利–维纳准则只是系统物理可实现的必要条件，而不是充分条件。如果 $|H(\mathrm{j}\omega)|$ 已被检验满足此准则，就可以找到适当的相位函数 $\varphi(\omega)$，与 $|H(\mathrm{j}\omega)|$ 一起构成一个物理可实现的频率响应函数。

4.7.2　实际滤波器

由于具有理想特性的滤波器都无法实现，因此实际滤波器的特性只能接近于理想特性。图 4.7.1 所示为可实现的低通滤波器的幅频特性。

描述滤波器基本特性的参数是截止频率、通频带宽和衰减率。截止频率是指归一化幅频特性幅值下降到 $\frac{\sqrt{2}}{2}\approx 0.707$ 或对数幅频特性幅值下降到 –3dB 所对应的频率，并以 ω_{c} 表示。通频带宽是指归一化幅频特性幅值位于 1 到 0.707 或对数幅频特性幅值位于 0 到 –3dB 所对应的频率范围。通频带以外的频率范围又称为滤波器的阻带，在阻带内幅频特性的衰减通常以每倍频程幅值衰减的分贝数，即衰减率表示。

虽然，实际滤波器不可能具有理想滤波器的特性，但设计接近理想特性的滤波器是可能的。例如，常用的具有“最大平坦幅度特性”的巴特沃斯滤波器，其幅度特性为

$$
|H(\mathrm{j}\omega)|=\frac{1}{\sqrt{1+\left(\dfrac{\omega}{\omega_{\mathrm{c}}}\right)^{2N}}} \tag{4.7.5}
$$

式中，N 为滤波器的阶次，如图 4.7.2 所示。随着阶次的增加，其特性趋近于理想特性。

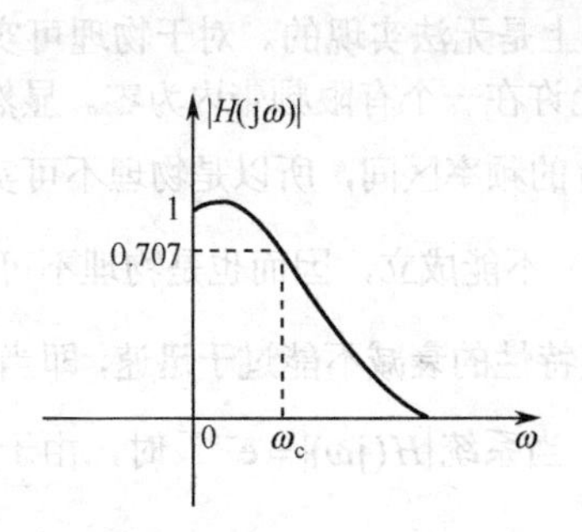

图 4.7.1　物理可实现的低通滤波器

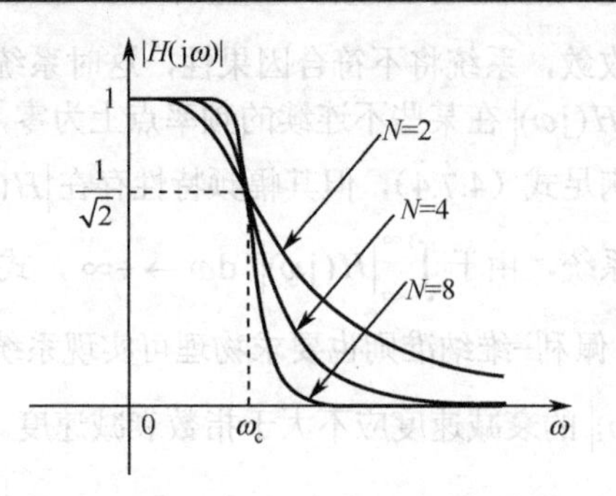

图 4.7.2　巴特沃斯滤波器的幅频特性

另一种常用的滤波器是切比雪夫滤波器，它的幅频特性为

$$|H(\mathrm{j}\omega)|=\frac{1}{\sqrt{1+\varepsilon^2T_n^2\left(\dfrac{\omega}{\omega_\mathrm{c}}\right)}} \tag{4.7.6}$$

式中，ε 是决定通带起伏大小的系数，$T_n(x)$ 是第一类切比雪夫多项式，如图 4.7.3 所示。

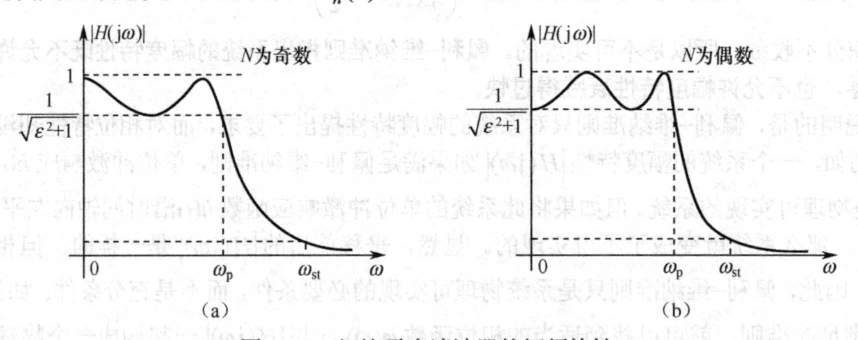

图 4.7.3　切比雪夫滤波器的幅频特性

这种滤波器在通带内幅频特性有起伏，但在阻带内具有更陡峭的衰减特性，更接近理想特性。它的截止频率不是按 −3dB 定义的，而是按 $\dfrac{1}{\sqrt{1+\varepsilon^2}}$ 计算，ε 越小，通带起伏也越小，但阻带衰减变缓。

4.8　调制与解调

在信息传输系统中，调制与解调理论的应用非常广泛。调制就是由一个信号去控制另一个信号的某个参量。例如，正弦信号的三个参量即振幅、频率和相位，可以用另外一个信号来控制，这就是所谓的振幅调制、频率调制和相位调制。本节只讨论振幅调制。

4.8.1　调制的性质

无线电通信系统是利用空间辐射方式把信号从发送端传送到接收端。根据电磁波理论，天线尺寸为被发射信号波长的十分之一或更大些，信号才能有效地被发射出去。对于语音信号来说，相应的天线尺寸要在几十千米以上，实际上不可能制造这样的天线。另外，大气层对音频信号迅速衰减，对较高频率的信号则能传播很远的距离，因此，要通过大气层远距离传送语音信号，就需要用极高频率的载波信号来携带被传送的语音信号，这就是调制。

从另一方面讲，如果不进行调制就把被传送的信号直接辐射出去，那么各电台所发出的信号由于频率相同而混在一起，接收端将无法选择要接收的信号。调制的实质就是把各种信号的频谱搬移，它们互不重叠地占据不同的频率范围，从而实现在同一信道内同时传送多路信号的多路复用。

调制通常是由待传输的低频信号，称为调制信号，去控制一个高频正弦波的幅度、频率或初相位等参数之一来达到目的。一个未经调制的正弦波可以表示为

$$A(t)=A_0\cos(\omega_0 t+\varphi_0)$$

式中，幅度 A_0、频率 ω_0 和初相位 φ_0 都是常数。如果用调制信号去控制高频正弦波的幅度，使得幅度按照调制信号的规律变化，这个过程称为幅度调制。如果控制的是高频正弦波的频率或初相位，则分别称为频率调制或相位调制。在调制时，高频正弦波称为载波。

解调是调制的逆过程，即从已调信号中恢复或提取出调制信号的过程。

下面用傅里叶变换的某些性质说明调制的原理。

4.8.2　连续时间正弦幅度调制

正弦幅度调制的过程就是用调制信号来控制载波幅度的过程，这个过程可以通过乘法器实现，如图 4.8.1 所示。图中，$g(t)$ 是含有一定信息量的调制信号，$\cos\omega_0 t$ 是载波信号，$g(t)\cos\omega_0 t$ 称为已调信号。

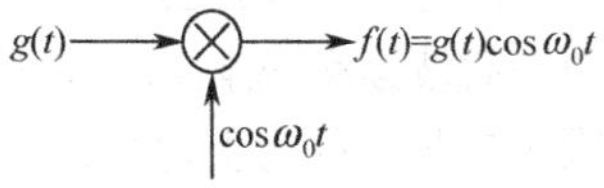

图 4.8.1　调幅原理框图

设调制信号 $g(t)$ 的频谱为 $G(\mathrm{j}\omega)$，占据 $-\omega_\mathrm{m}\sim+\omega_\mathrm{m}$ 的有限带宽，且最高频率为 ω_m，如图 4.8.2 所示，则已调信号为

$$f(t)=g(t)\cos\omega_0 t$$

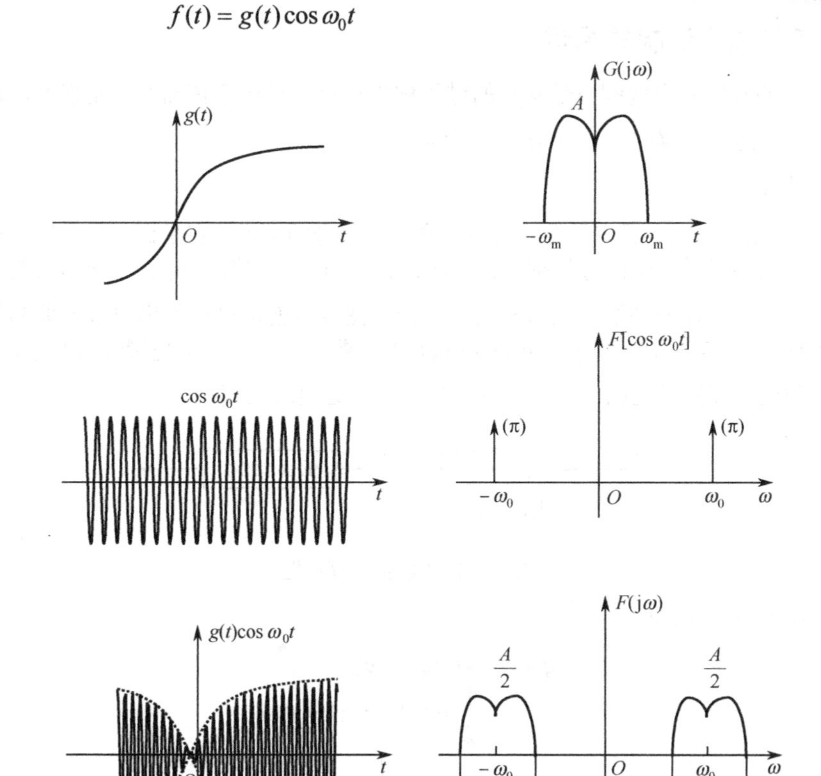

图 4.8.2　幅度调制信号和频谱

而载波信号的频谱为

$$\cos\omega_0 t\leftrightarrow\pi[\delta(\omega+\omega_0)+\delta(\omega-\omega_0)]$$

可见，载波信号的频谱为一对位于$\pm\omega_0$处强度为π的冲激信号，如图 4.8.2 所示。

利用傅里叶变换的频域卷积定理，可得已调信号的频谱为

$$F(\mathrm{j}\omega)=\frac{1}{2\pi}G(\omega)*[\pi\delta(\omega+\omega_0)+\pi\delta(\omega-\omega_0)] \tag{4.8.1}$$

$$=\frac{1}{2}\{G[\mathrm{j}(\omega+\omega_0)]+G[\mathrm{j}(\omega-\omega_0)]\}$$

式（4.8.1）表明，已调信号$f(t)$的频谱中，频谱被搬移到了$\pm\omega_0$附近，当调制信号的最高频率小于载波频率，即$\omega_m<\omega_0$时，已调制信号的频谱中就含有和调制信号频谱完全一样的部分，不包含载波成分，但幅度减小一半，如图 4.8.2 所示。可见，原信号包含的信息在调制过程中并没有消失，即已调信号中仍保留原调制信号的信息。这为从已调信号中恢复调制信号提供了理论依据。但是，如果不满足上述条件，即调制信号的最高频率ω_m不满足$\omega_m<\omega_0$，那么，已调信号的频谱中将出现频谱的混叠而失真，这时要想从已调信号中恢复出调制信号是不可能的。

这里还应该指出，调制信号的能量集中在零频附近，其带宽为$B=\omega_m$，而已调信号的能量集中在载波频率ω_0附近，并且形成两个边带。其中，大于ω_0的部分，即在频率间隔$(\omega_0,\omega_0+\omega_m)$范围内的频谱称为上边带；小于$\omega_0$的部分，即在频率间隔$(\omega_0-\omega_m,\omega_0)$范围内的频谱称为下边带。已调信号的频带宽度是两个边带宽度之和，所以$B_1=2\omega_m=2B$。

4.8.3　正弦幅度调制的解调

由已调信号$f(t)$恢复出调制信号$g(t)$的过程称为解调。对于正弦幅度调制来说，常用的解调方式有两种：一种是同步解调，一种是非同步解调。

1．同步解调

从图 4.8.2 可以看出，已调信号的频谱中包含调制信号的频谱，它是调制信号的频谱经过频谱搬移后得到的。如果再对已调信号的频谱进行频谱分别向左、右搬移ω_0，则搬移后就可以在零频附近得到和调制信号一样的频谱，然后利用一个低通滤波器就可以恢复出原来的调制信号。同步解调原理框图如图 4.8.3 所示。图中，$g(t)\cos\omega_0 t$是已调信号，$\cos\omega_0 t$是接收端的本地载波信号，它与发送端的载波必须同频同相，否则解调出来的信号会出现失真。

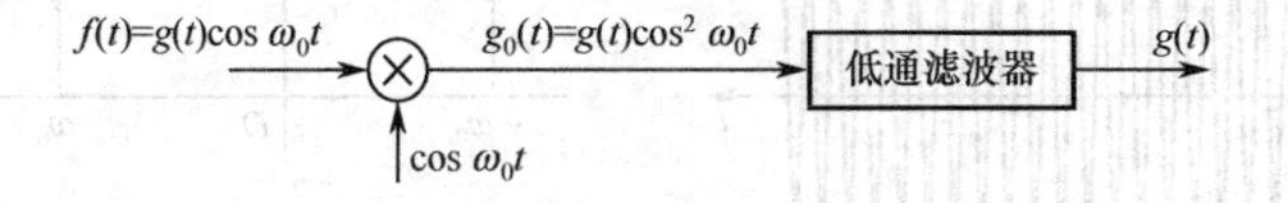

图 4.8.3　同步解调原理框图

$f(t)$与$\cos\omega_0 t$的乘积为

$$\begin{aligned}g_0(t)&=g(t)\cos^2\omega_0 t\\&=\frac{1}{2}g(t)(1+\cos 2\omega_0 t)\\&=\frac{1}{2}g(t)+\frac{1}{2}g(t)\cos 2\omega_0 t\end{aligned} \tag{4.8.2}$$

利用频域卷积定理，可写出式（4.8.2）所示的频谱函数，即

$$G_0(\mathrm{j}\omega)=\frac{1}{2}G(\mathrm{j}\omega)+\frac{1}{4}\{G[\mathrm{j}(\omega+2\omega_0)]+G[\mathrm{j}(\omega-2\omega_0)]\} \tag{4.8.3}$$

可见，$G_0(\mathrm{j}\omega)$由两部分构成：一部分是原来的调制信号$\frac{1}{2}G(\mathrm{j}\omega)$，另一部分是被搬移到$\pm 2\omega_0$附近

的调制信号。当 $G_0(\mathrm{j}\omega)$ 通过低通滤波器时，将保留原来的调制信号，并滤除另一部分信号，从而实现信号的解调。以上分析的解调信号频谱如图 4.8.4 所示。

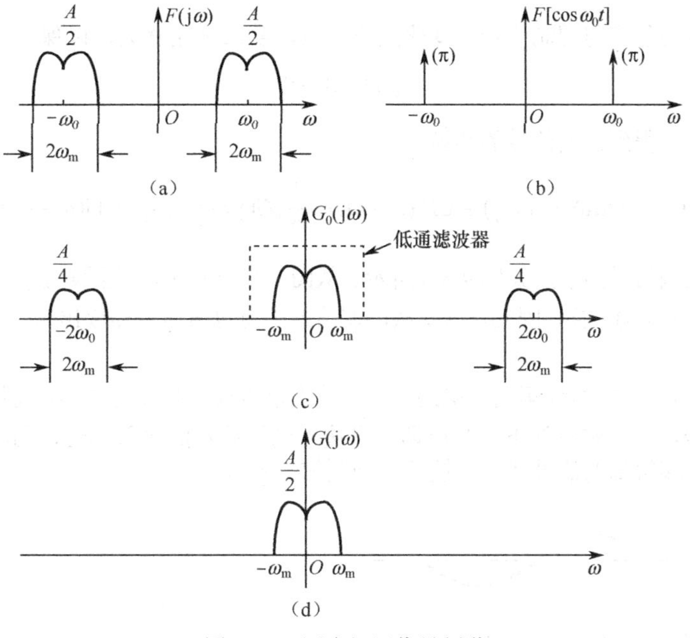

图 4.8.4　同步解调信号频谱

在这种解调方式中，要求接收端所加的载波信号（本地载波）必须与发送端调制器中所加的载波信号（发送载波）严格地同频同相。如果不同频或不同相，就会给解调带来不利的影响。

假设发送载波的初相位为 0，本地载波的初相位为 θ，即本地载波信号为 $\cos(\omega_0 t+\theta)$，此时解调后的信号为

$$\begin{aligned} g_0(t) &= g(t)\cos\omega_0 t\cdot\cos(\omega_0 t+\theta) \\ &= \frac{1}{2}g(t)[\cos\theta+\cos(2\omega_0 t+\theta)] \\ &= \frac{1}{2}g(t)\cos\theta+\frac{1}{2}g(t)\cos(2\omega_0 t+\theta) \end{aligned} \tag{4.8.4}$$

经过低通滤波器滤掉高频分量后，输出为

$$g(t)=\frac{1}{2}g(t)\cos\theta \tag{4.8.5}$$

可见输出信号与 θ 有关。如果本地载波的相位与发送载波的相位相同，即 $\theta=0$，则低通滤波器的输出信号就是调制信号 $g(t)$；如果本地载波的相位和发送载波的相位相差 $\frac{\pi}{2}$，即 $\theta=\frac{\pi}{2}$，则低通滤波器的输出为 0。这说明，本地载波与发送载波之间的相位差应尽可能小，或者它们之间的相位差应保持不变，这就要求本地载波和发送载波准确同步，否则输出信号将会失真。

2．非同步解调

同步解调虽然系统结构简单，可节省大功率的发射设备，适用于定点之间的通信。但是需要在接收端产生与发送端同频同相的本地载波，这将使接收机复杂化。为了在接收端省去本地载波，在发射上述的已调信号 $g(t)\cos\omega_0 t$ 的同时，再发射一个大的载波信号 $A\cos\omega_0 t$，使已调信号的幅度按照调制信号的规律变化，即已调信号的包络与调制信号满足线性关系。这种调制方式称为常规调幅，其原理框图如图 4.8.5 所示。

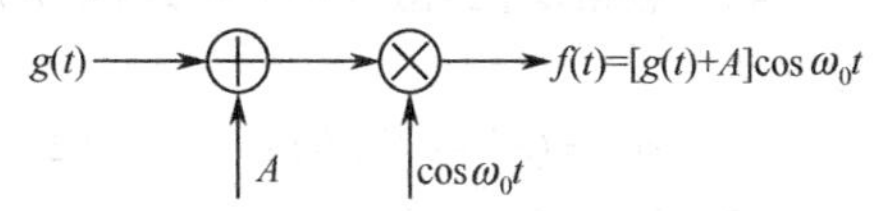

图 4.8.5　常规调幅原理框图

这时，已调信号

$$f(t)=[g(t)+A]\cos\omega_0 t=g(t)\cos\omega_0 t+A\cos\omega_0 t \tag{4.8.6}$$

为了保证调幅信号的包络与调制信号的变化规律一致，要求 A 足够大，以保证

$$g(t)+A>0 \tag{4.8.7}$$

由式（4.8.6）可得到已调信号的频谱

$$F(\mathrm{j}\omega)=\pi A\delta(\omega+\omega_0)+\pi A\delta(\omega-\omega_0)+\frac{1}{2}\{G[\mathrm{j}(\omega+\omega_0)]+G[\mathrm{j}(\omega-\omega_0)]\} \tag{4.8.8}$$

调制信号与已调信号的波形如图 4.8.6 所示。从图中可以看出，只要满足 $g(t)+A>0$，载波信号的包络就和调制信号 $g(t)$一样，因此，只要从已调信号中将包络信号提取出来，就可以得到调制信号 $g(t)$。

图 4.8.7 所示为实现非同步解调的电路。为了减小包络线中载波的抖动，在检波器的输出后边接一个低通滤波器，在一定条件下，当已调信号接入到检波器的输入端时，利用电容的充放电原理，滤波器的输出端得到的信号就非常接近于调制信号 $g(t)$。

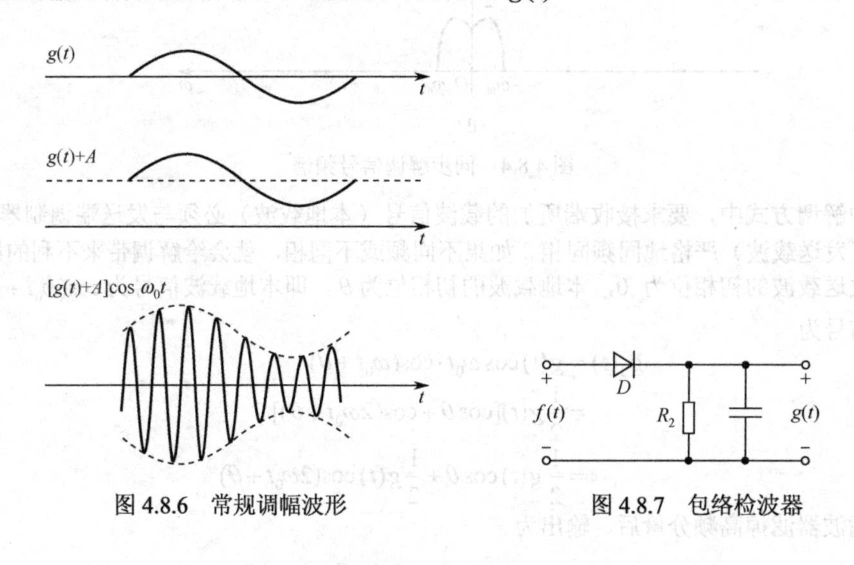

图 4.8.6 常规调幅波形　　图 4.8.7 包络检波器

习 题

4.1 已知描述线性时不变系统的常系数微分方程如下：

（1）$\frac{\mathrm{d}^2}{\mathrm{d}t^2}y(t)+4\frac{\mathrm{d}}{\mathrm{d}t}y(t)+3y(t)=\frac{\mathrm{d}}{\mathrm{d}t}x(t)+2x(t)$；

（2）$\frac{\mathrm{d}^2}{\mathrm{d}t^2}y(t)+4\frac{\mathrm{d}}{\mathrm{d}t}y(t)+4y(t)=\frac{\mathrm{d}}{\mathrm{d}t}x(t)$；

（3）$\frac{\mathrm{d}^2}{\mathrm{d}t^2}y(t)+5\frac{\mathrm{d}}{\mathrm{d}t}y(t)+6y(t)=\frac{\mathrm{d}}{\mathrm{d}t}x(t)+3x(t)$；

分别求以上各系统的频率响应函数 $H(\mathrm{j}\omega)$ 和单位冲激响应 $h(t)$。

4.2 根据以下给出的单位冲激响应 $h(t)$，分别求出描述系统的微分方程。

（1）$h(t)=(\mathrm{e}^{-t}+\mathrm{e}^{-2t})u(t)$；　（2）$h(t)=3\delta(t)-\mathrm{e}^{-5t}u(t)$；

（3）$h(t)=2\cos tu(t)$；　（4）$h(t)=\mathrm{e}^{-2t}\cos tu(t)$。

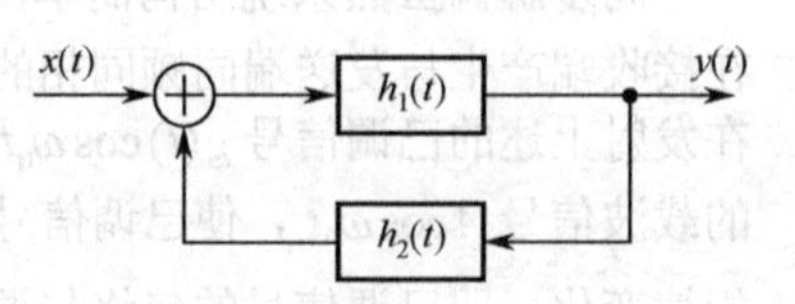

题 4.3 图

4.3　已知连续时间线性时不变系统框图如题 4.3 图所示。其中，$h_1(t)=\mathrm{e}^{-4t}u(t)$，$h_2(t)=-3\delta(t)$，求该系统的频率响应函数 $H(\mathrm{j}\omega)$。

4.4　已知线性时不变系统的输入 $x(t)$ 和输出 $y(t)$ 满足

$$y(t)=\frac{1}{a}\int_{-\infty}^{\infty}f\left(\frac{\tau+t}{a}\right)x(\tau+3)\mathrm{d}\tau$$

式中，a 为常数，并假设 $f(t)\leftrightarrow F(\mathrm{j}\omega)$，求该系统的频率响应函数 $H(\mathrm{j}\omega)$。

4.5　求下列连续时间线性时不变系统的零状态响应。

（1）$\dfrac{\mathrm{d}^2}{\mathrm{d}t^2}y(t)+6\dfrac{\mathrm{d}}{\mathrm{d}t}y(t)+8y(t)=\dfrac{\mathrm{d}}{\mathrm{d}t}x(t)+3x(t)$，$x(t)=\mathrm{e}^{-t}u(t)$；

（2）$h(t)=(\mathrm{e}^{-3t}+\mathrm{e}^{-4t})u(t)$，$x(t)=u(t)-u(t-2)$。

4.6　已知系统的频率响应函数为 $H(\mathrm{j}\omega)=\dfrac{\mathrm{j}\omega}{-\omega^2+\mathrm{j}5\omega+6}$，起始状态为 $y(0_-)=2$，$y'(0_-)=1$，激励为 $x(t)=\mathrm{e}^{-t}u(t)$，求全响应 $y(t)$。

4.7　已知某线性时不变因果系统的频率响应函数 $H(\mathrm{j}\omega)$ 如题 4.7 图所示。分别求以下输入信号经过该系统后的零状态响应。

（1）$x_1(t)=\mathrm{e}^{-3t}u(t)$；　（2）$x_2(t)=\mathrm{e}^{\mathrm{j}3t}(-\infty<t<+\infty)$；

（3）$x_3(t)=\cos 3t u(t)$。

题 4.7 图

4.8　已知某线性时不变系统的频率响应函数为 $H(\mathrm{j}\omega)=\dfrac{1}{1+\mathrm{j}\omega}$，若激励信号为：

（1）$x(t)=\cos t$；　（2）$x(t)=\sin 5t$；

分别求系统的零状态响应。

4.9　某滤波器的频率响应函数如题 4.9 图（a）所示，其相频特性 $\varphi(\omega)=0$，若输入信号 $x(t)$ 如题 4.9 图（b）所示，求输出信号 $y(t)$。

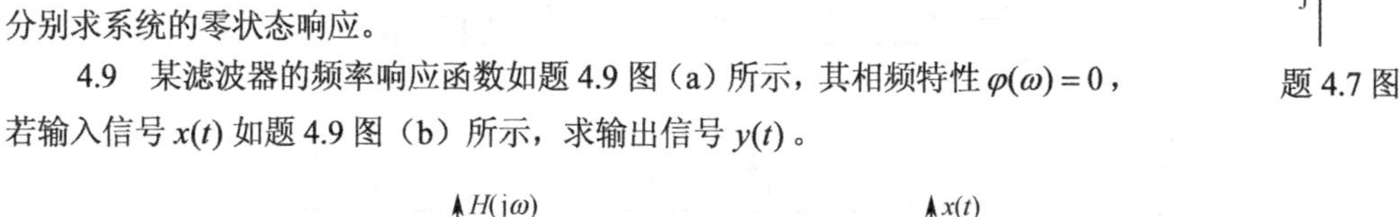

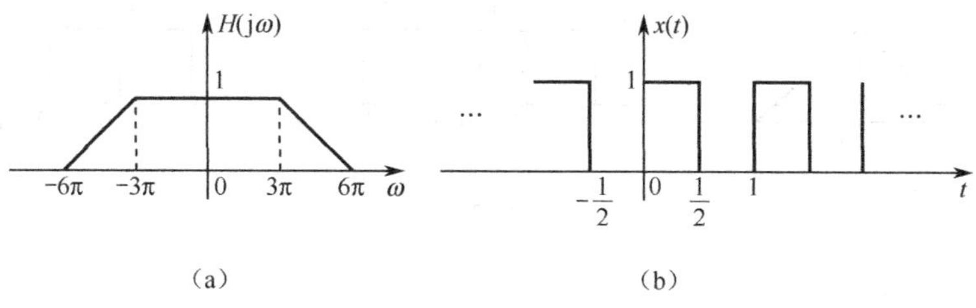

题 4.9 图

4.10　理想滤波器的频率响应如题 4.9 图（a）所示，求输入信号 $x(t)=\dfrac{\sin 6\pi t}{\pi t}$ 时的输出信号。

4.11　某连续时间线性时不变系统的单位冲激响应为 $h(t)=\dfrac{\sin\pi t\sin 2\pi t}{\pi t^2}$，若输入信号为 $x(t)=1+\sin 2\pi t+\cos 7\pi t$，求系统的输出信号 $y(t)$。

4.12　已知一线性时不变系统的频率响应函数为 $H(\mathrm{j}\omega)=\dfrac{1-\mathrm{j}\omega}{1+\mathrm{j}\omega}$。

（1）求该系统的幅频特性和相频特性，并判断该系统是否为无失真传输系统。

（2）当激励信号 $x(t)=\sin t+\sin 4t$ 时，求系统的零状态响应。

4.13　设系统函数为 $H(\mathrm{j}\omega)=\dfrac{1}{1+\mathrm{j}\omega}$，激励为周期信号 $x(t)=\sin t+\sin 3t$，试求响应 $y(t)$，并绘出 $x(t)$ 与 $y(t)$ 的波形，讨论经传输后是否引起失真。

4.14 判断下列系统是否为无失真系统，并说明理由。

（1）当系统的输入信号为 $x(t)=\cos(\pi t)$ 时，输出信号为 $y(t)=\sin(\pi t)$；

（2）当系统的输入信号为 $x(t)=\cos(\pi t)+\sin(2\pi t)$ 时，输出信号为 $y(t)=\cos(\pi t)-\sin(2\pi t)$；

（3）系统的单位冲激响应为 $h(t)=1+\delta(t)$；

（4）系统的频率响应函数为 $H(\mathrm{j}\omega)=\mathrm{e}^{-\mathrm{j}(\omega-3)}$；

（5）系统的单位冲激响应为 $h(t)=\mathrm{j}\delta(t-4)$；

（6）系统的频率响应函数为 $H(\mathrm{j}\omega)=\mathrm{sgn}(\omega)$。

4.15 设 $x(t)=\sin 200\pi t+2\sin 400\pi t$ 和 $g(t)=x(t)\sin 400\pi t$，若 $g(t)\sin 400\pi t$ 通过一个截止频率为 400π，通带增益为 2 的理想低通滤波器，试求该低通滤波器输出信号。

4.16 已知系统如题 4.16 图所示，其中 $x(t)=8\cos 100t\cdot\cos 500t$，$s(t)=\cos 500t$，理想低通滤波器的频率响应函数为 $H(\mathrm{j}\omega)=u(\omega+120)-u(\omega-120)$，试求系统的响应 $y(t)$。

4.17 已知理想低通滤波器的频率响应为

$$H(\mathrm{j}\omega)=\begin{cases}\mathrm{e}^{-\mathrm{j}2\omega} & |\omega|<2\pi \\ 0 & |\omega|>2\pi\end{cases}$$

（1）求该滤波器的单位冲激响应 $h(t)$；

（2）输入为 $x(t)=\mathrm{Sa}(\pi t)$，求滤波器的输出 $y(t)$；

（3）输入为 $x(t)=\mathrm{Sa}(3\pi t)$，求滤波器的输出 $y(t)$；

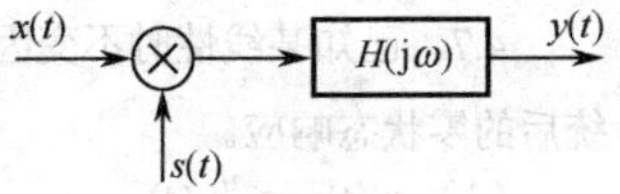

题 4.16 图

4.18 已知如题 4.18 图所示系统框图。请画出激励信号 $x(t)$ 通过该系统时，系统中 A、B、C、D 各点的频谱图。

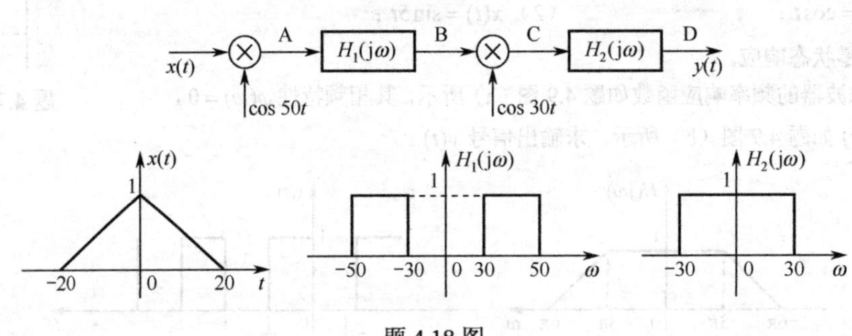

题 4.18 图

第 5 章　连续时间信号与系统复频域分析

5.1　引言

第 3 章讨论了连续时间信号的频域分析，以虚指数信号 $e^{j\omega t}$（ω 为实角频率）为基本信号，通过傅里叶级数或傅里叶变换，将激励信号分解为无穷多个不同频率的虚指数分量之和，而线性时不变系统的响应是激励信号各分量引起的响应之和。这种方法揭示了信号的频谱特性和系统的频率特性，有着清晰的物理含义，是信号处理与系统设计的理论基础。但是频域分析方法也存在着一定的局限性，它要求被分析的信号满足狄里赫利条件，而实际中有很多重要的信号往往是不满足狄里赫利条件的，如常数、阶跃信号等。虽然从极限的观点引入奇异信号后，可以求得它们的频谱函数，使得傅里叶分析的范围有所扩展，但对于另外一些信号，如随时间增长而增长的指数信号 $e^{\alpha t}u(t)$（$\alpha > 0$），其傅里叶变换是不存在的，因而频域分析法的应用受到一定的限制。

本章在傅里叶变换的基础上引入复频率 $s = \sigma + j\omega$（σ 和 ω 均为实数），以复指数信号 e^{st} 作为基本信号，从第 3 章中关于 $e^{j\omega t}$ 的正交性讨论可以知道 e^{st} 是相互正交的。将激励信号分解为 e^{st} 的线性叠加，采用类似频域分析的方法对信号和系统的特性进行讨论。这种方法称为拉普拉斯（Laplace）变换分析法或复频域分析法。由 $s = \sigma + j\omega$ 所反映的 s 与 ω 的关系可知，拉普拉斯变换和傅里叶变换无论在性质上还是在分析方法上，都有很多类似的地方，但两者必然存在差别，这将体现在本章的具体内容和组织结构上。事实上，傅里叶变换可以看做是拉普拉斯变换在 $\sigma = 0$ 时的特殊情况。所以，复频域分析法扩展了信号的分析范围，同时也使系统的分析求解更为简单方便。

19 世纪末，英国工程师赫维赛德（O.Heaviside，1850－1925 年）以其出色的工作成为拉普拉斯变换的先驱。后来人们在法国数学家拉普拉斯（P.S.Laplace，1749－1825 年）的著作中找到了依据，为此取名为拉普拉斯变换。从此，拉普拉斯变换方法在电学、力学等众多的工程与科学领域中得到广泛应用，尤其在电路理论的研究中，作为强有力的工具，起着重要作用。

本章首先由傅里叶变换引出拉普拉斯变换，讨论拉普拉斯正、逆变换的求取和拉普拉斯变换的基本性质。然后对傅里叶变换和拉普拉斯变换进行了比较，讨论了它们之间的区别和联系。接着讨论拉普拉斯变换在系统分析中的应用，重点讨论关于系统函数的基本理论，包括函数的定义、表示和系统函数的零、极点分布与系统时域特性和频域特性的关系。最后研究系统的稳定性及其判别方法。

5.2　拉普拉斯变换

5.2.1　从傅里叶变换到拉普拉斯变换

信号 $x(t)$ 不满足绝对可积条件，往往是由于在 $t \to +\infty$ 或 $t \to -\infty$ 时信号不趋于零。如果用一个称为衰减因子的指数函数 $e^{-\sigma t}$ 去乘 $x(t)$，根据不同信号的特性选择适当的 σ，使信号 $x(t)e^{-\sigma t}$ 在 $t \to +\infty$ 或 $t \to -\infty$ 时趋于零，即 $x(t)e^{-\sigma t}$ 满足绝对可积条件，傅里叶变换存在。若以 $X_1(j\omega)$ 表示

$x(t)\mathrm{e}^{-\sigma t}$ 的傅里叶变换，则有

$$X_1(\mathrm{j}\omega)=\int_{-\infty}^{+\infty}x(t)\mathrm{e}^{-\sigma t}\mathrm{e}^{-\mathrm{j}\omega t}\mathrm{d}t=\int_{-\infty}^{+\infty}x(t)\mathrm{e}^{-(\sigma+\mathrm{j}\omega)t}\mathrm{d}t \tag{5.2.1}$$

将此式与傅里叶变换比较可以看出，$X_1(\mathrm{j}\omega)$ 是将 $x(t)$ 的频谱函数中 $\mathrm{j}\omega$ 换成 $\sigma+\mathrm{j}\omega$ 的结果。如果令 $s=\sigma+\mathrm{j}\omega$，则式（5.2.1）积分就变成复数 s 的函数，记为 $X(s)$，即

$$X(s)=\int_{-\infty}^{+\infty}x(t)\mathrm{e}^{-st}\mathrm{d}t \tag{5.2.2}$$

根据傅里叶逆变换的定义可求得 $x(t)\mathrm{e}^{-\sigma t}$，即

$$x(t)\mathrm{e}^{-\sigma t}=\frac{1}{2\pi}\int_{-\infty}^{+\infty}X_1(\mathrm{j}\omega)\mathrm{e}^{\mathrm{j}\omega t}\mathrm{d}\omega \tag{5.2.3}$$

式（5.2.3）两边同乘以 $\mathrm{e}^{\sigma t}$，得

$$x(t)=\frac{1}{2\pi}\int_{-\infty}^{+\infty}X(s)\,\mathrm{e}^{(\mathrm{j}\omega+\sigma)t}\mathrm{d}\omega \tag{5.2.4}$$

令 $s=\sigma+\mathrm{j}\omega$，则 $\mathrm{j}\mathrm{d}\omega=\mathrm{d}s$，积分限变为：$\omega\to+\infty$ 时，$s\to\sigma+\mathrm{j}\infty$；$\omega\to-\infty$ 时，$s\to\sigma-\mathrm{j}\infty$，代入到式（5.2.4）中，得到

$$x(t)=\frac{1}{2\pi\mathrm{j}}\int_{\sigma-\mathrm{j}\infty}^{\sigma+\mathrm{j}\infty}X(s)\,\mathrm{e}^{st}\mathrm{d}s \tag{5.2.5}$$

式（5.2.2）称为信号的双边拉普拉斯变换，又称为 $x(t)$ 的象函数。式（5.2.5）称为双边拉普拉斯逆变换，又称为 $X(s)$ 的原函数。式（5.2.2）和式（5.2.5）构成拉普拉斯变换对，常表示为

$$\begin{aligned}X(s)&=L[x(t)]\\x(t)&=L^{-1}[X(s)]\end{aligned} \tag{5.2.6}$$

或者用双向箭头表示 $x(t)$ 与 $X(s)$ 是一对拉普拉斯变换对，即

$$x(t)\leftrightarrow X(s) \tag{5.2.7}$$

考虑到在实际应用中，经常遇到的时间信号大多数是因果信号，即 $t<0$ 时，$x(t)=0$，而且通常将信号激励系统的时刻作为 0 时刻，对信号和系统分析，要求了解 $t>0$ 时系统的特性，对于 $t<0$ 时的一切情况都自动包含在边界条件之内。这样，式（5.2.2）中的积分下限从零开始，即

$$X(s)=\int_{0}^{+\infty}x(t)\mathrm{e}^{-st}\mathrm{d}t \tag{5.2.8}$$

式（5.2.8）称为信号 $x(t)$ 的单边拉普拉斯变换。当函数 $x(t)$ 在 0 时刻有跳变时，其导数 $\dfrac{\mathrm{d}x(t)}{\mathrm{d}t}$ 将出现冲激函数项，为了便于研究在 $t=0$ 时刻发生的跳变现象，规定单边拉普拉斯变换的定义式（5.2.8）积分下限从 0_- 开始

$$X(s)=\int_{0_-}^{+\infty}x(t)\mathrm{e}^{-st}\mathrm{d}t \tag{5.2.9}$$

这样定义的好处是把 $t=0$ 时刻冲激函数的作用考虑在变换之中，当利用拉普拉斯变换方法解微分方程时，可以直接引用已知的起始状态 $x(0_-)$ 而求得全部结果，无须专门计算由 0_- 到 0_+ 的跳变；否则，若取积分下限从 0_+ 开始，对于 t 从 0_- 到 0_+ 发生的变化还需另行计算。以上两种规定分别称为拉普拉斯变换的 0_- 系统和拉普拉斯变换的 0_+ 系统。本书在一般情况下采用 0_- 系统，之后若没有特别说明，均指 $t=0_-$。这时，单边拉普拉斯逆变换为

$$x(t)=\begin{cases}\dfrac{1}{2\pi\mathrm{j}}\displaystyle\int_{\sigma-\mathrm{j}\infty}^{\sigma+\mathrm{j}\infty}X(s)\,\mathrm{e}^{st}\mathrm{d}s & t>0\\[2ex] 0 & t<0\end{cases} \tag{5.2.10}$$

5.2.2　拉普拉斯变换的物理意义

由式（5.2.10）可知，拉普拉斯变换将信号 $x(t)$ 分解成无穷多项复指数信号 e^{st} 的线性组合，即

$$x(t)=\frac{1}{2\pi\mathrm{j}}\int_{\sigma-\mathrm{j}\infty}^{\sigma+\mathrm{j}\infty}X(s)\,\mathrm{e}^{st}\mathrm{d}s=\frac{1}{2\pi}\int_{-\infty}^{\infty}X_1(\mathrm{j}\omega)\,\mathrm{e}^{\sigma t}\mathrm{e}^{\mathrm{j}\omega t}\mathrm{d}\omega$$
$$=\frac{1}{2\pi}\int_{-\infty}^{0}X_1(\mathrm{j}\omega)\,\mathrm{e}^{\sigma t}\mathrm{e}^{\mathrm{j}\omega t}\mathrm{d}\omega+\frac{1}{2\pi}\int_{0}^{\infty}X_1(\mathrm{j}\omega)\,\mathrm{e}^{\sigma t}\mathrm{e}^{\mathrm{j}\omega t}\mathrm{d}\omega$$

将此式中第一项中的 ω 换成 $-\omega$，得到

$$\frac{1}{2\pi}\int_{-\infty}^{0}X_1(\mathrm{j}\omega)\,\mathrm{e}^{\sigma t}\mathrm{e}^{\mathrm{j}\omega t}\mathrm{d}\omega=\frac{1}{2\pi}\int_{+\infty}^{0}X_1(-\mathrm{j}\omega)\,\mathrm{e}^{\sigma t}\mathrm{e}^{-\mathrm{j}\omega t}\mathrm{d}(-\omega)=\frac{1}{2\pi}\int_{0}^{+\infty}X_1(-\mathrm{j}\omega)\,\mathrm{e}^{\sigma t}\mathrm{e}^{-\mathrm{j}\omega t}\mathrm{d}\omega$$

则

$$x(t)=\frac{1}{2\pi}\int_{0}^{+\infty}\left[X_1(-\mathrm{j}\omega)\mathrm{e}^{-\mathrm{j}\omega t}+X_1(\mathrm{j}\omega)\mathrm{e}^{\mathrm{j}\omega t}\right]\mathrm{e}^{\sigma t}\mathrm{d}\omega$$
$$=\frac{1}{2\pi}\int_{0}^{+\infty}2\left|X(s)\right|\mathrm{e}^{\sigma t}\cos(\omega t+\theta)\mathrm{d}\omega=\int_{0}^{+\infty}\frac{\left|X(s)\right|\mathrm{e}^{\sigma t}\mathrm{d}\omega}{\pi}\cos(\omega t+\theta)\tag{5.2.11}$$

从傅里叶变换的物理意义可知，傅里叶变换是把信号 $x(t)$ 表示成无穷多项等幅的正弦信号的线性组合，这些振荡的幅度 $\dfrac{\left|X(\mathrm{j}\omega)\right|\mathrm{d}\omega}{\pi}$ 均为无穷小。与此类似，拉普拉斯变换是把信号 $x(t)$ 表示成无穷多项变幅的正弦信号的线性组合，其幅度 $\dfrac{\left|X(s)\right|\mathrm{e}^{\sigma t}\mathrm{d}\omega}{\pi}$ 也是无穷小量，而且按指数规律随时间变化。由于 σ 可正、可负，也可为零，所以正弦信号可能是增幅、减幅或等幅的振荡信号，它比傅里叶变换中作为基本信号的等幅振荡正弦信号更具有普遍性。但是，两种变换在物理意义上的本质是相同的，都是将信号分解为正弦信号的线性组合。

5.2.3　拉普拉斯变换的收敛性

从拉普拉斯变换的推导过程可以看出，信号 $x(t)$ 的拉普拉斯变换 $X(s)$ 实际上是将信号 $x(t)$ 乘以衰减因子 $\mathrm{e}^{-\sigma t}$ 以后再进行傅里叶变换，即对 $x(t)\mathrm{e}^{-\sigma t}$ 求傅里叶变换，因此拉普拉斯变换也有存在条件的问题，即 $x(t)\mathrm{e}^{-\sigma t}$ 是否满足绝对可积条件。若

$$\int_{-\infty}^{+\infty}\left|x(t)\mathrm{e}^{-\sigma t}\right|\mathrm{d}t<\infty\quad \sigma\in R\tag{5.2.12}$$

则 $x(t)$ 的拉普拉斯变换一定存在。对于单边信号 $x(t)$，当 $t\to+\infty$ 时，若存在一个实数 σ_0，使得 $\sigma>\sigma_0$ 时，$x(t)\mathrm{e}^{-\sigma t}$ 的极限等于零，则 $x(t)\mathrm{e}^{-\sigma t}$ 在 $\sigma>\sigma_0$ 的全部范围内都满足绝对可积，拉普拉斯变换存在。这一关系可表示为

$$\lim_{t\to+\infty}x(t)\mathrm{e}^{-\sigma t}=0\qquad \sigma>\sigma_0\tag{5.2.13}$$

σ_0 与信号 $x(t)$ 的特性有关，它给出了拉普拉斯变换的收敛条件。通常把使式（5.2.12）成立的 σ 值的范围称为拉普拉斯变换的收敛域（Region of Convergence），缩写为 ROC。

为了直观，收敛域还可以在以 $\sigma=\mathrm{Re}[s]$ 为横轴，$\mathrm{j}\omega=\mathrm{Im}[s]$ 为纵轴的 s 平面上绘出区域来表示，如图 5.2.1 所示。根据 σ_0 的数值，可将 s 平面划分为两个区域。通过 σ_0 的垂直直线是收敛域的边界，称为收敛轴，σ_0 称为收敛坐标。对于单边信号，收敛域为 s 平面收敛轴右侧 $\sigma>\sigma_0$ 的区域，通

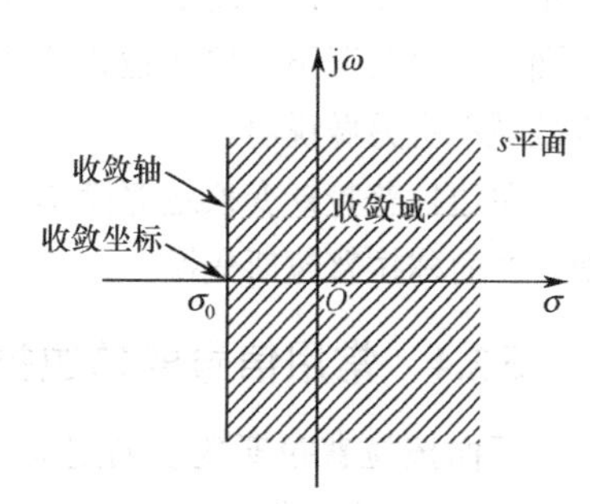

图 5.2.1　单边拉普拉斯变换的收敛域

常用阴影表示。由于σ_0与信号$x(t)$在$t \geqslant 0$时的特性有关，信号一经给定，则σ_0就是确定的。下面举例说明典型单边信号的收敛域。

【例 5.2.1】 计算下列信号拉普拉斯变换的收敛域。

（1）$u(t)-u(t-\tau)$；（2）$u(t)$；

（3）$\sin(\omega_0 t)u(t)$；（4）$tu(t)$，$t^n u(t)$；

（5）$\mathrm{e}^{3t}u(t)$；（6）$t^t u(t)$，$t^{t^2} u(t)$。

解：（1）$u(t)-u(t-\tau)$为时间受限信号，信号本身就满足绝对可积条件，其拉普拉斯变换一定存在，即对于任意的σ，式（5.2.13）均成立，故收敛域为全s平面，表示为$\sigma > -\infty$或$\mathrm{Re}[s] > -\infty$。

（2）对于单位阶跃信号$u(t)$，当$\sigma > 0$时，$\lim\limits_{t \to +\infty} u(t)\mathrm{e}^{-\sigma t} = 0$，故收敛域为$\sigma > 0$，即$s$平面的右半平面。

（3）对于正弦信号$\sin(\omega_0 t)u(t)$，当$\sigma > 0$时，$\lim\limits_{t \to +\infty} \sin(\omega_0 t)u(t)\mathrm{e}^{-\sigma t} = 0$，故收敛域为$s$右半平面。

（4）对于t的正幂次信号$tu(t)$，$t^n u(t)$，当$\sigma > 0$时，$\lim\limits_{t \to +\infty} tu(t)\mathrm{e}^{-\sigma t} = 0$，$\lim\limits_{t \to \infty} t^n u(t)\mathrm{e}^{-\sigma t} = 0$，故收敛域为$s$右半平面。

（5）对于指数信号$\mathrm{e}^{3t}u(t)$，当$\sigma > 3$时，$\lim\limits_{t \to +\infty} \mathrm{e}^{3t}u(t)\mathrm{e}^{-\sigma t} = \lim\limits_{t \to +\infty} u\mathrm{e}^{-(\sigma-3)t}u(t) = 0$，故收敛域为$\sigma > 3$，或表示为$\mathrm{Re}[s] > 3$。

（6）由于$t^t u(t)$、$t^{t^2} u(t)$的增长比指数函数快，无论σ取什么的值，式（5.2.13）均不成立，所以其拉普拉斯变换不存在。

从例 5.2.1 可以看出，凡是定义在有限区间上的能量信号，如例题中的脉冲信号，无论σ取何值，都能使信号的拉普拉斯变换存在，其收敛坐标位于$-\infty$，全部s平面都属于收敛域，即有界的非周期信号的拉普拉斯变换一定存在。如果信号是等幅信号或等幅振荡信号，如例题中的阶跃信号、正弦信号，只要乘以衰减因子$\mathrm{e}^{-\sigma t}(\sigma > 0)$就可使之收敛，因此其收敛域往往是$s$右半平面。对于任何随时间成正比增长的$t$的正幂次信号，如例题中的$tu(t)$、$t^n u(t)$信号，其增长速度比指数信号要慢得多，对其乘以衰减因子$\mathrm{e}^{-\sigma t}(\sigma > 0)$，也可收敛，所以其收敛域也是$s$右半平面。对于指数信号$\mathrm{e}^{s_0 t}u(t)$，在$s$平面的$\sigma > \mathrm{Re}[s_0]$区域均能收敛。我们把满足式（5.2.13）的函数称为指数阶函数。由此可见，指数阶函数若具有发散性，可借助衰减因子$\mathrm{e}^{-\sigma t}$使之成为收敛函数，因此指数阶函数的拉普拉斯变换存在。而对于一些比指数阶函数增长速度快的非指数阶函数，如例题中的$t^t u(t)$、$t^{t^2} u(t)$信号，不存在相应的衰减因子$\mathrm{e}^{-\sigma t}$，故其拉普拉斯变换不存在。

以上研究了单边拉普拉斯变换的收敛条件，在引入$X(s)$零、极点的概念后，$X(s)$的收敛域内不允许有极点，因此单边拉普拉斯变换的收敛是最靠右边的极点作为收敛边界的s平面的右开平面。一般情况下，单边拉普拉斯变换的收敛边界只有一个，比较简单，故单边拉普拉斯变换的收敛域不用另做说明。

单边拉普拉斯变换运算简单，是研究双边拉普拉斯变换的基础。本书只讨论单边拉普拉斯变换，并简称拉普拉斯变换。

5.2.4 常用信号的单边拉普拉斯变换

下面按拉普拉斯变换的定义，推导几个常用信号的拉普拉斯变换及其收敛域。因为$x(t)$和$x(t)u(t)$的单边拉普拉斯变换相同，因此假设这些信号都是起始于$t=0$的因果信号。

1．单位冲激信号 $x(t)=\delta(t)$ 及其导数 $x(t)=\delta'(t)$

$$X(s)=L\left[\delta(t)\right]=\int_{0}^{+\infty}\delta(t)\cdot \mathrm{e}^{-st}\mathrm{d}t=1 \qquad (\sigma>-\infty) \tag{5.2.14}$$

如果冲激信号出现在 $t=t_0$ 时刻（$t_0>0$），则有

$$L\left[\delta(t-t_0)\right]=\int_{0}^{+\infty}\delta(t-t_0)\cdot \mathrm{e}^{-st}\mathrm{d}t=\mathrm{e}^{-st_0} \ (\sigma>-\infty) \tag{5.2.15}$$

利用冲激函数的性质，可求得冲激偶函数 $x(t)=\delta'(t)$ 的拉普拉斯变换

$$X(s)=L\left[\delta'(t)\right]=\int_{0}^{+\infty}\delta'(t)\cdot \mathrm{e}^{-st}\mathrm{d}t=\frac{\mathrm{d}}{\mathrm{d}t}\mathrm{e}^{-st}\Big|_{t=0}=s \quad (\sigma>-\infty) \tag{5.2.16}$$

2．单位阶跃函数 $x(t)=u(t)$

$$X(s)=L\left[u(t)\right]=\int_{0}^{+\infty}1\cdot \mathrm{e}^{-st}\mathrm{d}t=\frac{1}{-s}\mathrm{e}^{-st}\Big|_{0}^{\infty}=\frac{1}{s} \quad (\sigma>-\infty) \tag{5.2.17}$$

3．单边复指数函数 $x(t)=\mathrm{e}^{s_0t}u(t)$，式中，$s_0=\alpha\pm \mathrm{j}\omega_0$ 为复数

$$X(s)=\int_{0}^{+\infty}\mathrm{e}^{s_0t}\mathrm{e}^{-st}\mathrm{d}t=\frac{\mathrm{e}^{-(s-s_0)t}}{s-s_0}\Bigg|_{0}^{+\infty}=\frac{1}{s-s_0} \qquad \left(\sigma>\mathrm{Re}[s_0]\right) \tag{5.2.18}$$

若 $s_0=\alpha$ 为实数，则单边实指数信号 $x(t)=\mathrm{e}^{\alpha t}u(t)$ 的拉普拉斯变换为

$$X(s)=L[\mathrm{e}^{\alpha t}u(t)]=\frac{1}{s-\alpha} \quad (\sigma>\alpha) \tag{5.2.19}$$

若 $s_0=\pm \mathrm{j}\omega_0$ 为虚数，则可得单边虚指数信号 $x(t)=\mathrm{e}^{\mathrm{j}\omega_0t}u(t)$ 和 $x(t)=\mathrm{e}^{-\mathrm{j}\omega_0t}u(t)$ 的拉普拉斯变换分别为

$$X(s)=L[\mathrm{e}^{\mathrm{j}\omega_0t}u(t)]=\frac{1}{s-\mathrm{j}\omega_0} \quad (\sigma>0) \tag{5.2.20}$$

$$X(s)=L[\mathrm{e}^{-\mathrm{j}\omega_0t}u(t)]=\frac{1}{s+\mathrm{j}\omega_0} \quad (\sigma>0) \tag{5.2.21}$$

4．t 的正幂次信号 $x(t)=t^nu(t)$（n 是正整数）

$$X(s)=L\left[t^nu(t)\right]=\int_{0}^{+\infty}t^n\cdot \mathrm{e}^{-st}\mathrm{d}t$$

用分部积分法，得

$$\int_{0}^{+\infty}t^n\cdot \mathrm{e}^{-st}\mathrm{d}t=\frac{t^n}{-s}\mathrm{e}^{-st}\Bigg|_{0}^{+\infty}+\frac{n}{s}\int_{0}^{+\infty}t^{n-1}\,\mathrm{e}^{-st}\mathrm{d}t=\frac{n}{s}\int_{0}^{+\infty}t^{n-1}\,\mathrm{e}^{-st}\mathrm{d}t$$

所以

$$L\left[t^nu(t)\right]=\frac{n}{s}L\left[t^{n-1}u(t)\right] \tag{5.2.22}$$

由式（5.2.17）容易求得，当 $n=1$ 时

$$L\left[tu(t)\right]=\frac{1}{s}L\left[u(t)\right]=\frac{1}{s^2} \quad (\sigma>0) \tag{5.2.23}$$

当 $n=2$ 时

$$L\left[t^2u(t)\right]=\frac{2}{s}L\left[tu(t)\right]=\frac{2}{s}\cdot\frac{1}{s^2}=\frac{2}{s^3} \quad (\sigma>0) \tag{5.2.24}$$

当 $n=3$ 时

$$L\left[t^3u(t)\right]=\frac{3}{s}L\left[t^2u(t)\right]=\frac{3}{s}\cdot\frac{2}{s^3}=\frac{6}{s^4}\quad(\sigma>0)\tag{5.2.25}$$

以此类推，得

$$L\left[t^nu(t)\right]=\frac{n!}{s^{n+1}}\quad(\sigma>0)\tag{5.2.26}$$

5.3 单边拉普拉斯变换的性质

拉普拉斯变换建立了信号的时域特性和复频域特性之间的内在关系。当信号在一个域中发生变化时，必然会引起在另一个域中相应的变化。拉普拉斯变换的性质真实地反映了这些变化之间的对应规律。利用这些性质并结合常用信号的拉普拉斯变换对，是求解单边拉普拉斯变换和逆变换的重要方法。此外，单边拉普拉斯变换的性质是线性连续系统分析的重要基础。由于拉普拉斯变换是傅里叶变换的推广，所以两种变换的性质有很多相似性，证明方法也类似，因此，在以下的讨论中一般不给出证明过程。

5.3.1 线性性质

若 $x_1(t)\leftrightarrow X_1(s)$， $x_2(t)\leftrightarrow X_2(s)$，则

$$K_1x_1(t)+K_2x_2(t)\leftrightarrow K_1X_1(s)+K_2X_2(s)\tag{5.3.1}$$

式中，K_1、K_2 为任意常数。式（5.3.1）的收敛域是两个信号收敛域的公共部分。但是，如果是两个信号之差，其收敛域可能会扩大，参看例 5.3.3。

【例 5.3.1】 求信号 $x(t)=\sin\omega_0tu(t)$ 和 $x(t)=\cos\omega_0tu(t)$ 的拉普拉斯变换 $X(s)$。

解：因为

$$\sin\omega_0tu(t)=\frac{1}{2\mathrm{j}}(\mathrm{e}^{\mathrm{j}\omega_0t}-\mathrm{e}^{-\mathrm{j}\omega_0t})$$

$$\cos\omega_0tu(t)=\frac{1}{2}(\mathrm{e}^{\mathrm{j}\omega_0t}+\mathrm{e}^{-\mathrm{j}\omega_0t})$$

根据线性性质并利用式（5.2.20）和式（5.2.21），可得

$$\sin\omega_0tu(t)\leftrightarrow\frac{1}{2\mathrm{j}}\left(\frac{1}{s-\mathrm{j}\omega_0}-\frac{1}{s+\mathrm{j}\omega_0}\right)=\frac{\omega_0}{s^2+{\omega_0}^2}\quad(\sigma>0)\tag{5.3.2}$$

$$\cos\omega_0tu(t)\leftrightarrow\frac{1}{2}\left(\frac{1}{s-\mathrm{j}\omega_0}+\frac{1}{s+\mathrm{j}\omega_0}\right)=\frac{s}{s^2+{\omega_0}^2}\quad(\sigma>0)\tag{5.3.3}$$

5.3.2 时移特性

若 $x(t)\leftrightarrow X(s)$，则

$$x(t-t_0)u(t-t_0)\leftrightarrow X(s)\mathrm{e}^{-st_0}\tag{5.3.4}$$

式中，t_0 为正实常数。

证明：根据单边拉普拉斯变换的定义

$$L\left[x(t-t_0)u(t-t_0)\right]=\int_{0_-}^{+\infty}x(t-t_0)u(t-t_0)\mathrm{e}^{-st}\mathrm{d}t=\int_{t_0}^{+\infty}x(t-t_0)\mathrm{e}^{-st}\mathrm{d}t$$

令 $t-t_0=\tau$，则 $t=t_0+\tau$，得

$$L\left[x(t-t_0)u(t-t_0)\right]=\int_{0_-}^{+\infty}x(\tau)\mathrm{e}^{-st_0}\mathrm{e}^{-s\tau}\mathrm{d}\tau=X(s)\mathrm{e}^{-st_0}$$

此性质表明，若波形延迟 t_0，则它的拉普拉斯变换乘以 e^{-st_0}。由式（5.3.4）可知，时域平移不影

响收敛域。

需要强调的是，$x(t-t_0)u(t-t_0)$ 是 $x(t)u(t)$ 向右平移的结果。如果 $x(t)$ 是因果信号，则 $x(t-t_0)=x(t-t_0)u(t-t_0)$，$x(t-t_0)$ 与 $x(t-t_0)u(t-t_0)$ 的单边拉普拉斯变换相同；如果 $x(t)$ 是非因果信号，则 $x(t-t_0)\neq x(t-t_0)u(t-t_0)$，$x(t-t_0)$ 与 $x(t-t_0)u(t-t_0)$ 的单边拉普拉斯变换不同，这时 $x(t-t_0)$ 与 $x(t-t_0)u(t)$ 的单边拉普拉斯变换相同。另外，若 $t_0<0$，信号的波形有可能左移越过原点，导致原点左边部分的信号对积分失去贡献，如图 5.3.1 所示，这时时移特性一般不成立。

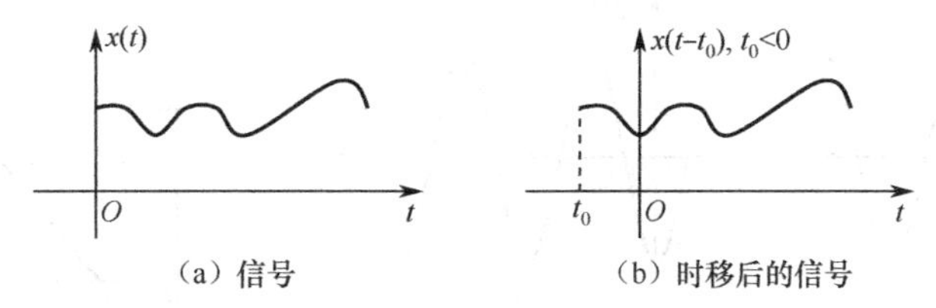

图 5.3.1　信号左移对单边拉普拉斯变换的影响

【例 5.3.2】　已知 $x(t)=\sin(\omega_0 t)u(t)$，其单边拉普拉斯变换 $X(s)=\dfrac{\omega_0}{s^2+\omega_0^2}$。若 $t_0>0$，求下列信号的单边拉普拉斯变换。

（1）$x_1(t)=x(t-t_0)=\sin\left[\omega_0(t-t_0)\right]$；

（2）$x_2(t)=x(t-t_0)u(t)=\sin\left[\omega_0(t-t_0)\right]u(t)$；

（3）$x_3(t)=x(t)u(t-t_0)=\sin(\omega_0 t)u(t-t_0)$；

（4）$x_4(t)=x(t-t_0)u(t-t_0)=\sin\left[\omega_0(t-t_0)\right]u(t-t_0)$。

解： 4 种信号的波形如图 5.3.2 所示。

由于 $\sin\left[\omega_0(t-t_0)\right]=\sin(\omega_0 t)\cdot\cos(\omega_0 t_0)-\cos(\omega_0 t)\cdot\sin(\omega_0 t_0)$，利用式（5.3.2）和式（5.3.3），有

$$X_1(s)=\frac{\omega_0\cdot\cos\omega_0 t_0-s\cdot\sin\omega_0 t_0}{s^2+\omega_0{}^2}$$

由图可见，$x_2(t)$ 和 $x_1(t)$ 在 $t\geqslant 0$ 区间内的波形相同，因此它们的拉普拉斯变换也相同，即

$$X_2(s)=\frac{\omega_0\cdot\cos\omega_0 t_0-s\cdot\sin\omega_0 t_0}{s^2+\omega_0{}^2}$$

$$X_3(s)=L[\sin\omega_0 t\cdot u(t-t_0)]=\int_{t_0}^{+\infty}\sin\omega_0 t\cdot e^{-st}dt=\frac{1}{2j}\int_{t_0}^{+\infty}\left[e^{-(s-j\omega_0)t}-e^{-(s-j\omega_0)t}\right]dt$$

$$=\frac{1}{2j}\left[\frac{e^{-(s-j\omega_0)t_0}}{s-j\omega_0}-\frac{e^{-(s-j\omega_0)t_0}}{s+j\omega_0}\right]=e^{-st_0}\,\frac{\omega_0\cdot\cos\omega_0 t_0+s\cdot\sin\omega_0 t_0}{s^2+\omega_0{}^2}$$

根据时移特性，$x_4(t)=\sin\left[\omega_0(t-t_0)\right]u(t-t_0)$ 是 $x(t)=\sin(\omega_0 t)u(t)$ 的延时，所以

$$X_4(s)=e^{-st_0}\,\frac{\omega_0}{s^2+\omega_0{}^2}$$

【例 5.3.3】　求图 5.3.3 所示三角脉冲信号的拉普拉斯变换。

解： 由图 5.3.3 可以写出该三角脉冲信号的时域表达式

$$x(t)=2(t-1)[u(t-1)-u(t-2)]+(4-t)[u(t-2)-u(t-4)]$$

将此式写成基本信号的线性组合的形式

$$x(t)=2(t-1)u(t-1)-3(t-2)u(t-2)+(t-4)u(t-4)$$

已知 $tu(t)\leftrightarrow\dfrac{1}{s^2}$，利用拉普拉斯变换的时移特性和线性性质，可得

$$X(s)=\frac{2e^{-s}-3e^{-2s}+e^{-4s}}{s^2}$$

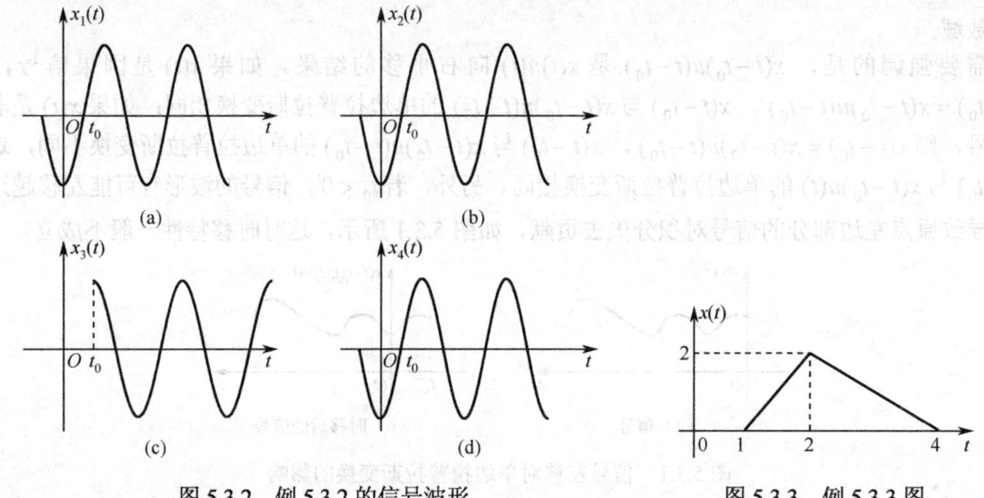

图 5.3.2 例 5.3.2 的信号波形　　图 5.3.3 例 5.3.3 图

由例 5.3.3 可以看出，三个阶跃信号的收敛域均为 $\mathrm{Re}[s]>0$，但是 $x(t)$ 的收敛域却是 $\mathrm{Re}[s]>-\infty$。也就是说，在应用拉普拉斯变换的线性性质后，其收敛域可能会扩大。

应用时移特性，可以不通过积分运算就能求出某些信号的拉普拉斯变换，因为许多信号常常由某些基本信号移位叠加而成。在工程上常用周期信号作为激励，若已知某周期信号的一个周期的拉普拉斯变换，就可以利用时移特性求出周期信号的拉普拉斯变换。

若 $x_{\mathrm{T}}(t)$ 是周期为 T 的周期信号，$x_0(t)$ 为第一个周期的信号，则 $x_{\mathrm{T}}(t)$ 可以表示为

$$x_{\mathrm{T}}(t)=x_0(t)+x_0(t-T)+x_0(t-2T)+\cdots=\sum_{n=0}^{+\infty}x_0(t-nT) \tag{5.3.5}$$

若 $x_0(t)\leftrightarrow X_0(s)$，则利用拉普拉斯变换的时移特性，可得

$$X_{\mathrm{T}}(s)=L[x_{\mathrm{T}}]=\sum_{n=0}^{+\infty}X_0(s)\mathrm{e}^{-snT}=X_0(s)(1+\mathrm{e}^{-sT}+\mathrm{e}^{-2sT}+\cdots)$$

当 $\mathrm{Re}[s]>0$ 时，$\left|\mathrm{e}^{-sT}\right|<1$，上式中的等比级数 $(1+\mathrm{e}^{-sT}+\mathrm{e}^{-2sT}+\cdots)$ 收敛，根据几何级数公式

$$\sum_{n=0}^{+\infty}a^n=\frac{1}{1-a} \tag{5.3.6}$$

可得

$$X_{\mathrm{T}}=X_0(s)\frac{1}{1-\mathrm{e}^{-sT}} \tag{5.3.7}$$

式（5.3.7）表明，单边周期函数的拉普拉斯变换是它的第一个周期内脉冲的拉普拉斯变换 $X_0(s)$ 除以 $\left(1-\mathrm{e}^{-sT}\right)$，其收敛域为以虚轴为收敛边界的 s 平面的右半平面。

【例 5.3.4】 求图 5.3.4 所示的周期矩形脉冲信号 $x(t)$ 的拉普拉斯变换 $X(s)$。

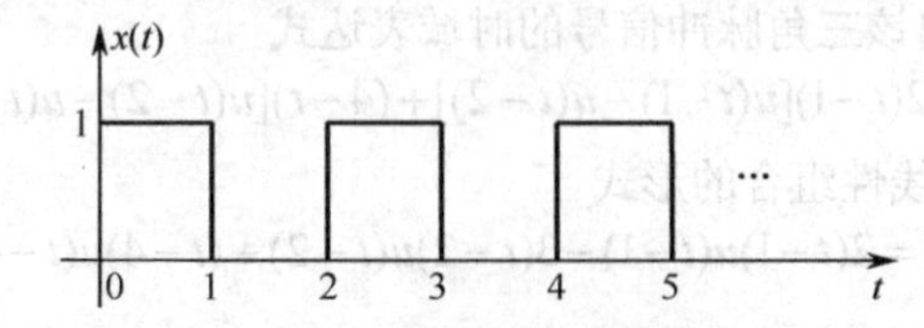

图 5.3.4 周期矩形脉冲信号

解： 从图 5.3.4 可以看出，周期矩形脉冲信号的周期 $T=2$，它在第一个周期内的脉冲为

$$x_0(t)=u(t)-u(t-1)$$

其拉普拉斯变换为
$$X_0(s)=\frac{1-\mathrm{e}^{-s}}{s}$$
根据式（5.3.7），可得
$$X_{\mathrm{T}}(s)=\frac{1-\mathrm{e}^{-s}}{s}\frac{1}{1-\mathrm{e}^{-2s}}=\frac{1}{s(1-\mathrm{e}^{-s})}$$

5.3.3　*s* 域平移特性

若 $x(t)\leftrightarrow X(s)$，则
$$x(t)\mathrm{e}^{-s_0t}\leftrightarrow X(s+s_0) \tag{5.3.8}$$
式中，s_0 为实数或复数。此性质表明，时间函数乘以复指数函数 e^{-s_0t}，相当于其象函数在复频域内平移 s_0，因而其收敛域也是 $x(t)$ 的收敛域平移 $\mathrm{Re}[s_0]$ 的区域。

【例 5.3.5】　已知 $x(t)=\mathrm{e}^{-\alpha t}\cos(\omega_0t)u(t)$，$\alpha$ 为实数，求 $x(t)$ 的拉普拉斯变换。

解： 已知
$$\cos(\omega_0t)u(t)\leftrightarrow\frac{s}{s^2+\omega_0^2}$$
所以
$$\mathrm{e}^{-\alpha t}\cos(\omega_0t)u(t)\leftrightarrow\frac{s+\alpha}{(s+\alpha)^2+\omega_0^2} \tag{5.3.9}$$
同理
$$\mathrm{e}^{-\alpha t}\sin(\omega_0t)u(t)\leftrightarrow\frac{\omega_0}{(s+\alpha)^2+\omega_0^2} \tag{5.3.10}$$

如果信号既有时移又有 *s* 域平移，其结果也具有一般性，以下直接给出结论：

若 $x(t)\leftrightarrow X(s)$，则
$$x(t-t_0)\mathrm{e}^{-s_0(t-t_0)}\leftrightarrow X(s+s_0)\mathrm{e}^{-s_0t_0} \tag{5.3.11}$$

5.3.4　时域微分特性

若 $x(t)\leftrightarrow X(s)$，则
$$\frac{\mathrm{d}x(t)}{\mathrm{d}t}\leftrightarrow Xs(s)-x(0_-) \tag{5.3.12}$$

证明： 由拉普拉斯变换的定义
$$L\left[\frac{\mathrm{d}x(t)}{\mathrm{d}t}\right]=\int_{0_-}^{+\infty}\frac{\mathrm{d}x(t)}{\mathrm{d}t}\mathrm{e}^{-st}\,\mathrm{d}t=x(t)\mathrm{e}^{-st}\Big|_{0_-}^{+\infty}-\int_{0_-}^{+\infty}-sx(t)\mathrm{e}^{-st}\,\mathrm{d}t$$
因为 $x(t)$ 是指数阶信号，在收敛域内有 $\lim\limits_{t\to+\infty}x(t)\mathrm{e}^{-st}=0$，所以
$$\frac{\mathrm{d}x(t)}{\mathrm{d}t}\leftrightarrow sX(s)-x(0_-)$$

上述对一阶导数的微分定理可以推广到高阶导数。类似地，因为 $\frac{\mathrm{d}^2x(t)}{\mathrm{d}t^2}=\frac{\mathrm{d}}{\mathrm{d}t}\left[\frac{\mathrm{d}x(t)}{\mathrm{d}t}\right]$，利用式（5.3.12）可得
$$\frac{\mathrm{d}x^2(t)}{\mathrm{d}t^2}\leftrightarrow s[X(s)-x(0_-)]-x'(0_-)=s^2X(s)-sx(0_-)-x'(0_-) \tag{5.3.13}$$
式中，$x'(0_-)$ 是 $\frac{\mathrm{d}x(t)}{\mathrm{d}t}$ 在 0_- 时刻的取值。

重复利用式（5.3.12），可以得到$\frac{\mathrm{d}x^n(t)}{\mathrm{d}t^n}$的拉普拉斯变换为

$$\frac{\mathrm{d}x^n(t)}{\mathrm{d}t^n} \leftrightarrow s^n X(s) - \sum_{r=0}^{n-1} s^{n-r-1} x^{(r)}(0_-) \tag{5.3.14}$$

式中，$x^{(r)}(0_-)$为r阶导数$\frac{\mathrm{d}^r x(t)}{\mathrm{d}t^r}$在$0_-$时刻的取值。

由式（5.3.12）可知，在$X(s)$的收敛域内，$L\left[\frac{\mathrm{d}x(t)}{\mathrm{d}t}\right]$必定收敛。但是由于式（5.3.12）右端第一项为$sX(s)$，因而其收敛域可能会扩大。例如，$X(s)=\frac{1}{s}$的收敛域为$\mathrm{Re}[s]>0$，而$sX(s)=1$的收敛域为$\mathrm{Re}[s]>-\infty$。所以式（5.3.12）的收敛域至少和$X(s)$的收敛域相同。

需要指出的是，在时域微分特性中，起始值与单边拉普拉斯变换采用0_-系统还是0_+系统有关。如果采用0_-系统，则起始值为$x^{(r)}(0_-)$；如果采用0_+系统，则起始值应为$x^{(r)}(0_+)$。正如第5.1节所述，本书采用0_-系统，所以起始值为$x^{(r)}(0_-)$。由于信号在$t=0$时刻可能不连续，使得$x^{(r)}(0_+) \neq x^{(r)}(0_-)$。但是，如果始终保持一致，则无论采用哪种系统，利用时域微分特性得到的结果都是相同的。

如果$x(t)$是因果信号，则有$x^{(n)}(0_-)=0$（$n=1,2,\cdots$），此时，时域微分特性表示为

$$\frac{\mathrm{d}x^n(t)}{\mathrm{d}t^n} \leftrightarrow s^n X(s) \tag{5.3.15}$$

【例5.3.6】　已知$x_1(t)=\frac{\mathrm{d}}{\mathrm{d}t}[\mathrm{e}^{-2t}u(t)]$，$x_2(t)=\left(\frac{\mathrm{d}}{\mathrm{d}t}\mathrm{e}^{-2t}\right)u(t)$，求$x_1(t)$和$x_2(t)$的拉普拉斯变换。

解：（1）求$x_1(t)$的单边拉普拉斯变换。由于

$$x_1(t)=\frac{\mathrm{d}}{\mathrm{d}t}[\mathrm{e}^{-2t}u(t)]=\delta(t)-2\mathrm{e}^{-2t}u(t)$$

根据线性，得

$$X_1(s)=L[x_1(t)]=1-\frac{2}{s+2}=\frac{s}{s+2}$$

若应用时域微分特性求解，则有

$$X_1(s)=sL[\mathrm{e}^{-2t}u(t)]-\mathrm{e}^{-2t}u(t)\big|_{t=0_-}=\frac{s}{s+2}$$

（2）求$x_2(t)$的单边拉普拉斯变换。由于

$$x_2(t)=\left(\frac{\mathrm{d}}{\mathrm{d}t}\mathrm{e}^{-2t}\right)u(t)=-2\mathrm{e}^{-2t}u(t)$$

所以

$$X_2(s)=L[x_2(t)]=\frac{-2}{s+2}$$

时域微分特性和以下的时域积分特性可以将描述连续时间线性时不变系统的微分方程转化为复频域的代数方程，而且自动引入起始状态，可以方便地从复频域求解系统的零输入响应和零状态响应，为系统响应的求解带来了很大的方便。

5.3.5　时域积分特性

若$x(t) \leftrightarrow X(s)$，则

$$\int_{-\infty}^{t} x(\tau)\,\mathrm{d}\tau \leftrightarrow \frac{X(s)}{s}+\frac{x^{(-1)}(0_-)}{s} \tag{5.3.16}$$

证明：因为

$$\int_{-\infty}^{t} x(\tau)\,\mathrm{d}\tau = \int_{-\infty}^{0_-} x(\tau)\,\mathrm{d}\tau + \int_{0_-}^{t} x(\tau)\,\mathrm{d}\tau$$

其中，第一项积分为常数，记为 $\int_{-\infty}^{0_-} x(\tau)\,\mathrm{d}\tau = x^{(-1)}(0_-)$，所以其拉普拉斯变换为

$$x^{(-1)}(0) \leftrightarrow \frac{x^{(-1)}(0)}{s}$$

第二项的拉普拉斯变换可借助分部积分法得到

$$\int_{0_-}^{+\infty}\left[\int_{0_-}^{t} x(\tau)\,\mathrm{d}\tau\right]\mathrm{e}^{-st}\,\mathrm{d}t = -\frac{\mathrm{e}^{-st}}{s}\int_{0_-}^{t} x(\tau)\,\mathrm{d}\tau\Bigg|_{0_-}^{+\infty} + \frac{1}{s}\int_{0_-}^{+\infty} x(t)\mathrm{e}^{-st}\,\mathrm{d}t = \frac{1}{s}\int_{0}^{+\infty} x(t)\mathrm{e}^{-st}\,\mathrm{d}t = \frac{X(s)}{s}$$

所以

$$\int_{-\infty}^{t} x(\tau)\,\mathrm{d}\tau \leftrightarrow \frac{X(s)}{s}+\frac{x^{(-1)}(0_-)}{s}$$

上述对一次积分的积分特性可以推广到多次积分。类似地，可以得到

$$\left(\int_{0_-}^{t}\right)^2 x(\tau)\,\mathrm{d}\tau \leftrightarrow \frac{X(s)}{s^2}+\frac{x^{(-1)}(0_-)}{s^2}+\frac{x^{(-2)}(0_-)}{s} \tag{5.3.17}$$

重复上述过程，可得到一般公式

$$\left(\int_{-\infty}^{t}\right)^n x(\tau)\,\mathrm{d}\tau \leftrightarrow \frac{X(s)}{s^n}+\sum_{i=1}^{n}\frac{x^{(-i)}(0_-)}{s^{n-i+1}} \tag{5.3.18}$$

特别地，如果 $x(t)$ 为因果信号，则 $x^{(-n)}(0_-)=0$（$n=1,2,\cdots$），则式（5.3.16）和式（5.3.18）变为

$$\int_{-\infty}^{t} x(\tau)\,\mathrm{d}\tau \leftrightarrow \frac{X(s)}{s} \tag{5.3.19}$$

$$\left(\int_{-\infty}^{t}\right)^n x(\tau)\,\mathrm{d}\tau \leftrightarrow \frac{X(s)}{s^n} \tag{5.3.20}$$

由式（5.3.16）可知，其收敛域至少是 $X(s)$ 和 $\mathrm{Re}[s]>0$ 的公共部分。

利用拉普拉斯变换的时域积分特性还可以较方便地求解一些复杂信号的单边拉普拉斯变换，由于 $x(t)$ 的函数形式较复杂，其拉普拉斯变换 $X(s)$ 不易直接求出，而 $x(t)$ 的 n 阶导数的拉普拉斯变换却容易求得。这时，先求出 $x(t)$ 的 n 阶导数的拉普拉斯变换，再应用积分特性就可以方便地得到 $X(s)$。下面通过例题来说明这种方法。

【例 5.3.7】 利用时域积分特性分别求解图 5.3.5（a）中所示的三个信号 $x_1(t)$、$x_2(t)$、$x_3(t)$ 的单边拉普拉斯变换。

解：$x_1(t)$、$x_2(t)$、$x_3(t)$ 一阶导数的波形如图 5.3.5（b）所示。

（1）求 $X_1(s)$。由于 $x_4(t)=\dfrac{\mathrm{d}x_1(t)}{\mathrm{d}t}$，应用时域积分特性，有

$$X_1(s)=\frac{X_4(s)}{s}+\frac{x_4^{(-1)}(0_-)}{s}=\frac{X_4(s)}{s}+\frac{x_1(0_-)}{s}$$

由图 5.3.5（b）可知 $x_4(t)=-2\delta(t-1)$，所以 $X_4(s)=-2\mathrm{e}^{-s}$，而且 $x_1(0_-)=2$。将 $X_4(s)=-2\mathrm{e}^{-s}$ 和 $x_1(0_-)=2$ 代入上式，得

$$X_1(s)=\frac{-2\mathrm{e}^{-s}}{s}+\frac{2}{s}=\frac{2(1-\mathrm{e}^{-s})}{s}$$

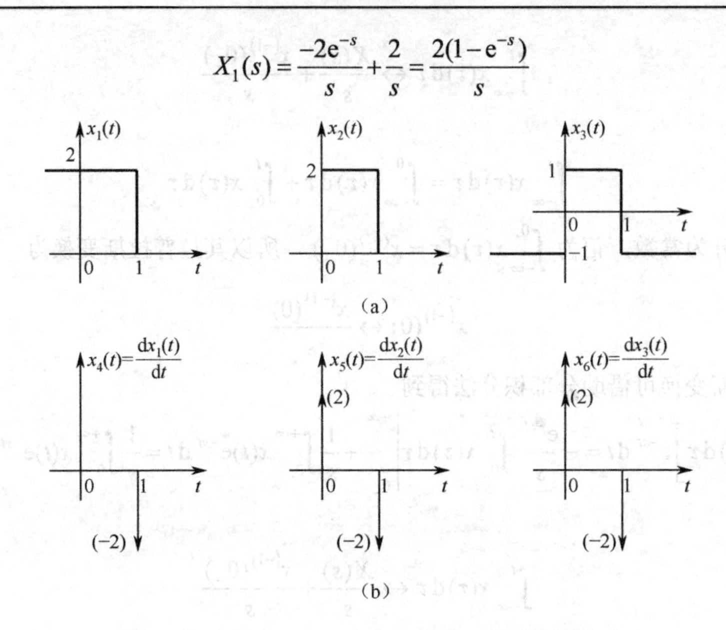

图 5.3.5 例 5.3.7 中三个信号及其一阶导数的波形

（2）求 $X_2(s)$。由于 $x_5(t)=\frac{\mathrm{d}x_2(t)}{\mathrm{d}t}$，根据时域积分特性，有

$$X_2(s)=\frac{X_5(s)}{s}+\frac{x_2(0_-)}{s}$$

由图 5.3.5（b）可知 $x_5(t)=2\delta(t)-2\delta(t-1)$，因此 $X_5(s)=2-2\mathrm{e}^{-s}$，而且 $x_2(0_-)=0$，所以

$$X_2(s)=\frac{2(1-\mathrm{e}^{-s})}{s}$$

（3）求 $X_3(s)$。由于 $x_6(t)=\frac{\mathrm{d}x_3(t)}{\mathrm{d}t}$，应用时域积分特性，有

$$X_3(s)=\frac{X_6(s)}{s}+\frac{x_3(0_-)}{s}$$

由于 $x_6(t)=2\delta(t)-2\delta(t-1)$，则 $X_6(s)=2-2\mathrm{e}^{-s}$，又因为 $x_3(0_-)=-1$，于是

$$X_3(s)=\frac{2-2\mathrm{e}^{-s}}{s}+\frac{-1}{s}=\frac{1-2\mathrm{e}^{-s}}{s}$$

由例 5.3.7 可以看出，虽然 $x_1(t)$ 和 $x_2(t)$ 求导后的波形不同，但它们却又具有相同的拉普拉斯变换，这是由于在 $t\geqslant 0$ 时 $x_1(t)$ 和 $x_2(t)$ 的波形完全相同，所以其拉普拉斯变换相同。而 $x_3(t)$ 和 $x_2(t)$ 的导数函数的波形相同，但由于在 $t\geqslant 0$ 时，$x_3(t)$ 和 $x_2(t)$ 的波形不相同，所以它们的单边拉普拉斯变换也不同。因此，在利用上述方法求拉普拉斯变换时，一定要注意信号 $x(t)$ 的波形状态，但是如果 $x(t)$ 是因果信号，则可以直接利用时域积分特性。

【例 5.3.8】 利用时域积分特性重新求图 5.3.3 所示三角脉冲信号的拉普拉斯变换。

解： $x(t)$ 及其一阶和二阶导数的波形如图 5.3.6 所示。其中，$x(t)$ 的二阶导数为

$$\frac{\mathrm{d}^2x(t)}{\mathrm{d}t^2}=2\delta(t-1)-3\delta(t-2)+\delta(t-4)$$

因为 $\delta(t)\leftrightarrow 1$，利用时移特性和线性性质可得

$$\frac{\mathrm{d}^2x(t)}{\mathrm{d}t^2}\leftrightarrow 2\mathrm{e}^{-s}-3\mathrm{e}^{-2s}+\mathrm{e}^{-4s}$$

又由于 $x(t)$ 是因果信号，有 $x(0_-)=x'(0_-)=0$，根据式（5.3.17）或式（5.3.20）可得

$$X(s)=\frac{2\mathrm{e}^{-s}-3\mathrm{e}^{-2s}+\mathrm{e}^{-4s}}{s^2}$$

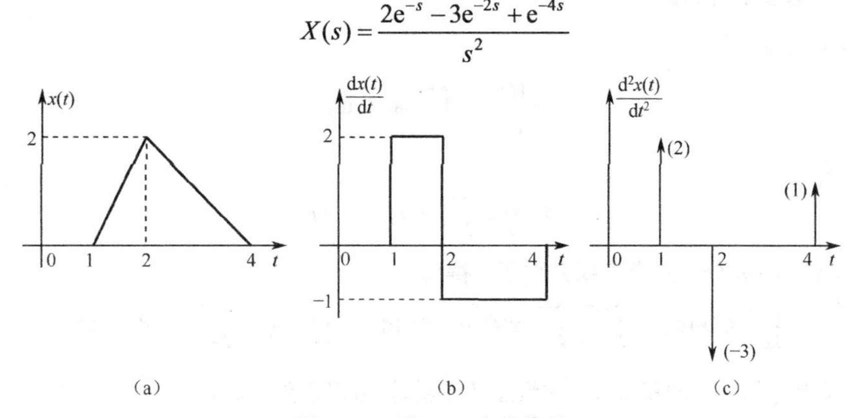

图 5.3.6　例 5.3.8 中的信号

5.3.6　s 域微分特性

若 $x(t)\leftrightarrow X(s)$，则

$$-tx(t)\leftrightarrow\frac{\mathrm{d}X(s)}{\mathrm{d}s}\tag{5.3.21}$$

$$(-t)^n x(t)\leftrightarrow\frac{\mathrm{d}^n X(s)}{\mathrm{d}s^n}\tag{5.3.22}$$

式中，n 为正整数。常用形式为

$$tx(t)\leftrightarrow-\frac{\mathrm{d}X(s)}{\mathrm{d}s}\tag{5.3.23}$$

证明：由于

$$X(s)=\int_0^{+\infty}x(t)\mathrm{e}^{-st}\mathrm{d}t$$

此式两端对 s 求导，并交换微分、积分次序，可得

$$\frac{\mathrm{d}X(s)}{\mathrm{d}s}=\frac{\mathrm{d}}{\mathrm{d}s}\int_0^{+\infty}x(t)\mathrm{e}^{-st}\mathrm{d}t=\int_0^{+\infty}x(t)\left[\frac{\mathrm{d}}{\mathrm{d}s}\mathrm{e}^{-st}\right]\mathrm{d}t=\int_0^{+\infty}(-t)x(t)\mathrm{e}^{-st}\mathrm{d}t=L\left[-tx(t)\right]$$

重复运用上述结果可得式（5.3.22）。

通常，如果 $x(t)$ 是指数阶信号，那么乘以 t 仍然是指数阶信号，因此式（5.3.21）和式（5.3.22）的收敛域与 $X(s)$ 的收敛域相同。

【例 5.3.9】　求 $x(t)=t\mathrm{e}^{-\alpha t}u(t)$ 的单边拉普拉斯变换。

解：令 $x_1(t)=\mathrm{e}^{-\alpha t}u(t)$，则 $X_1(s)=\dfrac{1}{s+\alpha}$，根据 s 域微分特性，有

$$(-t)\mathrm{e}^{-\alpha t}u(t)=(-t)x_1(t)\leftrightarrow\frac{\mathrm{d}}{\mathrm{d}s}\left[\frac{1}{s+\alpha}\right]=-\frac{1}{(s+\alpha)^2}$$

所以

$$X(s)=\frac{1}{(s+\alpha)^2}$$

本例题也可以利用 s 域平移特性求解。令 $x_2(t)=tu(t)$，则 $X_2(s)=\dfrac{1}{s^2}$。由 s 域平移特性，得

$$\mathrm{e}^{-\alpha t}tu(t)=\mathrm{e}^{-\alpha t}x_2(t)\leftrightarrow X_2(s+\alpha)=\frac{1}{(s+\alpha)^2}$$

5.3.7　s 域积分特性

若 $x(t) \leftrightarrow X(s)$，则

$$\frac{x(t)}{t} \leftrightarrow \int_s^{+\infty} X(s)\,\mathrm{d}s \tag{5.3.24}$$

证明：因为

$$X(s) = \int_0^{+\infty} x(t)\cdot \mathrm{e}^{-st}\,\mathrm{d}t$$

此式两边从 s 到 $+\infty$ 积分，并交换积分次序，得到

$$\int_s^{+\infty} X(s)\,\mathrm{d}s = \int_s^{+\infty}\left[\int_0^{+\infty} x(t)\cdot \mathrm{e}^{-st}\mathrm{d}t\right]\mathrm{d}s = \int_0^{+\infty} x(t)\left[\int_s^{+\infty} \mathrm{e}^{-st}\mathrm{d}s\right]\mathrm{d}t$$

因为 $t>0$，所以方括号中的积分 $\int_s^{+\infty} \mathrm{e}^{-st}\mathrm{d}s$ 在 $\mathrm{Re}[s]>0$ 时收敛，所以

$$\int_s^{+\infty} X(s)\,\mathrm{d}s = \int_0^{+\infty} x(t)\left[-\frac{1}{t}\mathrm{e}^{-st}\Big|_s^{+\infty}\right]\mathrm{d}t = \int_0^{+\infty} \frac{x(t)}{t}\cdot \mathrm{e}^{-st}\mathrm{d}t$$

【例 5.3.10】　求 $x(t) = \dfrac{\sin t}{t}u(t)$ 的单边拉普拉斯变换。

解：因为 $\sin t u(t) \leftrightarrow \dfrac{1}{s^2+1}$，根据式（5.3.24）得到

$$X(s) = \int_s^{+\infty} \frac{1}{s^2+1}\mathrm{d}s = \arctan s\Big|_s^{+\infty} = \frac{\pi}{2} - \arctan s$$

5.3.8　尺度变换特性

若 $x(t) \leftrightarrow X(s)$，则

$$x(at) \leftrightarrow \frac{1}{a}X\left(\frac{s}{a}\right) \tag{5.3.25}$$

式中，a 为实常数，且 $a>0$。

证明：$x(at)$ 的拉普拉斯变换为

$$L[x(at)] = \int_0^{+\infty} x(at)\mathrm{e}^{-st}\mathrm{d}t$$

令 $\tau = at$，则上式变为

$$L[x(at)] = \int_0^{+\infty} x(\tau)\mathrm{e}^{-\left(\frac{s}{a}\right)t}\mathrm{d}\left(\frac{\tau}{a}\right) = \frac{1}{a}\int_0^{+\infty} x(\tau)\mathrm{e}^{-\left(\frac{s}{a}\right)t}\mathrm{d}\tau = \frac{1}{a}X\left(\frac{s}{a}\right)$$

最后注意，在该性质中要求 $a>0$，是为了保证 $x(at)$ 仍为因果信号。由上式可以看出，如果 $X(s)$ 的收敛域为 $\mathrm{Re}[s]>\sigma_0$，那么 $X\left(\dfrac{s}{a}\right)$ 的收敛域为 $\mathrm{Re}\left[\dfrac{s}{a}\right]>\sigma_0$，即 $\mathrm{Re}[s]>a\sigma_0$。

【例 5.3.11】　已知 $x(t) \leftrightarrow X(s)$，若 $a>0$，$b>0$，求 $x(at-b)u(at-b)$ 的拉普拉斯变换。

解：此问题既要用到尺度变换特性，还要用到时移特性。

方法一：先用时移特性求得

$$x(t-b)u(t-b) \leftrightarrow X(s)\mathrm{e}^{-sb}$$

再根据尺度变换特性可以求得

$$x(at-b)u(at-b) \leftrightarrow \frac{1}{a}X\left(\frac{s}{a}\right)\mathrm{e}^{-\frac{s}{a}b}$$

方法二：先用尺度变换特性求得

$$x(at)u(at) \leftrightarrow \frac{1}{a}X\left(\frac{s}{a}\right)$$

再根据时移特性（注意此时时移量 $t_0 = \frac{b}{a}$），可得

$$x\left[a\left(t-\frac{b}{a}\right)\right]u\left[a\left(t-\frac{b}{a}\right)\right] \leftrightarrow \frac{1}{a}X\left(\frac{s}{a}\right)\mathrm{e}^{-\frac{s}{a}b}$$

两种方法结果一致。

5.3.9　初值定理

设信号 $x(t)$ 及其导数 $\frac{\mathrm{d}x(t)}{\mathrm{d}t}$ 可以进行拉普拉斯变换，且 $x(t)$ 在 $t=0$ 处不包含冲激及其各阶导数。若 $x(t) \leftrightarrow X(s)$，则

$$\lim_{t\to 0_+} x(t) = x(0_+) = \lim_{s\to +\infty} sX(s) \tag{5.3.26}$$

证明：由时域微分特性可知

$$sX(s) - x(0_-) = \int_{0_-}^{+\infty} \frac{\mathrm{d}x(t)}{\mathrm{d}t}\mathrm{e}^{-st}\mathrm{d}t = \int_{0_-}^{0_+} \mathrm{e}^{-st}\mathrm{d}x(t) + \int_{0_+}^{+\infty} \frac{\mathrm{d}x(t)}{\mathrm{d}t}\mathrm{e}^{-st}\mathrm{d}t$$

$$= x(t)\mathrm{e}^{-st}\Big|_{0_-}^{0_+} + \frac{1}{s}\int_{0_-}^{0_+} x(t)\mathrm{e}^{-st}\mathrm{d}t + \int_{0_+}^{+\infty} \frac{\mathrm{d}x(t)}{\mathrm{d}t}\mathrm{e}^{-st}\mathrm{d}t$$

$$= x(0_+) - x(0_-) + \int_{0_+}^{+\infty} \frac{\mathrm{d}x(t)}{\mathrm{d}t}\mathrm{e}^{-st}\mathrm{d}t$$

比较等式左、右两边，可得

$$sX(s) = x(0_+) + \int_{0_+}^{+\infty} \frac{\mathrm{d}x(t)}{\mathrm{d}t}\mathrm{e}^{-st}\mathrm{d}t \tag{5.3.27}$$

当 $s \to +\infty$ 时，上式右端第二项的极限为

$$\lim_{s\to+\infty}\left[\int_{0_+}^{+\infty} \frac{\mathrm{d}\,x(t)}{\mathrm{d}t}\mathrm{e}^{-st}\mathrm{d}t\right] = \int_{0_+}^{+\infty} \frac{\mathrm{d}\,x(t)}{\mathrm{d}\,t}\left[\lim_{s\to+\infty}\mathrm{e}^{-st}\right]\mathrm{d}t = 0$$

因此，对式（5.3.27）两边同时取 $s \to \infty$ 的极限，有

$$\lim_{t\to 0_+} x(t) = x(0_+) = \lim_{s\to +\infty} sX(s)$$

若 $X(s)$ 不是真分式，则表明 $x(t)$ 包含冲激函数及其各阶导数，这时应将 $X(s)$ 化成多项式和真分式之和，即

$$X(s) = k_0 + k_1 s + \cdots + k_N s^N + X_N(s) \tag{5.3.28}$$

此时，初值定理应表示为

$$x(0_+) = \lim_{s\to+\infty} sX_N(s) \tag{5.3.29}$$

因为在 s 域中多项式对应时域的冲激信号及其各阶导数，它们在 0_+ 的值均为零，故只对 s 域的真分式部分应用初值定理，即可求得 $x(0_+)$。

5.3.10　终值定理

设函数 $x(t)$ 及其导数 $\frac{\mathrm{d}x(t)}{\mathrm{d}t}$ 可以进行拉普拉斯变换，而且 $x(t)$ 在 $t \to +\infty$ 时的极限存在。若 $x(t) \leftrightarrow X(s)$，则

$$x(+\infty)=\lim_{t\to+\infty}x(t)=\lim_{s\to0}sX(s) \tag{5.3.30}$$

证明：根据初值定理证明时得到的公式

$$sX(s)=x(0_+)+\int_{0_+}^{+\infty}\frac{\mathrm{d}x(t)}{\mathrm{d}t}\mathrm{e}^{-st}\mathrm{d}t$$

取 $s\to0$ 的极限，有

$$\lim_{s\to0}sX(s)=x(0_+)+\lim_{s\to0}\int_{0_+}^{+\infty}\frac{\mathrm{d}x(t)}{\mathrm{d}t}\mathrm{e}^{-st}\mathrm{d}t=x(0_+)+\lim_{t\to+\infty}x(t)-x(0_+)$$

于是得到

$$\lim_{t\to+\infty}x(t)=\lim_{s\to0}sX(s)$$

显然，只有当信号 $x(t)$ 的终值存在时，才能利用式（5.3.30）计算它的终值，否则将得到错误的结果。要使 $x(t)$ 的终值存在，则要求 $X(s)$ 的所有极点位于 s 左半平面。如果 $X(s)$ 在 $\mathrm{j}\omega$ 轴上有极点，也只能是在原点上的一阶极点，只有满足这种极点分布的信号才有终值。关于信号极点分布的讨论，请参看第 5.8 节。

【例 5.3.12】 利用初值定理和终值定理，求下列单边拉普拉斯变换所对应的时域信号的初值和终值。

（1）$X_1(s)=\dfrac{s}{s+1}$；（2）$X_2(s)=\dfrac{2s+2}{s+3}$。

解：（1）$x_1(0_+)=\lim\limits_{s\to+\infty}[sX(s)]=\lim\limits_{s\to+\infty}\dfrac{s}{s+1}=1$

$$x_1(\infty)=\lim_{s\to0}[sX(s)]=\lim_{s\to0}\frac{s}{s+1}=0$$

（2）$X_2(s)$ 不是真分式，将其展开成多项式和真分式之和，即

$$X_2(s)=2+\frac{-4}{s+3}=k+X_0(s)$$

对真分式 $X_0(s)$ 应用初值定理，可得

$$x_2(0_+)=\lim_{s\to+\infty}sX_1(s)=\lim_{s\to+\infty}\frac{-4s}{s+3}=-4$$

$$x_2(\infty)=\lim_{s\to0}[sX(s)]=\lim_{s\to0}s\cdot\frac{2s+2}{s+3}=0$$

【例 5.3.13】 如果信号 $x(t)$ 的拉普拉斯变换为 $X(s)=\dfrac{1}{s+\alpha}$，收敛域为 $\mathrm{Re}[s]>-\alpha$，求信号 $x(t)$ 的终值。

解：由终值定理，可得

$$x(+\infty)=\lim_{s\to0}[sX(s)]=\lim_{s\to0}\frac{s}{s+\alpha}=\begin{cases}0 & \alpha>0 \quad (1)\\ 1 & \alpha=0 \quad (2)\\ 0 & \alpha<0 \quad (3)\end{cases}$$

观察上式，当 $\alpha>0$ 时，$sX(s)$ 的收敛域为 $\mathrm{Re}[s]>-\alpha$；而当 $\alpha=0$ 时，由于 $sX(s)=1$，其收敛域为 $\mathrm{Re}[s]>-\infty$。显然，这两种情况下，$s=0$ 在收敛域内，所以结果（1）和（2）是正确的。当 $\alpha<0$ 时，$sX(s)$ 的收敛域为 $\mathrm{Re}[s]>-\alpha$，这时，$s=0$ 不在收敛域内，所以结果（3）是不正确的，因为这时 $x(t)$ 是指数增长信号，不存在终值。

以上所讨论的初值定理和终值定理，在比较复杂的系统分析中，用来确定初值和终值是很方便的。只要知道响应的拉普拉斯变换，就可确定初值和终值，而不必求出时域响应。

5.3.11　时域卷积定理

若 $x_1(t) \leftrightarrow X_1(s)$，$x_2(t) \leftrightarrow X_2(s)$，且 $x_1(t)$ 和 $x_2(t)$ 为因果信号，则

$$x_1(t) * x_2(t) \leftrightarrow X_1(s) \cdot X_2(s) \tag{5.3.31}$$

证明： $L\{x_1(t) * x_2(t)\} = \int_0^{+\infty}\left[\int_{-\infty}^{+\infty} x_1(\tau)u(\tau)x_2(t-\tau)u(t-\tau)\mathrm{d}\tau\right]\mathrm{e}^{-st}\mathrm{d}t$

$$= \int_0^{+\infty}\left[\int_0^{+\infty} x_1(\tau)x_2(t-\tau)u(t-\tau)\mathrm{d}\tau\right]\mathrm{e}^{-st}\mathrm{d}t$$

交换积分次序，得

$$L[x_1(t) * x_2(t)] = \int_0^{+\infty} x_1(\tau)\left[\int_0^{+\infty} x_2(t-\tau)u(t-\tau)\mathrm{e}^{-st}\mathrm{d}t\right]\mathrm{d}\tau$$

对上式右端方括号中的积分利用时移特性，可得

$$L\{x_1(t) * x_2(t)\} = \int_0^{+\infty} x_1(\tau)X_2(s)\mathrm{e}^{-st}\mathrm{d}\tau = X_2(s)\int_0^{+\infty} x_1(\tau)\mathrm{e}^{-st}\mathrm{d}\tau = X_2(s)X_1(s)$$

该定理将时域信号的卷积运算转化为复频域中的代数运算。零状态响应是激励与冲激响应的卷积，所以可以利用时域卷积定理来计算系统的零状态响应。

【例 5.3.14】　已知某线性时不变系统的单位冲激响应为 $h(t) = u(t)$，试求当 $x(t) = \mathrm{e}^{-\alpha t}u(t)$ 激励该系统的零状态响应 $y(t)$。

解： 因为

$$y(t) = x(t) * h(t) \leftrightarrow Y(s) = X(s)H(s)$$

而

$$X(s) = \frac{1}{s+\alpha}，\quad H(s) = \frac{1}{s}$$

所以

$$Y(s) = \frac{1}{s(s+\alpha)} = \frac{1}{\alpha}\left(\frac{1}{s} - \frac{1}{s+\alpha}\right)$$

根据 $u(t)$ 和 $\mathrm{e}^{-\alpha t}u(t)$ 的基本变换对，可得到上式的拉普拉斯逆变换，即系统的零状态响应为

$$y(t) = \frac{1}{\alpha}\left(1 - \mathrm{e}^{-\alpha t}\right)u(t)$$

5.3.12　s 域卷积定理

若 $x_1(t) \leftrightarrow X_1(s)$，$x_2(t) \leftrightarrow X_2(s)$，则

$$x_1(t) \cdot x_2(t) \leftrightarrow \frac{1}{2\pi \mathrm{j}} X_1(s) * X_2(s) \tag{5.3.32}$$

由于式（5.3.32）右端涉及复变量函数的积分，计算比较复杂，因此 s 域卷积定理很少应用。

至此，我们讨论了单边拉普拉斯变换的主要性质，并求得了一些常用信号的变换对。现将常用信号的拉普拉斯变换对列于表 5.3.1，将拉普拉斯变换的性质列于表 5.3.2 中，以便查阅。

表 5.3.1　常用信号的拉普拉斯变换对

序　号	因果信号 $x(t)$	拉普拉斯变换 $X(s)$
1	$\delta(t)$	1
2	$\delta^{(n)}(t)$（n 是正整数）	s^n
3	$u(t)$	$\frac{1}{s}$

（续表）

序　号	因果信号 $x(t)$	拉普拉斯变换 $X(s)$
4	$e^{-\alpha t}u(t)$	$\frac{1}{s+\alpha}$
5	$e^{\pm j\omega_0 t}u(t)$	$\frac{1}{s\mp j\omega_0}$
6	$tu(t)$	$\frac{1}{s^2}$
7	$t^n u(t)$（n 是正整数）	$\frac{n!}{s^{n+1}}$
8	$\sin\omega_0 tu(t)$	$\frac{\omega_0}{s^2+\omega_0^2}$
9	$\cos\omega_0 tu(t)$	$\frac{s}{s^2+\omega_0^2}$
10	$2re^{-\alpha t}\cos(\omega_0 t+\varphi)u(t)$	$\frac{re^{j\varphi}}{s+\alpha-j\omega_0}+\frac{re^{-j\varphi}}{s+\alpha+j\omega_0}$
11	$e^{-\alpha t}\sin\omega_0 tu(t)$	$\frac{\omega_0}{(s+\alpha)^2+\omega_0^2}$
12	$e^{-\alpha t}\cos\omega_0 tu(t)$	$\frac{s+\alpha}{(s+\alpha)^2+\omega_0^2}$
13	$te^{-\alpha t}u(t)$	$\frac{1}{(s+\alpha)^2}$
14	$t^n e^{-\alpha t}u(t)$（n 是正整数）	$\frac{n!}{(s+\alpha)^{n+1}}$

表 5.3.2　拉普拉斯变换的性质（定理）

序　号	性质名称	时域	s 域
1	线性	$K_1x_1(t)+K_2x_2(t)$	$K_1X_1(s)+K_2X_2(s)$
2	时移特性	$x(t-t_0)u(t-t_0)$	$X(s)e^{-st_0}$
3	s 域平移特性	$x(t)e^{-\alpha t}$	$X(s+\alpha)$
4	时域微分特性	$\frac{dx(t)}{dt}$	$sX(s)-x(0_-)$
		$\frac{dx^n(t)}{dt}$	$s^nX(s)-\sum_{r=0}^{n-1}s^{n-r-1}x^{(r)}(0_-)$
5	时域积分特性	$\int_{-\infty}^{t}x(\tau)d\tau$	$\frac{X(s)}{s}+\frac{x^{(-1)}(0_-)}{s}$
		$\left(\int_{-\infty}^{t}\right)^n x(\tau)d\tau$	$\frac{X(s)}{s^n}+\sum_{i=1}^{n}\frac{x^{(-i)}(0_-)}{s^{n-i+1}}$
6	s 域微分特性	$tx(t)$	$-\frac{dX(s)}{ds}$
		$t^n x(t)$	$(-1)^n\frac{d^n X(s)}{d^n s}$
7	s 域积分特性	$\frac{x(t)}{t}$	$\int_s^{+\infty}X(s)ds$
8	尺度变换特性	$x(at)$	$\frac{1}{a}X\left(\frac{s}{a}\right)$
9	初值定理	$\lim_{t\to 0_+}x(t)=x(0_+)=\lim_{s\to+\infty}sX(s)$	
10	终值定理	$\lim_{t\to+\infty}x(t)=\lim_{s\to 0}sX(s)$	
11	时域卷积定理	$x_1(t)*x_2(t)$	$X_1(s)\cdot X_2(s)$
12	s 域卷积定理	$x_1(t)\cdot x_2(t)$	$\frac{1}{2\pi j}X_1(s)*X_2(s)$

5.4　拉普拉斯逆变换

对于单边拉普拉斯变换，由式（5.2.10）可知，$X(s)$ 的拉普拉斯逆变换为

$$x(t)=\begin{cases}\dfrac{1}{2\pi\mathrm{j}}\displaystyle\int_{\sigma-\mathrm{j}\infty}^{\sigma+\mathrm{j}\infty}X(s)\,\mathrm{e}^{st}\mathrm{d}s & t>0\\ 0 & t<0\end{cases}\tag{5.4.1}$$

这是一个复变函数积分，称为反演积分，虽然该积分可以通过留数定理求得积分结果，但计算比较复杂。在实际应用中，$X(s)$一般为 s 的有理分式，而有理分式的逆变换可以不用这种方法求解，而是将 $X(s)$分解成许多简单的部分分式之和，然后利用已知信号的拉普拉斯变换对求逆变换。这种方法称为部分分式展开法。

另外需要说明一点，由于单边拉普拉斯变换与它的原函数是一一对应的关系，所以在分析单边拉普拉斯变换时，不再强调收敛域。

如果 $X(s)$是 s 的有理分式，它可以用两个 s 的有理多项式之比来表示，即

$$X(s)=\frac{B(s)}{A(s)}=\frac{b_m s^m+b_{m-1}s^{m-1}+\cdots+b_1 s+b_0}{s^n+a_{n-1}s^{n-1}+\cdots+a_1 s+a_0}\tag{5.4.2}$$

式中，系数 $a_i(i=0,1,2,\cdots,n-1)$、$b_j(j=0,1,2,\cdots,m)$ 都为实数，n 和 m 是正整数。这里令分母多项式的首项系数为 1，并不失一般性。若 $m\geqslant n$，则 $\dfrac{B(s)}{A(s)}$ 为有理假分式；若 $m<n$，则 $\dfrac{B(s)}{A(s)}$ 为有理真分式。

若 $X(s)$ 为有理假分式，可用多项式除法将 $X(s)$ 分解为有理多项式与有理真分式之和，即

$$X(s)=c_0+c_1 s+\cdots+c_{m-n}s^{m-n}+\frac{D(s)}{A(s)}=N(s)+\frac{D(s)}{A(s)}\tag{5.4.3}$$

式中

$$N(s)=c_0+c_1 s+\cdots+c_{m-n}s^{m-n}\tag{5.4.4}$$

式中，$c_i(i=0,1,2,\cdots,m-n)$ 为实数。可见，$N(s)$ 为 s 的有理多项式，其逆变换容易求得为

$$c_0+c_1 s+\cdots+c_{m-n}s^{m-n}\leftrightarrow c_0\delta(t)+c_1\delta'(t)+\cdots+c_{m-n}\delta^{(m-n)}(t)\tag{5.4.5}$$

因此，这种情况可以归结为有理真分式 $\dfrac{D(s)}{A(s)}$ 拉普拉斯逆变换的求取。

若 $X(s)=\dfrac{B(s)}{A(s)}$ 为有理真分式，根据数学中的赫维赛德（Heaviside）展开定理，$X(s)$ 可展开为一系列部分分式之和。要把 $X(s)$ 展开为部分分式，必须先求出 $A(s)=0$ 的根。为了便于分解，将 $A(s)$ 写成以下形式

$$A(s)=(s-p_1)(s-p_2)\cdots(s-p_n)\tag{5.4.6}$$

式中，p_i（$i=1,2,\cdots,n$）为方程 $A(s)=0$ 的根，也称为 $X(s)$ 的极点。方程 $A(s)=0$ 的 n 个根可以是单根，也可以是重根；可以是实数根，也可以是复数根。$X(s)$ 展开为部分分式的具体形式取决于 $X(s)$ 的极点 p_i 的上述特性。下面根据 $X(s)$ 的极点 p_i 的不同情况，分别介绍用部分分式展开法求逆变换的过程。

1. $X(s)$ 有实数单阶极点

设 p_i（$i=1,2,\cdots,n$）是 $A(s)=0$ 的 n 个互不相等的单根，可将 $X(s)$ 展开为如下的部分分式

$$X(s)=\frac{B(s)}{A(s)}=\frac{B(s)}{(s-p_1)(s-p_2)\cdots(s-p_n)}=\frac{K_1}{s-p_1}+\frac{K_2}{s-p_2}+\cdots+\frac{K_n}{s-p_n}=\sum_{i=1}^{n}\frac{K_i}{s-p_i} \quad (5.4.7)$$

式中，$K_i\,(i=1,2,\cdots,n)$称为部分分式项系数，可采用下述方法计算。

将式（5.4.7）的两端同时乘以$(s-p_i)$，得

$$(s-p_i)X(s)=K_1\frac{s-p_i}{s-p_1}+K_2\frac{s-p_i}{s-p_2}+\cdots+K_i+\cdots+K_n\frac{s-p_i}{s-p_n}$$

令$s=p_i$，由于各个根均不相等，故上式右端除K_i一项外均等于零，所以得到

$$K_i=(s-p_i)X(s)\Big|_{s=p_i} \quad (5.4.8)$$

因为

$$\mathrm{e}^{p_i t}u(t)\leftrightarrow\frac{1}{s-p_i}$$

利用线性性质，可得式（5.4.7）中$X(s)$的单边拉普拉斯逆变换为

$$x(t)=L^{-1}[X(s)]=\sum_{i=1}^{n}K_i\mathrm{e}^{p_i t}u(t) \quad (5.4.9)$$

【例 5.4.1】 求$X(s)=\dfrac{2s^3+7s^2+10s+6}{s^2+3s+2}$的拉普拉斯逆变换$x(t)$。

解： 由于$X(s)$为有理假分式，所以首先将其化为有理真分式

$$X(s)=1+2s+\frac{3s+4}{s^2+3s+2}=1+2s+X_1(s)$$

$X_1(s)$的分母多项式为

$$s^2+3s+2=(s+1)(s+2)$$

所以，方程$A(s)=0$有两个单根，分别为$p_1=-1$，$p_1=-2$，因此，$X_1(s)$的部分分式展开式为

$$X_1(s)=\frac{3s+4}{(s+1)(s+2)}=\frac{K_1}{s+1}+\frac{K_2}{s+2}$$

利用式（5.4.8）求各系数

$$K_1=(s+1)X_1(s)\Big|_{s=-1}=(s+1)\frac{3s+4}{(s+1)(s+2)}\Bigg|_{s=-1}=1$$

$$K_2=(s+2)X_1(s)\Big|_{s=-2}=(s+2)\frac{3s+4}{(s+1)(s+2)}\Bigg|_{s=-2}=2$$

于是，$X(s)$可展开为

$$X(s)=1+2s+\frac{1}{s+1}+\frac{2}{s+1}$$

根据$\mathrm{e}^{-\alpha t}u(t)\leftrightarrow\dfrac{1}{s+\alpha}$，并利用线性性质，得

$$x(t)=\delta(t)+2\delta'(t)+(\mathrm{e}^{-t}+2\mathrm{e}^{-2t})u(t)$$

2．$X(s)$有共轭复数单阶极点

方程$A(s)=0$若有复数根，必然共轭成对，如果把共轭复数极点看做是两个单阶极点，则可以采用上述实数单阶极点求逆变换的方法。

设$A(s)=0$有一对共轭单根$p_{1,2}=-\alpha\pm\mathrm{j}\beta$，则$X(s)$可展开为

$$X(s)=\frac{B(s)}{(s+\alpha-\mathrm{j}\beta)(s+\alpha+\mathrm{j}\beta)}=\frac{K_1}{s+\alpha-\mathrm{j}\beta}+\frac{K_2}{s+\alpha+\mathrm{j}\beta} \quad (5.4.10)$$

利用式（5.4.8），可求得

$$K_1=(s+\alpha-\mathrm{j}\beta)\frac{B(s)}{(s+\alpha-\mathrm{j}\beta)(s+\alpha+\mathrm{j}\beta)}\bigg|_{s=-\alpha+\mathrm{j}\beta}=\frac{B(-\alpha+\mathrm{j}\beta)}{\mathrm{j}2\beta}$$

$$K_2=(s+\alpha+\mathrm{j}\beta)\frac{B(s)}{(s+\alpha-\mathrm{j}\beta)(s+\alpha+\mathrm{j}\beta)}\bigg|_{s=-\alpha-\mathrm{j}\beta}=\frac{B(-\alpha-\mathrm{j}\beta)}{-\mathrm{j}2\beta}$$

可见，系数 K_1 和 K_2 互为共轭，即 $K_2=K_1^*$。令 $K_1=|K_1|\mathrm{e}^{\mathrm{j}\varphi}$，则有

$$X(s)=\frac{|K_1|\mathrm{e}^{\mathrm{j}\varphi}}{s+\alpha-\mathrm{j}\beta}+\frac{|K_1|\mathrm{e}^{-\mathrm{j}\varphi}}{s+\alpha+\mathrm{j}\beta} \tag{5.4.11}$$

由 s 域平移和线性性质可以得到 $X(s)$ 的原函数为

$$\begin{aligned}x(t)&=\left[|K_1|\mathrm{e}^{\mathrm{j}\varphi}\mathrm{e}^{(-\alpha+\mathrm{j}\beta)t}+|K_1|\mathrm{e}^{-\mathrm{j}\varphi}\mathrm{e}^{(-\alpha+\mathrm{j}\beta)t}\right]u(t)\\&=|K_1|\mathrm{e}^{-\alpha t}\left[\mathrm{e}^{\mathrm{j}(\beta+\varphi)t}+\mathrm{e}^{-\mathrm{j}(\beta+\varphi)t}\right]u(t)\\&=2|K_1|\mathrm{e}^{-\alpha t}\cos(\beta t+\varphi)u(t)\end{aligned} \tag{5.4.12}$$

【例 5.4.2】 求 $X(s)=\dfrac{s^2+3}{(s+2)(s^2+2s+5)}$ 的逆变换 $x(t)$。

解：本例题中，$A(s)=(s+2)(s+1+\mathrm{j}2)(s+1-\mathrm{j}2)=0$ 有三个根，分别为一个单阶实根 $p_1=-2$ 和一对共轭复根 $p_{2,3}=-1\pm\mathrm{j}2$，因此 $X(s)$ 可展开为

$$X(s)=\frac{K_1}{s+2}+\frac{K_2}{s+1-\mathrm{j}2}+\frac{K_3}{s+1+\mathrm{j}2}$$

利用式（5.4.8）求系数

$$K_1=(s+2)X(s)\big|_{s=-2}=\frac{7}{5}$$

$$K_2=\frac{s^2+3}{(s+2)(s+1+\mathrm{j}2)}\bigg|_{s=-1+\mathrm{j}2}=\frac{-1+\mathrm{j}2}{5}$$

$$K_3=K_2^*=\frac{-1-\mathrm{j}2}{5}$$

利用式（5.4.11）可以得到 $X(s)$ 的逆变换为

$$x(t)=\frac{7}{5}\mathrm{e}^{-2t}u(t)+2\mathrm{e}^{-t}\left[-\frac{1}{5}\cos(2t)-\frac{2}{5}\sin(2t)\right]u(t)$$

显然，上述方法的计算过程比较烦琐，这是由于逆变换是以指数信号作为基本信号导致的。如果换一个角度，把正弦信号或衰减正弦信号作为基本信号，则会简化计算过程。为此，将 $X(s)$ 的一对共轭复数极点进行合并处理，因为

$$(s+\alpha-\mathrm{j}\beta)(s+\alpha+\mathrm{j}\beta)=(s+\alpha)^2+\beta^2$$

所以，可将式（5.4.10）表示为

$$X(s)=\frac{B(s)}{(s+\alpha-\mathrm{j}\beta)(s+\alpha+\mathrm{j}\beta)}=\frac{k_1s+k_2}{(s+\alpha)^2+\beta^2}=\frac{k_1(s+\alpha)}{(s+\alpha)^2+\beta^2}+\frac{\dfrac{(k_2-k_1\alpha)}{\beta}\beta}{(s+\alpha)^2+\beta^2} \tag{5.4.13}$$

为了讨论方便，假设式中只有一对共轭复数极点。其中，系数 k_1 和 k_2 可用待定系数法求得。利用

$$\mathrm{e}^{-\alpha t}\sin(\beta t)\leftrightarrow\frac{\beta}{\beta+(s+\alpha)^2}$$

$$\mathrm{e}^{-\alpha t}\cos(\beta t)\leftrightarrow\frac{s+\alpha}{\beta^2+(s+\alpha)^2}$$

可得式（5.4.13）的拉普拉斯逆变换为

$$x(t)=\mathrm{e}^{-\alpha t}\left[k_1\cos(\beta t)+\frac{(k_2-k_1\alpha)}{\beta}\sin(\beta t)\right]u(t) \tag{5.4.14}$$

对于例 5.4.2，可以将 $X(s)$ 表示为

$$X(s)=\frac{s^2+3}{(s+2)(s^2+2s+5)}=\frac{K_1}{s+2}+\frac{k_1s+k_2}{(s+1)^2+2^2}$$

先利用式（5.4.8）求系数 K_1，得到

$$K_1=(s+2)X(s)\Big|_{s=-2}=\frac{7}{5}$$

然后利用待定系数法求系数 k_1 和 k_2。因为

$$\frac{\frac{7}{5}}{s+2}+\frac{k_1s+k_2}{(s+1)^2+2^2}=\frac{\frac{7}{5}\left[(s+1)^2+2^2\right]+(k_1s+k_2)(s+2)}{(s+2)\left[(s+1)^2+2^2\right]}=\frac{\left(\frac{7}{5}+k_1\right)s^2+\left(\frac{14}{5}+2k_1+k_2\right)+(7+2k_2)}{(s+2)\left[(s+1)^2+2^2\right]}$$

将上式中的分子与 $X(s)$ 的分子比较，可以得到

$$\begin{cases}\frac{7}{5}+k_1=1\\ 7+2k_2=3\end{cases}\Rightarrow\begin{cases}k_1=-\frac{2}{5}\\ k_2=-2\end{cases}$$

所以

$$x(t)=\frac{7}{5}\mathrm{e}^{-2t}u(t)+2\mathrm{e}^{-t}\left[-\frac{2}{5}\cos(2t)-\frac{4}{5}\sin(2t)\right]u(t)$$

3. $X(s)$ 有重极点

如果 $A(s)=0$ 在 $s=p_1$ 有 k 重根，而其余 $(n-k)$ 个根 $s=p_i$（$i=k+1,\cdots,n$）都是不等于 p_1 的单根，则可将 $X(s)$ 的展开式写为

$$X(s)=\frac{B(s)}{A(s)}=\frac{B(s)}{(s-p_1)^kD(s)}=\frac{K_{11}}{(s-p_1)^k}+\frac{K_{12}}{(s-p_1)^{k-1}}+\cdots+\frac{K_{1k}}{(s-p_1)}+\frac{E(s)}{D(s)} \tag{5.4.15}$$

式中，$\frac{E(s)}{D(s)}$ 表示展开式中与极点 p_1 无关的其余部分，其部分分式系数可由式（5.4.8）计算。关键是求重极点部分的部分分式系数，为此，将式（5.4.15）两边同时乘以 $(s-p_1)^k$，得到

$$(s-p_1)^kX(s)=K_{11}+K_{12}(s-p_1)+\cdots+K_{1k}(s-p_1)^{k-1}+(s-p_1)^k\frac{E(s)}{D(s)} \tag{5.4.16}$$

令 $s=p_1$，则上式的右边除 K_{11} 项以外，其余各项均为零，于是可得

$$K_{11}=(s-p_1)^kX(s)\Big|_{s=p_1} \tag{5.4.17}$$

将式（5.4.16）对 s 求一次微分，得

$$\frac{\mathrm{d}}{\mathrm{d}s}\left[(s-p_1)^kX(s)\right]=K_{12}+2K_{13}(s-p_1)+\cdots+K_{1k}(k-1)(s-p_1)^{k-2}+\frac{\mathrm{d}}{\mathrm{d}s}\left[(s-p_1)^k\frac{E(s)}{D(s)}\right]$$

令 $s=p_1$，可以求得系数 K_{12}

$$K_{12}=\frac{\mathrm{d}}{\mathrm{d}s}\left[(s-p_1)^kX(s)\right]\Big|_{s=p_1} \tag{5.4.18}$$

以此类推，将式（5.4.16）对 s 求 $(k-1)$ 次微分，并令 $s=p_1$，可以得到系数 K_{1i} 为

$$K_{1i}=\frac{1}{(i-1)!}\frac{\mathrm{d}^{(i-1)}}{\mathrm{d}s^{(i-1)}}\left[(s-p_1)^k X(s)\right]\Big|_{s=p_1} \tag{5.4.19}$$

式中，$i=1,2,\cdots,k$ 。

【例 5.4.3】 求 $X(s)=\dfrac{3s+5}{(s+1)^2(s+3)}$ 的原函数 $x(t)$ 。

解： $X(s)$ 有二重极点 $p_{1,2}=-1$ 和单极点 $p_3=-3$ ，因此可将 $X(s)$ 展开为

$$X(s)=\frac{K_{11}}{(s+1)^2}+\frac{K_{12}}{s+1}+\frac{K_3}{s+3}$$

分别求系数 K_{11}、K_{12}、K_3：

$$K_{11}=(s+1)^2\frac{3s+5}{(s+1)^2(s+3)}\Big|_{s=-1}=1$$

$$K_{12}=\frac{\mathrm{d}}{\mathrm{d}s}\left[(s+1)^2\frac{3s+5}{(s+1)^2(s+3)}\right]\Big|_{s=-1}=1$$

$$K_3=(s+3)\frac{3s+5}{(s+1)^2(s+3)}\Big|_{s=-3}=-1$$

于是得

$$X(s)=\frac{1}{(s+1)^2}+\frac{1}{s+1}-\frac{1}{s+3}$$

所以

$$x(t)=(t\mathrm{e}^{-t}+\mathrm{e}^{-t}-\mathrm{e}^{-3t})u(t)$$

除了部分分式展开法之外，应用拉普拉斯变换的性质结合常用变换对，也是求单边拉普拉斯逆变换的重要方法。尤其是当 $X(s)$ 不是有理分式时，由于无法进行部分分式展开，这时就需要采用适当的性质和基本变换对来进行求解。以下举例说明这种方法。

【例 5.4.4】 已知 $X(s)=\dfrac{\mathrm{e}^{-2s}}{s^2+3s+2}$，求 $X(s)$ 的单边拉普拉斯逆变换 $x(t)$ 。

解： $X(s)$ 不是有理分式，但可以表示为

$$X(s)=\frac{\mathrm{e}^{-2s}}{s^2+3s+2}=X_1(s)\mathrm{e}^{-2s}$$

式中，$X_1(s)$ 为

$$X_1(s)=\frac{1}{s^2+3s+2}=\frac{1}{s+1}+\frac{-1}{s+2}$$

由线性性质和常用变换对可得

$$x_1(t)=\left(\mathrm{e}^{-t}-\mathrm{e}^{-2t}\right)u(t)$$

由时移特性得

$$x(t)=x_1(t-2)=\left[\mathrm{e}^{-(t-2)}-\mathrm{e}^{-2(t-2)}\right]u(t-2)$$

【例 5.4.5】 求 $X(s)=\left(\dfrac{1-\mathrm{e}^{-s}}{s}\right)^2$ 的单边拉普拉斯逆变换 $x(t)$，并画出 $x(t)$ 的波形。

解： 可将 $X(s)$ 表示为

$$X(s)=X_1(s)\cdot X_1(s)$$

式中，$X_1(s)=\dfrac{1-e^{-s}}{s}=\dfrac{1}{s}-\dfrac{e^{-s}}{s}$。因为

$$u(t)\leftrightarrow\frac{1}{s}$$

根据时移特性，可得 $X_1(s)$ 的拉普拉斯逆变换为

$$x_1(t)=u(t)-u(t-1)$$

根据时域卷积定理，可知

$$x(t)=x_1(t)*x_1(t)=[u(t)-u(t-1)]*[u(t)-u(t-1)]=tu(t)-2(t-1)u(t-1)+(t-2)u(t-2)$$

由上式可知，$x(t)$ 是在 $0\leqslant t\leqslant 2$ 范围内，高为 1、底宽为 2 的等腰三角形。$x_1(t)$ 及 $x(t)$ 的波形如图 5.4.1 所示。

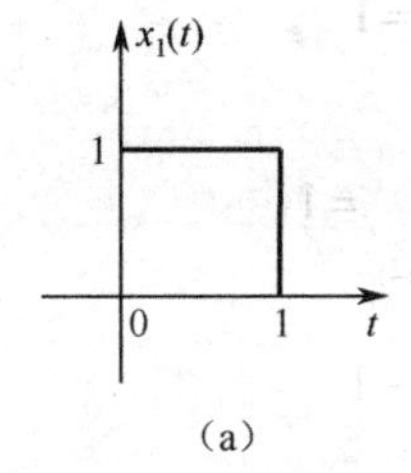

(a)

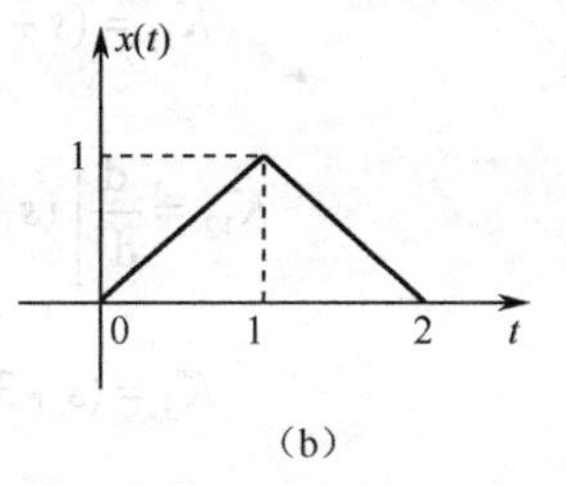

(b)

图 5.4.1 例 5.4.5 波形

【例 5.4.6】 求 $X(s)=\dfrac{1}{s(e^{s}-e^{-s})}$ 的单边拉普拉斯逆变换 $x(t)$。

解： $X(s)$ 不是有理分式，不能展开成部分分式，但可以将 $X(s)$ 的函数形式进行恒等变换

$$X(s)=\frac{e^{-s}}{s(e^{s}-e^{-s})e^{-s}}=\frac{e^{-s}}{s}\cdot\frac{1}{1-e^{-2s}}=X_1(s)\cdot X_2(s)$$

式中，$X_1(s)=\dfrac{e^{-s}}{s}$，$X_2(s)=\dfrac{1}{1-e^{-2s}}$。因为 $u(t)\leftrightarrow\dfrac{1}{s}$，根据时移特性，可知 $X_1(s)$ 的拉普拉斯逆变换为 $x_1(t)$

$$x_1(t)=u(t-1)$$

而 $X_2(s)$ 的拉普拉斯逆变换是周期为 2 的有始冲激信号序列

$$x_2(t)=\sum_{k=0}^{+\infty}\delta(t-2k)$$

根据时域卷积定理，得

$$x(t)=x_1(t)*x_2(t)=u(t-1)*\sum_{k=0}^{+\infty}\delta(t-2k)=\sum_{k=0}^{+\infty}u(t-2k-1)$$

5.5 拉普拉斯变换与傅里叶变换的关系

在 5.2 节中讨论拉普拉斯变换的定义时，是将 $x(t)$ 乘以衰减因子 $e^{-\sigma t}$ 以后，利用傅里叶变换的基本原理引出的，衰减因子的引入使得部分不能求傅里叶变换的信号能够求取拉普拉斯变换。如果一个信号 $x(t)$ 不需要衰减因子就满足绝对可积条件，那么 $x(t)$ 既存在傅里叶变换也存在拉普拉斯变换，这说明傅里叶变换和拉普拉斯变换在一定条件下可以相互转换。本节将讨论拉普拉斯变换存在的原函数 $x(t)$，其傅里叶变换是否存在？如果存在，如何由拉普拉斯变换得到傅里叶变换。

单边拉普拉斯变换与傅里叶变换的定义分别为

$$X(s)=\int_{0}^{+\infty}x(t)\mathrm{e}^{-st}\mathrm{d}t \quad \mathrm{Re}[s]>\sigma_0 \tag{5.5.1}$$

$$X(\mathrm{j}\omega)=\int_{-\infty}^{+\infty}x(t)\mathrm{e}^{-\mathrm{j}\omega t}\mathrm{d}\omega \tag{5.5.2}$$

应该注意到，单边拉普拉斯变换中的信号 $x(t)$ 是因果信号，即当 $t<0$ 时，$x(t)=0$，因而本节只讨论因果信号的傅里叶变换与其拉普拉斯变换的关系。

从式（5.5.1）和式（5.5.2）可以看出，由于 $s=\sigma+\mathrm{j}\omega$，因此若能使 $\sigma=\mathrm{Re}[s]=0$，则 $s=\mathrm{j}\omega$，从而 $X(s)$ 就等于 $X(\mathrm{j}\omega)$。但是，能否使 $\sigma=0$，取决于 $X(s)$ 的收敛域。根据收敛边界的不同，按以下三种情况分别讨论。

1．当 $\sigma_0>0$ 时，收敛边界落于 s 平面右半平面

如果 $x(t)$ 的拉普拉斯变换 $X(s)$ 的收敛坐标 $\sigma_0>0$，则其收敛域在虚轴的右边，因而在 $s=\mathrm{j}\omega$ 处，式（5.5.1）所示的拉普拉斯变换不收敛。在这种情况下，信号 $x(t)$ 的傅里叶变换不存在。例如，信号 $x(t)=\mathrm{e}^{\alpha t}u(t)\quad(\alpha>0)$，其拉普拉斯变换为

$$X(s)=\frac{1}{s-\alpha} \quad \mathrm{Re}[s]>\alpha \tag{5.5.3}$$

其收敛坐标为 $\sigma_0=\alpha$，收敛轴为 $\sigma=\alpha$，收敛域为 $\mathrm{Re}[s]>\alpha$，如图 5.5.1 所示。

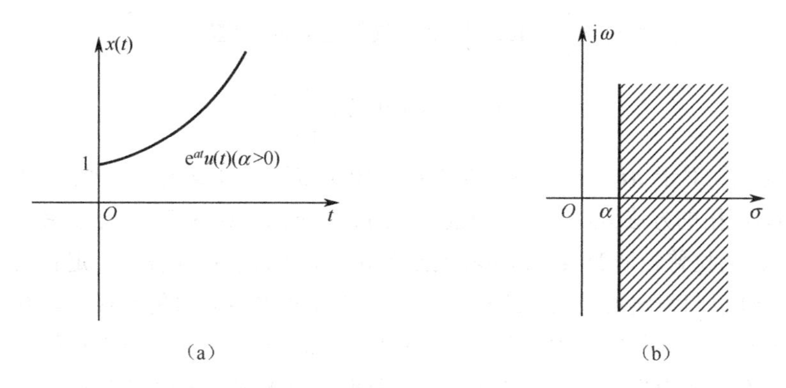

图 5.5.1　信号 $x(t)=\mathrm{e}^{\alpha t}u(t)\ (\alpha>0)$ 波形及其收敛域

2．当 $\sigma_0<0$ 时，收敛边界落于 s 平面左半平面

如果 $x(t)$ 的拉普拉斯变换 $X(s)$ 的收敛坐标 $\sigma_0<0$，则其收敛域在虚轴的左边。在这种情况下，式（5.5.1）在虚轴上也收敛，因此式（5.5.1）中令 $s=\mathrm{j}\omega$ 得到的表达式和式（5.5.2）是完全相同的。所以，因果信号拉普拉斯变换的收敛边界位于 s 平面的左半平面时，其傅里叶变换也存在，其与拉普拉斯变换的关系为

$$X(\mathrm{j}\omega)=X(s)\big|_{s=\mathrm{j}\omega} \tag{5.5.4}$$

例如，$x(t)=\mathrm{e}^{-\alpha t}u(t)(\alpha>0)$，其拉普拉斯变换为

$$X(s)=\frac{1}{s+\alpha} \quad \mathrm{Re}[s]>-\alpha$$

其收敛坐标为 $\sigma_0=-\alpha$，收敛轴为 $\sigma=-\alpha$，收敛域为 $\mathrm{Re}[s]>-\alpha$，如图 5.5.2 所示。

此时，可直接令 $s=\mathrm{j}\omega$，得到 $x(t)$ 的傅里叶变换

$$X(\mathrm{j}\omega)=X(s)\big|_{s=\mathrm{j}\omega}=\frac{1}{\mathrm{j}\omega+\alpha}$$

可见，上式与式（3.5.13）完全一致。

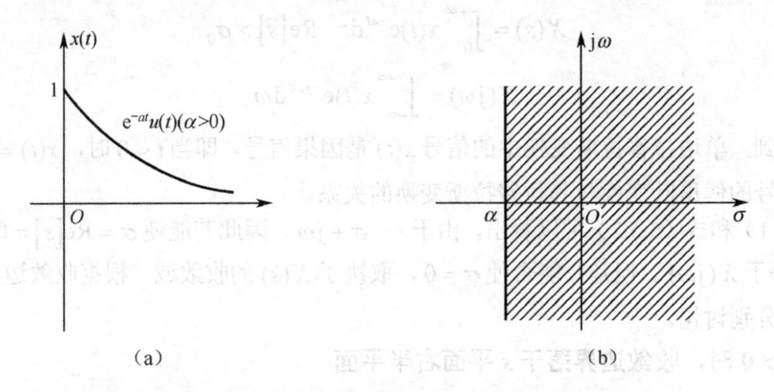

图 5.5.2 $x(t)=\mathrm{e}^{-\alpha t}u(t)\ (\alpha>0)$ 波形及其收敛域

3．当 $\sigma_0=0$ 时，收敛边界位于虚轴上

如果 $x(t)$ 的拉普拉斯变换 $X(s)$ 的收敛坐标 $\sigma_0=0$，收敛域不包含虚轴，式（5.5.1）在虚轴上不收敛，但其傅里叶变换却是可以存在的，但是不能通过式（5.5.4）求得傅里叶变换，此时它的傅里叶变换中将包含奇异函数项。例如，$x(t)=u(t)$，其拉普拉斯变换和傅里叶变换分别为

$$X(s)=\frac{1}{s}\quad \mathrm{Re}[s]>0\text{（收敛边界位于虚轴上）}$$

$$X(\mathrm{j}\omega)=\pi\delta(\omega)+\frac{1}{\mathrm{j}\omega}$$

因为，在这种情况下，对于 $x(t)=u(t)$ 这种收敛边界在虚轴上的信号，其傅里叶变换不是用经典法（定义式），而是用取极限的方法引入了冲激函数而得到的。下面讨论两者的一般关系。

如果信号 $x(t)$ 的拉普拉斯变换 $X(s)$ 的收敛坐标 $\sigma_0=0$，那么它在虚轴上一定有虚数极点，为了讨论方便，把 $s=0$ 也归为虚数极点。此外，$X(s)$ 在 s 左半平面也有可能有极点。设 $X(s)$ 在左半平面和虚轴上都有极点，并且在虚轴上有 n 个单阶极点 $\mathrm{j}\omega_i(i=1,2,\cdots,n)$。将 $X(s)$ 展开成部分分式，并把其分为两部分，其中极点在 s 左半平面的部分表示为 $X_{\mathrm{a}}(s)$。这样，$X(s)$ 可以表示为

$$X(s)=X_{\mathrm{a}}(s)+\sum_{i=1}^{n}\frac{K_i}{s-\mathrm{j}\omega_i}\tag{5.5.5}$$

如果令 $x_{\mathrm{a}}(t)\leftrightarrow X_{\mathrm{a}}(s)$，则式（5.5.5）的拉普拉斯逆变换为

$$x(t)=x_{\mathrm{a}}(t)+\sum_{i=1}^{n}K_i\,\mathrm{e}^{\mathrm{j}\omega_i t}\,u(t)\tag{5.5.6}$$

由于 $X_{\mathrm{a}}(s)$ 的极点均位于 s 左半平面，根据式（5.5.4）可得到 $x_{\mathrm{a}}(t)$ 的傅里叶变换 $X_{\mathrm{a}}(\mathrm{j}\omega)$ 为

$$X_{\mathrm{a}}(\mathrm{j}\omega)=X_{\mathrm{a}}(s)\big|_{s=\mathrm{j}\omega}$$

由于 $u(t)\leftrightarrow\pi\delta(\omega)+\dfrac{1}{\mathrm{j}\omega}$，根据傅里叶变换的线性性质和频移特性，可以得到式（5.5.6）中右端第二项的傅里叶变换为

$$\sum_{i=1}^{n}K_i\left[\pi\delta(\omega-\omega_i)+\frac{1}{\mathrm{j}(\omega-\omega_i)}\right]$$

从而得到式（5.5.6）的傅里叶变换为

$$
\begin{aligned}
X(\mathrm{j}\omega) &= X_{\mathrm{a}}(s)\big|_{s=\mathrm{j}\omega}+\sum_{i=1}^{n}K_i\left[\pi\delta(\omega-\omega_i)+\frac{1}{\mathrm{j}(\omega-\omega_i)}\right] \\
&= X_{\mathrm{a}}(s)\big|_{s=\mathrm{j}\omega}+\sum_{i=1}^{n}\frac{K_i}{\mathrm{j}\omega-\mathrm{j}\omega_i}+\sum_{i=1}^{n}K_i\pi\delta(\omega-\omega_i) \\
&= X_{\mathrm{a}}(s)\big|_{s=\mathrm{j}\omega}+\sum_{i=1}^{n}\frac{K_i}{s-\mathrm{j}\omega_i}\bigg|_{s=\mathrm{j}\omega}+\sum_{i=1}^{n}K_i\pi\delta(\omega-\omega_i)
\end{aligned}
\tag{5.5.7}
$$

比较式（5.5.5）和式（5.5.7）可知，式（5.5.7）的前两项正好是 $X(\mathrm{j}\omega)=X(s)\big|_{s=\mathrm{j}\omega}$。因此，当 $X(s)$ 在虚轴上有 n 个单阶极点 $\mathrm{j}\omega_i\ (i=1,2,\cdots,n)$，其余极点在 s 左半平面时，信号 $x(t)$ 的傅里叶变换为

$$X(\mathrm{j}\omega)=X(s)\big|_{s=\mathrm{j}\omega}+\sum_{i=1}^{n}K_i\pi\delta(\omega-\omega_i) \tag{5.5.8}$$

式（5.5.8）表明，这时由 $X(s)$ 求 $X(\mathrm{j}\omega)$ 时，除了将 $X(s)$ 中的 s 以 $\mathrm{j}\omega$ 代换外，还要加一系列冲激函数：每个冲激函数与每个极点对应，冲激强度为 πK_i。

当 $X(s)$ 在虚轴上有多重极点时，对应的傅里叶变换还可能出现冲激信号的各阶导数项。设 $X(s)$ 在 $s=\mathrm{j}\omega_1$ 处有 k 重极点，其余极点均在 s 左半平面，则 $X(s)$ 的部分分式展开式为

$$X(s)=X_{\mathrm{a}}(s)+\frac{K_{1k}}{(s-\mathrm{j}\omega_1)^k}+\frac{K_{1(k-1)}}{(s-\mathrm{j}\omega_1)^{k-1}}+\cdots+\frac{K_{11}}{s-\mathrm{j}\omega_1}=X_{\mathrm{a}}(s)+\sum_{i=1}^{k}\frac{K_{1i}}{(s-\mathrm{j}\omega_1)^i} \tag{5.5.9}$$

式中，$X_{\mathrm{a}}(s)$ 的极点均位于 s 左半平面，而且 $\dfrac{K_{1i}}{(s-\mathrm{j}\omega_1)^i}$ 的拉普拉斯逆变换 $x_i(t)$ 为

$$x_i(t)=\frac{K_{1i}t^{i-1}}{(i-1)!}\mathrm{e}^{\mathrm{j}\omega_1 t}u(t) \tag{5.5.10}$$

由于 $u(t)\leftrightarrow\pi\delta(\omega)+\dfrac{1}{\mathrm{j}\omega}$，根据傅里叶变换的频移特性及频域微分特性，可以得到 $x_i(t)$ 的傅里叶变换 $X_i(\mathrm{j}\omega)$ 为

$$X_i(\mathrm{j}\omega)=\frac{K_{1i}}{(\mathrm{j}\omega-\mathrm{j}\omega_1)^i}+\frac{K_{1i}\pi\mathrm{j}^{i-1}}{(i-1)!}\delta^{(i-1)}(\omega-\omega_1) \tag{5.5.11}$$

所以

$$
\begin{aligned}
X(\mathrm{j}\omega) &= X_{\mathrm{a}}(s)\big|_{s=\mathrm{j}\omega}+\sum_{i=1}^{k}\frac{K_{1i}}{(\mathrm{j}\omega-\mathrm{j}\omega_1)^i}+\sum_{i=1}^{k}\frac{K_{1i}\pi\mathrm{j}^{i-1}}{(i-1)!}\delta^{(i-1)}(\omega-\omega_1) \\
&= X(s)\big|_{s=\mathrm{j}\omega}+\sum_{i=1}^{k}\frac{K_{1i}\pi\mathrm{j}^{i-1}}{(i-1)!}\delta^{(i-1)}(\omega-\omega_1)
\end{aligned}
\tag{5.5.12}
$$

【例 5.5.1】 已知信号 $x(t)=\sin(\omega_0 t)u(t)$ 的拉普拉斯变换为 $X(s)=\dfrac{\omega_0}{s^2+\omega_0^2}$，试求 $x(t)$ 的傅里叶变换 $X(\mathrm{j}\omega)$。

解： $X(s)$ 在虚轴上有两个极点 $p_{1,2}=\pm\mathrm{j}\omega_0$，将 $X(s)$ 展开成部分分式

$$X(s)=\frac{K_1}{s+\mathrm{j}\omega_0}+\frac{K_2}{s-\mathrm{j}\omega_0}$$

式中，$K_1=\dfrac{\omega_0}{s-\mathrm{j}\omega_0}\big|_{s=-\mathrm{j}\omega_0}=\dfrac{\mathrm{j}}{2}$，$K_2=K_1^*=-\dfrac{\mathrm{j}}{2}$。根据式（5.5.8），可得 $x(t)$ 的傅里叶变换为

$$X(\mathrm{j}\omega)=\frac{\omega_0}{\omega_0^2-\omega^2}+\pi\left[\frac{\mathrm{j}}{2}\delta(\omega+\omega_0)-\frac{\mathrm{j}}{2}\delta(\omega-\omega_0)\right]=\frac{\omega_0}{\omega_0^2-\omega^2}+\mathrm{j}\frac{\pi}{2}[\delta(\omega+\omega_0)-\delta(\omega-\omega_0)]$$

【例 5.5.2】 下列因果信号的拉普拉斯变换是否有相应的傅里叶变换？若有，写出它的相应傅里叶变换。

（1）$X_1(s)=\dfrac{1}{s^2(s+1)}$ （2）$X_2(s)=\dfrac{4s-1}{s+1}$ （3）$X_3(s)=\dfrac{4s+1}{s-1}$

解：（1）将 $X_1(s)$ 展开成部分分式

$$X_1(s)=\frac{1}{s^2}-\frac{1}{s}+\frac{1}{s+1}$$

式中，极点 $p_1=-1$ 位于 s 平面左半平面，所以其傅里叶变换存在。但由于 $p_2=0$ 是位于虚轴上的二阶极点，因此在相应的傅里叶变换中，包含一个冲激和一个冲激导数项。根据式（5.5.12），得

$$F_1(\mathrm{j}\omega)=F_1(s)\big|_{s=\mathrm{j}\omega}+\mathrm{j}\pi\delta'(\omega)-\pi\delta(\omega)=\frac{-1}{\omega^2(\mathrm{j}\omega+1)}+\mathrm{j}\pi\delta'(\omega)-\pi\delta(\omega)$$

（2）$X_2(s)$ 仅在 $s=-1$ 处有单极点，所以其收敛域为 $\sigma_0>-1$。由于收敛边界位于 s 平面左半平面，所以傅里叶变换存在，且为

$$F_2(\mathrm{j}\omega)=F_2(s)\big|_{s=\mathrm{j}\omega}=\frac{4\mathrm{j}\omega-1}{\mathrm{j}\omega+1}=4-\frac{5}{\mathrm{j}\omega+1}$$

（3）$X_3(s)$ 仅在 $s=1$ 处有单极点，所以其收敛域为 $\sigma_0>1$。由于收敛边界位于 s 平面右半平面，所以傅里叶变换不存在。

由以上分析，可得如下结论。

（1）当 $\sigma_0>0$ 时，只存在拉普拉斯变换，不存在傅里叶变换。

（2）当 $\sigma_0<0$ 时，既存在拉普拉斯变换，又存在傅里叶变换。而且以 $s=\mathrm{j}\omega$ 代换，就可以由 $X(s)$ 求 $X(\mathrm{j}\omega)$，即 $X(\mathrm{j}\omega)=X(s)\big|_{s=\mathrm{j}\omega}$；

（3）当 $\sigma_0=0$ 时，同时存在拉普拉斯变换和傅里叶变换，但不是简单的 $s=\mathrm{j}\omega$ 代换关系。这时由 $X(s)$ 求 $X(\mathrm{j}\omega)$，除把 $X(s)$ 中的 s 以 $\mathrm{j}\omega$ 代换外，还必须另外加上冲激函数及其各阶导数项。

从上述特别是极点位于虚轴上的分析中可以看出，建立傅里叶变换和拉普拉斯变换关系的桥梁是信号的时域表达式。时域是人们能够直接感受到的，既是问题的起源，又是问题的结束，所谓的变换域分析实际上都是时域问题分析的手段和工具。

5.6 线性时不变系统的复频域分析

拉普拉斯变换是分析连续时间线性时不变系统的有力数学工具，它将描述系统的微分方程转化为复频域中以复频率 s 为变量的代数方程，在复频域中通过代数运算得到系统的响应的复频域解，再经过拉普拉斯逆变换得到系统的时域响应。由于该方法的主要步骤在复频域中进行，故称为复频域分析法。

5.6.1 基本信号 e^{st} 激励下的零状态响应

若线性时不变连续系统的输入为 $x(t)$，零状态响应为 $y_{zs}(t)$，冲激响应为 $h(t)$，由连续系统的时域分析可知

$$y_{zs}(t)=x(t)*h(t) \tag{5.6.1}$$

若系统的输入为基本信号，即 $x(t)=\mathrm{e}^{st}$，则

$$y_{zs}(t)=\mathrm{e}^{st}*h(t)=\int_{-\infty}^{+\infty}h(\tau)\mathrm{e}^{s(t-\tau)}\mathrm{d}\tau=\mathrm{e}^{st}\int_{-\infty}^{+\infty}h(\tau)\mathrm{e}^{-s\tau}\mathrm{d}\tau$$

如果系统是因果系统，则 $h(t)$ 为因果信号，则有

$$y_{zs}(t)=\int_{0_-}^{+\infty}h(\tau)\,\mathrm{e}^{-st}\mathrm{d}\tau=\mathrm{e}^{st}H(s) \tag{5.6.2}$$

式中

$$H(s)=\int_{0_-}^{+\infty}h(t)\mathrm{e}^{-st}\mathrm{d}t=L[h(t)] \tag{5.6.3}$$

是冲激响应 $h(t)$ 的单边拉普拉斯变换，e^{st} 称为系统的特征函数。式（5.6.3）表明，线性连续系统对基本信号 e^{st} 的零状态响应等于 e^{st} 乘以一个与时间 t 无关的常系数 $H(s)$。式（5.6.2）正是系统复频域分析的基础。

5.6.2　一般信号 $x(t)$ 激励下的零状态响应

若线性时不变系统的激励信号 $x(t)$ 是因果信号，并且其单边拉普拉斯变换存在，则

$$x(t)=\frac{1}{2\pi\mathrm{j}}\int_{\sigma-\mathrm{j}\infty}^{\sigma+\mathrm{j}\infty}X(s)\,\mathrm{e}^{st}\mathrm{d}s\quad t>0$$

根据式（5.6.2），如果从复频域 $\sigma-\mathrm{j}\infty$ 到 $\sigma+\mathrm{j}\infty$ 区间内任选一复数 s，信号 e^{st} 产生的零状态响应为 $\mathrm{e}^{st}H(s)$，e^{st} 与其响应的对应关系表示为

$$\mathrm{e}^{st}\to H(s)\mathrm{e}^{st}$$

那么根据线性系统的齐次性，对于 $\sigma-\mathrm{j}\infty$ 到 $\sigma+\mathrm{j}\infty$ 区间上的任意 s，$\frac{1}{2\pi\mathrm{j}}X(s)\mathrm{d}s$ 为一复数。因此，信号 $\frac{1}{2\pi\mathrm{j}}X(s)\mathrm{d}s\cdot\mathrm{e}^{st}$ 产生的零状态响应可以表示为

$$\frac{1}{2\pi\mathrm{j}}X(s)\mathrm{d}s\cdot\mathrm{e}^{st}\to\frac{1}{2\pi\mathrm{j}}X(s)\mathrm{d}sH(s)\mathrm{e}^{st}$$

根据线性系统的可加性，由于系统的输入信号 $x(t)$ 可以分解为 $\sigma-\mathrm{j}\infty$ 到 $\sigma+\mathrm{j}\infty$ 区间上不同 s 的指数信号 $\frac{1}{2\pi\mathrm{j}}X(s)\mathrm{d}s\cdot\mathrm{e}^{st}$ 的和（积分），因此，系统对 $x(t)$ 的零状态响应等于这些指数信号产生的零状态响应之和（积分）。对应关系为

$$x(t)=\frac{1}{2\pi\mathrm{j}}\int_{\sigma-\mathrm{j}\infty}^{\sigma+\mathrm{j}\infty}X(s)\mathrm{e}^{st}\mathrm{d}s\,,\ t>0\to\frac{1}{2\pi\mathrm{j}}\int_{\sigma-\mathrm{j}\infty}^{\sigma+\mathrm{j}\infty}X(s)H(s)\mathrm{e}^{st}\mathrm{d}s,t>0$$

即 $x(t)$ 产生的零状态响应 $y_{zs}(t)$ 为

$$y_{zs}(t)=\frac{1}{2\pi\mathrm{j}}\int_{\sigma-\mathrm{j}\infty}^{\sigma+\mathrm{j}\infty}X(s)H(s)\mathrm{e}^{st}\mathrm{d}s\quad t>0 \tag{5.6.4}$$

因为 $x(t)$、$h(t)$ 是因果信号，所以 $y_{zs}(t)$ 也是因果信号。

另一方面，由于 $y_{zs}(t)=x(t)*h(t)$，根据时域卷积定理，则 $y_{zs}(t)$ 的单边拉普拉斯变换为

$$Y_{zs}(s)=H(s)X(s) \tag{5.6.5}$$

于是得到

$$y_{zs}(t)=\begin{cases}\frac{1}{2\pi\mathrm{j}}\int_{\sigma-\mathrm{j}\infty}^{\sigma+\mathrm{j}\infty}Y_{zs}(s)\mathrm{e}^{st}\mathrm{d}s & t>0\\ 0 & t<0\end{cases} \tag{5.6.6}$$

式（5.6.5）和式（5.6.6）表明，系统的零状态响应可按以下步骤求解：

（1）求系统输入 $x(t)$ 的单边拉普拉斯变换 $X(s)$；

（2）求系统单位冲激响应的拉普拉斯变换 $H(s)$；

（3）求零状态响应的单边拉普拉斯变换 $Y_{zs}(s)$，$Y_{zs}(s)=X(s)H(s)$；

（4）求 $Y_{zs}(s)$ 的拉普拉斯逆变换 $y_{zs}(t)$。

【例 5.6.1】 已知连续线性时不变系统的激励信号为 $x_1(t)=\mathrm{e}^{-t}u(t)$ 时，系统的零状态响应为 $y_{zs1}(t)=(\mathrm{e}^{-t}-\mathrm{e}^{-2t})u(t)$。若输入为 $x_2(t)=tu(t)$，求系统的零状态响应 $y_{zs2}(t)$。

解： $x_1(t)$ 和 $y_{zs1}(t)$ 的拉普拉斯变换分别为

$$X_1(s)=\frac{1}{s+1}$$

$$Y_{zs1}(s)=\frac{1}{s+1}-\frac{1}{s+2}=\frac{1}{(s+1)(s+2)}$$

由式（5.6.5）得

$$H(s)=\frac{Y_{zs1}(s)}{X_1(s)}=\frac{1}{s+2}$$

$x_2(t)$ 的拉普拉斯变换为

$$X_2(s)=L[x_2(t)]=\frac{1}{s^2}$$

利用式（5.6.5）可得 $y_{zs2}(t)$ 的拉普拉斯变换为

$$Y_{zs2}(s)=H(s)X_2(s)=\frac{1}{s^2(s+2)}=\frac{K_1}{s^2}+\frac{K_2}{s}+\frac{K_3}{s+2}$$

分别求系数 K_1、K_2、K_3

$$K_1=\frac{1}{2},\ K_2=-\frac{1}{4},\ K_3=\frac{1}{4}$$

则

$$Y_{zs2}(s)=\frac{1}{4}\left(\frac{2}{s^2}+\frac{1}{s+2}-\frac{1}{s}\right)$$

于是得

$$y_{zs2}(t)=\frac{1}{4}(2t+\mathrm{e}^{-2t}-1)u(t)$$

5.6.3 系统常系数微分方程的复频域解

连续时间线性时不变系统的输入/输出关系通常用线性常系数微分方程描述。根据拉普拉斯变换的时域微分特性，系统的微分方程可以变换为复频域的代数方程，便于运算和求解；同时，它将系统的起始状态自然地含于拉普拉斯变换方程中，既可分别求得零输入响应、零状态响应，也可求得系统的全响应。

设连续时间线性时不变系统的激励为 $x(t)$，响应为 $y(t)$，描述 n 阶系统的微分方程的一般形式可写为

$$\begin{aligned}&a_n\frac{\mathrm{d}^n y(t)}{\mathrm{d}t^n}+a_{n-1}\frac{\mathrm{d}^{n-1}y(t)}{\mathrm{d}t^{n-1}}+\cdots+a_1\frac{\mathrm{d}y(t)}{\mathrm{d}t}+a_0y(t)=\\&b_m\frac{\mathrm{d}^m x(t)}{\mathrm{d}t^m}+b_{m-1}\frac{\mathrm{d}^{m-1}x(t)}{\mathrm{d}t^{m-1}}+\cdots+b_1\frac{\mathrm{d}x(t)}{\mathrm{d}t}+b_0x(t)\end{aligned}\tag{5.6.7}$$

即

$$\sum_{i=0}^{n}a_i\frac{\mathrm{d}^i y(t)}{\mathrm{d}t^i}=\sum_{j=0}^{m}b_j\frac{\mathrm{d}^j x(t)}{\mathrm{d}t^j}\tag{5.6.8}$$

式中，$m\leqslant n$，系数 $a_i(i=0,1,\cdots,n)$ 和 $b_j(j=0,1,\cdots,m)$ 均为实数。假设 $t=0_-$ 时刻系统的起始状态分别为 $y(0_-),y'(0_-),\cdots,y^{(n)}(0_-)$。

令 $x(t) \leftrightarrow X(s)$，$y(t) \leftrightarrow Y(s)$。根据时域微分特性，$y(t)$ 及其各阶导数的拉普拉斯变换分别为

$$\left.\begin{aligned}
\frac{\mathrm{d}y(t)}{\mathrm{d}t} &\leftrightarrow sY(s)-y(0_-)\\
\frac{\mathrm{d}^2y(t)}{\mathrm{d}t^2} &\leftrightarrow s^2Y(s)-sy(0_-)-y'(0_-)\\
&\vdots\\
\frac{\mathrm{d}^{n-1}y(t)}{\mathrm{d}t^{n-1}} &\leftrightarrow s^{n-1}Y(s)-s^{n-2}y(0_-)-\cdots-y^{(n-2)}(0_-)\\
\frac{\mathrm{d}^{n}y(t)}{\mathrm{d}t^{n}} &\leftrightarrow s^{n}Y(s)-s^{n-1}y(0_-)-s^{n-2}y'(0_-)-\cdots-y^{(n-1)}(0_-)
\end{aligned}\right\}$$

即

$$\frac{\mathrm{d}^i\,y(t)}{\mathrm{d}\,t^i}=s^iY(s)-\sum_{r=0}^{i-1}s^{i-r-1}y^{(r)}(0_-) \tag{5.6.9}$$

设激励 $x(t)$ 为因果信号，在 $t=0_-$ 时刻有 $x^{(j)}(0_-)=0$（$j=0,1,\cdots,m$），则 $x(t)$ 及其各阶导数的拉普拉斯变换为

$$\frac{\mathrm{d}^j x(t)}{\mathrm{d}t^j}\leftrightarrow s^j X(s) \tag{5.6.10}$$

式（5.6.8）两端取拉普拉斯变换，并利用式（5.6.9）与式（5.6.10），可得

$$\sum_{i=0}^{n}a_i\left[s^iY(s)-\sum_{r=0}^{i-1}s^{i-r-1}y^{(r)}(0_-)\right]=\sum_{j=0}^{m}b_js^jX(s)$$

即

$$\left[\sum_{i=0}^{n}a_is^i\right]Y(s)-\sum_{i=0}^{n}a_i\left[\sum_{r=0}^{i-1}s^{i-r-1}y^{(r)}(0_-)\right]=\left[\sum_{j=0}^{m}b_js^j\right]X(s) \tag{5.6.11}$$

对式（5.6.11）进行移项整理得

$$Y(s)=\frac{\sum_{j=0}^{m}b_js^j}{\sum_{i=0}^{n}a_is^i}X(s)+\frac{\sum_{i=0}^{n}a_i\left[\sum_{r=0}^{i-1}s^{i-r-1}y^{(r)}(0_-)\right]}{\sum_{i=0}^{n}a_is^i}=\frac{B(s)}{A(s)}X(s)+\frac{\sum_{i=0}^{n}a_i\left[\sum_{r=0}^{i-1}s^{i-r-1}y^{(r)}(0_-)\right]}{A(s)} \tag{5.6.12}$$

式中，$A(s)=\sum_{i=0}^{n}a_is^i=a_ns^{n-1}+a_{n-1}s^{n-1}+\cdots+a_1s+a_0$ 称为系统的特征多项式，$A(s)=0$ 称为系统的特征方程，$A(s)=0$ 的根称为系统的特征根。多项式 $A(s)$ 和 $B(s)$ 的系数仅与微分方程的系数 a_i 和 b_j 有关；$\sum_{i=0}^{n}a_i\left[\sum_{r=0}^{i-1}s^{i-r-1}y^{(r)}(0_-)\right]$ 也是 s 的多项式，其系数与 a_i 和响应的各起始状态 $y^{(r)}(0_-)$ 有关，而与激励无关。

由式（5.6.12）可以看出，右端第一项 $\frac{B(s)}{A(s)}X(s)$ 只与激励有关，而与起始状态 $y^{(r)}(0_-)$ 无关，因此是系统零状态响应 $y_{zs}(t)$ 的拉普拉斯变换 $Y_{zs}(s)$，即

$$Y_{zs}(s)=\frac{B(s)}{A(s)}X(s)=\frac{\sum_{j=0}^{m}b_js^j}{\sum_{i=0}^{n}a_is^i}X(s) \tag{5.6.13}$$

式（5.6.12）右端第二项$\dfrac{\sum_{i=0}^{n}a_i\left[\sum_{r=0}^{i-1}s^{i-r-1}y^{(r)}(0_-)\right]}{A(s)}$只与起始状态$y^{(r)}(0_-)$有关，而与激励无关，因此是系统零输入响应$y_{zi}(t)$的拉普拉斯变换$Y_{zi}(s)$，即

$$Y_{zi}(s)=\frac{\sum_{i=0}^{n}a_i\left[\sum_{r=0}^{i-1}s^{i-r-1}y^{(r)}(0_-)\right]}{A(s)} \tag{5.6.14}$$

对式（5.6.13）和式（5.6.14）求拉普拉斯逆变换，即可得到系统的零状态响应$y_{zs}(t)$和零输入响应$y_{zi}(t)$。

对式（5.6.12）求拉普拉斯逆变换，可得到系统的全响应，即

$$y(t)=y_{zi}(t)+y_{zs}(t)=L^{-1}\left[\frac{B(s)}{A(s)}X(s)+\frac{\sum_{i=0}^{n}a_i\left[\sum_{r=0}^{i-1}s^{i-r-1}y^{(r)}(0_-)\right]}{A(s)}\right] \tag{5.6.15}$$

零输入响应的拉普拉斯变换，即式（5.6.14），就是在激励信号$x(t)=0$的情况下，对微分方程取拉普拉斯变换得到的结果，因此，在$x(t)=0$的条件下对系统微分方程求拉普拉斯变换，就可直接求得系统的零输入响应。同理，零状态响应的拉普拉斯变换，即式（5.6.13），是在系统起始状态$y^{(r)}(0_-)=0$的情况下对系统微分方程求拉普拉斯变换得到的结果，因此，在$y^{(r)}(0_-)=0$的条件下对微分方程求拉普拉斯变换，就可单独求出系统的零状态响应。

【例 5.6.2】 描述某线性时不变连续系统的微分方程为

$$\frac{d^2}{dt^2}y(t)+3\frac{d}{dt}y(t)+2y(t)=2\frac{d}{dt}x(t)+6x(t)$$

已知激励信号$x(t)=u(t)$，$y(0_-)=2$，$y'(0_-)=1$。求系统的零输入响应、零状态响应和全响应。

解：（1）求零输入响应$y_{zi}(t)$。在激励$x(t)=0$的条件下，对系统的微分方程取拉普拉斯变换，得

$$s^2Y_{zi}(s)-sy(0_-)-y'(0_-)+3\left[sY_{zi}(s)-(0_-)\right]+2Y_{zi}(s)=0$$

将$y(0_-)=2$、$y'(0_-)=1$代入，并整理得

$$(s^2+3s+2)Y_{zi}(s)-(2s+7)=0$$

即
$$Y_{zi}(s)=\frac{2s+7}{s^2+3s+2}=\frac{2s+7}{(s+1)(s+2)}=\frac{5}{s+1}-\frac{3}{s+2}$$

对上式求拉普拉斯逆变换，即可求得零输入响应

$$y_{zi}(t)=(5e^{-t}-3e^{-2t})u(t)$$

（2）求零状态响应$y_{zs}(t)$。在系统初始状态为零的条件下，对微分方程两边取拉普拉斯变换，得

$$s^2Y_{zs}(s)+3sY_{zs}(s)+2Y_{zs}(s)=2sX(s)+6X(s)$$

整理得

$$Y_{zs}(s)=\frac{2s+6}{s^2+3s+2}X(s)$$

将$X(s)=L\left[u(t)\right]=\dfrac{1}{s}$代入上式，得

$$Y_{zs}(s)=\frac{2(s+3)}{s^2+3s+2}\cdot\frac{1}{s}=\frac{2(s+3)}{s(s+1)(s+2)}=\frac{3}{s}-\frac{4}{s+1}+\frac{1}{s+2}$$

对上式求拉普拉斯逆变换，即可得到系统的零状态响应

$$y_{zs}(t)=(3-4e^{-t}+e^{-2t})u(t)$$

（3）求全响应 $y(t)$。

$$y(t)=y_{zs}(t)+y_{zi}(t)=(5e^{-t}-3e^{-2t})u(t)+(3-4e^{-t}+e^{-2t})u(t)=(3+e^{-t}-2e^{-2t})u(t)$$

本例题如果只求全响应，则在对微分方程两端取拉普拉斯变换时，同时考虑系统的起始状态和激励信号，即

$$s^2Y(s)-sy(0_-)-y'(0_-)+3\left[sY(s)-y(0_-)\right]+2Y(s)=2sX(s)+6X(s)$$

将 $y(0_-)=2$、$y'(0_-)=1$ 和 $X(s)=\dfrac{1}{s}$ 代入，可解得全响应的拉普拉斯变换 $Y(s)$

$$Y(s)=\frac{3}{s}+\frac{1}{s+1}-\frac{2}{s+2}$$

对其求拉普拉斯逆变换，即可得到全响应 $y(t)$，结果同上。

5.7　系统函数

5.7.1　系统函数的定义

在式（5.6.13）中，若令

$$H(s)=\frac{B(s)}{A(s)}=\frac{\sum_{j=0}^{m}b_js^j}{\sum_{i=0}^{n}a_is^i}=\frac{b_ms^m+b_{m-1}s^{m-1}+\cdots+b_1s+b_0}{a_ns^n+a_{n-1}s^{n-1}+\cdots+a_1s+a_0} \tag{5.7.1}$$

则有

$$Y_{zs}(s)=H(s)X(s) \tag{5.7.2}$$

或

$$H(s)=\frac{Y_{zs}(s)}{X(s)} \tag{5.7.3}$$

从式（5.7.1）可以看出，$H(s)$ 的函数形式只与描述系统的微分方程系数 a_i 和 b_j 有关，即只与系统本身的结构和元件参数有关，而与外界因素（如激励、起始状态等）无关。与系统的频域分析类似，$H(s)$ 称为系统在复频域的系统函数（System Function），它可由式（5.7.3）来定义，即系统在复频域的系统函数 $H(s)$ 是零状态响应的拉普拉斯变换 $Y_{zs}(s)$ 与激励信号的拉普拉斯变换 $X(s)$ 之比。

将系统函数定义在零状态条件下，主要原因为：

（1）只有在零状态条件下，系统的激励与响应之间才具有线性和时不变性，否则必须考虑系统的起始状态，而不同的起始状态影响分析结果的普遍性；

（2）只有在零状态条件下，系统激励和响应之间的关系才完全由系统自身的物理参数决定。

这和时域中定义 $h(t)$ 的考虑是相同的。

因为

$$Y_{zs}(s)=H(s)X(s)$$

在第 2 章中已经讨论，冲激响应 $h(t)$ 是激励 $x(t)=\delta(t)$ 时系统的零状态响应。由于 $\delta(t)\leftrightarrow 1$，故由上式可知，系统的冲激响应 $h(t)$ 的拉普拉斯变换为

$$H(s)=L[h(t)] \tag{5.7.4}$$

即系统的冲激响应 $h(t)$ 与系统函数 $H(s)$ 构成了一对拉普拉斯变换对，即

$$h(t) \leftrightarrow H(s) \tag{5.7.5}$$

系统的阶跃响应 $g(t)$ 是激励信号 $x(t)=u(t)$ 时系统的零状态响应，由于 $u(t) \leftrightarrow \frac{1}{s}$，所以

$$g(t) \leftrightarrow \frac{1}{s}H(s) \tag{5.7.6}$$

求式（5.7.2）的拉普拉斯逆变换，就可得到系统的零状态响应，根据时域卷积定理，有

$$y_{zs}(t) = L^{-1}\left[Y_{zs}(s)\right] = L^{-1}\left[H(s)X(s)\right] = L^{-1}\left[H(s)\right] * L^{-1}\left[X(s)\right] = h(t) * x(t) \tag{5.7.7}$$

这正是第 2 章时域分析中得到的结论。由此可以看出，时域卷积定理将系统的时域分析和复频域分析紧密地联系在一起，使问题的分析更加简便灵活。

【例 5.7.1】 已知描述一线性时不变系统的微分方程为

$$\frac{d^2}{dt^2}y(t) + 5\frac{d}{dt}y(t) + 6y(t) = 2\frac{d}{dt}x(t) + 3x(t)$$

求系统的冲激响应 $h(t)$。

解：在系统起始状态为零的条件下，对方程求拉普拉斯变换，得

$$s^2Y_{zs}(s) + 5sY_{zs}(s) + 6Y_{zs}(s) = 2sX(s) + 3X(s)$$

于是得到系统函数为

$$H(s) = \frac{Y_{zs}(s)}{X(s)} = \frac{2s+3}{s^2+5s+6} = \frac{-1}{s+2} + \frac{3}{s+3}$$

所以系统的冲激响应为

$$h(t) = (-e^{-2t} + 3e^{-3t})u(t)$$

【例 5.7.2】 已知某线性时不变系统，当激励 $x(t) = e^{-t}u(t)$ 时的零状态响应为

$$y_{zs}(t) = (2e^{-t} - 2e^{-4t})u(t)$$

（1）求系统的冲激响应 $h(t)$;

（2）求描述该系统的微分方程。

解：（1）为求系统的冲激响应，首先求系统函数 $H(s)$。由题中给定的 $x(t)$和 $y_{zs}(t)$可得

$$X(s) = \frac{1}{s+1}$$

$$Y_{zs}(s) = \frac{2}{s+1} - \frac{2}{s+4} = \frac{6}{(s+1)(s+4)}$$

由式（5.7.3）可以得到系统函数为

$$H(s) = \frac{Y_{zs}(s)}{X(s)} = \frac{6}{s+4}$$

对上式求拉普拉斯逆变换，得到系统的冲激响应为

$$h(t) = 6e^{-4t}u(t)$$

（2）由于 $H(s) = \frac{Y_{zs}(s)}{X(s)} = \frac{6}{s+4}$，则

$$Y_{zs}(s)(s+4) = 6X(s)$$

对上式求拉普拉斯逆变换，可得系统的微分方程为

$$4\frac{d}{dt}y(t) + y(t) = 6x(t)$$

5.7.2　系统的 s 域方框图表示

线性时不变系统的输入/输出关系可以用常系数微分方程描述，这种描述便于对系统进行数学分析和计算。系统还可以用方框图来表示，这种表示避开了系统的内部结构，而集中讨论系统的输入/输出关系，使对系统输入/输出关系的讨论更加直观明了。

图 5.7.1 所示为一个基本系统的框图，它由一个带有输入和输出箭头符号的方框组成，框中的字符表示系统函数或冲激响应。对这种基本系统，其输入和输出之间的关系为

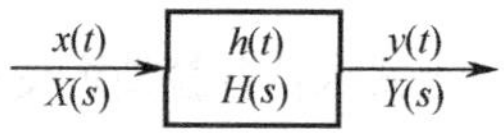

图 5.7.1　系统的框图表示

$$y(t)=h(t)*x(t) \tag{5.7.8}$$

$$Y_{zs}(s)=H(s)X(s) \tag{5.7.9}$$

此外，几个系统的组合连接又可构成一个复杂系统，称为复合系统。组成复合系统的每个系统称为子系统。系统的组合连接方式有级联、并联及这两种方式的混合连接。

1．系统的级联

图 5.7.2 所示为由两个子系统级联构成的复合系统，其中，图 5.7.2（a）是时域形式，图 5.7.2（b）是复频域形式。如图所示，每个子系统的输出是与它相连的后一个子系统的输入。设复合系统的冲激响应为 $h(t)$，根据连续时间系统时域分析得到的结论，它等于两个子系统冲激响应的卷积，即

$$h(t)=h_1(t)*h_2(t) \tag{5.7.10}$$

根据时域卷积定理可知，复合系统的系统函数等于子系统函数的乘积，即

$$H(s)=H_1(s)H_2(s) \tag{5.7.11}$$

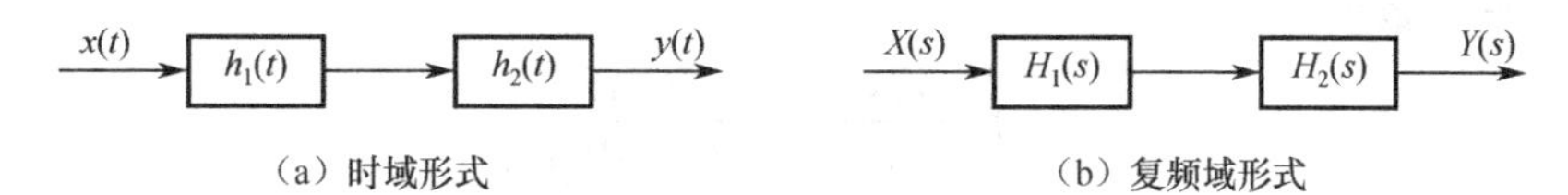

（a）时域形式　　（b）复频域形式

图 5.7.2　两个系统的级联

2．系统的并联

图 5.7.3 所示为由两个子系统并联构成的复合系统，其中，图 5.7.3（a）是时域形式，图 5.7.3（b）是复频域形式，⊕ 表示加法器。并联复合系统的输入同时又是各子系统的输入，输出是各子系统输出之和。复合系统的冲激响应 $h(t)$ 等于子系统冲激响应之和，即

$$h(t)=h_1(t)+h_2(t) \tag{5.7.12}$$

其系统函数等于子系统的系统函数之和，即

$$H(s)=H_1(s)+H_2(s) \tag{5.7.13}$$

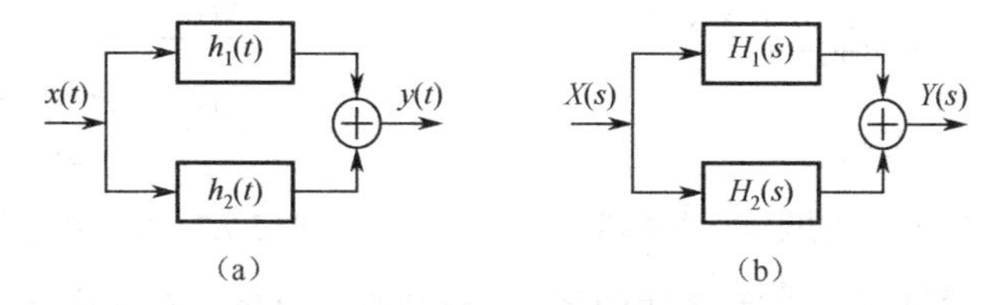

（a）　　（b）

图 5.7.3　两个子系统的并联

【例 5.7.3】　某连续时间线性时不变系统如图 5.7.4 所示，已知 $H_1(s)=\dfrac{1}{s}$，$H_2(s)=\mathrm{e}^{-s}$，求系统函数 $H(s)$ 和冲激响应 $h(t)$。

解： 图 5.7.4 所示的复合系统是由子系统 $H_1(s)$ 与 $H_2(s)$ 级联后再与子系统 $H_1(s)$ 并联组成的。

由式（5.7.11）和式（5.7.13），可得系统函数为

$$H(s)=H_1(s)+H_1(s)H_2(s)$$

所以

$$H(s)=\frac{1}{s}+\frac{1}{s}\mathrm{e}^{-s}=\frac{1}{s}(1+\mathrm{e}^{-s})$$

对上式求拉普拉斯逆变换，并根据时移特性，可以得到系统的冲激响应为

$$h(t)=u(t)-u(t-1)$$

3．系统的反馈连接

图 5.7.5 所示为一个反馈系统的框图，子系统 1 的输出是子系统 2 的输入，同时子系统 2 的输出加入到子系统 1 的输入端。

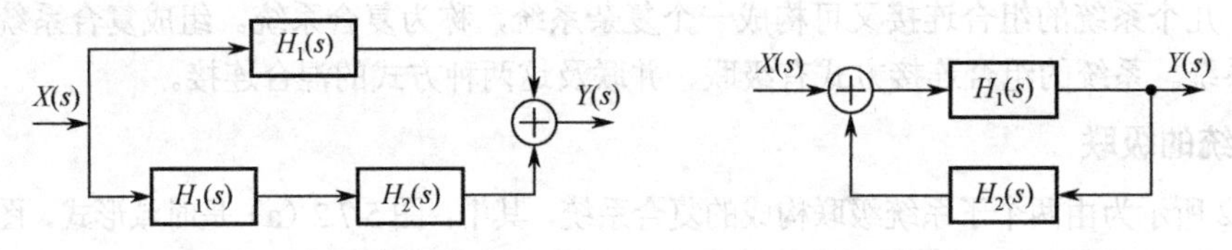

图 5.7.4 例 5.7.3 中的系统框图　　图 5.7.5 系统的反馈连接

为了求得系统的系统函数 $H(s)$，先写出响应与激励之间的关系。由图 5.7.5 所示的连接方式可得

$$Y(s)=\left[X(s)+Y(s)H_2(s)\right]H_1(s)=X(s)H_1(s)+Y(s)H_2(s)H_1(s)$$

于是，求得系统函数为

$$H(s)=\frac{Y(s)}{X(s)}=\frac{H_1(s)}{1-H_1(s)H_2(s)} \tag{5.7.14}$$

可以看到，在以上几种系统的连接方式中，系统函数都是代数运算关系，这使得系统框图分析法更多地应用在 s 域中。

4．利用基本运算单元表示系统

除了以上介绍的几种基本连接方式外，系统框图也可以用一些基本的运算单元来描述，如加法器、标量乘法器和积分器等。根据拉普拉斯变换的性质，可以方便地得到时域中各基本运算单元在 s 域中的模型。

（1）加法器，如图 5.7.6 所示。

（2）标量乘法器有两种表示形式，如图 5.7.7 所示。

图 5.7.6 加法器的 s 域模型　　图 5.7.7 标量乘法器的 s 域模型

（3）积分器。为了模拟微分方程表述的系统，还需要积分器。在理论上，积分器和微分器都可以用模拟连续系统，但是由于积分器抗干扰的性能比微分器好（特别是对脉冲式的工业干扰），所以在实现上往往使用积分器。

因为

$$y(t)=\int_{-\infty}^{t}x(\tau)\mathrm{d}\tau \leftrightarrow \frac{1}{s}X(s)+\frac{x^{(-1)}(0_-)}{s}$$

所以积分器的 s 域模型如图 5.7.8（a）所示。当激励 $x(t)$ 为因果信号时，因为 $x^{(-1)}(0_-)=0$，所以积分器如图 5.7.8（b）所示。两者物理系统相同，但含义各有区别。本章只讨论零状态的情形，因此用 $\frac{1}{s}$ 表示积分器，且认为系统起始状态为零。

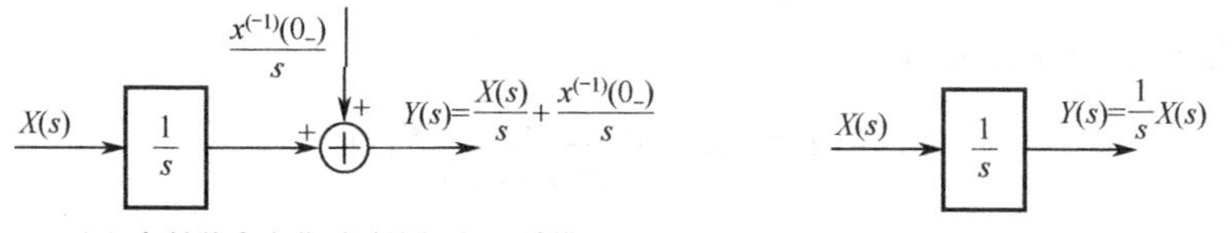

（a）起始状态为非零时的积分器 s 域模型　　（b）起始状态为零时的积分器 s 域模型

图 5.7.8　积分器的 s 域模型

一个系统常由许多运算单元组成，若将其中的每个运算单元用一个方框表示，并根据信号的流向将各部件连接起来，就能组成整个系统的框图。根据方框图可以进一步分析系统的性能。

在系统的框图表示中，如果加法器的输入端箭头旁符号是“＋”，可以省略不标。

【例 5.7.4】　已知某系统的 s 域框图如图 5.7.9 所示，求该系统的系统函数 $H(s)$。

解：设积分器的输入信号为 $X_1(s)$，则输出信号为 $\frac{1}{s}X_1(s)$，由图 5.7.9 可得到如下关系式

$$X_1(s)=X(s)-\frac{1}{s}X_1(s)$$

$$Y(s)=X_1(s)-4\frac{1}{s}X_1(s)$$

联立以上两个方程，消去 $X_1(s)$，可得

$$Y(s)=\frac{s-4}{s+1}X(s)$$

所以系统函数为

$$H(s)=\frac{Y(s)}{X(s)}=\frac{s-4}{s+1}=1-\frac{5}{s+1}$$

【例 5.7.5】　某系统的 s 域框图如图 5.7.10 所示，求该系统的系统函数 $H(s)$。

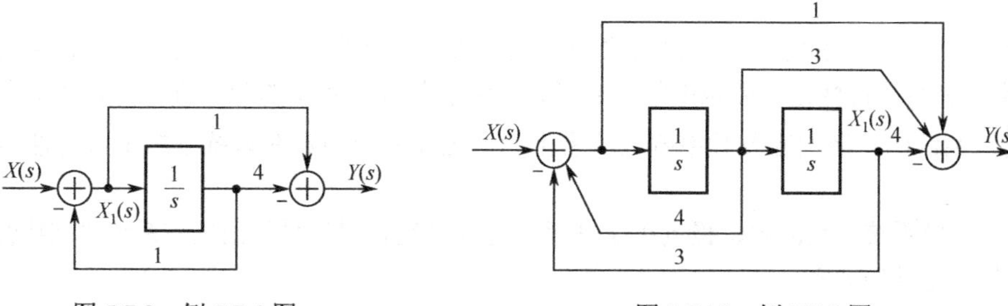

图 5.7.9　例 5.7.4 图　　图 5.7.10　例 5.7.5 图

解：设第二个积分器的输出信号为 $X_1(s)$，则第二个积分器输入端的信号就为 $sX_1(s)$，第一个积分器输入端的信号就为 $s^2X_1(s)$。

根据第一个加法器的输入和输出信号，可得到如下关系式

$$s^2X_1(s)=X(s)-4sX_1(s)-3X_1(s)$$

整理得

$$X_1(s)=\frac{1}{s^2+4s+3}X(s) \tag{5.7.15}$$

根据第二个加法器的输入信号和输出信号，可得到如下关系式

$$Y(s) = s^2 X_1(s) + 3sX_1(s) - 4X_1(s)$$

整理得

$$Y(s) = (s^2 + 3s - 4)X_1(s) \tag{5.7.16}$$

将式（5.7.15）代入式（5.7.16），得

$$Y(s) = (s^2 + 3s - 4)\frac{1}{s^2 + 4s + 3}X(s)$$

则系统函数为

$$H(s) = \frac{Y(s)}{X(s)} = \frac{s^2 + 3s - 4}{s^2 + 4s + 3} \tag{5.7.17}$$

观察式（5.7.17）中各系数与图 5.7.10 所示系统框图结构之间的系数，可知对于图 5.7.11 所示的系统，其系统函数为

$$H(s) = \frac{Y(s)}{X(s)} = \frac{b_2 s^2 + b_1 s + b_0}{s^2 + a_1 s + a_0} \tag{5.7.18}$$

对于 n 阶系统，也可以用类似的方法得出系统函数与系统框图结构之间的关系。

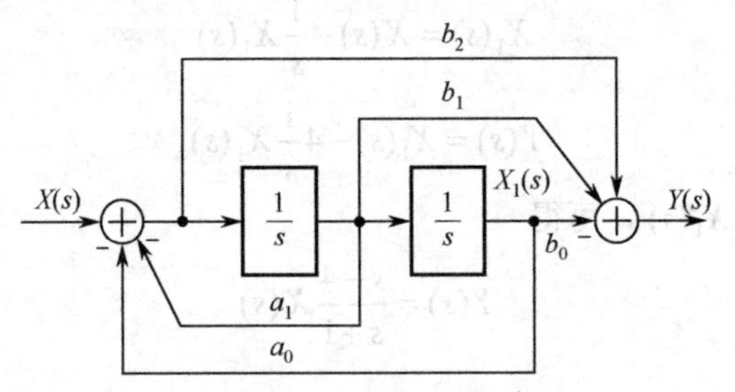

图 5.7.11　二阶连续系统的框图

5.8　系统函数与系统特性

如第 5.7 节所述，系统函数 $H(s)$ 定义为系统零状态响应的象函数 $Y_{zs}(s)$ 与激励信号的象函数 $X(s)$ 之比，是系统特性在复频域中的表述形式，它既与描述系统的微分方程、系统框图有直接联系，也与系统的冲激响应及频率响应关系密切，因而系统函数在系统分析中占有非常重要的地位。

本节将借助系统函数的零、极点在 s 平面的分布情况，讨论系统函数与系统时域特性、频域特性和系统稳定性的关系。

5.8.1　系统函数的零点和极点

如第 5.7.1 节所述，线性时不变系统的系统函数 $H(s)$ 是复变量 s 的有理分式，可以表示为 s 的有理多项式 $B(s)$ 与 $A(s)$ 之比，即

$$H(s) = \frac{B(s)}{A(s)} = \frac{b_m s^m + b_{m-1} s^{m-1} + \cdots + b_1 s + b_0}{a_n s^n + a_{n-1} s^{n-1} + \cdots + a_1 s + a_0} \tag{5.8.1}$$

式中，系数 $a_i\ (i = 0,1,\cdots,n)$ 和 $b_j\ (j = 0,1,\cdots,m)$ 均为实数。由于 $B(s)$ 与 $A(s)$ 都是 s 的有理多项式，所以将其进行因式分解，可将系统函数表示为

$$H(s)=\frac{B(s)}{A(s)}=K\frac{(s-z_1)(s-z_2)\cdots(s-z_m)}{(s-p_1)(s-p_2)\cdots(s-p_m)}=K\frac{\prod_{j=1}^{m}(s-z_j)}{\prod_{i=1}^{n}(s-p_i)} \tag{5.8.2}$$

式中，$K=\frac{b_m}{a_n}$为常数；$z_j\ (j=0,1,\cdots,m)$是系统函数分子多项式$B(s)=0$的根，称为系统函数$H(s)$的零点（Zero），当$s=z_j$时，系统函数$H(s)=0$；$p_i\ (i=0,1,\cdots,n)$是系统函数分母多项式$A(s)=0$的根，称为系统函数$H(s)$的极点（Pole），当$s=p_i$时，系统函数$H(s)$的值为无穷大。

由式（5.8.2）可以看出，系统函数$H(s)$一般有n个有限极点和m个有限零点。如果$n>m$，则当s沿任意方向趋于无穷大，即当$|s|\to+\infty$时

$$\lim_{|s|\to+\infty}H(s)=\lim_{|s|\to+\infty}\frac{b_m s^m}{a_n s^n}=0 \tag{5.8.3}$$

所以可认为$H(s)$在无穷远处有一个$(n-m)$阶零点；如果$n<m$，则当$|s|\to+\infty$时

$$\lim_{|s|\to+\infty}H(s)=\lim_{|s|\to+\infty}\frac{b_m s^m}{a_n s^n}\to+\infty \tag{5.8.4}$$

所以可认为$H(s)$在无穷远处有一个$(m-n)$阶极点。本节只讨论$n\geqslant m$的情况。

由式（5.8.2）可以看出，当一个系统函数$H(s)$的零点、极点和K确定以后，则系统函数就完全确定了。因为K仅仅是一个表示比例尺度的常数，它的作用对于变量s的一切值都是相同的，所以一个系统随变量s变化的特性可以完全由系统函数$H(s)$的零点和极点表示。把系统函数的零点、极点都表示在s复平面上，则称为系统函数的零、极点分布图，简称极零图（Pole-Zero Plot）。其中零点用“○”表示，极点用“×”表示。若为n阶零点或极点，可在其旁标注以(n)。

系统函数的零点z_j和极点p_i可能是实数、虚数或复数。由于系统函数的分子、分母多项式的系数都是实数，所以若极点（或零点）为实数，则位于s平面的实轴上；若极点（或零点）为虚数，则共轭成对出现在虚轴上，并关于原点对称；若极点（或零点）为复数，则共轭成对出现，关于实轴对称。

例如，某系统的系统函数为

$$H(s)=\frac{s\left[(s-1)^2+1\right]}{(s+1)^2(s^2+4)}=\frac{s(s-1+\mathrm{j})(s-1-\mathrm{j})}{(s+1)^2(s+\mathrm{j}2)(s-\mathrm{j}2)}$$

可以看出其极点分别$p_1=-1$，$p_2=-\mathrm{j}2$，$p_3=\mathrm{j}2$，其中，$p_1=-1$为二阶极点；零点分别为$z_1=0$，$z_2=1-\mathrm{j}$，$z_3=1+\mathrm{j}$，$z_4=\infty$。该系统的零、极点分布图如图 5.8.1 所示。

系统的零、极点是由系统的拓扑结构和元件参数决定的，它确定了系统本身的特征。借助系统函数的零、极点分布图，不仅可以揭示系统的时域特性，还可以阐明系统的频响特性及系统的稳定性。

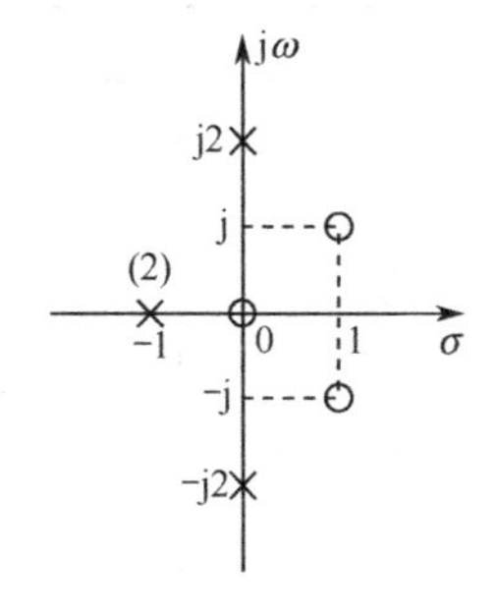

图 5.8.1　$H(s)$的零、极点分布图

5.8.2　系统函数零、极点分布与系统冲激响应$h(t)$模式的关系

所谓冲激响应的模式，是指$h(t)$随时间t的变化规律，而不是指$h(t)$的具体函数形式。由系统函数$H(s)$与微分方程的关系可知，$H(s)$的极点实际上就是系统微分方程的特征根，而特征根决定系统的冲激响应的函数形式。下面依据$H(s)$的极点在s平面的分布来讨论$H(s)$的极点对冲激响应模式的影响。

1．单阶极点

具有单阶极点的系统函数可以表示为

$$H(s)=\sum_{i=1}^{n}\frac{K_i}{s-p_i}$$

式中，p_i 为单阶极点，K_i 为部分分式系数。其对应的冲激响应为

$$h(t)=\sum_{i=1}^{n}K_i\mathrm{e}^{p_i t}u(t)$$

由上式可以看出，$H(s)$ 的每个极点将决定一项对应的时间函数，当 p_i 为不同类型的值时，$h(t)$ 可能会有不同的模式，以下分别讨论。

（1）$H(s)$ 的极点位于 s 平面的原点。例如，$p_i=0$，则 $H(s)=\frac{1}{s}$，$h(t)=u(t)$，冲激响应为阶跃函数的形式。

（2）$H(s)$ 的极点位于 s 平面的实轴上（不包括原点）。例如，$p_i=-\alpha$，则 $H(s)=\frac{1}{s+\alpha}$，其对应的冲激响应为 $h(t)=\mathrm{e}^{-\alpha t}u(t)$。当 $\alpha>0$ 时，冲激响应为指数衰减函数的形式；当 $\alpha<0$ 时，冲激响应为指数增长函数的形式。

（3）$H(s)$ 的极点位于 s 平面的虚轴上。这时 $H(s)$ 必含有 $\frac{\omega_0}{s^2+\omega_0^2}$ 项，则冲激响应 $h(t)=\sin(\omega_0 t)u(t)$，$h(t)$ 为等幅正弦振荡的形式。

（4）$H(s)$ 的极点是 s 平面的左半开平面的共轭极点（不包括原点和虚轴）。这时 $H(s)$ 必含有 $\frac{\omega_0}{(s+\alpha)^2+\omega_0^2}$ 项，则冲激响应为 $h(t)=\mathrm{e}^{-\alpha t}\sin(\omega_0 t)u(t)$。当 $\alpha>0$ 时，$h(t)$ 为衰减正弦（或余弦）振荡函数的形式；当 $\alpha<0$ 时，$h(t)$ 为增长正弦（或余弦）振荡函数的形式。其中，共轭极点为 $-\alpha\pm \mathrm{j}\omega_0$，$\alpha$ 为衰减常数，ω_0 为振荡角频率。

表 5.8.1 列出了系统函数单阶极点在 s 平面的分布与冲激响应模式的对应关系。

表 5.8.1　$H(s)$ 单阶极点分布与冲激响应 $h(t)$ 波形的对应关系

$H(s)$	s 平面的极点分布	冲激响应 $h(t)$ 的波形
$\frac{1}{s}$	jω, O, σ	$h(t)=u(t)$, O, t
$\frac{1}{s+\alpha}$	jω, $-\alpha$, O, σ	$h(t)=\mathrm{e}^{-\alpha t}u(t)$, O, t
$\frac{1}{s-\alpha}$	jω, O, α, σ	$h(t)=\mathrm{e}^{-\alpha t}u(t)$, O, t

（续表）

$H(s)$	s 平面的极点分布	冲激响应 $h(t)$ 的波形
$\dfrac{\omega_0}{s^2+\omega_0^2}$	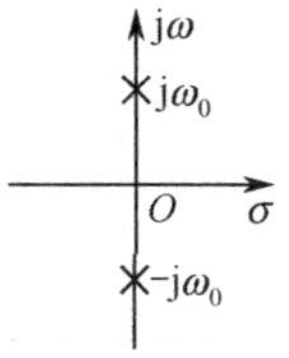 $\mathrm{j}\omega$, $\mathrm{j}\omega_0$, O, σ, $-\mathrm{j}\omega_0$	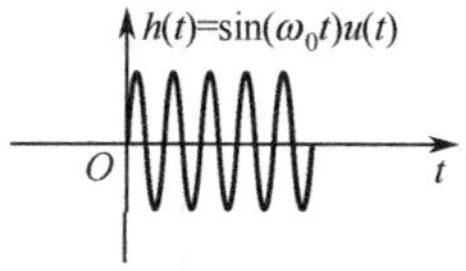 $h(t)=\sin(\omega_0 t)u(t)$, O, t
$\dfrac{\omega_0}{(s+\alpha)^2+\omega_0^2}$	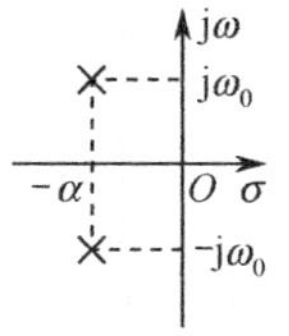 $\mathrm{j}\omega$, $\mathrm{j}\omega_0$, $-\alpha$, O, σ, $-\mathrm{j}\omega_0$	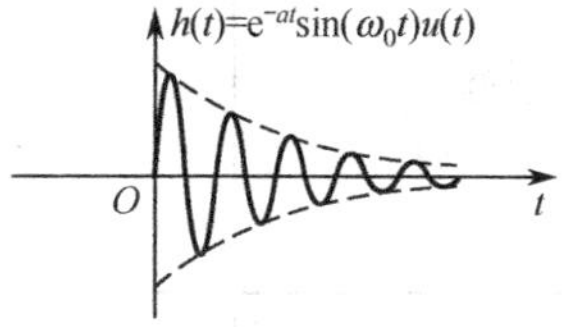 $h(t)=\mathrm{e}^{-\alpha t}\sin(\omega_0 t)u(t)$, O, t
$\dfrac{\omega_0}{(s-\alpha)^2+\omega_0^2}$	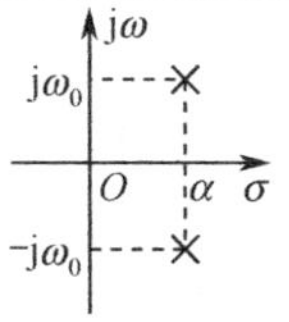 $\mathrm{j}\omega$, $\mathrm{j}\omega_0$, O, α, σ, $-\mathrm{j}\omega_0$	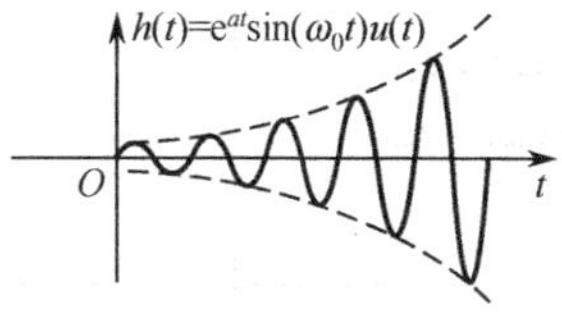 $h(t)=\mathrm{e}^{\alpha t}\sin(\omega_0 t)u(t)$, O, t

2．重极点

如果系统函数 $H(s)$ 具有一个 k 重极点，那么冲激响应 $h(t)$ 的变化规律与单阶极点的情况比较，其表达式中多了 t^{k-1} 因子。例如

（1）$H(s)=\dfrac{1}{s^2}$ 在原点有二重极点，其冲激响应 $h(t)=tu(t)$，为线性增长函数的形式。

（2）$H(s)=\dfrac{2\omega_0 s}{\left(s^2+\omega_0^2\right)^2}$ 在虚轴上有二重共轭极点，其冲激响应 $h(t)=t\sin(\omega_0 t)u(t)$，为幅度按线性增长的正弦振荡函数的形式。

（3）$H(s)=\dfrac{1}{(s+\alpha)^2}(\alpha>0)$，其冲激响应为 $h(t)=t\mathrm{e}^{-\alpha t}u(t)$。

（4）$H(s)=\dfrac{1}{(s-\alpha)^2}(\alpha>0)$，其冲激响应为 $h(t)=t\mathrm{e}^{\alpha t}u(t)$。

表 5.8.2 列出了 $H(s)$ 的二阶极点在 s 平面的分布与冲激响应模式的对应关系。

表 5.8.2　$H(s)$ 二阶极点分布与冲激响应 $h(t)$ 波形的对应关系

$H(s)$	s 平面的极点分布	冲激响应 $h(t)$ 的波形
$\dfrac{1}{s^2}$	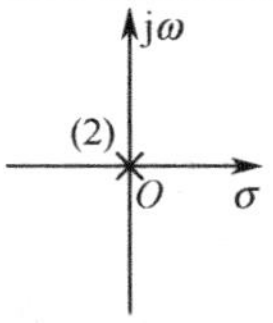 $\mathrm{j}\omega$, (2), O, σ	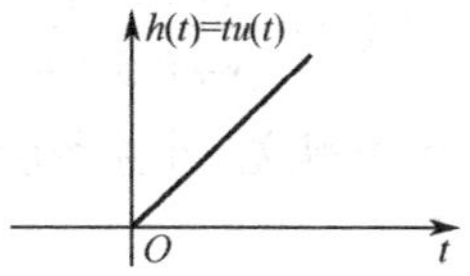 $h(t)=tu(t)$, O, t
$\dfrac{1}{(s+\alpha)^2}$	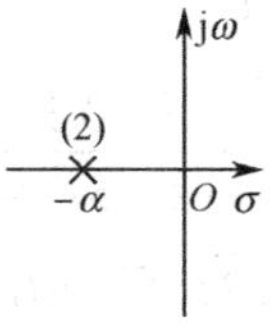 $\mathrm{j}\omega$, (2), $-\alpha$, O, σ	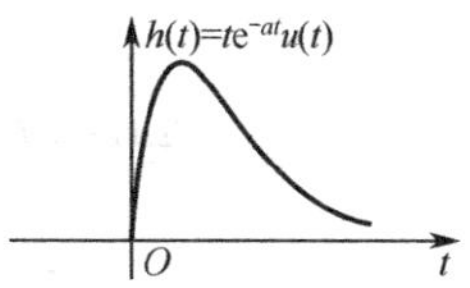 $h(t)=t\mathrm{e}^{-\alpha t}u(t)$, O, t

（续表）

$H(s)$	s 平面的极点分布	冲激响应 $h(t)$ 的波形
$\dfrac{1}{(s-\alpha)^2}$	$\mathrm{j}\omega$；(2)；O α σ	$h(t)=t\mathrm{e}^{\alpha t}u(t)$；$O$ t
$\dfrac{2\omega_0 s}{\left(s^2+\omega_0^2\right)^2}$	$\mathrm{j}\omega$；(2) $\mathrm{j}\omega_0$；O σ；(2) $-\mathrm{j}\omega_0$	$h(t)=t\sin(\omega_0 t)u(t)$；$O$ t
$\dfrac{2(s+\alpha)\omega_0}{\left[(s+\alpha)^2+\omega_0^2\right]^2}$	$\mathrm{j}\omega$；(2) $\mathrm{j}\omega_0$；$-\alpha$ O σ；(2) $-\mathrm{j}\omega_0$	$h(t)=t\mathrm{e}^{-\alpha t}\sin(\omega_0 t)u(t)$；$O$ t
$\dfrac{2(s-\alpha)\omega_0}{\left[(s-\alpha)^2+\omega_0^2\right]^2}$	$\mathrm{j}\omega$；$\mathrm{j}\omega_0$ (2)；O α σ；$-\mathrm{j}\omega_0$ (2)	$h(t)=t\mathrm{e}^{\alpha t}\sin(\omega_0 t)u(t)$；$O$

从表 5.8.1 和表 5.8.2 可以看出，当系统函数 $H(s)$ 的极点位于 s 平面的左半开平面时，冲激响应 $h(t)$ 的模式是收敛的，即 $h(t)$ 的变化总趋势随时间 t 的增大而衰减，最终趋于零，系统稳定；若 $H(s)$ 在虚轴上为一阶极点，$h(t)$ 的模式为有限常数或等幅振荡；当 $H(s)$ 的极点为虚轴上所谓二阶或二阶以上极点或位于 s 平面的右半开平面时，$h(t)$ 的总趋势是随着 t 的增大而增大，当 t 趋于无穷大时，$h(t)$ 也趋于无穷大，这样的系统不能稳定工作。这是系统稳定性的基本概念，后面将进一步讨论。

以上分析了系统函数 $H(s)$ 的极点分布与冲激响应 $h(t)$ 的对应关系，而不同的零点分布对冲激响应也是有影响的。不过对于极点相同的系统函数，零点位置的不同只会改变冲激响应的幅度和相位，不会改变冲激响应的模式，也不会改变系统的固有频率。以下举例说明。

【例 5.8.1】 下述三个系统函数具有相同的极点，但零点却不相同。分别画出它们的零、极点分布图和冲激响应的波形。

（1）$H_1(s)=\dfrac{s+0.5}{(s+0.5)^2+1}$；（2）$H_1(s)=\dfrac{s+1.5}{(s+0.5)^2+1}$；

（3）$H_3(s)=\dfrac{(s+0.5)^2}{(s+0.5)^2+1}$。

解： 可求得这三个系统函数对应的冲激响应分别为

$$h_1(t)=L^{-1}\left[\frac{s+0.5}{(s+0.5)^2+1}\right]=\mathrm{e}^{-0.5t}\cos t u(t)$$

$$h_2(t)=L^{-1}\left[\frac{s+1.5}{(s+0.5)^2+1}\right]=L^{-1}\left[\frac{s+0.5}{(s+0.5)^2+1}+\frac{1}{(s+1)^2+1}\right]$$

$$=\mathrm{e}^{-0.5t}(\cos t+\sin t)u(t)=\sqrt{2}\mathrm{e}^{-0.5t}\cos(t-0.25\pi)u(t)$$

$$h_3(t)=L^{-1}\left[\frac{(s+0.5)^2}{(s+0.5)^2+1}\right]=L^{-1}\left[1-\frac{1}{(s+1)^2+1}\right]=\delta(t)-\mathrm{e}^{-0.5t}\sin tu(t)$$

三个系统函数的零、极点分布图和冲激响应的波形如图 5.8.2 所示。由冲激响应的表达式 $h_1(t)$ 和 $h_2(t)$可以看出，当系统函数的零点从 $z=-0.5$ 移到 $z=-1.5$ 时，冲激响应的幅度和相位都发生了变化，但函数的基本形式并没有改变，仍然是一个衰减的正弦振荡信号，衰减因子和振荡频率都没有改变。而从 $h_1(t)$和 $h_3(t)$可以看出，当位于 $z=-0.5$ 的一阶零点变为二阶零点时，不仅幅度和相位发生了变化，而且冲激响应中还出现了一个冲激信号。但是，零点阶数的改变也没有改变冲激响应的函数形式，此时的冲激响应仍然是一个衰减的正弦振荡信号，衰减因子和振荡频率也和 $h_1(t)$ 一样。

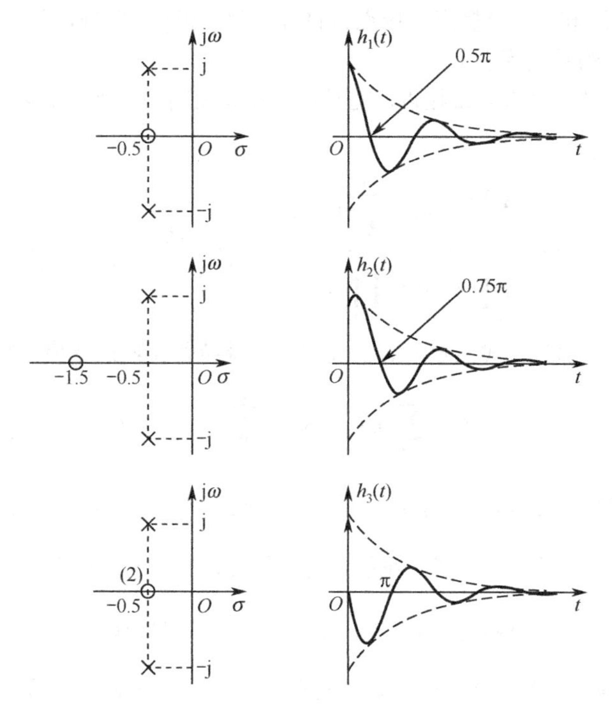

图 5.8.2　例 5.8.1 中零、极点分布图和冲激响应的波形

5.8.3　系统函数的零、极点与系统响应模式的关系

从复频域分析的角度来看，系统全响应的拉普拉斯变换 $Y(s)$ 可以分解为零状态响应的拉普拉斯变换 $Y_{zs}(s)$ 和零输入响应的拉普拉斯变换 $Y_{zi}(s)$，将式（5.6.12）重写如下

$$Y(s)=\frac{B(s)}{A(s)}X(s)+\frac{\sum\limits_{i=0}^{n}a_i\left[\sum\limits_{r=0}^{i-1}s^{i-r-1}y^{(r)}(0_-)\right]}{A(s)}=Y_{zs}(s)+Y_{zi}(s) \tag{5.8.5}$$

1. $H(s)$ 的零、极点与零状态响应模式的关系

系统的零状态响应的拉普拉斯变换

$$Y_{zs}(s)=\frac{B(s)}{A(s)}X(s)=H(s)X(s) \tag{5.8.6}$$

显然，$Y_{zs}(s)$ 的零、极点由 $X(s)$ 与 $H(s)$ 的零、极点所决定。在式（5.8.6）中，$X(s)$ 与 $H(s)$ 可以分别写成如下形式

$$H(s)=\frac{\prod_{j=1}^{m}(s-z_j)}{\prod_{i=1}^{n}(s-p_i)} \tag{5.8.7}$$

$$X(s)=\frac{\prod_{l=1}^{u}(s-z_l)}{\prod_{k=1}^{v}(s-p_k)} \tag{5.8.8}$$

式中，z_j 和 z_l 分别表示 $H(s)$ 与 $X(s)$ 的第 j 和第 l 个零点，零点数目分别为 m 和 u；p_i 和 p_k 分别表示 $H(s)$ 与 $X(s)$ 的第 i 和第 k 个极点，极点数目分别为 n 和 v。此外，为了讨论方便，还假定了 $H(s)$ 与 $X(s)$ 两式前面的系数等于 1。

如果 $H(s)$ 与 $X(s)$ 都不含有多重极点，而且两者没有相同的极点，那么，将 $Y_{zs}(s)$ 用部分分式展开后可得

$$Y_{zs}(s)=\frac{\prod_{j=1}^{m}(s-z_j)}{\prod_{i=1}^{n}(s-p_i)}\cdot\frac{\prod_{l=1}^{u}(s-z_l)}{\prod_{k=1}^{v}(s-p_k)}=\sum_{i=1}^{n}\frac{A_i}{s-p_i}+\sum_{k=1}^{v}\frac{A_k}{s-p_k} \tag{5.8.9}$$

式中，A_i 和 A_k 分别表示部分分式系数。对式（5.8.9）求拉普拉斯逆变换，得到零状态响应

$$y_{zs}(t)=\sum_{i=1}^{n}A_i\,e^{p_i t}\,u(t)+\sum_{k=1}^{v}A_k\,e^{p_k t}\,u(t) \tag{5.8.10}$$

显然，零状态响应的模式由 $H(s)$ 与 $X(s)$ 的极点共同决定。式(5.8.10)中的第一项 $\sum_{i=1}^{n}A_i\,e^{p_i t}\,u(t)$ 由系统函数 $H(s)$ 的极点 p_i 决定，体现了系统本身的特性，是系统的自由响应分量的一部分，但是系数 A_i 与 $H(s)$ 与 $X(s)$ 的零、极点分布有关；第二项 $\sum_{k=1}^{v}A_k\,e^{p_k t}\,u(t)$ 由激励 $X(s)$ 的极点 p_k 决定，是系统的强迫响应分量，系数 A_k 与 $H(s)$ 与 $X(s)$ 的零、极点分布有关。另外，对于有多重极点的情况，可以得到与此类似的结果。

当 $H(s)$ 的极点与 $X(s)$ 的零点或者 $H(s)$ 的零点与 $X(s)$ 的极点相消时，就会使 $H(s)$ 的极点对应的自由响应模式或 $X(s)$ 的极点对应的强迫响应模式消失。

【例 5.8.2】 已知系统函数 $H(s)=\dfrac{1}{s+3}$，求系统在信号 $x(t)=(2e^{-t}-e^{-2t})u(t)$ 激励下的零状态响应。

解：因为 $X(s)=\dfrac{2}{s+1}-\dfrac{1}{s+2}=\dfrac{s+3}{(s+1)(s+2)}$，所以零状态响应的拉普拉斯变换为

$$Y_{zs}(s)=H(s)X(s)=\frac{1}{s+3}\cdot\frac{s+3}{(s+1)(s+2)}=\frac{1}{(s+1)(s+2)}=\frac{1}{s+1}-\frac{1}{s+2}$$

因此，系统的零状态响应为

$$y_{zs}(t)=(e^{-t}-e^{-2t})u(t)$$

由此例可以看出，由于 $Y_{zs}(s)$ 中消去了 $H(s)$ 的极点 $p_1=-3$，所以 $y_{zs}(t)$ 中只有 $X(s)$ 的极点对应的强迫响应模式 $(e^{-t}-e^{-2t})u(t)$，而失去了 $H(s)$ 的极点对应的自由响应模式 $A_1\,e^{-3t}\,u(t)$。

2．$H(s)$ 的零、极点与零输入响应模式的关系

零输入响应的拉普拉斯变换为

$$Y_{zi}(s)=\frac{\sum_{i=0}^{n}a_i\left[\sum_{r=0}^{i-1}s^{i-r-1}y^{(r)}(0_-)\right]}{A(s)}=\sum_{i=1}^{n}\frac{B_i}{s-p_i} \tag{5.8.11}$$

求式（5.8.11）的拉普拉斯逆变换，得到系统的零输入响应

$$y_{zi}(t)=\sum_{i=1}^{n}B_i\,\mathrm{e}^{p_i t}u(t) \tag{5.8.12}$$

$H(s)$ 的分母多项式 $A(s)=0$ 是系统的特征方程，其根是系统的特征根，也称为系统的固有频率。显然，零输入响应（也是自由响应分量的一部分）的模式由系统的全部固有频率确定。如果 $H(s)$ 没有零、极点相消，则固有频率就是 $H(s)$ 的全部极点，零输入响应的模式由 $H(s)$ 的全部极点确定。因此，确定零输入响应时，不允许 $H(s)$ 自行相消。但是，$H(s)$ 的零、极点是否相消，并不影响零状态响应的计算，这是因为零状态响应的模式和大小是由 $H(s)$ 与 $X(s)$ 共同决定的。

3．$H(s)$ 的零、极点与全响应模式的关系

系统的全响应

$$y(t)=L^{-1}\left[Y(s)\right]=L^{-1}\left[H(s)X(s)+\frac{\sum_{i=0}^{n}a_i\left[\sum_{r=0}^{i-1}s^{i-r-1}y^{(r)}(0_-)\right]}{A(s)}\right]$$

结合式（5.8.10）和式（5.8.12），可得系统的全响应为

$$y(t)=\sum_{i=1}^{n}(A_i+B_i)\mathrm{e}^{p_i t}u(t)+\sum_{k=1}^{v}A_k\,\mathrm{e}^{p_k t}u(t) \tag{5.8.13}$$

由式（5.8.13）可以看出，全响应模式与零状态响应模式基本相同。自由响应模式由系统函数 $H(s)$ 的极点所确定，与激励形式无关。然而，系数 (A_i+B_i) 则与 $H(s)$ 与 $X(s)$ 都有关系。同样地，强迫响应模式只取决于 $X(s)$ 的极点，但是系数 A_k 不仅由 $X(s)$ 决定，与 $H(s)$ 也有关。

【例 5.8.3】　某系统的微分方程

$$\frac{\mathrm{d}^2}{\mathrm{d}t^2}y(t)+3\frac{\mathrm{d}}{\mathrm{d}t}y(t)+2y(t)=\frac{\mathrm{d}}{\mathrm{d}t}x(t)+3x(t)$$

激励信号 $x(t)=u(t)$，起始状态为 $y(0_-)=1$，$y'(0_-)=2$，求系统的全响应，并指出自由响应和强迫响应。

解： 方程两端同时取拉普拉斯变换，有

$$s^2Y(s)-sy(0_-)-y'(0_-)+3\left[sY(s)-y(0_-)\right]+2Y(s)=sX(s)+3X(s)$$

整理后，得

$$(s^2+3s+2)Y(s)=(s+3)X(s)+sy(0_-)+y'(0_-)+3y(0_-)$$

将 $X(s)=\frac{1}{s}$，$y(0_-)=1$，$y'(0_-)=2$ 代入上式，得到系统的全响应的拉普拉斯变换

$$Y(s)=\underbrace{1.5\frac{1}{s}}_{X(s)\text{的极点}}+\underbrace{2\frac{1}{s+1}+2.5\frac{1}{s+2}}_{H(s)\text{的极点}}$$

所以系统的全响应为

$$r(t)=(1.5+2\mathrm{e}^{-t}-2.5\mathrm{e}^{-2t})u(t)=\underbrace{1.5u(t)}_{\text{强迫响应}}+\underbrace{(2\mathrm{e}^{-t}-2.5\mathrm{e}^{-2t})u(t)}_{\text{自由响应}}$$

与自由响应和强迫响应有着密切联系而且又容易发生混淆的另一对名词是：暂态响应与稳态响应。

一般情况下，对于稳定系统（稳定性的概念将在第5.9节中介绍），$H(s)$的极点p_i均在s平面的左半平面，即$\mathrm{Re}[p_i]<0$，故自由响应呈衰减形式，在此情况下，自由响应就是暂态响应。若$X(s)$的极点p_k落在s平面的右半平面或虚轴上，即$\mathrm{Re}[p_k]\geqslant 0$，则强迫响应就是稳态响应。

如果激励信号本身为衰减函数，即$\mathrm{Re}[p_k]<0$，如$\mathrm{e}^{-\alpha t}$，$\mathrm{e}^{-\alpha t}\sin\omega t\ (\alpha>0)$等，在时间$t$趋于无限大时，强迫响应也等于零，这时强迫响应与自由响应一起构成暂态响应，而系统的稳态响应等于零。

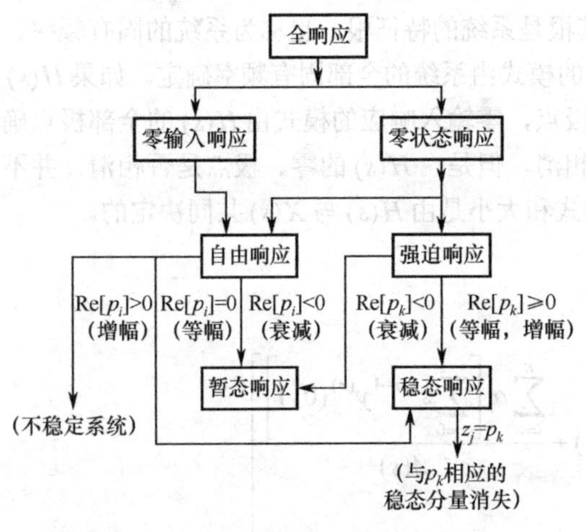

图5.8.3 不同条件下各响应分量之间的关系

当系统函数的极点p_i落于虚轴上，即$\mathrm{Re}[p_i]=0$时，其自由响应就是无休止的等幅振荡（如无损LC谐振电路），于是，自由响应也成为稳态响应，这是一种特例（称为临界稳定系统）。

若系统函数的极点p_i落于s平面的右半平面，即$\mathrm{Re}[p_i]>0$，则自由响应是增幅振荡，这属于不稳定系统。

图5.8.3所示为上述不同条件下各响应分量的关系。

5.8.4 系统函数零、极点分布与系统频响特性的关系

所谓频响特性，是指系统在正弦信号激励下，稳态响应随激励信号频率的变化情况。如式（4.4.6）和式（4.4.7）所示，系统在频率为ω_0的正弦信号激励下的响应仍是同频率的正弦信号，但幅度乘以$|H(\mathrm{j}\omega_0)|$，相位附加$\varphi(\omega_0)$。当正弦信号的频率ω改变时，响应的幅度和相位将分别随$|H(\mathrm{j}\omega)|$和$\varphi(\omega)$变化，$H(\mathrm{j}\omega)$反映了系统在正弦信号激励下响应随激励信号频率变化的情况，故称为频率响应。

但是，上述讨论的是系统对始于$t=-\infty$的无始无终的正弦信号激励的情况，而在实际中，更为关注的是因果正弦信号激励的情况。以下讨论系统在因果正弦信号激励下的稳态响应，并把这种响应称为正弦稳态响应。

1. 正弦稳态响应

设系统函数为

$$H(s)=\frac{\prod_{j=1}^{m}(s-z_j)}{\prod_{i=1}^{n}(s-p_i)} \tag{5.8.14}$$

激励信号为$x(t)=K\sin(\omega_0 t)u(t)$，其拉普拉斯变换为

$$X(s)=\frac{K\omega_0}{s^2+{\omega_0}^2} \tag{5.8.15}$$

于是，系统零状态响应的拉普拉斯变换为

$$Y(s)=\frac{K\omega_0}{s^2+{\omega_0}^2}\cdot H(s)=\frac{K_{\mathrm{j}\omega}}{s-\mathrm{j}\omega}+\frac{K_{-\mathrm{j}\omega}}{s+\mathrm{j}\omega}+\frac{K_1}{s-p_1}+\frac{K_2}{s-p_2}+\cdots+\frac{K_n}{s-p_n} \tag{5.8.16}$$

式中，$p_1,p_2,\cdots,p_n$ 为 $H(s)$ 的单阶极点，$K_1,K_2,\cdots,K_n$ 为部分分式系数，而

$$K_{\mathrm{j}\omega}=(s-\mathrm{j}\omega)Y(s)\big|_{s=\mathrm{j}\omega}=\frac{KH(\mathrm{j}\omega_0)}{2\mathrm{j}}=\frac{K\left|H(\mathrm{j}\omega_0)\right|\mathrm{e}^{\mathrm{j}\varphi(\omega_0)}}{2\mathrm{j}}$$

$$K_{-\mathrm{j}\omega}=K_{\mathrm{j}\omega}^{*}=\frac{K\left|H(\mathrm{j}\omega_0)\right|\mathrm{e}^{-\mathrm{j}\varphi(\omega_0)}}{-2\mathrm{j}}$$

这里，$H(\mathrm{j}\omega_0)=\left|H(\mathrm{j}\omega_0)\right|\mathrm{e}^{\mathrm{j}\varphi(\omega_0)}$，$H(-\mathrm{j}\omega_0)=\left|H(\mathrm{j}\omega_0)\right|\mathrm{e}^{-\mathrm{j}\varphi(\omega_0)}$，所以

$$\frac{K_{\mathrm{j}\omega}}{s-\mathrm{j}\omega}+\frac{K_{-\mathrm{j}\omega}}{s+\mathrm{j}\omega}=\frac{K\left|H(\mathrm{j}\omega_0)\right|}{2\mathrm{j}}\left(\frac{\mathrm{e}^{\mathrm{j}\varphi(\omega_0)}}{s-\mathrm{j}\omega}-\frac{\mathrm{e}^{-\mathrm{j}\varphi(\omega_0)}}{s+\mathrm{j}\omega}\right) \tag{5.8.17}$$

式（5.8.17）的拉普拉斯逆变换为

$$\begin{aligned}L^{-1}\left[\frac{K_{\mathrm{j}\omega}}{s-\mathrm{j}\omega}+\frac{K_{-\mathrm{j}\omega}}{s+\mathrm{j}\omega}\right]&=\frac{K\left|H(\mathrm{j}\omega_0)\right|}{2\mathrm{j}}\left[\mathrm{e}^{\mathrm{j}\varphi(\omega_0)}\mathrm{e}^{\mathrm{j}\omega t}-\mathrm{e}^{-\mathrm{j}\varphi(\omega_0)}\mathrm{e}^{-\mathrm{j}\omega t}\right]u(t)\\&=K\left|H(\mathrm{j}\omega_0)\right|\sin\left[\omega_0 t+\varphi(\omega_0)\right]u(t)\end{aligned} \tag{5.8.18}$$

所以系统的零状态响应为

$$y(t)=K\left|H(\mathrm{j}\omega_0)\right|\sin\left[\omega_0 t+\varphi(\omega_0)\right]u(t)+\sum_{i=1}^{n}K_i\mathrm{e}^{p_i t}u(t) \tag{5.8.19}$$

对于稳定系统，其固有频率 $p_1,p_2,\cdots,p_n$ 的实部必小于零，式（5.8.19）中各指数项均为指数衰减函数，当 $t\to+\infty$ 时，它们都趋于零，是暂态响应分量；第一项 $K\left|H(\mathrm{j}\omega_0)\right|\sin\left[\omega_0 t+\varphi(\omega_0)\right]$ 却永远存在，它是稳态响应分量，记为 $y_{\mathrm{ss}}(t)$

$$y_{\mathrm{ss}}(t)=K\left|H(\mathrm{j}\omega_0)\right|\sin\left[\omega_0 t+\varphi(\omega_0)\right]u(t) \tag{5.8.20}$$

可见，稳态响应保持与激励信号一致的单频率正弦信号，只是受到了系统函数的调整，幅度乘以系数 $\left|H(\mathrm{j}\omega_0)\right|$，相位移动 $\varphi(\omega_0)$。当正弦信号的频率 ω 改变时，将变量 ω 代入到 $H(s)$ 中，便可直接得到频率响应特性 $H(\mathrm{j}\omega)$，即

$$H(\mathrm{j}\omega)=H(s)\big|_{s=\mathrm{j}\omega}=\left|H(\mathrm{j}\omega)\right|\mathrm{e}^{\mathrm{j}\varphi(\omega)} \tag{5.8.21}$$

式中，$\left|H(\mathrm{j}\omega)\right|$ 是幅频特性，$\varphi(\omega)$ 是相频特性。为了便于分析，常将式（5.8.21）的结果绘制频响曲线。

式（5.8.20）也解释了式（4.4.7）中，稳定系统对于一个无始无终的正弦信号 $K\sin(\omega_0 t)$ 激励时，最终响应是 $K\left|H(\mathrm{j}\omega_0)\right|\sin\left[\omega_0 t+\varphi(\omega_0)\right]$ 的原因。因为激励从 $t=-\infty$ 开始，在任何有限时间内衰减的暂态响应分量总要消失，留下的仅有稳态响应分量，所以总响应出现的一定是 $K\left|H(\mathrm{j}\omega_0)\right|\sin\left[\omega_0 t+\varphi(\omega_0)\right]$。

总之，$K\left|H(\mathrm{j}\omega_0)\right|\sin\left[\omega_0 t+\varphi(\omega_0)\right]$ 就是无始无终正弦信号 $K\sin(\omega_0 t)$ 的总响应。对比之下，它又是在 $t=0$ 时加上的同一激励的稳态响应。

【例 5.8.4】 已知某系统的单位冲激响应 $h(t)=2\mathrm{e}^{-t}\left(\cos\frac{\sqrt{3}}{2}t-\frac{2}{\sqrt{3}}\sin\frac{\sqrt{3}}{2}t\right)u(t)$，求该系统在激励 $x(t)=\sin(\frac{\sqrt{3}}{2}t+\frac{\pi}{6})u(t)$ 时的正弦稳态响应 $y_{\mathrm{ss}}(t)$。

解： 根据单位冲激响应可求得系统函数

$$H(s)=2\left[\frac{s+1}{(s+1)^2+\frac{3}{4}}-\frac{\frac{2}{\sqrt{3}}\times\frac{\sqrt{3}}{2}}{(s+1)^2+\frac{3}{4}}\right]=\frac{2s}{(s+1)^2+\frac{3}{4}}$$

系统函数的极点分别为 $p_{1,2}=-1\pm\frac{\sqrt{3}}{2}\mathrm{j}$，位于 s 平面的左半平面，所以可得系统的频率响应函数

$$H(\mathrm{j}\omega)=H(s)\big|_{s=\mathrm{j}\omega}=\frac{2\mathrm{j}\omega}{(\mathrm{j}\omega+1)^2+\frac{3}{4}}$$

令 $\omega=\frac{\sqrt{3}}{2}$，则

$$H(\mathrm{j}\omega)\big|_{\mathrm{j}\omega=\frac{\sqrt{3}}{2}\mathrm{j}}=\frac{2\times\frac{\sqrt{3}}{2}\mathrm{j}}{(\frac{\sqrt{3}}{2}\mathrm{j}+1)^2+\frac{3}{4}}=\frac{\sqrt{3}^{\mathrm{j}\frac{\pi}{2}}}{2^{\mathrm{j}\frac{\pi}{3}}}=\frac{\sqrt{3}^{\mathrm{j}\frac{\pi}{6}}}{2}$$

所以系统的正弦稳态响应为

$$y_{\mathrm{ss}}(t)=\frac{\sqrt{3}}{2}\sin(\frac{\sqrt{3}}{2}t+\frac{\pi}{6}+\frac{\pi}{6})u(t)=\frac{\sqrt{3}}{2}\sin(\frac{\sqrt{3}}{2}t+\frac{\pi}{3})u(t)$$

2．利用系统函数的零、极点分布图绘制系统的频响特性

系统函数 $H(s)$ 在 s 平面的的零、极点分布与系统的频率特性有直接关系，根据系统函数的零、极点分布，利用几何作图法可以绘制系统的频响特性曲线，包括幅频特性 $|H(\mathrm{j}\omega)|$ 曲线和相频特性 $\varphi(\omega)$ 曲线。

若系统函数 $H(s)$ 的极点均位于 s 平面的左半平面，那么它在虚轴上（$s=\mathrm{j}\omega$）也收敛。在式（5.8.14）表示的系统函数 $H(s)$ 中，令 $s=\mathrm{j}\omega$，可得到系统的频响特性 $H(\mathrm{j}\omega)$ 为

$$H(\mathrm{j}\omega)=K\frac{\prod_{j=1}^{m}(\mathrm{j}\omega-z_j)}{\prod_{i=1}^{n}(\mathrm{j}\omega-p_i)} \tag{5.8.22}$$

可见，$H(\mathrm{j}\omega)$ 将复频率 s 的变化范围限制在了虚轴上。容易看出，系统的频响特性取决于系统函数零、极点的分布，即取决于 z_j、p_i 的位置，而 K 是系数，对于频率特性的研究无关紧要。

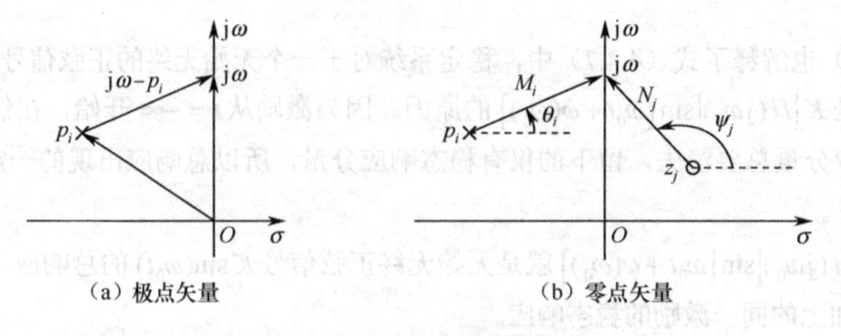

图 5.8.4　零、极点矢量图

在 s 平面上，任意复数（常数或变量）都可以用复平面上的矢量（有向线段）来表示。例如，某极点 p_i 可看做是从原点指向该极点 p_i 的矢量。该复数的模 $|p_i|$ 是矢量的长度，幅角是从实轴逆时针方向到该矢量的夹角。变量 $\mathrm{j}\omega$ 也可看做矢量。这样，$H(\mathrm{j}\omega)$ 分母中的任意因子 $(\mathrm{j}\omega-p_i)$ 相当于由极点 p_i 引向虚轴上某点 $\mathrm{j}\omega$ 的一个矢量，称为极点矢量，如图 5.8.4（a）所示；分子中任意因

子$(j\omega-z_j)$相当于由零点z_j引向虚轴上某点$j\omega$的一个矢量，称为零点矢量。为了讨论方便，将零点矢量和极点矢量分别表示成极坐标的形式，即

$$j\omega-z_j=N_j e^{j\psi_j} \tag{5.8.23}$$

$$j\omega-p_i=M_i e^{j\theta_i} \tag{5.8.24}$$

式中，N_j、M_i分别为零点矢量$(j\omega-z_j)$和极点矢量$(j\omega-p_i)$的模，ψ_j、θ_i分别为零点矢量和极点矢量的幅角，如图 5.8.4（b）所示。于是，式（5.8.22）可以改写为

$$\begin{aligned}H(j\omega)&=K\frac{N_1N_2\cdots N_m\,e^{j(\psi_1+\psi_2+\cdots+\psi_m)}}{M_1M_2\cdots M_n\,e^{j(\theta_1+\theta_2+\cdots+\theta_n)}}\\&=K\frac{N_1N_2\cdots N_m}{M_1M_2\cdots M_n}\cdot e^{j[(\psi_1+\psi_2+\cdots+\psi_m)-(\theta_1+\theta_2+\cdots+\theta_n)]}=\left|H(j\omega)\right|e^{j\varphi(\omega)}\end{aligned} \tag{5.8.25}$$

式中，幅频特性为

$$\left|H(j\omega)\right|=K\frac{N_1N_2\cdots N_m}{M_1M_2\cdots M_n} \tag{5.8.26}$$

相频特性为

$$\varphi(\omega)=(\psi_1+\psi_2+\cdots+\psi_m)-(\theta_1+\theta_2+\cdots+\theta_n) \tag{5.8.27}$$

当ω从 0（或$-\infty$）沿虚轴移动并趋于$+\infty$时，各零点矢量和极点矢量的模和幅角都随之改变，根据式（5.8.26）和式（5.8.27），就可以得到幅频特性曲线和相频特性曲线。

【例 5.8.5】 已知连续时间线性时不变系统的系统函数为$H(s)=\dfrac{s}{s+3}$，根据$H(s)$的零、极点分布图粗略画出此系统的幅频特性曲线和相频特性曲线。

解： $H(s)$的极点位于$p_1=-3$处，而零点在坐标原点$z_1=0$，其零、极点分布图如图 5.8.5 所示。设零点矢量和极点矢量分别为$N_1e^{j\psi_1}$和$M_1e^{j\theta_1}$，于是系统频率响应函数为

$$H(j\omega)=\frac{j\omega}{j\omega+3}=\frac{N_1e^{j\psi_1}}{M_1e^{j\theta_1}}$$

幅频特性和相频特性分别为

$$\left|H(j\omega)\right|=\frac{N_1}{M_1}$$

$$\varphi(\omega)=\psi_1-\theta_1$$

下面观察当ω从 0 沿虚轴向$+\infty$变化时，N_1、M_1、ψ_1和θ_1的变化情况：

（1）幅频特性

当$\omega=0$时，由于$N_1=0$，$M_1=3$，所以$\left|H(j\omega)\right|_{\omega=0}=0$；当$\omega=3$时，由于$N_1=3$，$M_1=3\sqrt{2}$，所以$\left|H(j\omega)\right|\Big|_{\omega=3}=\dfrac{1}{\sqrt{2}}$。

当ω从 0 开始向上增大时，N_1和M_1均增大，但N_1的变化率比M_1大，所以$\left|H(j\omega)\right|$是增大的；随着ω继续增大，N_1和M_1越来越接近，故在$\omega\to+\infty$时，$\left|H(j\omega)\right|\Big|_{\omega=+\infty}=1$。因此，可粗略画出幅频特性如图 5.8.6（a）所示。

（2）相频特性

当$\omega=0$时，由于$\psi_1=90^\circ$，$\theta_1=0^\circ$，所以$\varphi(\omega)\big|_{\omega=0}=90^\circ$；当$\omega=3$时，由于$\psi_1=90^\circ$，$\theta_1=45^\circ$，

所以$\varphi(\omega)\big|_{\omega=3}=45°$。

当ω从0开始向上增大时，$\psi_1=90°$保持不变，θ_1随ω的增大而增大，所以$\varphi(\omega)=\psi_1-\theta_1$是衰减的；当$\omega\to+\infty$时，$\psi_1=\theta_1$，所以$\varphi(\omega)\big|_{\omega=+\infty}=0$。因此，可粗略画出相频特性如图5.8.6（b）所示。从图中可以看出，该系统具有高通滤波特性。

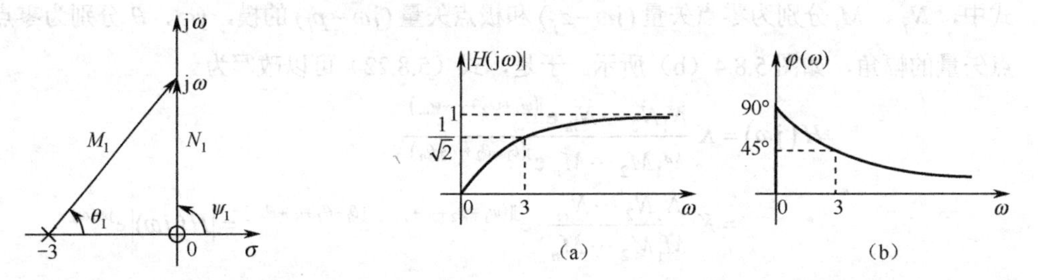

图5.8.5 例5.8.5中系统函数的零、极点分布图　图5.8.6 例5.8.5中系统的幅频特性曲线和相频特性曲线

【例5.8.6】 已知二阶线性连续系统的系统函数为

$$H(s)=\frac{s}{s^2+2\alpha s+\omega_0^2}$$

式中，$\alpha>0$，$\omega_0>\alpha>0$，粗略画出系统的幅频特性曲线和相频特性曲线。

解：由题可知，该系统有一个位于坐标原点的零点$z_1=0$和一对共轭极点

$$p_{1,2}=-\alpha\pm\mathrm{j}\sqrt{\omega_0^2-\alpha^2}=-\alpha\pm\mathrm{j}\beta$$

式中，$\beta=\sqrt{\omega_0^2-\alpha^2}$，于是$H(s)$又可表示为

$$H(s)=\frac{s}{(s-p_1)(s-p_2)}$$

由于$\alpha>0$，$H(s)$的极点p_1和p_2都在左半平面，故$H(s)$在虚轴上收敛，因此系统的频率响应函数为

$$H(\mathrm{j}\omega)=H(s)\big|_{s=\mathrm{j}\omega}=\frac{\mathrm{j}\omega}{(\mathrm{j}\omega-p_1)(\mathrm{j}\omega-p_2)} \tag{5.8.28}$$

令$N_1\mathrm{e}^{\mathrm{j}\psi_1}=\mathrm{j}\omega$，$M_1\mathrm{e}^{\mathrm{j}\theta_1}=\mathrm{j}\omega-p_1$，$M_2\mathrm{e}^{\mathrm{j}\theta_2}=\mathrm{j}\omega-p_2$，则$H(\mathrm{j}\omega)$又可表示为

$$H(\mathrm{j}\omega)=\frac{N_1\mathrm{e}^{\mathrm{j}\psi}}{M_1\mathrm{e}^{\mathrm{j}\theta_1}\cdot M_2\mathrm{e}^{\mathrm{j}\theta_2}}=\frac{N_1}{M_1M_2}\mathrm{e}^{\mathrm{j}(\psi_1-\theta_1-\theta_2)}=|H(\mathrm{j}\omega)|\mathrm{e}^{\mathrm{j}\varphi(\omega)}$$

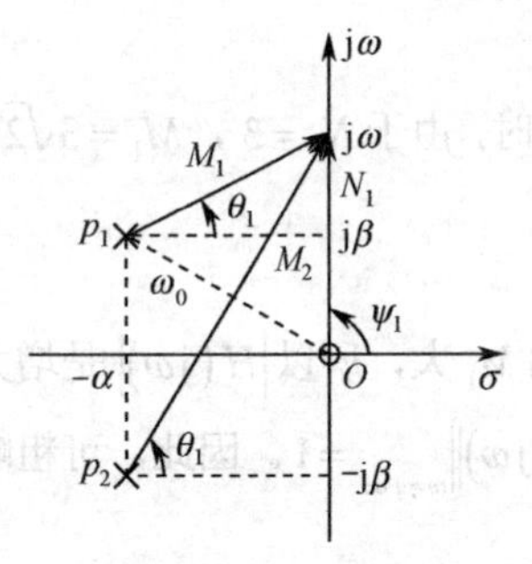

图5.8.7 例5.8.6中系统的零、极点分布及零、极点矢量图

由上式可以得到系统的幅频特性和相频特性分别为

$$|H(\mathrm{j}\omega)|=\frac{N_1}{M_1M_2}$$

$$\varphi(\omega)=\psi_1-(\theta_1+\theta_2)$$

系统函数的零、极点分布以及零、极点矢量如图5.8.7所示。由于$\beta=\sqrt{\omega_0^2-\alpha^2}$，于是$\omega_0=\sqrt{\alpha^2+\beta^2}$，因此系统的一对共轭极点位于以坐标原点为圆心，以$\omega_0$为半径的圆周上。当$\omega$沿虚轴从0到$+\infty$移动时，零、极点矢量将发生相应变化，而根据不同情况下的零、极点矢量可画出相应的频率特性图，下面分别讨论。

（1）当 $\omega=0$ 时，如图 5.8.8 所示。由图可知，此时 $N_1=0$，$M_1=M_2=\sqrt{\alpha^2+\beta^2}=\omega_0$，$\psi_1=90°$，$\theta_1=-\theta_2$，所以

$$\left|H(\mathrm{j}\omega)\right|\Big|_{\omega=0}=0$$

$$\varphi(\omega)\Big|_{\omega=0}=90°$$

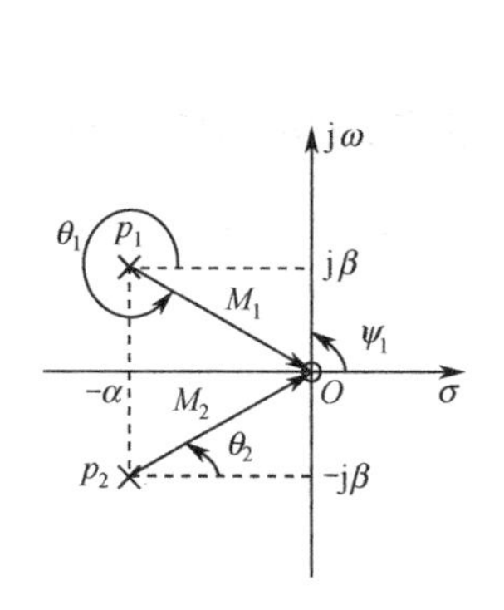

图 5.8.8　$\omega=0$ 时的零、极点矢量图

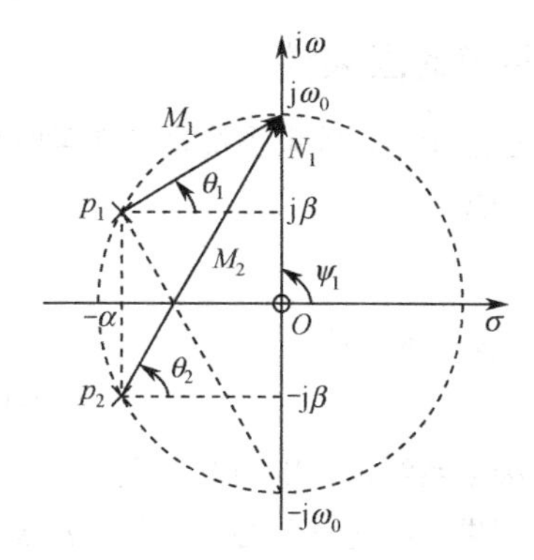

图 5.8.9　$\omega=\omega_0$ 时的零、极点矢量图

（2）当 ω 逐渐增大时，M_1 随之减小，M_2 和 N_1 随之增大，因而 $|H(\mathrm{j}\omega)|$ 逐渐增大。此时 θ_1 为负值，随着 ω 增大，$|\theta_1|$ 减小，故 $(\theta_1+\theta_2)$ 增大，所以 $\varphi(\omega)$ 逐渐减小。

（3）当 ω 增大到 $\omega=\omega_0$ 时，如图 5.8.9 所示，此时，系统发生谐振。这时，$\mathrm{j}\omega_0$、p_1 和 $-\mathrm{j}\omega_0$ 这三个点同在一个半圆周上，借助图中辅助虚线，并利用几何定理可以证明 $\theta_1+\theta_2=90°$，于是

$$\varphi(\omega)\Big|_{\omega=\omega_0}=90°-90°=0°$$

同时，$|H(\mathrm{j}\omega)|$ 取得最大值，可由式（5.8.28）直接求得

$$\left|H(\mathrm{j}\omega)\right|\Big|_{\omega=\omega_0}=\frac{1}{2\alpha}$$

（4）当 ω 继续增大时，由于 M_1 和 M_2 显著增大，而 N_1 变化平缓，因而 $|H(\mathrm{j}\omega)|$ 逐渐减小；又因为 $\theta_1+\theta_2$ 继续增大，而且 $\theta_1+\theta_2>90°$，所以 $\varphi(\omega)$ 逐渐减小。当 $\omega\to\infty$ 时，M_1、M_2、N_1 均趋于无穷大，所以 $|H(\mathrm{j}\omega)|$ 趋于零；θ_1、θ_2、ψ_1 均趋于 $90°$，所以 $\varphi(\omega)$ 趋于 $-90°$。系统的幅频特性曲线和相频特性曲线如图 5.8.10 所示。由幅频特性曲线可知，该系统具有带通滤波特性。

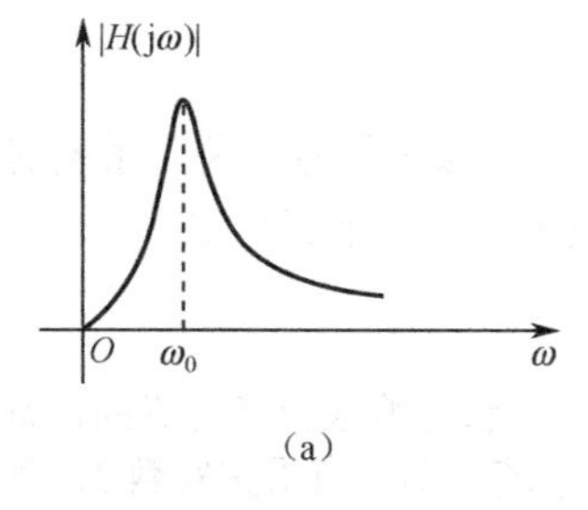

（a）

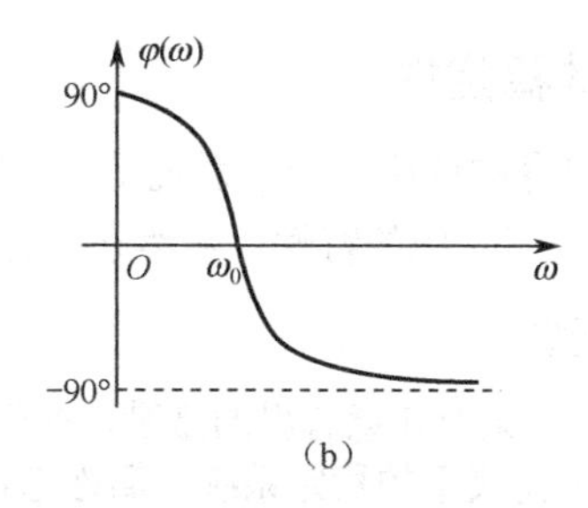

（b）

图 5.8.10　例 5.8.6 中系统的幅频特性曲线和相频特性曲线

由以上讨论可知，当系统函数的某个极点十分靠近虚轴时，当角频率 ω 在该极点虚轴附近时，幅频特性有一个峰值，相频特性急剧减小。类似地，当系统函数有一个零点十分靠近虚轴时，则当角频率 ω 在该零点附近时，幅频特性有一个谷值，相频特性急剧增大。

5.9 系统的因果性和稳定性

第 5.8 节讨论了系统函数零、极点分布与系统时域特性、频响特性的关系，系统函数零、极点分析的另一个重要应用是研究线性系统的因果性和稳定性。

5.9.1 系统的因果性

第 1 章中已经指出，因果系统是在任意时刻 t_0 的输出仅决定于 $t \leqslant t_0$ 时的激励 $x(t)$ 系统。也就是说，对于任意的

$$x(t)=0\,,\quad t<0 \tag{5.9.1}$$

如果系统的零状态响应满足

$$y_{zs}(t)=0\,,\quad t<0 \tag{5.9.2}$$

就称该系统为因果系统，否则为非因果系统。

连续时间因果系统的充分必要条件是冲激响应满足

$$h(t)=0\,,\quad t<0 \tag{5.9.3}$$

证明：（1）必要性：设激励 $x(t)=\delta(t)$。显然，$t<0$ 时，$x(t)=0$，这时的零状态响应应为 $h(t)=0$。所以，若系统是因果的，则必有 $h(t)=0$，$t<0$。因此，式（5.9.3）是必要的。

（2）充分性：对于任意激励 $x(t)$，系统的零状态响应 $y_{zs}(t)$ 等于 $x(t)$ 与 $h(t)$ 的卷积，考虑到 $t<0$ 时，$x(t)=0$，所以

$$y_{zs}(t)=h(t)*x(t)=\int_{-\infty}^{t}h(\tau)x(t-\tau)\mathrm{d}\tau$$

如果 $h(t)$ 满足式（5.9.3），则有 $\tau<0$，$h(\tau)=0$。那么当 $t<0$ 时，上式等于零；当 $t>0$ 时，上式可写为

$$y_{zs}(t)=\int_{0}^{t}h(\tau)x(t-\tau)\mathrm{d}\tau$$

即 $t<0$ 时，$y_{zs}(t)=0$，因此式（5.9.3）也是充分的。

根据拉普拉斯变换的定义，如果 $h(t)$ 满足式（5.9.3），则有

$$H(s)\leftrightarrow h(t)\,,\quad \mathrm{Re}[s]>\sigma_0 \tag{5.9.4}$$

即其收敛域为收敛坐标右边的开平面，也就是说，$H(s)$ 的极点都位于收敛轴 $\mathrm{Re}[s]=\sigma_0$ 的左边。

5.9.2 系统的稳定性

稳定性是系统自身的性质之一，系统是否稳定，与激励信号无关。系统的冲激响应 $h(t)$ 和系统函数 $H(s)$ 集中表征了系统的特性，当然它们也反映了系统是否稳定。

1．稳定性的概念

一个连续系统，如果对任意有界的激励，产生的零状态响应也是有界的，则称该系统是有界输入有界输出（BIBO）意义下的稳定系统，简称稳定系统。即对有限正实数 M_x 和 M_y，若激励信号

$$|x(t)|\leqslant M_x \tag{5.9.5}$$

其零状态响应满足

$$|y_{zs}(t)|\leqslant M_y \tag{5.9.6}$$

则称该系统是稳定的。

连续系统是稳定系统的充分必要条件是系统的冲激响应 $h(t)$ 绝对可积，即满足

$$\int_{-\infty}^{+\infty}|h(t)|\mathrm{d}t \leqslant M < +\infty \tag{5.9.7}$$

式中，M 为有限正实数。

下面对此条件给出证明。

充分性：对于任意有界激励信号 $x(t)$，系统的零状态响应为

$$y_{\mathrm{zs}}(t) = h(t) * x(t) = \int_{-\infty}^{+\infty} h(\tau)x(t-\tau)\mathrm{d}\tau$$

因此有

$$|y_{\mathrm{zs}}(t)| = \left|\int_{-\infty}^{+\infty} h(\tau)x(t-\tau)\mathrm{d}\tau\right| \leqslant \int_{-\infty}^{+\infty}|h(\tau)|\cdot|x(t-\tau)|\mathrm{d}\tau$$

将式（5.9.5）代入上式得到

$$|y_{\mathrm{zs}}(t)| \leqslant M_{\mathrm{x}}\int_{-\infty}^{+\infty}|h(\tau)|\mathrm{d}\tau$$

如果 $h(t)$ 满足式（5.9.7），即 $h(t)$ 满足绝对可积条件，则

$$|y_{\mathrm{zs}}(t)| \leqslant M_{\mathrm{x}}M < +\infty$$

取 $M_{\mathrm{y}} = MM_{\mathrm{x}}$，则式（5.9.7）的充分性得到证明。

必要性：式（5.9.7）对系统稳定是必要的，是指当 $h(t)$ 不满足绝对可积条件时，则至少有某个有界激励 $x(t)$ 产生无界输出 $y_{\mathrm{zs}}(t)$。为此，选择满足如下关系的激励信号 $x(t)$

$$x(-t) = \mathrm{sgn}\left[h(t)\right] = \begin{cases} -1 & h(t) < 0 \\ 0 & h(t) = 0 \\ 1 & h(t) > 0 \end{cases}$$

于是有 $h(t)x(-t) = |h(t)|$，因为

$$y_{\mathrm{zs}}(t) = \int_{-\infty}^{+\infty} h(\tau)x(t-\tau)\mathrm{d}\tau$$

令 $t = 0$，则上式变为

$$y_{\mathrm{zs}}(0) = \int_{-\infty}^{+\infty} h(\tau)x(-\tau)\mathrm{d}\tau = \int_{-\infty}^{\infty}|h(\tau)|\mathrm{d}\tau$$

上式表明，若 $\int_{-\infty}^{+\infty}|h(\tau)|\mathrm{d}\tau$ 无界，则 $y_{\mathrm{zs}}(0)$ 也无界，即式（5.9.7）的必要性得证。

上述分析中并未涉及系统的因果性，这表明无论因果系统还是非因果系统，都要满足式（5.9.7）的条件。对于因果系统，式（5.9.7）可改写为

$$\int_{0}^{+\infty}|h(t)|\mathrm{d}t \leqslant M < +\infty \tag{5.9.8}$$

2. 系统函数极点分布与系统稳定性的关系

对于因果系统，研究系统函数 $H(s)$ 在 s 平面中极点分布的位置，也可以方便地得出系统是否稳定的结论。

根据第 5.8.2 节的讨论可知，如果系统函数 $H(s)$ 的全部极点位于 s 平面的左半平面（不包括虚轴），其冲激相应 $h(t)$ 具有随时间增长而衰减的模式，且有

$$\lim_{t\to+\infty} h(t) = 0 \tag{5.9.9}$$

即 $h(t)$ 满足绝对可积条件，因此系统是稳定的。

如果 $H(s)$ 的极点落于 s 平面的右半平面，或在虚轴上具有二阶及二阶以上的极点，则 $h(t)$ 是随时间增长的模式，此时 $h(t)$ 不满足绝对可积条件，因此系统是不稳定的。

如果$H(s)$在s平面的右半平面无极点，但是在虚轴上有一阶极点，则$h(t)$趋于一个非零的数值或形成一个等幅振荡，不满足绝对可积条件，因此这种系统应该属于不稳定系统。但是，如果从响应是否有界来看，虚轴上的一阶极点所对应的响应可能是有界的，也可能是无界的，它与具体的激励信号有关。例如，如果$H(s)=\frac{1}{s}$，当激励信号是有界的阶跃信号$u(t)$时，响应是一个无界的斜变信号$tu(t)$；而当激励信号是有界的指数信号$e^{-\alpha t}u(t)$ $(\alpha>0)$时，响应也是一个有界的信号$(1-e^{-\alpha t})u(t)$。尽管这种情况下的响应可能有界，也可能无界，但它不满足定义中要求激励信号的任意性，因此，这种系统也应该属于不稳定系统。但是，考虑到实际电路中的无源 LC 电路，其系统函数在虚轴上有一阶极点，所以，为了说明这种极点分布的特殊性，将这种系统称为临界稳定系统。

3．系统函数零点对系统稳定性的影响

如上所述，当系统函数$H(s)$的所有极点位于左半s平面时，系统是稳定的。但是，这个条件还不能充分说明系统的稳定性，因为如果系统函数分子多项式的阶次高于分母多项式的阶次，系统函数中将出现s、s^2等项，那么冲激响应$h(t)$中将出现$\delta'(t)$、$\delta''(t)$等冲激信号的各次微分项。虽然这些微分项的强度是有限值，但是它们的幅度是无界的，从而使得冲激响应不满足绝对可积条件。如果从有界激励、有界输出的稳定性定义来看，这种情况下系统对某些有界激励的响应是无界的。例如，某系统的系统函数为

$$H(s)=s+\frac{1}{s+1}$$

该系统有一个位于左半s平面的极点，但含有一个s项，当系统在有界信号$u(t)$的激励下，系统响应中将含有一个无界的冲激信号$\delta(t)$；而如果系统在有界信号$e^{-2t}u(t)$激励下，系统的响应$\delta(t)+(e^{-t}-3e^{-2t})u(t)$却是有界的。这种系统属于前面讨论过的临界稳定系统。

综上所述，从s域判断线性时不变因果系统的稳定条件如下：

（1）系统函数$H(s)$的全部极点都位于左半s平面；

（2）系统函数分子多项式的阶次不高于分母多项式的阶次。

其中，第（2）条的条件实际上是要求系统函数的零点数不能多于极点数。这表明，虽然线性时不变因果系统的稳定性主要由极点决定，但零点也有一定影响。

而系统的临界稳定有两种情况：

（1）系统函数的极点在左半s平面，但是零点数多于极点数；

（2）系统函数在虚轴上有一阶极点。

【例 5.9.1】 已知某线性时不变因果系统的系统函数为

$$H(s)=\frac{s^2+2s+1}{s^3+3s^2+3s+2}$$

判断该系统是否为稳定系统。

解：因为$H(s)=\frac{s^2+2s+1}{s^3+3s^2+2s+s+2}=\frac{s^2+2s+1}{(s+2)(s^2+s+1)}$，所以该系统函数的极点分别为：$p_1=-2$，$p_{3,4}=-\frac{1}{2}+j\frac{\sqrt{3}}{2}$，三个极点都位于$s$平面的左半平面，同时该系统函数的零点数小于极点数，因此该系统是稳定的。

【例 5.9.2】 描述某线性时不变因果系统的微分方程为

$$\frac{d^2}{dt^2}y(t)-(k+3)\frac{d}{dt}y(t)+4y(t)=6x(t)$$

（1）求系统函数；

（2）判断系统的稳定性；

（3）设 $k=-8$，求 $x(t)=\mathrm{e}^{-2t}u(t)$ 激励时系统的零状态响应。

解：（1）在起始状态为零的条件下，对系统的微分方程两端进行拉普拉斯变换，整理得到

$$s^2Y(s)-(k+3)sY(s)+4Y(s)=6X(s)$$

所以

$$H(s)=\frac{Y(s)}{X(s)}=\frac{6}{s^2-(k+3)s+4}$$

（2）$H(s)$ 的极点分别为

$$p_{1,2}=\frac{k+3}{2}\pm\sqrt{\frac{(k+3)^2}{4}-4}$$

因为系统函数的零点数小于极点数，所以为了使系统稳定，极点应该位于左半 s 平面，应要求 $k+3<0$，即 $k<-3$ 时系统稳定；相应地，$k>-3$ 时系统不稳定；$k=-3$ 时，系统临界稳定。

（3）当 $k=-8$ 时

$$Y(s)=X(s)H(s)=\frac{1}{s+2}\frac{6}{s^2+5s+4}=\frac{2}{s+1}+\frac{-3}{s+2}+\frac{1}{s+4}$$

所以系统的零状态响应为

$$y_{zs}(t)=(2\mathrm{e}^{-t}-3\mathrm{e}^{-2t}+\mathrm{e}^{-4t})u(t)$$

4．系统稳定性的判别准则

由以上的讨论已知，稳定系统的极点必须位于 s 平面的左半平面，或者说，必须全部具有负实部。系统的特征方程一般可表示为

$$A(s)=a_ns^n+a_{n-1}s^{n-1}+a_{n-2}s^{n-2}+\cdots+a_1s+a_0=0 \tag{5.9.10}$$

对于 $n\geqslant 3$ 的高阶系统及特征方程含有未定参数的系统，难于确定系统函数的极点。为此，必须借助更一般的判定方法。典型的线性时不变因果系统稳定的依据是满足罗斯–霍尔维兹(Routh-Hurwitz)准则。

罗斯–霍尔维兹准则指出，系统函数 $H(s)$ 的极点全部位于 s 平面左半平面（系统稳定）的条件是：（1）必要条件——特征多项式 $A(s)$ 的全部系数 a_n、a_{n-1}、…、a_1、a_0 皆为正值且无缺项（对于一阶和二阶系统又是充分条件）；（2）充分条件——将特征多项式的系数按照以下规则排出罗斯阵列，其第一列元素皆为正值。

$$\begin{array}{lcccc}
\text{第1行} & a_n & a_{n-2} & a_{n-4} & \cdots \\
\text{第2行} & a_{n-1} & a_{n-3} & a_{n-5} & \cdots \\
\text{第3行} & c_{n-1} & c_{n-3} & c_{n-5} & \cdots \\
\text{第4行} & d_{n-1} & d_{n-3} & d_{n-5} & \cdots \\
\vdots & \vdots & \vdots & \vdots & \vdots \\
\text{第}(n+1)\text{行} & \cdots & \cdots & \cdots & \cdots
\end{array} \tag{5.9.11}$$

若 n 为偶数，则第 2 行最后一列元素用零补上。罗斯阵列中第 3 行及其以后的系数按以下规律计算

$$c_{n-1}=-\frac{1}{a_{n-1}}\begin{vmatrix}a_n & a_{n-2}\\ a_{n-1} & a_{n-3}\end{vmatrix},\quad c_{n-3}=-\frac{1}{a_{n-1}}\begin{vmatrix}a_n & a_{n-4}\\ a_{n-1} & a_{n-5}\end{vmatrix},\cdots \tag{5.9.12}$$

$$d_{n-1}=-\frac{1}{b_{n-1}}\begin{vmatrix}a_{n-1} & a_{n-3}\\ c_{n-1} & c_{n-3}\end{vmatrix},\quad d_{n-3}=-\frac{1}{b_{n-1}}\begin{vmatrix}a_{n-1} & a_{n-5}\\ c_{n-1} & c_{n-5}\end{vmatrix},\cdots \tag{5.9.13}$$

以此类推，直至最后一行中只留有一项，共得 $(n+1)$ 行。

如果方程$A(s)=0$的根全部在s平面的左半平面，则多项式$A(s)$称为霍尔维兹多项式。如果系统函数$H(s)$的特征多项式是霍尔维兹多项式，则此系统就是稳定系统。

罗斯–霍尔维兹稳定性判别准则的一个补充说明：如果罗斯阵列中第1列元素的符号不完全相同，则其符号变化次数就是$A(s)=0$具有正实部或位于s平面右半平面的根的数目。

【例5.9.3】 已知$H(s)=\dfrac{\dfrac{K}{s(s+2)(s+4)}}{1+\dfrac{K}{s(s+2)(s+4)}}$，为保证系统稳定，确定$K$值的变化范围。

解：将$H(s)$化简，得

$$H(s)=\frac{K}{s^3+6s^2+8s+K}$$

其特征多项式为$A(s)=s^3+6s^2+8s+K$，根据罗斯–霍尔维兹准则，排出罗斯阵列如下：

第1行	1	8	0
第2行	6	K	0
第3行	$\dfrac{48-K}{6}$	0	0
第4行	K	0	0

为保证系统是稳定的，要求罗斯阵列第1列的系数均为正值，即必须满足$\dfrac{48-K}{6}>0$及$K>0$，从而得到当$0<K<48$时系统是稳定的。

当用罗斯阵列判别系统的稳定性时，将会遇到两种特殊情况：第一种是罗斯阵列中某行第1列元素为0，而其余元素又不全为0，这样就不能继续计算下一行的第1列元素；第二种是罗斯阵列尚未列写完毕时，出现某一行的元素全为0，这样在建立罗斯阵列时发生困难。对于这些特殊情况，可以用不同的方法来解决。

【例5.9.4】 已知某系统的系统函数为

$$H(s)=\frac{1}{s^4+s^3+2s^2+2s+3}$$

判断该系统是否稳定。

解：显然，$A(s)$的全部系数为正实数，排列罗斯阵列

第1行	1	2	3
第2行	1	2	0
第3行	0	3	

此时，第3行中第1列的元素为0，因此罗斯阵列无法继续排列下去。为解决这个问题，用一个无穷小量$\varDelta$代替0，这样就能继续列写罗斯阵列，即

第1行	1	2	3
第2行	1	2	0
第3行	$\varDelta$	3	0
第4行	$2-\dfrac{3}{\varDelta}$	0	0
第5行	3	0	0

如果$\varDelta$从正方向趋近于零时，则第4行第1列元素为负；如果$\varDelta$从负方向趋近于零时，则第3行第1列元素为负值，而第4行第1列元素为正值。所以，无论$\varDelta$从正方向还是负方向趋近于零，第1列元素都有两次符号变化，特征方程有两个正实部的根，系统是不稳定的。

【例 5.9.5】 系统特征方程为 $s^5+4s^4+8s^3+8s^2+7s+4=0$，判断该系统的稳定性。

解： 首先列写罗斯阵列

第1行	1	8	7
第2行	4	8	4
第3行	6	6	0
第4行	4	4	0
第5行	0	0	0

罗斯阵列排列至此，出现一行元素全为 0。这种情况通常出现在连续两行元素相等或成比例的情况，说明系统函数在虚轴上可能有极点。对此种情况可做如下处理：由全零行前一行的元素组成一个 s 的辅助多项式 $A_1(s)$，用此辅助多项式的一阶导数的系数来代替全零行，再继续列写罗斯阵列。因为这时辅助多项式必为原系统特征多项式的一个因式，令它等于零，所求的根也必是原系统函数的极点。故这时除要观察罗斯阵列，看其是否变号外，还要观察轴上极点的数目。当罗斯阵列中第 1 列元素的符号没有改变时，系统是临界稳定的；当罗斯阵列第 1 列元素的符号有改变时，系统是不稳定的。本例中，第 5 行元素全为 0，可把第 4 行的一行元素写为辅助多项式 $A_1(s)=4s^2+4$，将 $A_1(s)$ 对 s 求一阶导数 $\dfrac{\mathrm{d}A_1(s)}{\mathrm{d}s}=8s$，再将辅助多项式导数的系数 8，0 代替全 0 行，这样得到新的完整的罗斯阵列为

第1行	1	8	7
第2行	4	8	4
第3行	6	6	0
第4行	4	4	0
第5行	8	0	0
第6行	4	0	0

罗斯阵列中第 1 列元素全大于 0，所以系统是临界稳定的。

由于 $s^5+4s^4+8s^3+8s^2+7s+4=(s^2+1)(s^3+4s^2+7s+4)$，可验证该特征多项式有两个特征根，位于 $p_{1,2}=\pm\mathrm{j}$（该共轭虚根也可通过令 $A_1(s)=0$ 求得），而其余特征根在 s 左半平面。

习　题

5.1　求下列函数的拉普拉斯变换（注意：t 为变量，其他参数为常量）。

（1）$\mathrm{e}^{-t}u(t-2)$；　（2）$\mathrm{e}^{-t}\left[u(t)-u(t-2)\right]$；

（3）$\dfrac{1}{t}\left(\mathrm{e}^{-3t}-\mathrm{e}^{-4t}\right)u(t)$；　（4）$\dfrac{1}{s_1-s_2}\left(s_1\mathrm{e}^{-s_1t}-s_2\mathrm{e}^{-s_2t}\right)u(t)$；

（5）$t\mathrm{e}^{-t}u(t)$；　（6）$\mathrm{e}^{-t}\sin 2tu(t)$；

（7）$\dfrac{1}{t}\sin atu(t)$；　（8）$t^2\cos 2tu(t)$；

（9）$\left(1-\cos\alpha t\right)\mathrm{e}^{-\beta t}u(t)$；　（10）$\mathrm{e}^{-t+2}u(t-2)$；

（11）$\sin tu(t-2)$；　（12）$\mathrm{e}^{-\alpha t}\sin(\beta t+\theta)u(t)$；

（13）$t\cos^3 3tu(t)$；　（14）$\left(t^3+t^2+t+1\right)u(t)$；

（15）$\mathrm{e}^{-(t+a)}\cos\omega_0 tu(t)$；　（16）$2\delta(t)-3\mathrm{e}^{-7t}u(t)$。

5.2　已知 $x(t)\leftrightarrow\dfrac{1}{s^2+2s+5}$，求下列信号的拉普拉斯变换。

（1）$x_1(t)=\int_0^t x(\tau)\mathrm{d}\tau$；（2）$x_2(t)=x(t)\cos\omega_0 t$；

（3）$x_3(t)=x(2t-4)$；（4）$x_4(t)=\dfrac{x(t)}{t}$；

（5）$x_5(t)=t\dfrac{\mathrm{d}^2x(t)}{\mathrm{d}t^2}$；（6）$x_6(t)=\mathrm{e}^{-2t}x(2t)$；

（7）$x_7(t)=(t-2)^2x\left(\dfrac{1}{2}t-1\right)$。

5.3 已知信号的拉普拉斯变换 $X(s)$ 如下，求初值 $x(0_+)$ 和终值 $x(\infty)$。

（1）$X(s)=\dfrac{s-6}{(s+2)(s+5)}$；（2）$X(s)=\dfrac{10(s+2)}{s(s+5)}$；

（3）$X(s)=\dfrac{1}{(s+3)^3}$；（4）$X(s)=\dfrac{s+3}{(s+1)^2(s+2)}$。

5.4 求题 5.4 图所示信号的单边拉普拉斯变换。

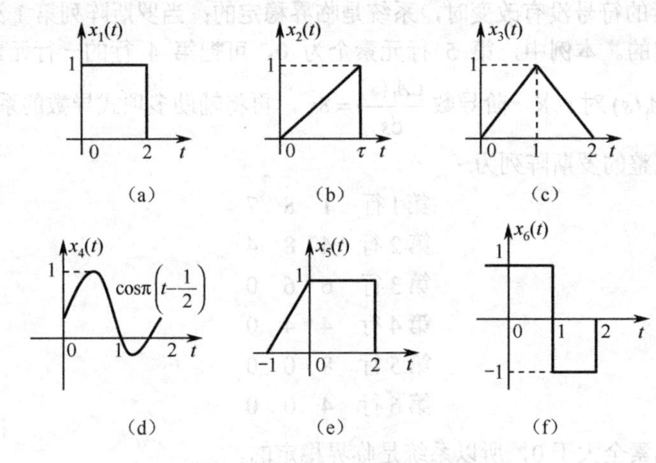

题 5.4 图

5.5 求下列信号的拉普拉斯变换，并注意它们之间的区别。

（1）$x_1(t)=u(2t-4)$；（2）$x_2(t)=\mathrm{e}^{-t}u(2t-4)$；

（3）$x_3(t)=\mathrm{e}^{-(2t-4)}u(t)$；（4）$x_4(t)=\mathrm{e}^{-(2t-4)}u(2t-4)$。

5.6 求下列函数的拉普拉斯逆变换。

（1）$\dfrac{1}{s+7}$；（2）$\dfrac{4}{s(s+3)}$；

（3）$\dfrac{3}{s(s^2+9)}$；（4）$\dfrac{4s+5}{s^2+5s+6}$；

（5）$\dfrac{1}{s^2+3s+2}$；（6）$\dfrac{1-RCs}{s(1+RCs)}$；

（7）$\dfrac{100(s+5)}{s^2+201s+200}$；（8）$\dfrac{\omega_0}{(s^2+\omega_0^2)(1+RCs)}$；

（9）$\dfrac{s}{(s+a)\left[(s+\alpha)^2+\beta^2\right]}$；（10）$\dfrac{s+3}{(s+1)^3(s+2)}$；

（11）$\dfrac{2s+4}{s^2+2s+5}$；（12）$\dfrac{s}{(s^2+a^2)\left[(s+\alpha)^2+\beta^2\right]}$；

（13）$\dfrac{4s^2+11s+10}{2s^2+5s+3}$；（14）$\dfrac{1}{s(s^2+s+1)}$；

（15）$\dfrac{A}{s^2+K^2}$；　　（16）$\dfrac{s-a}{(s+a)^2}$；

（17）$\dfrac{\mathrm{e}^{-s}}{4s(s^2+1)}$；　　（18）$\ln\left(\dfrac{s-1}{s}\right)$。

5.7 已知 $x_1(t)$ 和 $x_2(t)$ 的波形如题 5.7 图所示，求 $x_1(t)$ 和 $x_2(t)$ 及这两个信号一阶导数的拉普拉斯变换。

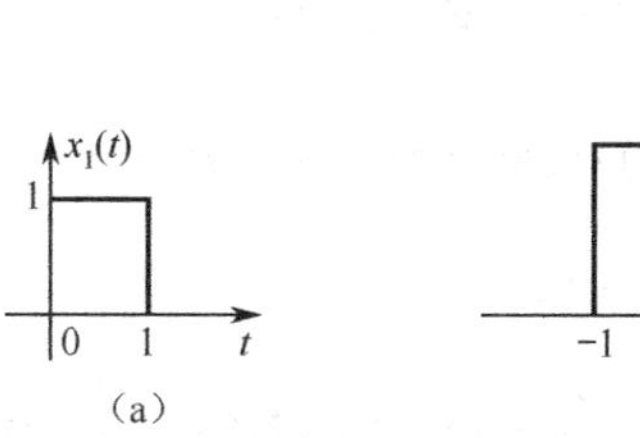

（a）

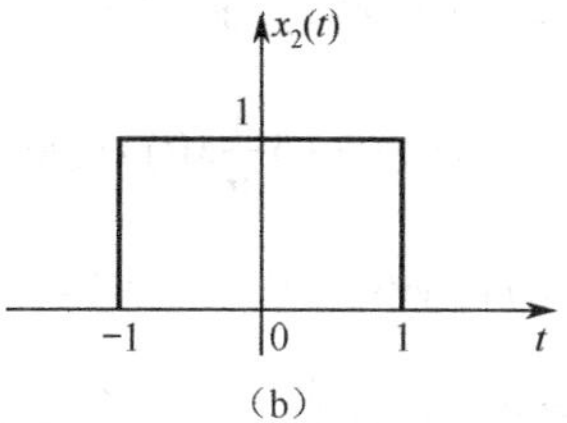

（b）

题 5.7 图

5.8 求题 5.8 图所示的单边周期信号的拉普拉斯变换。

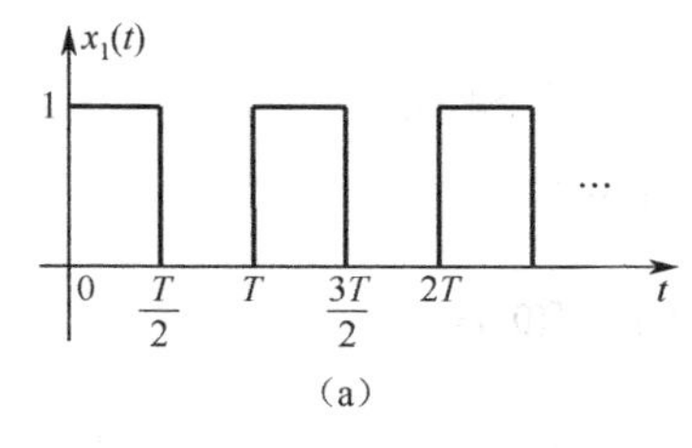

（a）

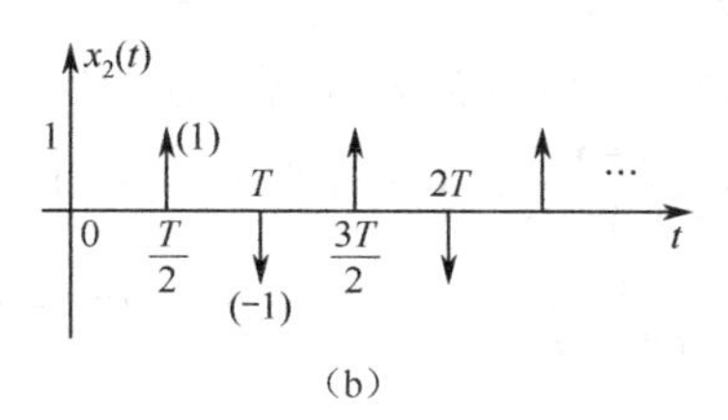

（b）

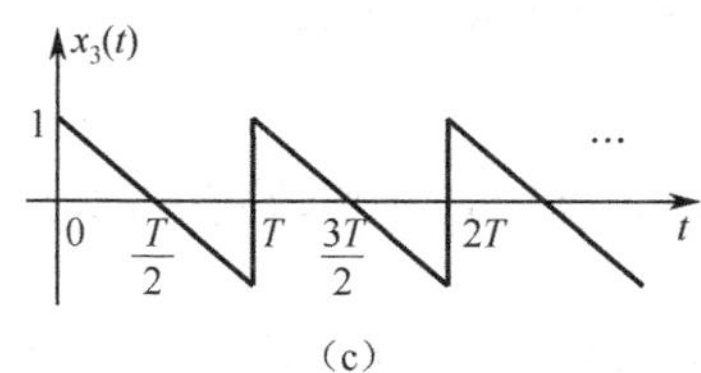

（c）

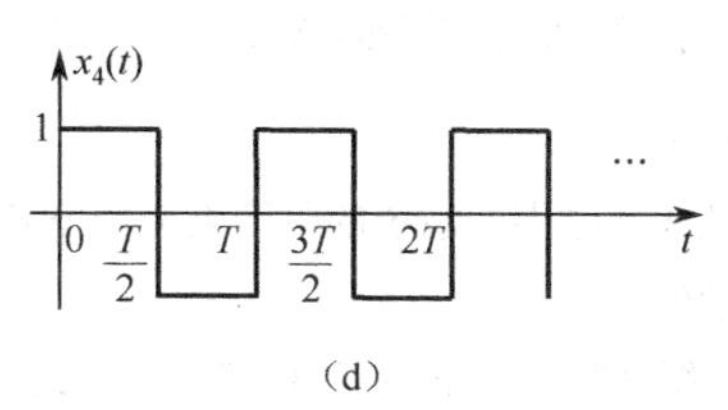

（d）

题 5.8 图

5.9 下列函数的拉普拉斯逆变换 $x(t)$ 都是单边周期信号（起始时刻为 $t=0$），求信号 $x(t)$ 的周期 T，并写出 $x(t)$ 的函数表达式（可用 $x(t)$ 在第一个周期内的信号 $x_0(t)$ 表示）。

（1）$\dfrac{1}{1+\mathrm{e}^{-2s}}$；　　（2）$\dfrac{1}{s(1+\mathrm{e}^{-s})}$；

（3）$\dfrac{1+\mathrm{e}^{-\pi s}}{(s^2+1)(1-\mathrm{e}^{-\pi s})}$；　　（4）$\dfrac{\pi(1+\mathrm{e}^{-s})}{(s^2+\pi^2)(1-\mathrm{e}^{-4s})}$。

5.10 已知线性连续系统的单位冲激响应为 $h(t)=(1-\mathrm{e}^{-2t})u(t)$。

（1）若系统输入 $x(t)=u(t)-u(t-2)$，求系统的零状态响应 $y_{zs}(t)$；

（2）若 $y_{zs}(t)=t^2u(t)$，求系统输入 $x(t)$。

5.11 已知描述线性时不变系统的微分方程为 $\dfrac{\mathrm{d}}{\mathrm{d}t}y(t)+2y(t)=x(t)+\dfrac{\mathrm{d}}{\mathrm{d}t}x(t)$，求系统在下列信号激励时的零状态响应 $y_{zs}(t)$。

（1）$x(t)=u(t)$；　　（2）$x(t)=\mathrm{e}^{-t}u(t)$；　　（3）$x(t)=\mathrm{e}^{-2t}u(t)$。

5.12 利用拉普拉斯变换分析法，求解下列微分方程所描述系统的系统函数、零状态响应、零输入响应和全响应。

（1）$\dfrac{\mathrm{d}}{\mathrm{d}t}y(t)+2y(t)=\sin(\omega_0 t)u(t)$，$y(0_-)=1$；

（2）$\frac{d^2}{dt^2}y(t)+5\frac{d}{dt}y(t)+4y(t)=2\frac{d}{dt}x(t)+5x(t)$，$x(t)=e^{-2t}u(t)$，$y(0_-)=2$，$y'(0_-)=5$；

（3）$\frac{d^2}{dt^2}y(t)+4\frac{d}{dt}y(t)+4y(t)=\frac{d}{dt}x(t)+x(t)$，$x(t)=e^{-t}u(t)$，$y(0_-)=2$，$y'(0_-)=1$。

5.13 求下列微分方程描述的线性时不变系统的零输入响应 $y_{zi}(t)$。

（1）$\frac{d^2}{dt^2}y(t)+3\frac{d}{dt}y(t)+2y(t)=2x(t)$，$y(0_-)=1$，$y'(0_-)=2$；

（2）$\frac{d^2}{dt^2}y(t)+5\frac{d}{dt}y(t)+6y(t)=x(t)+3\frac{d}{dt}x(t)$，$y(0_-)=1$，$y'(0_-)=-1$；

（3）$\frac{d^2}{dt^2}y(t)+4y(t)=2x(t)$，$y(0_-)=0$，$y'(0_-)=1$。

5.14 已知连续系统的微分方程为 $\frac{d^2}{dt^2}y(t)+5\frac{d}{dt}y(t)+6y(t)=2x(t)+8\frac{d}{dt}x(t)$，求在下列输入时的零输入响应、零状态响应和全响应。

（1）$x(t)=u(t)$，$y(0_-)=1$，$y'(0_-)=2$；

（2）$x(t)=e^{-2t}u(t)$，$y(0_-)=0$，$y'(0_-)=1$。

5.15 已知线性连续系统的系统函数和输入信号，求系统的全响应。

（1）$H(s)=\frac{s+5}{s^2+4s+3}$，$x(t)=e^{-2t}u(t)$，$y(0_-)=1$，$y'(0_-)=1$；

（2）$H(s)=\frac{s+4}{s(s^2+3s+2)}$，$x(t)=u(t)$，$y(0_-)=y'(0_-)=y''(0_-)=1$。

5.16 某线性时不变系统，当激励为 $x(t)=e^{-2t}u(t)$ 时，系统的零状态响应为 $y_{zs}(t)=\left(\frac{1}{2}e^{-t}-e^{-2t}+e^{-3t}\right)u(t)$，求系统的单位冲激响应。

5.17 已知某线性时不变系统的阶跃响应为 $g(t)=(1-e^{-2t})u(t)$，为使其零状态响应为 $y_{zs}(t)=(1-e^{-2t}-te^{-2t})u(t)$，求激励信号 $x(t)$。

5.18 已知某线性时不变系统在相同的初始状态下，输入为 $x_1(t)=\delta(t)$ 时，全响应为 $y_1(t)=\delta(t)+e^{-t}u(t)$；输入为 $x_2(t)=u(t)$ 时，全响应为 $y_2(t)=3e^{-t}u(t)$；求在相同的初始状态下，输入为 $x_3(t)=\begin{cases}0 & t<0\\ t & 0\leqslant t\leqslant 1\\ 1 & t>1\end{cases}$ 时，系统的全响应。

5.19 某线性时不变系统的系统函数 $H(s)=K\frac{s+6}{s^2+5s+6}$，$K$ 为常数。已知该系统阶跃响应的终值为 1。

（1）写出描述此系统的微分方程；

（2）求该系统的单位冲激响应。

5.20 已知线性时不变系统的系统函数为 $H(s)=\frac{s+2}{s^2+4s+3}$，求系统在下列各无始无终的正弦信号激励时的响应。

（1）$5\cos\left(2t+\frac{\pi}{6}\right)$；（2）$10\sin\left(3t+\frac{\pi}{4}\right)$。

5.21 已知线性时不变系统的系统函数为 $H(s)=\frac{s+3}{(s+2)^2}$，求系统在下列各信号激励时的正弦稳态响应。

（1）$10u(t)$；（2）$\cos\left(2t+\frac{\pi}{3}\right)u(t)$；（3）$2\sin\left(3t-\frac{\pi}{4}\right)$。

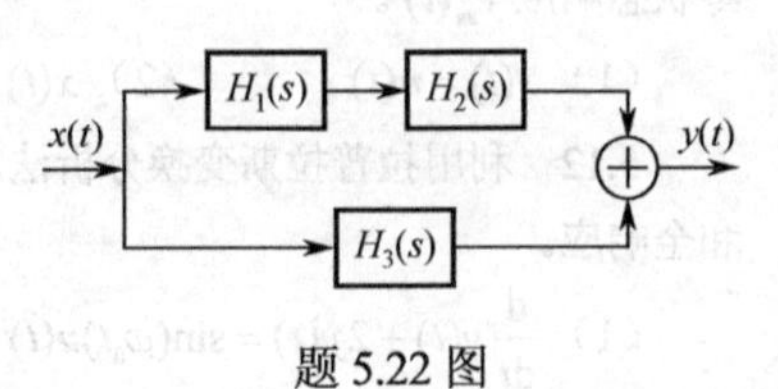

题 5.22 图

5.22 在题 5.22 图所示的复合系统中，已知各子系统的系统函数或冲激响应分别为：$H_1(s)=\dfrac{1}{s+2}$，$H_2(s)=\dfrac{2}{s+3}$，$h_3(t)=\delta(t)$。

（1）求该复合系统的系统函数 $H(s)$ 和单位冲激响应 $h(t)$；

（2）若输入 $x(t)=u(t)$，求系统的零状态响应 $y_{zs}(t)$。

5.23　写出题 5.23 图所示各 s 域框图描述系统的系统函数 $H(s)$ 和微分方程，并求其冲激响应 $h(t)$。

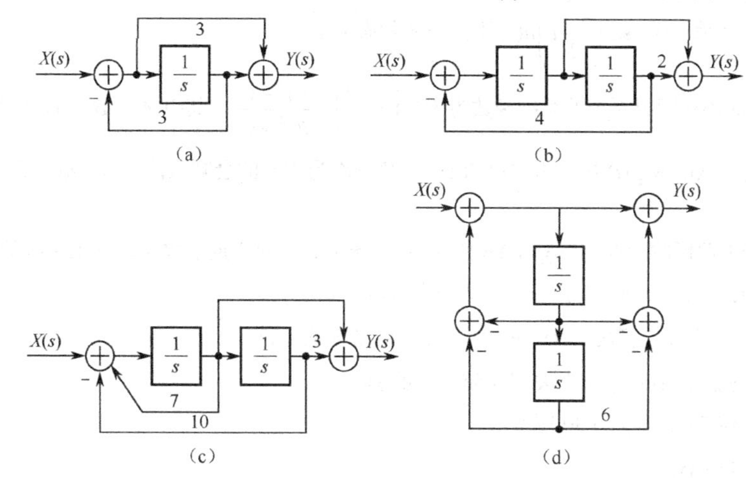

题 5.23 图

5.24　分别画出下列各系统函数的零、极点分布图和单位冲激响应的波形，并注意单位冲激响应波形之间的区别。

（1）$H_1(s)=\dfrac{s+3}{s^2+7s+10}$；　（2）$H_2(s)=\dfrac{s}{s^2+7s+10}$；

（3）$H_3(s)=\dfrac{(s+3)^2}{s^2+7s+10}$。

5.25　已知线性时不变系统的系统函数如下，分别画出各系统的零、极点分布图，并粗略画出其幅频特性曲线和相频特性曲线。

（1）$H_1(s)=\dfrac{s}{s+2}$；　（2）$H_2(s)=\dfrac{s+1}{s+2s+2}$；

（3）$H_3(s)=\dfrac{s^2+2s-3}{s^2+7s+10}$；　（4）$H_4(s)=\dfrac{s-3}{s(s+1)(s+2)}$。

5.26　已知系统函数 $H(s)$ 的零、极点分布图如题 5.26 图所示，粗略画出其幅频特性曲线和相频特性曲线，并讨论它们属于哪一种滤波器（高通、低通、带通、带阻）。

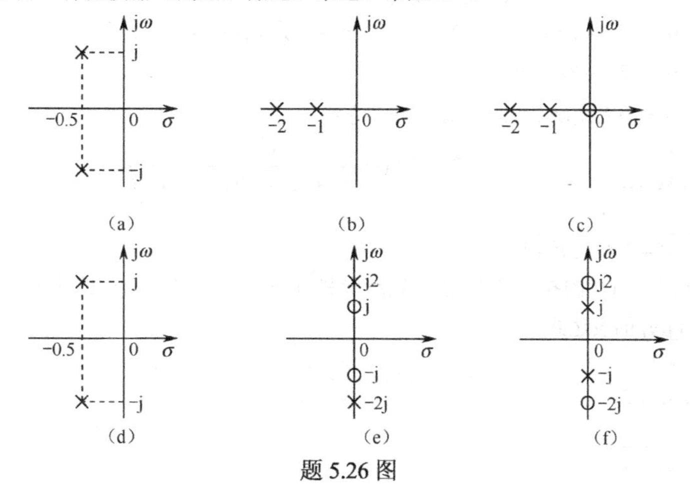

题 5.26 图

5.27　已知系统函数 $H(s)$ 的零、极点分布如题 5.27 图所示，单位冲激响应 $h(t)$ 的初值 $h(0_+)=2$。

（1）求系统函数 $H(s)$；

（2）求系统的频率响应函数 $H(\mathrm{j}\omega)$；

（3）求系统的单位冲激响应 $h(t)$；

（4）求系统在激励 $x(t)=\sin\left(\dfrac{\sqrt{3}}{2}t\right)u(t)$ 下的正弦稳态响应。

5.28　某线性时不变因果系统的系统函数为 $H(s)=A\dfrac{(s-B)^2+C}{(s+B)^2+C}$，其中 A、B、C 为待定系数。

（1）若系统的阶跃响应 $g(t)$ 中含有包络为 e^{-2t}，角频率为 20π 的衰减振荡信号，确定系统函数中的待定系数 B 和 C；

（2）如果系统的阶跃响应的初值 $g(0_+)=1$，确定系统函数中的待定系数 A，并求系统的冲激响应 $h(t)$；

（3）当激励 $x(t)=\sin(2t)u(t)$ 时，求系统的稳态响应 $y_{\mathrm{ss}}(t)$；

（4）对于任意时间 t，当激励 $x(t)=\mathrm{e}^{-3t}$ 时，求系统的响应 $y(t)$。

5.29　讨论题 5.29 图所示系统中 K 对系统稳定的影响。

5.30　线性时不变系统如题 5.30 图所示。

（1）求系统函数 $H(s)$;

（2）为使系统稳定，求系数 K 的取值范围;

（3）在临界稳定状态下，求系统单位冲激响应 $h(t)$。

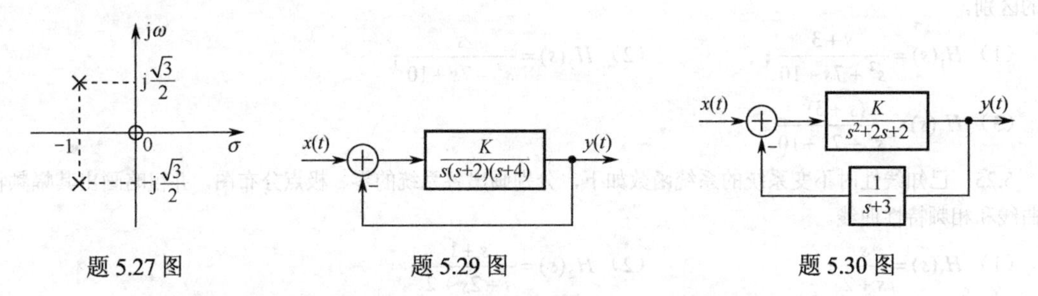

题 5.27 图　　　　题 5.29 图　　　　题 5.30 图

5.31　已知系统函数的特征多项式如下，为使系统稳定，k 应满足什么条件？

（1）$A(s)=s^3+ks^2+2s+1$；　　（2）$A(s)=s^3+5s^2+(k+8)s+1$；

（3）$A(s)=s^4+9s^3+20s^2+ks+k$。

5.32　检验以下多项式是否为霍尔维兹多项式。

（1）$A(s)=s^4+3s^3+4s^2+6s+4$；　（2）$A(s)=s^3+25s^2+10s+4$；

（3）$A(s)=s^5+4s^4+2s^3+3s^2+9s+4$。

5.33　已知线性系统的系统函数如下，试判断各系统的稳定性。

（1）$H(s)=\dfrac{s}{s^2+5s+4}$；　　（2）$H(s)=\dfrac{s^2-s+1}{s^4+7s^3+17s^2+17s+6}$；

（3）$H(s)=\dfrac{s+1}{s^5+s^4+2s^3+2s^2+1}$。

5.34　已知因果信号 $x(t)$ 的拉普拉斯变换 $X(s)$ 分别如下所示，试问 $x(t)$ 的傅里叶变换 $X(\mathrm{j}\omega)$ 是否存在？若存在，写出 $X(\mathrm{j}\omega)$ 的表达式。

（1）$X(s)=\dfrac{s+1}{s^2+2s+2}$；　　（2）$X(s)=\dfrac{s-2}{s^2+s}$；

（3）$X(s)=\dfrac{s}{s^2+3s-4}$。

第 6 章　从连续到离散的过渡：抽样与量化

前 5 章主要研究连续时间信号和系统在时域、频域和复频域的分析，本章主要研究连续时间信号的采样与量化，是后续研究离散时间信号和系统分析的基础，抽样定理是连续时间域和离散时间域之间的桥梁。

连续时间信号在进入数字系统之前，有一个如何将模拟信号转化为数字信号的问题，即信号的数字采集。这种转化应以不丢失模拟信号的信息为原则，本章基于这样的原则，讨论模拟信号数字采集的有关问题。研究如何从连续时间信号的离散时间样本不失真地恢复原来的连续时间信号。讨论与时域抽样完全对偶的频域抽样。研究如何对一个连续时间信号进行均匀量化问题。

6.1　引言

随着大规模集成电路的发展，人们越来越注重利用可编程技术，借助于软件控制来进行信号的处理，因为这样能够大大改善系统的灵活性和通用性，而且可以选择复杂的算法来解决问题。但是人们从自然界中获取的信号往往是模拟信号，而数字系统工作于离散时序，这就需要利用抽样的方法来解决问题。因此，抽样是信号与系统中重要的内容之一。

图 6.1.1 所示为通常信号的数字采集与分析、处理系统。模拟信号经抗混叠滤波器预处理，变成带限信号（这是为后面信号的抽样做准备的），经模数转换器后变成数字信号，再送入计算机或数字信号分析仪完成信号的分析和处理。如果需要，再由数模转换器将处理后的数字信号转换成模拟信号。

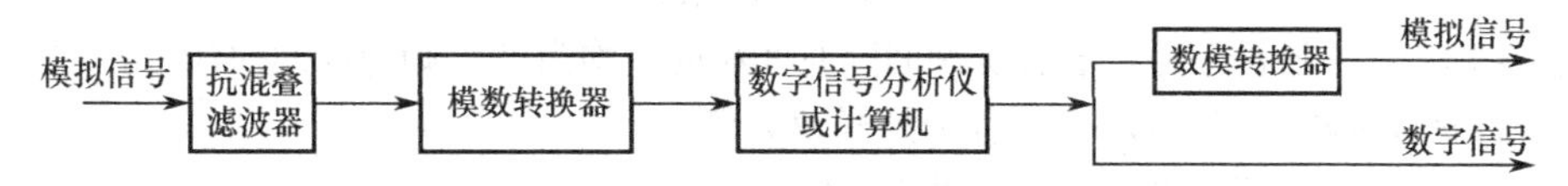

图 6.1.1　信号的数字采集与分析、处理系统

模数转换器的功能是将模拟信号先进行抽样，再对抽样信号进行量化和编码，从而完成模拟信号转换成数字信号的过程。信号的抽样过程如图 6.1.2 所示，其中 $f(t)$ 为输入的连续时间信号，$p(t)$ 为周期的抽样脉冲序列，$f_s(t)$ 为抽样后的信号。

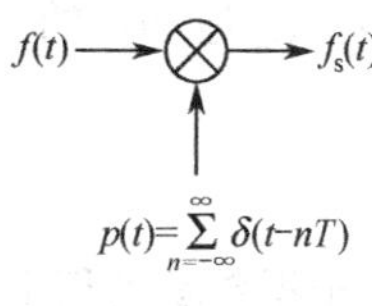

$f(t)$ → ⊗ → $f_s(t)$

$p(t)=\sum_{n=-\infty}^{\infty}\delta(t-nT)$

图 6.1.2　信号的抽样过程

6.2　时域抽样定理

抽样过程就是把一个连续时间函数的信号，变成具有一定时间间隔才有函数值的离散时间信号的过程。实现抽样的设备称为抽样器。在实际应用中，最简单的抽样电路是由开关二极管构成的抽样器，它的作用如同可以开闭的开关，如图 6.2.1（a）所示，闭合的瞬时对应于抽取那一时刻的信号样值。如果开关每隔时间 T_s 接通输入信号，接通时间是 τ，并且时间间隔 T_s 都一样，则称为周期抽样或均匀抽样，抽样周期等于 T_s。其倒数 $\frac{1}{T_s}$ 只表示在单位时间内所抽取的样点数，称为

抽样频率，用 f_s 表示。

如果每次抽样间隔不同，称为不均匀抽样。连续的模拟信号经过抽样后，虽然在时间上离散化了，但在取值上还要通过量化、编码过程变换成数字信号，才能适合计算机处理和传输。由此可见，抽样是从连续信号中抽取一系列样本值，实际上就是对信号的一种处理，是信号进行数字处理的一个过程。所产生的抽样信号起着联系模拟信号和数字信号的桥梁作用，因此对抽样信号的分析具有特殊重要的意义。

抽样器输出的信号 $f_s(t)$ 只包含开关接通时间内的输入信号 $f(t)$ 的一些小段，这些小段就是原输入信号的抽样，如图 6.2.1（c）所示。抽样信号 $f_s(t)$ 可以看成是由原信号 $f(t)$ 和一抽样脉冲序列 $p(t)$ 的乘积，即

$$f_s(t)=f(t)p(t) \tag{6.2.1}$$

抽样脉冲序列 $p(t)$ 如图 6.2.1（b）所示。也就是说，抽样的过程可以用一个相乘的数学模型来代表，该模型表示为数学式即如式（6.2.1），表示为模型即如图 6.1.2 所示。

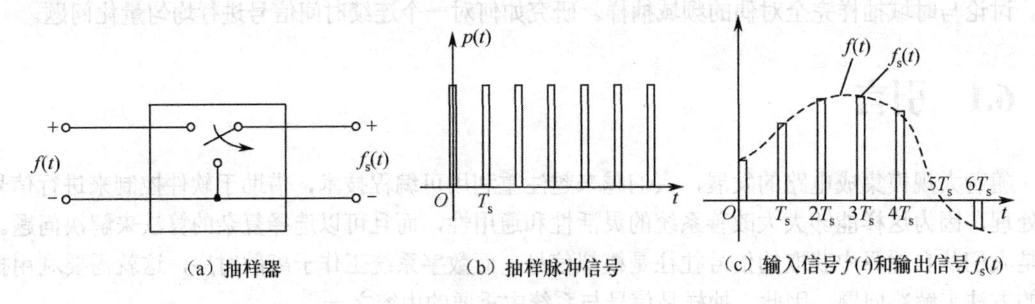

（a）抽样器　（b）抽样脉冲信号　（c）输入信号 $f(t)$ 和输出信号 $f_s(t)$

图 6.2.1　信号的抽样

6.2.1　抽样的时域表示

抽样的过程是通过抽样脉冲 $p(t)$ 与连续信号 $f(t)$ 相乘来完成的，即满足

$$f_s(t)=f(t)p(t)$$

式中，$p(t)$ 称为抽样脉冲信号，若各脉冲间隔时间相同，均为 T_s，则为周期抽样。T_s 称为抽样周期，$f_s=1/T_s$ 称为抽样频率，$\omega_s=2\pi f_s$ 称为抽样角频率。

因为 $p(t)$ 是周期矩形脉冲序列，所以它的傅里叶变换为

$$P(\omega)=2\pi\sum_{n=-\infty}^{+\infty}a_n\delta(\omega-n\omega_s) \tag{6.2.2}$$

式中，a_n 是 $p(t)$ 的傅里叶级数的系数，为

$$a_n=\frac{1}{T_s}\int_{-\frac{T_s}{2}}^{\frac{T_s}{2}}p(t)e^{jn\omega_s t}dt \tag{6.2.3}$$

根据频域卷积定理，抽样信号 $f_s(t)$ 的傅里叶变换 $F_s(\omega)$ 为

$$F_s(\omega)=\frac{1}{2\pi}[F(\omega)*P(\omega)] \tag{6.2.4}$$

将式（6.2.2）代入式（6.2.4）中，化简后得到抽样信号 $f_s(t)$ 的傅里叶变换为

$$F_s(\omega)=\sum_{n=-\infty}^{+\infty}a_nF(\omega-n\omega_s) \tag{6.2.5}$$

式（6.2.5）表明：信号在时域被抽样后，它的频谱 $F_s(\omega)$ 是连续信号的频谱 $F(\omega)$ 以 ω_s 为间隔周期进行重复而得到的。在重复的过程中，幅度被 $p(t)$ 的傅里叶级数的系数 a_n 所加权，因为 a_n 只

是 n 的函数，所以 $F(\omega)$ 在重复过程中不会使它的形状发生变化，加权系数 a_n 取决于抽样脉冲序列的形状。下面讨论两种典型的抽样。

6.2.2　矩形脉冲序列的抽样

抽样脉冲序列 $p(t)$ 是矩形脉冲序列，其幅度为 1，宽度为 τ，抽样的角频率为 ω_s（抽样间隔为 T_s）。由于 $f_s(t)=f(t)p(t)$，所以抽样信号 $f_s(t)$ 在抽样期间的脉冲顶部是不平的，而是随 $f(t)$ 而变化，如图 6.2.2 所示。有时称这种抽样为“自然抽样”。在这种情况下，由式（6.2.3）可以求出

$$a_n=\frac{1}{T_s}\int_{-\frac{T_s}{2}}^{\frac{T_s}{2}} p(t)\mathrm{e}^{\mathrm{j}n\omega_s t}\mathrm{d}t=\frac{1}{T_s}\int_{-\frac{T_s}{2}}^{\frac{T_s}{2}} \mathrm{e}^{\mathrm{j}n\omega_s t}\mathrm{d}t \tag{6.2.6}$$

积分后得到

$$a_n=\frac{\tau}{T_s}\cdot\frac{\sin\frac{n\omega_s\tau}{2}}{\frac{n\omega_s\tau}{2}}=\frac{\tau}{T_s}\mathrm{Sa}\left(\frac{n\omega_s\tau}{2}\right),\qquad \omega_s=\frac{2\pi}{T_s} \tag{6.2.7}$$

将它代入式（6.2.5），便可得到矩形抽样信号的频谱为

$$F_s(\omega)=\frac{\tau}{T_s}\sum_{n=-\infty}^{+\infty}\mathrm{Sa}\left(\frac{n\omega_s\tau}{2}\right)F(\omega-n\omega_s) \tag{6.2.8}$$

式（6.2.8）表明，$F_s(\omega)$ 是 $F(\omega)$ 以 ω_s 为周期的重复过程，而重复过程的加权系数是 $\mathrm{Sa}\left(\frac{n\omega_s\tau}{2}\right)$。

抽样信号 $f_s(t)$ 的频谱密度 $F_s(\omega)$ 如图 6.2.2 所示。由式（6.2.8）可见，抽样信号的频谱由原信号频谱的无限个频移所组成，其频移的角频率为 $n\omega_s$ $(n=0,\pm1,\cdots)$，它们的振幅随着 $\frac{\tau}{T_s}\mathrm{Sa}\left(\frac{n\omega_s\tau}{2}\right)$ 的变化而变化。

如果信号 $f(t)$ 的频谱在区间 $(-\omega_m,\omega_m)$ 为有限值，而在此区间之外为零，则此信号为有限频带信号，简称带限信号。由图 6.2.2 可见，如果采样频率 $\omega_s\geqslant2\omega_m$，则各频移的频谱将相互不重叠。

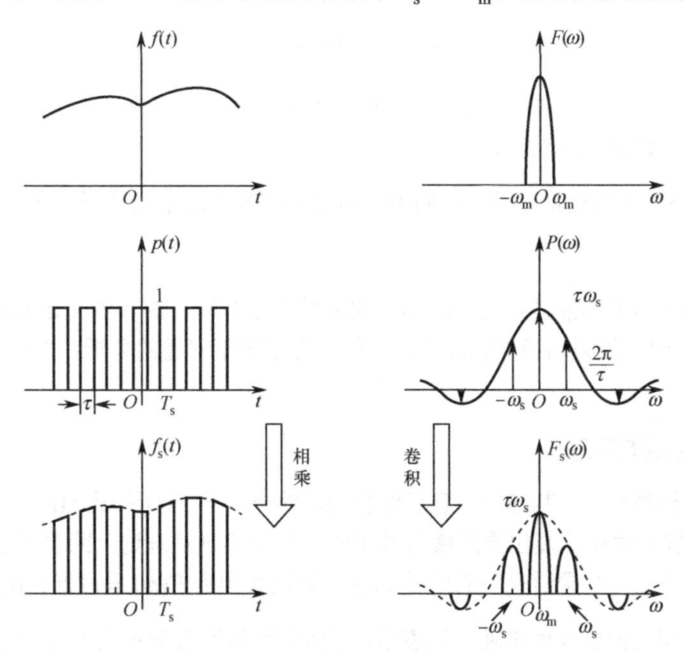

图 6.2.2　矩形脉冲抽样及其频谱

6.2.3 冲激序列抽样

当脉冲宽度 τ 很小时，抽样脉冲序列 $p(t)$ 可以近似看成是单位冲激序列，通常把这种抽样称为冲激抽样或理想抽样。

设单位冲激序列 $\delta_{\mathrm{T}}(t)$ 为

$$\delta_{\mathrm{T}}(t)=\sum_{n=-\infty}^{+\infty}\delta(t-nT_{\mathrm{s}}) \tag{6.2.9}$$

则

$$p(t)=\delta_{\mathrm{T}}(t)=\sum_{n=-\infty}^{+\infty}\delta(t-nT_{\mathrm{s}}) \tag{6.2.10}$$

输入信号为 $f(t)$，则抽样信号为

$$\begin{aligned}f_{\mathrm{s}}(t)&=f(t)\cdot\delta_{\mathrm{T}}(t)=f(t)\cdot\sum_{n=-\infty}^{+\infty}\delta(t-nT_{\mathrm{s}})\\&=\sum_{n=-\infty}^{+\infty}f(nT_{\mathrm{s}})\cdot\delta(t-nT_{\mathrm{s}})\end{aligned} \tag{6.2.11}$$

所以在这种情况下的抽样信号 $f_{\mathrm{s}}(t)$ 是由一系列冲激函数构成的，每个冲激的间隔为 T_{s}，强度等于连续信号的抽样值 $f(nT_{\mathrm{s}})$，如图 6.2.3 所示。

由式（6.2.3）可以求出 $\delta_{\mathrm{T}}(t)$ 的傅里叶级数的系数

$$a_n=\frac{1}{T_{\mathrm{s}}}\int_{-\frac{T_{\mathrm{s}}}{2}}^{\frac{T_{\mathrm{s}}}{2}}\delta_T(t)\mathrm{e}^{\mathrm{j}n\omega_{\mathrm{s}}t}\mathrm{d}t=\frac{1}{T_{\mathrm{s}}}\int_{-\frac{T_{\mathrm{s}}}{2}}^{\frac{T_{\mathrm{s}}}{2}}\delta(t)\mathrm{e}^{\mathrm{j}n\omega_{\mathrm{s}}t}\mathrm{d}t=\frac{1}{T_{\mathrm{s}}}$$

代入式（6.2.5），即可得到抽样信号的频谱为

$$\begin{aligned}F_{\mathrm{s}}(\omega)&=\frac{\omega_{\mathrm{s}}}{2\pi}\left[F(\omega)*\sum_{n=-\infty}^{+\infty}\delta(\omega-n\omega_{\mathrm{s}})\right]\\&=\frac{1}{T_{\mathrm{s}}}\sum_{n=-\infty}^{+\infty}F(\omega)*\delta(\omega-n\omega_{\mathrm{s}})\\&=\frac{1}{T_{\mathrm{s}}}\sum_{n=-\infty}^{+\infty}F(\omega-n\omega_{\mathrm{s}})\end{aligned} \tag{6.2.12}$$

此式表明，由于抽样的冲激序列的傅里叶级数的系数 a_n 为常数，所以抽样信号 $f_{\mathrm{s}}(t)$ 的频谱 $F_{\mathrm{s}}(\omega)$ 是 $F(\omega)$ 以 ω_{s} 为周期等幅的重复。

这说明 $F_{\mathrm{s}}(\omega)$ 是频率的周期函数，它们由原信号频谱的无限个频移所组成，但幅度上变化 $\dfrac{1}{T_{\mathrm{s}}}$，如图 6.2.3 所示。

显然，冲激抽样和矩形抽样是式（6.2.5）的两种特定情况，而后者又是前者的一种极限情况（脉宽 $\tau\to 0$）。实际中一般采用矩形脉冲抽样，但是为了便于问题的分析，当脉宽 τ 相当窄时，往往近似为冲激抽样。

6.2.4 时域抽样定理

连续信号 $f(t)$ 被抽样后，其部分信息已经丢失，抽样信号 $f_{\mathrm{s}}(t)$ 只是 $f(t)$ 很小的一部分。现在的问题是能否从抽样信号中恢复出原连续信号 $f(t)$。抽样定理从理论上回答了这个问题。

时域抽样定理是指一个频谱有限的信号 $f(t)$，如果其频谱 $F(\omega)$ 只占据 $(-\omega_{\mathrm{m}},\omega_{\mathrm{m}})$ 的范围，则信号 $f(t)$ 可以用等间隔的抽样值来唯一地表示，而抽样间隔 T_{s} 必须不大于 $\dfrac{1}{2f_{\mathrm{m}}}$（其中 $\omega_{\mathrm{m}}=2\pi f_{\mathrm{m}}$），

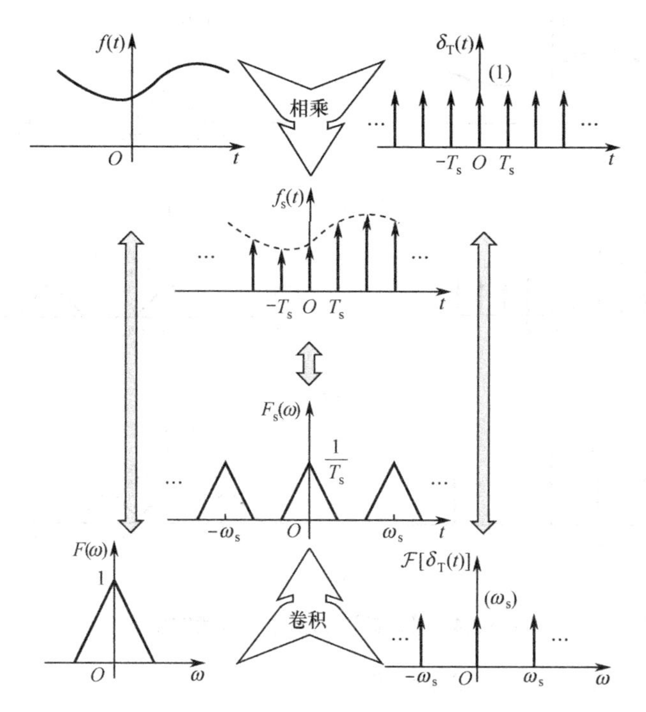

图 6.2.3　冲激脉冲矩形脉冲抽样及其频谱及其频谱（不混叠）

或者说最低抽样频率为 $2f_m$。

该定理表明，若要求信号 $f(t)$ 抽样后不丢失信息，必须满足两个条件：一是 $f(t)$ 应为带宽有限的，就是说，信号 $f(t)$ 的频谱只在区间 $(-\omega_m,\omega_m)$ 为有限值，而在此区间之外为零，这样的信号称为有限频带信号或简称带限信号；二是抽样间隔不能过大，必须满足 $T_s\leqslant\frac{1}{2f_m}$。最大的抽样间隔 $T_s=\frac{1}{2f_m}$ 称为奈奎斯特间隔，$2f_m$ 称为奈奎斯特抽样频率。例如，要传送频带为 10kHz 的音乐信号，其最低的抽样频率应为 $2f_m=20\text{kHz}$，即至少每秒要抽样两万次，如果低于此抽样频率，原信号的信息就会有所丢失。

对于抽样定理，可以从物理意义上进行如下解释。由于一个频带受限的信号波形决不可能在很短的时间之内产生独立的、实质性的变化，它的最高变化速度受最高频率分量 ω_m 的限制。因此为了保留这一频率分量的全部信息，一个周期的间隔内至少应抽样两次，即必须满足 $\omega_s\geqslant2\omega_m$，那么各频移的频谱不会互相重叠，只是在幅度上附加了一个尺度因子 $\frac{1}{T_s}$，如图 6.2.4（b）所示。因此，只要用一个幅度为 T_s 的理想低通滤波器 $H(\omega)$ 就可以从 $F_s(\omega)$ 中直接提取出 $F(\omega)$，该滤波器的特性为

$$H(\omega)=\begin{cases}T_s & |\omega|<\omega_c\\ 0 & |\omega|>\omega_c\end{cases}\qquad \text{其中}\quad \omega_m<\omega_c<\omega_s-\omega_m$$

这样就可以得到完整的 $F(\omega)$。根据时域信号与其频谱一一对应的理论，这意味着无失真地恢复了原来的连续时间信号 $f(t)$。也就是说，采样信号 $f_s(t)$ 中保留了原来信号的全部信息，故可用 $f_s(t)$ 唯一地表示原来的信号 $f(t)$。上述过程的实现框图和相应的频谱如图 6.2.5 所示。

如果 $\omega_s<2\omega_m$，那么各频移的频谱将相互重叠，如图 6.2.4（c）所示，这样就不能将它们分开，因而也不能再恢复原信号。频谱重叠的这种现象可称为混叠现象。

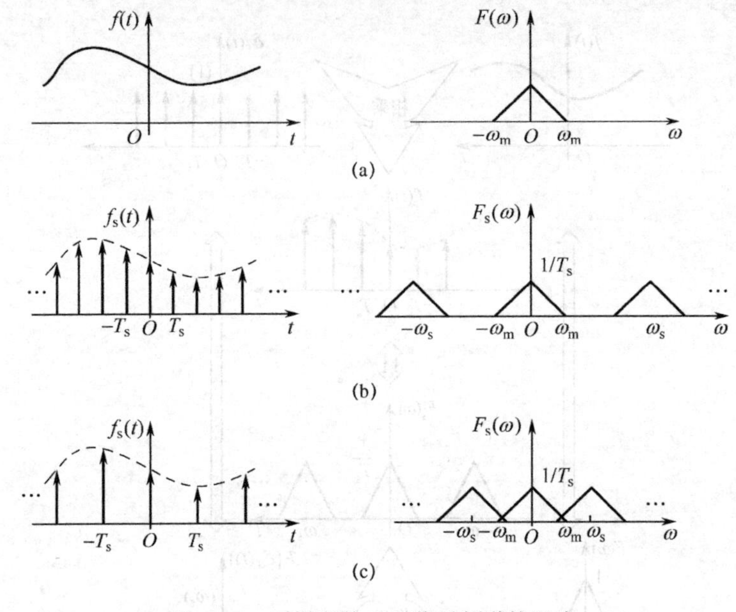

图 6.2.4　采样参数 T_s 对信号频谱的影响

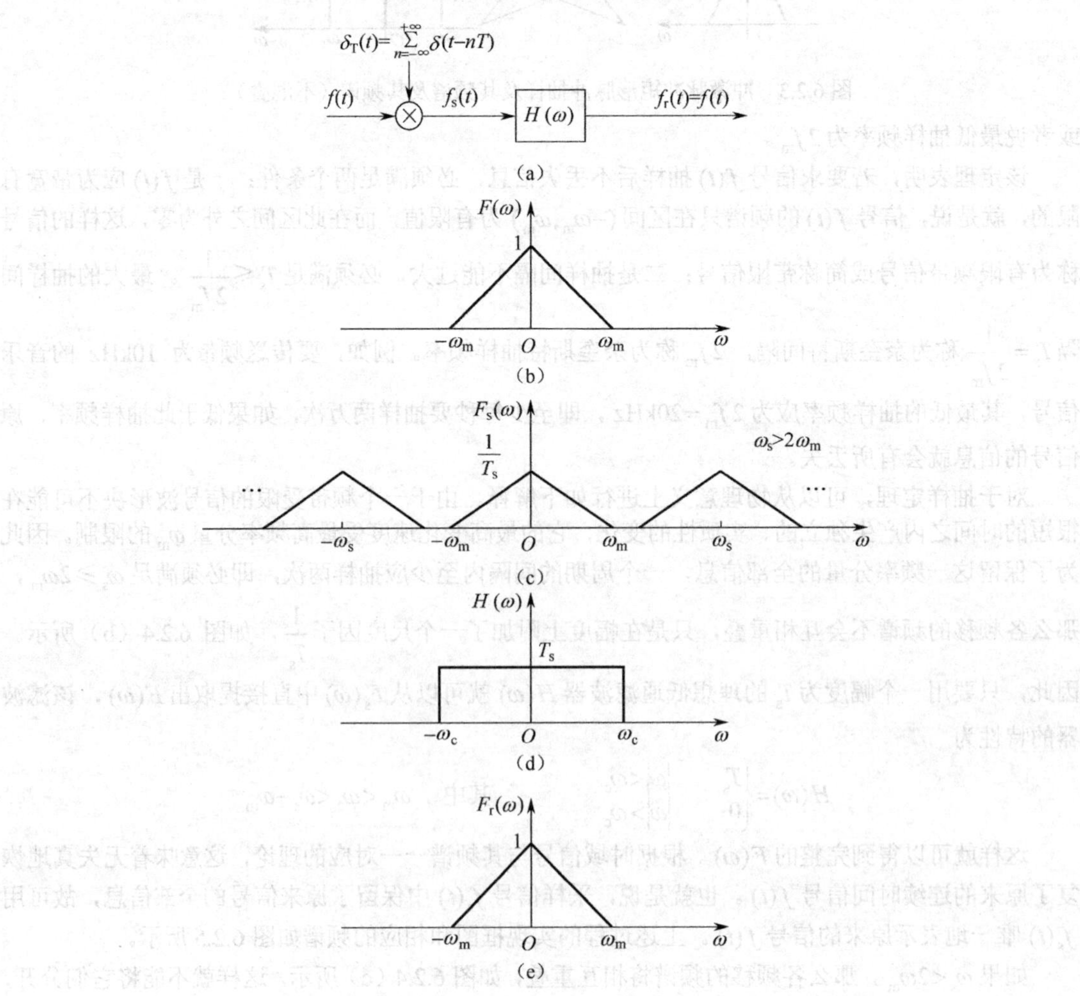

图 6.2.5　利用理想低通滤波器从样本中恢复连续时间信号的原理图

实际上，从时域、频域的对应关系也可以解释抽样定理：定理的先决条件是信号 $f(t)$ 的频谱受限，也就是说它有一个最高的频率分量 f_m。显然，时域波形 $f(t)$ 变化的快慢与 f_m 有内在的紧密关系，即 $f(t)$ 波形变化得越快，f_m 就越高。为了把 $f(t)$ 中变化最快的信息保留下来，必须使采样间隔足够小，至于小到什么程度，则取决于 f_m 的数值。以上推出的数量关系是 $T_s \leqslant \frac{1}{2f_m}$ 或 $\omega_s \geqslant 2\omega_m$。

通常称 $\omega_s > 2\omega_m$ 的采样为过采样，称 $\omega_s < 2\omega_m$ 的采样为欠采样，称 $\omega_s = 2\omega_m$ 的采样为临界采样。

6.3　信号重建

从采样值重建一个连续时间信号 $f(t)$ 的过程称为内插。所谓内插，是一个在样本值之间插值的方法。利用内插从样本值重建信号，也就是如何从抽样信号恢复连续时间信号的问题，它是重建某一个函数的过程，重建的结果可以是近似的，也可以是完全准确的。

6.3.1　理想内插

第 6.2.4 节中曾经提到，用一个幅度为 T_s 的理想低通滤波器 $H(\omega)$ 就可以从 $F_s(\omega)$ 中直接提取出 $F(\omega)$，其恢复框图如图 6.3.1 所示。

由图 6.2.5 可见，在频域内描述重建过程，是用一个截止频率高于 ω_m 而低于 $\omega_s - \omega_m$ 且增益为 T_s 的理想低通滤波器对脉冲采样信号进行滤波。

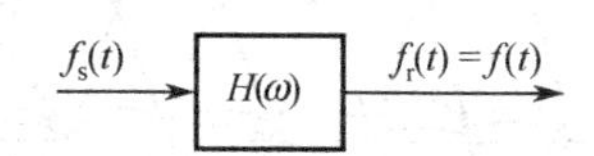

图 6.3.1　采样恢复的系统框图

一个理想低通滤波器应对截止频率 ω_c 以下的所有频率成分都能够无失真地通过，而对于 ω_c 以上的频率成分全部衰减掉，即

$$H(\omega)=\begin{cases} T_s & |\omega|<\omega_c \\ 0 & |\omega|>\omega_c \end{cases} \tag{6.3.1}$$

它的单位冲激响应 $h(t)$ 为

$$h(t)=\frac{1}{2\pi}\int_{-\infty}^{+\infty} e^{j\omega t}d\omega = T_s\frac{\omega_c}{\pi}Sa(\omega_c t) \tag{6.3.2}$$

在 $\omega_s \geqslant 2\omega_m$ 的条件下，将抽样序列通过一个截止频率大于 ω_m 而小于 $\omega_s - \omega_m$，且增益为 T_s 的理想低通滤波器，能够完全地将 $f(t)$ 恢复出来。

设抽样信号经过低通滤波器的输出为 $f_r(t)$，则该信号的频谱为

$$F_r(\omega)=F_s(\omega)\cdot H(\omega)$$

变换到时域为

$$f_r(t)=f_s(t)*h(t)$$

由于 $h(t)=T_s\frac{\omega_c}{\pi}Sa(\omega_c t)$

$$f_s(t)=\sum_{n=-\infty}^{+\infty} f(nT_s)\cdot\delta(t-nT_s)$$

所以

$$\begin{aligned} f_r(t)=f_s(t)*h(t) &= \sum_{n=-\infty}^{+\infty} f(nT_s)\cdot\delta(t-nT_s)*T_s\frac{\omega_c}{\pi}Sa(\omega_c t) \\ &= \sum_{n=-\infty}^{+\infty} T_s\frac{\omega_c}{\pi} f(nT_s)Sa[\omega_c(t-nT_s)] \end{aligned} \tag{6.3.3}$$

因而采样过程是用 Sa 函数来代替每一个采样值，式（6.3.3）说明连续时间信号 $f_r(t)$ 可以展开成正交抽样函数（Sa 函数）的无穷级数，级数的系数等于抽样值 $f(nT_s)$。并且为从抽样信号 $f_s(t)$ 恢复原连续信号 $f_r(t)$ 提供了一个抽样内插函数，即 $\text{Sa}[\omega_c(t-nT_s)]$，该函数仅在 $t=nT_s$ 的抽样点上函数值为 1，而在 $0,\pm T_s,\pm 2T_s,\cdots,\pm(n-1)T_s$ 处抽样点函数值为零。

被恢复信号 $f_r(t)$ 在抽样点的值等于 $f(nT_s)$，即原信号 $f(t)$ 等于在相应抽样时刻 $t=nT_s$ 上的样本值，而在样本点之间的信号则是由各抽样值的内插函数波形叠加完成的。所以，当 $f_s(t)$ 通过理想低通滤波器时，抽样序列的每一个抽样信号会产生一个响应，将这些响应叠加就可以完全恢复原连续时间信号 $f(t)$，如图 6.3.2 所示。

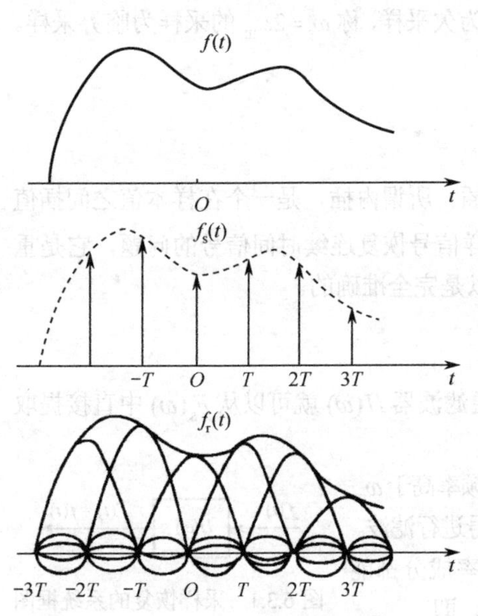

图 6.3.2 利用 Sa 函数的带限内插

像在式（6.3.3）中那样利用 Sa 函数的内插，通常称为带限内插。因为这种内插只要 $f(t)$ 是带限的，并且抽样频率能满足抽样定理，就可以实现信号的真正重建。在 $\omega_s<2\omega_m$ 的条件下，不满足抽样定理，$f_s(t)$ 的频谱发生混叠现象，在时域图形中，由于 $f_s(t)$ 过大，使得冲激响应 Sa 函数的各个波形在时间轴上相隔较远，无论如何选择 ω_c，都不能使叠加以后的波形恢复 $f(t)$。

这种内插方法精确地重建了信号，但它是建立在实际中无法实现的假设上的，因为我们无法得到无限多的采样值。每一点的内插值是由无限个加权 Sa 函数在相应点的值相加得到的。但是实际情况中，我们无法获得无限的采样值，因此必须用有限的采样来近似重建信号。

6.3.2 零阶保持内插

零阶保持内插是一种简单的内插，是用一个矩形脉冲作为内插函数，其实现过程如图 6.3.3 所示。由图可见，零阶保持内插是在两个抽样点间的任意时刻，恢复信号等于前一个抽样点，并不取决于任何将来值。零阶保持内插得到的输出具有阶梯形状，是对原始信号的一种近似。实现阶梯内插的系统就是一个零阶保持系统。

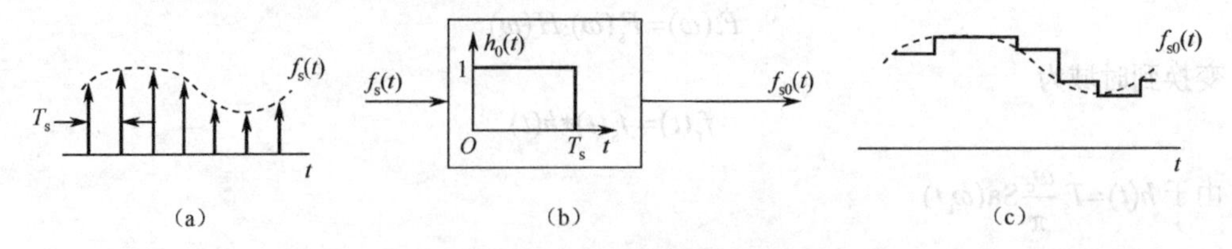

图 6.3.3 零阶保持系统框图和波形

由于经过零阶保持系统得到的输出信号 $f_{s0}(t)$ 具有阶梯形状，并且 $f_{s0}(t)$ 本身可以认为是对原信号的近似，是一种很粗糙的近似，因此零阶保持可以看做是在样本之间进行内插的一种形式，内插函数就是冲激响应 $h_0(t)$。

抽样信号 $f_s(t)$ 经过冲激响应为 $h_0(t)=u(t)-u(t-T_s)$ 的零阶保持系统后，输出信号 $f_{s0}(t)$ 为

$$f_{s0}(t)=f_s(t)*h_0(t) \tag{6.3.4}$$

式中，$h_0(t)$ 的傅里叶变换为

$$H_0(\omega)=T_s\mathrm{Sa}\left(\frac{\omega T_s}{2}\right)\mathrm{e}^{-\mathrm{j}\frac{\omega T_s}{2}} \tag{6.3.5}$$

又因为 $f_s(t)=f(t)\sum_{n=-\infty}^{+\infty}\delta(t-nT_s)$，则

$$F_s(\omega)=\frac{1}{T_s}\sum_{n=-\infty}^{+\infty}F(\omega-n\omega_s)$$

所以

$$\begin{aligned}F_{s0}(\omega)&=F_s(\omega)H(\omega)\\&=\sum_{n=-\infty}^{+\infty}F(\omega-n\omega_s)\mathrm{Sa}\left(\frac{\omega T_s}{2}\right)\mathrm{e}^{-\mathrm{j}\frac{\omega T_s}{2}}\end{aligned} \tag{6.3.6}$$

由式（6.3.6）可以看出，零阶保持信号 $f_{s0}(t)$ 的频谱 $F_{s0}(\omega)$ 的基本特征是 $F(\omega)$ 的频谱以 ω_s 为周期进行重复。与此同时，$F_{s0}(\omega)$ 还拥有一个幅度加权因子 $\mathrm{Sa}\left(\frac{\omega T_s}{2}\right)$ 和 $-\frac{\omega T_s}{2}$ 的线性相移。显然，该相移对应于 $f_{s0}(t)$ 信号的 $\frac{T_s}{2}$ 时延。由式（6.3.5）可知，这两项因子是由 $h_0(t)$ 决定的，$h_0(t)$ 的频响特性如图 6.3.4 所示。

由于 $h_0(t)$ 是矩形脉冲，它的幅频特性已经很熟悉了，此处不再讨论，这里只说明它的相位特性。由式（6.3.5）可见，$H_0(\omega)$ 的相位与 ω 之间是线性关系，即 $\varphi(\omega)=-\frac{\omega T_s}{2}$。此外，由于 $\mathrm{Sa}\left(\frac{\omega T_s}{2}\right)$ 的值是正、负交替的，所以在 $\omega=k\omega_s=2k\pi/T,k=1,2,\cdots$ 处的相位曲线会有突变。可以把这种突变看成是 ±180° 的相移。考虑突变后的相位特性如图 6.3.4 所示，图中给出了相移为 −180°（也可以设为 +180°）的情况。

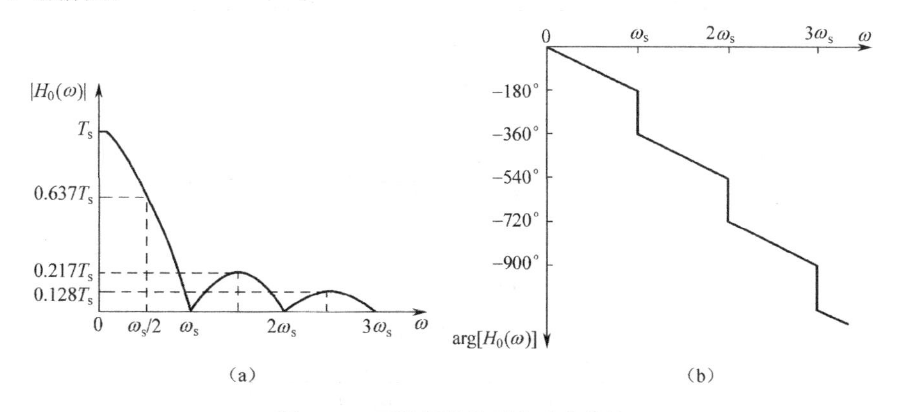

图 6.3.4　零阶保持的频率响应特性

一个理想的重构滤波器可以无失真地保留有效带宽内的信号，而滤除所有的伪信号。零阶保持没有理想重建滤波器那样的绝对带宽，因为它的传递函数幅度不可能在高于某个有限频率后为零。

理想低通滤波器 $H(\omega)$ 的特性为

$$H(\omega)=\begin{cases}T_s & |\omega|<\omega_s/2\\0 & |\omega|>\omega_s/2\end{cases} \tag{6.3.7}$$

而零阶保持的特性为

$$H_0(\omega)=T_s\mathrm{Sa}\left(\frac{\omega T_s}{2}\right)\mathrm{e}^{-\mathrm{j}\frac{\omega T_s}{2}}$$

这两个滤波器特性的比较如图 6.3.5 所示。

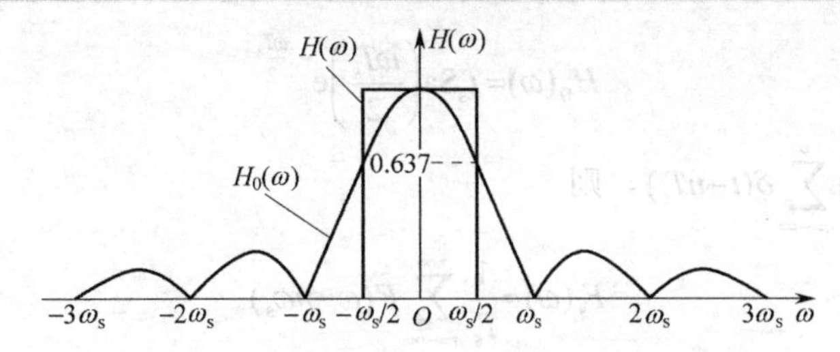

图 6.3.5　理想低通滤波器和零阶保持的比较

可见，$H_0(\omega)$ 的引入带来了失真。为了实现式（6.3.7）中 $H(\omega)$ 的特性，可以引入具有如下补偿特性的低通滤波器

$$H_{0\text{r}}(\omega)=\frac{H(\omega)}{H_0(\omega)}=\begin{cases}\dfrac{\mathrm{e}^{\mathrm{j}\frac{\omega T_\text{s}}{2}}}{\mathrm{Sa}\left(\dfrac{\omega T_\text{s}}{2}\right)} & |\omega|\leqslant\omega_\text{s}/2\\ 0 & |\omega|>\omega_\text{s}/2\end{cases}\tag{6.3.8}$$

图 6.3.6 所示为 $H_0(\omega)$、$H_{0\text{r}}(\omega)$ 等有关的频谱特性。由图 6.3.5 和图 6.3.6（b）可见，尽管零

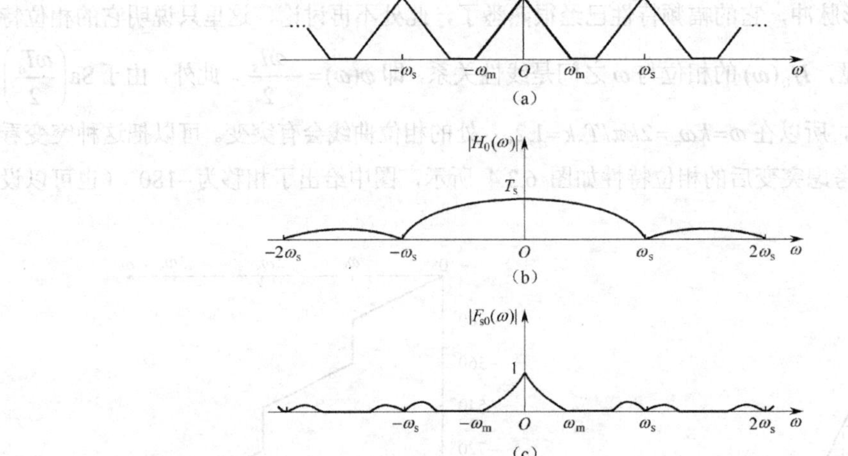

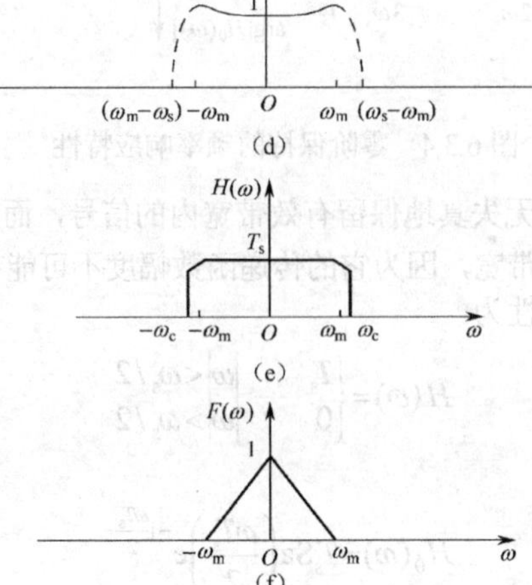

图 6.3.6　零阶保持和补偿滤波器的幅度谱

阶保持 $H_0(\omega)$ 也是低通滤波器，但其特性并不好。正是 $H_0(\omega)$ 的特性导致了零阶保持输出信号谱的失真，这一 $F_{s0}(\omega)$ 的失真如图 6.3.6（c）所示。图 6.3.6（d）所示为补偿滤波器 $H_{0r}(\omega)$ 的频率特性。显然，我们只需考虑 $|\omega|\leqslant\omega_m$ 这段频率范围，而对于图 6.3.6（d）虚线所示的频率范围（即 $\omega_m \sim (\omega_s-\omega_m)$ 等）不必关注。由图 6.3.6（b）、（d）可知，在上述频率范围内，$H_0(\omega)$ 与 $H_{0r}(\omega)$ 主瓣的弯曲方向恰好相反，所以，通过 $H_{0r}(\omega)$ 的补偿就得到了图 6.3.6（e）所示的 $H(\omega)$ 的形状（该图的 ω_c 满足 $\omega_m<\omega_c<\omega_s-\omega_m$）。由于 $H(\omega)$ 实现了理想重构的要求，所以在图 6.3.6（f）中得到了完整恢复的频谱 $F(\omega)$。

此外，由图 6.3.3 可知，由于保持环节的引入，在时域波形 $f_{s0}(t)$ 中出现了阶梯波，或者说在 $f_{s0}(t)$ 中出现了波形跃变，这说明它具有高频分量。图 6.3.6 中补偿滤波器 $H_{0r}(\omega)$ 的作用就是对 $f_{s0}(t)$ 进行了一定程度的平滑。从频域的角度看，正是 $H_0(\omega)$ 主瓣的弯曲引入了失真，加入补偿滤波器后，得到了比较满意的频域特性 $H(\omega)$，因而减少了上述失真。应该说明的是，实际上并不能真正实现式（6.3.8）所示的 $H_{0r}(\omega)$，故只能近似地实现 $H(\omega)$ 的特性。

6.3.3　线性内插

零阶保持内插是用一个阶梯信号来表示连续时间信号，这种内插是一种很粗糙的近似，但在某种情况下还是能够满足实际应用需要的。对于较为精确的近似，可以使用高阶的内插函数，如使用三角形脉冲作为内插函数，其近似程度要比零阶保持内插要好。用三角形脉冲进行内插也称为线性内插或一阶保持内插，线性内插就是把相邻的样本点用直线连接起来，也称为一阶保持器。它是利用内插函数来产生抽样值之间 $f(t)$ 的线性近似，构成折线状波形，如图 6.3.7 所示。在采用线性内插的情况下，要重建的信号是连续的，尽管它的导数不一定连续。

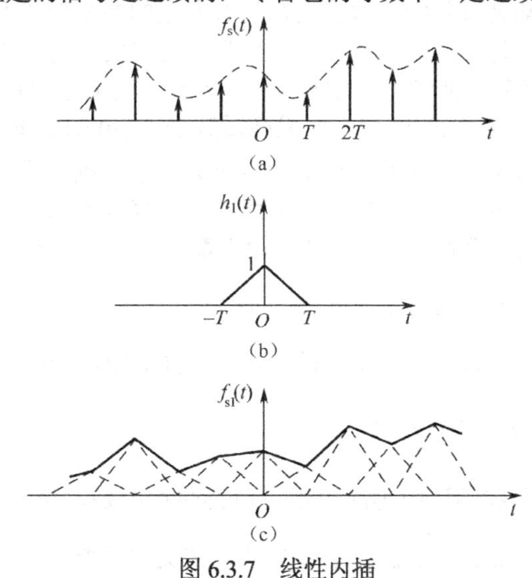

图 6.3.7　线性内插

线性内插使用的内插函数是三角形脉冲，表达式为

$$h_1(t)=\begin{cases}1-\dfrac{|t|}{T_s} & |t|\leqslant T_s\\ 0 & |t|>T_s\end{cases}\tag{6.3.9}$$

它的傅里叶变换为

$$H_1(\omega)=T_s\mathrm{Sa}^2\left(\frac{\omega T_s}{2}\right)\tag{6.3.10}$$

抽样信号 $f_s(t)$ 作用于冲激响应是 $h_1(t)$ 的系统后，输出信号 $f_{s1}(t)$ 为

$$f_{s1}(t)=f_s(t)*h_1(t)$$

变换到频域为

$$\begin{aligned}F_{s1}(\omega)&=F_s(\omega)*H_1(\omega)\\&=\sum_{n=-\infty}^{+\infty}F(\omega-n\omega_s)\mathrm{Sa}^2\left(\frac{\omega T_s}{2}\right)\end{aligned}\tag{6.3.11}$$

由式（6.3.9）可以看出，一阶保持信号 $f_{s1}(t)$ 频谱的基本特征是 $F(\omega)$ 频谱以 ω_s 为周期重复，但是要乘以 $\mathrm{Sa}\left(\frac{\omega T_s}{2}\right)$。

当 $F(\omega)$ 的频带受限且满足抽样定理时，为了复原 $F(\omega)$ 频谱，需要引入具有如下补偿特性的低通滤波器

$$H_{1r}(\omega)=\begin{cases}\dfrac{1}{\mathrm{Sa}^2(\frac{\omega T_s}{2})} & |\omega|\leqslant\dfrac{\omega_s}{2}\\[2ex] 0 & |\omega|>\dfrac{\omega_s}{2}\end{cases}\tag{6.3.12}$$

当 $f_{s1}(t)$ 通过此补偿滤波器以后，即可恢复原来信号 $f(t)$。在更为复杂的内插公式中，样本点之间可以用高阶多项式或其他数学函数来进行拟合。

6.4　信号重建中的实际困难

在从样本重建信号的过程中还存在实际困难。采样定理是在信号 $f(t)$ 为带限的假设下证明出来的，而全部实际信号都是时限的，即它们都具有有限的持续期或宽度。可以证明，一个信号是不可能同时既是时限又是带限的。如果一个信号是时限的，它就不再可能是带限的；反之亦然（但是可同时是非时限和非带限的）。显然，所有实际信号必定是时限的，从而是非带限的，如图 6.4.1（a）所示。它们有无限的带宽，而采样后频谱 $F_s(\omega)$ 则由每隔 ω_s 重复的 $F(\omega)$ 重叠周期组成，如图 6.4.1（b）所示。在这种情况下，由于无限带宽频谱重叠是不可避免的，而不论采样率为多少，在高采样率下，采样能减小但不能消除重复频谱周期之间的重叠。由于重叠的尾部，$F_s(\omega)$ 不再有 $F(\omega)$ 的完整信息，甚至从理论上都不再可能从已采样信号 $f_s(t)$ 中真正恢复 $f(t)$。如果将这个已采样信号通过一个截止频率为 $\frac{\omega_s}{2}$ 的理想低通滤波器，其输出不是 $F(\omega)$ 而是 $F_a(\omega)$（如图 6.4.1（c）所示），它是作为以下两个单独原因形成失真了的 $F(\omega)$ 的结果。

（1）超过 $|f|>\frac{f_s}{2}$ 的 $F(\omega)$ 尾部的丢失。

（2）这个尾部又反折回到频谱中再次出现。值得注意的是，跨过 $\frac{f_s}{2}$ 的频谱，这个频率称为折叠频率。这个频谱可以看做是好像这个丢失的尾部又在折叠频率上反折回自身上一样。比如，频率为 $\frac{f_s}{2}+f_z$ 的一个分量在重建信号中“假冒”成一个较低的频率 $\frac{f_s}{2}-f_z$ 分量出现，于是高于 $\frac{f_s}{2}$ 的频率分量当做低于 $\frac{f_s}{2}$ 的分量再次出现在频谱中。这个尾部反转称为频谱折叠或混叠，如图 6.4.1（b）和（c）的阴影部分。在混叠过程中，不仅丢失了全部高于折叠频率 $\frac{f_s}{2}$ 的频率分量，而且正是这些分量又当做较低的频率分量再次出现（混叠了的），如图 6.4.1（b）和（c）所示。这样的混叠破坏了低于折叠频率 $\frac{f_s}{2}$ 的频率分量的完整性，如图 6.4.1（c）所示。

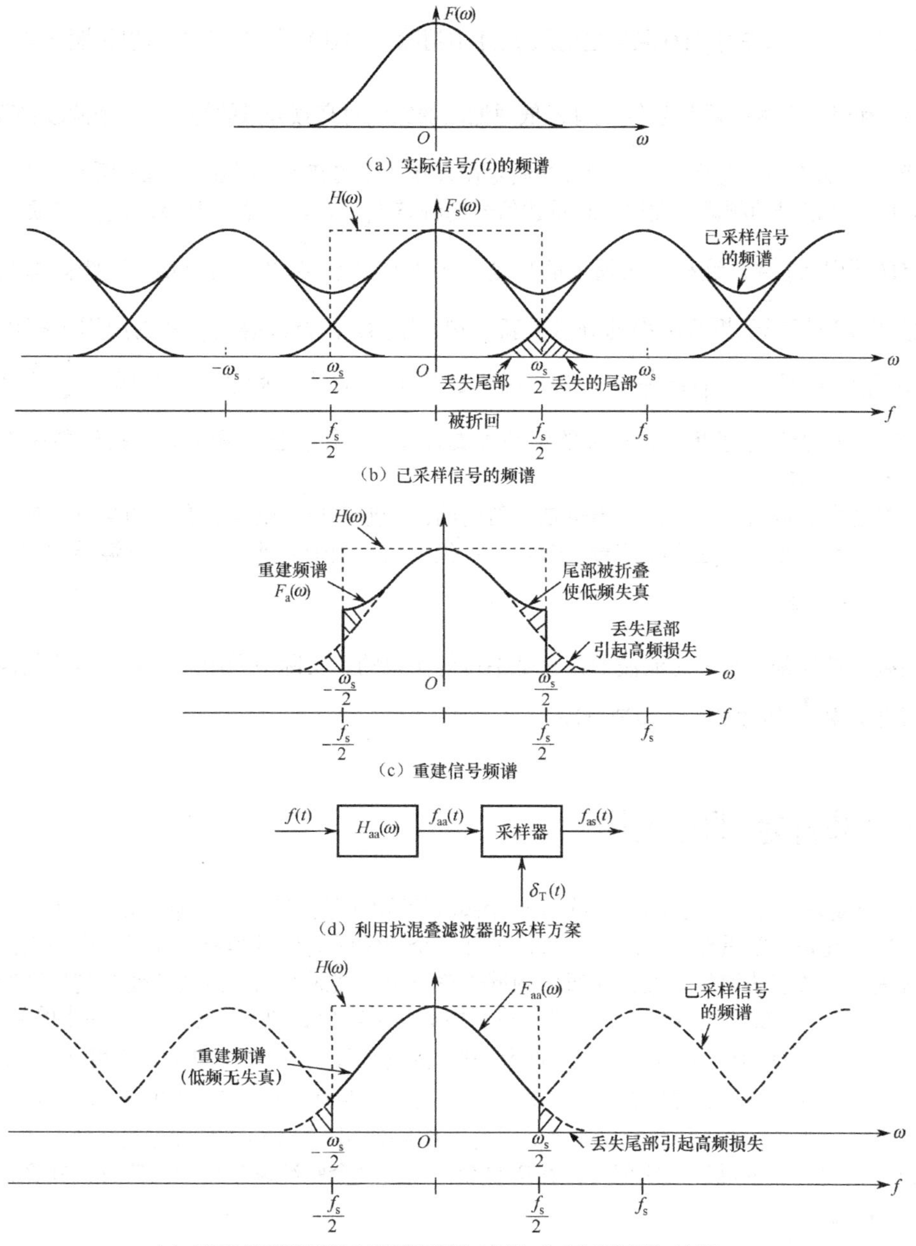

图 6.4.1　混叠效果

混叠问题类似于这样一个问题——一个排的兵力秘密叛逃到敌方，而表面上这个排仍诡称效忠于原部队。现在这支部队处于双倍危险之中。首先，这支部队在战斗力上损失了一个排。另外，在真正作战期间，这支部队还不得不与这些叛变者的故意破坏做斗争，并且还必须去找另一个效忠于这支部队的排去抵消这些叛变者的作用。于是，这支部队在非有效活动中已经损失了两个排。

如果你是这支背叛部队的司令官，解决这个问越的答案是显而易见的。一旦这位司令官得到叛变的风声，他会毫不犹像地想尽一切办法在战斗打响之前使这个叛变的排失去作用。这个办法让他损失的仅是一个（叛变的）排。这是对叛变和破坏双重危险的一种部分解决办法，部分解决问题和将损失减少一半的一种解决办法。

现在我们完全按照以上的道理来分析抗混叠滤波器的应用。潜在的背叛者是全部大于折叠频率

$\frac{f_s}{2}$的频率分量，应该在对$f(t)$采样之前从$f(t)$中消除（抑制）这些分量。可以按图 6.4.1（d）所示的方案，利用一个截止频率为$\frac{f_s}{2}$的理想低通滤波器完成对高频分量的抑制，这个滤波器称为抗混叠滤波器。图 6.4.1（d）也示出了抗混叠滤波是在采样之前实施的。图 6.4.1（e）所示为当采用抗混叠方案时已采样信号的频谱（虚线）和重建信号的频谱$F_{as}(\omega)$。一个抗混叠滤波器实质上就是要将信号$f(t)$带限到$\frac{f_s}{2}$。这种方法损失的只是大于折叠频率$\frac{f_s}{2}$以上的分量。这些被抑制的分量现在不能再以破坏低于折叠频率的分量重新出现。显然，由抗混叠滤波器的应用可得出重建信号的频谱$F_{aa}(\omega)=F(\omega)$，$|f|<\frac{f_s}{2}$。于是，尽管丢失了$\frac{f_s}{2}$以上的频谱，但是低于$\frac{f_s}{2}$的全部频谱仍是完整的。由于消除了折叠，实际的混叠失真被减半。需再次强调的是，抗混叠操作必须在信号被采样之前实施。

一个扰混叠滤波器对于降低噪声也是有帮助的。一般来说，噪声具有宽的频谱。如果不用抗混叠，那么混叠现象本身还会在信号频带内产生位于期望频带之外的噪声。抗混叠抑制了高于频率$\frac{f_s}{2}$的全部噪声频谱。

抗混叠滤波器是一个理想滤波器，它是不可能实现的。实际中采用一种陡峭截止的滤波器，对超过折叠频率$\frac{f_s}{2}$的频谱给予急速衰减。

6.5 采样定理的应用

利用采样定理能将一个连续时间信号用一个离散的数的序列来代替，因此在信号分析、处理和传输中，采样定理是非常重要的。这样以来，处理一个连续时间信号等效于处理一个离散的数的序列，直接进入到数字滤波的领城。在通信领域传输一个连续时间的消息就演变为利用脉冲串传输一个数的序列。将连续时间信号$f(t)$采样，然后用这些样本值去改变一个周期脉冲串的某些参教。可以用这个信号$f(t)$的样本值成比例地改变这些脉冲的幅度（图 6.5.1（b））、宽度（图 6.5.1（c））或位置（图 6.5.1（d）），这样就有脉冲幅度调制（PAM）、脉冲宽度调制（PWM）或脉冲位置调制（PPM）。现在，最重要的一种脉冲调制形式是脉冲编码调制（PCM）。在所有这些情况中，传输的不是$f(t)$，而是相应的脉冲调制信号。在接收端，读出这个脉冲调制信号的信息，并将它重建为模拟信号$f(t)$。

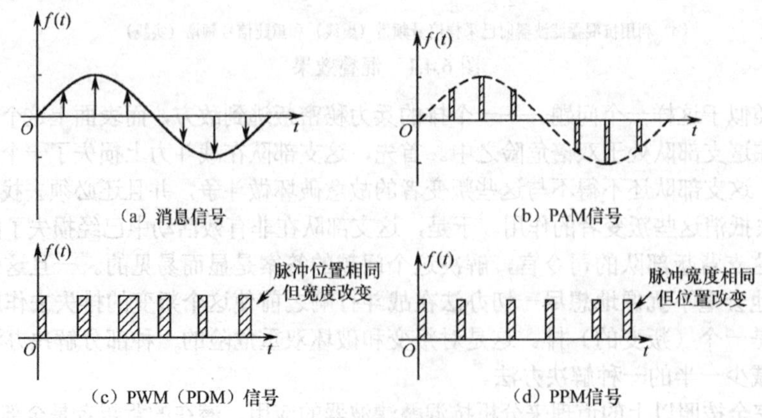

图 6.5.1 脉冲调制信号

利用脉冲调制的一个优点是：容许在时间共享的基础上同时传输几个信号——时分多路复用（TDM）。因为一个脉冲调制信号仅占据这条信道时间的一部分，因此就可以通过轮流交替的办法在同一条信道上传输几路脉冲调制信号。图 6.5.2 所示为两路 PAM 信号的 TDM。以这种方式可通过减小脉冲宽度，在同一信道上复用几路信号。

在通信领域，当信号必须远距离传输时，数字信号还具有另一个优点。只要信道噪声和失真保持在一定限度之内，由于数字信号能够非常好地抗拒信道噪声和失真的侵扰，所以数字信号的传输比模拟信号要更加稳定和可靠。一个模拟信号通过采样和量化（舍入）可以转换为二元数字信号。在图 6.5.3 中，这个数字（二进制）消息是要受到信道失真影响的，如图 6.5.3（b）所示。然而，如果这个失真保持在某一限度内，还是能够没有差错地恢复这些数据，因为仅需要做出一个简单的二值判决：这个接收到的脉冲是正还是负？图 6.5.3（c）所示为其有信道失真和噪声的同样一组数据，只要失真和噪声是在某一限度之内，这些数据还是能够再次被恢复。模拟消息的情况就不是这样，任何失真或噪声无论有多小，都将使接收到的信号失真。

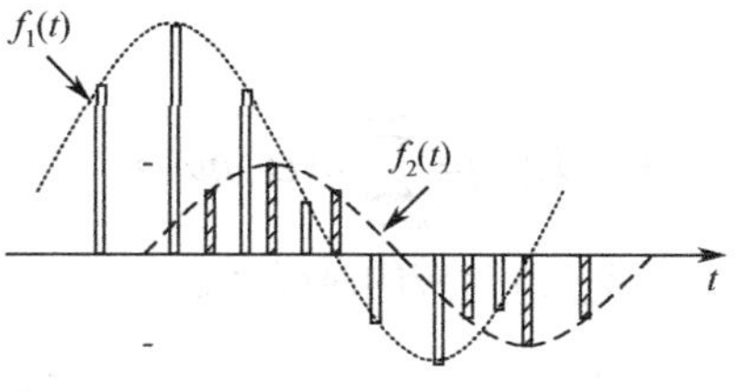

图 6.5.2 两路信号的时分多路复用

然而，数字通信强于模拟通信的最大优势是采用再生中继（转发）站的可行性。在模拟通信系统中，随着沿信道（传输路径）传播，消息信号会逐渐变弱，而信道噪声和信号失真是累加的，会逐渐变得越来越强，最终信号被噪声和失真淹没而面目全非。放大信号在这种情况下几乎是无所作为的，因为信号和噪声都同时增强。这样，模拟消息在远距离上传输受限于发射功率。如果一条传输路径足够长，信道失真和噪声会累积，足以覆盖一个数字信号。解决这个问题的办法是沿这条传输路径设置中继（转发）站，两个中继站之间的距离足够短，以便在噪声和失真有机会足够累积之前对信号脉冲进行检测。在每个中继站检侧脉冲，并将新的和纯净的脉冲传输到下一个中继站，这样依次重复同一过程。如果噪声和失真保持在限度之内（中继站分布较近是可能的），那么就能正确检测出这些脉冲。数字消息能以很大的可靠性用这种方式进行远距离传输。对比之下，模拟消息不能周期性地除噪除污，因此它们的传输可靠性是很差的。在信号数字化过程中，最主要的误差来自量化（舍入）。

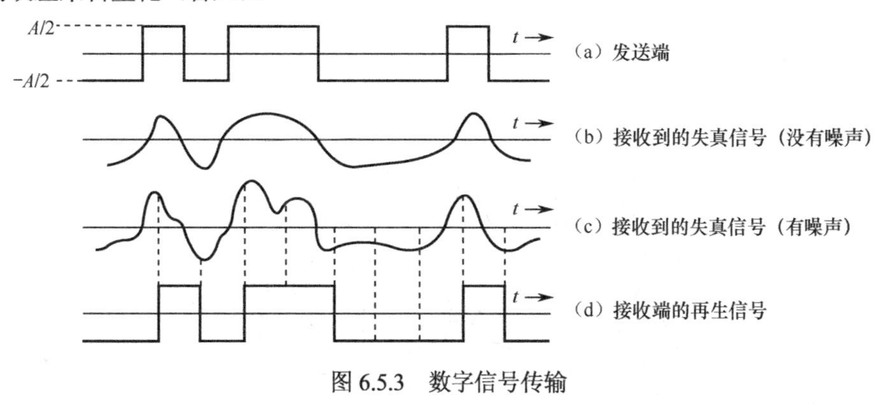

图 6.5.3 数字信号传输

6.6 频域抽样定理

由于在连续时间信号时域与频域之间存在着对偶关系，相应地，在频域中也存在抽样定理，这一节我们将主要讨论频域抽样定理。

6.6.1　频域抽样

设连续时间信号 $f(t)$ 对应的频谱为 $F(\omega)$，若 $F(\omega)$ 在频域中被间隔为 ω_s 的冲激序列 $\delta_\omega(\omega)$ 抽样，那么抽样以后的函数 $F_1(\omega)$ 应满足

$$F_1(\omega)=F(\omega)\delta_\omega(\omega) \tag{6.6.1}$$

式中，$\delta_\omega(\omega)=\sum_{n=-\infty}^{+\infty}\delta(\omega-n\omega_s)$。

$\delta_\omega(\omega)$ 对应的时间函数为

$$\mathcal{F}^{-1}\left[\delta_\omega(\omega)\right]=\mathcal{F}^{-1}\left[\sum_{n=-\infty}^{+\infty}\delta(\omega-n\omega_s)\right] \tag{6.6.2}$$

$$=\frac{1}{\omega_s}\sum_{n=-\infty}^{+\infty}\delta(t-nT_s)=\frac{1}{\omega_s}\delta_T(t)$$

根据时域卷积定理得

$$\mathcal{F}^{-1}\left[F_1(\omega)\right]=\mathcal{F}^{-1}\left[F(\omega)\right]*\mathcal{F}^{-1}\left[\delta_\omega(\omega)\right] \tag{6.6.3}$$

将式（6.6.2）代入式（6.6.3），得 $F_1(\omega)$ 所对应的时间函数

$$f_1(t)=f(t)*\frac{1}{\omega_s}\delta_T(t)=\frac{1}{\omega_s}\sum_{n=-\infty}^{+\infty}f(t-nT_s) \tag{6.6.4}$$

式(6.6.3)表明，若 $f(t)$ 的频谱 $F(\omega)$ 被间隔为 ω_s 的冲激序列 $\delta_\omega(\omega)$ 抽样，所得到的信号 $f_1(t)$ 在时域中表现为 $f(t)$ 以 T_s 为周期进行重复。

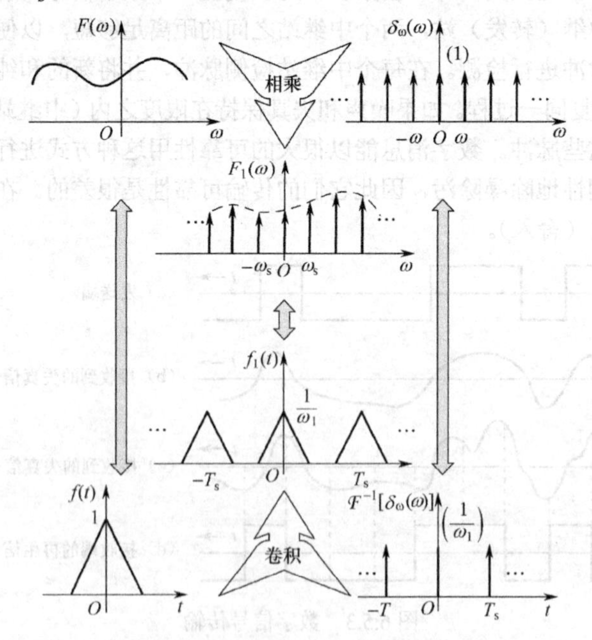

图 6.6.1　频域抽样所对应的信号波形

6.6.2　频域抽样定理

时域抽样定理是指一个在时间区间 $(-t_m,t_m)$ 以外为零的时间有限信号 $f(t)$，只要按照不大于 $\frac{1}{2t_m}$ 的频率等间隔在频域中对其频谱 $F(\omega)$ 进行抽样，那么抽样后的频谱 $F_1(\omega)$ 可以唯一地表示原

信号。

由于在频域中对 $F(\omega)$ 进行抽样，等效于 $f(t)$ 在时域中重复形成周期信号 $f_1(t)$，所以只要抽样间隔不大于 $\frac{1}{2t_m}$，在时域中信号波形就不会发生混叠，抽样频谱 $F_1(\omega)$ 能够完全保留原信号频谱的信息，并且可以利用矩形脉冲选通信号，从周期信号 $f_1(t)$ 中选出单个脉冲来恢复 $f(t)$。

6.7　信号的截断与时窗

按频域抽样定理的要求，信号必须是时限的，否则，当对信号的频谱抽样时，将会出现时域波形的混叠，如图 6.7.1 所示。这种混叠现象也出现在对时限信号频谱抽样、抽样周期 $F>\frac{1}{t_m}$ 的条件下（t_m 为时限信号持续的时间）。它是由频率抽样不足产生的误差在时域中的反映，如图 6.7.1（c）所示，由于波形的混叠，从抽样后的信号 $f_1(t)$ 中已不可能恢复出原始信号 $f(t)$ 了。

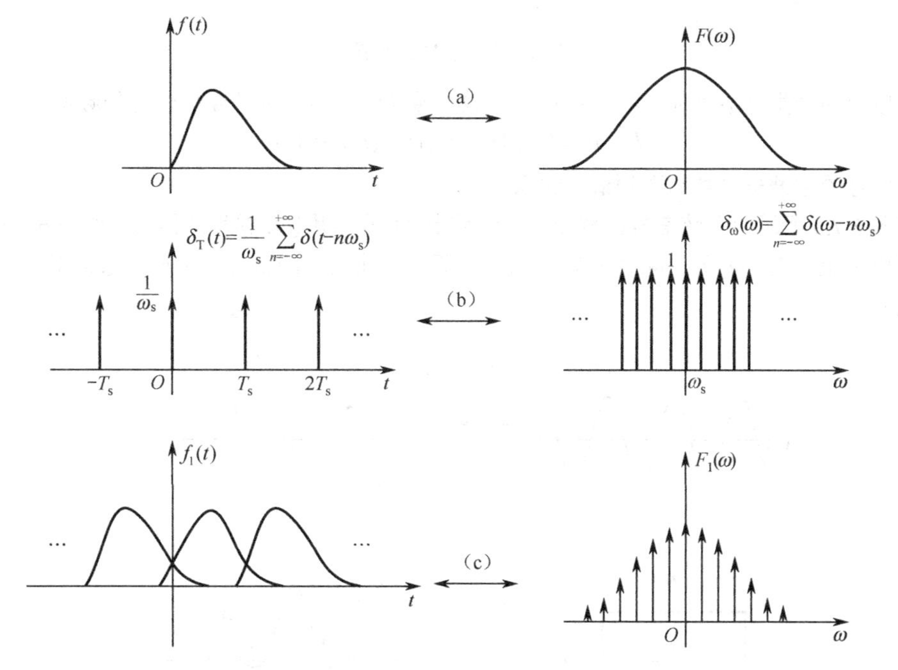

图 6.7.1　频域抽样引起的时域波形混叠

为了减小因频域抽样而产生的时域波形混叠，一种途径是提高抽样频率，即减小频率抽样周期 F，这意味着在频域要采集更多的数据，另一种途径是对原始信号 $f(t)$ 加以截取、变成时限信号，再按频域抽样定理对其抽样。图 6.7.2（a）的信号，当从 $t>2$ 处将其尾部截去，就是图 6.7.2（b）所示的信号 $f_T(t)$。此时，按抽样定理对它的频谱 $F(\omega)$ 抽样，便可消除时域上波形的混叠，从而可保证 $t\in[0,2]$ 区间上 $f(t)$ 波形可无失真地恢复。

上述信号的截断，实际上是用下述的矩形函数

$$w(t)=\begin{cases}1 & 0<t<2\\ 0 & t\leqslant 0,t\geqslant 2\end{cases} \tag{6.7.1}$$

与信号 $f(t)$ 相乘，即

$$f_T(t)=f(t)\cdot w(t) \tag{6.7.2}$$

相当于通过一个“时间窗”观察 $f(t)$，因此又将 $w(t)$ 称为时窗函数。

值得注意的是，截断使得信号丢失了一部分信息，将截断信号 $f_T(t)$ 的频谱 $F_T(w)$ 同原始信号 $f(t)$ 的频谱 $F(\omega)$ 相比，如图 6.7.2 所示，这种信息的丢失反映到频域上，频谱的波形变“皱”了，故又称“皱波效应”。

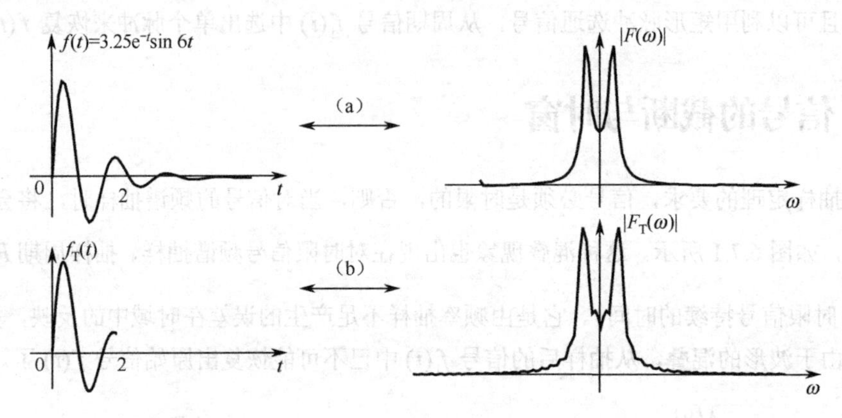

图 6.7.2　信号的截断

皱波效应的产生是不难理解的，将式（6.7.2）转换到频域，则截断后信号的频谱为

$$F_T(\omega)=F[f(t)\cdot w(t)]=F(\omega)*W(\omega) \tag{6.7.3}$$

即为原始信号的频谱与时窗函数频谱的卷积。

对于图 6.7.3 所示的余弦信号的截断，在频域上 $F(\omega)$ 与 $W(\omega)$ 卷积的结果，如图 6.7.3（c）所示，使得原来集中在 $\pm\omega_0$ 处的频率分量呈现出向两侧“泄漏”的状态。因此，皱波效应又称为频率泄漏效应。

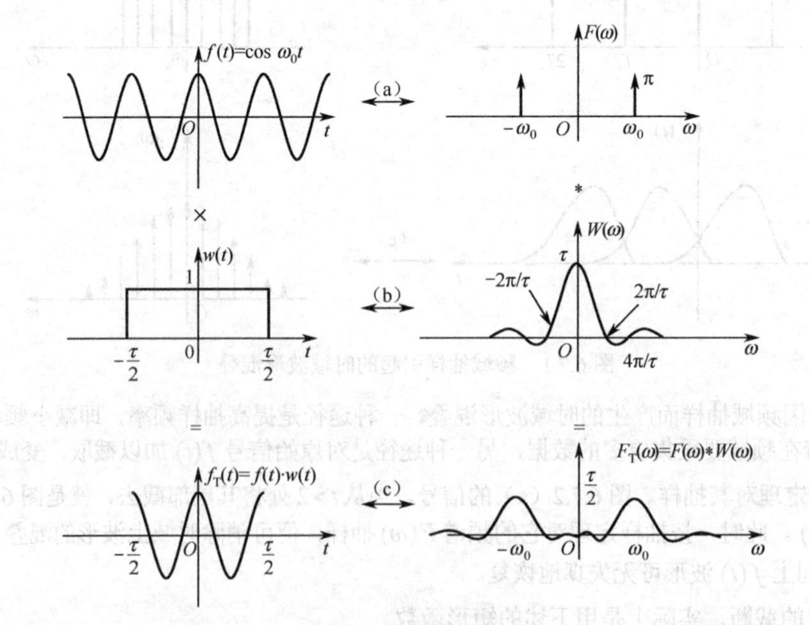

图 6.7.3　频谱泄漏效应

从式（6.7.3）看出，减小频率泄漏效应除了增大截断时窗窗宽之外，还可以选择合适的时窗函数 $w(t)$，使时窗函数的频谱 $W(\omega)$ 具有尽过能窄的主瓣（如图 6.7.3（b）上对应 $[-\frac{2\pi}{\tau},\frac{2\pi}{\tau}]$ 的部

分）和相对主瓣具有幅值尽可能小的旁瓣，从而使截掉后信号 $f_T(t)$ 的频谱与原始信号 $f(t)$ 的频谱有最佳的近似。

下面介绍时窗函数的设计。一个时窗的设计，对主瓣和旁瓣的上述要求是相互矛盾的，即主瓣窄的时窗总是对应着幅值较大的旁瓣，而旁瓣幅值小的时窗又总是具有较宽的主瓣，所以在选择和设计时窗时，只能在主瓣和旁瓣要求方面进行某种折中。

一般来讲，矩形时窗并非是好的时窗，因为它具有较大幅值的旁瓣。图 6.7.4 所示为几种常用的时窗。

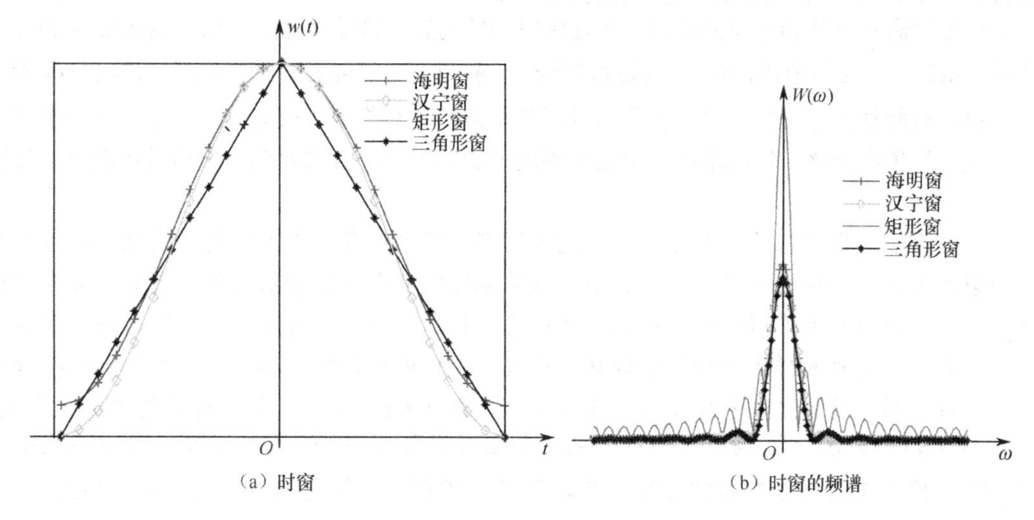

图 6.7.4　典型时窗

以下介绍几种典型时窗的函数形式。

（1）巴特莱特窗（Bartlett Window）

巴特莱特窗是一个三角形窗函数，有

$$w_{\tau/2}(t)=\begin{cases}1-\dfrac{|t|}{\tau/2} & |t|\leqslant\tau/2\\ 0 & \text{其他}\end{cases}\tag{6.7.4}$$

$$W(\omega)=\frac{4\sin^2(\dfrac{\omega\tau}{2})}{\tau\omega^2}\tag{6.7.5}$$

式中，τ 为时窗宽。

（2）汉宁窗（Hanning Window）

$$w(t)=\frac{1}{2}(1+\cos\frac{\pi}{\tau}t)\qquad |t|\leqslant\tau\tag{6.7.6}$$

$$W(\omega)=\frac{\pi^2\sin(\omega\tau)}{\omega[\pi^2-(\omega\tau)^2]}\tag{6.7.7}$$

（3）海明窗（Hamming Window）

$$w(t)=(0.54+0.46\cos\frac{\pi}{\tau}t)\qquad |t|\leqslant\tau\tag{6.7.8}$$

$$W(\omega)=\frac{[1.08\pi^2-0.16(\omega\tau)^2]\sin(\omega\tau)}{\omega[\pi^2-(\omega\tau)^2]}\tag{6.7.9}$$

这些窗函数在滤波器设计中会经常用到。

6.8　连续时间信号的量化

在实际应用中，许多情况下首先把一个连续时间信号转换为一个离散时间信号，然后对其进行处理，处理完再把它转换为连续时间信号。这种处理方式有一个显著的优点，就是可以借助于各种微处理机或任何面向离散时间信号的装置来完成。

连续时间输入信号 $f(t)$ 首先通过一个连续时间的前置取样滤波器，以保证输入信号 $f(t)$ 的最高频率限制在一定数值内，然后在模数转换器（A/D）中每隔 T_s（抽样周期）读出一次 $f(t)$ 的抽样值，对此抽样值进行量化。量化的过程是将此信号转换成离散时间、离散幅度的多电平信号。从数学角度理解，量化是把一个连续幅度值的无限数集合映射到一个离散幅度值的有限数集合。

一个模拟信号是用它的幅度能在某一连续范围内取到任意值来表征的，因此模拟信号的幅度可以取无限多个值。相反，一个数字信号的幅度仅能取有限个数的值。借助于采样和量化（舍入）可以将一个模拟信号转换为数字信号。只是对模拟信号采样并不能得到一个数字信号，因为模拟信号的样本仍然能够取某一连续范围内的任何值。将样本值舍入到最接近的一个可容许的数（或量化电平），即信号数字化了，图 6.8.1（a）所示为一种可能的量化方法。模拟信号 $f(t)$ 的幅度位于范围（$-V,V$）内，将这个范围分为 L 个子区段，每段的幅度是 $\Delta=2V/L$。接下来将每个样本幅度用该样本所落入的那个子区段的中间值近似（如图 6.8.1（a）所示，L=16）。显然，每个样本都被近似到这 L 个数中的一个。据此，取这 L 个值中任何一个的数字化样本，就将这个信号数字化了，即是一个数字信号。现在，每个样本都能用 L 个不同的脉冲之一表示了。

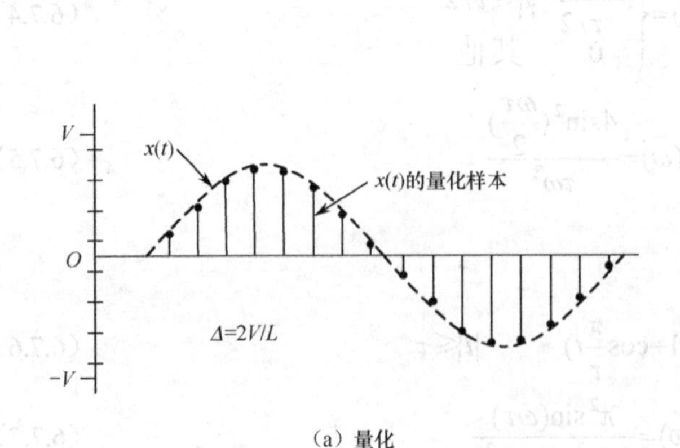

（a）量化

数字	二进制等效	脉冲编码波形
0	000	
1	001	
2	010	
3	011	
4	100	
5	101	
6	110	
7	111	

（b）脉冲编码

图 6.8.1　信号的模数（A/D）转换

从实际角度来看，处理大量的不同的脉冲是很困难的，宁愿采用最少可能数目的不同脉冲，这个最少数目自然是两个。使用两种符号或两个值的数字信号是二进制信号。二进制数字信号（仅能取两个值的信号）由于简单、经济和易于在工程中使用而受到青睐。通过利用脉冲编码可以将一个 L 层信号转换为一个二进制信号。图 6.8.1（b）所示为一种对 L=8 情况的编码。这个编码是将 0～15 的这 16 个十进制数用二进制数表示形成的，称它为自然二进置码（NBC）。对于 L 个量化电平需要最少 b 位二进制码，其中，$2^b=L$ 或 $b=\log_2 L$。

8 个电平中的每个都被赋予一个 3 位数字的二进制码，于是在本例中，每个样本都编成 3 位二进制数。为了传输或数字式处理这个二进制数据，需要将不同的电脉冲赋给这两种二进制状态的每一种。一种可能方式是将一个负脉冲赋给二进制 0，而将一个正脉冲赋给二进制 1，这样每个样本就用 4 位二进制脉冲（脉冲编码）为一组的数字信号表示，如图 6.8.1（b）所示。所得到的二进制信号是一个从模拟信号 $f(t)$ 经由 A/D 转换得到的数字信号。在通信术语中，这种信号称为脉冲编码调制（PCM）信号。

将“二进制（位）数字”（“binary digit”）简缩成“比特（位）”（bit）已成为一种工业上的标准缩写符号。既然模拟电压是连续的，那么它就不一定能被 Δ 整除，因而量化过程不可避免地会引入误差，这种误差称为量化误差。将连续时间电压信号划分为不同的量化等级时，通常有图 6.8.2 示的两种方法。

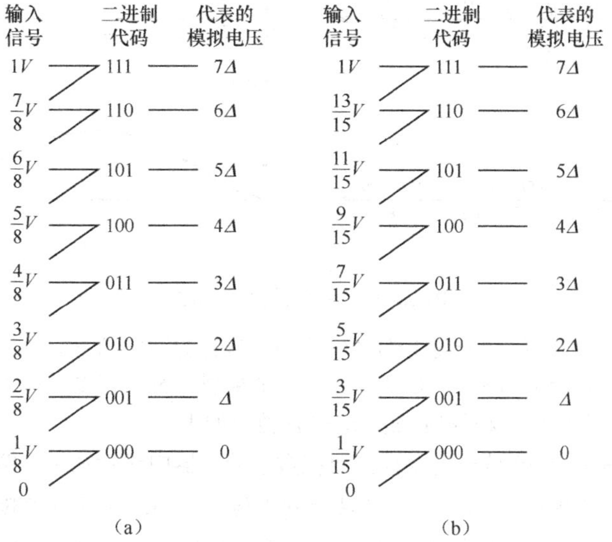

(a)

输入信号	二进制代码	代表的模拟电压
$1V$	111	7Δ
$\frac{7}{8}V$	110	6Δ
$\frac{6}{8}V$	101	5Δ
$\frac{5}{8}V$	100	4Δ
$\frac{4}{8}V$	011	3Δ
$\frac{3}{8}V$	010	2Δ
$\frac{2}{8}V$	001	Δ
$\frac{1}{8}V$	000	0
0		

(b)

输入信号	二进制代码	代表的模拟电压
$1V$	111	7Δ
$\frac{13}{15}V$	110	6Δ
$\frac{11}{15}V$	101	5Δ
$\frac{9}{15}V$	100	4Δ
$\frac{7}{15}V$	011	3Δ
$\frac{5}{15}V$	010	2Δ
$\frac{3}{15}V$	001	Δ
$\frac{1}{15}V$	000	0
0		

图 6.8.2　信号的量化

例如，要求把 0～1V 的模拟电压信号转换成 3 位二进制代码，则最简单的方法是取 $\Delta=\frac{1}{8}V$，并规定凡数值在 $0\sim\frac{1}{8}V$ 之间的模拟电压都当做 $0\cdot\Delta$ 对待，用二进制数 000 表示；凡数值在 $\frac{1}{8}V\sim\frac{2}{8}V$ 之间的模拟电压都当做 $1\cdot\Delta$ 对待，用二进制数 001 表示，等等，如图 6.8.2（a）所示。不难看出，这种量化方法可能带来的最大量化误差为 Δ，即 $\frac{1}{8}V$。

为了减小量化误差，通常采用图 6.8.2（b）所示的改进方法划分量化电平。在划分量化电平的方法中，取量化电平 $\Delta=\frac{2}{15}V$，并将输出代码 000 对应的模拟电压范围规定为 $0\sim\frac{1}{15}V$，即 $0\sim\frac{1}{2}\Delta$，这样可以将最大量化误差减小到 $\frac{1}{2}\Delta$。因为将每个输出二进制代码所表示的模拟电压值规定为它所对应的模拟电压范围的中间值，所以最大量化误差自然不会超过 $\frac{1}{2}\Delta$。

当输入的模拟电压在正、负范围内变化时，一般要求采用二进制补码的形式编码，二进制的最高位通常为符号位。

模拟信号的取样、保持、量化及转化为二进制的过程总称为模数转换（A/D转换）。当然量化越细，量化电平数越多，固然误差减小，但设备复杂，成本变高。一般情况下，信号的动态范围应与A/D转换器相适应，所用位数应满足精确度的要求。

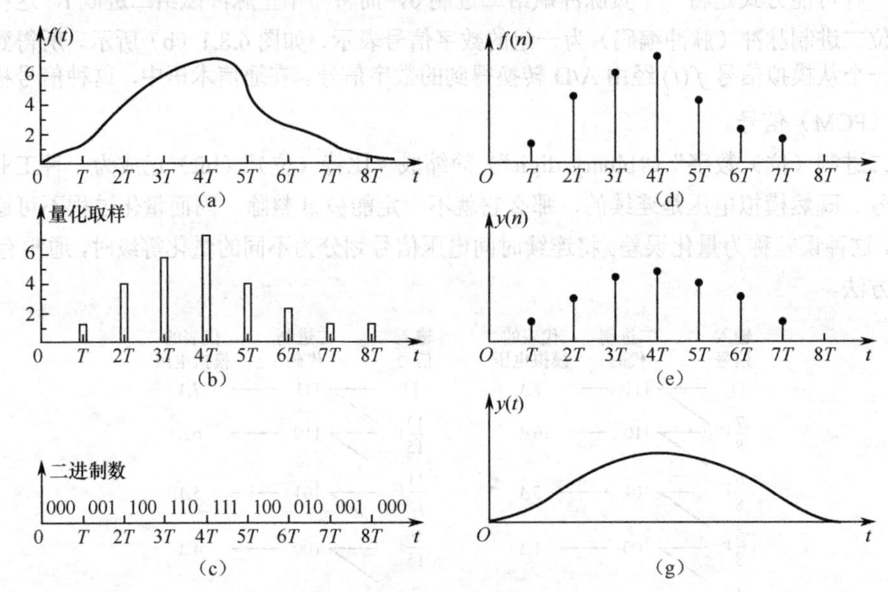

图 6.8.3　字信号过程波形图

经A/D转换器后，在时间和幅度上都量化了的信号称为数字信号。它本质上是一序列的数，为此，用 $f(n)$ 来表示数字信号序列，自变量 n 是一个整型变量，它表示这个数在序列中的次序，如图 6.8.3（d）所示，图中用一根线段来表示 $f(n)$ 数值的大小。

通常，数字信号序列 $f(n)$ 按一定要求需要在数字处理器中进行加工。例如，通过数字滤波器可以滤除掉所有不必要的频率成分，数字滤波器利用数字相加、再乘以常数和延时，将输入数列按既定要求转换成输出数列，达到处理的目的。数字处理器可以是通用计算机、微型计算机、专用和通用信号处理器。

$f(n)$ 经数字处理器加工以后，将转换为另一组输出序列 $y(n)$，如图 6.8.3（e）所示，此输出序列 $y(n)$ 再经数模（D/A）转换器后，会将数码反转变换成模拟电压（或电流），如图 6.8.3（f）所示。

习　题

6.1　试证明时域抽样定理。

6.2　确定下列信号的最低抽样频率和奈奎斯特间隔。

（1）$\mathrm{Sa}(50t)$；

（2）$\mathrm{Sa}^2(100t)$；

（3）$\mathrm{Sa}(50t)+\mathrm{Sa}(100t)$；

（4）$\mathrm{Sa}(100t)+\mathrm{Sa}^2(60t)$。

6.3　系统如题 6.3 图所示，$f_1(t)=\mathrm{Sa}(1000\pi t)$，$f_2(t)=\mathrm{Sa}(2000\pi t)$，$p(t)=\sum\limits_{n=-\infty}^{+\infty}\delta(t-nT)$，$f(t)=f_1(t)f_2(t)$，

$f_s(t)=f(t)p(t)$。

（1）为从 $f_s(t)$ 中无失真地恢复 $f(t)$，求最大采样间隔 T_{max}。

（2）当 $T=T_{max}$ 时，画出 $f_s(t)$ 的幅度谱 $|F_s(\omega)|$。

6.4　对信号 $f(t)=e^{-t}u(t)$ 进行抽样，为什么一定会产生频率混叠效应？画出其抽样信号的频谱。

6.5　题 6.5 图所示的三角形脉冲，若以 20Hz 频率间隔对其频率抽样，则抽样后频率对应的时域波形如何？以图解法说明。

题 6.3 图　　　　题 6.5 图

6.6　若连续信号 $f(t)$ 的频谱 $F(\omega)$ 是带状的 $(\omega_1\sim\omega_2)$，用卷积定理说明：当 $\omega_2=2\omega_1$ 时，最低抽样频率只要等于 ω_2，就可以使抽样信号不产生频谱混叠。

6.7　如题 6.7 图所示的系统。求：

（1）求冲激响应函数 $h(t)$ 与系统函数 $H(s)$；

（2）求系统频率响应函数 $H(\omega)$、幅频特性 $|H(\omega)|$ 和相频特性 $\varphi(\omega)$，并画出幅频和相频特性曲线；

（3）激励 $f(t)=[u(t)-u(t-T)]$，求零状态响应 $y(t)$，画出其波形；

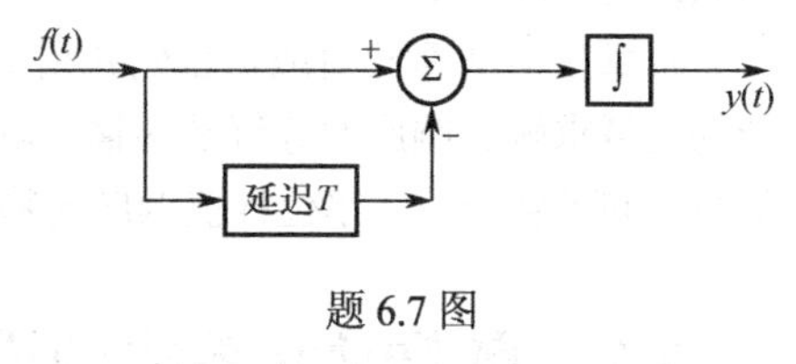

题 6.7 图

（4）激励 $f_s(t)=\sum_{n=0}^{+\infty}f(nT)\delta(t-nT)$，其中 T 为奈奎斯特抽样间隔，$f(nT)$ 为 n 点上 $f(t)$ 的值，求响应 $y(t)$。

第 7 章　离散时间系统的时域分析

7.1　引言

第 2～4 章介绍了连续时间信号与系统的时域及频域分析，与连续信号对应的是离散信号，同样也需要研究离散信号与系统的时域和频域特性。离散时间系统的分析和连续时间信号与系统的分析相比，有一定的相似性，但也有很大的不同。连续系统可用微分方程描述，离散系统可用差分方程描述，差分方程与微分方程的求解在很大程度上是相互对应的。在连续系统分析中，卷积积分具有重要意义；在离散系统分析中，卷积和也具有同等重要的作用。连续系统分析与离散系统分析的相似性为学习提供了有利条件，但也必须充分注意连续时间信号与系统和离散时间信号与系统的不同之处。

本章与第 2 章相对应，首先介绍 LTI 离散时间系统的差分方程模型、框图模型；其次介绍系统的时域求解、响应的分解及零输入响应和零状态响应的物理意义；再次介绍序列的线性卷积和的概念和求解方法，单位样值响应的物理意义和系统的表征；最后介绍离散相关的概念。

7.2　离散时间系统的模型

与线性时不变连续时间系统类似，线性时（移）不变离散时间系统可以用数学模型或框图模型来表示。LTI 连续时间系统可用常系数线性微分方程描述，与之相对应，LTI 离散时间系统可用常系数线性差分方程来描述。对于一个 LTI 连续时间系统的离散化问题，就是利用某种规则将常系数微分方程的描述转化为常系数差分方程的描述。本节主要讨论 LTI 离散时间系统常系数线性差分方程和框图模型的表示与建立。

7.2.1　常系数差分方程的建立

一个 N 阶线性常系数差分方程一般形式为

$$y(n)=\sum_{m=0}^{M}b_m x(n-m)-\sum_{k=1}^{N}a_k y(n-k) \tag{7.2.1}$$

或者

$$\sum_{k=0}^{N}a_k y(n-k)=\sum_{m=0}^{M}b_m x(n-m),\quad a_0=1 \tag{7.2.2}$$

差分方程和微分方程一样，也可以由实际问题的物理意义直接建立输入与输出的关系。以下通过几个例子来说明如何建立离散时间系统的差分方程。

【例 7.2.1】　一个国家在第 n 年的人口数用 $y(n)$ 表示，每年的出生率用常数 a 表示，死亡率用常数 b 表示，国外移民的净增数为 $x(n)$，试列出描述该国在第 $n+1$ 年的人口总数的方程。

解：第 $n+1$ 年的人口总数为 $y(n+1)$，根据题意有

$$y(n+1)=y(n)+ay(n)-by(n)+x(n)$$

整理为
$$y(n+1)=(a-b+1)y(n)+x(n)$$
或
$$y(n)-(a-b+1)y(n-1)=x(n-1)$$
这是一个一阶常系数线性差分方程。

【例 7.2.2】 假设每对大兔子每个月生一对小兔子，而每对小兔子一个月后长成大兔子，而且不死亡。在最初一个月内有一对大兔子，则第 n 个月时一共有几对兔子？

解： 设 $y(n)$、$y(n+1)$、$y(n+2)$ 分别为第 n、n+1、n+2 个月兔子的对数，那么第 n 个月的 $y(n)$ 对兔子在第 n+1 个月都变成了大兔子，第 n+2 个月都会生一对小兔子，因此，第 n+2 个月的兔子对数为第 n+1 个月都变成的大兔子与第 n+2 个月出生的小兔子总和，即
$$y(n+2)=y(n+1)+y(n)$$
这就是著名的斐波那契（Fibonacci）数列问题的差分方程，也可以写成
$$y(n)-y(n-1)-y(n-2)=0$$

【例 7.2.3】 在第 n 个学期，有 $x(n)$ 个学生登记修某门课程。这门课程所需教材的出版商在第 n 个学期售出 $y(n)$ 本新教材。平均有 1/4 的学生在学期末会出售自己的旧教材，教材的可出售寿命为三个学期。试写出关联 $x(n)$ 与 $y(n)$ 的差分方程。

解： 第 n 个学期学生在出版商处购买的新书有 1/4 在第 n+1 个学期使用，有 1/16 在第 n+2 个学期使用，同样第 n+1 个学期学生在出版商处购买的新书有 1/4 在第 n+2 个学期使用。于是第 n+2 个学期学生总的使用教材数目
$$x(n+2)=y(n+2)+\frac{1}{4}y(n+1)+\frac{1}{16}y(n)$$
对于第 n 个学期，则有
$$y(n)+\frac{1}{4}y(n-1)+\frac{1}{16}y(n-2)=x(n)$$

【例 7.2.4】 信号处理中往往采用均值滤波器来实现信号的平滑，该滤波器在 n 时刻的输出 $y(n)$ 是 n 时刻前后相同数据的平均获得，即
$$y(n)=\frac{1}{2N+1}\left[x(n-N)+\cdots+x(n-1)+x(n)+x(n+1)+\cdots+x(n+N)\right]$$
如模板为 3 个点的均值滤波器则可以写成
$$y(n)=\frac{1}{3}\left[x(n-1)+x(n)+x(n+1)\right]$$

对于一个连续时间系统，如果对所有时间量进行抽样取值，那么连续系统就变成了离散系统，此时微分方程也变成了差分方程。

假设微分方程为 $\dfrac{\mathrm{d}y(t)}{\mathrm{d}t}=ay(t)+x(t)$，若将连续变量 t 等分，则有 $t=nT$（$n=0,1,2,\cdots$），其中 T 为步长。连续函数 $y(t)$ 在 $t=nT$ 各点的取值构成了离散序列 $y(nT)$。在 T 足够小的情况下，采用前向差分，微分方程可表示为 $\dfrac{\mathrm{d}y(t)}{\mathrm{d}t}\approx\dfrac{y[(n+1)T]-y(nT)}{T}$。

代入微分方程得
$$y[(n+1)T]-y(nT)=T\cdot ay(nT)+T\cdot x(nT)$$
取 T 为单位时间，则
$$y(n+1)-(1+a)y(n)=x(n)$$
这是一个一阶线性常系数差分方程。

如果在T足够小的情况下，采用后向差分，微分方程可表示为

$$\frac{\mathrm{d}y(t)}{\mathrm{d}t}\approx\frac{y(nT)-y(nT-T)}{T}$$

在取T为单位时间的情况下列出的差分方程为

$$y(n)-\frac{1}{1-a}y(n-1)=\frac{1}{1-a}x(n)$$

同理，可以从高阶微分方程得到高阶差分方程。

【例 7.2.5】 写出一数字微分器的差分方程，实现对连续信号的微分。

解：模拟微分器的输入/输出关系为

$$y(t)=\frac{\mathrm{d}x(t)}{\mathrm{d}t}$$

考虑在离散的$t=nT$时刻有

$$y(nT)=\left.\frac{\mathrm{d}x(t)}{\mathrm{d}t}\right|_{t=nT}=\lim_{T\to 0}\frac{1}{T}\{x(nT)-x[(n-1)T]\}$$

T为恒定常数，所以可以写成

$$y(n)=\lim_{T\to 0}\frac{1}{T}[x(n)-x(n-1)]$$

实际中，采样间隔T不能为零。假设T非常小时，上式可以表示为

$$y(n)=\frac{1}{T}[x(n)-x(n-1)]$$

这就是实现所要设计的数字微分器的输入/输出关系，T越接近于零，其近似程度越高。

【例 7.2.6】 写出一数字积分器的差分方程，实现对连续信号的积分。

解：模拟积分器的输入/输出关系为

$$y(t)=\int_{-\infty}^{t}x(\tau)\mathrm{d}\tau$$

考虑在离散的$t=nT$时刻有

$$y(nT)=\lim_{T\to 0}\sum_{k=-\infty}^{n}x(kT)T$$

T为恒定常数，所以可以写成

$$y(n)=\lim_{T\to 0}T\sum_{k=-\infty}^{n}x(k)$$

实际中，采样间隔T不能为零。假设T非常小时，上式可以表示为

$$y(n)=T\sum_{k=-\infty}^{n}x(k)$$

这就是实现所要设计的数字积分器的输入/输出关系，在离散时间系统中实现了累加器的功能。也可以写成

$$y(n)=T\sum_{k=-\infty}^{n}x(k)=T\sum_{k=-\infty}^{n-1}x(k)+Tx(n)=y(n-1)+Tx(n)$$

即

$$y(n)-y(n-1)=Tx(n)$$

7.2.2　离散时间系统的框图模型

式（7.2.1）中，差分方程包含三种基本运算：延时、标量乘法和加法，图 7.2.1 所示为实现上述三种基本运算的模拟框图模型，图 7.2.1（d）是数据传输过程的分支节点。

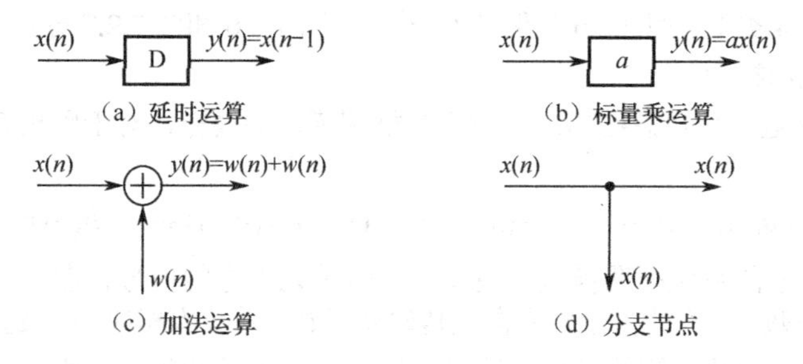

图 7.2.1　基本运算的模拟框图模型

根据图 7.2.1 所示的基本运算单元的模拟框图模型，可以将例 7.2.1～例 7.2.6 的差分方程用模拟框图模型来表示，如图 7.2.2～图 7.2.7 所示。

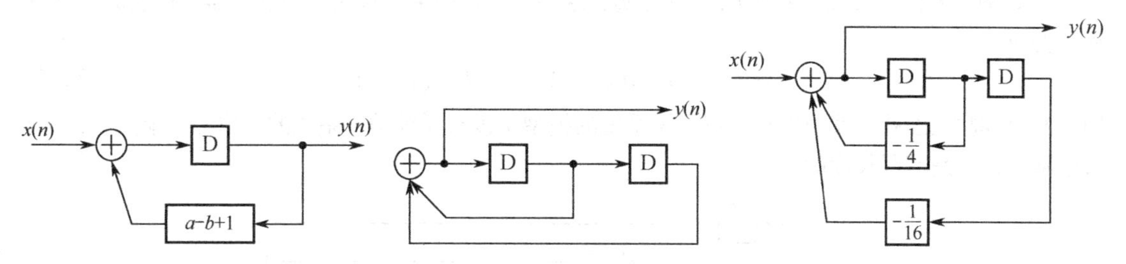

图 7.2.2　例 7.2.1 的模拟框图模型　图 7.2.3　例 7.2.2 的模拟框图模型　图 7.2.4　例 7.2.3 的模拟框图模型

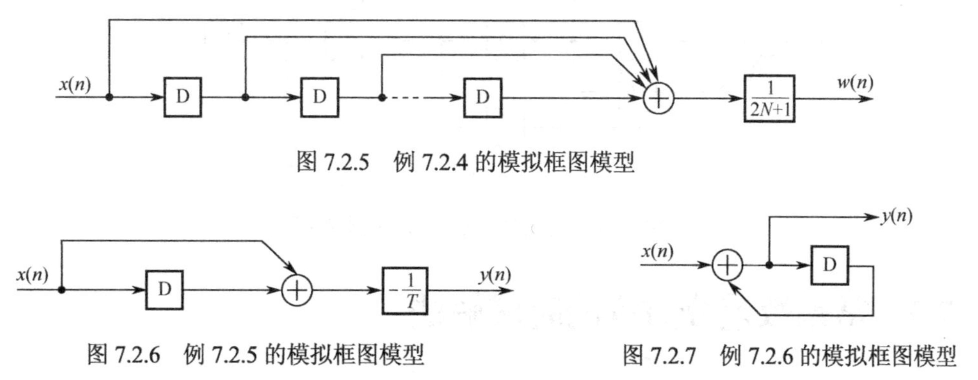

图 7.2.5　例 7.2.4 的模拟框图模型

图 7.2.6　例 7.2.5 的模拟框图模型　图 7.2.7　例 7.2.6 的模拟框图模型

图 7.2.2 所示为例 7.2.1 表示系统的模拟框图模型，其差分方程 $y(n)=(a-b+1)y(n-1)+x(n-1)$ 表示 n 时刻的输出 $y(n)$ 为 n 时刻的 $(a-b+1)y(n)+x(n)$ 经延时一个单位时间得到。

图 7.2.3 所示为例 7.2.2 表示系统的模拟框图模型，其差分方程 $y(n)=y(n-1)+y(n-2)$ 是一个隐含输入的自反馈模型。

图 7.2.4 所示为例 7.2.3 表示系统的模拟框图模型，其差分方程可以写成 $y(n)=-\frac{1}{4}y(n-1)-\frac{1}{16}y(n-2)+x(n)$，方程式的等号体现在加法运算上。

例 7.2.4 的方程 $y(n)=\frac{1}{2N+1}\left[x(n-N)+\cdots+x(n-1)+x(n)+x(n+1)+\cdots+x(n+N)\right]$ 是一个非因

果系统，该系统也是不可实现系统，采用延时运算是不能实现的，此时，可以将该系统经过时移，转变成因果系统再进行实现，即 $w(n)=\dfrac{1}{2N+1}\left[x(n)+x(n-1)+\cdots+x(n-2N)\right]$，$y(n)=w(n-N)$，图 7.2.5 所示为输出是 $w(n)$ 的模型框图。

例 7.2.5 与例 7.2.4 类似；例 7.2.6 与例 7.2.3 类似。图 7.2.6 和图 7.2.7 分别是例 7.2.5 和例 7.2.6 所表示系统的模拟框图模型。

通过上述 6 个例题，可以总结出差分方程与框图模型的规律，对于因果系统，有差分方程的最一般形式

$$y(n)+a_1y(n-1)+\cdots+a_Ny(n-N)=x(n)+b_1x(n-1)+\cdots+b_Nx(n-N) \tag{7.2.3}$$

可以得出图 7.2.8 所示的系统框图模型，模型中延时单元上方的信号自左向右传输，系数为相应 $x(n)$ 及其延时项的系数；下方的信号自右向左传输即反馈，系数为相应 $y(n)$ 延时项系数的相反数。模型中左边的加法器（加法运算单元）表示 $x(n)$ 和 $y(n)$ 延时项相加；右边的加法器表示 $x(n)$ 及其延时项相加。如果没有右边的加法器，模型的差分方程将变成

$$y(n)+a_1y(n-1)+\cdots+a_Ny(n-N)=x(n) \tag{7.2.4}$$

例 7.2.1、例 7.2.2、例 7.2.3 和例 7.2.6 就是属于这种情况，如果没有左边的加法器，模型的差分方程将变成

$$y(n)=x(n)+b_1x(n-1)+\cdots+b_Nx(n-N) \tag{7.2.5}$$

例 7.2.4 和例 7.2.5 就是属于这种情况，该系统的模型中没有反馈项，系统的单位样值响应（第 7.4 节中将介绍）是有限长度的。

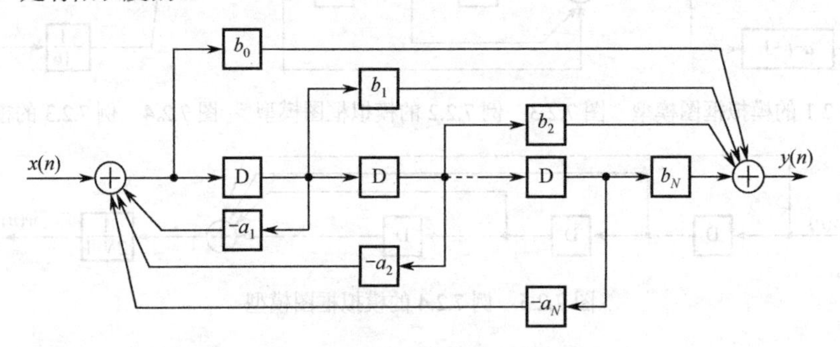

图 7.2.8 离散时间系统的一般框图模型

7.3 常系数差分方程的时域解法

常系数差分方程与常系数微分方程类似，可以用时域经典解法、卷积法和变换域来求解，除此之外，还可以利用差分方程的时移特性，采用迭代法进行求解。本节将介绍差分方程的经典解法和迭代法，卷积法将在第 7.4 节介绍完卷积和之后再介绍，变换域法将在第 8 章中介绍。

7.3.1 常系数差分方程的经典解法

如前所述，线性时不变系统的差分方程可以写成式（7.2.2）所示的形式，即

$$\sum_{k=0}^{N}a_ky(n-k)=\sum_{m=0}^{M}b_mx(n-m)，\ a_0=1$$

与微分方程的经典解法类似，差分方程的解由齐次解和特解两部分组成。齐次解即为齐次方程的解，用 $y_\mathrm{h}(n)$ 表示；非齐次方程的特解用 $y_\mathrm{p}(n)$ 表示；通解用 $y(n)$ 表示。

$$y(n)=y_{\rm h}(n)+y_{\rm p}(n) \tag{7.3.1}$$

1．求齐次解

求齐次解就是求齐次差分方程的解。

一般齐次差分方程表示为

$$\sum_{k=0}^{N}a_k y(n-k)=0\text{，}\quad a_k\text{ 为常数} \tag{7.3.2}$$

先假设一个具有如下形式的解：

$$y(n)=C\lambda^n$$

式中，C、λ 都是与 n 无关的参量。将此解代入齐次差分方程，可得

$$C\,[a_0\lambda^n+a_1\lambda^{n-1}+\cdots+a_N\lambda^{n-N}]=0$$

即

$$a_0\lambda^N+a_1\lambda^{N-1}+\cdots+a_N=0 \tag{7.3.3}$$

如果 $\lambda_i(i=1,2,\cdots,N)$ 是式（7.3.3）的根，则 $y(n)=C\lambda_i^n$ 满足齐次差分方程，故式（7.3.3）称为式（7.3.2）的特征方程，特征方程的 N 个根 $\lambda_1,\lambda_2,\cdots,\lambda_N$ 称为差分方程的特征根。由于特征方程根的类型不同，使得各个解 $y(n)$ 也将采取不同的形式，归纳如下：

（1）每一个单实根 λ，其解的函数为 $C\lambda^n$；

（2）对应每一 m 重的实根 λ，在齐次解中有 m 个分量，它们是

$$C_0\lambda^n, C_1 n\lambda^n,\cdots,C_{m-1}n^{m-1}\lambda^n$$

因此，齐次解 $y_{\rm h}(n)$ 通解的一般形式为

$$y_{\rm h}(n)=\sum_{j=1}^{l}n^{m-j}c_j\lambda_1^n+\sum_{j=l+1}^{N}\lambda_j^n c_j \tag{7.3.4}$$

式中，λ_1 是 l 阶重根，λ_j 为其余 $(N-l)$ 个单根。

2．求特解

特解的函数形式取决于激励的函数形式。为求特解 $y_{\rm p}(n)$，需根据差分方程的右端项选择合适的特解函数式，代入方程后求出待定系数。表 7.3.1 所示为几种典型的激励函数所对应的特解函数式，其中，B、B_0、B_1、…、B_p 等为待定系数。

表 7.3.1　几种典型的激励函数所对应的特解函数式

序　号	激励函数 $x(n)$	特解 $y_{\rm p}(n)$ 的形式
1	B_0（常数）	B_1（常数）
2	a^n	Ba^n
3	$\cos(\omega n)$	$B\cos(\omega n+\theta)$ 或 $B_1\cos(\omega n)+B_2\sin(\omega n)$
4	$\sin(\omega n)$	$B\sin(\omega n+\theta)$ 或 $B_1\cos(\omega n)+B_2\sin(\omega n)$
5	$e^{j\omega n}$	$Be^{j\omega n}$
6	n^p	$B_0+B_1n+\cdots+B_pn^p$
7	n^pa^n	$a^n(B_0+B_1n+\cdots+B_pn^p)$
8*	a^n（a 是特征方程的一个 p 阶重根）	n^p

注：如果 $x(n)$ 为 a^n，其中 a 是特征方程的一个 p 重根（即与 $y_{\rm h}(n)$ 中的一项具有相同形式的 p 次重根），那么特解也必须乘以 n^p 的多项式。

将系统的齐次解和特解相加就是差分方程的完全解，对于完全解中的待定系数，需利用给定的边界条件来计算求得。

【例 7.3.1】 设某离散时间系统的差分方程为 $y(n)-4y(n-1)+3y(n-2)=2^n u(n)$，起始条件 $y(-1)=0$，$y(-2)=\frac{1}{2}$，试求系统的全响应。

解：特征方程为

$$\lambda^2-4\lambda+3=0$$

特征根为

$$\lambda_1=1，\lambda_2=3$$

齐次解为

$$y_{\mathrm{h}}(n)=C_1\cdot 1^n+C_2\cdot 3^n=C_1+C_2\cdot 3^n$$

因为输入序列为 $2^n(n\geqslant 0)$，查表 7.3.1 得

$$y_{\mathrm{p}}(n)=B2^n \quad n\geqslant 0$$

将上式代入原方程，化简得

$$B-2B+\frac{3}{4}B=1，即 B=-4$$

$$y_{\mathrm{p}}(n)=-4\cdot 2^n，n\geqslant 0$$

系统的全响应为

$$y(n)=C_1+C_2\cdot 3^n-4\cdot 2^n，n\geqslant 0$$

将初始值代入全解式，有

$$\begin{cases}0=C_1+C_2\cdot 3^{-1}-4\cdot 2^{-1}\\ \frac{1}{2}=C_1+C_2\cdot 3^{-2}-4\cdot 2^{-2}\end{cases}$$

得

$$C_1=\frac{5}{4}，C_2=\frac{9}{4}$$

所以系统的全响应为

$$y(n)=\left[\frac{5}{4}+\frac{9}{4}\cdot 3^n-4\cdot 2^n\right]u(n)$$

【例 7.3.2】 设某离散时间系统的差分方程为 $6y(n)-5y(n-1)+1y(n-2)=x(n)$，初始条件 $y(0)=1$，$y(1)=1$，激励为有始的周期序列 $x(n)=10\cos(0.5\pi n)$，$n\geqslant 0$，试求系统的全响应。

解：特征方程为

$$6\lambda^2-5\lambda+1=0$$

特征根为

$$\lambda_1=\frac{1}{2}，\lambda_2=\frac{1}{3}$$

齐次解为

$$y_{\mathrm{h}}(n)=C_1\left(\frac{1}{2}\right)^n+C_2\cdot\left(\frac{1}{3}\right)^n$$

因为输入序列为 $10\cos(0.5\pi n)(n\geqslant 0)$，查表 7.3.1 得

$$y_{\mathrm{p}}(n)=P\cos(0.5\pi n)+Q\sin(0.5\pi n)\text{，}\quad n\geqslant 0$$

将上式代入原方程，化简得

$$(6P+5Q-P)\cos(0.5\pi n)+(6P-5P-Q)\sin(0.5\pi n)=10\cos(0.5\pi n)$$

于是有

$$\begin{cases}6P+5Q-P=10\\6P-5P-Q=0\end{cases}\quad \text{解得}\begin{cases}P=1\\Q=1\end{cases}$$

所以

$$y_{\mathrm{p}}(n)=\cos(0.5\pi n)+\sin(0.5\pi n)\text{，}\quad n\geqslant 0$$

系统的全响应为

$$y(n)=C_1\left(\frac{1}{2}\right)^n+C_2\left(\frac{1}{3}\right)^n+\cos(0.5\pi n)+\sin(0.5\pi n)\text{，}\quad n\geqslant 0$$

将初始值代入全解式，有

$$\begin{cases}y(0)=C_1+C_2+1=0\\y(1)=\dfrac{1}{2}C_1+\dfrac{1}{3}C_2+1=1\end{cases}$$

得

$$C_1=2\text{，}\quad C_2=-3$$

所以系统的全响应为

$$y(n)=2\left(\frac{1}{2}\right)^n-3\left(\frac{1}{3}\right)^n+\cos(0.5\pi n)+\sin(0.5\pi n)\text{，}\quad n\geqslant 0$$

用时域经典解法求解差分方程，虽然可以求得封闭（公式）解，但此方法较为麻烦，故在实际应用中较少使用。

7.3.2　常系数差分方程的迭代解法

当差分方程的阶数较低时，用迭代法求解差分方程比较简单，以下举例加以说明。

【例 7.3.3】　设某系统可用差分方程 $y(n)=ay(n-1)+x(n)$ 描述，输入序列 $x(n)=\delta(n)$，初始条件 $y(-1)=0$，采用迭代法求系统的输出。

解：（1）$n<0$ 的情况

由递推公式 $y(n-1)=\dfrac{1}{a}\cdot[y(n)-x(n)]$ 得

$$y(-2)=0,\quad y(-3)=0,\quad y(-4)=0\cdots$$

因此这是一个因果系统，当 $n<0$ 时，$y(n)=0$。

（2）$n\geqslant 0$ 的情况

由递推公式 $y(n)=ay(n-1)+x(n)$ 得

$$n=0\text{ 时，}\quad y(0)=ay(-1)+x(0)=1$$

$$n=1\text{ 时，}\quad y(1)=ay(0)+x(1)=a$$

$$\cdots$$

$n=n$ 时，$y(n)=a^n$，所以综合（1）、（2）得：

$$y(n)=a^n u(n)$$

【例 7.3.4】　采用迭代法求解例 7.3.1 的完全解。

解：因为此系统为因果输入，这里只考虑 $n\geqslant 0$ 的情况。

$$y(0)=4y(-1)-3y(-2)+2^0=4\times0-3\times0.5+1=-0.5$$
$$y(1)=4y(0)-3y(-1)+2^1=4\times(-0.5)-3\times0+2=0$$
$$y(2)=4y(1)-3y(0)+2^2=4\times0-3\times(-0.5)+4=5.5$$
$$y(3)=4y(2)-3y(1)+2^3=4\times5.5-3\times0+8=30$$

以此类推。

仔细体会以上的计算过程，由 N 个初始条件先得到 $y(0)$，然后利用这个 $y(0)$ 和前面的 $N-1$ 个初始条件求出 $y(1)$，接着利用 $y(0)$、$y(1)$ 和前面的 $N-2$ 个初始条件求出 $y(2)$，以此类推。该方法具有普遍性，可以运用于任意阶的递归型（反馈）差分方程，也是离散时间系统处理的最一般形式，采用软件或硬件的递归方式都很容易实现。从上述的计算过程和结果可以看出，对于二阶以上的差分方程，很难得出封闭解。

7.3.3　离散时间系统的零输入响应与零状态响应

类似于线性时不变的连续时间系统，线性移不变的离散时间系统的响应可分解为零输入响应和零状态响应两部分。

零输入响应是激励为零时，仅由系统的初始条件所产生的响应，用 $y_{zi}(n)$ 表示，是齐次方程的解，一般形式为

$$y_{zi}(n)=\sum_{j=1}^{l}c_{zij}n^{l-j}\lambda_1^n+\sum_{j=l+1}^{N}c_{zij}\lambda_j^n \tag{7.3.5}$$

式中，λ_1 为 l 阶特征重根，λ_j 为单根（$j=l+1,l+2,\cdots,N$），待定系数 c_{zij} 只由系统的初始条件决定。

零状态响应是当系统状态为零时对输入的响应，是非齐次方程的解，它一般应包括两部分：齐次解和特解，可表示为

$$y_{zs}(n)=\sum_{j=1}^{l}c_{zsj}n^{l-j}\lambda_1^n+\sum_{j=l+1}^{N}c_{zsj}\lambda_j^n+y_p(n) \tag{7.3.6}$$

式中，c_{zsj} 为待定系数。

由式（7.3.5）、式（7.3.6）得系统的全响应为

$$\begin{aligned}y(n)=y_{zi}(n)+y_{zs}(n)&=\sum_{j=1}^{l}c_{zij}n^{l-i}\lambda_1^n+\sum_{j=l+1}^{N}c_{zij}\lambda_j^n+\sum_{j=1}^{l}c_{zsj}n^{l-i}\lambda_1^n+\sum_{j=l+1}^{N}c_{zsj}\lambda_j^n+y_p(n)\\&=\sum_{j=1}^{l}(c_{zij}+c_{zsj})n^{l-i}\lambda_1^n+\sum_{j=l+1}^{N}(c_{zij}+c_{zsj})\lambda_j^n+y_p(n)\end{aligned} \tag{7.3.7}$$

【例 7.3.5】　试求例 7.3.4 中差分方程的零输入响应、零状态响应和全响应。

解： 先求零输入响应。

特征根为 $\lambda_1=1$，$\lambda_2=3$，由式（7.3.5）得

$$y_{zi}(n)=c_{zi1}+c_{zi2}3^n$$

将初始条件代入，得

$$\begin{cases}y_{zi}(-1)=c_{zi1}+c_{zi2}(3)^{-1}=0\\ y_{zi}(-2)=c_{zi1}+c_{zi2}(3)^{-2}=\dfrac{1}{2}\end{cases}$$

解方程得

$$c_{zi1}=\frac{3}{4}，\ c_{zi2}=-\frac{9}{4}$$

零输入响应为

$$y_{zi}(n)=\frac{3}{4}-\frac{9}{4}3^n$$

其次求零状态响应。

由例 7.3.4 知特解为 $y_p(n)=-4\cdot 2^n$，代入式（7.3.6）得

$$y_{zs}(n)=c_{zs1}+c_{zs2}3^n-4\cdot 2^n$$

代入零初始值

$$\begin{cases} y_{zs}(-1)=c_{zs1}+c_{zs2}3^{-1}-4\cdot 2^{-1}=0 \\ y_{zs}(-2)=c_{zs1}+c_{zs2}3^{-2}-4\cdot 2^{-2}=0 \end{cases}$$

$$c_{zi1}=\frac{1}{2},\quad c_{zi2}=\frac{9}{2}$$

零状态响应为

$$y_{zs}(n)=\frac{1}{2}+\frac{9}{2}3^n-4\cdot 2^n$$

所以系统的全响应为

$$y(n)=y_{zi}(n)+y_{zs}(n)=\frac{5}{4}+\frac{9}{4}3^n-4\cdot 2^n \quad (n\geqslant 0)$$

与 LTI 连续时间系统类似，LTI 离散时间系统的零状态响应与输入成线性关系，零输入响应与状态成线性关系。

7.4　线性卷积和与单位样值响应

7.4.1　线性卷积和

第 2 章的卷积积分运算是针对连续时间信号与系统的，此处的线性卷积和是针对离散时间信号与系统的，因此线性卷积和与卷积积分的定义、计算与性质基本相同，只是将卷积积分中的积分变成卷积和中的累加即可。

1．线性卷积和的定义

设非周期序列 $x(n)$、$h(n)$，它们的（线性）卷积和 $y(n)$ 定义为

$$y(n)=\sum_{m=-\infty}^{+\infty}x(m)h(n-m)=\sum_{m=-\infty}^{+\infty}h(m)x(n-m) \tag{7.4.1}$$

记做：

$$y(n)=x(n)*h(n) \tag{7.4.2}$$

2．线性卷积和的图解计算

从式（7.4.1）可以看出，卷积运算是反褶、移位、相乘和累加等几种序列基本运算的组合。其计算步骤如下。

（1）变量置换。把离散信号 $x(n)$ 和 $h(n)$ 的变量，都用 m 置换，作出 $x(m)$和$h(m)$ 的波形。

（2）反褶。以 $m=0$ 为对称轴，将 $h(m)$ 反褶，得到 $h(-m)$。

（3）移位。将 $h(-m)$ 移位，变为 $h(n-m)$。$n>0$，将 $h(-m)$ 向右移位；$n<0$，将 $h(-m)$ 向左移位。

（4）累加。计算累加 $\sum_{m=-\infty}^{+\infty}x(m)h(n-m)$。

【例 7.4.1】　已知序列 $x(n)=\begin{cases}n/2 & 1\leqslant n\leqslant 3\\ 0 & \text{其他}\end{cases}$ 和 $h(n)=\begin{cases}1 & 0\leqslant n\leqslant 2\\ 0 & \text{其他}\end{cases}$，求 $y(n)=x(n)*h(n)$。

解：根据以上讨论的求解过程，对 $h(m)$ 进行移位、反褶，并和 $x(m)$ 对应点相乘，最后进行累加，其过程如图 7.4.1 所示。

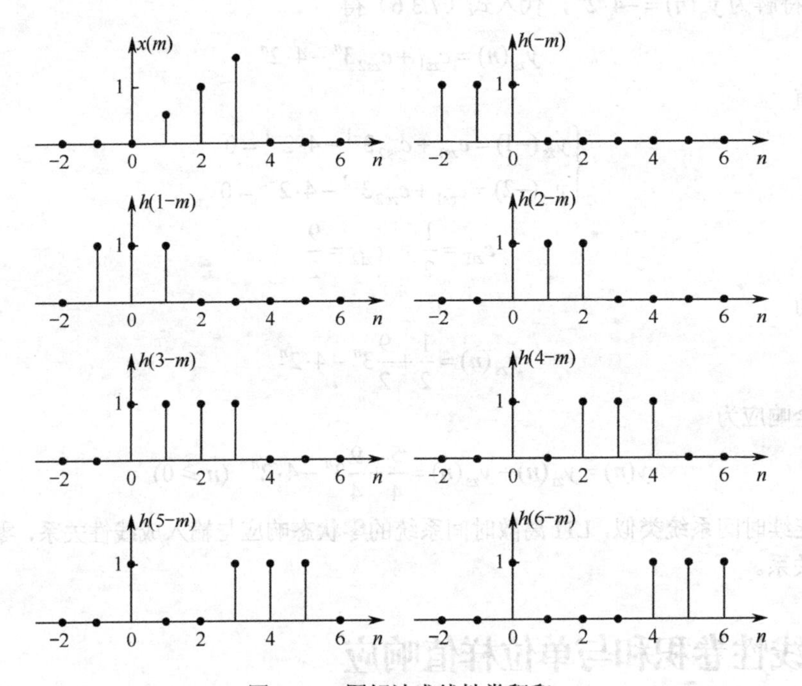

图 7.4.1　图解法求线性卷积和

通过对应项相乘，求得最终结果如图 7.4.2 所示。

$$y(0)=0$$

$$y(1)=\frac{1}{2}\times 1=\frac{1}{2}$$

$$y(2)=\frac{1}{2}\times 1+1\times 1=\frac{3}{2}$$

$$y(3)=\frac{1}{2}\times 1+1\times 1+\frac{3}{2}\times 1=3$$

$$y(4)=\frac{1}{2}\times 0+1\times 1+\frac{3}{2}\times 1+0\times 1=\frac{5}{2}$$

$$y(5)=\frac{3}{2}\times 1=\frac{3}{2}$$

$$y(6)=0$$

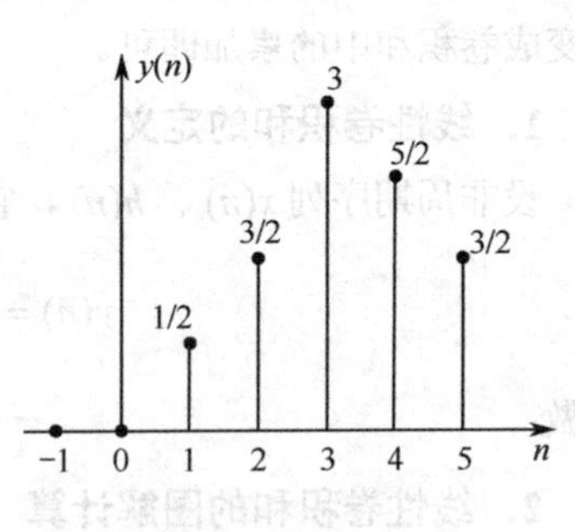

图 7.4.2　卷积和结果

3．线性卷积和图解法的衍生形式

当序列比较短，或只能用图形方式得到时，使用图解法的衍生形式计算线性卷积和更为简便实用。衍生形式本质上与图 7.4.1 所示的图解过程相同，这些方法的典型形式有滑带法和列表法。

（1）滑带法

与图解法不同的是，数据不是用图形来表示的，而是作为一个数的序列，排列在一条滑动的带子上。以下以例 7.4.1 来分析其过程，如图 7.4.3 所示。

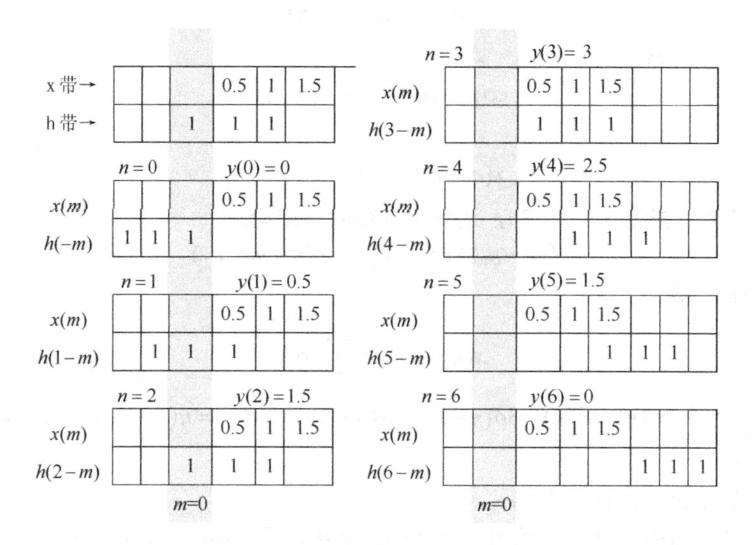

图 7.4.3　滑带法求解线性卷积和

图 7.4.3 所示的结果与图 7.4.2 所示的结果完全一致。

（2）列表法

分析卷积和的计算式 $y(n)=\sum\limits_{m=-\infty}^{+\infty}x(m)h(n-m)$，求和符号内 $x(m)$ 的序号 m 与 $h(n-m)$ 的序号 $n-m$ 之和恰好为 n，如果将各 $x(n)$ 的值排成一行（列），将 $h(n)$ 的值排成一列（行），在各行交叉点计算相应的乘积，并将行号与列号之和相等的值加在一起，所得结果就是卷积和在序号为行号与列号之和的点的值。表 7.4.1 所示为采用列表法计算例 7.4.1 的线性卷积和的过程。

表 7.4.1　列表法求线性卷积和

	$x(n)$	$x(1)$	$x(2)$	$x(3)$
$h(n)$		0.5	1	1.5
$h(0)$	1	0.5	1	1.5
$h(1)$	1	0.5	1	1.5
$h(2)$	1	0.5	1	1.5

按上述方法计算例 7.4.1，$y(n)=x(n)*h(n)=\{\underset{\uparrow}{0},0.5,1.5,3,2.5,1.5\}$，式中 $\underset{\uparrow}{0}$ 表示 $y(0)=0$，结果与图 7.4.2 所示结果一致。

4．线性卷积和的性质

序列的线性卷积和具有与卷积积分类似的一些性质，也服从交换律、分配律和结合律等。

（1）交换律

$$x_1(n)*x_2(n)=x_2(n)*x_1(n)\tag{7.4.3}$$

（2）结合律

$$x_1(n)*[x_2(n)+x_3(n)]=x_1(n)*x_2(n)+x_1(n)*x_3(n)\tag{7.4.4}$$

（3）分配律

$$x_1(n)*[x_2(n)*x_3(n)]=[x_1(n)*x_2(n)]*x_3(n)\tag{7.4.5}$$

（4）与 $\delta(n)$ 的卷积

$$x(n)*\delta(n)=x(n) \tag{7.4.6}$$

（5）与 $\delta(n-1)$ 的卷积

$$x(n)*\delta(n-1)=x(n-1) \tag{7.4.7}$$

一般有

$$x(n)*\delta(n-k)=x(n-k) \tag{7.4.8}$$

式中，k 为任意整数。根据式（7.4.8），还可以推得以下结论：

$$f(n-n_1)*\delta(n-n_2)=f(n-n_1-n_2) \tag{7.4.9}$$

（6）与 $u(n)$ 的卷积

$$x(n)*u(n)=\sum_{k=-\infty}^{n}x(k) \tag{7.4.10}$$

【例 7.4.2】 已知 $x_1(n)=\delta(n)+3\delta(n-1)+2\delta(n-2)$，$x_2(n)=u(n)-u(n-3)$，试求信号 $x(n)=x_1(n)*x_2(n)$。

解：可利用以上讲述的性质求解。

$$\begin{aligned}x(n)&=x_1(n)*x_2(n)=[\delta(n)+3\delta(n-1)+2\delta(n-2)]*[u(n)-u(n-3)]\\&=[\delta(n)+3\delta(n-1)+2\delta(n-2)]*R_3(n)=R_3(n)+3R_3(n-1)+2R_3(n-2)\\&=\delta(n)+4\delta(n-1)+6\delta(n-2)+5\delta(n-3)+2\delta(n-4)\end{aligned}$$

一般地，如果序列 $x_1(n)$ 长度为 N，非零区间为 $[n_1,n_2]$，序列 $x_2(n)$ 长度为 M，非零区间为 $[m_1,m_2]$，则它们的卷积长度为 $N+M-1$，非零区间为 $[n_1+m_1,n_2+m_2]$，这与连续卷积的时长等于两函数的时长之和类似，但有所差别。

此外，序列的线性卷积和还可利用 z 变换法计算，这将在第 8 章中讨论。

以上都是进行理论分析时计算线性卷积和的方法，在工程实际中，一般用计算机计算。如果序列的点数很多，可通过快速傅里叶变换（FFT）变换到频域，相乘，再用 IFFT 变换回时域，这些内容将会在数字信号处理课程中讨论。

7.4.2 单位样值响应

1. 单位样值响应的定义及意义

线性移不变系统可用它的单位样值响应来表征。单位样值响应是指输入为单位采样序列 $\delta(n)$ 时系统的输出（假设系统输出初始状态为零）。一般用 $h(n)$ 表示单位样值响应，即

$$h(n)=T[\delta(n)] \tag{7.4.11}$$

知道 $h(n)$ 后，就可得到此线性移不变系统对任意输入的零状态响应。

设系统输入序列为 $x(n)$，输出序列为 $y(n)$。任一序列 $x(n)$ 可写成 $\delta(n)$ 的移位加权和，即

$$x(n)=\sum_{m=-\infty}^{+\infty}x(m)\delta(n-m)$$

则系统输出为

$$\begin{aligned}y(n)&=T\left[\sum_{m=-\infty}^{+\infty}x(m)\delta(n-m)\right]\\&=\sum_{m=-\infty}^{+\infty}x(m)T[\delta(n-m)]\quad\text{（线性系统满足均匀性和叠加性）}\\&=\sum_{m=-\infty}^{+\infty}x(m)h(n-m)\qquad\text{（移不变性）}\\&=x(n)*h(n)\end{aligned} \tag{7.4.12}$$

式（7.4.12）表明，系统在激励信号 $x(n)$ 作用下的零状态响应为 $x(n)$ 与系统的单位样值响应的线性卷积。

在本书的讨论范围内，讨论的系统如不做特别说明，都是所谓的“松弛”系统，即起始状态为零，因而在单位样值 $\delta(n)$ 作用下产生的系统响应 $h(n)$（零状态解）就完全能代表系统，因此，求出单位样值响应 $h(n)$，则任意输入下的系统输出就可以用卷积和求得。

【例 7.4.3】 已知线性移不变系统的单位样值响应 $h(n)=b^n u(n)$，输入 $x(n)=a^n u(n)$，求其零状态响应。

解：根据给定的 $x(n)$和$h(n)$，可知 $x(n)$ 为右边序列，系统为因果的线性时不变离散时间系统，零状态响应

$$y(n)=\sum_{m=0}^{n}x(m)h(n-m)=\sum_{m=0}^{n}a^m b^{n-m}=b^n\sum_{m=0}^{n}(a/b)^k$$

利用等比级数的求和公式，得

$$y(n)=\begin{cases} b^n\dfrac{1-(a/b)^{n+1}}{1-a/b} & a\neq b,n>0 \\ b^n(n+1) & a=b,n>0 \\ 0 & n<0 \end{cases}$$

【例 7.4.4】 已知两线性时不变系统级联，系统框图如图 7.4.4 所示，输入为 $u(n)$，系统的单位样值响应分别为 $h_1(n)=\delta(n)-\delta(n-4)$ 和 $h_2(n)=a^n u(n)$，$|a|<1$，求系统的输出 $y(n)$。

$u(n)$ → $h_1(n)$ → $h_2(n)$ → $y(n)$

图 7.4.4　例 7.4.4 的系统框图

解：设第一个系统的输出为 $y_1(n)$

$$y_1(n)=x(n)*h_1(n)=\sum_{m=-\infty}^{+\infty}x(m)h_1(n-m)=\sum_{m=0}^{+\infty}u(m)h_1(n-m)=\sum_{m=0}^{+\infty}u(m)[\delta(n-m)-\delta(n-m-4)]$$
$$=u(n)-u(n-4)=\delta(n)+\delta(n-1)+\delta(n-2)+\delta(n-3)$$

系统的输出为

$$y(n)=y_1(n)*h_2(n)=[\delta(n)+\delta(n-1)+\delta(n-2)+\delta(n-3)]*a^n u(n)$$
$$=a^n u(n)+a^{n-1}u(n-1)+a^{n-2}u(n-2)+a^{n-3}u(n-3)$$

2．单位样值响应的求解

离散系统的单位样值响应只与系统的结构有关，与激励无关，单位样值响应反映了系统的特性，在离散系统时域分析中具有十分重要的作用。单位样值响应的求解一般有两种方法：对于低阶系统，可采用迭代法；对于高阶系统，由于单位采样序列 $\delta(n)$ 仅在 $n=0$ 处等于1，而在 $n>0$ 时为零，因此，对于 $n>0$ 而言，系统的输入为零，$\delta(n)$ 的作用可看做是给系统提供了一定的初始状态。所以，当 $n>0$ 时，系统的单位样值响应与该系统的零输入响应形式相同。按照因果性规定的初始条件 $h(n)=0$（$n<0$），可用递推法求得 $h(0)$。这样，就可以把激励信号 $\delta(n)$ 等效为初始状态，从而将求单位样值响应的问题转化为求零输入响应的问题。

（1）方程右端只包含 $x(n)$ 项的情况

设 N 阶离散时间系统的差分方程为

$$y(n)+a_1y(n-1)+\cdots+a_Ny(n-N)=x(n) \tag{7.4.13}$$

当 $x(n)=\delta(n)$ 时，该系统的零状态响应为

$$h(n)+a_1h(n-1)+\cdots+a_Nh(n-N)=\delta(n) \tag{7.4.14}$$

由于 $n>0$ 时，$\delta(n)=0$，所以

$$h(n)+a_1h(n-1)+\cdots+a_Nh(n-N)=0,\quad n>0 \tag{7.4.15}$$

因此，$h(n)$ 是式（7.4.15）所示差分方程的齐次解。

假设此系统有 N 个互异的特征根 $\lambda_1,\lambda_2,\lambda_3,\cdots,\lambda_N$，则

$$h(n)=C_1\lambda_1{}^n+C_2\lambda_2{}^n+\cdots+C_N\lambda_N{}^n \tag{7.4.16}$$

式中，$C_1,C_2,\cdots,C_N$ 由 $\delta(n)$ 等效的初始条件确定。观察式（7.4.14），由于 $n<0$ 时，系统是静止的，所以 $h(-1)=h(-2)=\cdots h(-N+1)=0$；$n=0$ 时，$h(0)=\delta(0)=1$，得 $h(0)=1$，因此对 N 阶后向差分方程，$\delta(n)$ 等效的初始条件为

$$h(0)=1\,,h(-1)=h(-2)=\cdots=h(-N+1)=0 \tag{7.4.17}$$

根据这些初始条件就可以确定齐次解的系数 $C_1,C_2,\cdots,C_N$，从而求得 $h(n)$。

【例 7.4.5】　已知系统的差分方程 $y(n)-5y(n-1)+6y(n-2)=x(n)$，求系统的单位样值响应。

解：根据系统的差分方程，输入 $x(n)=\delta(n)$，$n>0$ 时，可列出如下方程

$$h(n)-5h(n-1)+6h(n-2)=0$$

特征方程为

$$\lambda^2-5\lambda+6=(\lambda-2)(\lambda-3)=0$$

特征根为 $\lambda_1=2,\lambda_2=3$，所以

$$h(n)=C_1(2)^n+C_2(3)^n$$

系统的初始条件

$$h(0)=1,\,h(-1)=0$$

代入上述初始条件，得

$$\begin{cases}h(0)=C_1+C_2=1\\ h(-1)=C_1(2)^{-1}+C_2(3)^{-1}=0\end{cases}$$

解得 $C_1=-2$，$C_2=3$，所以

$$h(n)=[-2(2)^n+3(3)^n]\,u(n)$$

在本例中，将输入单位样值序列等效为初始条件 $h(0)=1$ 和 $h(-1)=0$，因而把求解单位样值响应的问题转化为求系统的零输入响应，较简便地求得 $h(n)$ 的封闭解。

（2）方程右端包含 $x(n)$ 及其移序项的情况

设 N 阶离散时间系统的的差分方程为

$$a_0y(n)+a_1y(n-1)+\cdots+a_Ny(n-N)=b_0x(n)+b_1x(n-1)+\cdots+b_Mx(n-M) \tag{7.4.18}$$

这时，可先求出对应方程（7.4.13）所示系统的单位样值响应 $\hat{h}(n)$，然后再用式（7.4.19）求系统的单位样值响应

$$h(n)=b_0\hat{h}(n)+b_1\hat{h}(n-1)+\cdots+b_M\hat{h}(n-M) \tag{7.4.19}$$

【例 7.4.6】　已知一个因果系统的差分方程为

$$y(n)-5y(n-1)+6y(n-2)=x(n)-3x(n-2)$$

求其单位样值响应。

解：(1)先求由 $y(n)-5y(n-2)+6y(n-2)=x(n)$ 所表示系统的单位样值响应 $\hat{h}(n)$。根据例 7.4.5 可得

$$\hat{h}(n)=[-2(2)^n+3(3)^n]u(n)$$

（2）求系统对输入 $x(n)-3x(n-2)$ 的单位样值响应

$$h(n)=\hat{h}(n)-3\hat{h}(n-2)=\delta(n)+5\delta(n-1)+[18(3)^{n-2}-2(2)^{n-2}]u(n-2)$$

7.4.3　互联离散时间系统的单位样值响应

根据式（7.4.12）$y(n)=x(n)*h(n)$，系统的零状态响应可以通过求系统输入与系统单位样值响应来求得，因此根据卷积的性质可以得出互联系统的单位样值响应。

1．并联系统

图 7.4.5 所示的系统是由两个子系统并联而成的，根据系统框图可知

$$y(n)=y_1(n)+y_2(n)=x(n)*h_1(n)+x(n)*h_2(n)$$

再根据卷积和运算的分配律可得

$$y(n)=x(n)*\left[h_1(n)+h_2(n)\right]=x(n)h(n)$$

所以有

$$h(n)=h_1(n)+h_2(n) \tag{7.4.20}$$

根据上述的分析，如果是多个系统（$h_1(n),h_2(n),\cdots,h_N(n)$）并联，那么系统的单位样值响应函数为

$$h(n)=h_1(n)+h_2(n)+\cdots+h_N(n) \tag{7.4.21}$$

式（7.4.20）和式（7.4.21）说明了由子系统并联得到的系统，其单位样值响应为各子系统单位样值响应的和，即系统并联在时域分析中是和的关系。

2．级联系统

图 7.4.6 所示的系统是由两个子系统级联而成的，根据系统框图可知

$$y_1(n)=x(n)*h_1(n)*h_2(n)$$
$$y_2(n)=x(n)*h_2(n)*h_1(n)$$

根据卷积和运算的结合律可得

$$y_1(n)=x(n)*\left[h_1(n)*h_2(n)\right]$$
$$y_2(n)=x(n)*\left[h_2(n)*h_1(n)\right]$$

根据卷积和运算的交换律，可知

$$h_1(n)*h_2(n)=h_2(n)*h_1(n)$$

所以有

$$y_1(n)=y_2(n)=x(n)*h(n) \tag{7.4.22}$$
$$h(n)=h_1(n)*h_2(n)=h_2(n)*h_1(n) \tag{7.4.23}$$

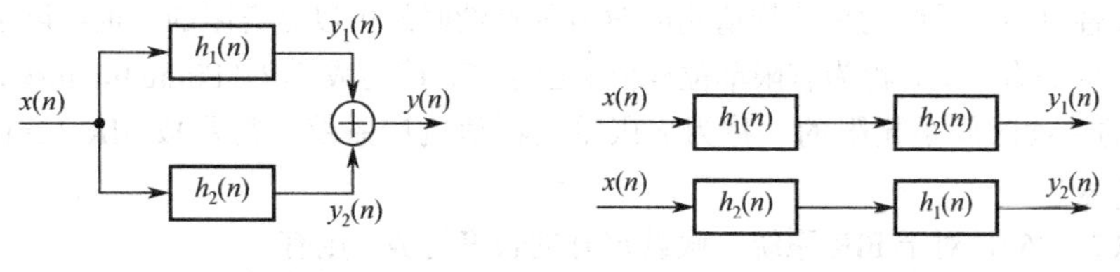

图 7.4.5　并联系统 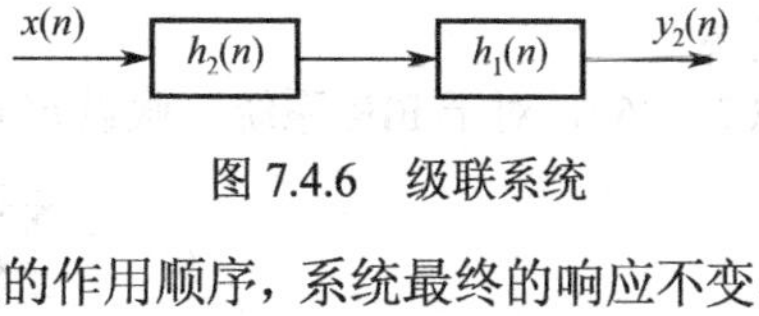　　　　图 7.4.6　级联系统

式（7.4.22）说明了两子系统级联，交换子系统的作用顺序，系统最终的响应不变；式（7.4.23）说明了两子系统级联得到的系统，其单位样值响应为子系统单位样值响应的卷积和，即系统级联在时域分析中是卷积和的关系。将式（7.4.23）扩展成多个子系统级联的形式如下

$$h(n)=h_1(n)*h_2(n)*\cdots*h_N(n) \tag{7.4.24}$$

3．反馈系统

图 7.4.6 所示的系统是一个反馈系统，根据系统框图可知

$$\begin{cases} y_0(n)=x(n)+y(n)*h_2(n) \\ y(n)=y_0(n)*h_1(n) \end{cases}$$

所以有

$$y(n)=y_0(n)*h_1(n)=\left[x(n)+y(n)*h_2(n)\right]*h_1(n)$$

整理得

$$\left[\delta(n)-h_1(n)*h_2(n)\right]*y(n)=x(n)*h_1(n) \tag{7.4.25}$$

式（7.4.25）用常规的时域分析方法是无法得出反馈系统的单位样值响应 $h(n)$ 的，此时需要通过频域或 z 域分析方法求得，也可以通过解卷积的方法求取，该方面的内容不属于本课程的学习内容，可参见解卷积的相关图书。

【例 7.4.7】 图 7.4.8 所示的系统是由 4 个子系统组成的，子系统的单位样值响应分别为 $h_1(n)$、$h_2(n)$、$h_3(n)$、$h_4(n)$，试求系统的单位样值响应 $h(n)$。

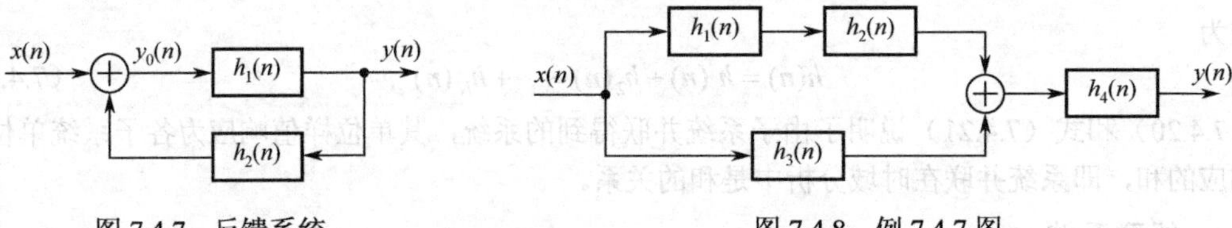

图 7.4.7 反馈系统　　　　图 7.4.8 例 7.4.7 图

解： 由系统框图可知，子系统 $h_4(n)$ 与由 $h_1(n)$、$h_2(n)$、$h_3(n)$ 组成的系统级联，该系统又由 $h_3(n)$ 与 $h_1(n)$、$h_2(n)$ 所构成的级联系统并联而成，所以有

$$h(n)=\left[h_1(n)*h_2(n)+h_3(n)\right]*h_4(n)=h_1(n)*h_2(n)*h_4(n)+h_3(n)*h_4(n)$$

7.4.4 单位样值响应与离散时间系统性质的关系

单位样值响应是指输入为 $\delta(n)$ 时，LTI 离散时间系统的零状态响应，可以用于表征系统或求取系统的零状态响应，将式（7.4.12）重写写成

$$y(n)=x(n)*h(n)=\sum_{m=-\infty}^{+\infty}h(m)x(n-m)=\sum_{m=-\infty}^{+\infty}x(m)h(n-m) \tag{7.4.26}$$

因此，LTI 离散时间系统的单位样值响应与常系数差分方程之间具有唯一的对应关系。

1．FIR 系统与 IIR 系统

通常，线性时不变系统的单位样值响应 $h(n)$ 的持续时间可以是有限的，也可以是无限的。若 $h(n)$ 的持续时间是有限的，称为有限单位样值响应系统，简写成 FIR（Finite Impulse Response）系统；若 $h(n)$ 的持续时间是无限的，称为无限单位样值响应系统，简写成 IIR（Infinite Impulse Response）系统。

根据式（7.4.26），对于 FIR 系统，假设 $h(n)$ 的长度为 N，则有

$$y(n)=\sum_{m=0}^{N-1}x(n-m)h(n) \tag{7.4.27}$$

所以，FIR 系统的差分方程可以表示成没有 $y(n)$ 的延时项，其系统框图中没有反馈单元。例 7.2.4 和例 7.2.5 就是 FIR 系统，其单位样值响应分别为

$$h(n)=\frac{1}{N}\left[u(n)-u(n-N)\right] \quad \text{长度为 } N \text{ 点}$$

$$h(n)=\frac{1}{T}\left[\delta(n)-\delta(n-1)\right] \quad \text{长度为 2 点}$$

2．无记忆系统

根据第 1 章的叙述，无记忆系统在任意时刻的响应仅决定于该时刻的激励，而与它过去的历史无关，所以有

$$y(n)=Kx(n) \ (K \text{ 为常数}) \tag{7.4.28}$$

比较式（7.4.26），对于无记忆系统的单位样值响应有

$$h(n)=K\delta(n) \tag{7.4.29}$$

如果某一系统的单位样值响应为

$$h(n)=K\delta(n-M) \ (M \text{ 为正整数}) \tag{7.4.30}$$

则该系统具有延时功能，即为**延时器**。如果 M=1，则该系统为**单位延时器**。

3．可逆系统

根据可逆系统的定义，已知 LTI 系统的单位样值响应为 $h(n)$，$g(n)$ 是其逆系统的单位样值响应，如果输入为 $x(n)$，则有

$$x(n)*h(n)*g(n)=x(n)$$

所以有

$$h(n)*g(n)=\delta(n) \tag{7.4.31}$$

因此，LTI 系统与其逆系统的级联系统为单位无记忆系统。

4．因果系统

因果系统就是指系统某时刻的输出只取决于此时刻和此时刻以前时刻的输入，即 $n=n_0$ 时刻的输出 $y(n_0)$ 只取决于 $n\leqslant n_0$ 的输入 $x(n)$（$n\leqslant n_0$）。对于因果系统，如果 $n<n_0$ 时，$x_1(n)=0$，则 $n<n_0$ 时，$y_1(n)=0$。如果系统现在的输出还取决于未来的输入，则不符合因果关系，因而是非因果系统，是实际中不存在的系统。

线性移不变系统是因果系统的充分必要条件是

$$h(n)=0, \quad n<0 \tag{7.4.32}$$

证明：充分性。若 $n<0$ 时，$h(n)=0$，则

$$y(n)=\sum_{m=-\infty}^{n}x(m)h(n-m)$$

因而

$$y(n_0)=\sum_{m=-\infty}^{n_0}x(m)h(n_0-m)$$

所以 $y(n_0)$ 只与 $m\leqslant n_0$ 时的 $x(m)$ 有关，因而是因果的。

必要性。利用反证法来证明。已知系统是因果系统，如果假设 $n<0$ 时，$h(n)\neq 0$，则

$$y(n)=\sum_{m=-\infty}^{n}x(m)h(n-m)+\sum_{m=n+1}^{+\infty}x(m)h(n-m)$$

在所设条件下，求和式至少有一项不为零，即 $y(n)$ 至少与 $m>n$ 时的一个 $x(m)$ 有关，这不符合因果性条件，所以假设不成立，因而 $n<0$ 时 $h(n)=0$ 是必要条件。

仿照此定义，我们将 $n<0$ 时，$x(n)=0$ 的序列称为因果序列，表示这个序列可以作为一个因果系统的单位样值响应。

5. 稳定系统

稳定系统是指有界输入产生有界输出的系统。

一个线性时不变系统是稳定系统的充分必要条件是

$$\sum_{m=-\infty}^{+\infty}|h(n)| = p < +\infty \tag{7.4.33}$$

即单位样值响应绝对可和。

证明：充分性。设 $\sum_{m=-\infty}^{+\infty}|h(n)| = p < \infty$，如果输入有界，即对于所有 n，皆有 $|x(n)| \leqslant M$，则 $|y(n)| = \left|\sum_{m=-\infty}^{+\infty} x(m)h(n-m)\right| \leqslant \sum_{m=-\infty}^{+\infty}|x(m)||h(n-m)| \leqslant M\sum_{m=-\infty}^{+\infty}|h(n-m)| = M\sum_{k=-\infty}^{+\infty}|h(k)| = MP < +\infty$，

即输出有界，故原条件是充分条件。

必要性。利用反证法来证明。已知系统稳定，假设

$$\sum_{m=-\infty}^{+\infty}|h(n)| = +\infty$$

可以找到一个有界输入

$$x(n) = \begin{cases} 1 & h(-n) \geqslant 0 \\ -1 & h(-n) < 0 \end{cases}$$

则

$$y(0) = \sum_{m=-\infty}^{+\infty} x(m)h(0-m) = \sum_{m=-\infty}^{+\infty}|h(-m)| = \sum_{m=-\infty}^{+\infty}|h(m)| = +\infty$$

即输出无界，不符合稳定条件，与假设矛盾，所以 $\sum_{m=-\infty}^{+\infty}|h(n)| = p < +\infty$ 是稳定的必要条件。

【例 7.4.8】 设线性时不变系统的单位样值响应 $h(n) = a^n u(n)$，式中，a 是实常数，试分析该系统的因果稳定性。

解：（1）讨论因果性

由于 $n<0$ 时，$h(n)=0$，所以系统是因果系统。

（2）讨论稳定性

$$\sum_{n=-\infty}^{+\infty}|h(n)| = \sum_{n=0}^{+\infty}|a|^n = \begin{cases} \dfrac{1}{1-|a|} & |a|<1 \\ +\infty & |a|>1 \end{cases}$$

只有当 $|a|<1$ 时，

$$\sum_{n=-\infty}^{+\infty}|h(n)| = \frac{1}{1-|a|} < +\infty$$

因此系统稳定的条件是 $|a|<1$。

【例 7.4.9】 设系统的单位样值响应 $h(n)=u(n)$，求对于任意输入序列 $x(n)$ 的输出 $y(n)$，并分析该系统的因果稳定性。

解：由于 $\sum_{n=-\infty}^{+\infty}|h(n)| = \sum_{n=0}^{+\infty}|u(n)| = +\infty$，因此该系统是一个不稳定系统；

由于当 $n<0$ 时，$h(n)=0$，因此该系统是一个因果系统。

例 7.4.9 所示的系统是一个数字积分器（累加器），因为

$$y(n)=x(n)*h(n)=\sum_{k=-\infty}^{+\infty}x(k)u(n-k)$$

当 $n-k<0$ 时，$u(n-k)=0$；$n-k\geqslant 0$ 时，$u(n-k)=1$，因此，求和限为 $k\leqslant n$，所以对于任意输入序列 $x(n)$ 的输出为

$$y(n)=\sum_{k=-\infty}^{n}x(k)$$

7.5　离散相关

在信号处理中经常要研究两个信号的相似性，或一个信号经过一段延迟后与自身的相似性，以实现信号的检测、识别与提取等。离散相关和连续相关类似，是表示两个离散信号相似性的参数，它的运算过程类似卷积运算。

7.5.1　相关函数的定义

定义离散时间信号 $x(n)$ 和 $y(n)$ 的互相关函数为

$$R_{xy}(m)=\sum_{n=-\infty}^{+\infty}x(n)y(n+m) \tag{7.5.1}$$

式（7.5.1）表示，$R_{xy}(m)$ 在时刻 m 的值，等于将 $x(n)$ 的值保持不动，$y(n)$ 左移 m 个单位然后对应相乘再相加的结果。

同理可得 $y(n)$ 和 $x(n)$ 的互相关函数为

$$R_{yx}(m)=\sum_{n=-\infty}^{+\infty}y(n)x(n+m) \tag{7.5.2}$$

当 $x(n)$ 和 $y(n)$ 是同一个信号，即 $x(n)=y(n)$ 时，则它们之间的相关函数（又称为自相关函数）定义为

$$R_{xx}(m)=\sum_{n=-\infty}^{+\infty}x(n)x(n+m) \tag{7.5.3}$$

它描述了同一个信号 $x(n)$ 和其在 $n+m$ 时刻信号的相似程度。

7.5.2　相关函数和线性卷积的关系

比较式（7.5.1）关于互相关函数的定义与式（7.4.1）关于线性卷积的定义，可以看出它们有某些相似之处。令 $g(n)$是 $x(n)$ 和 $y(n)$ 的线性卷积，即

$$g(n)=\sum_{m=-\infty}^{+\infty}x(n-m)y(m)$$

为了与式（7.5.1）的互相关函数比较，现将上式中的 m 和 n 相对换，得

$$g(m)=\sum_{n=-\infty}^{+\infty}x(m-n)y(n)=x(m)*y(m)$$

而 $x(n)$ 和 $y(n)$ 的互相关

$$R_{xy}(m)=\sum_{n=-\infty}^{+\infty}x(n)y(n+m)=\sum_{n=-\infty}^{+\infty}x(n-m)y(n)=\sum_{n=-\infty}^{+\infty}x[-(m-n)]\,y(n)$$

比较以上两式，可得相关与卷积的时域关系为

$$R_{xy}(m)=x(-m)*y(m) \tag{7.5.4}$$

同理，对自相关函数，有

$$R_{xx}(m)=x(-m)*x(m) \tag{7.5.5}$$

尽管相关与卷积在计算公式上有相似之处，但二者所表示的物理意义是截然不同的。线性卷积表示了线性移不变系统输入、输出和单位样值响应之间的基本关系，而相关只是反映了两个信号之间的相关性，与系统无关。

7.5.3 相关函数的性质

1．自相关函数的性质

（1）若 $x(n)$ 是实信号，则 $R_{xx}(n)$ 为实偶函数，即 $R_{xx}(n)=R_{xx}(-n)$；

若 $x(n)$ 是复信号，则 $R_{xx}(n)$ 满足 $R_{xx}(n)=R_{xx}^*(-n)$。

（2）$R_{xx}(n)$ 在 $n=0$ 时取得最大值，即 $R_{xx}(0)\geqslant R_{xx}(n)$。

（3）若 $x(n)$ 是能量信号，当 n 趋于无穷时，有 $\lim\limits_{n\to+\infty} R_{xx}(n)=0$。

2．互相关函数的性质

（1）$R_{xy}(n)$ 是偶函数，并且有 $R_{xy}(n)=R_{yx}(-n)$。

（2）$R_{xy}(n)$ 满足 $\left|R_{xy}(n)\right|\leqslant\sqrt{R_{xx}(0)R_{yy}(0)}$。

证明：由许瓦尔兹不等式，有

$$\left|R_{xy}(n)\right|=\sum_{m=-\infty}^{+\infty}x(m)y(m+n)\leqslant\sqrt{\sum_{m=-\infty}^{+\infty}x^2(m)y^2(m)}=\sqrt{R_{xx}(0)R_{yy}(0)}$$

（3）若 $x(n)$、$y(n)$ 都是能量信号，则 $\lim\limits_{n\to+\infty} R_{xy}(n)=0$。

7.5.4 相关函数的应用

相关函数的应用很广，如噪声中信号的检测、信号中隐含周期性的检测、信号相关性的检验等，另外，相关函数还是描述随机信号的重要统计量。以下举一个利用自相关函数检测信号序列中隐含周期性的例子。

设信号 $x(n)$ 由周期信号 $s(n)$ 和白噪声信号 $u(n)$ 组成，即 $x(n)=s(n)+u(n)$。假定 $s(n)$ 的周期为 M，$x(n)$ 的长度为 N，且 $N\gg M$，那么 $x(n)$ 的自相关为

$$R_{xx}(n)=\frac{1}{N}\sum_{m=0}^{+\infty}[s(n)+u(n)][s(n+m)+u(n+m)]=R_{ss}(n)+R_{su}(n)+R_{us}(n)+R_{uu}(n) \tag{7.5.6}$$

式中，$R_{su}(n)$ 和 $R_{us}(n)$ 分别是周期信号 $s(n)$ 和白噪声信号 $u(n)$ 的互相关函数。白噪声信号是随机的，和信号 $s(n)$ 应无相关性，所以 $R_{su}(n)$ 和 $R_{us}(n)$ 应趋近于零。白噪声信号 $u(n)$ 的自相关函数 $R_{uu}(n)$ 主要集中在 $n=0$ 处，当 $|n|>0$ 时，衰减得很快。因此，如果 $s(n)$ 是以 M 为周期的，那么 $R_{ss}(n)$ 也应是周期的（周期为 M）。这样，$R_{ss}(n)$ 将呈现周期变化，且在 $n=0,M,2M,\cdots$ 处呈现峰值，从而揭示出隐含在 $R_{ss}(n)$ 中的周期性。由于 $s(n)$ 为有限长，所以这些峰值将是逐渐衰减的，且 $R_{ss}(n)$ 的最大延迟应远小于数据长度 N。

设信号 $x(n)$ 由正弦信号加均值为零的白噪声信号组成。图 7.5.1 所示为正弦信号、白噪声信号和含噪声信号的原始波形及各自的自相关函数。从该图可明显地看出，$x(n)$ 中应含有正弦信号。在 $n=0$ 处，自相关函数 $R_{xx}(0)\approx1.5$，这正是白噪声信号的自相关函数集中于原点处的一个很好的说明，在 $n=0$ 处，由白噪声信号产生的自相关函数 $R_{uu}(0)\approx1.5-0.5=1$。从图中也能看出，实信号的自相关函数满足偶对称。

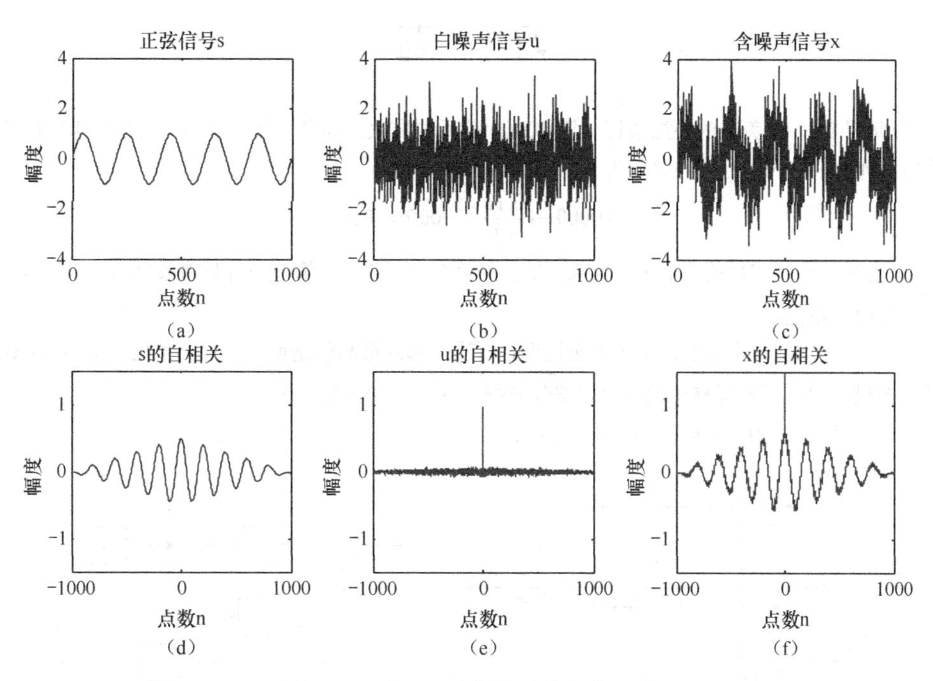

图 7.5.1　含噪正弦信号的自相关函数

图 7.5.2 所示为上述三个信号之间的互相关函数的结果：从图 7.5.2（e）、（f）中可以看出，白噪声信号与正弦信号 $s(n)$ 的互相关趋于零；比较图 7.5.1（d）和图 7.5.2（b）可知，正弦信号与含噪信号 $x(n)$ 的互相关函数，即为正弦信号的自相关函数；比较图 7.5.1（e）和图 7.5.2（c）可知，白噪声信号与含噪声信号 $x(n)$ 的互相关函数，即为白噪声信号的自相关函数；互相关函数满足 $R_{xy}(n)=R_{yx}(-n)$。

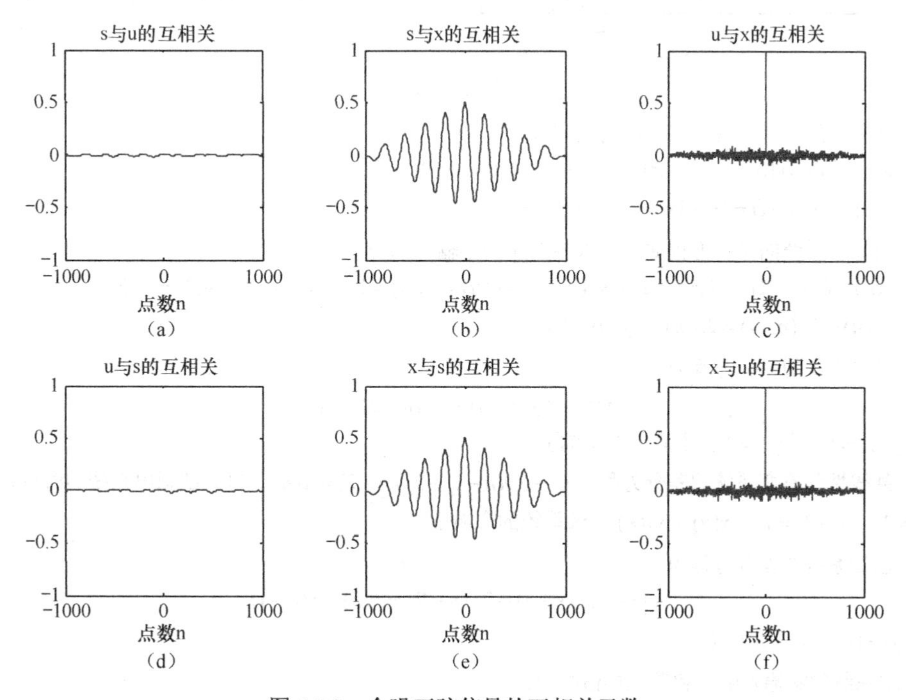

图 7.5.2　含噪正弦信号的互相关函数

习 题

7.1 以每月支付 D 美元的办法偿还一笔 10000 美元的贷款。利息（按月复利）是按每年未偿还金额的 12%计算的。例如，第一个月总的欠款为

$$10000+(\frac{0.12}{12})\cdot 10000=10100$$

设 $y(n)$ 为第 n 个月支付的余下未付欠款，贷款是第 0 个月借的，第一个月开始每月偿还，试写出差分方程，并画出其时域框图。

7.2 一个乒乓球从 H 米高度自由下落至地面，每次弹起的最高值是前一次最高值的 1/3，若以 $y(n)$ 表示第 n 次跳起的最高值，试列写描述此方程的差分方程，并画出其时域框图。

7.3 试列出题 7.3 图所示各系统的差分方程。

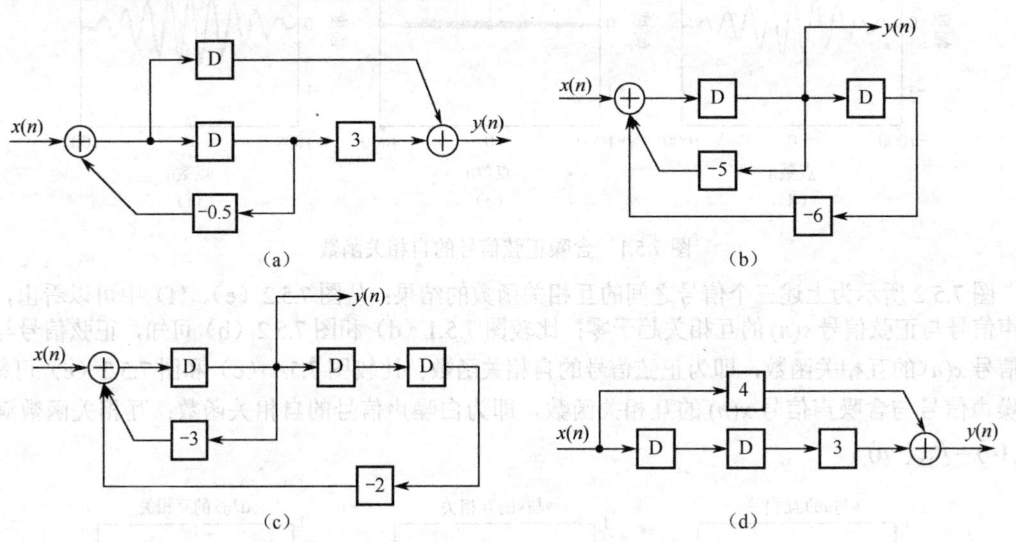

题 7.3 图

7.4 试利用经典法求解下列系统的全响应。

（1）$y(n+2)+3y(n+1)+2y(n)=0$，$y(-1)=0$，$y(0)=2$；

（2）$y(n)+3y(n-1)=(n-3)\cdot u(n)$，$y(0)=0$。

7.5 已知各系统的差分方程如下，求各系统的零输入响应。

（1）$y(n)+6y(n-1)+12y(n-2)+8y(n-3)=u(n)$，$y(1)=1$，$y(2)=2$，$y(3)=-23$；

（2）$5y(n)-6y(n-1)=2u(n)$，$y(0)=1$。

7.6 已知系统的差分方程为

$$y(n)-5y(n-1)+6y(n-2)=u(n)$$

初始条件 $y(0)=1$，$y(1)=4$。求系统的全响应。

7.7 某线性移不变系统的差分方程 $y(n)+3y(n-1)+2y(n-2)=x(n)$。（1）试画出系统的时域框图；（2）若 $y(-1)=2$，$y(-2)=1$，$x(n)=3u(n)$，求系统的全响应。

7.8 已知系统的差分方程为

$$y(n)-3y(n-1)+2y(n-2)=x(n)+x(n-1)$$

初始条件 $y(-1)=2$，$y(0)=0$。

（1）求系统的零输入响应和单位样值响应；

（2）若 $x(n)=2^n u(n)$，求系统的零状态响应。

7.9　已知序列的图形如题 7.9 图所示，求下列卷积。

（1）$f_1(n)*f_2(n)$；　（2）$f_1(n)*f_3(n)$；　（3）$f_1(n)*f_4(n)$；

（4）$f_2(n)*f_3(n)$；　（5）$f_2(n)*f_4(n)$；　（6）$f_3(n)*f_4(n)$。

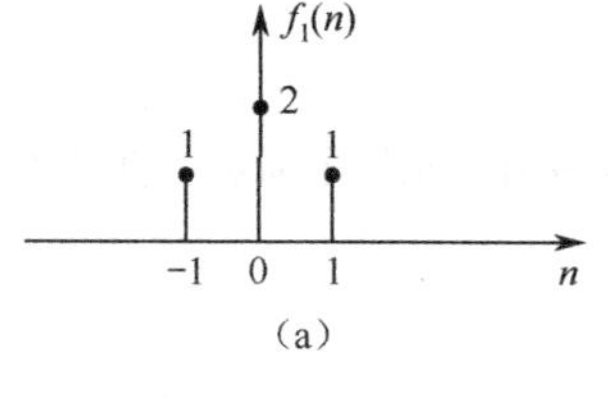

(a)

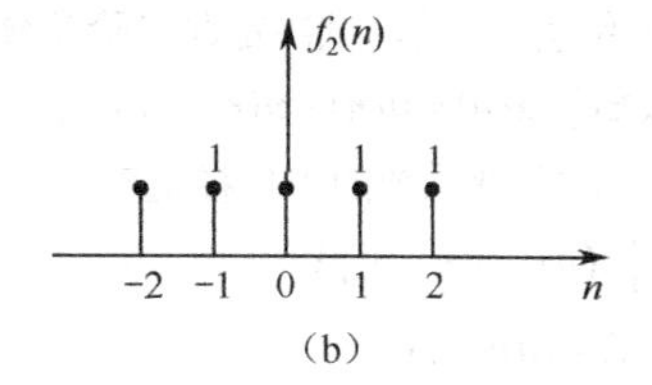

(b)

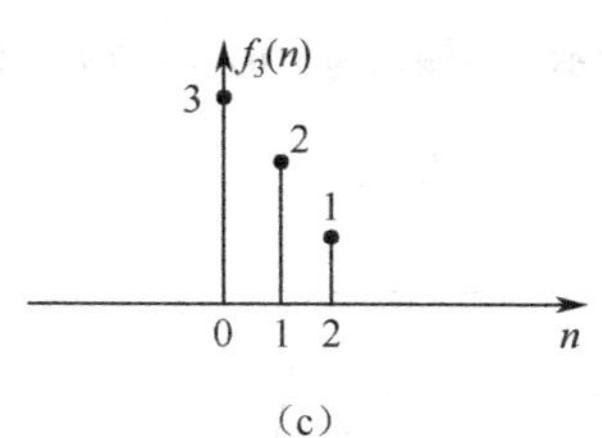

(c)

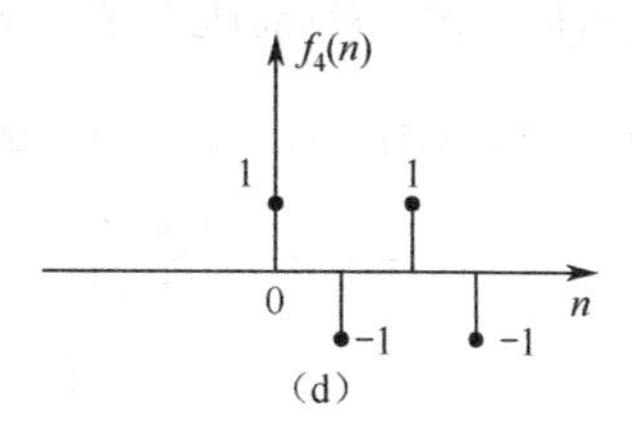

(d)

题 7.9 图

7.10　求题 7.10 图所示各系统的单位样值响应。

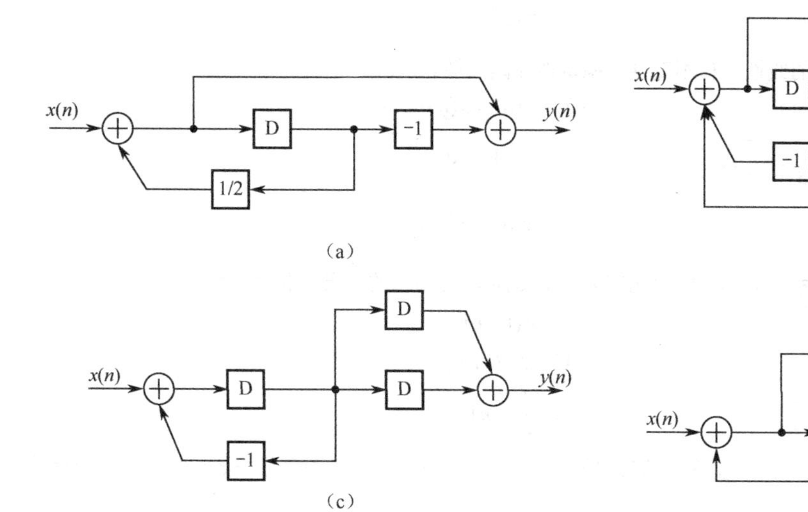

题 7.10 图

7.11　题 7.11 图所示的复合系统由三个系统组成，它们的单位样值响应分别为 $h_1(n)=u(n)$，$h_2(n)=u(n-5)$，$h_3(n)=\delta(n-1)$，求复合系统的单位样值响应。

7.12　两个离散时间系统 A 和 B，其中，系统 A 是一个 LTI 系统，其单位样值响应为 $h(n)=(1/2)^n u(n)$，系统 B 分别为：（1）$z(n)=nw(n)$；（2）$z(n)=w(n)+2$，其中，$w(n)$ 是 B 的输入，$z(n)$ 是 B 的输出。分别计算题 7.12 图（a）、（b）所示两个级联系统的单位样值响应。证明这两个系统不具备交换律性质。

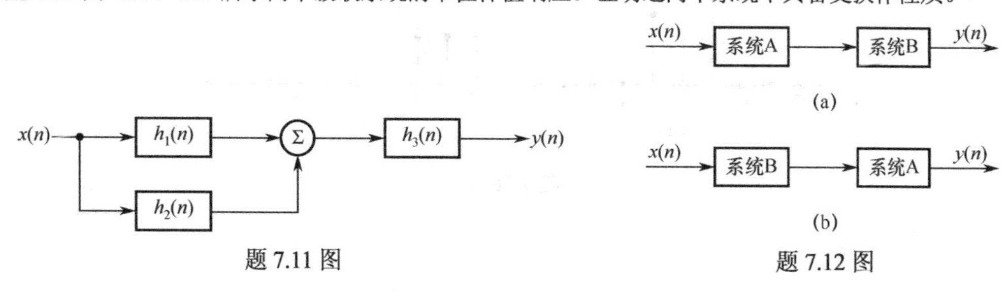

题 7.11 图　　题 7.12 图

7.13　某系统的输入/输出关系可由二阶常系数线性差分方程描述，如果相应于输入为 $x(n)=u(n)$ 时的响应为

$$y(n)=[2^n+3\cdot 5^n+10]u(n)$$

（1）若系统起始为静止的，试决定此二阶差分方程。

（2）若系统激励为 $x(n)=u(n)-u(n-5)$，求响应 $y(n)$。

7.14　已知线性时不变系统的单位样值响应 $h(n)$ 及输入 $x(n)$，求输出 $y(n)$，并绘图示出 $y(n)$。

（1）$h(n)=2^n\left[u(n)-u(n-3)\right]$；

（2）$x(n)=\delta(n)-\delta(n-2)$。

7.15　已知某线性移不变系统的时域框图如题 7.15 图所示，当输入为 $x(n)=\dfrac{1}{4}\delta(n)+\delta(n-1)-\dfrac{1}{2}\delta(n-2)$ 时，输出 $y(n)$ 中 $y(0)=1$，$y(1)=0$，$y(3)=0$，试求系数 a、b、c 的值。

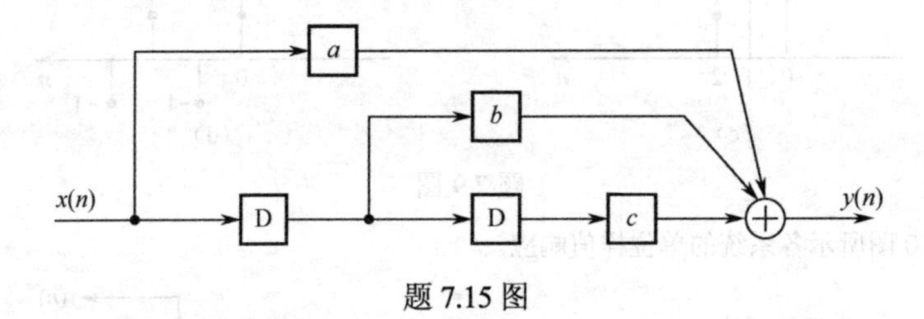

题 7.15 图

7.16　判断以下系统的线性、移不变性、稳定性和因果性。

（1）$y(n)=3x(n)+4$；　　（2）$y(n)=x(n-2)$；

（3）$y(n)=x(n)\sin(\dfrac{3\pi}{13}n+\dfrac{\pi}{5})$；　　（4）$y(n)=\left[x(n)\right]^2$；

（5）$y(n)=\sum\limits_{m=n_0}^{+\infty}x(m)$；　　（6）$y(n)=e^{x(n)}$。

7.17　以下各序列是系统的单位样值响应 $h(n)$，试判断各系统的因果性和稳定性。

（1）$\delta(n-1)$；　　（2）$\delta(1-n)$；

（3）$u(1-n)$；　　（4）$2^n u(-n)$；

（5）$2^n\left[u(n)-u(n-1)\right]$；　　（6）$\dfrac{1}{n!}u(n)$。

7.18　已知 $x(n)$ 和 $y(n)$ 是两个实数值的离散时间信号，$x(n)$ 和 $y(n)$ 的自相关函数和互相关函数分别定义为

$$R_{xx}(n)=\sum_{m=-\infty}^{+\infty}x(m+n)x(m)\text{，}\quad R_{xy}(n)=\sum_{m=-\infty}^{+\infty}x(m+n)y(m)$$

（1）对题 7.18 图所示的信号，计算自相关序列；

（2）计算互相关序列 $R_{xy}(n)$ 和 $R_{yx}(n)$；

（3）设 LTI 系统的 $(n)=x(n)*h(n)$，利用 $R_{xx}(n)$ 和 $h(n)$ 表示 $R_{xy}(n)$。

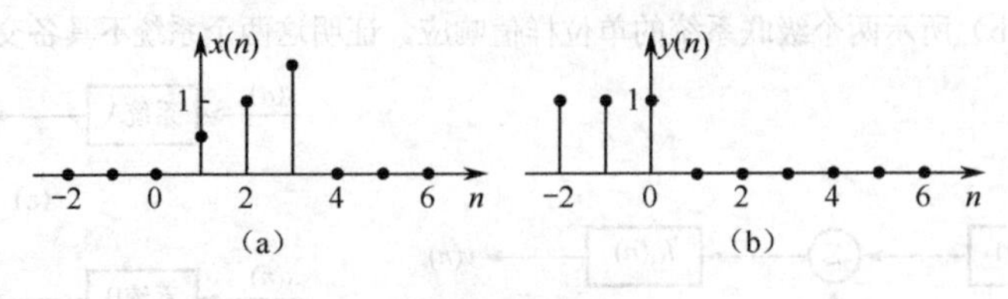

题 7.18 图

第 8 章　离散时间信号与系统的 z 域分析

8.1　引言

离散时间系统中的 z 变换与连续时间系统中的拉普拉斯变换相对应。拉普拉斯变换将微分方程变换为代数方程；同样，z 变换则将差分方程变换成代数方程，从而简化了离散时间系统的分析。连续时间系统的 s 域分析方法与离散时间系统的 z 域分析方法是完全并行的，二者之间只有很小的差异。可以认为，z 变换是拉普拉斯变换“乔装打扮”后的另一形式。

离散时间系统的特性行为与连续时间系统类似。一个线性移不变离散时间系统对于一个无始无终的指数 z^n 输入的响应是同一指数，且为 $H(z)z^n$。这样将输入 $x(n)$ 表示成形如 z^n 的指数之和，则系统对 $x(n)$ 的响应就可以作为系统对这些全部指数分量响应之和。能够将任意输入 $x(n)$ 表示成形如指数 z^n 之和的方法就是 z 变换。

本章首先介绍 z 变换的定义、性质及逆变换的求解；其次，讨论 z 变换与拉普拉斯变换的关系；最后，采用 z 变换的分析方法进行系统的 z 域分析，介绍系统差分方程的 z 域求解方法，系统函数的物理意义，系统的零、极点特性，以及系统的 z 域框图。

8.2　z 变换

8.2.1　z 变换的定义

与拉普拉斯变换的定义类似，z 变换也有单边和双边之分，序列 $x(n)$ 的单边 z 变换定义为：

$$X(z)=\sum_{n=0}^{+\infty}x(n)z^{-n} \tag{8.2.1}$$

式（8.2.1）就是序列 $x(n)$ 的单边 z 变换，z 是复变量。

对于一切 n 值都有定义的双边序列 $x(n)$，也可定义双边 z 变换为：

$$X(z)=\sum_{n=-\infty}^{+\infty}x(n)z^{-n} \tag{8.2.2}$$

显然，如果 $x(n)$ 是因果序列，则双边 z 变换与单边 z 变换是等同的。亦可将 $x(n)$ 的 z 变换表示为 $X(z)=Z[x(n)]$。

在拉普拉斯变换分析中着重讨论单边拉普拉斯变换，这是由于在连续时间系统中，非因果信号的应用较少。但对于离散时间系统，非因果序列也有一定的应用范围，因此，本章以单边 z 变换为主要对象，特殊地方辅以双边 z 变换进行介绍。

由 z 变换的定义可以看到，只有级数收敛时，z 变换才有意义。对于任意给定的有界序列 $x(n)$，使 z 变换的定义式级数收敛的所有 z 值的集合称为 $X(z)$ 的收敛域。与拉普拉斯变换的情况类似，对于单边 z 变换，序列与变换式唯一对应，同时也有唯一的收敛域。而对于双边 z 变换，不同的序列在不同的收敛域条件下可能映射为同一个变换式。本书将在后面举例说明这种情况。

若已知 $X(z)$ 及其收敛域，可以根据以下的公式求 $x(n)$

$$x(n)=Z^{-1}[X(z)]=\frac{1}{2\pi \mathrm{j}}\oint_{C}X(z)z^{n-1}\mathrm{d}z \tag{8.2.3}$$

式中，C 是包围 $X(z)z^{n-1}$ 所有极点的逆时针闭合积分路线。

式（8.2.3）称为序列的 z 逆变换，有关 z 逆变换的求法将在第 8.3 节进行讨论。

8.2.2 z 变换的收敛域

1．预备知识

（1）收敛条件

$X(z)$ 收敛的充要条件是 $x(n)z^{-n}$ 绝对可和，即：

$$\sum_{n=-\infty}^{+\infty}\left|x(n)z^{-n}\right|=M<+\infty\text{，} \tag{8.2.4}$$

不同的 $x(n)$ 对应不同的 z 变换收敛域，收敛域可应用收敛定理及高等数学知识求得。

（2）阿贝尔定理

如果级数 $\sum\limits_{n=0}^{+\infty}x(n)z^{n}$ 在 $z=R$ 处收敛，那么，对满足 $0\leqslant|z|<R$ 的 z，级数必绝对收敛，R 为最大收敛半径，如图 8.2.1（a）所示。同样，对于级数 $\sum\limits_{n=0}^{+\infty}x(n)z^{-n}$，若在 $z=R$ 处收敛，则对满足 $R\leqslant|z|\leqslant+\infty$ 的 z，级数必绝对收敛，R 为最小收敛半径，如图 8.2.1（b）所示。

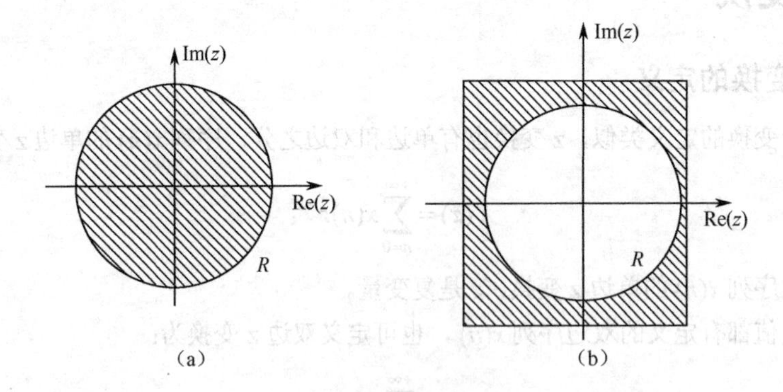

图 8.2.1　收敛半径

2．不同序列的收敛域

（1）有限长序列

有限长序列是指在有限区间 $n_1\leqslant n\leqslant n_2$ 之内序列才具有非零的有限值，在此区间外，序列值皆为零，如图 8.2.2 所示，其定义为：

$$x(n)=\begin{cases}x(n), & n_1\leqslant n\leqslant n_2\\ 0, & 其他\end{cases} \tag{8.2.5}$$

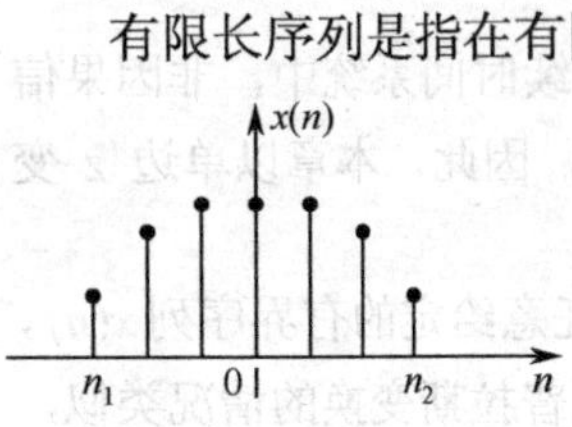

图 8.2.2　有限长序列

将式（8.2.5）代入 z 变换的定义式（8.2.2），得到 $X(z)=\sum\limits_{n=n_1}^{n_2}x(n)z^{-n}$，

考虑到$x(n)$是有界的，所以，若要使$\sum_{n=n_1}^{n_2}\left|x(n)z^{-n}\right|<+\infty$，须有$\left|z^{-n}\right|<+\infty$，$n_1<n<n_2$。因此，当$n_1\geqslant 0$，$n_2>0$时，$n$始终为正，收敛条件为$|z|>0$；当$n_1<0$，$n_2\leqslant 0$时，$n$始终为负，收敛条件为$|z|<+\infty$；当$n_1<0$，$n_2>0$时，$n$既取正值，又取负值，收敛条件为$0<|z|<+\infty$。

（2）右边序列

右边序列是有始无终的序列，右边序列的定义为：

$$x(n)=\begin{cases}x(n), & n\geqslant n_1\\ 0, & n<n_1\end{cases} \tag{8.2.6}$$

将式（8.2.6）代入 z 变换的定义式（8.2.2），得到

$$X(z)=\sum_{n=n_1}^{+\infty}x(n)z^{-n}=\sum_{n=n_1}^{-1}x(n)z^{-n}+\sum_{n=0}^{+\infty}x(n)z^{-n} \tag{8.2.7}$$

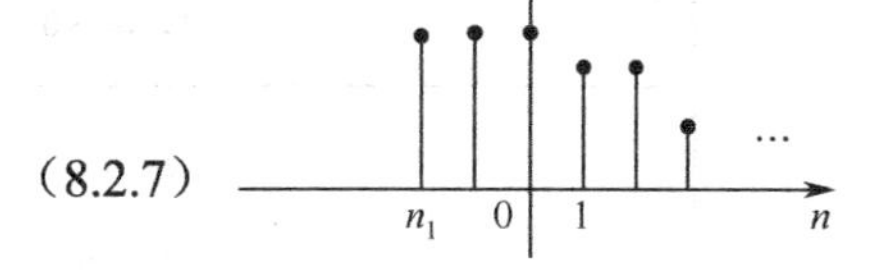

图 8.2.3　右边序列

因此，当$n_1\geqslant 0$时，n始终为正，由阿贝尔定理可知，其收敛域为$|z|>R_1$，R_1为最小收敛半径；当$n_1<0$时，$X(z)$分解为两项级数的和，第一项为有限长序列，其收敛域为$|z|<+\infty$，第二项为z的负幂次级数，由阿贝尔定理可知，其收敛域为$|z|>R_1$，取其交集，得到右边序列的收敛域为$R_1<|z|<+\infty$；当取右边序列的$n_1=0$时，就得到了因果序列，即$x(n)=x(n)u(n)$。它是一种最重要的右边序列，其收敛域为$|z|>R_1$，R_1为最小收敛半径。

（3）左边序列

左边序列是无始有终的序列，左边序列的定义为：

$$x(n)=\begin{cases}x(n), & n\leqslant n_2\\ 0, & 其他\end{cases} \tag{8.2.8}$$

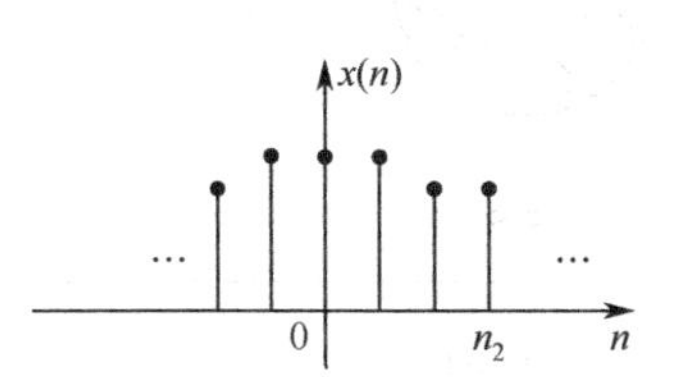

图 8.2.4　左边序列

将式（8.2.8）代入 z 变换的定义式（8.2.2），得到

$$X(z)=\sum_{n=-\infty}^{n_2}x(n)z^{-n}=\sum_{n=-\infty}^{-1}x(n)z^{-n}+\sum_{n=0}^{n_2}x(n)z^{-n} \tag{8.2.9}$$

因此，当$n_2<0$时，n始终为负，收敛域为$|z|<R_2$，R_2为最大收敛半径；当$n_2>0$时，$X(z)$可分解为两项级数的和，第一项为z的正幂次级数，根据阿贝尔定理，其收敛域为$|z|<R_2$，R_2为最大收敛半径，第二项为有限长序列，其收敛域为$|z|>0$，取其交集，该左边序列的收敛域为$0<|z|<R_2$。

（4）双边序列

双边序列指当n为任意值时，$x(n)$皆为有值的序列，即左边序列和右边序列之和。其 z 变换为：

$$X(z)=\sum_{n=-\infty}^{+\infty}x(n)z^{-n}=\sum_{n=0}^{+\infty}x(n)z^{-n}+\sum_{n=-\infty}^{-1}x(n)z^{-n} \tag{8.2.10}$$

式(8.2.10)第一项为右边序列(因果)，其收敛域为$|z|>R_1$；第二项为左边序列，其收敛域为$|z|<R_2$；取其交集，得到双边序列的收敛域为$R_1<|z|<R_2$。因此，双边序列的收敛域为一环形区域$R_1<|z|<R_2$。

以上讨论了各种序列的双边 z 变换的收敛域，显然收敛域取决于序列的形式。为了便于对比，将上述几类序列的双边 z 变换的收敛域列于表 8.2.1。

任何序列的单边 z 变换的收敛域和因果序列的收敛域类似，它们都是$|z|>R_{x1}$。

表 8.2.1 序列的形式与 z 变换收敛域的关系

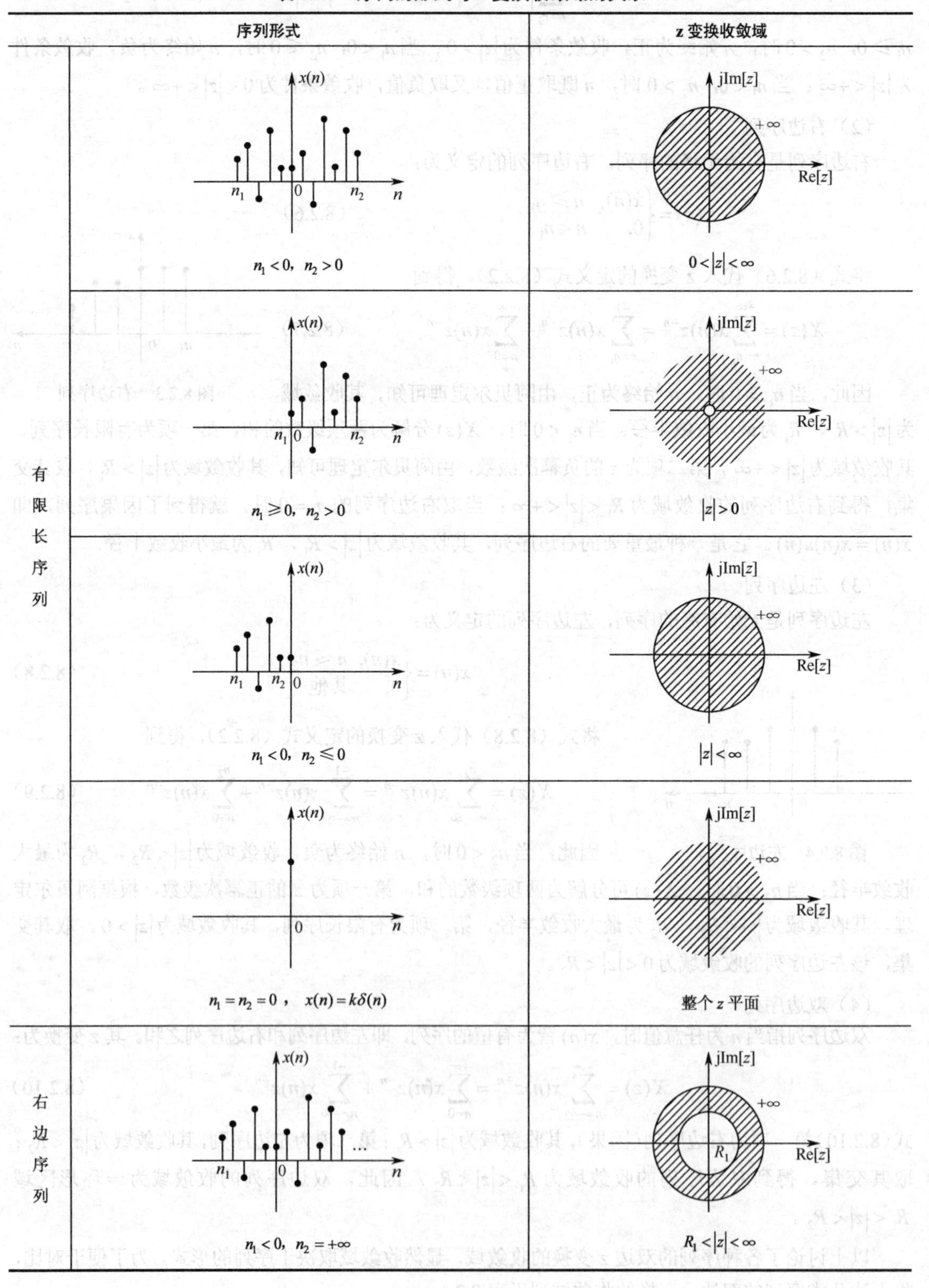

续表

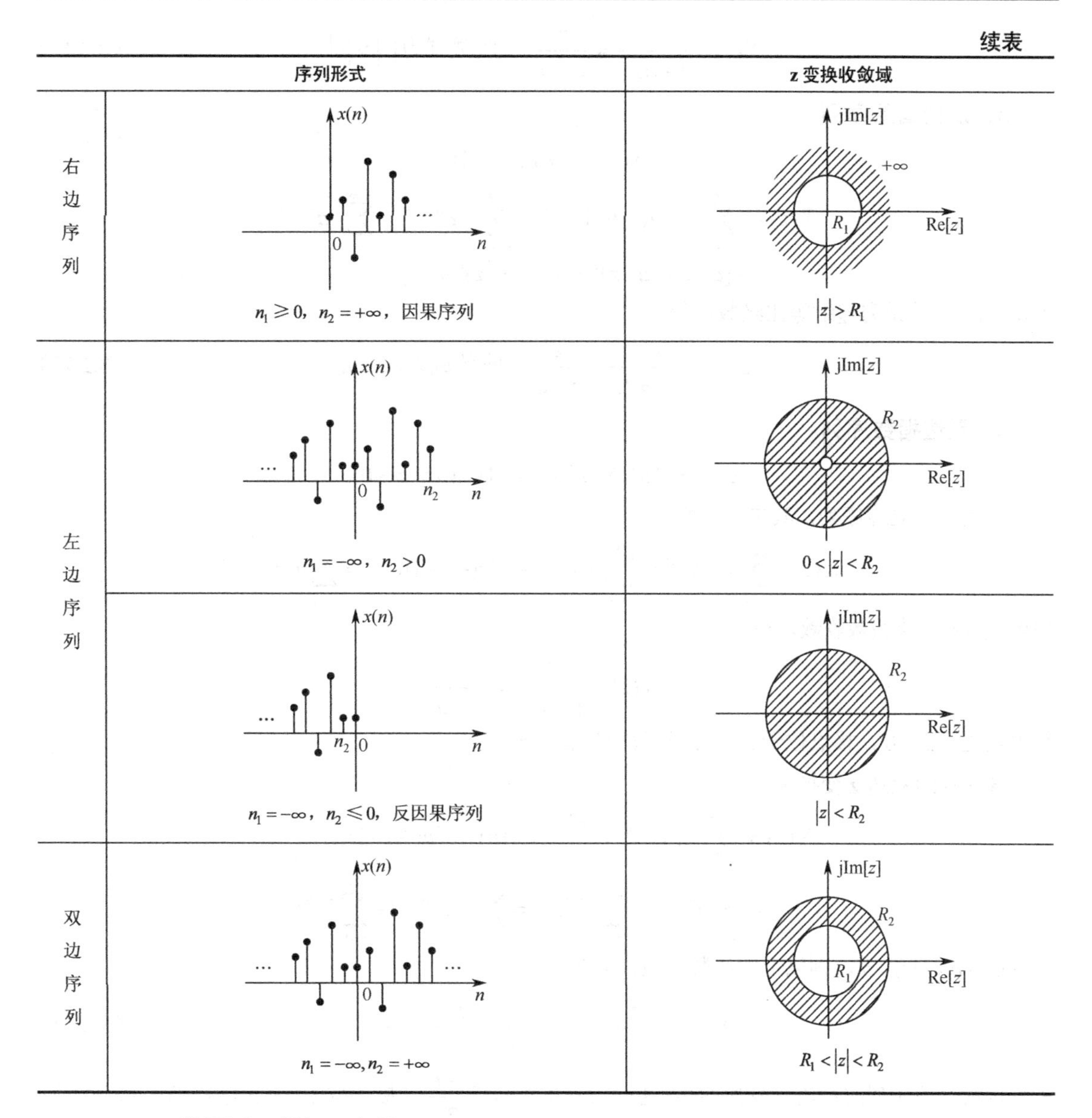

8.2.3　常用序列的 z 变换

1．单位样值序列

$$x(n)=\delta(n)$$

相当于 $n_1=n_2=0$ 时的有限长序列

$$Z[\delta(n)]=\sum_{n=-\infty}^{+\infty}\delta(n)z^{-n}=z^0=1\qquad 收敛域为整个\ z\ 平面\tag{8.2.11}$$

2．指数序列

$$x(n)=a^n u(n)$$

$$X(z)=\sum_{n=-\infty}^{+\infty}a^n u(n)z^{-n}=\sum_{n=0}^{+\infty}a^n z^{-n}=\sum_{n=0}^{+\infty}(az^{-1})^n=1+az^{-1}+(az^{-1})^2+\cdots+(az^{-1})^n+\cdots$$

当 $|z|>|a|$ 时，是无穷递缩等比级数，得

$$X(z)=\frac{1}{1-az^{-1}}=\frac{z}{z-a}\quad 收敛域为|z|>|a| \tag{8.2.12}$$

3．反向指数序列

$$x(n)=-a^n u(-n-1)$$

$$X(z)=\sum_{n=-\infty}^{+\infty}-a^n u(-n-1)z^{-n}=\sum_{n=-\infty}^{-1}-a^n z^{-n}=\sum_{n=1}^{+\infty}-a^{-n}z^n$$
$$=-[a^{-1}z+(a^{-1}z)^2+\cdots+(a^{-1}z)^n+\cdots]$$

当$|a|>|z|$时，是无穷递缩等比级数，得

$$X(z)=\frac{-a^{-1}z}{1-a^{-1}z}=\frac{z}{z-a}\quad 收敛域为|z|<|a| \tag{8.2.13}$$

4．双边指数序列

$$x(n)=a^n u(n)-b^n u(-n-1)\quad (b>a>0)$$

这是一个双边序列，其单边 z 变换为

$$X(z)=\sum_{n=0}^{+\infty}x(n)z^{-n}=\sum_{n=0}^{+\infty}[a^n u(n)-b^n u(-n-1)]z^{-n}=\sum_{n=0}^{+\infty}a^n z^{-n}$$

如果$|z|>a$，该级数收敛，得到

$$X(z)=\frac{1}{1-az^{-1}}=\frac{z}{z-a}$$

其零点位于$z=0$，极点位于$z=a$，收敛域为$|z|>a$。

该序列的双边 z 变换为

$$X(z)=\sum_{n=-\infty}^{+\infty}x(n)z^{-n}=\sum_{n=-\infty}^{+\infty}[a^n u(n)-b^n u(-n-1)]z^{-n}$$
$$=\sum_{n=0}^{+\infty}a^n z^{-n}-\sum_{n=-\infty}^{-1}b^n z^{-n}=\sum_{n=0}^{+\infty}a^n z^{-n}+1-\sum_{n=0}^{+\infty}b^{-n}z^n$$

如果$|z|>a$，$|z|<b$，则以上的级数收敛，得到

$$X(z)=\frac{z}{z-a}+1+\frac{b}{z-b}=\frac{z}{z-a}+\frac{z}{z-b} \tag{8.2.14}$$

显然，该序列的双边 z 变换的零点位于$z=0$及$z=\frac{a+b}{2}$，极点位于$z=a$与$z=b$，收敛域为$a<|z|<b$。由上述分析可知，由于$X(z)$在收敛域内是解析的，因此收敛域内不应该包含任何极点。通常收敛域以极点为边界。对于多个极点的情况：

（1）右边序列的收敛域一定在模最大的极点所在的圆外；

（2）左边序列的收敛域一定在模最小的极点所在的圆内。

5．单位阶跃序列

单位阶跃序列可以认为是a=1 的指数序列，即

$$x(n)=u(n)=a^n u(n)\big|_{a=1}$$

$$X(z)=\frac{1}{1-z^{-1}}=\frac{z}{z-1}\quad 收敛域为|z|>1 \tag{8.2.15}$$

6．单位斜变序列

$$x(n)=nu(n)$$

$$X(z)=\sum_{n=0}^{+\infty}nz^{-n}$$

因为
$$\sum_{n=0}^{+\infty}z^{-n}=\frac{1}{1-z^{-1}}\quad |z|<1$$

将上式两边求导，得
$$\sum_{n=0}^{+\infty}nz^{-(n-1)}=\frac{1}{(1-z^{-1})^2}$$

两边同乘以 z，得

$$X(z)=\sum_{n=0}^{+\infty}nz^{-n}=\frac{z}{(1-z^{-1})^2}\quad 收敛域 |z|<1 \tag{8.2.16}$$

为了计算方便，现将常用序列的 z 变换列于表 8.2.2，以便查阅。

表 8.2.2　常用序列的 z 变换及其收敛域

序　列	z　变　换	收　敛　域
$\delta(n)$	1	全部 z
$u(n)$	$\frac{z}{z-1}=\frac{1}{1-z^{-1}}$	$\|z\|>1$
$u(-n-1)$	$-\frac{z}{z-1}=\frac{-1}{1-z^{-1}}$	$\|z\|<1$
$a^n u(n)$	$\frac{z}{z-a}=\frac{1}{1-az^{-1}}$	$\|z\|>\|a\|$
$a^n u(-n-1)$	$-\frac{z}{z-a}=\frac{-1}{1-az^{-1}}$	$\|z\|<\|a\|$
$R_N(n)$	$\frac{z^N-1}{z^{N-1}(z-1)}=\frac{1-z^{-N}}{1-z^{-1}}$	$\|z\|>0$
$nu(n)$	$\frac{z}{(z-1)^2}=\frac{z^{-1}}{(1-z^{-1})^2}$	$\|z\|>1$
$na^n u(n)$	$\frac{z}{(z-a)^2}=\frac{z^{-1}}{(1-az^{-1})^2}$	$\|z\|>\|a\|$
$na^n u(-n-1)$	$\frac{-az}{(z-a)^2}=\frac{-az^{-1}}{(1-az^{-1})^2}$	$\|z\|<\|a\|$
$e^{-jn\Omega_0}u(n)$	$\frac{z}{z-e^{-j\Omega_0}}=\frac{1}{1-e^{-j\Omega_0}z^{-1}}$	$\|z\|>1$
$\sin(n\Omega_0)u(n)$	$\frac{z^{-1}\sin\Omega_0}{1-2z^{-1}\cos\Omega_0+z^{-2}}$	$\|z\|>1$
$\cos(n\Omega_0)u(n)$	$\frac{1-z^{-1}\cos\Omega_0}{1-2z^{-1}\cos\Omega_0+z^{-2}}$	$\|z\|>1$
$e^{-an}\sin(n\Omega_0)u(n)$	$\frac{z^{-1}e^{-a}\sin\Omega_0}{1-2z^{-1}\cos\Omega_0+z^{-2}e^{-2a}}$	$\|z\|>e^{-a}$
$e^{-an}\cos(n\Omega_0)u(n)$	$\frac{z^{-1}e^{-a}\cos\Omega_0}{1-2z^{-1}\cos\Omega_0+z^{-2}e^{-2a}}$	$\|z\|>e^{-a}$
$\sin(\Omega_0 n+\theta)u(n)$	$\frac{z^2\sin\theta+z\sin(\Omega_0-\theta)}{z^2-2z\cos\Omega_0+1}$	$\|z\|>1$
$(n+1)a^n u(n)$	$\frac{z^2}{(z-a)^2}=\frac{1}{(1-az^{-1})^2}$	$\|z\|>\|a\|$
$\frac{(n+1)(n+2)}{2!}a^n u(n)$	$\frac{z^3}{(z-a)^3}=\frac{1}{(1-az^{-1})^3}$	$\|z\|>\|a\|$
$\frac{(n+1)(n+2)\cdots(n+m)}{m!}a^n u(n)$	$\frac{z^{(m+1)}}{(z-a)^{(m+1)}}=\frac{1}{(1-az^{-1})^{(m+1)}}$	$\|z\|>\|a\|$

8.3 z 逆变换

在连续时间系统中，应用拉普拉斯变换的目的是把描述系统的微分方程转换为复变量 s 的代数方程，然后写出系统的传递函数，即可用拉普拉斯逆变换法求出系统的时间响应，从而简化系统的分析。与此类似，在离散时间系统中应用 z 变换的目的是把描述离散系统的差分方程转换为复变量 z 的代数方程，然后写出离散系统的传递函数（z 域传递函数），再用 z 逆变换求出离散系统的时间响应。求 z 逆变换的方法通常有三种：部分分式展开法、幂级数展开法（长除法）及围线积分法（留数法）。

8.3.1 部分分式展开法

连续时间信号与系统中用部分分式展开法可以求拉普拉斯逆变换，同样，在离散时间信号与系统中，当 $X(z)$ 的表达式为有理分式时，z 逆变换也可以用此法求得。部分分式法是把 x 的一个实系数的真分式分解成几个分式的和，使各分式具有 $\dfrac{a}{(x+A)^k}$ 或 $\dfrac{ax+b}{(x^2+Ax+B)^k}$ 的形式，其中，x^2+Ax+B 是实数范围内的不可约多项式，而且 k 是正整数。这时各分式称为原分式的"部分分式"。分别求出各部分分式的 z 逆变换，将各个逆变换相加起来，就得到所求的序列 $x(n)$。

如果 $X(z)$ 可表示成有理分式的形式：

$$X(z)=\frac{B(z)}{A(z)}=\frac{\sum\limits_{i=0}^{M}b_i z^{-i}}{1+\sum\limits_{i=1}^{N}a_i z^{-i}} \tag{8.3.1}$$

则 $X(z)$ 可以展成以下部分分式形式：

$$X(z)=\sum_{n=0}^{M-N}B_n z^{-n}+\sum_{k=1}^{N-r}\frac{A_k}{1-z_k z^{-1}}+\sum_{k=1}^{r}\frac{C_k}{(1-z_i z^{-1})^k} \tag{8.3.2}$$

其中，当 $M\geqslant N$ 时，才存在 B_n；z_k 为 $X(z)$ 的各单极点，z_i 为 $X(z)$ 的一个 r 阶极点。而系数 A_k、C_k 分别为：

$$\begin{cases}A_k=\mathrm{Res}\left[X(z)/z\right]_{z=z_k}\\ C_k=\dfrac{1}{(r-k)!}\left\{\dfrac{\mathrm{d}^{r-k}}{\mathrm{d}z^{r-k}}\left[(z-z_i)^r\dfrac{x(z)}{z}\right\}\right._{z=z_i,\ k=1,2,\cdots,r}\end{cases} \tag{8.3.3}$$

展开式各项确定后，分别求右边各项的 z 逆变换，以求得各个相加序列，则原序列就是各个序列之和。在利用部分分式法求 z 逆变换时，必须使部分分式各项的形式能够比较容易地从已知的 z 变换表中识别出来，并且必须注意收敛域。

【例 8.3.1】　利用部分分式法，求 $X(z)=\dfrac{1}{(1-2z^{-1})(1-0.5z^{-1})}$，$|z|>2$ 的 z 逆变换。

解：

$$X(z)=\frac{1}{(1-2z^{-1})(1-0.5z^{-1})}=\frac{z^2}{(z-2)(z-0.5)}$$

$$\frac{X(z)}{z}=\frac{z}{(z-2)(z-0.5)}=\frac{A_1}{z-2}+\frac{A_2}{z-0.5}$$

$$A_1=\left[(z-2)\frac{X(z)}{z}\right]_{z=2}=\frac{4}{3}$$

$$A_2 = \left[(z-0.5)\frac{X(z)}{z}\right]_{z=0.5} = -\frac{1}{3}$$

故

$$X(z) = \frac{4}{3}\cdot\frac{z}{z-2} - \frac{1}{3}\cdot\frac{z}{z-0.5}$$

又$|z|>2$，所以

$$x(n) = \begin{cases} \frac{4}{3}\cdot 2^n - \frac{1}{3}\cdot(0.5)^n, & n \geqslant 0 \\ 0, & n<0 \end{cases} \quad \text{或}\ x(n) = \left[\frac{4}{3}\cdot 2^n - \frac{1}{3}\cdot(0.5)^n\right]u(n)$$

8.3.2　幂级数展开法（长除法）

由 z 变换的定义可知，$x(n)$ 的 z 变换为 z^{-1} 的幂级数，即

$$\begin{aligned} X(z) &= \sum_{n=-\infty}^{+\infty} x(n) z^{-n} \\ &= \cdots + x(-2)z^2 + x(-1)z + x(0)z^0 + x(1)z^{-1} + x(2)z^{-2} + \cdots \end{aligned} \tag{8.3.4}$$

所以在给定的收敛域内，把 $X(z)$ 展为幂级数，其系数就是序列 $x(n)$。由前面讲过的 z 变换可知，若 $x(n)$ 为右边序列，收敛域为 $|z|>R_+$，此时应将 $X(z)$ 展成 z 的负幂级数，分子、分母采用 z^{-1} 的升幂或 z 的降幂次序排列；若 $x(n)$ 为左边序列，收敛域为 $|z|<R_-$，此时应将 $X(z)$ 展成 z 的正幂级数，分子、分母采用 z^{-1} 的降幂或 z 的升幂次序排列，然后用长除法将 $X(z)$ 展成幂级数，从而得到 $x(n)$。

【例 8.3.2】　试用长除法求 $X(z) = \dfrac{z^2}{(4-z)\left(z-\frac{1}{4}\right)}$，$\frac{1}{4}<|z|<4$ 的 z 逆变换。

解： 因为收敛域为环状，所以所求序列为双边序列。对于双边序列，可先将其分解为因果序列和左边序列，所以应先展成部分分式再做除法。

$$\frac{X(z)}{z} = \frac{z}{(4-z)\left(z-\frac{1}{4}\right)} = \frac{A_1}{4-z} + \frac{A_2}{z-\frac{1}{4}}$$

根据式（8.3.3）求系数 A_i

$$A_1 = \left[(4-z)\frac{X(z)}{z}\right]_{z=4} = \frac{4}{4-\frac{1}{4}} = \frac{16}{15}$$

$$A_2 = \left[\left(z-\frac{1}{4}\right)\frac{X(z)}{z}\right]_{z=\frac{1}{4}} = \frac{\frac{1}{4}}{4-\frac{1}{4}} = \frac{1}{15}$$

因而有

$$\frac{X(z)}{z} = \frac{16/15}{4-z} + \frac{1/15}{z-\frac{1}{4}}$$

所以

$$X(z) = \frac{16}{15}\frac{z}{4-z} + \frac{1}{15}\frac{z}{z-\frac{1}{4}} = \frac{1}{15}\left(\frac{16z}{4-z} + \frac{z}{z-\frac{1}{4}}\right) = \frac{1}{15}[X_1(z)+X_2(z)]$$

由 $X(z)$ 的收敛域可知，此式的第一项对应左边序列，第二项对应右边序列。分别采用长除法如下：

$$\begin{array}{r|l} & 4z+z^2+\frac{1}{4}z^3+\frac{1}{16}z^4+\frac{1}{64}z^5+\cdots \\ \hline 4-z & 16z \\ & 16z-4z^2 \\ \hline & 4z^2 \\ & 4z^2-z^3 \\ \hline & z^3 \\ & z^3-\frac{1}{4}z^4 \\ \hline & \frac{1}{4}z^4 \\ & \frac{1}{4}z^4-\frac{1}{16}z^5 \\ \hline & \frac{1}{16}z^5 \\ & \vdots \end{array}$$

$$\begin{array}{r|l} & 1+\frac{1}{4}z^{-1}+\frac{1}{16}z^{-2}+\frac{1}{64}z^{-3}+\cdots \\ \hline z-\frac{1}{4} & z \\ & z-\frac{1}{4} \\ \hline & \frac{1}{4} \\ & \frac{1}{4}-\frac{1}{16}z^{-1} \\ \hline & \frac{1}{16}z^{-1} \\ & \frac{1}{16}z^{-1}-\frac{1}{64}z^{-2} \\ \hline & \frac{1}{64}z^{-2} \\ & \vdots \end{array}$$

$$X_1(z)=\cdots+\frac{z^5}{64}+\frac{z^4}{16}+\frac{z^3}{4}+z^2+4z$$

$$X_2(z)=1+\frac{z^{-1}}{4}+\frac{z^{-2}}{16}+\frac{z^{-3}}{64}+\cdots$$

$$X(z)=\frac{1}{15}\left(\cdots+\frac{z^5}{64}+\frac{z^4}{16}+\frac{z^3}{4}+z^2+4z\ +1+\frac{z^{-1}}{4}+\frac{z^{-2}}{16}+\frac{z^{-3}}{64}+\cdots\right)$$

进而得

$$x(n)=\begin{cases}\frac{1}{15}(4)^{n+2}, & n\leqslant -1\\ \frac{1}{15}\left(\frac{1}{4}\right)^n, & n\geqslant 0\end{cases}$$

8.3.3 围线积分法（留数法）

除了以上讨论的求解 z 逆变换的两种方法外，z 逆变换也可以用反演积分来计算。现在用复变函数理论来研究 $X(z)$ 的逆变换。

如第 8.1 节所述，若已知序列 $x(n)$ 的 z 变换为 $X(z)=Z[x(n)]$，则 $X(z)$ 的逆变换记做 $Z^{-1}[X(z)]$，可由以下的围线积分给出：

$$x(n)=Z^{-1}[X(z)]=\frac{1}{2\pi \mathrm{j}}\oint_C X(z)z^{n-1}\mathrm{d}z \tag{8.3.5}$$

式中，C 是包围 $X(z)z^{n-1}$ 所有极点的逆时针闭合积分路线。

由于围线 C 在 $X(z)$ 的收敛域内，且包围着坐标原点，而 $X(z)$ 又在 $|z|>R$ 的区域内收敛，因此 C 包围了 $X(z)$ 的奇点。通常 $X(z)z^{n-1}$ 是 z 的有理函数，其奇点都是孤立点（极点）。这样，借助复变函数的留数定理，可将上述积分表示为围线 C 内所包含 $X(z)z^{n-1}$ 的各极点留数之和，即

$$x(n)=Z^{-1}[X(z)]=\frac{1}{2\pi \mathrm{j}}\oint_C X(z)z^{n-1}\mathrm{d}z=\sum_m \mathrm{Res}[X(z)z^{n-1}]_{z=z_m} \tag{8.3.6}$$

式中，Res 表示极点的留数，z_m 为 $X(z)z^{n-1}$ 的极点。

设 z_r 是 $X(z)z^{n-1}$ 的单一阶极点，则有：

$$\mathrm{Res}[X(z)z^{n-1}]_{z=z_r}=[(z-z_r)X(z)z^{n-1}]_{z=z_r}$$

若 z_r 是 $X(z)z^{n-1}$ 的多重（s 阶）极点，则有：

$$\mathrm{Res}[X(z)z^{n-1}]_{z=z_r}=\frac{1}{(s-1)!}\left\{\frac{\mathrm{d}^{s-1}}{\mathrm{d}z^{s-1}}[(z-z_r)^s X(z)z^{n-1}]_{z=z_r}\right\} \tag{8.3.7}$$

【例 8.3.3】　求 $X(z)=\dfrac{z^2}{(z-1)(z-0.5)}$，$|z|>1$ 的逆变换。

解： $X(z)$ 的逆变换为

$$x(n)=\sum_r \mathrm{Res}\left[\frac{z^{n+1}}{(z-1)(z-0.5)}\right]_{z=z_r}$$

当 $n\geqslant 1$ 时，在 $z=0$ 处没有极点，仅在 $z=1$ 和 $z=0.5$ 处有一阶极点，可求得：

$$\mathrm{Res}\left[\frac{z^{n+1}}{(z-1)(z-0.5)}\right]_{z=1}=2$$

$$\mathrm{Res}\left[\frac{z^{n+1}}{(z-1)(z-0.5)}\right]_{z=0.5}=-(0.5)^n$$

由此写出 $x(n)=[2-(0.5)^n]u(n+1)$。实际上，当 $n=-1$ 时，$x(n)=0$，因此上式可简写成：

$$x(n)=[2-(0.5)^n]u(n)$$

8.4　z 变换的性质

序列的 z 变换，一方面可以利用定义来求，另一方面也可借助于已知的 z 变换对和 z 变换的性质来求；反之，在求 z 逆变换时，也常用到 z 变换的性质。

1．线性性质

设 $Z[x(n)]=X(z)$，$R_{x-}<|z|<R_{x+}$；$Z[y(n)]=Y(z)$，$R_{y-}<|z|<R_{y+}$，则有

$$Z[ax(n)+by(n)]=aX(z)+bY(z),\ \max(R_{x-},R_{y-})<|z|<\min(R_{x+},R_{y+}) \tag{8.4.1}$$

这就是 z 变换的线性性质，即满足均匀性与叠加性；收敛域一般是 $x(n)$ 和 $y(n)$ 收敛域的重叠部分。如果在这些组合中某些零点与极点相抵消，则收敛域有可能扩大。

【例 8.4.1】　已知 $x(n)=\cos(\Omega_0 n)u(n)$，求其 z 变换。

解： 因为 $\cos(\Omega_0 n)u(n)=\dfrac{1}{2}[\mathrm{e}^{\mathrm{j}\Omega_0 n}+\mathrm{e}^{-\mathrm{j}\Omega_0 n}]u(n)$，又因为 $Z[a^n u(n)]=\dfrac{1}{1-az^{-1}}$，$|z|>|a|$，所以

$$Z[\mathrm{e}^{\mathrm{j}\Omega_0 n}u(n)]=\frac{1}{1-\mathrm{e}^{\mathrm{j}\Omega_0}z^{-1}},|z|>|\mathrm{e}^{\mathrm{j}\Omega_0}|=1$$

$$Z[\mathrm{e}^{-\mathrm{j}\Omega_0 n}u(n)]=\frac{1}{1-\mathrm{e}^{-\mathrm{j}\Omega_0}z^{-1}},|z|>|\mathrm{e}^{-\mathrm{j}\Omega_0}|=1$$

因而
$$Z[\cos(\Omega_0 n)u(n)]=\frac{1}{2}\left[\frac{1}{1-\mathrm{e}^{\mathrm{j}\Omega_0}z^{-1}}+\frac{1}{1-\mathrm{e}^{-\mathrm{j}\Omega_0}z^{-1}}\right],|z|>1$$

2．移位性质

序列的位移性表示序列位移后的 z 变换与原序列 z 变换的关系。在实际中可能遇到序列的左移（超前）或右移（延迟）两种不同情况，所取的变换形式可能有单边 z 变换与双边 z 变换，它们的位移性基本相同，但又各具不同的特点。以下分几种情况进行讨论。

（1）双边 z 变换

若序列的双边 z 变换为 $Z[x(n)]=X(z)$，则序列右移后，它的双边 z 变换等于
$$Z[x(n-m)]=z^{-m}X(z) \tag{8.4.2}$$

证明：根据双边 z 变换的定义，可得
$$Z[x(n-m)]=\sum_{n=-\infty}^{+\infty}x(n-m)z^{-n}=z^{-m}\sum_{k=-\infty}^{+\infty}x(k)z^{-k}=z^{-m}X(z)$$

同样，可得左移序列的双边 z 变换
$$Z[x(n+m)]=z^{m}X(z) \tag{8.4.3}$$

式中，m 为任意正整数。由式（8.4.2）和式（8.4.3）可以看出，序列位移只会使 z 变换在 $z=0$ 或 $z=+\infty$ 处的零、极点情况发生变化。如果 $x(n)$ 是双边序列，$X(z)$ 的收敛域为环形区域，在这种情况下，序列位移并不会使 z 变换的收敛域发生变化。

（2）单边 z 变换

若 $x(n)$ 是双边序列，其单边 z 变换为 $Z[x(n)u(n)]=X(z)$，则序列左移后，它的单边 z 变换等于
$$Z[x(n+m)u(n)]=z^{m}\left[X(z)-\sum_{k=0}^{m-1}x(k)z^{-k}\right] \tag{8.4.4}$$

证明：根据单边 z 变换的定义，可得
$$\begin{aligned}Z[x(n+m)u(n)]&=\sum_{n=0}^{+\infty}x(n+m)z^{-n}\\&=z^{m}\sum_{n=0}^{+\infty}x(n+m)z^{-(n+m)}\\&=z^{m}\sum_{k=m}^{+\infty}x(k)z^{-k}\\&=z^{m}\left[\sum_{k=0}^{+\infty}x(k)z^{-k}-\sum_{k=0}^{m-1}x(k)z^{-k}\right]\\&=z^{m}\left[X(z)-\sum_{k=0}^{m-1}x(k)z^{-k}\right]\end{aligned}$$

同样，可以得到右移序列的单边 z 变换
$$Z[x(n-m)u(n)]=z^{-m}\left[X(z)+\sum_{k=-m}^{-1}x(k)z^{-k}\right] \tag{8.4.5}$$

式中，m 为正整数。对于 m=1、2 的情况，式（8.4.4）、式（8.4.5）可以写为
$$Z[x(n+1)u(n)]=zX(z)-zx(0)$$
$$Z[x(n+2)u(n)]=z^{2}X(z)-z^{2}x(0)-zx(1)$$
$$Z[x(n-1)u(n)]=z^{-1}X(z)+x(-1)$$
$$Z[x(n-2)u(n)]=z^{-2}X(z)+z^{-1}x(-1)+x(-2)$$

如果 $x(n)$ 是因果序列，则式（8.4.5）右边的 $\sum\limits_{k=-m}^{-1}x(k)z^{-k}$ 项等于零，于是右移序列的单边 z 变换为

$$Z[x(n-m)u(n)] = z^{-m}X(z) \tag{8.4.6}$$

而左移序列的单边 z 变换仍为

$$Z[x(n+m)u(n)] = z^{m}\left[X(z) - \sum_{k=0}^{m-1} x(k)z^{-k}\right] \tag{8.4.7}$$

【例 8.4.2】　求序列 $x(n) = u(n) - u(n-2)$ 的 z 变换。

解： 因为

$$Z[u(n)] = \frac{z}{z-1}, |z| > 1$$

$$Z[u(n-2)] = z^{-2}\frac{z}{z-1} = \frac{z^{-1}}{z-1}, |z| > 1$$

所以

$$Z[x(n)] = \frac{z}{z-1} - \frac{z^{-1}}{z-1} = \frac{z+1}{z}, |z| > 1$$

3．尺度变换

若 $Z[x(n)] = X(z)$，$R_{x-} < |z| < R_{x+}$，则有：

$$Z[a^n x(n)] = X\left(\frac{z}{a}\right), \ |a|R_{x-} < |z| < |a|R_{x+} \tag{8.4.8}$$

式中，a 为常数。可见序列 $x(n)$乘以实指数序列等效于 z 平面尺度展缩。

证明：

$$Z[a^n x(n)] = \sum_{n=-\infty}^{+\infty} a^n x(n) z^{-n} = \sum_{n=-\infty}^{+\infty} x(n)\left(\frac{z}{a}\right)^{-n} = X\left(\frac{z}{a}\right)$$

$$R_{x-} < \left|\frac{z}{a}\right| < R_{x+}，即 |a|R_{x-} < |z| < |a|R_{x+}$$

4．序列的线性加权（z 域求导数）

若 $Z[x(n)] = X(z)$，$R_{x-} < |z| < R_{x+}$，则有：

$$Z[nx(n)] = -z\frac{\mathrm{d}}{\mathrm{d}z}X(z), \ R_{x-} < |z| < R_{x+} \tag{8.4.9}$$

证明： $X(z) = \sum_{n=-\infty}^{+\infty} x(n) z^{-n}$，对两端求导得

$$\frac{\mathrm{d}X(z)}{\mathrm{d}z} = \frac{\mathrm{d}}{\mathrm{d}z}\left[\sum_{n=-\infty}^{+\infty} x(n)z^{-n}\right] = \sum_{n=-\infty}^{+\infty} x(n)\frac{\mathrm{d}}{\mathrm{d}z}(z^{-n}) = \sum_{n=-\infty}^{+\infty} -nx(n)z^{-n-1} = -z^{-1}\sum_{n=-\infty}^{+\infty} nx(n)z^{-n}$$

即

$$Z[nx(n)] = -z\frac{\mathrm{d}X(z)}{\mathrm{d}z}$$

5．共轭序列

若 $Z[x(n)] = X(z)$，$R_{x-} < |z| < R_{x+}$，则有：

$$Z[x^*(n)] = X^*(z^*)，R_{x-} < |z| < R_{x+} \tag{8.4.10}$$

其中，$x^*(n)$为$x(n)$的共轭序列。

证明：

$$Z[x^*(n)] = \sum_{n=-\infty}^{+\infty} x^*(n) z^{-n} = \sum_{n=-\infty}^{+\infty} [x(n)(z^*)^{-n}]^*$$

$$= \left[\sum_{n=-\infty}^{+\infty} x(n)(z^*)^{-n}\right]^* = X^*(z^*)，R_{x-} < |z| < R_{x+}$$

6．反褶序列

若 $Z[x(n)]=X(z)$，$R_{x-}<|z|<R_{x+}$，则有：

$$Z[x(-n)]=X\left(\frac{1}{z}\right),\ \frac{1}{R_{x-}}<|z|<\frac{1}{R_{x+}} \tag{8.4.11}$$

从式（8.4.11）可以看出，$x(-n)$的收敛域是 $x(n)$收敛域的倒置，并不是简单的扩大或缩小。

证明：

$$\begin{aligned}Z[x(-n)]&=\sum_{n=-\infty}^{+\infty}x(-n)z^{-n}=\sum_{n=-\infty}^{+\infty}x(n)z^{n}\\&=\sum_{n=-\infty}^{+\infty}x(n)(z^{-1})^{-n}=X\left(\frac{1}{z}\right),\ R_{x-}<|z^{-1}|<R_{x+}，即\frac{1}{R_{x+}}<|z|<\frac{1}{R_{x-}}\end{aligned}$$

7．初值定理

对于因果序列 $x(n)$，满足

$$x(0)=\lim_{z\to\infty}X(z) \tag{8.4.12}$$

证明： $X(z)=\sum_{n=-\infty}^{+\infty}x(n)u(n)z^{-n}=\sum_{n=0}^{+\infty}x(n)z^{-n}=x(0)+x(1)z^{-1}+x(2)z^{-2}+\cdots$

显然，$\lim_{z\to+\infty}X(z)=x(0)$。

由初值定理可以看出，对一个因果序列来说，如果 $x(0)$是有限值，那么 $\lim_{z\to+\infty}X(z)$ 就是有限值。如果将 $X(z)$表示成 z 的两个多项式之比，则分子多项式的阶次一定小于分母多项式的阶次，或者说零点的个数不能多于极点的个数。

8．终值定理

对于因果序列 $x(n)$，若 $X(z)=Z[x(n)]$ 的极点在单位圆内，且只允许单位圆上在 $z=1$ 处有一阶极点，则有

$$\lim_{n\to+\infty}x(n)=\lim_{z\to1}[(z-1)X(z)]=\mathrm{Res}[X(z)]_{z=1} \tag{8.4.13}$$

证明： 因为 $Z[x(n+1)-x(n)]=(z-1)X(z)=\sum_{n=-\infty}^{+\infty}[x(n+1)-x(n)]z^{-n}$，利用 $x(n)$ 为因果序列这一特性可得：$(z-1)X(z)=\sum_{n=-1}^{+\infty}[x(n+1)-x(n)]z^{-n}=\lim_{n\to+\infty}\sum_{m=-1}^{n}[x(m+1)-x(m)]z^{-m}$ 又由于只允许 $X(z)$ 在 $z=1$ 处可能有一阶极点，故因子$(z-1)$将抵消这一极点，因此$(z-1)X(z)$在$1\leqslant|z|\leqslant+\infty$ 上收敛，所以可取 $z\to1$ 的极限。

$$\begin{aligned}\lim_{z\to1}(z-1)X(z)&=\lim_{n\to+\infty}\sum_{m=-1}^{n}[x(m+1)-x(m)]^{-m}\\&=\lim_{n\to+\infty}\{[x(0)-0]+[x(1)-x(0)]+\cdots+[x(n+1)-x(n)]\}\\&=\lim_{n\to+\infty}[x(n+1)]=\lim_{n\to+\infty}x(n)\end{aligned}$$

故

$$\lim_{z\to1}(z-1)X(z)=\lim_{n\to+\infty}x(n)$$

显然，只有极点在单位圆内，当 $n\to+\infty$ 时 $x(n)$ 才收敛，才可应用终值定理。

9．有限项累加特性

对于因果序列 $x(n)$，若 $X(z)=Z[x(n)]$，$|z|>R_{x-}$，则有

$$Z\left[\sum_{m=0}^{n}x(m)\right]=\frac{z}{z-1}X(z),\ |z|>\max[R_{x-},1] \tag{8.4.14}$$

证明： 令 $y(n)=\sum\limits_{m=0}^{n}x(m)$，则有

$$Z[y(n)]=Z\left[\sum_{m=0}^{n}x(m)\right]=\sum_{n=0}^{+\infty}\left[\sum_{m=0}^{n}x(m)\right]z^{-n}$$

可知 n、m 的取值范围分别为 $n\in[0,+\infty]$，$m\in[n,+\infty]$，交换求和次序，得：

$$\begin{aligned}Z\left[\sum_{m=0}^{n}x(m)\right]&=\sum_{n=0}^{+\infty}\left[\sum_{m=0}^{n}x(m)\right]z^{-n}=\sum_{m=0}^{+\infty}x(m)\sum_{n=m}^{+\infty}z^{-n}=\sum_{m=0}^{+\infty}x(m)[z^{-m}(z^{-1}+z^{-2}+\cdots)]\\&=\sum_{m=0}^{+\infty}x(m)z^{-m}\frac{1}{1-z^{-1}}=\frac{1}{1-z^{-1}}\sum_{m=0}^{+\infty}x(m)z^{-m}\\&=\frac{z}{z-1}X(z),\ |z|>\max[R_{x-},1]\end{aligned}$$

10．时域卷积定理

如果 $y(n)=x(n)*h(n)=\sum\limits_{m=-\infty}^{+\infty}x(m)h(n-m)$，而且 $X(z)=Z[x(n)]$，$R_{x-}<|z|<R_{x+}$，$H(z)=Z[h(n)]$，$R_{h-}<|z|<R_{h+}$，则有：

$$Y(z)=Z[y(n)]=X(z)H(z),\qquad \max[R_{x-},R_{h-}]<|z|<\min[R_{x+},R_{h+}] \tag{8.4.15}$$

一般情况下，$Y(z)$ 的收敛域是 $X(z)$ 和 $H(z)$ 收敛域的重叠部分。但若位于某一 z 变换收敛域边缘上的极点被另一 z 变换的零点抵消，则收敛域将会扩大。

证明：
$$\begin{aligned}Z[x(n)*h(n)]&=\sum_{n=-\infty}^{+\infty}[x(n)*h(n)]z^{-n}=\sum_{n=-\infty}^{+\infty}\left[\sum_{m=-\infty}^{+\infty}x(m)h(n-m)\right]z^{-n}\\&=\sum_{m=-\infty}^{+\infty}x(m)\left[\sum_{n=-\infty}^{+\infty}h(n-m)z^{-n}\right]\\&=\sum_{m=-\infty}^{+\infty}x(m)\left[\sum_{l=-\infty}^{+\infty}h(l)z^{-l}\right]z^{-m}\\&=\left[\sum_{m=-\infty}^{+\infty}x(m)z^{-m}\right]H(z)\\&=X(z)H(z),\qquad \max[R_{x-},R_{h-}]<|z|<\min[R_{x+},R_{h+}]\end{aligned}$$

可见两序列在时域中的卷积等效于在 z 域中两序列 z 变换的乘积。若 $x(n)$ 与 $h(n)$ 分别为线性时不变离散系统的激励和单位样值响应，那么在求系统的响应 $y(n)$ 时，可以避免卷积运算，而借助于式（8.4.15）通过 $X(z)$ 和 $H(z)$ 的逆变换求出 $y(n)$，在很多情况下，这样会方便些。

【例 8.4.3】　已知 $x(n)=a^nu(n)$，$h(n)=b^nu(n)-ab^{n-1}u(n-1)$，$|b|<|a|$，求 $y(n)=x(n)*h(n)$。

解： 令 $X(z)=Z[x(n)]=\dfrac{z}{z-a}$，$|z|>|a|$，$H(z)=Z[h(n)]=\dfrac{z}{z-b}-az^{-1}\dfrac{z}{z-b}=\dfrac{z}{z-b}-\dfrac{a}{z-b}=\dfrac{z-a}{z-b}$，$|z|>|b|$

则 $$Y(z)=X(z)H(z)=\frac{z}{z-a}\frac{z-a}{z-b}=\frac{z}{z-b}$$

$X(z)$ 的极点与 $H(z)$ 的零点相消，$Y(z)$ 的收敛域扩大为 $|z|>|b|$。

所以，$$y(n)=x(n)*h(n)=Z^{-1}[Y(z)]=b^n u(n)$$

11．序列相乘（z 域卷积定理）

如果 $y(n)=x(n)\cdot h(n)$，且 $X(z)=Z[x(n)]$，$R_{x-}<|z|<R_{x+}$；$H(z)=Z[h(n)]$，$R_{h-}<|z|<R_{h+}$，则有

$$Y(z)=Z[y(n)]=\frac{1}{2\pi j}\oint_C X\left(\frac{z}{v}\right)H(v)v^{-1}\mathrm{d}v$$

$$=\frac{1}{2\pi j}\oint_C X(v)H\left(\frac{z}{v}\right)v^{-1}\mathrm{d}v,\quad R_{x-}R_{h-}<|z|<R_{x+}R_{h+} \tag{8.4.16}$$

式中，C 是在变量 V 平面上，$X(z/v)$、$H(v)$ 公共收敛域内环原点的一条逆时针单封闭围线。

【例 8.4.4】 已知 $x(n)=a^n u(n)$，$h(n)=b^{n-1}u(n-1)$，求 $Y(z)=Z[x(n)h(n)]$。

解： $Y(z)=Z[x(n)h(n)]=\dfrac{1}{2\pi j}\oint_C \dfrac{v}{v-a}\dfrac{1}{\frac{z}{v}-b}\mathrm{d}v=\dfrac{1}{2\pi j}\oint_C \dfrac{v}{(v-a)(z-bv)}\mathrm{d}v$，$|z|>|ab|$

$X(v)$ 的收敛域为 $|v|>|a|$，而 $H\left(\frac{z}{v}\right)$ 的收敛域为 $\left|\frac{z}{v}\right|>|b|$，即 $|v|<\left|\frac{z}{b}\right|$，重叠部分为 $|a|<|v|<\left|\frac{z}{b}\right|$，因此围线 C 内只有一个极点 $v=a$，用留数可得：

$$Y(z)=\frac{1}{2\pi j}\oint_C \frac{v}{(v-a)(z-bv)}\mathrm{d}v=\mathrm{Res}\left[\frac{v}{(v-a)(z-bv)}\right]_{v=a}$$

$$=\left.\frac{v}{z-bv}\right|_{v=a}=\frac{a}{z-ab},\quad |z|>|ab|$$

12．帕塞瓦尔定理

若 $X(z)=Z[x(n)]$，$R_{x-}<|z|<R_{x+}$；$H(z)=Z[h(n)]$，$R_{h-}<|z|<R_{h+}$；且

$$R_{x-}R_{h-}<1<R_{x+}R_{h+}，则 \sum_{n=-\infty}^{+\infty}x(n)h^*(n)=\frac{1}{2\pi j}\oint_C x(\upsilon)H^*\left(\frac{1}{\upsilon^*}\right)\upsilon^{-1}\mathrm{d}\upsilon \tag{8.4.17}$$

式中，"*"表示复共轭，闭合积分围线 C 在公共收敛域内。

（1）当 $h(n)$ 为实序列时，则 $\sum\limits_{n=-\infty}^{\infty}x(n)h(n)=\dfrac{1}{2\pi j}\oint_C x(\upsilon)H\left(\dfrac{1}{\upsilon}\right)\upsilon^{-1}\mathrm{d}\upsilon$。

（2）当围线取单位圆 $|v|=1$ 时，因为 $v=1/v^*=\mathrm{e}^{\mathrm{j}\Omega}$，则 $\sum\limits_{n=-\infty}^{+\infty}x(n)h^*(n)=\dfrac{1}{2\pi}\int_{-\pi}^{\pi}X(\mathrm{e}^{\mathrm{j}\Omega})H^*(\mathrm{e}^{\mathrm{j}\Omega})\mathrm{d}\omega$。

（3）当 $h(n)=x(n)$ 时，则 $\sum\limits_{n=-\infty}^{+\infty}|x(n)|^2=\dfrac{1}{2\pi}\int_{-\pi}^{\pi}|X(\mathrm{j}\Omega)|^2\mathrm{d}\Omega$。

这表明序列的能量可用频谱求得，这就是帕塞瓦尔定理（公式）。

根据 z 变换的定义和 z 变换的性质，可以得到一些常用的 z 变换对，如表 8.4.1 所示。

表 8.4.1　z 变换的性质

序　号	序　列	z　变　换	收　敛　域
1	$x(n)$	$X(z)$	$R_{x-}<\lvert z\rvert<R_{x+}$
2	$h(n)$	$H(z)$	$R_{h-}<\lvert z\rvert<R_{h+}$
3	$ax(n)+bh(n)$	$aX(z)+bH(z)$	$\max[R_{x-},R_{h-}]<\lvert z\rvert<\min[R_{x+},R_{h+}]$
4	$x(n-m)$	$z^{-m}X(z)$	$R_{x-}<\lvert z\rvert<R_{x+}$
5	$a^n x(n)$	$X\left(\dfrac{z}{a}\right)$	$\lvert a\rvert R_{x-}<\lvert z\rvert<\lvert a\rvert R_{x+}$
6	$n^m x(n)$	$\left(-z\dfrac{\mathrm{d}}{\mathrm{d}z}\right)^m X(z)$	$R_{x-}<\lvert z\rvert<R_{x+}$
7	$x^*(n)$	$X^*(z^*)$	$R_{x-}<\lvert z\rvert<R_{x+}$
8	$x(-n)$	$X\left(\dfrac{1}{z}\right)$	$\dfrac{1}{R_{x+}}<\lvert z\rvert<\dfrac{1}{R_{x}}$
9	$x^*(-n)$	$X^*\left(\dfrac{1}{z^*}\right)$	$\dfrac{1}{R_{x+}}<\lvert z\rvert<\dfrac{1}{R_{x-}}$
10	$\mathrm{Re}[x(n)]$	$\dfrac{1}{2}[X(z)+X^*(z^*)]$	$R_{x-}<\lvert z\rvert<R_{x+}$
11	$\mathrm{j\,Im}[x(n)]$	$\dfrac{1}{2}[X(z)-X^*(z^*)]$	$R_{x-}<\lvert z\rvert<R_{x+}$
12	$\sum\limits_{m=0}^{n}x(m)$	$\dfrac{z}{z-1}X(z)$	$\lvert z\rvert>\max[R_{x-},1]$, $x(n)$ 为因果序列
13	$x(n)*h(n)$	$X(z)H(z)$	$\max[R_{x-},R_{h-}]<\lvert z\rvert<\min[R_{x+},R_{h+}]$
14	$x(n)h(n)$	$\dfrac{1}{2\pi\mathrm{j}}\oint_C X(v)H\left(\dfrac{z}{v}\right)v^{-1}\mathrm{d}v$	$R_{x-}R_{h-}<\lvert z\rvert<R_{x+}R_{h}$
15	$x(0)=\lim\limits_{z\to+\infty}X(z)$		$x(n)$ 为因果序列，$\lvert z\rvert>R_{x-}$
16	$x(\infty)=\lim\limits_{z\to1}(z-1)X(z)$		$x(n)$ 为因果序列，$X(z)$ 的极点落于单位圆内部，最多在 $z=1$ 处有一极点
17	$\sum\limits_{n=-\infty}^{+\infty}x(n_0h^*(n)=\dfrac{1}{2\pi\mathrm{j}}\oint_C X(v)H^*\left(\dfrac{1}{v^*}\right)v^{-1}\mathrm{d}v$		$R_{x-}R_{h-}<\lvert z\rvert<R_{x+}R_{h+}$

8.5　z 变换与拉普拉斯变换的关系

拉普拉斯变换和 z 变换之间并不是孤立的，它们之间有着密切的联系，在一定条件下可以相互转换。下面分析 z 变换与拉普拉斯变换之间的关系。

1．理想抽样信号的拉普拉斯变换

设 $x_{\mathrm{a}}(t)$ 为连续信号，$\hat{x}_{\mathrm{a}}(t)$ 为其理想抽样信号，则

$$\hat{X}_{\mathrm{a}}(s)=L[\hat{x}_{\mathrm{a}}(t)]=\int_{-\infty}^{+\infty}\hat{x}_{\mathrm{a}}(t)\mathrm{e}^{-st}\mathrm{d}t=\int_{-\infty}^{+\infty}\left[\sum_{n=-\infty}^{+\infty}x_{\mathrm{a}}(nT)\delta(t-nT)\right]\mathrm{e}^{-st}\mathrm{d}t$$

$$=\sum_{n=-\infty}^{+\infty}\int_{-\infty}^{+\infty}x_{\mathrm{a}}(nT)\mathrm{e}^{-st}\delta(t-nT)\mathrm{d}t$$

$$=\sum_{n=-\infty}^{+\infty}x_{\mathrm{a}}(nT)\mathrm{e}^{-nTs}=\sum_{n=-\infty}^{+\infty}x_{\mathrm{a}}(nT)(\mathrm{e}^{sT})^{-n}$$

因此

$$\hat{X}_{\mathrm{a}}(s)=L[\hat{x}_{\mathrm{a}}(t)]=\sum_{n=-\infty}^{+\infty}x_{\mathrm{a}}(nT)(\mathrm{e}^{sT})^{-n}\tag{8.5.1}$$

2. z 变换与拉普拉斯变换的关系（s、z 平面映射关系）

序列 $x(n)$ 的 z 变换为 $X(z)=\sum_{n=-\infty}^{+\infty}x(n)z^{-n}$，考虑到 $x(n)=x_{\rm a}(nT)$，显然，当 $z={\rm e}^{sT}$ 时，序列 $x(n)$ 的 z 变换就等于理想抽样信号的拉普拉斯变换，即

$$X(z)\big|_{z={\rm e}^{sT}}=X({\rm e}^{sT})=\hat{X}_{\rm a}(s)$$

这两种变换之间的关系，就是由复变量从 s 平面到 z 平面的映射，其映射关系为

$$\begin{cases}z={\rm e}^{sT}\\ s=\dfrac{1}{T}\ln z\end{cases}\tag{8.5.2}$$

现在讨论这一映射关系。将 s 平面用直角坐标表示

$$s=\sigma+{\rm j}\omega$$

而 z 平面用极坐标表示

$$z=r{\rm e}^{{\rm j}\Omega}$$

将它们都代入式（8.5.2）中，得到

$$r{\rm e}^{{\rm j}\Omega}={\rm e}^{\sigma T}.{\rm e}^{{\rm j}\omega T}$$

因而 $r={\rm e}^{\sigma T}$，$\Omega=\omega T$，这就是说，z 的模只与 s 的实部相对应，z 的相角只与 s 的虚部 Ω 相对应。

（1）r 与 σ 的关系（$r={\rm e}^{\sigma T}$）

$\sigma=0$ 即 s 平面的虚轴，对应 $r=1$，即 z 平面的单位圆；$\sigma<0$ 即 s 的左半平面，对应 $r<1$，即 z 的单位圆内；$\sigma>0$ 即 s 的右半平面，对应 $r>1$，即 z 的单位圆外。其映射关系如图 8.5.1 所示。

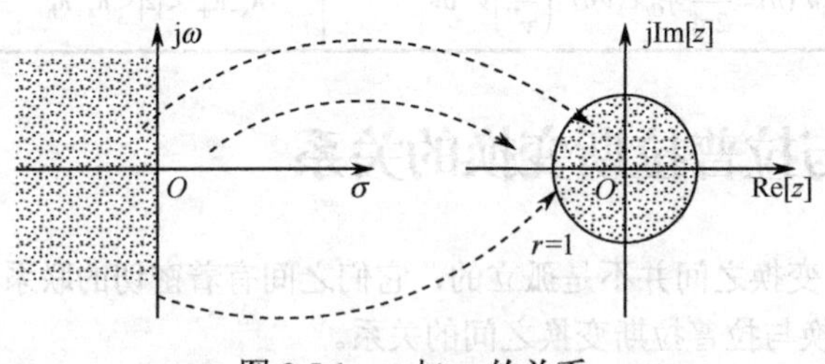

图 8.5.1　r 与 σ 的关系

（2）Ω 与 ω 的关系（$\Omega=\omega T$）

$\omega=0$（s 平面的实轴）对应 $\Omega=0$（z 平面正实轴）；

$\omega=\omega_0$（常数）（s 平面平行于实轴的直线）对应 $\Omega=\omega_0T$（z 平面上始于原点，幅角为 ω_0T 的射线）。

ω 由 $-\dfrac{\pi}{T}$ 增长到 $\dfrac{\pi}{T}$，对应 Ω 由 $-\pi$ 增长到 π，即 s 平面为 $\dfrac{2\pi}{T}$ 的一个水平条带相当于 z 平面幅角转了一周，也就是覆盖了整个 z 平面（$\Omega\in(-\pi,\pi)$ 整个 z 平面）。实际上，ω 每增加 $\dfrac{2\pi}{T}$，则 Ω 相应地增加 2π，也就是说，是 Ω 的周期函数，如图 8.5.2 所示。

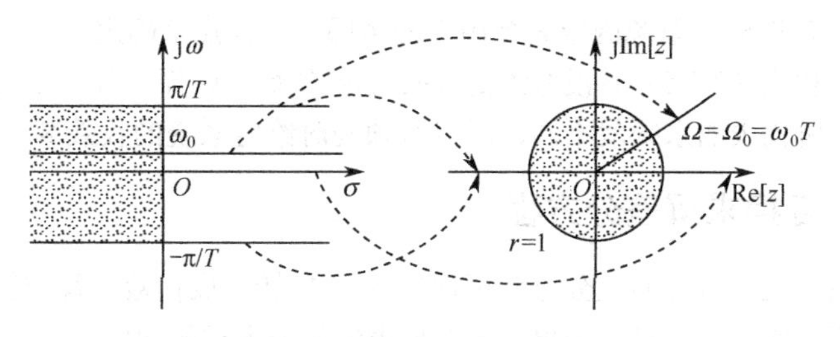

图 8.5.2　Ω 与 ω 的关系

所以从 s 平面到 z 平面是多值映射关系。

8.6　离散时间系统的 z 域分析

8.6.1　离散时间系统的系统函数

1．系统函数与单位抽样响应的关系

一个线性移不变系统在时域中可以用它的单位抽样响应 $h(n)$ 来表示，则零状态响应为 $y(n)=x(n)*h(n)$。

对等式两边取 z 变换，得

$$Y(z)=H(z)X(z)$$

则

$$H(z)=Y(z)/X(z) \tag{8.6.1}$$

把 $H(z)$ 称为线性移不变系统的系统函数，它是单位抽样响应的 z 变换，即

$$H(z)=Z[h(n)]=\sum_{n=-\infty}^{+\infty}h(n)z^{-n}$$

2．系统函数和差分方程的关系

描述 N 阶线性时不变离散系统的差分方程为

$$\sum_{k=0}^{N}a_k y(n-k)=\sum_{m=0}^{M}b_m x(n-m) \tag{8.6.2}$$

若激励 $x(n)$ 为因果信号，且系统处于零状态，对式（8.6.2）两边取单边 z 变换，可得：

$$Y(z)\sum_{k=0}^{N}a_k z^{-k}=X(z)\sum_{m=0}^{M}b_m z^{-m} \tag{8.6.3}$$

所以

$$H(z)=\frac{Y(z)}{X(z)}=\frac{\sum_{m=0}^{M}b_m z^{-m}}{\sum_{k=0}^{N}a_k z^{-k}} \tag{8.6.4}$$

由式（8.6.4）可以看出，系统函数分子、分母多项式的系数分别与差分方程的系数相当，将式（8.6.4）进行因式分解，可得：

$$H(z)=K\frac{\prod_{m=1}^{M}(1-z_m z^{-1})}{\prod_{k=1}^{N}(1-p_k z^{-1})} \tag{8.6.5}$$

式中，$z=z_m$ 是 $H(z)$ 的零点，$z=p_k$ 是 $H(z)$ 的极点，它们分别由差分方程的系数 b_m 和 a_k 决定，

因此，除了比例常数K以外，系统函数完全由它的全部零、极点来确定。

但是式（8.6.4）和式（8.6.5）并没有给定 $H(z)$的收敛域，因而可代表不同的系统，同一系统函数的收敛域不同，所代表的系统就不同，所以必须同时给定系统的收敛域。

8.6.2 利用z变换求解差分方程

描述离散时间系统工作情况的差分方程可通过 z 变换转换成代数方程求解，由于一般的激励及响应都是有始序列，所以以下只讨论单边z变换求解差分方程的问题。

1．零输入响应的z域求解

对于N阶线性时不变离散时间系统，在零输入条件下，即激励$x(n)=0$时，其差分方程为

$$\sum_{k=0}^{N} a_k y(n-k)=0 \tag{8.6.6}$$

考虑响应为$n \geqslant 0$时的值，则初始条件为$y(-1), y(-2), \cdots, y(-N)$。将式（8.6.6）两边取单边z变换，并根据z变换的位移性质，可得：

$$\sum_{k=0}^{N} a_k z^{-k}\left[Y(z)+\sum_{i=-k}^{-1} y(i) z^{-i}\right]=0$$

故

$$Y(z)=\frac{-\sum_{k=0}^{N}\left[a_k z^{-k} \cdot \sum_{i=-k}^{-1} y(i) z^{-i}\right]}{\sum_{k=0}^{N} a_k z^{-k}} \tag{8.6.7}$$

响应的序列可由z逆变换求得

$$y_{\mathrm{zi}}(n)=Z^{-1}[Y(z)]$$

由此式可知，对于离散时间系统零输入响应的求解，可先将系统的齐次方程进行 z 变换，代入初始条件，写成式（8.6.7）的形式，再将其展开为部分分式，最后进行 z 逆变换，即得到系统的零输入响应。

【例 8.6.1】 若已知描述某离散时间系统的差分方程为

$$y(n)-5y(n-1)+6y(n-2)=x(n)$$

初始条件为$y(-2)=1$，$y(-1)=4$，求解零输入响应$y(n)$。

解：零输入时，$x(n)=0$，有

$$y(n)-5y(n-1)+6y(n-2)=0$$

若记$Y(z)=Z[y(n)]$，则对上式两边取单边z变换，有

$$Y(z)-5z^{-1}[Y(z)+y(-1)z]+6z^{-2}[Y(z)+y(-1)z+y(-2)z^2]=0$$

可得

$$Y(z)=\frac{5y(-1)-6z^{-1}y(-1)-6y(-2)}{1-5z^{-1}+6z^{-2}}=\frac{14z^2-24z}{z^2-5z+6}$$

因

$$\frac{Y(z)}{z}=\frac{14z-24}{(z-2)(z-3)}=\frac{-4}{z-2}+\frac{18}{z-3}$$

$$Y(z)=\frac{-4z}{z-2}+\frac{18z}{z-3}$$

故零输入响应

$$y(n)=[18(3)^n-4(2)^n]u(n)$$

2．零状态响应的 z 域求解

对于 N 阶线性时不变离散时间系统，在零状态条件下，即 $y(-1)=y(-2)=\cdots=y(-n)=0$ 时，将式（8.6.2）两边取单边 z 变换可得

$$\sum_{k=0}^{N}a_k z^{-k}Y(z)=\sum_{m=0}^{M}b_m X(z)z^{-m} \tag{8.6.8}$$

式中，激励序列 $x(n)$ 为因果序列，即当 $n<0$ 时，$x(n)=0$，且 $M\leqslant N$，则有

$$Y(z)=X(z)\frac{\sum_{m=0}^{M}b_m z^{-m}}{\sum_{k=0}^{N}a_k z^{-k}} \tag{8.6.9}$$

故零状态响应为

$$y_{\text{zs}}(n)=Z^{-1}[Y(z)]$$

由此式可知，求解离散时间系统的零状态响应时，可先将系统的非齐次差分方程的两边进行 z 变换，并写成式（8.6.9）的形式，再将其展开为部分分式，最后进行 z 逆变换，即得到系统的零状态响应。

【例 8.6.2】　若已知 $y(n)-5y(n-1)+6y(n-2)=x(n)$，且 $x(n)=4^n u(n)$，$y(-1)=y(-2)=0$，求零状态响应 $y(n)$。

解：设

$$Y(z)=Z[y(n)],\quad X(z)=Z[x(n)]=\frac{z}{z-4}$$

则

$$Y(z)=\frac{z}{z-4}\cdot\frac{1}{1-5z^{-1}+6z^{-2}}=\frac{z^3}{(z-4)(z^2-5z+6)}$$

$$\frac{Y(z)}{z}=\frac{z^2}{(z-4)(z^2-5z+6)}=\frac{2}{z-2}-\frac{9}{z-3}+\frac{8}{z-4}$$

有

$$Y(z)=\frac{2z}{z-2}-\frac{9z}{z-3}+\frac{8z}{z-4}$$

故所求零状态响应为

$$y(n)=[2(2)^n-9(3)^n+8(4)^n]u(n)$$

3．全响应的 z 域求解

对于线性移不变离散时间系统，若激励和初始状态均不为零，则对应的响应称为全响应。根据线性移不变特性，全响应可按式（8.6.10）计算：

$$y(n)=y_{\text{zi}}(n)+y_{\text{zs}}(n) \tag{8.6.10}$$

$y_{zi}(n)$ 和 $y_{zs}(n)$ 的求解方法如前所述。也可以直接由时域差分方程求 z 变换而进行计算，即在激励为 $y(n)$ ，初始条件 $y(-1),y(-2),\cdots,y(-N)$ 不全为零时，对方程式（8.6.2）进行单边 z 变换，有

$$\sum_{k=0}^{N} a_k z^{-k}\left[Y(z)\sum_{i=-k}^{-1} y(i)z^{-i}\right]=\sum_{m=0}^{M} b_m z^{-m}\left[X(z)+\sum_{j=-m}^{-1} x(j)z^{-j}\right] \tag{8.6.11}$$

可见式（8.6.11）为一个代数方程，由此可解得全响应的 z 变换 $Y(z)$ ，从而求得全响应 $y(n)$ 。

【例 8.6.3】 若已知 $y(n)-5y(n-1)+6y(n-2)=x(n)$ ，且 $x(n)=4^n u(n)$ ，$y(-1)=4$ ，$y(-2)=1$ ，求全响应 $y(n)$ 。

解： 设

$$Y(z)=Z[y(n)],\ X(z)=Z[x(n)]=\frac{z}{z-4}$$

对差分方程两边取单边 z 变换，有

$$Y(z)-5z^{-1}Y(z)-5y(-1)+6z^{-2}Y(z)+6y(-1)z^{-1}+6y(-2)=X(z)$$

得

$$Y(z)=\frac{X(z)+5y(-1)-6y(-2)-6y(-1)z^{-1}}{1-5z^{-1}+6z^{-2}}=\frac{15z^3-80z^2+96z}{(z-4)(z^2-5z+6)}$$

$$\frac{Y(z)}{z}=\frac{15z^2-80z+96}{(z-4)(z-2)(z-3)}=\frac{8}{z-4}+\frac{9}{z-3}-\frac{2}{z-2}$$

有

$$Y(z)=\frac{8z}{z-4}+\frac{9z}{z-3}-\frac{2z}{z-2}$$

故全响应为

$$y(n)=[8(4)^n+9(3)^n-2(2)^n]u(n)$$

结果与例 8.6.1 和例 8.6.2 结果之和相同。

8.6.3 因果稳定系统的零、极点分析

1．稳定系统

在第 7 章讲过，一个线性移不变系统稳定的必要且充分条件是 $h(n)$必须满足绝对可和条件，即满足

$$\sum_{n=-\infty}^{+\infty}\left|h(n)\right|<+\infty \tag{8.6.12}$$

而 z 变换的收敛域由满足

$$\sum_{n=-\infty}^{+\infty}\left|h(n)z^{-n}\right|<+\infty \tag{8.6.13}$$

的那些 z 值确定，所以，**如果系统函数的收敛域包括单位圆（$|z|=1$），则系统是稳定的**，反之亦成立。

2．因果系统

因果系统的单位样值响应为因果序列，之前已指出因果序列的收敛域为 $R_1<|z|\leqslant+\infty$ ，即因果系统的收敛半径为 R_1 的圆的外部，且必须包括 $z=+\infty$ 在内。

综合以上两点看出，**一个因果稳定的系统函数 $H(z)$ 必须在从单位圆到 $+\infty$ 整个 z 域内收敛，**

即收敛域包括：$1 \leqslant |z| \leqslant +\infty$。也就是说，系统函数的全部极点必须在单位圆内。图 8.6.1 所示为一个因果稳定系统函数的收敛域图示，阴影表示收敛域（包括单位圆），×表示极点位置。

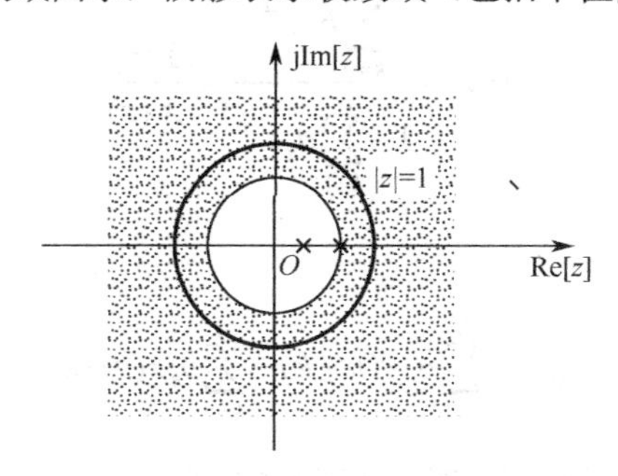

图 8.6.1　收敛域图示

【例 8.6.4】　已知 $H(z) = \dfrac{1-a^2}{(1-az^{-1})(1-az)}$，$0 < |a| < 1$，分析其因果性和稳定性。

解： $H(z)$ 的极点为 $z = a$，$z = a^{-1}$。

（1）当收敛域为 $a^{-1} < |z| \leqslant +\infty$ 时，对应的系统是因果系统，但由于收敛域不包含单位圆，因此是不稳定系统，可求得单位样值响应 $h(n) = (a^n - a^{-n})u(n)$。

（2）当收敛域为 $0 < |z| < a$ 时，对应的系统是非因果系统，由于收敛域不包含单位圆，因此是不稳定系统，可求得单位样值响应 $h(n) = (a^{-n} - a^n)u(-n-1)$。

（3）当收敛域为 $a < |z| < a^{-1}$ 时，对应的系统是非因果系统，但由于收敛域包含单位圆，因此是稳定系统，可求得单位样值响应 $h(n) = a^{|n|}$，这是一个双边序列。

8.6.4　离散时间系统的 z 域框图

根据第 6.1 节介绍的 LTI 离散时间系统时域框图模型，结合系统函数和差分方程的关系，就可以得到离散时间系统的 z 域框图和信号流图，三种框图的延时、相加和标量乘运算形式如表 8.6.1 所示。

表 8.6.1　离散时间系统的三种框图基本运算单元

	延时	相加	标量乘
时域表达式	$y(n) = x(n-1)$	$y(n) = x(n) + w(n)$	$y(n) = ax(n)$
时域框图	$x(n)$ → D → $y(n)$	$x(n)$ → ⊕ → $y(n)$；$w(n)$ ↑	$x(n)$ → a → $y(n)$
z 域框图	$x(n)$ → z^{-1} → $y(n)$	$x(n)$ → ⊕ → $y(n)$；$w(n)$ ↑	$x(n)$ → a → $y(n)$
信号流图	$x(n)$ —z^{-1}→ $y(n)$	$x(n)$ → • → $y(n)$；$w(n)$ ↑	$x(n)$ —a→ $y(n)$

离散时间系统的系统函数可以表示为

$$H(z)=\frac{\sum_{k=0}^{M}b_kz^{-k}}{1-\sum_{k=1}^{N}a_kz^{-k}}=\frac{Y(z)}{X(z)}$$

其对应的差分方程为

$$y(n)=\sum_{k=1}^{N}a_ky(n-k)+\sum_{k=0}^{M}b_kx(n-k)$$

根据表 8.6.1 可以得到系统的 z 域框图模型，如图 8.6.2 所示。

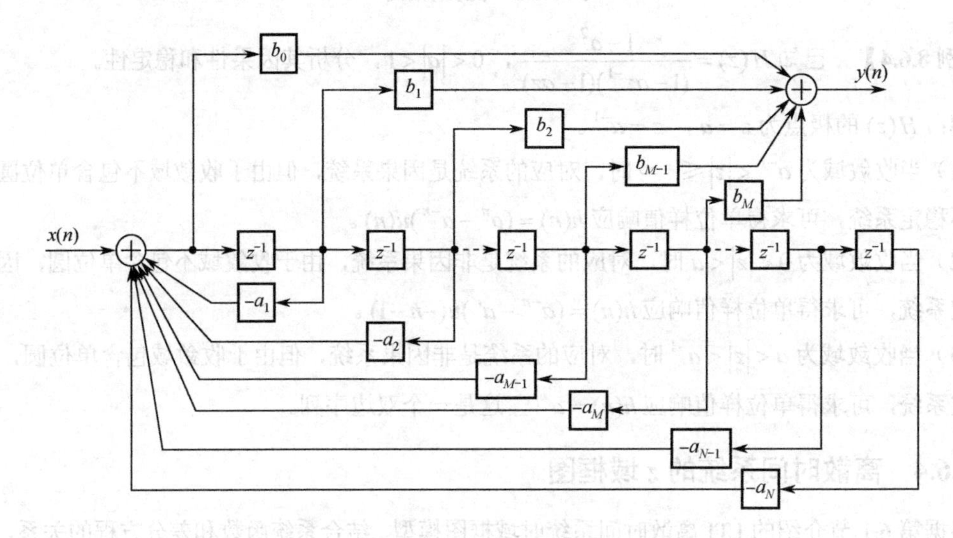

图 8.6.2　离散时间系统的 z 域框图（$M<N$）

当 $M=N$ 时，系统的 z 域框图模型如图 8.6.3 所示。

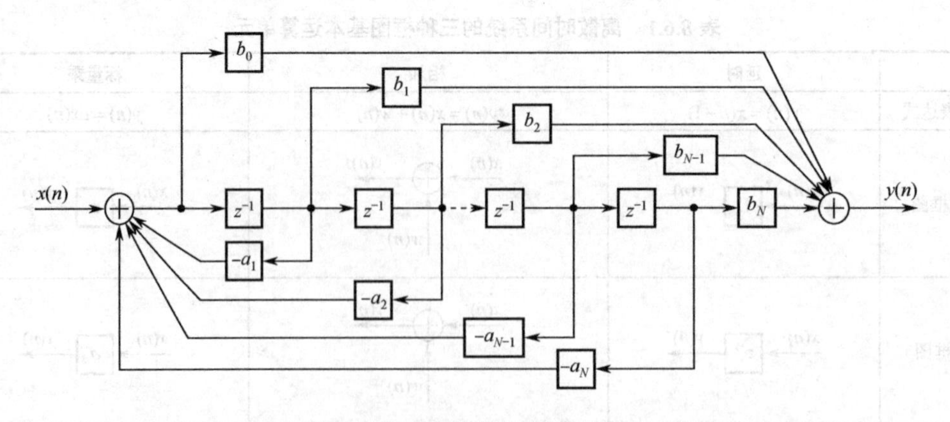

图 8.6.3　离散时间系统的 z 域框图（$M=N$）

图 8.6.3 与图 8.6.2 除了延时单元不同外，其余都相同。图 8.6.2 可以变成图 8.6.4 所示的形式。可以将图 8.6.4 所示的 z 域框图形式转化成信号流图形式，如图 8.6.5 所示。

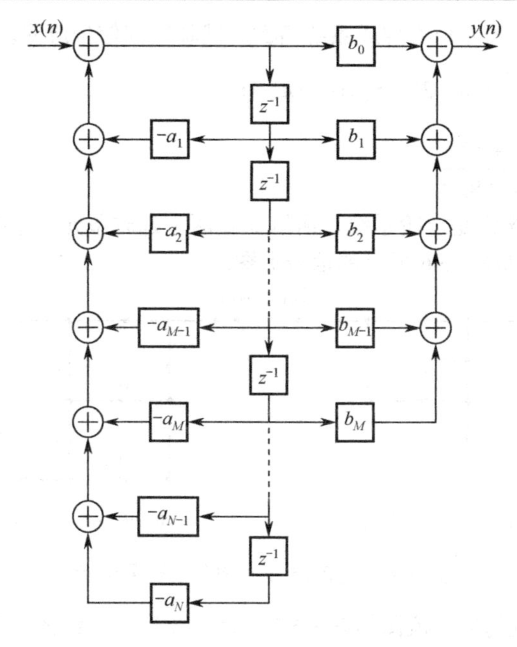

图 8.6.4　离散时间系统的 z 域框图（$M<N$）

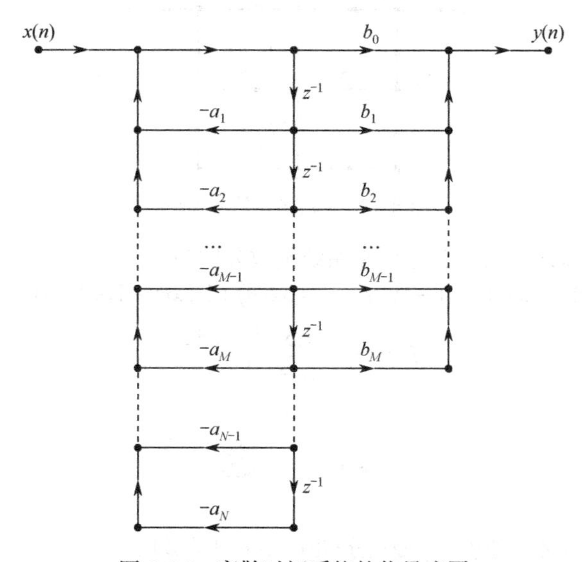

图 8.6.5　离散时间系统的信号流图

系统 z 域框图与信号流图都是系统实现的一种结构表示形式，两者没有本质的区别，只是符号上有所差异，框图表示较明显直观，用流图表示，则更加简单方便。当用信号流图表示系统时，需要注意几个节点的概念。

（1）输入节点：或源节点，$x(n)$所处的节点；

（2）输出节点：或阱节点，$y(n)$所处的节点；

（3）分支节点：一个输入，一个或一个以上输出的节点，如图 8.6.5 中的中间一列的节点；

（4）和点：或相加器（节点），有两个或两个以上输入的节点，如图 8.6.5 中的旁边两列的节点（除每列的最后一个，该节点属于分支节点）。

在系统的信号流图中，当支路不标明传输系数时，就认为其传输系数为 1；任何输出支路的信号等于所有输入支路的信号之和。

【例 8.6.5】　已知系统的差分方程或系统函数，试画出其信号流图。

（1）$y(n)-\frac{1}{3}y(n-1)-\frac{1}{4}y(n-2)=x(n)+x(n-1)$；

（2）$H(z)=\frac{1-1.4z^{-1}+z^{-2}}{1+0.9z^{-1}+0.8z^{-2}}$。

解：本例中的两个系统都是二阶系统，所以需要两个延时单元，根据系统函数、差分方程与信号流图的关系，可以得到图 8.6.6 所示的信号流图。

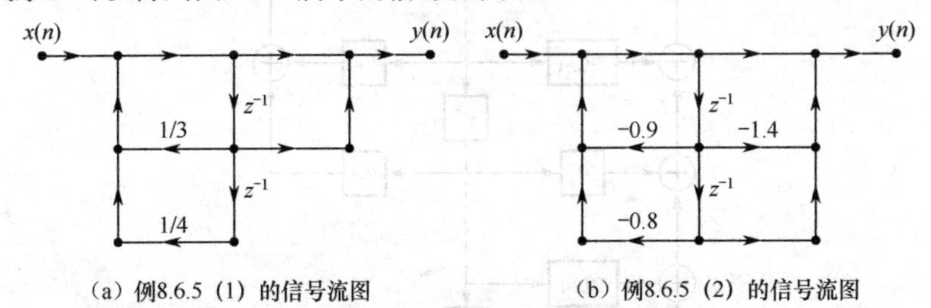

图 8.6.6　例 8.6.5 所示系统的信号流图

【例 8.6.6】　已知系统的信号流图如图 8.6.7 所示，试写出系统的差分方程和系统函数。

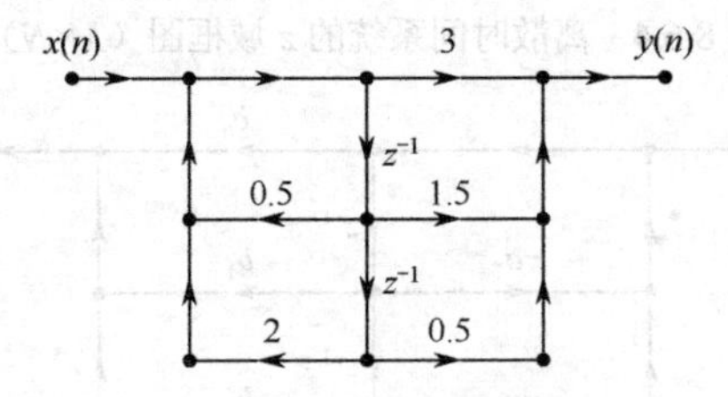

图 8.6.7　例 8.6.6 信号流图

解：该系统为二阶系统，其差分方程和系统函数分别为

$$y(n)-0.5y(n-1)-2y(n-2)=3x(n)+1.5x(n-1)+0.5x(n-2)$$

$$H(z)=\frac{3+1.5z^{-1}+0.5z^{-2}}{1-0.5z^{-1}-2z^{-2}}$$

习　　题

8.1　求下列序列的 z 变换，绘出零、极点分布图，并标明收敛域。

（1）$\delta(n+1)+\delta(n)+\delta(n-1)$；　　（2）$\delta(n)+\delta(n-1)$；

（3）$\delta(n+1)+\delta(n)$；　　（4）$5^n[u(n)-u(n-2)]$；

（5）$3^n u(n)$；　　（6）$3^n u(-n-1)$；

（7）$3^{-n}u(n)$；　　（8）$3^{-n}u(-n-1)$；

（9）$3^{-n}u(n)+3^n u(-n-1)$；　　（10）$3^n u(n)+3^{-n}u(-n-1)$。

8.2　求下列 $X(z)$ 的逆变换 $x(n)$。

（1）$X(z)=\frac{1}{1+2z^{-1}},(|z|>2)$；　　（2）$X(z)=\frac{1-2z^{-1}}{1+\frac{3}{4}z^{-1}+\frac{1}{8}z^{-2}},\left(|z|>\frac{1}{2}\right)$；

（3）$X(z)=\frac{1-4z^{-1}}{1-\frac{1}{4}z^{-1}},\left(|z|<\frac{1}{4}\right)$；　　（4）$X(z)=\frac{1-az^{-1}}{z^{-1}-a},\left(|z|>\left|\frac{1}{a}\right|\right)$；

（5）$X(z)=\dfrac{z^{-1}}{(1-2z^{-1})^{2}},(|z|>2)$；　　（6）$X(z)=\dfrac{z^{-2}}{1+z^{-2}},(|z|>1)$。

8.3　已知 $x(n)$ 的 z 变换 $X(z)$ 如下，试求出所有可能收敛域的 $x(n)$。

（1）$X(z)=\dfrac{1-\frac{1}{4}z^{-1}}{\left(1+\frac{1}{4}z^{-1}\right)\left(1+\frac{3}{2}z^{-1}+\frac{1}{2}z^{-2}\right)}$；

（2）$X(z)=\dfrac{10z}{(z-1)(z-2)}$。

8.4　画出 $X(z)=\dfrac{4z^{-1}}{1-2.5z^{-1}+z^{-2}}$ 的零、极点图，在下列三种收敛域下，哪种情况对应左边序列、右边序列、双边序列？并求各对应序列。

（1）$|z|>2$；

（2）$|z|<0.5$；

（3）$0.5<|z|<2$。

8.5　已知因果序列的 z 变换 $X(z)$，求序列的初值 $x(0)$ 与终值 $x(\infty)$。

（1）$X(z)=\dfrac{1+z^{-1}+z^{-2}}{(1-z^{-1})(1-2z^{-1})}$；

（2）$X(z)=\dfrac{1}{(1-0.5z^{-1})(1+0.5z^{-1})}$；

（3）$X(z)=\dfrac{z^{-1}}{1-1.5z^{-1}+0.5z^{-2}}$。

8.6　利用卷积定理求 $y(n)=x(n)*h(n)$，已知：

（1）$x(n)=a^{n}u(n)$，$h(n)=b^{n}u(-n-1)$；

（2）$x(n)=a^{n}u(n)$，$h(n)=\delta(n)$；

（3）$x(n)=a^{n}u(n)$，$h(n)=u(n)$。

8.7　用单边 z 变换求解下列差分方程。

（1）$y(n)+y(n-1)+y(n-2)=u(n)$，$y(0)=1$，$y(-1)=0$；

（2）$y(n)+0.1y(n-1)-0.02y(n-2)=10u(n)$，$y(-1)=0$，$y(-2)=0$；

（3）$y(n)-0.9y(n-1)=u(n)$，$y(-1)=1$；

（4）$y(n)+2y(n-1)=(n-4)u(n)$，$y(0)=2$。

8.8　分别求下列差分方程的系统函数 $H(z)$ 和单位样值响应函数 $h(n)$，并画出系统函数的零、极点分布图和系统框图。

（1）$y(n)-2y(n-1)=x(n)$；

（2）$y(n)=x(n)-x(n-1)+2x(n-2)+3x(n-3)$；

（3）$y(n)-3y(n-1)+3y(n-2)-y(n-3)=x(n)+3x(n-1)$；

（4）$y(n)-5y(n-1)+6y(n-2)=x(n)-2x(n-1)+3x(n-2)$。

8.9　已知系统函数为 $H(z)=\dfrac{1}{\left(1-\frac{1}{2}z^{-1}\right)(1-z^{-1})}$，分别判断收敛域为 $|z|>2$、$\frac{1}{2}<|z|<2$ 和 $|z|<\frac{1}{2}$ 时系统的因果性和稳定性。

8.10　因果系统的系统函数 $H(z)$ 如下，试说明这些系统是否稳定。

（1）$\dfrac{z^{2}+z+3}{8z^{2}-2z-3}$；　　（2）$\dfrac{1-z^{-1}-2z^{-2}}{2+5z^{-1}+2z^{-2}}$；

（3）$\dfrac{z^2-2z-4}{2z^2+z-1}$；　　（3）$\dfrac{1+z^{-1}+2z^{-2}}{1-z^{-1}+z^{-2}}$。

8.11　已知用下列差分方程描述的线性移不变因果系统：

$$y(n)-3y(n-1)+2y(n-2)=x(n)$$

（1）求这个系统的系统函数，画出零、极点分布图并指出其收敛区域；

（2）求此系统的单位样值响应；

（3）此系统是一个不稳定系统，请找一个满足上述差分方程的稳定的（非因果）系统的单位样值响应。

8.12　研究一个输入为 $x(n)$ 和输出为 $y(n)$ 的时域线性离散移不变系统，已知它满足：

$$y(n)-\frac{10}{3}y(n-1)+y(n-2)=x(n)+2x(n)$$

并已知系统是稳定的，试求其单位样值响应。

8.13　研究一个满足下列差分方程的线性移不变系统，该系统不限定为因果、稳定系统。利用方程的零、极点分布图，试求系统单位样值响应的三种可能选择方案。

$$y(n+2)-\frac{5}{2}y(n+1)+y(n)=x(n+2)+2x(n+1)+3x(n)$$

8.14　一线性移不变因果系统由下列差分方程描述：

$$y(n+2)-\frac{3}{4}y(n+1)+\frac{1}{8}y(n)=x(n+2)+\frac{1}{3}x(n+1)$$

（1）画出系统的 z 域框图或信号流图；

（2）求系统函数 $H(z)$，并绘制其零、极点分布图；

（3）判断系统是否稳定，并求系统的单位样值响应 $h(n)$。

8.15　已知因果系统的信号流图如题 8.15 图所示，求：（1）系统函数；（2）单位样值响应函数；（3）差分方程；（4）系统零、极点分布图，并判断系统的稳定性。

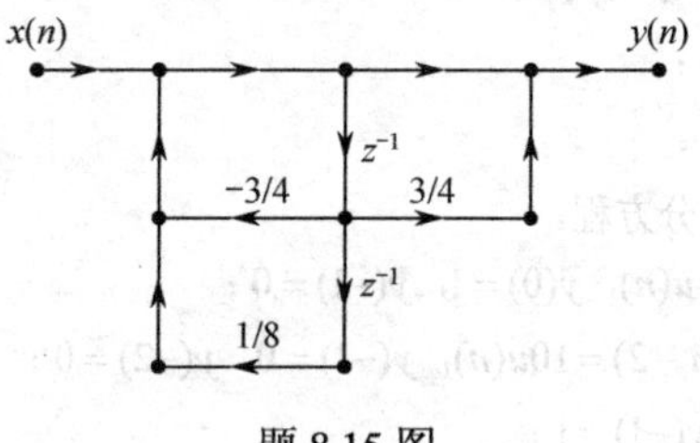

题 8.15 图

第 9 章　离散时间信号与系统的频域分析

9.1　引言

第 7 章和第 8 章介绍了离散时间系统的时域分析和 z 域分析。与连续时间系统类似，离散时间系统除了可以从时域变换到 z 域来分析外，还可以变换到频域来分析。通过离散时间序列的傅里叶变换（Discrete-Time Fourier Transform，DTFT），可以得到离散时间信号的频谱。根据信号频谱及系统的频率特性，也可以进行离散时间系统的频域分析，得到系统对离散时间序列的响应。

与第 3 章类似，本章首先介绍离散时间傅里叶级数（Discrete Fourier Series，DFS）和 DTFT 的概念、物理意义，并介绍 DTFT 的基本性质和常用序列的 DTFT；其次，讨论 DTFT 与 z 变换、连续时间傅里叶变换（CTFT）的关系，并总结了 4 种傅里叶变换的特点；最后，介绍系统的频率响应函数及其物理意义，讨论了系统响应的一般规律，介绍利用零、极点分布特性来研究系统的频域特性。

9.2　离散时间傅里叶变换（DTFT）

与连续时间傅里叶变换相对应，本节在介绍 DTFT 前，先介绍离散傅里叶级数。

9.2.1　离散傅里叶级数（DFS）

设 $x_N(n)$ 是以 N 为周期的周期序列，和连续时间周期信号一样，周期序列可以展开成傅里叶级数

$$x_N(n)=\sum_{k=-\infty}^{+\infty} a_k \mathrm{e}^{\mathrm{j}\frac{2\pi}{N}kn} \tag{9.2.1}$$

式中，a_k 是傅里叶级数的系数。为求系数 a_k，将式（9.2.1）两边乘以 $\mathrm{e}^{-\mathrm{j}\frac{2\pi}{N}mn}$，并对 n 在一个周期 N 中求和

$$\sum_{n=0}^{N} x_N(n)\mathrm{e}^{-\mathrm{j}\frac{2\pi}{N}mn}=\sum_{n=0}^{N}\left[\sum_{k=-\infty}^{+\infty} a_k \mathrm{e}^{\mathrm{j}\frac{2\pi}{N}kn}\right]\mathrm{e}^{-\mathrm{j}\frac{2\pi}{N}mn}=\sum_{k=-\infty}^{+\infty} a_k \sum_{n=0}^{N-1}\mathrm{e}^{\mathrm{j}\frac{2\pi}{N}(k-m)n}$$

式中，

$$\sum_{n=0}^{N-1}\mathrm{e}^{\mathrm{j}\frac{2\pi}{N}(k-m)n}=\begin{cases}N, & k=m\\ 0, & k\neq m\end{cases} \tag{9.2.2}$$

因此

$$a_k=\frac{1}{N}\sum_{n=0}^{N-1} x_N(n)\mathrm{e}^{-\mathrm{j}\frac{2\pi}{N}kn}, -\infty<k<+\infty \tag{9.2.3}$$

式中，k 和 n 均取整数，当 k 或 n 变化时，$\mathrm{e}^{-\mathrm{j}\frac{2\pi}{N}kn}$ 是周期为 N 的周期函数，可以表示成

$$\mathrm{e}^{-\mathrm{j}\frac{2\pi}{N}(k+lN)n}=\mathrm{e}^{-\mathrm{j}\frac{2\pi}{N}kn}, l \text{ 取整数}$$

因此，系数 a_k 也是周期序列，满足

$$a_k = a_{k+lN}$$

令 $X_N(k)=Na_k$，并将式（9.2.3）代入，得到：

$$X_N(k)=\sum_{n=0}^{N-1}x_N(n)\mathrm{e}^{-\mathrm{j}\frac{2\pi}{N}kn}, -\infty<k<+\infty \tag{9.2.4}$$

式中，$X_N(k)$ 也是一个以 N 为周期的周期序列，称为 $x_N(n)$ 的离散傅里叶级数，用 DFS 表示。对式（9.2.4）两端乘以 $\mathrm{e}^{\mathrm{j}\frac{2\pi}{N}kl}$，并对 k 在一个周期中求和，得到

$$\sum_{k=0}^{N-1}X_N(k)\mathrm{e}^{\mathrm{j}\frac{2\pi}{N}kl}=\sum_{k=0}^{N-1}\left[\sum_{n=0}^{N-1}x_N(n)\mathrm{e}^{-\mathrm{j}\frac{2\pi}{N}kn}\right]\mathrm{e}^{\mathrm{j}\frac{2\pi}{N}kl}=\sum_{n=0}^{N-1}x_N(n)\sum_{k=0}^{N-1}\mathrm{e}^{\mathrm{j}\frac{2\pi}{N}(l-n)k}$$

同样按照式（9.2.2），得到：

$$x_N(n)=\frac{1}{N}\sum_{k=0}^{N-1}X_N(k)\mathrm{e}^{\mathrm{j}\frac{2\pi}{N}kn} \tag{9.2.5}$$

将式（9.2.4）和式（9.2.5）重写如下

正变换
$$X(k)=\mathrm{DFS}[x_N(n)]=\sum_{n=0}^{N-1}x_N(n)\mathrm{e}^{-\mathrm{j}\frac{2\pi}{N}kn} \tag{9.2.6}$$

逆变换
$$x_N(n)=\mathrm{IDFS}[X_N(k)]=\frac{1}{N}\sum_{k=0}^{N-1}X_N(k)\mathrm{e}^{\mathrm{j}\frac{2\pi}{N}kn} \tag{9.2.7}$$

式（9.2.6）和式（9.2.7）称为一对 DFS。式（9.2.7）表明，将周期序列分解成 N 次谐波，第 k 个谐波频率为 $\Omega_k=(2\pi/N)k, k=0,1,2,\cdots,N-1$，幅度为 $(1/N)X_N(k)$。基波分量的频率是 $2\pi/N$，幅度为 $(1/N)X_N(1)$。一个周期序列可以用其 DFS 表示它的频谱分布规律。

【例 9.2.1】 设 $x(n)=R_4(n)$，将 $x(n)$ 以 $N=8$ 为周期进行周期延拓，得到图 9.2.1（a）所示的周期序列 $x_N(n)$，周期为 8，求 $x_N(n)$ 的 DFS。

解：按照式（9.2.6），有

$$X_N(k)=\sum_{n=0}^{7}x(n)\mathrm{e}^{-\mathrm{j}\frac{2\pi}{8}kn}=\sum_{n=0}^{3}\mathrm{e}^{-\mathrm{j}\frac{\pi}{4}kn}=\frac{1-\mathrm{e}^{-\mathrm{j}\frac{\pi}{4}k\cdot 4}}{1-\mathrm{e}^{-\mathrm{j}\frac{\pi}{4}k}}=\frac{1-\mathrm{e}^{-\mathrm{j}k\pi}}{1-\mathrm{e}^{-\mathrm{j}\frac{\pi}{4}k}}$$

$$=\frac{\mathrm{e}^{-\mathrm{j}\frac{\pi}{2}k}(\mathrm{e}^{\mathrm{j}\frac{\pi}{2}k}-\mathrm{e}^{-\mathrm{j}\frac{\pi}{2}k})}{\mathrm{e}^{-\mathrm{j}\frac{\pi}{8}k}(\mathrm{e}^{\mathrm{j}\frac{\pi}{8}k}-\mathrm{e}^{-\mathrm{j}\frac{\pi}{2}k})}=\mathrm{e}^{-\mathrm{j}\frac{3\pi}{8}k}\frac{\sin\frac{\pi}{2}k}{\sin\frac{\pi}{8}k}$$

其幅度特性 $|X_N(k)|$ 如图 9.2.1（b）所示。

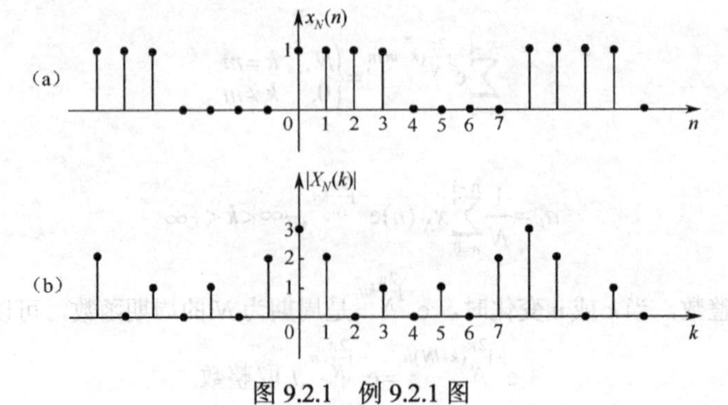

图 9.2.1 例 9.2.1 图

9.2.2　离散时间傅里叶变换

与连续时间信号类似，周期序列 $x_N(n)$ 在周期 $N\to+\infty$ 时，将变成非周期序列 $x(n)$，同时，谱线间隔 $\Omega_0=\frac{2\pi}{N}$ 趋于无穷小，成为连续谱。

当 $N\to+\infty$ 时，$n\frac{2\pi}{N}$ 趋于连续变量 Ω，式（9.2.6）是在一个周期内求和，这时求和的区间扩展成 $(-\infty,+\infty)$，于是得到非周期序列的离散时间傅里叶变换，也称为序列傅里叶变换

$$X(\mathrm{e}^{\mathrm{j}\Omega})=\sum_{n=-\infty}^{+\infty}x(n)\mathrm{e}^{-\mathrm{j}\Omega n} \tag{9.2.8}$$

同理，将周期序列的傅里叶级数展开式（9.2.7）变成

$$x_N(n)=\frac{1}{N}\sum_{k=0}^{N-1}X_N(k)\mathrm{e}^{\mathrm{j}\frac{2\pi}{N}kn}=\frac{1}{2\pi}\sum_{k=0}^{N-1}X_N(k)\mathrm{e}^{\mathrm{j}\frac{2\pi}{N}kn}\cdot\frac{2\pi}{N}$$

当 $N\to+\infty$ 时，$k\frac{2\pi}{N}$ 趋于连续变量 Ω，$\frac{2\pi}{N}$ 趋于无穷小，取其为 $\mathrm{d}\Omega$，$x_N(n)\to x(n)$，$X_N(k)\to X(\mathrm{e}^{\mathrm{j}\Omega})$，由于 k 的取值周期为 N，$k\frac{2\pi}{N}$ 的周期为 2π，所以上式可以写成

$$x(n)=\frac{1}{2\pi}\int_{-\pi}^{\pi}X(\mathrm{e}^{\mathrm{j}\Omega})\mathrm{e}^{\mathrm{j}\Omega n}\mathrm{d}\Omega \tag{9.2.9}$$

序列的傅里叶变换采用 DTFT 表示，逆变换采用 DTFT^{-1}，因此序列的傅里叶变换及逆变换可以归纳为：

正变换
$$\mathrm{DTFT}[x(n)]=X(\mathrm{e}^{\mathrm{j}\Omega})=\sum_{n=-\infty}^{+\infty}x(n)\mathrm{e}^{-\mathrm{j}\Omega n} \tag{9.2.10}$$

逆变换
$$\mathrm{DTFT}^{-1}[X(\mathrm{e}^{\mathrm{j}\Omega})]=x(n)=\frac{1}{2\pi}\int_{-\pi}^{\pi}X(\mathrm{e}^{\mathrm{j}\Omega})\mathrm{e}^{\mathrm{j}\Omega n}\mathrm{d}\Omega \tag{9.2.11}$$

一个序列要存在傅里叶变换，需满足收敛条件

$$\sum_{n=-\infty}^{+\infty}|x(n)|<+\infty \tag{9.2.12}$$

式（9.2.12）是序列傅里叶变换存在的充分必要条件，如果引入冲激函数，一些绝对不可和的序列，如周期序列，其傅里叶变换可用冲激函数的形式表示。

与连续时间信号类似，序列的傅里叶变换 $X(\mathrm{e}^{\mathrm{j}\Omega})$ 也称为频谱函数，可以写成幅度和相位形式

$$X(\mathrm{e}^{\mathrm{j}\Omega})=\left|X(\mathrm{e}^{\mathrm{j}\Omega})\right|\mathrm{e}^{\mathrm{j}\varphi(\Omega)} \tag{9.2.13}$$

式中，$|X(\mathrm{e}^{\mathrm{j}\Omega})|$ 称为幅频特性，$\varphi(\Omega)$ 称为相频特性。

【例 9.2.2】　设 $x(n)=R_N(n)$，求 $x(n)$ 的傅里叶变换。

解：
$$X(\mathrm{e}^{\mathrm{j}\Omega})=\sum_{n=-\infty}^{+\infty}R_N(n)\mathrm{e}^{-\mathrm{j}\Omega n}=\sum_{n=0}^{N-1}\mathrm{e}^{-\mathrm{j}\Omega n}$$
$$=\frac{1-\mathrm{e}^{\mathrm{j}\Omega N}}{1-\mathrm{e}^{-\mathrm{j}\Omega}}=\frac{\mathrm{e}^{\mathrm{j}\Omega N/2}(\mathrm{e}^{-\mathrm{j}\Omega N/2}-\mathrm{e}^{\mathrm{j}\Omega N/2})}{\mathrm{e}^{\mathrm{j}\Omega/2}(\mathrm{e}^{-\mathrm{j}\Omega/2}-\mathrm{e}^{\mathrm{j}\Omega/2})}$$
$$=\mathrm{e}^{-\mathrm{j}(N-1)\Omega/2}\frac{\sin(\Omega N/2)}{\sin(\Omega/2)}$$

设 $N=4$，幅度与相位随 Ω 变化的曲线如图 9.2.2 所示。

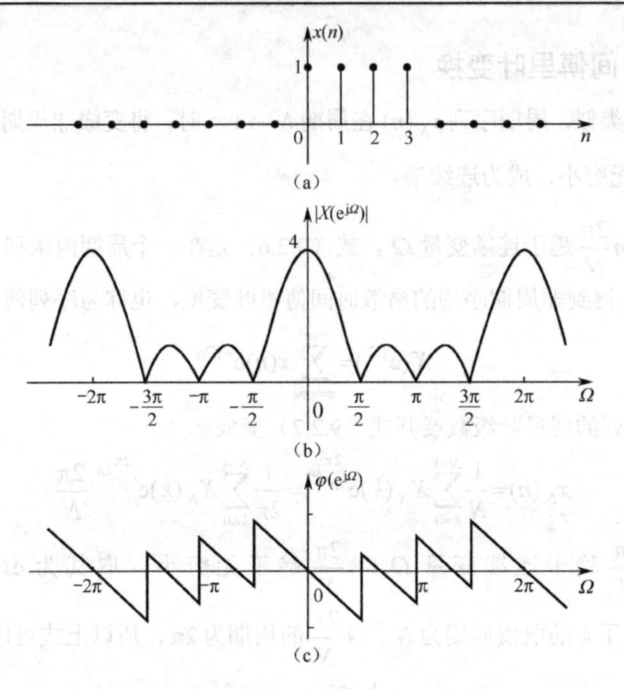

图 9.2.2　$R_4(n)$ 的幅度与相位曲线

9.3　序列傅里叶变换的性质

1．周期性

在定义式（9.2.10）中，n 取整数，则

$$X(\mathrm{e}^{\mathrm{j}\Omega})=\sum_{n=-\infty}^{+\infty}x(n)\mathrm{e}^{-\mathrm{j}(\Omega+2\pi M)n}\text{，}M\text{ 为整数} \tag{9.3.1}$$

因此序列的傅里叶变换是频率 Ω 的周期函数，周期是 2π。这样 $X(\mathrm{e}^{\mathrm{j}\Omega})$ 可以展开成傅里叶级数，其实式（9.2.10）已经是傅里叶级数的形式，$x(n)$ 是其系数。模拟信号的傅里叶变换同样表示了信号在频域的分布规律，但不同的是，序列的傅里叶变换是以 2π 为周期的函数。在 $\Omega=0$ 和 $\Omega=2\pi M$ 附近的频谱分布应是相同的（M 取整数），在 $\Omega=0,\pm2\pi,\pm4\pi,\cdots$ 点上表示的是 $x(n)$ 信号的直流分量，那么离这些点愈远，其频率应愈高，但又是以 2π 为周期的，那么最高的频率应是 $\Omega=\pi$。需要说明的是，所谓 $x(n)$ 的直流分量，是指图 9.3.1（a）所示的波形。例如，$x(n)=\cos\Omega n$，当 $\Omega=2\pi M$，M 取整数时，$x(n)$ 的序列值如图 9.3.1（a）所示，它代表其直流分量；当 $\Omega=(2M+1)\pi$ 时，$x(n)$ 的波形如图 9.3.1（b）所示，它代表最高频率信号，是一种变化最快的信号。由于序列傅里叶变换的周期性，一般只分析 $\pm\pi$ 之间或 $0\sim2\pi$ 之间的 DTFT，本书在$[0,2\pi]$区间进行分析。

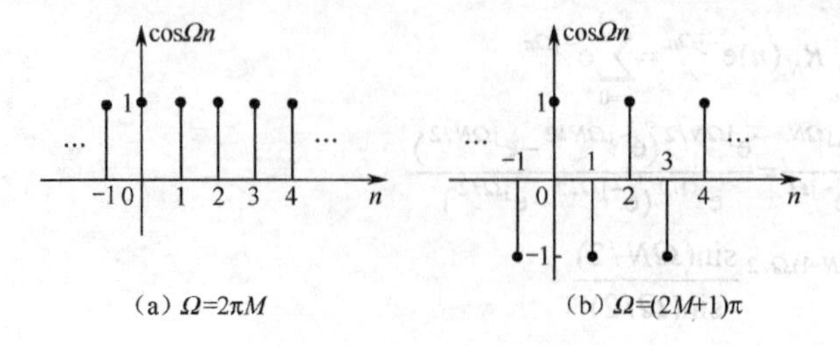

图 9.3.1　$\cos\Omega n$ 的波形

2．线性

设 $X_1(e^{j\Omega})=\text{DTFT}[x_1(n)]$，$X_2(e^{j\Omega})=\text{DTFT}[x_2(n)]$，则

$$\text{DTFT}[ax_1(n)+bx_2(n)]=aX_1(e^{j\Omega})+bX_2(e^{j\Omega}) \tag{9.3.2}$$

式中，a、b 为常数。

3．时移与频移

设 $X(e^{j\Omega})=\text{DTFT}[x(n)]$，则

$$\text{DTFT}[x(n-n_0)]=e^{-j\Omega n_0}X(e^{j\Omega}) \tag{9.3.3}$$

$$\text{DTFT}[e^{j\Omega_0 n}x(n)]=X(e^{j(\Omega-\Omega_0)}) \tag{9.3.4}$$

4．对称性

在学习序列傅里叶变换的对称性之前，先介绍共轭对称与共轭反对称的概念及它们的性质。

设序列 $x_e(n)$ 满足

$$x_e(n)=x_e^*(-n) \tag{9.3.5}$$

则称 $x_e(n)$ 为共轭对称序列。若所给的序列是实序列，则条件变为 $x_e(n)=x_e(-n)$，即 $x_e(n)$ 为偶对称序列。

类似地，可以定义满足式（9.3.6）的共轭反对称序列：

$$x_o(n)=-x_o^*(-n) \tag{9.3.6}$$

若所给的序列是实序列，则条件变为 $x_o(n)=-x_o(-n)$，即 $x_o(n)$ 为奇对称序列。

【例 9.3.1】　试分析 $x(n)=e^{j\Omega n}$ 的对称性。

解：将 $x(n)$ 的 n 用 $R_N(n)$ 代替，再取共轭得到：$x^*(-n)=e^{j\Omega n}$。因此 $x(n)=x^*(-n)$，满足式(9.3.5)，$x(n)$ 是共轭对称序列。

任一序列都可以用一个共轭对称序列与共轭反对称序列之和表示，即

$$x(n)=x_e(n)+x_o(n) \tag{9.3.7}$$

其中

$$x_e(n)=\frac{1}{2}[x(n)+x^*(-n)] \tag{9.3.8}$$

$$x_o(n)=\frac{1}{2}[x(n)-x^*(-n)] \tag{9.3.9}$$

从式（9.3.8）和式（9.3.9）得到的 $x_e(n)$ 和 $x_o(n)$ 分别满足共轭对称和共轭反对称的条件。

同样，对于频域函数 $X(e^{j\Omega})$，也有和以上类似的概念和结论：

$$X(e^{j\Omega})=X_e(e^{j\Omega})+X_o(e^{j\Omega}) \tag{9.3.10}$$

式中，$X_e(e^{j\Omega})$ 与 $X_o(e^{j\Omega})$ 分别称为共轭对称部分和共轭反对称部分，它们满足：

$$X_e(e^{j\Omega})=X_e^*(e^{-j\Omega}) \tag{9.3.11}$$

$$X_o(e^{j\Omega})=-X_o^*(e^{-j\Omega}) \tag{9.3.12}$$

同样满足以下公式：

$$X_e(e^{j\Omega})=\frac{1}{2}[X(e^{j\Omega})+X^*(e^{-j\Omega})] \tag{9.3.13}$$

$$X_o(e^{j\Omega})=\frac{1}{2}[X(e^{j\Omega})-X^*(e^{-j\Omega})] \tag{9.3.14}$$

由以上的定义可以得到一些对称性质，这些性质可以直接在 z 变换性质中代入 $z=e^{j\Omega}$ 而得到

证明，亦可由序列的傅里叶变换的定义及性质得到。

对称性 1：序列实部的傅里叶变换等于序列傅里叶变换的共轭对称分量，即

$$\mathrm{DTFT}\{\mathrm{Re}[x(n)]\}=X_{\mathrm{e}}(\mathrm{e}^{\mathrm{j}\Omega})=\frac{1}{2}[X(\mathrm{e}^{\mathrm{j}\Omega})+X^{*}(\mathrm{e}^{-\mathrm{j}\Omega})] \tag{9.3.15}$$

对称性 2：序列虚部乘 j 后的傅里叶变换等于序列傅里叶变换的共轭反对称分量，即

$$\mathrm{DTFT}\{\mathrm{jIm}[x(n)]\}=X_{\mathrm{o}}(\mathrm{e}^{\mathrm{j}\Omega})=\frac{1}{2}[X(\mathrm{e}^{\mathrm{j}\Omega})-X^{*}(\mathrm{e}^{-\mathrm{j}\Omega})] \tag{9.3.16}$$

对称性 3：序列的共轭对称分量的傅里叶变换等于序列傅里叶变换的实部，即

$$\mathrm{DTFT}[x_{\mathrm{e}}(n)]=\mathrm{Re}[X(\mathrm{e}^{\mathrm{j}\Omega})] \tag{9.3.17}$$

对称性 4：序列的共轭反对称分量的傅里叶变换等于序列傅里叶变换的虚部和 j 的乘积，即

$$\mathrm{DTFT}[x_{\mathrm{o}}(n)]=\mathrm{jIm}[X(\mathrm{e}^{\mathrm{j}\Omega})] \tag{9.3.18}$$

对称性 5：当 $x(n)$ 是实序列时，其傅里叶变换 $X(\mathrm{e}^{\mathrm{j}\Omega})$ 满足共轭对称性，即

$$X(\mathrm{e}^{\mathrm{j}\Omega})=X^{*}(\mathrm{e}^{-\mathrm{j}\Omega}) \tag{9.3.19}$$

5．时域卷积定理

设　$y(n)=x(n)*h(n)$，则

$$Y(\mathrm{e}^{\mathrm{j}\Omega})=X(\mathrm{e}^{\mathrm{j}\Omega})H(\mathrm{e}^{\mathrm{j}\Omega}) \tag{9.3.20}$$

证明：

$$y(n)=\sum_{m=-\infty}^{+\infty}x(m)h(n-m)$$

$$Y(\mathrm{e}^{\mathrm{j}\Omega})=\mathrm{DTFT}[y(n)]=\sum_{n=-\infty}^{+\infty}\sum_{m=-\infty}^{+\infty}[x(m)h(n-m)]\mathrm{e}^{-\mathrm{j}\Omega n}$$

令 $k=n-m$，则

$$\begin{aligned}Y(\mathrm{e}^{\mathrm{j}\Omega})&=\sum_{k=-\infty}^{+\infty}\sum_{m=-\infty}^{+\infty}h(k)x(m)\mathrm{e}^{-\mathrm{j}\Omega k}\mathrm{e}^{-\mathrm{j}\Omega n}\\&=\sum_{k=-\infty}^{+\infty}h(k)\mathrm{e}^{-\mathrm{j}\Omega k}\sum_{m=-\infty}^{+\infty}x(m)\mathrm{e}^{-\mathrm{j}\Omega n}\\&=H(\mathrm{e}^{\mathrm{j}\Omega})X(\mathrm{e}^{\mathrm{j}\Omega})\end{aligned}$$

该定理表明，两序列卷积的序列傅里叶变换服从相乘的关系。对于线性时不变系统，输出序列的傅里叶变换等于输入序列的傅里叶变换乘以单位样值响应的傅里叶变换。因此，在求系统的输出信号时，可以在时域用卷积公式计算，也可以在频域按照式（9.3.20）求出输出信号的傅里叶变换，再做傅里叶逆变换，求出输出信号。

6．频域卷积定理

设 $y(n)=x(n)\cdot h(n)$，则

$$Y(\mathrm{e}^{\mathrm{j}\Omega})=\frac{1}{2\pi}X(\mathrm{e}^{\mathrm{j}\Omega})*H(\mathrm{e}^{\mathrm{j}\Omega})=\frac{1}{2\pi}\int_{-\pi}^{\pi}X(\mathrm{e}^{\mathrm{j}\theta})H(\mathrm{e}^{\mathrm{j}(\omega-\theta)})\mathrm{d}\theta \tag{9.3.21}$$

证明：

$$\begin{aligned}Y(\mathrm{e}^{\mathrm{j}\Omega})&=\sum_{n=-\infty}^{+\infty}x(n)h(n)\mathrm{e}^{-\mathrm{j}\Omega n}\\&=\sum_{n=-\infty}^{+\infty}x(n)\left[\frac{1}{2\pi}\int_{-\pi}^{\pi}H(\mathrm{e}^{\mathrm{j}\theta})\mathrm{e}^{\mathrm{j}\theta n}\mathrm{d}\theta\right]\mathrm{e}^{-\mathrm{j}\Omega n}\end{aligned}$$

交换积分与求和的次序，得到：

$$Y(\mathrm{e}^{\mathrm{j}\Omega})=\frac{1}{2\pi}\int_{-\pi}^{\pi}H(\mathrm{e}^{\mathrm{j}\theta})\left[\sum_{n=-\infty}^{+\infty}x(n)\mathrm{e}^{-\mathrm{j}(\Omega-\theta)n}\right]\mathrm{d}\theta$$
$$=\frac{1}{2\pi}\int_{-\pi}^{\pi}H(\mathrm{e}^{\mathrm{j}\theta})X(\mathrm{e}^{\mathrm{j}(\Omega-\theta)})\mathrm{d}\theta$$
$$=\frac{1}{2\pi}X(\mathrm{e}^{\mathrm{j}\Omega})*H(\mathrm{e}^{\mathrm{j}\Omega})$$

该定理表明，在时域两序列相乘，转换到频域则服从卷积关系。

7. 帕塞瓦尔（Parseval）定理

$$\sum_{n=-\infty}^{+\infty}\left|x(n)\right|^2=\frac{1}{2\pi}\int_{-\pi}^{\pi}\left|x(\mathrm{e}^{\mathrm{j}\Omega})\right|^2\mathrm{d}\omega \tag{9.3.22}$$

证明：

$$\sum_{n=-\infty}^{+\infty}\left|x(n)\right|^2=\sum_{n=-\infty}^{+\infty}x(n)x^*(n)$$
$$=\sum_{n=-\infty}^{+\infty}x^*(n)\left[\frac{1}{2\pi}\int_{-\pi}^{\pi}X(\mathrm{e}^{\mathrm{j}\Omega})\mathrm{e}^{\mathrm{j}\Omega n}\mathrm{d}\omega\right]$$
$$=\frac{1}{2\pi}\int_{-\pi}^{\pi}X(\mathrm{e}^{\mathrm{j}\Omega})\sum_{n=-\infty}^{+\infty}x^*(n)\mathrm{e}^{\mathrm{j}\Omega n}\mathrm{d}\omega$$
$$=\frac{1}{2\pi}\int_{-\pi}^{\pi}X(\mathrm{e}^{\mathrm{j}\Omega})X^*(\mathrm{e}^{\mathrm{j}\Omega})\mathrm{d}\Omega=\frac{1}{2\pi}\int_{-\pi}^{\pi}\left|X(\mathrm{e}^{\mathrm{j}\Omega})\right|^2\mathrm{d}\Omega$$

帕塞瓦尔定理表明，信号时域的总能量等于频域的总能量。要说明的是，这里的频域总能量是指 $\left|X(\mathrm{e}^{\mathrm{j}\Omega})\right|^2$ 在一个周期的积分再乘以 $\frac{1}{2\pi}$。

表 9.3 所示为序列傅里叶变换的性质，以方便查阅。

表 9.3.1　序列傅里叶变换的性质

序　号	序　列	傅里叶变换
1	$x(n)$	$X(\mathrm{e}^{\mathrm{j}\Omega})$
2	$y(n)$	$Y(\mathrm{e}^{\mathrm{j}\Omega})$
3	$ax(n)+by(n)$	$aX(\mathrm{e}^{\mathrm{j}\Omega})+bY(\mathrm{e}^{\mathrm{j}\Omega})$，$a$、$b$为常数
4	$x(n-n_0)$	$\mathrm{e}^{-\mathrm{j}\Omega n_0}X(\mathrm{e}^{\mathrm{j}\Omega})$
5	$x^*(n)$	$X^*(\mathrm{e}^{-\mathrm{j}\Omega})$
6	$x(-n)$	$X(\mathrm{e}^{-\mathrm{j}\Omega})$
7	$x(n)*y(n)$	$X(\mathrm{e}^{\mathrm{j}\Omega})\cdot H(\mathrm{e}^{\mathrm{j}\Omega})$
8	$x(n)\cdot y(n)$	$\frac{1}{2\pi}\int_{-\pi}^{\pi}X(\mathrm{e}^{-\mathrm{j}\theta})Y(\mathrm{e}^{\mathrm{j}(\Omega-\theta)})\mathrm{d}\theta$
9	$nx(n)$	$\mathrm{j}\left[X(\mathrm{e}^{\mathrm{j}\Omega})/\mathrm{d}\Omega\right]$
10	$\mathrm{Re}[x(n)]$	$X_{\mathrm{e}}(\mathrm{e}^{\mathrm{j}\Omega})$
11	$\mathrm{jIm}[x(n)]$	$X_{\mathrm{o}}(\mathrm{e}^{\mathrm{j}\Omega})$
12	$x_{\mathrm{e}}(n)$	$\mathrm{Re}\left[X(\mathrm{e}^{\mathrm{j}\Omega})\right]$
13	$x_{\mathrm{o}}(n)$	$\mathrm{jIm}\left[X(\mathrm{e}^{\mathrm{j}\Omega})\right]$
14	$\sum_{n=-\infty}^{\infty}\left|x(n)\right|^2$	$\frac{1}{2\pi}\int_{-\pi}^{\pi}\left|X(\mathrm{e}^{\mathrm{j}\Omega})\right|^2\mathrm{d}\Omega$

9.4 常用序列的傅里叶变换

1．单位样值序列

$$x(n)=\delta(n)$$

$$\text{DTFT}[\delta(n)]=\sum_{n=-\infty}^{+\infty}\delta(n)\mathrm{e}^{-\mathrm{j}\Omega n}=1 \tag{9.4.1}$$

2．指数序列

$$x(n)=a^n u(n) \quad |a|<1$$

$$X(\mathrm{e}^{\mathrm{j}\Omega})=\sum_{n=-\infty}^{+\infty}a^n u(n)\mathrm{e}^{-\mathrm{j}\Omega n}=\sum_{n=0}^{+\infty}a^n\mathrm{e}^{-\mathrm{j}\Omega n}=\sum_{n=0}^{+\infty}(a\mathrm{e}^{-\mathrm{j}\Omega})^n$$

$$=1+a\mathrm{e}^{-\mathrm{j}\Omega}+(a\mathrm{e}^{-\mathrm{j}\Omega})^2+\cdots+(a\mathrm{e}^{-\mathrm{j}\Omega})^n+\cdots$$

$$=\frac{1}{1-a\mathrm{e}^{-\mathrm{j}\Omega}}=\frac{\mathrm{e}^{\mathrm{j}\Omega}}{\mathrm{e}^{\mathrm{j}\Omega}-a}$$

所以有

$$X(\mathrm{e}^{\mathrm{j}\Omega})=\frac{1}{1-a\mathrm{e}^{-\mathrm{j}\Omega}}=\frac{\mathrm{e}^{\mathrm{j}\Omega}}{\mathrm{e}^{\mathrm{j}\Omega}-a} \tag{9.4.2}$$

3．矩形序列

$$x(n)=R_N(n)$$

$$X(\mathrm{e}^{\mathrm{j}\Omega})=\text{DTFT}[R_N(n)]=\sum_{n=-\infty}^{+\infty}R_N(n)\mathrm{e}^{-\mathrm{j}\Omega n}$$

$$=\sum_{n=0}^{N-1}\mathrm{e}^{-\mathrm{j}\Omega n}=\frac{1-\mathrm{e}^{-\mathrm{j}\Omega N}}{1-\mathrm{e}^{-\mathrm{j}\Omega}}$$

$$=\frac{\left(\mathrm{e}^{\mathrm{j}\frac{\Omega N}{2}}-\mathrm{e}^{-\mathrm{j}\frac{\Omega N}{2}}\right)\mathrm{e}^{-\mathrm{j}\frac{\Omega N}{2}}}{\left(\mathrm{e}^{\mathrm{j}\frac{\Omega}{2}}-\mathrm{e}^{-\mathrm{j}\frac{\Omega}{2}}\right)\mathrm{e}^{-\mathrm{j}\frac{\Omega}{2}}}$$

$$=\mathrm{e}^{-\mathrm{j}\Omega(\frac{N-1}{2})}\frac{\sin(\Omega N/2)}{\sin(\Omega/2)}$$

所以有

$$X(\mathrm{e}^{\mathrm{j}\Omega})=\mathrm{e}^{-\mathrm{j}\Omega(\frac{N-1}{2})}\frac{\sin(\Omega N/2)}{\sin(\Omega/2)} \tag{9.4.3}$$

4．虚指数序列

$$x(n)=\mathrm{e}^{\mathrm{j}\Omega_0 n}$$

严格意义上说，该序列不满足绝对可和，其傅里叶变换不存在。与连续时间信号类似，如果引入冲激函数，则可以得到其广义傅里叶变换形式。

$$X(\mathrm{e}^{\mathrm{j}\Omega})=\text{DTFT}[\mathrm{e}^{\mathrm{j}\Omega_0 n}]=\sum_{n=-\infty}^{+\infty}\mathrm{e}^{\mathrm{j}\Omega_0 n}\mathrm{e}^{-\mathrm{j}\Omega n}=\sum_{n=-\infty}^{+\infty}\mathrm{e}^{\mathrm{j}(\Omega_0-\Omega)n}$$

这是一个等比级数求和计算，等比系数为 $e^{j(\Omega_0-\Omega)}$。

（1）当 $\Omega_0-\Omega\neq 2r\pi$（$r$ 为整数）时，

$$\begin{aligned}X(e^{j\Omega})&=\sum_{n=-\infty}^{+\infty}e^{j(\Omega_0-\Omega)n}\\&=\sum_{n=-\infty}^{0}e^{j(\Omega_0-\Omega)n}+\sum_{n=0}^{+\infty}e^{j(\Omega_0-\Omega)n}-1\\&=\frac{1}{1-e^{-j(\Omega_0-\Omega)}}+\frac{1}{1-e^{j(\Omega_0-\Omega)}}-1\\&=\frac{-e^{j(\Omega_0-\Omega)}}{1-e^{j(\Omega_0-\Omega)}}+\frac{1}{1-e^{j(\Omega_0-\Omega)}}-1\\&=\frac{1-e^{j(\Omega_0-\Omega)}}{1-e^{j(\Omega_0-\Omega)}}-1\\&=0\end{aligned}$$

（2）当 $\Omega_0-\Omega=2r\pi$（r 为整数）时，

$$X(e^{j\Omega})=\sum_{n=-\infty}^{+\infty}1=+\infty$$

可见，$X(e^{j\Omega})$ 是一个间隔为 2π 的冲激序列，冲激出现在频率为 $\Omega=\Omega_0-2k\pi$ 上。另外，根据序列傅里叶变换的周期性，$X(e^{j\Omega})$ 是以 2π 为周期的，因此每个冲激的强度都是一样的，即

$$X(e^{j\Omega})=\sum_{r=-\infty}^{+\infty}A\delta(\Omega-\Omega_0-2\pi r)$$

将上式代入序列傅里叶逆变换式中，有

$$\begin{aligned}x(n)&=\frac{1}{2\pi}\int_{-\pi}^{\pi}X(e^{j\Omega n})e^{j\Omega n}d\Omega\\&=\frac{1}{2\pi}\int_{-\pi}^{\pi}\sum_{r=-\infty}^{+\infty}A\delta(\Omega-\Omega_0-2\pi r)e^{j\Omega n}d\Omega\\&=\frac{A}{2\pi}e^{j(\Omega_0+2\pi r)n}=\frac{A}{2\pi}e^{j\Omega_0 n}\end{aligned}$$

所以 $A=2\pi$，即

$$X(e^{j\Omega})=\sum_{r=-\infty}^{+\infty}2\pi\delta(\Omega-\Omega_0-2\pi r) \tag{9.4.4}$$

虚指数的频谱特性如图 9.4.1 所示。

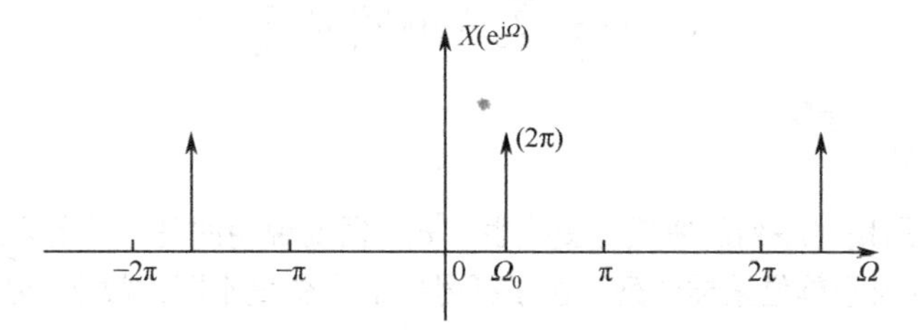

图 9.4.1　$e^{j\Omega_0 n}$ 的傅里叶变换

5．直流序列

$$x(n)=1$$

取式（9.4.4）中的 $\Omega_0=0$，即可得到直流序列的傅里叶变换

$$X(\mathrm{e}^{\mathrm{j}\Omega})=\sum_{r=-\infty}^{+\infty}2\pi\delta(\Omega-2\pi r) \tag{9.4.5}$$

6. 正弦序列

$$x(n)=\cos(\Omega_0 n)=\frac{\mathrm{e}^{\mathrm{j}\Omega_0 n}+\mathrm{e}^{-\mathrm{j}\Omega_0 n}}{2}$$

根据序列傅里叶变换的线性性质，可得

$$X(\mathrm{e}^{\mathrm{j}\Omega})=\mathrm{DTFT}[\cos(\Omega_0 n)]=\pi\sum_{r=-\infty}^{\infty}[\delta(\Omega-\Omega_0-2\pi r)+\delta(\Omega+\Omega_0-2\pi r)] \tag{9.4.6}$$

式（9.4.6）表明，$\cos\Omega_0 n$ 的傅里叶变换是在 $\Omega=\pm\Omega_0$ 处的单位冲激函数，强度为 π，且以 2π 为周期进行延拓，如图 9.4.2 所示。

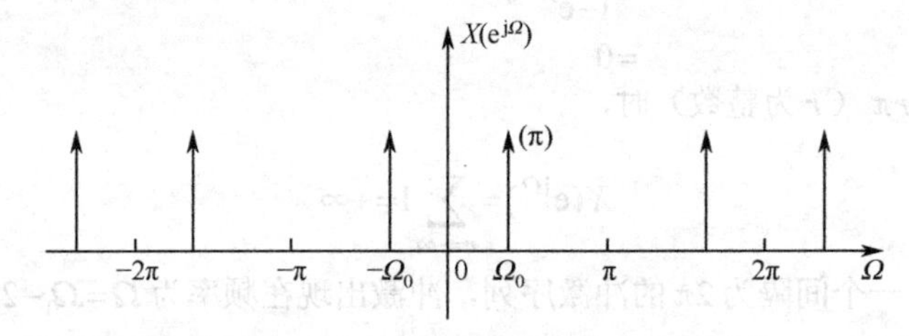

图 9.4.2 $\cos(\Omega_0 n)$ 的傅里叶变换

同理，可得

$$\mathrm{DTFT}[\sin(\Omega_0 n)]=-\mathrm{j}\pi\sum_{r=-\infty}^{+\infty}[\delta(\Omega-\Omega_0-2\pi r)-\delta(\Omega+\Omega_0-2\pi r)] \tag{9.4.7}$$

7. 周期序列的傅里叶变换

对于一般周期序列 $x_N(n)$，按式（9.2.6）展成 DFS，第 k 次谐波为 $(X_N(k)/N)\mathrm{e}^{\mathrm{j}\frac{2\pi}{N}kn}$，类似于复数序列的傅里叶变换，其傅里叶变换为 $\left[2\pi\frac{X_N(k)}{N}\right]\sum_{r=-\infty}^{+\infty}\delta\left(\Omega-\frac{2\pi}{N}k-2\pi r\right)$，因此 $x_N(n)$ 的傅里叶变换如下：

$$X(\mathrm{e}^{\mathrm{j}\Omega})=\mathrm{DTFT}[x_N(n)]=\sum_{k=0}^{N-1}\frac{2\pi X_N(k)}{N}\sum_{r=-\infty}^{+\infty}\delta\left(\Omega-\frac{2\pi}{N}k-2\pi r\right)$$

式中，$k=0,1,2,\cdots,N-1$，如果让 k 在 $\pm\infty$ 之间变化，上式可简化成

$$X(\mathrm{e}^{\mathrm{j}\Omega})=\frac{2\pi}{N}\sum_{k=-\infty}^{+\infty}X_N(k)\delta\left(\Omega-\frac{2\pi}{N}k\right) \tag{9.4.8}$$

式中，$X_N(k)=\sum_{n=0}^{N-1}x_N(n)\mathrm{e}^{-\mathrm{j}\frac{2\pi}{N}kn}$。

式（9.4.8）就是周期性序列的傅里叶变换表示式。需要说明的是，以上公式中的 $\delta(\Omega)$ 表示单位冲激函数，而 $\delta(n)$ 表示单位采样序列，由于括号中的自变量不同，故不会引起混淆。

【例 9.4.1】 求例 9.2.1 中周期序列的傅里叶变换。

解： 将例 9.2.1 中得到的 $X_N(k)$ 代入式（9.4.8）中，得到：

$$X(\mathrm{e}^{\mathrm{j}\Omega})=\frac{\pi}{4}\sum_{k=-\infty}^{+\infty}\mathrm{e}^{-\mathrm{j}\frac{3}{8}\pi k}\frac{\sin(\pi k/2)}{\sin(\pi k/8)}\delta\left(\Omega-\frac{\pi}{4}k\right)$$

对比图 9.2.1，对于同一个周期信号，其傅里叶级数和傅里叶变换分别取模的形状是一样的，不同的是，傅里叶变换用单位冲激函数表示（用带箭头的竖线表示），因此周期序列的频谱分布用其傅里叶级数或傅里叶变换表示都可以，但画图时应注意单位冲激函数的画法。

表 9.4.1　常用序列的傅里叶变换

序　号	序　列	傅里叶变换
1	$\delta(n)$	1
2	$a^n u(n),\ \lvert a\rvert<1$	$\dfrac{e^{j\Omega}}{e^{j\Omega}-a}$
3	$-a^n u(-n-1),\ \lvert a\rvert>1$	$\dfrac{e^{j\Omega}}{e^{j\Omega}-a}$
4	$\lvert a\rvert^n, \lvert a\rvert<1$	$\dfrac{1-a^2}{1-2a\cos\Omega+a^2}$
5	$R_N(n)$	$e^{-j(N-1)\Omega/2}\dfrac{\sin(\Omega N/2)}{\sin(\Omega/2)}$
6	1	$2\pi\sum\limits_{k=-\infty}^{+\infty}\delta(\Omega-2\pi r)$
7	$u(n)$	$\dfrac{e^{j\Omega}}{e^{j\Omega}-1}+\pi\sum\limits_{k=-\infty}^{+\infty}\delta(\Omega-2\pi r)$
8	$e^{j\Omega_0 n}$	$2\pi\sum\limits_{l=-\infty}^{+\infty}\delta(\Omega-\Omega_0-2\pi r)$
9	$\cos\Omega_0 n$	$\pi\sum\limits_{l=-\infty}^{+\infty}[\delta(\Omega-\Omega_0-2\pi r)+\delta(\Omega+\Omega_0-2\pi r)]$
10	$\sin\Omega_0 n$	$-j\pi\sum\limits_{l=-\infty}^{+\infty}[\delta(\Omega-\Omega_0-2\pi r)-\delta(\Omega+\Omega_0-2\pi r)]$
11	$\cos(\Omega_0 n)u(n)$	$\dfrac{e^{j2\Omega}-e^{j\Omega}\cos\Omega_0}{e^{j2\Omega}-2e^{j\Omega}\cos\Omega_0+1}+\dfrac{\pi}{2}\sum\limits_{r=-\infty}^{+\infty}[\delta(\Omega-\Omega_0-2\pi r)+\delta(\Omega+\Omega_0-2\pi r)]$
12	$\sin(\Omega_0 n)u(n)$	$\dfrac{e^{j\Omega}\sin\Omega_0}{e^{j2\Omega}-2e^{j\Omega}\cos\Omega_0+1}+\dfrac{\pi}{2j}\sum\limits_{r=-\infty}^{+\infty}[\delta(\Omega-\Omega_0-2\pi r)-\delta(\Omega+\Omega_0-2\pi r)]$
13	$x_N(n)$	$\dfrac{2\pi}{N}\sum\limits_{k=-\infty}^{+\infty}X_N(k)\delta(\Omega-\dfrac{2\pi}{N}k),\ X_N(k)=\sum\limits_{n=0}^{N-1}x_N(n)e^{-j\frac{2\pi}{N}kn}$

9.5　DTFT 与 z 变换、连续时间傅里叶变换的关系

9.5.1　DTFT 与 z 变换的关系

z 变换和 DTFT 之间的关系与拉普拉斯变换和连续时间傅里叶变换（CTFT）之间的关系是很类似的，现将 z 变换和 DTFT 的定义式重新写出

z 变换：
$$X(z)=\sum_{n=-\infty}^{+\infty}x(n)z^{-n} \tag{9.5.1}$$

DTFT：
$$X(e^{j\Omega})=\sum_{n=-\infty}^{+\infty}x(n)e^{-j\Omega n} \tag{9.5.2}$$

取式（9.5.1）中的 $z=e^{j\Omega}$，则可以得到式（9.5.2），由此说明 z 变换和 DTFT 在 $z=e^{j\Omega}$ 处是等价的，或者说 DTFT 是 z 变换在单位圆上的取值，即 $z=e^{j\Omega}$。等价的条件：z 变换的收敛域包含单位圆，或者序列 $x(n)$ 绝对可和。

9.5.2 DTFT 与连续时间傅里叶变换的关系

连续信号 $x_a(t)$ 经理想抽样后得到 $\hat{x}_a(t)$，则有

$$\hat{x}_a(t)=\sum_{n=-\infty}^{+\infty} x_a(nT)\delta(t-nT) \tag{9.5.3}$$

对式（9.5.3）进行连续时间傅里叶变换，得

$$\begin{aligned}\hat{X}_a(j\omega)&=\int_{-\infty}^{+\infty}\sum_{n=-\infty}^{+\infty} x_a(nT)\delta(t-nT)e^{-j\omega t}dt\\&=\sum_{n=-\infty}^{+\infty} x_a(nT)\int_{-\infty}^{+\infty}\delta(t-nT)e^{-j\omega t}dt\\&=\sum_{n=-\infty}^{+\infty} x_a(nT)e^{-j\omega nT}\end{aligned} \tag{9.5.4}$$

设离散信号 $x(n)$ 是 $x_a(t)$ 的抽样值 $x_a(nT)$，即 $x(n)=x_a(nT)$，那么 $x(n)$ 的 DTFT 为

$$X(e^{j\Omega})=\sum_{n=-\infty}^{+\infty} x(n)e^{-j\Omega n}=\sum_{n=-\infty}^{+\infty} x_a(nT)e^{-j\Omega n} \tag{9.5.5}$$

比较式（9.5.4）和式（9.5.5），取 $\Omega=\omega T$，则有

$$X(e^{j\Omega})=\hat{X}_a(j\omega)$$

因此，$X(e^{j\Omega})$ 和 $\hat{X}_a(j\omega)$ 之间的关系就是对频率做相应的尺度变换，即数字角频率与模拟角频率的线性关系为 $\Omega=\omega T$。

另外，连续信号经理想抽样后，其频谱产生周期延拓，即

$$\hat{X}_a(j\omega)=\frac{1}{T}\sum_{k=-\infty}^{+\infty} X_a\left(j\omega-jk\frac{2\pi}{T}\right) \tag{9.5.6}$$

因此，DTFT 与 CTFT 的关系为

$$X(e^{j\Omega})=\hat{X}_a(j\omega)\Big|_{\omega=\frac{\Omega}{T}}=\frac{1}{T}\sum_{k=-\infty}^{+\infty} X_a\left(j\omega-jk\frac{2\pi}{T}\right)\Bigg|_{\omega=\frac{\Omega}{T}} \tag{9.5.7}$$

9.5.3 4 种傅里叶变换的比较

由第 3 章和本章的分析可知，按照信号的连续性和周期性的不同，傅里叶变换一共有 4 种形式，连续周期信号的傅里叶级数、连续非周期信号的傅里叶变换、序列的傅里叶变换、周期序列的傅里叶级数。各种形式的傅里叶变换对应的表达式如表 9.5.1 所示。

表 9.5.1 傅里叶变换的 4 种形式

名　称	时　域	频　域
傅里叶变换（CTFT）	$x(t)=\frac{1}{2\pi}\int_{-\infty}^{+\infty}X(j\omega)e^{j\omega t}d\omega$	时域信号：连续、非周期
	$X(j\omega)=\int_{-\infty}^{+\infty}x(t)e^{-j\omega t}dt$	频域：连续、非周期
傅里叶级数（CFS）	$\tilde{x}(t)=\sum_{k=-\infty}^{+\infty}X(k\omega)e^{jk\omega_0 t}$	时域：连续、周期 (T_0)
	$X(k\omega)=\frac{1}{T_0}\int_{t_0}^{t_0+T_0}\tilde{x}(t)e^{-jk\omega_0 t}dt$	频域：离散 $\left(\omega_0=\frac{2\pi}{T_0}\right)$、非周期
序列的傅里叶变换（DTFT）	$x(n)=\frac{1}{2\pi}\int_{-\pi}^{\pi}X(e^{j\Omega})e^{j\Omega n}d\Omega$	时域：离散、非周期

（续表）

名　称	时　域	频　域
序列的傅里叶变换（DTFT）	$X(e^{j\Omega})=\sum_{n=-\infty}^{+\infty}x(n)e^{j\Omega n}$	频域：连续、周期 (2π)
离散傅里叶级数（DFS）	$\tilde{x}(n)=\frac{1}{N}\sum_{k=0}^{N-1}\tilde{X}(k)e^{j\frac{2\pi}{N}kn}$	时域：离散、周期 (N)
	$\tilde{X}(k)=\sum_{n=0}^{N-1}\tilde{x}(n)e^{j\frac{2\pi}{N}kn}$	频域：离散、周期 (N)

通过对表 9.5.1 分析可以发现，若时域连续，则频域具有非周期性；而若时域离散，则频域具有周期性；反之亦然。

在表 9.5.1 中，如果设离散时间间隔为 T_s，周期信号的周期为 T_0，离散频率间隔为 ω_0，离散时间信号的采样频率为 ω_s（频率周期），则有

$$\frac{T_0}{T_s}=\frac{\omega_s}{\omega_0}=N \tag{9.5.8}$$

$$\omega_0 T_0=\omega_s T_s=2\pi \tag{9.5.9}$$

9.6　离散时间系统的频域分析

9.6.1　离散时间系统的频率响应

在连续时间系统中，系统的频率响应特性反映了系统在正弦激励下的稳态响应随频率变化的情况，与此相似的是，在离散系统中，也要研究正弦序列激励下的稳态响应随频率变化的关系，即离散系统的频率响应特性及其意义。

设输入序列是频率为 Ω 的复指数序列，即：

$$x(n)=e^{j\Omega n},-\infty<n<+\infty \tag{9.6.1}$$

利用卷积和可得

$$y(n)=\sum_{m=-\infty}^{+\infty}h(m)e^{j\Omega(n-m)}=e^{j\Omega n}\sum_{m=-\infty}^{+\infty}h(m)e^{-j\Omega m} \tag{9.6.2}$$

可表示成

$$y(n)=e^{j\Omega n}H(e^{j\Omega}) \tag{9.6.3}$$

其中

$$H(e^{j\Omega})=\sum_{m=-\infty}^{+\infty}h(m)e^{-j\Omega m} \tag{9.6.4}$$

所以，$H(e^{j\Omega})$ 是 $h(n)$ 的傅里叶变换，称为系统的频率响应，它描述了复指数序列通过线性时不变系统后复振幅的变化。

在 z 变换与傅里叶变换的关系一节中提到过，单位圆上的 z 变换是序列的傅里叶变换，反映了序列的频谱。所以，系统的频率响应 $H(e^{j\Omega})$ 正是系统函数 $H(z)$ 在单位圆上的值，即

$$H(e^{j\Omega})=H(z)\big|_{z=e^{j\Omega}} \tag{9.6.5}$$

系统的频率响应包括幅度响应和相位响应。设 $H(e^{j\omega})$ 可表示为

$$H(e^{j\Omega})=\mathrm{Re}\{H(e^{j\Omega})\}+\mathrm{Im}\{H(e^{j\Omega})\}$$

则系统的幅度响应为

$$\left|H(\mathrm{e}^{\mathrm{j}\Omega})\right|=\sqrt{[\mathrm{Re}\{H(\mathrm{e}^{\mathrm{j}\Omega})\}]^2+[\mathrm{Im}\{H(\mathrm{e}^{\mathrm{j}\Omega})\}]^2} \tag{9.6.6}$$

而系统的相位响应为

$$\arg[H(\mathrm{e}^{\mathrm{j}\Omega})]=\arctan\frac{\mathrm{Im}\{H(\mathrm{e}^{\mathrm{j}\Omega})\}}{\mathrm{Re}\{H(\mathrm{e}^{\mathrm{j}\Omega})\}} \tag{9.6.7}$$

由于反正切函数只能给出以π为模的相位主值，使得相位限制在$\left(-\frac{\pi}{2},\frac{\pi}{2}\right)$区间，即

$$-\frac{\pi}{2}<\arg\left\{H(\mathrm{e}^{\mathrm{j}\Omega})\right\}<\frac{\pi}{2} \tag{9.6.8}$$

【例 9.6.1】 设一阶系统的差分方程为 $y(n)=x(n)+ay(n-1),|a|<1$，a 为实数，求系统的频率响应。

解：对差分方程两边取 z 变换

$$Y(z)=X(z)+az^{-1}y(z),\quad Y(z)(1-a^{-1})=X(z)$$

$$H(z)=\frac{Y(z)}{X(z)}=\frac{1}{1-a^{-1}},\quad |z|>|a|$$

这是因果系统，其单位样值响应为 $h(n)=a^n u(n)$。

而频率响应为

$$H(\mathrm{e}^{\mathrm{j}\Omega})=H(z)_{z=\mathrm{e}^{\mathrm{j}\Omega}}=\frac{1}{1-a\mathrm{e}^{-\mathrm{j}\Omega}}=\frac{1}{1-a\cos\Omega}=1/(1-a\cos\Omega+\mathrm{j}a\sin\Omega)$$

幅度响应为：$\left|H(\mathrm{e}^{\mathrm{j}\Omega})\right|=(1+a^2-2a\cos\Omega)^{-\frac{1}{2}}$

相位响应为：$\arg[H(\mathrm{e}^{\mathrm{j}\Omega})]=-\arctan\left[\frac{a\sin\Omega}{(1-a\cos\Omega)}\right]$

【例 9.6.2】 已知线性移不变因果稳定系统的二阶差分方程为 $y(n)-y(n-1)+0.5y(n-2)=x(n-1)$，试求其频率响应特性。

解：将系统两边在零状态下取单边 z 变换，可得此系统的系统函数为

$$H(z)=\frac{z}{z^2-z+0.5}$$

系统的频率特性为

$$H(\mathrm{e}^{\mathrm{j}\Omega})=H(z)\big|_{z=\mathrm{e}^{\mathrm{j}\Omega}}=\frac{\mathrm{e}^{\mathrm{j}\Omega}}{\mathrm{e}^{\mathrm{j}2\Omega}-\mathrm{e}^{\mathrm{j}\Omega}+0.5}$$

图 9.6.1 所示为该系统的幅度频率响应特性和相位频率响应特性。

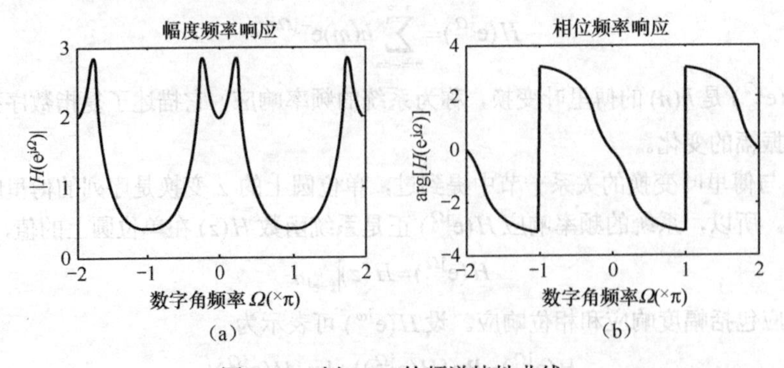

图 9.6.1 例 9.6.2 的频谱特性曲线

从图 9.6.1 可以看出，离散时间系统的频率特性与连续时间系统的频率特性很相似，但也有不

同之处，在于离散时间系统的频率特性一定是一个周期为 2π 的函数，这是由于 $H(\mathrm{e}^{\mathrm{j}\Omega})$ 中的 $\mathrm{e}^{\mathrm{j}\Omega}$ 是频率的周期函数而导致的。频率响应的周期性是离散时间系统区别于连续时间系统特性的重要特点。考虑到这种周期性，对离散时间系统的频率特性的分析只在一个周期 $[0,2\pi)$ 或 $(-\pi,\pi]$ 内进行即可。

9.6.2　信号对离散时间系统的响应

1．一般信号的系统响应

对于线性移不变系统 $h(n)$，当任意输入 $x(n)$，系统的零状态响应为

$$y(n)=x(n)*h(n)$$

根据卷积定理可以得出

$$Y(\mathrm{e}^{\mathrm{j}\Omega})=X(\mathrm{e}^{\mathrm{j}\Omega})H(\mathrm{e}^{\mathrm{j}\Omega}) \tag{9.6.9}$$

式中，$X(\mathrm{e}^{\mathrm{j}\Omega})$、$Y(\mathrm{e}^{\mathrm{j}\Omega})$ 分别为输入、输出序列的傅里叶变换，$H(\mathrm{e}^{\mathrm{j}\Omega})$ 为系统的频率响应。由式（9.6.9）可知，对于线性移不变系统，其输出序列的傅里叶变换等于输入序列的傅里叶变换与系统频率响应的乘积。

根据序列傅里叶逆变换的定义式，可以得出系统的响应

$$y(n)=\frac{1}{2\pi}\int_{-\pi}^{\pi}Y(\mathrm{e}^{\mathrm{j}\Omega})\mathrm{e}^{\mathrm{j}\Omega n}\mathrm{d}\Omega=\frac{1}{2\pi}\int_{-\pi}^{\pi}X(\mathrm{e}^{\mathrm{j}\Omega})H(\mathrm{e}^{\mathrm{j}\Omega})\mathrm{e}^{\mathrm{j}\Omega n}\mathrm{d}\Omega \tag{9.6.10}$$

由 $x(n)=\frac{1}{2\pi}\int_{-\pi}^{\pi}X(\mathrm{e}^{\mathrm{j}\Omega})\mathrm{e}^{\mathrm{j}\Omega n}\mathrm{d}\Omega$ 可以看出，序列 $x(n)$ 可以看成复指数的叠加，即微分增量 $\frac{1}{2\pi}X(\mathrm{e}^{\mathrm{j}\Omega})\mathrm{e}^{\mathrm{j}\Omega n}\mathrm{d}\Omega$ 的叠加，利用此叠加特性，以及系统对复指数的响应是完全由 $H(\mathrm{e}^{\mathrm{j}\Omega})$ 所确定的这一性质，可以解释式（9.6.10）中 $x(n)$ 作用于系统的输出响应。因为根据式（9.6.3），每个输入复指数为 $\frac{1}{2\pi}X(\mathrm{e}^{\mathrm{j}\Omega})\mathrm{e}^{\mathrm{j}\Omega n}\mathrm{d}\Omega$，作用于系统 $H(\mathrm{e}^{\mathrm{j}\Omega})$ 上，其响应都为 $\frac{1}{2\pi}X(\mathrm{e}^{\mathrm{j}\Omega})H(\mathrm{e}^{\mathrm{j}\Omega})\mathrm{e}^{\mathrm{j}\Omega n}\mathrm{d}\Omega$，而总的输出等于系统对每个复指数分量响应的叠加，即式（9.6.10）。

2．正弦信号的响应

设输入正弦信号

$$x(n)=A\cos(\Omega_0 n+\phi)=\frac{A}{2}[\mathrm{e}^{\mathrm{j}(\Omega_0 n+\phi)}+\mathrm{e}^{-\mathrm{j}(\Omega_0 n+\phi)}]$$

根据欧拉公式展开

$$x(n)=\frac{A}{2}[\mathrm{e}^{\mathrm{j}(\Omega_0 n+\phi)}+\mathrm{e}^{-\mathrm{j}(\Omega_0 n+\phi)}]=\frac{A}{2}[\mathrm{e}^{\mathrm{j}\Omega_0 n}\mathrm{e}^{\mathrm{j}\phi}+\mathrm{e}^{-\mathrm{j}\Omega_0 n}\mathrm{e}^{-\mathrm{j}\phi}]$$

根据式（9.6.3），$x(n)$ 作用于频率响应函数为 $H(\mathrm{e}^{\mathrm{j}\Omega})$ 的系统的响应为

$$y(n)=\frac{A}{2}[H(\mathrm{e}^{\mathrm{j}\Omega_0})\mathrm{e}^{\mathrm{j}\Omega_0 n}\mathrm{e}^{\mathrm{j}\phi}+H(\mathrm{e}^{-\mathrm{j}\Omega_0})\mathrm{e}^{-\mathrm{j}\Omega_0 n}\mathrm{e}^{-\mathrm{j}\phi}]$$

由于 $h(n)$ 是实序列，$H(\mathrm{e}^{\mathrm{j}\Omega})$ 满足共轭对称条件，即

$$H(\mathrm{e}^{\mathrm{j}\Omega})=H^*(\mathrm{e}^{-\mathrm{j}\Omega})$$

即幅度频谱特性为偶对称，相位频谱特性为奇对称

$$\left|H(\mathrm{e}^{\mathrm{j}\Omega})\right|=\left|H(\mathrm{e}^{-\mathrm{j}\Omega})\right|$$

$$\arg[H(\mathrm{e}^{\mathrm{j}\Omega})]=-\arg[H(\mathrm{e}^{-\mathrm{j}\Omega})]$$

其中，$H(\mathrm{e}^{\mathrm{j}\Omega})=\left|H(\mathrm{e}^{\mathrm{j}\Omega})\right|\mathrm{e}^{\mathrm{j}\arg[H(\mathrm{e}^{\mathrm{j}\Omega})]}$。所以

$$y(n)=\frac{A}{2}\left[\left|H(e^{j\Omega_0})\right|e^{j\arg[H(e^{j\Omega_0})]}e^{j\Omega_0 n}e^{j\phi}+\left|H(e^{-j\Omega_0})\right|e^{j\arg[H(e^{-j\Omega_0})]}e^{-j\Omega_0 n}e^{-j\phi}\right]$$

$$=\frac{A}{2}\left[\left|H(e^{j\Omega_0})\right|e^{j\arg[H(e^{j\Omega_0})]}e^{j\Omega_0 n}e^{j\phi}+\left|H(e^{j\Omega_0})\right|e^{-j\arg[H(e^{j\Omega_0})]}e^{-j\Omega_0 n}e^{-j\phi}\right]$$

$$=\frac{A}{2}\left|H(e^{j\Omega_0})\right|\left[e^{j\arg[H(e^{j\Omega_0})]}e^{j\Omega_0 n}e^{j\phi}+e^{-j\arg[H(e^{j\Omega_0})]}e^{-j\Omega_0 n}e^{-j\phi}\right]$$

$$=\frac{A}{2}\left|H(e^{j\Omega_0})\right|\left[e^{j[\arg[H(e^{j\Omega_0})]+\Omega_0 n+\phi]}+e^{-j[\arg[H(e^{j\Omega_0})]+\Omega_0 n+\phi]}\right]$$

整理得

$$y(n)=A\left|H(e^{j\Omega_0})\right|\cos\{\Omega_0 n+\phi+\arg[H(e^{j\Omega_0})]\} \tag{9.6.11}$$

根据式（9.6.11）可得出结论：当系统输入为正弦序列时，则输出为同频的正弦序列，其幅度受频率响应幅度$\left|H(e^{j\Omega})\right|$加权，而输出的相位则为输入相位与系统相位响应之和。该结论与正弦信号作用于连续时间系统时相同。

3．因果稳定系统的正弦稳态响应

设因果稳定系统的输入为因果正弦序列

$$x(n)=A\sin(\Omega_0 n)u(n)$$

其 z 变换为

$$X(z)=\frac{z^{-1}\sin\Omega_0}{1-2z^{-1}\cos\Omega_0+z^{-2}}=\frac{Az\sin\Omega_0}{z^2-2z\cos\Omega_0+1}$$

$$=\frac{Az\cos\Omega_0}{(z-e^{j\Omega_0})(z-e^{-j\Omega_0})}$$

于是可得出系统零状态响应的象函数为

$$Y(z)=X(z)H(z)=\frac{Az\cos\Omega_0}{(z-e^{j\Omega_0})(z-e^{-j\Omega_0})}H(z)$$

因为系统是稳定的，$H(z)$ 的极点位于单位圆内，且不与 $X(z)$ 的极点 $e^{\pm j\Omega_0}$ 重合，有

$$Y(z)=\frac{B_1 z}{z-e^{j\Omega_0}}+\frac{B_2 z}{z-e^{-j\Omega_0}}+\sum_{i=1}^{N}\frac{C_i z}{z-p_i}$$

式中，

$$B_1=(z-e^{j\Omega_0})\frac{Y(z)}{z}\bigg|_{z=e^{j\Omega_0}}=\frac{AH(e^{j\Omega_0})}{2j},$$

$$B_2=(z-e^{-j\Omega_0})\frac{Y(z)}{z}\bigg|_{z=e^{-j\Omega_0}}=-\frac{AH(e^{-j\Omega_0})}{2j},$$

p_i 是 $H(z)$ 的极点。

因为 $H(e^{j\Omega_0})$ 与 $H(e^{-j\Omega_0})$ 是共轭复数，并将其写成模与相位的形式

$$H(e^{j\Omega_0})=\left|H(e^{j\Omega_0})\right|e^{j\arg[H(e^{j\Omega_0})]},\ H(e^{-j\Omega_0})=\left|H(e^{j\Omega_0})\right|e^{-j\arg[H(e^{j\Omega_0})]}$$

因此

$$Y(z)=\frac{A\left|H(\mathrm{e}^{\mathrm{j}\Omega_0})\right|}{2\mathrm{j}}\left(\frac{z\mathrm{e}^{\mathrm{j}\arg[H(\mathrm{e}^{\mathrm{j}\Omega_0})]}}{z-\mathrm{e}^{\mathrm{j}\Omega_0}}+\frac{z\mathrm{e}^{-\mathrm{j}\arg[H(\mathrm{e}^{\mathrm{j}\Omega_0})]}}{z-\mathrm{e}^{-\mathrm{j}\Omega_0}}\right)+\sum_{i=1}^{N}\frac{C_i z}{z-p_i}$$

求 z 的逆变换，可得

$$y(n)=\frac{A\left|H(\mathrm{e}^{\mathrm{j}\Omega_0})\right|}{2\mathrm{j}}\left(\mathrm{e}^{\mathrm{j}\{\Omega_0 n+\arg[H(\mathrm{e}^{\mathrm{j}\Omega_0})]\}}-\mathrm{e}^{-\mathrm{j}\{\Omega_0 n+\arg[H(\mathrm{e}^{\mathrm{j}\Omega_0})]\}}\right)+\sum_{i=1}^{N}C_i(p_i)^n$$

当 $n\to+\infty$ 时，$\sum_{i=1}^{N}C_i(p_i)^n=0$，所以系统的稳态响应为

$$\begin{aligned}y(n)&=\frac{A\left|H(\mathrm{e}^{\mathrm{j}\Omega_0})\right|}{2\mathrm{j}}(\mathrm{e}^{\mathrm{j}\{\Omega_0 n+\arg[H(\mathrm{e}^{\mathrm{j}\Omega_0})]\}}-\mathrm{e}^{-\mathrm{j}\{\Omega_0 n+\arg[H(\mathrm{e}^{\mathrm{j}\Omega_0})]\}})\\&=A\left|H(\mathrm{e}^{\mathrm{j}\Omega_0})\right|\sin\{\Omega_0 n+\arg[H(\mathrm{e}^{\mathrm{j}\Omega_0})]\}\end{aligned}\tag{9.6.12}$$

式（9.6.12）可以扩展成任意输入相位形式，如果输入信号为

$$x(n)=A\cos(\Omega_0 n+\phi)u(n)$$

那么系统的稳态响应为

$$y(n)=A\left|H(\mathrm{e}^{\mathrm{j}\Omega_0})\right|\cos\{\Omega_0 n+\phi+\arg[H(\mathrm{e}^{\mathrm{j}\Omega_0})]\}u(n)\tag{9.6.13}$$

式（9.6.13）的结论与式（9.6.11）的结论类似：当系统输入为因果正弦序列时，则系统的稳态响应为同频的因果正弦序列，其幅度受频率响应幅度 $\left|H(\mathrm{e}^{\mathrm{j}\Omega})\right|$ 加权，相位则为输入相位与系统相位响应之和。

【例 9.6.3】　已知例 9.6.2 的系统，求：

（1）输入为 $x_1(n)=\cos(n\pi/6)+2\cos(n\pi/3)+3\cos(n\pi/2)$ 的零状态响应；

（2）输入为 $x_2(n)=5\cos(n\pi)u(n)$ 的正弦稳态响应。

解：根据例 9.6.2 的结果可知

$$H(\mathrm{e}^{\mathrm{j}\Omega})=H(z)\big|_{z=\mathrm{e}^{\mathrm{j}\Omega}}=\frac{\mathrm{e}^{\mathrm{j}\Omega}}{\mathrm{e}^{\mathrm{j}2\Omega}-\mathrm{e}^{\mathrm{j}\Omega}+0.5}$$

所以

$$H(\mathrm{e}^{\mathrm{j}\Omega})\big|_{\Omega=\frac{\pi}{6}}=\frac{\mathrm{e}^{\mathrm{j}\frac{\pi}{6}}}{\mathrm{e}^{\mathrm{j}\frac{\pi}{3}}-\mathrm{e}^{\mathrm{j}\frac{\pi}{6}}+0.5}=2.57\mathrm{e}^{-\mathrm{j}0.22\pi}$$

$$H(\mathrm{e}^{\mathrm{j}\Omega})\big|_{\Omega=\frac{\pi}{3}}=\frac{\mathrm{e}^{\mathrm{j}\frac{\pi}{3}}}{\mathrm{e}^{\mathrm{j}\frac{2\pi}{3}}-\mathrm{e}^{\mathrm{j}\frac{\pi}{3}}+0.5}=2\mathrm{e}^{-\mathrm{j}2\pi/3}$$

$$H(\mathrm{e}^{\mathrm{j}\Omega})\big|_{\Omega=\frac{\pi}{2}}=\frac{\mathrm{e}^{\mathrm{j}\frac{\pi}{2}}}{\mathrm{e}^{\mathrm{j}\pi}-\mathrm{e}^{\mathrm{j}\frac{\pi}{2}}+0.5}=0.89\mathrm{e}^{-\mathrm{j}0.85\pi}$$

$$H(\mathrm{e}^{\mathrm{j}\Omega})\big|_{\Omega=\pi}=\frac{\mathrm{e}^{\mathrm{j}\pi}}{\mathrm{e}^{\mathrm{j}2\pi}-\mathrm{e}^{\mathrm{j}\pi}+0.5}=0.4\mathrm{e}^{\mathrm{j}\pi}$$

根据式（9.6.11）可以得出 $x_1(n)$ 的零状态响应为

$$y_1(n)=2.57\cos\left(\frac{n\pi}{6}-0.22\pi\right)+4\cos\left(\frac{n\pi}{3}-\frac{2\pi}{3}\right)+2.67\cos\left(\frac{n\pi}{2}-0.85\pi\right)$$

根据式（9.6.12）可以得出 $x_2(n)$ 的正弦稳态响应为

$$y_2(n)=2\cos(n\pi-\pi)u(n)=2\cos(n\pi)u(n)$$

9.6.3　由零、极点分布图分析系统的频率响应

由系统函数 $H(z)$ 的零、极点分布图可以直观地分析系统的频率响应，并大致画出幅频响应与相频响应曲线，而且通过零、极点分析可以得出滤波器设计的一般原则。

式（8.6.5）已经给出，$H(z)$ 可以写成零、极点的形式，即

$$H(z)=K\frac{\prod_{m=1}^{M}(1-z_m z^{-1})}{\prod_{k=1}^{N}(1-p_k z^{-1})}=Kz^{(N-M)}\frac{\prod_{m=1}^{M}(z-z_m)}{\prod_{k=1}^{N}(z-p_k)}$$

将 $z=\mathrm{e}^{\mathrm{j}\Omega}$ 代入上式，得到系统的频率响应为

$$H(\mathrm{e}^{\mathrm{j}\Omega})=K\mathrm{e}^{\mathrm{j}\Omega(N-M)}\frac{\prod_{m=1}^{M}(\mathrm{e}^{\mathrm{j}\Omega}-z_m)}{\prod_{k=1}^{N}(\mathrm{e}^{\mathrm{j}\Omega}-p_k)} \tag{9.6.14}$$

对于因果系统，一般有 $N\geqslant M$。某一线性移不变系统的零、极点分布如图 9.6.2 所示。

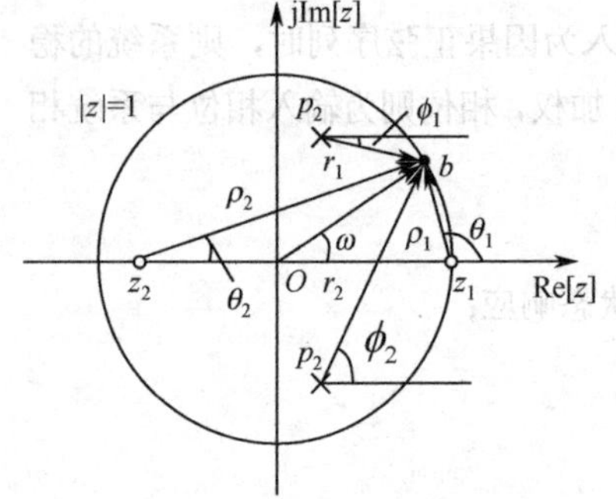

图 9.6.2　系统零、极点分布图

图 9.6.2 中，“o”表示零点，“×”表示极点。式（9.6.14）中，$\mathrm{e}^{\mathrm{j}\Omega}$ 为图中单位圆上的一点 b，也可以表示成从原点到 $\mathrm{e}^{\mathrm{j}\Omega}$ 的向量 $\overrightarrow{Ob}$。零点 z_m、极点 p_k 也可以分别表示成从原点到该零点、极点的向量，则式（9.6.14）中的 $\mathrm{e}^{\mathrm{j}\Omega}-z_m$ 表示由零点 z_m 指向 $\mathrm{e}^{\mathrm{j}\Omega}$ 的向量，$\mathrm{e}^{\mathrm{j}\Omega}-p_k$ 表示由极点 p_k 指向 $\mathrm{e}^{\mathrm{j}\Omega}$ 的向量。由图 9.6.2 可见

$$\mathrm{e}^{\mathrm{j}\Omega}-z_1=\overrightarrow{z_1 b}=\rho_1\mathrm{e}^{\mathrm{j}\theta_1},\quad \mathrm{e}^{\mathrm{j}\Omega}-z_2=\overrightarrow{z_2 b}=\rho_2\mathrm{e}^{\mathrm{j}\theta_2}$$

$$\mathrm{e}^{\mathrm{j}\Omega}-p_1=\overrightarrow{p_1 b}=r_1\mathrm{e}^{\mathrm{j}\varphi_1},\quad \mathrm{e}^{\mathrm{j}\Omega}-p_2=\overrightarrow{p_2 b}=r_2\mathrm{e}^{\mathrm{j}\varphi_2}$$

式中，ρ_1、ρ_2、r_1、r_2 为向量的模，θ_1、θ_2、φ_1、φ_2 为向量的相角（向量与实轴正向的夹角，逆时针为正，顺时针为负），则系统的频率响应式（9.6.14）可表示为

$$H(\mathrm{e}^{\mathrm{j}\Omega})=K\mathrm{e}^{\mathrm{j}\Omega(N-M)}\frac{\prod_{m=1}^{M}\overrightarrow{z_m b}}{\prod_{k=1}^{N}\overrightarrow{p_k b}}$$

则 $H(\mathrm{e}^{\mathrm{j}\Omega})$ 的幅频响应为

$$\left|H(\mathrm{e}^{\mathrm{j}\Omega})\right|=|K|\frac{\prod_{m=1}^{M}\left|\overrightarrow{z_m b}\right|}{\prod_{k=1}^{N}\left|\overrightarrow{p_k b}\right|}=|K|\frac{\prod_{m=1}^{M}\rho_m}{\prod_{k=1}^{N}r_k} \tag{9.6.15}$$

即 $H(\mathrm{e}^{\mathrm{j}\Omega})$ 的幅频响应为各零点到 $\mathrm{e}^{\mathrm{j}\Omega}$ 的向量模的乘积除以各极点到 $\mathrm{e}^{\mathrm{j}\Omega}$ 的向量模的乘积，再乘以系数 $|K|$。

而$H(\mathrm{e}^{\mathrm{j}\Omega})$的相频响应为

$$\arg[H(\mathrm{e}^{\mathrm{j}\Omega})]=\sum_{m=1}^{M}\theta_m-\sum_{k=1}^{N}\phi_k+\Omega(N-M) \tag{9.6.16}$$

即$H(\mathrm{e}^{\mathrm{j}\Omega})$的相频响应各零点到$\mathrm{e}^{\mathrm{j}\Omega}$的向量的相角和与各极点到$\mathrm{e}^{\mathrm{j}\Omega}$的向量的相角和之差，再加上$\Omega(N-M)$。

以上就是系统频率响应的解释，分析过程中的因子$z^{(N-M)}=\mathrm{e}^{\mathrm{j}\Omega(N-M)}$表明：当$N>M$时，$H(z)$在$z=0$处有$(N-M)$阶零点；当$N<M$时，$H(z)$在$z=0$处有$(N-M)$阶极点；当$N=M$时，$H(z)$在$z=0$处无零点和极点。由这种零点或极点指向$\mathrm{e}^{\mathrm{j}\Omega}$的向量的模为 1，对$H(\mathrm{e}^{\mathrm{j}\Omega})$的幅频响应无影响，而仅对相频响应产生$\Omega(N-M)$的线性相移。

因此，由式（9.6.15）、式（9.6.16）可以确定系统的频率响应。分析图 9.6.2 可见，当Ω从 0 变化到2π时，$\overrightarrow{Ob}$从正实轴开始逆时针旋转了一周，同时各零、极点向量的终点b沿单位圆也旋转了一周，依据这两式大致绘制出$\left|H(\mathrm{e}^{\mathrm{j}\Omega})\right|$、$\arg[H(\mathrm{e}^{\mathrm{j}\Omega})]$随$\Omega$变化的曲线，也就得到了系统的频率响应曲线。从式（9.6.15）容易看出，$\mathrm{e}^{\mathrm{j}\Omega}$距离零点越近，$\left|H(\mathrm{e}^{\mathrm{j}\Omega})\right|$值越小，而$\mathrm{e}^{\mathrm{j}\omega}$距离极点越近，$\left|H(\mathrm{e}^{\mathrm{j}\Omega})\right|$值越大，所以靠近单位圆的零点对$\left|H(\mathrm{e}^{\mathrm{j}\Omega})\right|$的波谷有明显影响，而靠近单位圆的极点则对$\left|H(\mathrm{e}^{\mathrm{j}\Omega})\right|$的波峰有明显影响。零点可以位于单位圆外，不影响系统的稳定性，而极点位于单位圆外时，系统不稳定。这样可以通过控制零、极点的分布来改变系统的频率特性，从而设计出符合要求的系统。

【例 9.6.4】　已知描述某线性移不变系统的一阶差分方程为

$$y(n)=x(n)-2x(n-1)$$

试定性绘制出该系统的频率响应特性曲线。

解：对已知差分方程两端取z变换得到系统函数为

$$H(z)=1-2z^{-1}=\frac{z-2}{z}$$

可见，该系统有一个零点$z=2$、一个极点$z=0$，如图 9.6.3 所示。图中，ρ_1、r_1为向量的模，θ_1、ϕ_1为向量的相角，由图可见$r_1=1$、$\varphi_1=\Omega$，所以

$$\mathrm{e}^{\mathrm{j}\Omega}-2=\rho_1\mathrm{e}^{\mathrm{j}\theta_1}$$

$$\mathrm{e}^{\mathrm{j}\Omega}-0=r_1\mathrm{e}^{\mathrm{j}\varphi_1}=\mathrm{e}^{\mathrm{j}\varphi_1}$$

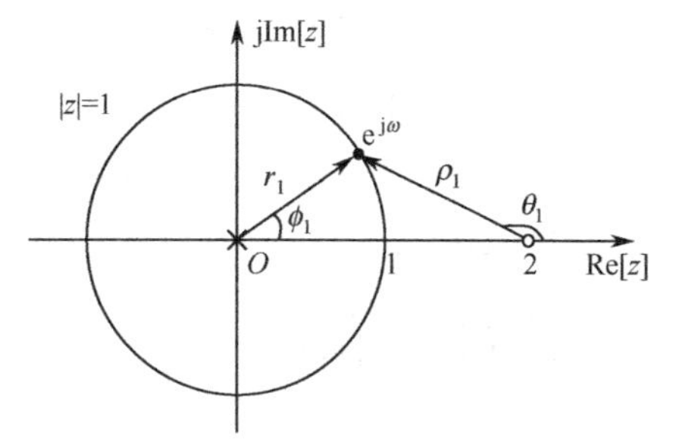

图 9.6.3　例 9.6.4 零、极点分布图

则由式（9.6.15）、式（9.6.16）分别得

$$\left|H(\mathrm{e}^{\mathrm{j}\Omega})\right|=\rho_1$$

$$\arg[H(\mathrm{e}^{\mathrm{j}\Omega})]=\theta_1-\varphi_1=\theta_1-\Omega$$

这样，当Ω从 0 变化到2π时，就可以大致画出$H(\mathrm{e}^{\mathrm{j}\Omega})$的幅频响应和相频响应曲线。

幅频响应曲线如图 9.6.4（a）所示，结合图 9.6.4 对其说明。

当$\Omega=0$时，$\left|H(\mathrm{e}^{\mathrm{j}\Omega})\right|=\rho_1=1$；当$\Omega=0\to\pi$时，$\left|H(\mathrm{e}^{\mathrm{j}\Omega})\right|$逐渐增大；当$\Omega=\pi$时，$\left|H(\mathrm{e}^{\mathrm{j}\Omega})\right|=\rho_1=3$，此时$\left|H(\mathrm{e}^{\mathrm{j}\Omega})\right|$达到最大值；当$\Omega=\pi\to2\pi$时，$\left|H(\mathrm{e}^{\mathrm{j}\Omega})\right|$逐渐减小到 1。

相频响应曲线如图 9.6.4（b）所示，同样结合图 9.6.4 对其说明。

当$\Omega=0$时，$\arg[H(\mathrm{e}^{\mathrm{j}\Omega})]=\theta_1-\Omega=\pi$；当$\Omega=0\to\pi$时，$\arg[H(\mathrm{e}^{\mathrm{j}\Omega})]$逐渐减小；当$\Omega=\pi$时，$\arg[H(\mathrm{e}^{\mathrm{j}\Omega})]=\theta_1-\Omega=0$；当$\Omega=\pi\to2\pi$时，$\arg[H(\mathrm{e}^{\mathrm{j}\Omega})]$逐渐减小到$-\pi$。

由此可见，运用系统函数零、极点分布图对系统的频率响应进行分析，可以直观、清楚地看出零、极点对系统性能的影响，这对系统的分析与设计是很重要的。

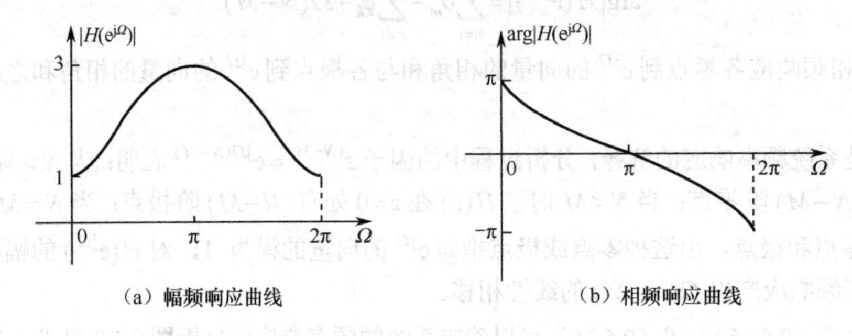

（a）幅频响应曲线　　（b）相频响应曲线

图 9.6.4　例 9.6.4 系统频率响应曲线

习　题

9.1　求以下序列 $x(n)$ 的频谱 $X(\mathrm{e}^{\mathrm{j}\Omega})$。

（1）$u(n+2)-u(n-2)$；　　（2）$\delta(n-n_0)$；

（3）$\mathrm{e}^{-an}u(n)$；　　（4）$\mathrm{e}^{-(\sigma+\mathrm{j}\Omega_0)n}u(n)$；

（5）$\mathrm{e}^{-an}u(n)\cos(\Omega_0 n)$；　　（6）$a^n u(n)$；

（7）$\delta(n-4)$；　　（8）$\delta(n+1)+\delta(n)+\delta(n-1)$。

9.2　已知序列 $x(n)$ 的傅里叶变换为 $X(\mathrm{e}^{\mathrm{j}\Omega})$，利用序列傅里叶变换性质求下列序列的傅里叶变换。

（1）$x(n-m)$；　　（2）$x^*(n)$；

（3）$x(-n)$；　　（4）$x^*(-n)$；

（5）$x(1-n)$；　　（6）$x(-1-n)$；

（7）$nx(n)$；　　（8）$x^2(n)$；

（9）$x(2n)$；　　（10）$\mathrm{e}^{\mathrm{j}\Omega_0 n}x(n)$；

（11）$x(n)=\begin{cases} x\left(\dfrac{n}{2}\right) & n\text{为偶数} \\ 0 & n\text{为奇数} \end{cases}$；　　（12）$x(n)R_5(n)$。

9.3　已知序列 $x(n)$ 如题 9.1 图所示，其傅里叶变换为 $X(\mathrm{e}^{\mathrm{j}\Omega})$，不必求出 $X(\mathrm{e}^{\mathrm{j}\Omega})$，试完成下列计算。

（1）$X(\mathrm{e}^{\mathrm{j}0})$；　　（2）$\int_{-\pi}^{\pi} X(\mathrm{e}^{\mathrm{j}\Omega})\mathrm{d}\Omega$；

（3）$\int_{-\pi}^{\pi} \left|X(\mathrm{e}^{\mathrm{j}\Omega})\right|^2 \mathrm{d}\Omega$；　　（4）$\int_{-\pi}^{\pi} \left|\dfrac{\mathrm{d}X(\mathrm{e}^{\mathrm{j}\Omega})}{\mathrm{d}\Omega}\right|^2 \mathrm{d}\Omega$。

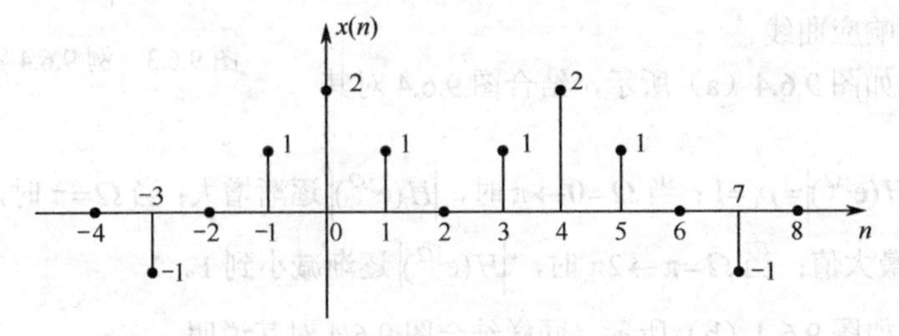

题 9.1 图

9.4　若 $x_1(n)$ 和 $x_2(n)$ 都是因果实序列，且满足绝对可和，其傅里叶变换分别为 $X_1(\mathrm{e}^{\mathrm{j}\Omega})$ 和 $X_2(\mathrm{e}^{\mathrm{j}\Omega})$，证明：

$$\frac{1}{2\pi}\int_{-\pi}^{\pi}X_1(\mathrm{e}^{\mathrm{j}\Omega})X_2(\mathrm{e}^{\mathrm{j}\Omega})\mathrm{d}\Omega=\left[\frac{1}{2\pi}\int_{-\pi}^{\pi}X_1(\mathrm{e}^{\mathrm{j}\Omega})\mathrm{d}\Omega\right]\left[\frac{1}{2\pi}\int_{-\pi}^{\pi}X_2(\mathrm{e}^{\mathrm{j}\Omega})\mathrm{d}\Omega\right]$$

9.5　分别求下列差分方程的频率响应函数 $H(\mathrm{e}^{\mathrm{j}\Omega})$。

（1）$y(n)-2y(n-1)=x(n)$；

（2）$y(n)=x(n)-x(n-1)+2x(n-2)+3x(n-3)$；

（3）$y(n)-3y(n-1)+3y(n-2)-y(n-3)=x(n)+3x(n-1)$；

（4）$y(n)-5y(n-1)+6y(n-2)=x(n)-2x(n-1)+3x(n-2)$。

9.6　绘出下列系统的零、极点分布图，并初略地画出系统的幅频响应。

（1）$H(z)=\dfrac{z-2}{z-0.5}$；　　（2）$H(z)=\dfrac{z+2}{z+0.5}$。

9.7　理想低通、高通、带通和带阻滤波器的频率响应分别为：

（1）低通 $H(\mathrm{e}^{\mathrm{j}\Omega})=\begin{cases}\mathrm{e}^{-\mathrm{j}\alpha\Omega} & 0\leqslant|\Omega|\leqslant\Omega_c\\ 0 & \Omega_c<|\Omega|\leqslant\pi\end{cases}$

（2）高通 $H(\mathrm{e}^{\mathrm{j}\Omega})=\begin{cases}0 & 0\leqslant|\Omega|<\Omega_c\\ \mathrm{e}^{-\mathrm{j}\alpha\Omega} & \Omega_c\leqslant|\Omega|\leqslant\pi\end{cases}$

（3）带通 $H(\mathrm{e}^{\mathrm{j}\Omega})=\begin{cases}\mathrm{e}^{-\mathrm{j}\alpha\Omega} & \Omega_1\leqslant|\Omega|\leqslant\Omega_2\\ 0 & 0\leqslant|\Omega|<\Omega_1,\Omega_2<|\Omega|\leqslant\pi\end{cases}$

（4）带阻 $H(\mathrm{e}^{\mathrm{j}\Omega})=\begin{cases}\mathrm{e}^{-\mathrm{j}\alpha\Omega} & 0\leqslant|\Omega|\leqslant\Omega_1,\Omega_2\leqslant|\Omega|\leqslant\pi\\ 0 & \Omega_1<|\Omega|<\Omega_2\end{cases}$

试求它们的单位抽样响应。

9.8　一个因果稳定的线性移不变系统，其系统的零、极点分布图如题9.8图所示，且 $H(z)|_{z=1}=4$。

（1）求系统函数 $H(z)$ 和单位样值响应函数 $h(n)$；

（2）求系统的差分方程，并画出系统的 z 域框图或信号流图；

（3）求系统输入为 $x(n)=u(n)$ 时的零状态响应；

（4）求系统输入为 $x(n)=10+5\cos(\dfrac{\pi n}{2}+\dfrac{\pi}{3})+\sin(\dfrac{\pi n}{3}+\dfrac{\pi}{2})$ 时的响应；

（5）求系统输入为 $x(n)=\cos(\pi n)u(n)$ 时的稳态响应。

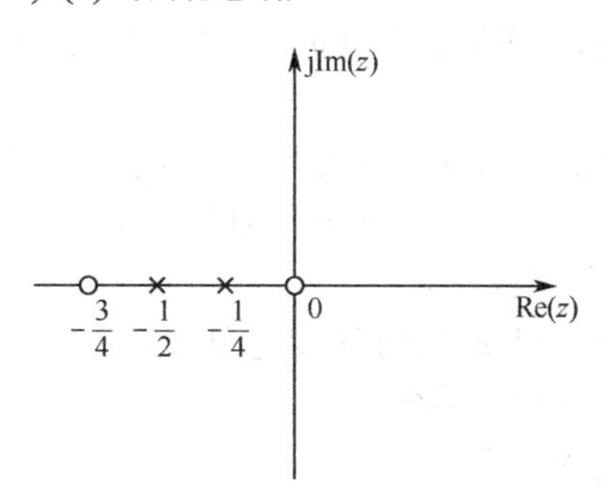

题9.8图

第 10 章　状态空间分析

10.1　引言

系统分析，简言之就是建立描述系统的数学模型并求出它的解。描述系统的方法可分为输入–输出法和状态变量法。

前面各章所讨论描述系统的方法均为输入–输出法，也称为外部法或经典法。它主要关心系统的激励 $x(.)$ 与响应 $y(.)$ 之间的关系，系统的基本模型由微分（差分）方程或系统函数来描述，分析过程中着重运用频率响应的概念。这种方法仅局限于研究系统的外部特征，未能全面揭示系统的内部特性，无法描述系统内部各部分的工作情况，对系统的特性无法进行全面的描述。例如，有的系统从传递函数上看是稳定的，但是系统内部存在不稳定的部分，从传递函数上很难发现系统内部的不稳定性。

随着科学技术的发展，系统的组成也日益复杂。在许多情况下，人们不仅关心系统输出的变化情况，而且还要研究与系统内部一些变量有关的问题，例如，系统的可观测性和可控制性、系统的最优控制与设计等问题。为适应这一变化，引入了状态变量法，也称为内部法。这种方法在宇航、自动控制、雷达与声呐信号处理等方面有重要的作用，甚至在经济、社会、生物等领域也有很大的应用价值。这种方法与输入–输出法相比，有很多优点，它可以提供有关系统的更多信息。它可以描述多输入–多输出系统，不仅可以给出系统的输出响应，而且如果需要的话，还可以给出系统内部所需要的各种情况。状态变量法除了可以分析复杂的线性时不变系统外，还可以用来分析线性时变系统和非线性系统。无论是线性系统还是非线性系统，无论系统输入的是多么复杂的信号，通过状态方程，很容易求得其数值解，这一点在实际应用中有很大的实用价值。对于 n 阶动态系统（连续的或离散的），状态变量法是用 n 个状态变量的一阶微分（或差分）方程组来描述系统的。它的主要特点是如下。

(1) 利用描述系统内部特性的状态变量替代仅能描述系统外部特性的系统函数，能完整地揭示系统的内部特性，从而使得控制系统的分析和设计发生根本性的变革。

（2）便于处理多输入–多输出系统。

（3）一阶微分（或差分）方程组便于计算机数值计算。

（4）容易推广至时变系统和非线性系统。

本书只讨论 LTI 系统的状态变量分析。

10.2　状态变量与状态方程

10.2.1　状态与状态变量的概念

首先，从一个电路系统实例引出状态和状态变量的概念。图 10.2.1 所示为一个三阶电路系统，电压源 $u_{s1}(t)$ 和 $u_{s2}(t)$ 是系统的激励，指定 $u(t)$ 和 $i_C(t)$ 为输出。除了这两个输出外，如果还想了解电路内部的三个变量——电容上的电压 $u_C(t)$ 和电感上的电流 $i_{L1}(t)$ 、$i_{L2}(t)$ 在激励作用下的变化情

况，为此，首先应找出这三个内部变量与激励的关系。根据元件的伏安特性和 KCL、KVL，由节点 a 及两个网孔可列出方程

$$Cu_C'(t)+i_{L2}(t)-i_{L1}(t)=0$$

$$R_1 i_{L1}(t)+L_1 i_{L1}'(t)+u_C(t)-u_{s1}(t)=0$$

$$R_2 i_{L2}(t)+L_2 i_{L2}'(t)+u_{s2}(t)-u_C(t)=0$$

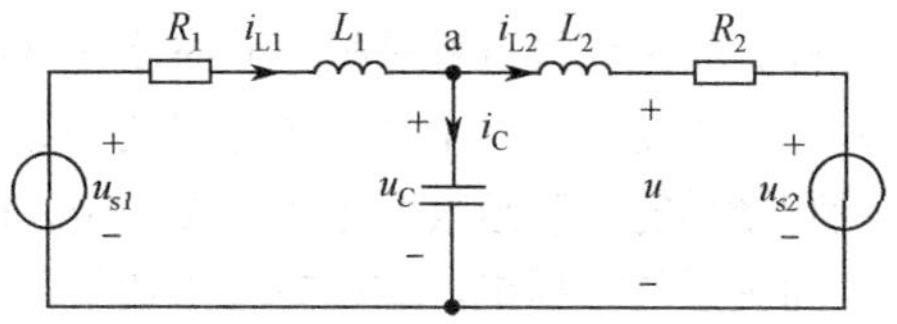

上述三式整理可写成

图 10.2.1　三阶电路系统

$$\left.\begin{aligned} u_C'(t)&=\frac{1}{C}i_{L2}(t)-\frac{1}{C}i_{L1}(t)\\ i_{L1}'(t)&=-\frac{R_1}{L_1}i_{L1}(t)-\frac{1}{L_1}u_C(t)+\frac{1}{L_1}u_{s1}(t)\\ i_{L2}'(t)&=-\frac{R_2}{L_2}i_{L2}(t)-\frac{1}{L_2}u_{s2}(t)-\frac{1}{L_2}u_C(t)=0 \end{aligned}\right. \tag{10.2.1}$$

式（10.2.1）是由三个内部变量 $u_C(t)$、$i_{L1}(t)$ 和 $i_{L2}(t)$ 构成的一阶微分联立方程组。由微分方程的理论可知，如果这三个变量在初始时刻 $t=t_0$ 的值 $u_C(t_0)$、$i_{L1}(t_0)$ 和 $i_{L2}(t_0)$ 已知，则根据 $t \geqslant t_0$ 时的给定激励 $u_{s1}(t)$ 和 $u_{s2}(t)$ 就可以唯一地确定该一阶微分方程在 $t \geqslant t_0$ 时的解 $u_C(t)$、$i_{L1}(t)$ 和 $i_{L2}(t)$。这样，系统的输出就可很容易地通过这三个内部变量和系统的激励求出，由电路可得

$$\left.\begin{aligned} u(t)&=R_2 i_{L2}(t)+u_{s2}(t)\\ i_C(t)&=i_{L1}(t)-i_{L2}(t) \end{aligned}\right\} \tag{10.2.2}$$

这是一组代数方程。

通过上述分析可见，以上三个内部变量的初始值提供了确定系统全部情况的必不可少的信息。或者说，只要知道 $t=t_0$ 时这些变量的值和 $t \geqslant t_0$ 时系统的激励，就能完全确定系统在任何时间 $t \geqslant t_0$ 的全部行为。这里，将 $u_C(t_0)$、$i_{L1}(t_0)$ 和 $i_{L2}(t_0)$ 称为系统在 $t=t_0$ 时刻的状态；描述该状态随时间 t 变化的变量 $u_C(t)$、$i_{L1}(t)$ 和 $i_{L2}(t)$，称为状态变量。

状态可理解为事物的某种特征。状态发生了变化，就意味着事物有了发展和变化，所以状态是划分阶段的依据。系统的状态就是指系统的过去、现在和将来的状况。当系统的所有外部输入已知时，为确定系统未来运动，必要与充分的信息的集合叫做系统的状态。状态通常可以用一个数（变量）或一组数（变量）来描述。

至此，可以给出状态的一般定义：一个动态系统在某一时刻 t_0 的状态是表示该系统所必需的最少一组数据，已知这组数值和 $t \geqslant t_0$ 时系统的激励，就能完全确定 $t \geqslant t_0$ 时系统的全部工作情况。

状态变量是描述状态随时间 t 变化的一组量，它们在某时刻的值就组成了系统在该时刻的状态。对 n 阶动态系统需有 n 个独立的状态变量，通常用 $q_1(t)$、$q_2(t)$、$\cdots$、$q_n(t)$ 表示。

根据系统状态的一般定义，状态变量的选取并不是唯一的。例如，对图 10.2.1 所示的电路系统，状态变量并不是一定要取两个电感上的电流和电容上的电压，也可以取 $i_C(t)$、$u_{L1}(t)$ 和 $u_{L2}(t)$ 作为状态变量。

若将连续时间变量 t 换为离散时间变量 n（相应的 t_0 换成 n_0），则以上论述也适用于离散系统。

顺便指出，若系统有 n 个状态变量 $q_i(t)(i=1,2,\cdots,n)$，用这 n 个状态变量作为分量构成的矢量（或向量）$\boldsymbol{q}(t)$，就称为该系统的状态矢量（或向量）。状态矢量所有可能的集合称为状态空间。或者说，由 q_i 所组成的 n 维空间就称为状态空间。系统在任意时刻的状态都可用状态空间的一点来表示。当 t 变动时，它所描绘出的曲线称为状态轨迹。

10.2.2 状态方程和输出方程

状态变量分析中通常用两组方程描述系统，即状态方程和输出方程，这两组方程统称为动态方程。状态变量方程是描述状态变量变化规律，用状态变量和激励表示的一组独立的一阶微分方程。状态变量方程中每一个等式的左边是状态变量的一阶导数，右边是只包含系统参数、状态变量和激励的一般函数表达式，式（10.2.1）就是状态方程。输出方程是描述系统的输出与状态变量之间关系的方程组，这些方程组通常用状态变量和激励来表示，每个等式的左边是输出变量，右边是只包含系统参数、状态变量和激励的一般函数表达式，式（10.2.2）就是输出方程。

对于一般的 n 阶多输入–多输出 LTI 连续时间系统，设 n 阶系统的状态变量为 $q_1, q_2, ..., q_n$，其上加“$'$”表示取一阶导数；有 l 个激励 $x_1, x_2, \cdots, x_l$，m 个输出 $y_1, y_2, \cdots, y_m$，则状态方程的一般形式如下：

$$\left.\begin{aligned} q_1' &= a_{11}q_1 + a_{12}q_2 + \cdots + a_{1n}q_n + b_{11}x_1 + b_{12}x_2 + \cdots + b_{1l}x_l \\ q_2' &= a_{21}q_1 + a_{22}q_2 + \cdots + a_{2n}q_n + b_{21}x_1 + b_{22}x_2 + \cdots + b_{2l}x_l \\ &\vdots \\ q_n' &= a_{n1}q_1 + a_{n2}q_2 + \cdots + a_{nn}q_n + b_{n1}x_1 + b_{n2}x_2 + \cdots + b_{nl}x_l \end{aligned}\right\} \quad \text{状态方程} \tag{10.2.3}$$

$$\left.\begin{aligned} y_1 &= c_{11}q_1 + c_{12}q_2 + \cdots + c_{1n}q_n + d_{11}x_1 + d_{12}x_2 + \cdots + d_{1l}x_l \\ y_2 &= c_{21}q_1 + c_{22}q_2 + \cdots + c_{2n}q_n + d_{21}x_1 + d_{22}x_2 + \cdots + d_{2l}x_l \\ &\vdots \\ y_m &= c_{m1}q_1 + c_{m2}q_2 + \cdots + c_{mn}q_n + d_{m1}x_1 + d_{m2}x_2 + \cdots + d_{ml}x_l \end{aligned}\right\} \quad \text{输出方程} \tag{10.2.4}$$

如果用矢量矩阵形式可表示为

状态方程

$$\boldsymbol{q}'(t) = \boldsymbol{A}\boldsymbol{q}(t) + \boldsymbol{B}\boldsymbol{x}(t) \tag{10.2.5}$$

输出方程

$$\boldsymbol{y}(t) = \boldsymbol{C}\boldsymbol{q}(t) + \boldsymbol{D}\boldsymbol{x}(t) \tag{10.2.6}$$

式中

$$\boldsymbol{q}'(t) = \left[q_1'(t)\ \ q_2'(t)\ \ \cdots\ \ q_n'(t)\right]^{\mathrm{T}}$$

$$\boldsymbol{q}(t) = \left[q_1(t)\ \ q_2(t)\ \ \cdots\ \ q_n(t)\right]^{\mathrm{T}}$$

$$\boldsymbol{x}(t) = \left[x_1(t)\ \ x_2(t)\ \ \cdots\ \ x_l(t)\right]^{\mathrm{T}}$$

$$\boldsymbol{y}(t) = \left[y_1(t)\ \ y_2(t)\ \ \cdots\ \ y_m(t)\right]^{\mathrm{T}}$$

分别为状态矢量的一阶导数、状态矢量、输入矢量和输出矢量。其中，上标 T 表示转置运算。

$$\boldsymbol{A} = \begin{bmatrix} a_{11} & a_{12} & \cdots & a_{1n} \\ a_{21} & a_{22} & \cdots & a_{2n} \\ \vdots & \vdots & \ddots & \vdots \\ a_{n1} & a_{n2} & \cdots & a_{nn} \end{bmatrix} \qquad \boldsymbol{B} = \begin{bmatrix} b_{11} & b_{12} & \cdots & b_{1l} \\ b_{21} & b_{22} & \cdots & b_{2l} \\ \vdots & \vdots & \ddots & \vdots \\ b_{n1} & b_{n2} & \cdots & b_{nl} \end{bmatrix}$$

$$\boldsymbol{C} = \begin{bmatrix} c_{11} & c_{12} & \cdots & c_{1n} \\ c_{21} & c_{22} & \cdots & c_{2n} \\ \vdots & \vdots & \ddots & \vdots \\ c_{m1} & c_{m2} & \cdots & c_{mn} \end{bmatrix} \qquad \boldsymbol{D} = \begin{bmatrix} d_{11} & d_{12} & \cdots & d_{1l} \\ d_{21} & d_{22} & \cdots & d_{2l} \\ \vdots & \vdots & \ddots & \vdots \\ d_{m1} & d_{m2} & \cdots & d_{ml} \end{bmatrix}$$

分别是系数矩阵，由系统参数确定，对 LTI 系统，它们都是常数矩阵，其中，$\boldsymbol{A}$ 为 $n\times n$ 方阵，称为系统矩阵；$\boldsymbol{B}$ 为 $n\times l$ 矩阵，称为控制矩阵；$\boldsymbol{C}$ 为 $m\times n$ 矩阵，称为输出矩阵；$\boldsymbol{D}$ 为 $m\times l$ 矩阵。

式（10.2.5）和式（10.2.6）是 LTI 系统连续系统状态方程和输出方程的标准形式。

对于 n 阶多输入–多输出 LTI 离散时间系统，其状态方程和输出方程可写为

状态方程

$$\boldsymbol{q}(k+1)=\boldsymbol{A}\boldsymbol{q}(k)+\boldsymbol{B}\boldsymbol{x}(k) \tag{10.2.7}$$

输出方程

$$\boldsymbol{y}(k)=\boldsymbol{C}\boldsymbol{q}(k)+\boldsymbol{D}\boldsymbol{x}(k) \tag{10.2.8}$$

式中

$$\boldsymbol{q}(k)=\left[q_1(k)\ q_2(k)\ \cdots\ q_n(k)\right]^{\mathrm{T}}$$

$$\boldsymbol{x}(k)=\left[x_1(k)\ x_2(k)\ \cdots\ x_l(k)\right]^{\mathrm{T}}$$

$$\boldsymbol{y}(k)=\left[y_1(k)\ y_2(k)\ \cdots\ y_m(k)\right]^{\mathrm{T}}$$

分别为状态矢量、输入矢量和输出矢量。$\boldsymbol{A}$、$\boldsymbol{B}$、$\boldsymbol{C}$、$\boldsymbol{D}$ 为常系数矩阵，其形式与连续系统的相同。

通过前面的讨论可知，用状态变量分析系统时，系统的输出很容易由状态变量和输入激励求得，因此，系统分析的关键在于状态方程的建立和求解。本章以后各节将分别讨论状态方程的建立和求解方法。

10.3　连续时间系统状态方程的建立

建立给定系统状态方程的方法有很多，大体可分为两大类：直接法与间接法。其中，直接法是根据给定的系统结构直接列写出系统状态方程，特别适用于电路系统分析；而间接法可根据描述系统的输入–输出方程、系统函数、系统框图或信号流图等来建立状态方程，常用来研究控制系统。

10.3.1　由电路图直接建立状态方程

为了建立系统的状态方程，首先要选定状态变量。状态变量的个数即状态矢量中元素的个数，等于系统的阶数。状态变量应当是独立变量。对于一个电路，选择状态变量最常用的方法是取全部独立的电感电流和独立的电容电压，但有时也选电容电荷和电感磁链。

建立一个电路的状态方程，即要列写出各状态变量的一阶微分方程，并写成如式（10.2.1）所示的形式。因为 $Li_{\mathrm{L}}'(t)$ 是电压，所以可以写一个包括此电压在内的回路电压方程，用来确定电感电流一阶导数与其他各量间的关系。同样，$Cu_{\mathrm{C}}'(t)$ 是一电流，所以可以写一个包括此电流在内的节点电流方程，用来确定电容电压一阶导数与其他各量间的关系。对列出的方程，只保留状态变量和输入激励，设法消去其他中间变量，经整理，即可给出标准的状态方程。对于输出方程，由于它是简单的代数方程，通常可用观察法由电路直接列出。

综上所述，可以归纳出由电路图直接列写状态方程和输出方程的步骤：

（1）选电路中所有独立的电容电压和电感电流作为状态变量；

（2）对接有所选电容的独立节点列出 KCL 电流方程，对含有所选电感的独立回路列写 KVL 电压方程；

（3）若上一步所列的方程中含有除激励以外的非状态变量，则利用适当的 KCL、KVL 方程将它们消去，然后整理给出标准的状态方程形式；

（4）用观察法由电路或前面已推导出的关系直接列写输出方程，并整理成标准形式。

【例 10.3.1】　图 10.3.1 所示为一个二阶系统，试写出它的状态方程。

解：第一步，选取状态变量。由于两个储能元件都是独立的，所以选电容电压 $u_1(t)$ 和电感电流 $i_2(t)$ 为状态变量，如图 10.3.1 所示。

第二步，分别写出包含有 $u_1'(t)$ 和 $i_2'(t)$ 的 KVL 方程。

$$\begin{cases} C_1u_1'(t)+i_2+\dfrac{1}{R_3}u_1(t)=i_s(t) \\ R_2i_2(t)+L_2i_2'(t)=u_1(t) \end{cases}$$

第三步，将上式整理，得所求的状态方程为

$$\begin{cases} u_1'(t)=-\dfrac{1}{R_3C_1}u_1(t)-\dfrac{1}{C_1}i_2(t)+\dfrac{1}{C_1}i_s(t) \\ i_2'(t)=\dfrac{1}{L_2}u_1(t)-\dfrac{R_2}{L_2}i_2(t) \end{cases}$$

或记为矩阵形式

$$\begin{bmatrix} u_1'(t) \\ i_2'(t) \end{bmatrix}=\begin{bmatrix} -\dfrac{1}{R_3C_1} & -\dfrac{1}{C_1} \\ \dfrac{1}{L_2} & -\dfrac{R_2}{L_2} \end{bmatrix}\begin{bmatrix} u_1(t) \\ i_2(t) \end{bmatrix}+\begin{bmatrix} \dfrac{1}{C_1} \\ 0 \end{bmatrix}i(t)$$

【例 10.3.2】 已知图 10.3.2 所示为一 RLC 串并联电路。试写出其状态方程。

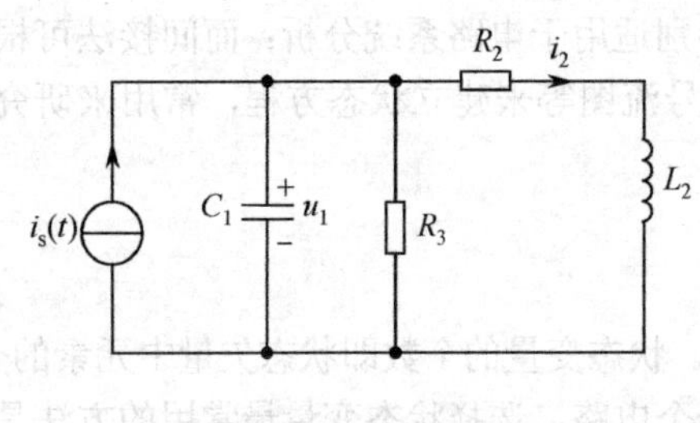

图 10.3.1 例 10.3.1 图

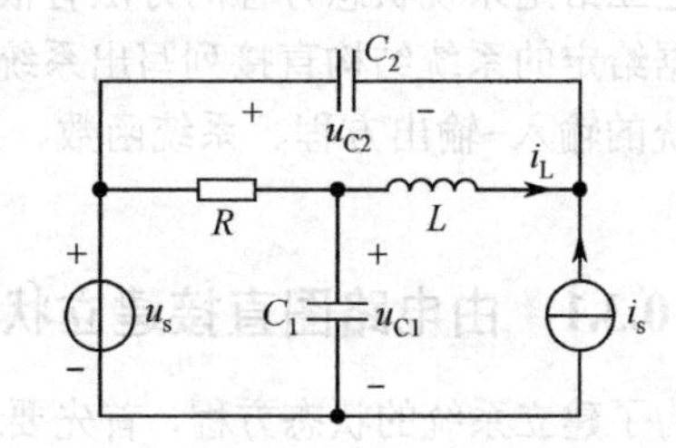

图 10.3.2 例 10.3.2 图

解： 根据电路可知，电容电压、电感电流可作为状态变量，即 u_{C1}、u_{C2}、i_L。建立状态变量 u_{C1}、u_{C2}、i_L 和 u_s、i_s 的方程为

$$\begin{cases} C_1u_{C1}'+\dfrac{u_{C1}-u_s}{R}+i_L=0 \\ C_2u_{C2}'+i_L+i_s=0 \\ Li_L'-u_{C2}-u_{C1}+u_s=0 \end{cases}$$

整理后得状态方程

$$\begin{cases} u_{C1}'=\dfrac{1}{C_1}[\dfrac{u_s}{R}-\dfrac{u_{C1}}{R}-i_L] \\ u_{C2}'=\dfrac{1}{C_2}[-i_L-i_s] \\ i_L'=\dfrac{1}{L}[u_{C2}+u_{C1}-u_s] \end{cases}$$

矩阵形式为

$$\begin{bmatrix} u_{C1}' \\ u_{C2}' \\ i_L' \end{bmatrix}=\begin{bmatrix} -\frac{1}{C_1R} & 0 & -\frac{1}{C_1} \\ 0 & 0 & -\frac{1}{C_2} \\ \frac{1}{L} & \frac{1}{L} & 0 \end{bmatrix}\begin{bmatrix} u_{C1} \\ u_{C2} \\ i_L \end{bmatrix}+\begin{bmatrix} -\frac{1}{C_1R} & 0 \\ 0 & -\frac{1}{C_2} \\ -\frac{1}{L} & 0 \end{bmatrix}\begin{bmatrix} u_s \\ i_s \end{bmatrix}$$

输出方程可以写成

$$u_R(t)=u_s(t)-u_{C1}(t)$$

10.3.2　由输入–输出方程建立状态方程

输入–输出方程与状态方程是描述系统的两种不同方法。根据需要，常要求将这两种描述方式进行相互转换。由于输入–输出方程、系统函数、模拟框图等都是同一种系统描述方法的不同表现形式，相互之间的转换十分简单，所以由它们去求得状态方程的办法都是完全一样的。

由输入–输出方程、系统函数、系统的模拟框图建立状态方程是一种比较直观和简单的方法，其一般规则是：

（1）由系统的输入–输出方程或系统函数，画出其信号框图；

（2）选一阶子系统（积分器）的输出作为状态变量；

（3）根据每个一阶子系统的输入–输出关系列状态方程；

（4）在系统的输出端列输出方程。

一般 n 阶连续时间系统的输入–输出方程为

$$\frac{d^n y(t)}{dt^n}+a_{n-1}\frac{d^{n-1}y(t)}{dt^{n-1}}+\cdots+a_1\frac{dy(t)}{dt}+a_0y(t)=b_m\frac{d^m x(t)}{dt^m}+b_{m-1}\frac{d^{m-1}x(t)}{dt^{m-1}}+\cdots+b_1\frac{dx(t)}{dt}+b_0x(t) \quad (10.3.1)$$

其系统函数为

$$H(s)=\frac{b_ms^m+b_{m-1}s^{m-1}+\cdots+b_1s+b_0}{s^n+a_{n-1}s^{n-1}+\cdots+a_1s+a_0} \quad (10.3.2)$$

可用图 10.3.3 所示的模拟框图来表示。

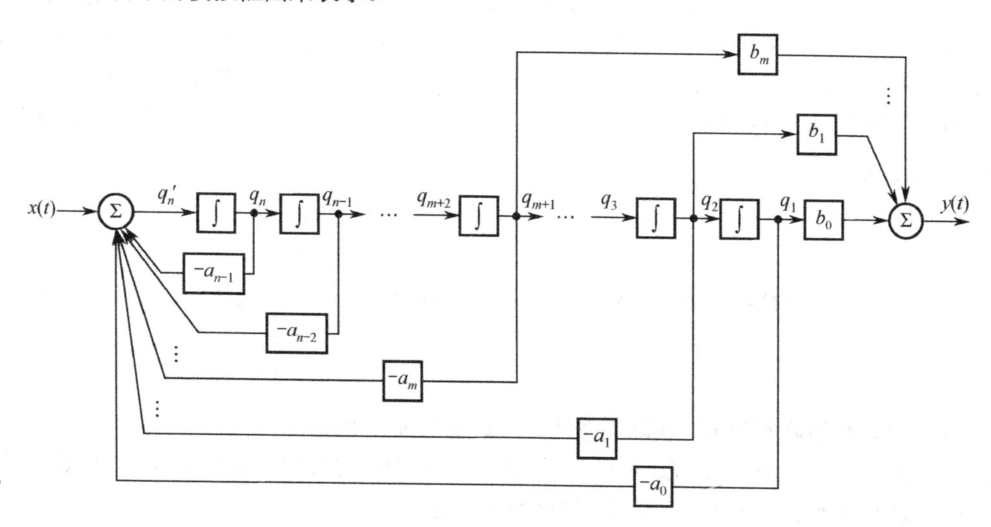

图 10.3.3　模拟框图

取每一积分器的输出作为状态变量，如图 10.3.3 中所标的 $q_1(t)$, $q_2(t)$,…, $q_n(t)$ ；写出除第一个积分

器外的各积分器输入–输出关系的方程以及输入端加法器的求和方程，从而得到一组（n 个）状态方程

$$\begin{cases} q_1'(t)=q_2(t) \\ q_2'(t)=q_3(t) \\ \quad\vdots \\ q_{n-1}'(t)=q_n(t) \\ q_n'(t)=-a_{n-1}q_n(t)-a_{n-2}q_{n-1}(t)-\cdots-a_1q_2(t)-a_0q_1(t)+x(t) \end{cases} \tag{10.3.3}$$

输出方程则由输出端加法器的输入–输出关系得到，如果 $m<n$

$$y(t)=b_0q_1(t)+b_1q_2(t)+\cdots+b_mq_{m+1}(t) \tag{10.3.4}$$

可将上述状态方程和输出方程写成如下矩阵形式

$$\begin{bmatrix} q_1'(t) \\ q_2'(t) \\ \vdots \\ q_{n-1}'(t) \\ q_n'(t) \end{bmatrix}=\begin{bmatrix} 0 & 1 & 0 & \cdots & 0 & 0 \\ 0 & 0 & 1 & \cdots & 0 & 0 \\ \vdots & \vdots & \vdots & \ddots & \vdots & \vdots \\ 0 & 0 & 0 & \cdots & 0 & 1 \\ -a_0 & -a_1 & -a_2 & \cdots & -a_{n-2} & -a_{n-1} \end{bmatrix}\begin{bmatrix} q_1(t) \\ q_2(t) \\ \vdots \\ q_{n-1}(t) \\ q_n(t) \end{bmatrix}+\begin{bmatrix} 0 \\ 0 \\ \vdots \\ 0 \\ 1 \end{bmatrix}\boldsymbol{x}(t) \tag{10.3.5}$$

$$y(t)=\begin{bmatrix} b_0 & b_1 & \cdots & b_m & 0 & \cdots & 0 \end{bmatrix}\begin{bmatrix} q_1(t) \\ q_2(t) \\ \vdots \\ q_{n-1}(t) \\ q_n(t) \end{bmatrix} \tag{10.3.6}$$

将式（10.3.2）的系统函数和式（10.3.5）的方程对照，就会发现利用以下规律，可以直接由系统函数写出状态方程：状态方程中的 $\boldsymbol{A}$ 矩阵，其第 n 行的元素即为系统函数分母中次序颠倒过来的系数的负数 $-a_0$、$-a_1$、…、$-a_{n-1}$，其他各行除了对角线右边的元素均为 1 外，别的元素全为 0；列矩阵 $\boldsymbol{B}$ 除第 n 行的元素为 1 外，其余均为 0；输出方程中的 $\boldsymbol{C}$ 矩阵为一行矩阵，前 $m+1$ 个元素即为系统函数分子中次序颠倒过来的系数 b_0、b_1、…、b_m，其余 $n-(m+1)$ 个元素均为 0。用这种方法写出的输出方程，当 $m\leqslant n-1$ 时，$\boldsymbol{D}$ 矩阵为零。若 $m=n$，则图 10.3.3 中乘法器 b_m 的输入将为 $q_n'(t)$，这时输出方程为

$$y(t)=\begin{bmatrix} b_0-b_na_0 & b_1-b_na_1 & \cdots & b_{n-1}-b_na_{n-1} \end{bmatrix}\begin{bmatrix} q_1(t) \\ q_2(t) \\ \vdots \\ q_{n-1}(t) \\ q_n(t) \end{bmatrix}+b_nx(t) \tag{10.3.7}$$

而当 $m>n-1$ 时，$\boldsymbol{D}$ 矩阵不为零。实际的系统大多数属于 $m<n$ 的情况。

式（10.3.2）表示的线性系统还可以表示成对角形式的状态方程，假设 $m<n$，且系统的特征根无实根，则可以通过部分分式分解将传递函数表示为

$$H(s)=\frac{k_1}{s-\lambda_1}+\frac{k_2}{s-\lambda_2}+\cdots+\frac{k_n}{s-\lambda_n} \tag{10.3.8}$$

当系统函数分解成部分分式（10.3.8）时，可用图 10.3.4 所示的并联模拟框图来模拟。这里只考虑系统函数仅有单阶极点的情况。图中每一部分系统函数 $\dfrac{1}{s-\lambda_i}$ 在复频域的传输关系 $Y(s)=\dfrac{k_i}{s-\lambda_i}\cdot X(s)$ 可在时域中用微分方程表示出来 $y'(t)=\lambda_i y(t)+k_i x(t)$，所以根据系统函数分解的 n 个单极点系统函数，分别选 n 个积分器的输出作为三个状态变量，可以写出状态方程

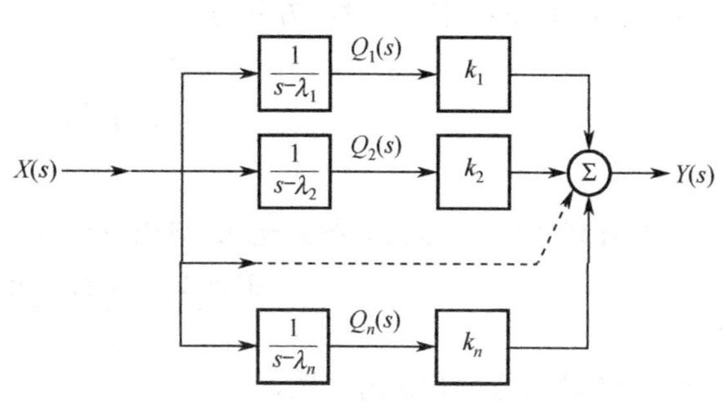

图 10.3.4　并联模拟框图

$$\begin{cases} q_1'(t)=\lambda_1 q_1(t)+k_1 x(t) \\ q_2'(t)=\lambda_2 q_2(t)+k_2 x(t) \\ \qquad\vdots \\ q_n'(t)=\lambda_n q_n(t)+k_n x(t) \end{cases}$$

输出方程为

$$y(t)=k_1 q_1(t)+k_2 q_2(t)+\cdots+k_n q_n(t)$$

可将上述状态方程和输出方程写成如下矩阵形式

$$\begin{bmatrix} q_1'(t) \\ q_2'(t) \\ \vdots \\ q_{n-1}'(t) \\ q_n'(t) \end{bmatrix}=\begin{bmatrix} \lambda_1 & 0 & 0 & \cdots & 0 & 0 \\ 0 & \lambda_2 & 0 & \cdots & 0 & 0 \\ \vdots & \vdots & \vdots & \ddots & \vdots & \vdots \\ 0 & 0 & 0 & \cdots & \lambda_{n-1} & 0 \\ 0 & 0 & 0 & \cdots & 0 & \lambda_n \end{bmatrix}\begin{bmatrix} q_1(t) \\ q_2(t) \\ \vdots \\ q_{n-1}(t) \\ q_n(t) \end{bmatrix}+\begin{bmatrix} 1 \\ 1 \\ \vdots \\ 1 \\ 1 \end{bmatrix}x(t) \tag{10.3.9}$$

$$y(t)=[k_1 \quad k_2 \quad \cdots \quad k_{n-1} \quad k_n]\begin{bmatrix} q_1(t) \\ q_2(t) \\ \vdots \\ q_{n-1}(t) \\ q_n(t) \end{bmatrix} \tag{10.3.10}$$

可以看出：这组状态方程中的 $\boldsymbol{A}$ 矩阵是对角矩阵，其主对角线上的元素依次是系统函数的各极点；列矩阵 $\boldsymbol{B}$ 的元素均为 1；输出方程中的 $\boldsymbol{C}$ 矩阵的各元素为各部分分式的系数。

从以上讨论可以看出，根据描写系统输入-输出关系的系统函数，很容易可以得到状态方程和输出方程。

【例 10.3.3】　已知一线性非时变系统的系统函数为 $H(s)=\dfrac{s+4}{s^3+6s^2+11s+6}$，试列写状态方程和输出方程。

解：根据式（10.3.5），由 $H(s)$ 可直接列写其状态方程为

$$\begin{bmatrix} q_1'(t) \\ q_2'(t) \\ q_3'(t) \end{bmatrix}=\begin{bmatrix} 0 & 1 & 0 \\ 0 & 0 & 1 \\ -6 & -11 & -6 \end{bmatrix}\begin{bmatrix} q_1(t) \\ q_2(t) \\ q_3(t) \end{bmatrix}+\begin{bmatrix} 0 \\ 0 \\ 1 \end{bmatrix}x(t)$$

根据式（10.3.6）可写出输出方程为

$$y(t)=\begin{bmatrix}4 & 1 & 0\end{bmatrix}\begin{bmatrix}q_1(t)\\ q_2(t)\\ q_3(t)\end{bmatrix}$$

【例 10.3.4】 设某系统的输入–输出方程为

$$\frac{d^3y(t)}{dt^2}+\frac{d^2y(t)}{dt^2}+4\frac{dy(t)}{dt}+3y(t)=2x(t)$$

求系统的状态方程和输出方程。

解： 由微分方程不难写出其系统函数为

$$H(s)=\frac{2}{s^3+s^2+4s+3}$$

根据式（10.3.5）可得状态方程为

$$\begin{bmatrix}q_1'(t)\\ q_2'(t)\\ q_3'(t)\end{bmatrix}=\begin{bmatrix}0 & 1 & 0\\ 0 & 0 & 1\\ -3 & -4 & -1\end{bmatrix}\begin{bmatrix}q_1(t)\\ q_2(t)\\ q_3(t)\end{bmatrix}+\begin{bmatrix}0\\ 0\\ 1\end{bmatrix}x(t)$$

根据式（10.3.6）可写出输出方程

$$y(t)=2q_1(t)$$

【例 10.3.5】 已知一系统连续时间系统函数为

$$H(s)=\frac{4s+10}{s^3+8s^2+19s+12}$$

写出其状态方程和输出方程。

解： 系统函数 $H(s)=\dfrac{4s+10}{s^3+8s^2+19s+12}$ 可分解为

$$H(s)=\frac{1}{s+1}\cdot\frac{1}{s+3}\cdot\frac{-2}{s+4}$$

这个复杂的系统函数可以用三个单极点系统函数的子系统模型并联来表示，框图如图 10.3.5 所示。

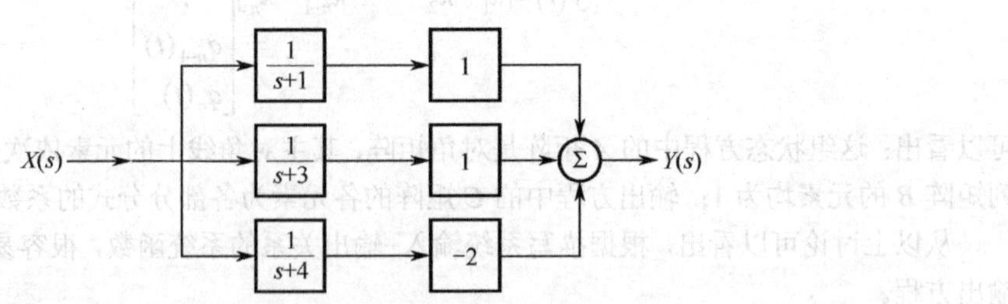

图 10.3.5 子系统模型关联

则由式（10.3.9）得状态方程为

$$\begin{bmatrix}q_1'(t)\\ q_2'(t)\\ q_3'(t)\end{bmatrix}=\begin{bmatrix}-1 & 0 & 0\\ 0 & -3 & 0\\ 0 & 0 & -4\end{bmatrix}\begin{bmatrix}q_1(t)\\ q_2(t)\\ q_3(t)\end{bmatrix}+\begin{bmatrix}1\\ 1\\ 1\end{bmatrix}x(t)$$

由式（10.3.10）得输出方程为

$$y(t)=\begin{bmatrix}1 & 1 & -2\end{bmatrix}\begin{bmatrix}q_1(t)\\ q_2(t)\\ q_3(t)\end{bmatrix}$$

10.4　离散时间系统状态方程的建立

与连续时间系统状态方程类似，对离散时间系统选择适当的状态变量，把差分方程转化为关于状态变量的一阶差分方程组，这个差分方程组就是该系统的状态方程。利用系统的差分方程、系统函数和系统框图等，选择合适的状态变量，能够写出系统的状态方程。在离散时间系统中，动态元件是延时器，因而常常取延时器的输出作为系统的状态变量。

对于一般 n 阶离散时间系统，其前向差分方程为

$$\sum_{i=0}^{n} a_i y(k+i)=\sum_{j=0}^{m} b_j x(k+j) \tag{10.4.1}$$

式中，$a_n=1$。

在零状态条件下，对式（10.4.1）两边取单边 z 变换，则有

$$H(z)=\frac{Y(z)}{X(z)}=\frac{b_m z^m+b_{m-1}z^{m-1}+\cdots+b_1 z+b_0}{z^n+a_{n-1}z^{n-1}+\cdots+a_1 z+a_0} \tag{10.4.2}$$

其直接模拟框图如图 10.4.1 所示，选取单位延时器的输出作为状态变量，则状态方程为

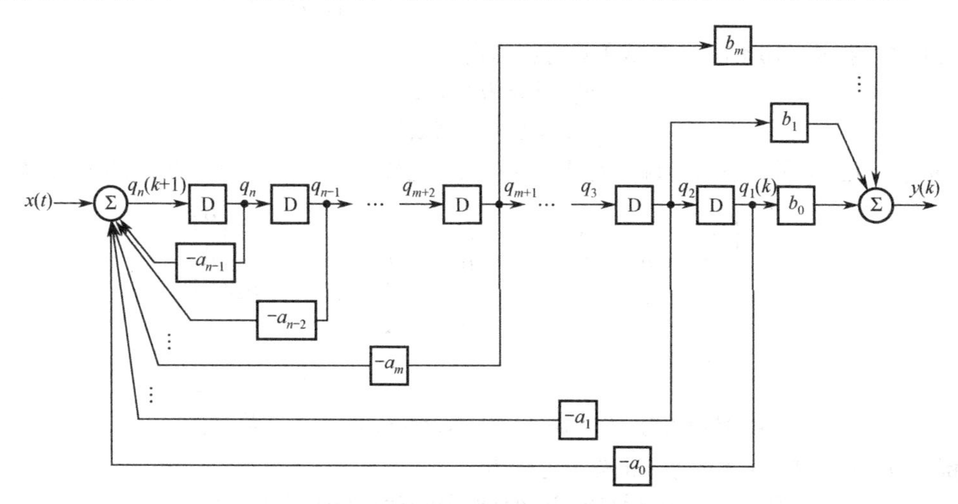

图 10.4.1　离散时间系统的直接模拟框图

$$\begin{aligned}
&q_1(k+1)=q_2(k)\\
&q_2(k+1)=q_3(k)\\
&\qquad\vdots\\
&q_{n-1}(k+1)=q_n(k)\\
&q_n(k+1)=-a_0 q_1(k)-a_1 q_2(k)-\cdots-a_{n-1}q_n(k)+x(k)
\end{aligned} \tag{10.4.3}$$

如果 $m=n$，则输出方程为

$$\begin{aligned}
y(k)&=b_0 q_1(k)+b_1 q_2(k)+\cdots+b_n\left[-a_0 q_1(k)-a_1 q_2(k)-\cdots-a_{n-1}q_n(k)+x(k)\right]\\
&=(b_0-b_n a_0)q_1(k)+(b_1-b_n a_1)q_2(k)+\cdots+(b_{n-1}-b_n a_{n-1})q_n(k)+b_n x(k)
\end{aligned} \tag{10.4.4}$$

如果 $m<n$，则输出方程为

$$y(k)=b_0q_1(k)+b_1q_2(k)+\cdots+b_mq_{m+1}(k) \tag{10.4.5}$$

式（10.4.3）可用矩阵形式记为

$$\begin{bmatrix} q_1(k+1) \\ q_2(k+1) \\ \vdots \\ q_{n-1}(k+1) \\ q_n(k+1) \end{bmatrix}=\begin{bmatrix} 0 & 1 & 0 & \cdots & 0 & 0 \\ 0 & 0 & 1 & \cdots & 0 & 0 \\ \vdots & \vdots & \vdots & \ddots & \vdots & \vdots \\ 0 & 0 & 0 & \cdots & 0 & 1 \\ -a_0 & -a_1 & -a_2 & \cdots & -a_{n-2} & -a_{n-1} \end{bmatrix}\begin{bmatrix} q_1(k) \\ q_2(k) \\ \vdots \\ q_{n-1}(k) \\ q_n(k) \end{bmatrix}+\begin{bmatrix} 0 \\ 0 \\ \vdots \\ 0 \\ 1 \end{bmatrix}x(k) \tag{10.4.6}$$

如果 $m=n$，则式（10.4.4）为

$$y(k)=\begin{bmatrix} b_0-b_na_0 & b_1-b_na_1 & \cdots & b_{n-1}-b_na_{n-1} \end{bmatrix}\begin{bmatrix} q_1(k) \\ q_2(k) \\ \vdots \\ q_{n-1}(k) \\ q_n(k) \end{bmatrix}+b_nx(k) \tag{10.4.7}$$

如果 $m<n$，则式（10.4.5）为

$$y(k)=\begin{bmatrix} b_0 & b_1 & \cdots & b_m & 0 & \cdots & 0 \end{bmatrix}\begin{bmatrix} q_1(k) \\ q_2(k) \\ \vdots \\ q_{n-1}(k) \\ q_n(k) \end{bmatrix} \tag{10.4.8}$$

将式（10.4.6）和式（10.4.7）表示成矢量方程形式

$$\begin{cases} \boldsymbol{q}(k+1)=\boldsymbol{A}\boldsymbol{q}(k)+\boldsymbol{B}\boldsymbol{x}(k) \\ \boldsymbol{y}(k)=\boldsymbol{C}\boldsymbol{q}(k)+\boldsymbol{D}\boldsymbol{x}(k) \end{cases} \tag{10.4.9}$$

式中，$\boldsymbol{q}(k)$ 为状态矢量，$\boldsymbol{x}(k)$ 为输入矢量，$\boldsymbol{y}(k)$ 为输出矢量，$\boldsymbol{A}$、$\boldsymbol{B}$、$\boldsymbol{C}$、$\boldsymbol{D}$ 为相应的系数矩阵：

$$\boldsymbol{A}=\begin{bmatrix} 0 & 1 & 0 & \cdots & 0 & 0 \\ 0 & 0 & 1 & \cdots & 0 & 0 \\ \vdots & \vdots & \vdots & \ddots & \vdots & \vdots \\ 0 & 0 & 0 & \cdots & 0 & 1 \\ -a_0 & -a_1 & -a_2 & \cdots & -a_{n-2} & -a_{n-1} \end{bmatrix},\quad \boldsymbol{B}=\begin{bmatrix} 0 \\ 0 \\ \vdots \\ 0 \\ 1 \end{bmatrix}$$

$$\boldsymbol{C}=\begin{bmatrix} b_0-b_na_0 & b_1-b_na_1 & \cdots & b_{n-1}-b_na_{n-1} \end{bmatrix},\qquad \boldsymbol{D}=b_n$$

【例 10.4.1】 描述某离散系统的差分方程为

$$y(n)+2y(n-1)+3y(n-2)+4y(n-3)=x(n)+3x(n-1)+5x(n-2)$$

写出其状态方程和输出方程。

解： 通过差分方程，不难得到该系统的系统函数

$$H(z)=\frac{1+3z^{-1}+5z^{-2}}{1+2z^{-1}+3z^{-2}+4z^{-3}}=\frac{z^3+3z^2+5z}{z^3+2z^2+3z+4}$$

由式（10.4.6）可写出状态方程

$$\begin{bmatrix} q_1(k+1) \\ q_2(k+1) \\ q_3(k+1) \end{bmatrix}=\begin{bmatrix} 0 & 1 & 0 \\ 0 & 0 & 1 \\ -4 & -3 & -2 \end{bmatrix}\begin{bmatrix} q_1(k) \\ q_2(k) \\ q_3(k) \end{bmatrix}+\begin{bmatrix} 0 \\ 0 \\ 1 \end{bmatrix}x(k)$$

由式（10.4.7）得

$$y(k)=\begin{bmatrix}-4 & 2 & 1\end{bmatrix}\begin{bmatrix}q_1(k)\\ q_2(k)\\ q_3(k)\end{bmatrix}+x(k)$$

10.5　连续系统状态方程的求解

前面已经讨论了状态方程和输出方程的列写方法，进一步的问题就是如何求解这些方程。解输出方程只是简单的代数运算，关键问题是求解状态方程。状态方程的求解方法有时域法和拉普拉斯变换法。下面先介绍拉普拉斯变换法，然后讨论时域法。

10.5.1　用拉普拉斯变换法求解状态方程

状态方程都可以记为矩阵形式，矩阵方程中作为状态变量的时间函数或者作为激励的时间函数，分别是一个状态矢量或一个输入矢量。对状态方程进行拉普拉斯变换时，就要对这些时间的矢量函数进行变换。一个矢量函数的拉普拉斯变换是这样一个矢量函数，它的各元素是原矢量函数相应元素的拉普拉斯变换。例如，若状态矢量中第 r 个元素 $q_r(t)$ 的拉普拉斯变换为 $Q_r(s)$，则状态矢量的变换为

$$L\{\boldsymbol{q}(t)\}=L\begin{bmatrix}q_1(t)\\ q_2(t)\\ \vdots\\ q_{n-1}(t)\\ q_n(t)\end{bmatrix}=\begin{bmatrix}L\{q_1(t)\}\\ L\{q_2(t)\}\\ \vdots\\ L\{q_{n-1}(t)\}\\ L\{q_n(t)\}\end{bmatrix}=\begin{bmatrix}Q_1(s)\\ Q_2(s)\\ \vdots\\ Q_{n-1}(s)\\ Q_n(s)\end{bmatrix}=\boldsymbol{Q}(s) \tag{10.5.1}$$

输入矢量的变换也可以写成同样的形式。

根据拉普拉斯变换的线性性质，一个标量函数和一个常数的乘积的变换，等于该标量函数的变换和该常数的乘积；同样，一个常数矩阵和一个矢量函数的乘积的变换，等于该常数矩阵和该矢量函数变换的乘积，即

$$L[A\cdot q(t)]=A\cdot L[q(t)]=AQ(s)$$

有根据拉普拉斯变换的微分特性，一标量函数 $q(t)$ 的导数的变换为

$$L[q'(t)]=sQ(s)-q(0_-)$$

式中，$q(0_-)$ 为初始条件。同样，一矢量函数 $\boldsymbol{q}(t)$ 的导数的变换为

$$L[\boldsymbol{q}'(t)]=sQ(s)-\boldsymbol{q}(0_-)$$

应用以上有关矢量函数的变换关系，对给定的状态方程和输出方程

$$\begin{cases}\boldsymbol{q}'(t)=\boldsymbol{A}\boldsymbol{q}(t)+\boldsymbol{B}\boldsymbol{x}(t)\\ \boldsymbol{y}(t)=\boldsymbol{C}\boldsymbol{q}(t)+\boldsymbol{D}\boldsymbol{x}(t)\end{cases} \tag{10.5.2}$$

两边取拉普拉斯变换

$$\begin{cases}s\boldsymbol{Q}(s)-\boldsymbol{q}(0_-)=\boldsymbol{A}\boldsymbol{Q}(s)+\boldsymbol{B}\boldsymbol{X}(s)\\ \boldsymbol{Y}(s)=\boldsymbol{C}\boldsymbol{Q}(s)+\boldsymbol{D}\boldsymbol{X}(s)\end{cases} \tag{10.5.3}$$

式中，$\boldsymbol{q}(0_-)$ 为初始条件的列矩阵

$$\boldsymbol{q}(0_-)=\begin{bmatrix}q_1(0)\\ q_2(0)\\ \vdots\\ q_n(0)\end{bmatrix} \tag{10.5.4}$$

整理得

$$\begin{cases}\boldsymbol{Q}(s)=(s\boldsymbol{I}-\boldsymbol{A})^{-1}\boldsymbol{q}(0_-)+(s\boldsymbol{I}-\boldsymbol{A})^{-1}\boldsymbol{B}\boldsymbol{X}(s)=\boldsymbol{\Phi}(s)\boldsymbol{q}(0_-)+\boldsymbol{\Phi}(s)\boldsymbol{B}\boldsymbol{X}(s)\\ \boldsymbol{Y}(s)=\boldsymbol{C}(s\boldsymbol{I}-\boldsymbol{A})^{-1}\boldsymbol{q}(0_-)+\left[\boldsymbol{C}(s\boldsymbol{I}-\boldsymbol{A})^{-1}\boldsymbol{B}+\boldsymbol{D}\right]\boldsymbol{X}(s)=\boldsymbol{C}\boldsymbol{\Phi}(s)\boldsymbol{q}(0_-)+[\boldsymbol{C}\boldsymbol{\Phi}(s)\boldsymbol{B}+\boldsymbol{D}]\boldsymbol{X}(s)\\ \quad=\boldsymbol{Y}_{zi}(s)+\boldsymbol{Y}_{zs}(s)\end{cases}\tag{10.5.5}$$

式中，$\boldsymbol{\Phi}(s)=(s\boldsymbol{I}-\boldsymbol{A})^{-1}$称为预解矩阵。对式（10.5.5）取拉普拉斯逆变换，可得到

$$\begin{cases}\boldsymbol{q}(t)=L^{-1}[\boldsymbol{\Phi}(s)\boldsymbol{q}(0_-)]+L^{-1}[\boldsymbol{\Phi}(s)\boldsymbol{B}\boldsymbol{X}(s)]\\ \boldsymbol{y}(t)=\underbrace{\boldsymbol{C}L^{-1}[\boldsymbol{\Phi}(s)\boldsymbol{q}(0_-)]}_{\text{零输入响应}}+\underbrace{L^{-1}\{[\boldsymbol{C}\boldsymbol{\Phi}(s)\boldsymbol{B}+\boldsymbol{D}]\boldsymbol{X}(s)\}}_{\text{零状态响应}}\end{cases}\tag{10.5.6}$$

由式（10.5.6）可见，$\boldsymbol{q}(t)$中第一项是仅由初始状态决定而与输入激励无关的，当初始状态为零时，该项亦为零，显然这是状态矢量的零输入分量；第二项是仅由输入激励决定而与初始状态状态无关的，当输入为零时，该项亦为零，显然这是状态矢量的零状态分量。$\boldsymbol{y}(t)$中第一项是零输入响应，第二项是零状态响应。

通过以上讨论可以看出，在求解过程中最关键的问题是求预解矩阵$\boldsymbol{\Phi}(s)=(s\boldsymbol{I}-\boldsymbol{A})^{-1}$。

【例 10.5.1】 已知状态方程和输出方程为

$$\begin{cases}q_1'(t)=-2q_1(t)+q_2(t)+x(t)\\ q_2'(t)=-q_2(t)\end{cases}$$

$$y(t)=q_1(t)$$

系统的初始状态为$q_1(0_-)=1$，$q_2(0_-)=1$，激励$x(t)=u(t)$。试求此系统的全响应。

解：将系统的状态方程和输出方程都可写成矩阵形式，得

$$\begin{bmatrix}q_1'(t)\\ q_2'(t)\end{bmatrix}=\begin{bmatrix}-2 & 1\\ 0 & -1\end{bmatrix}\begin{bmatrix}q_1(t)\\ q_2(t)\end{bmatrix}+\begin{bmatrix}1\\ 0\end{bmatrix}u(t)$$

$$y(t)=\begin{bmatrix}1 & 0\end{bmatrix}\begin{bmatrix}q_1(t)\\ q_2(t)\end{bmatrix}$$

由此可知$\boldsymbol{A}$、$\boldsymbol{B}$、$\boldsymbol{C}$、$\boldsymbol{D}$这4个矩阵分别为

$$\boldsymbol{A}=\begin{bmatrix}-2 & 1\\ 0 & -1\end{bmatrix}\qquad \boldsymbol{B}=\begin{bmatrix}1\\ 0\end{bmatrix}\qquad \boldsymbol{C}=\begin{bmatrix}1 & 0\end{bmatrix}\qquad \boldsymbol{D}=0$$

系统的初始状态为

$$\boldsymbol{q}(0_-)=\begin{bmatrix}q_1(0_-)\\ q_2(0_-)\end{bmatrix}=\begin{bmatrix}1\\ 1\end{bmatrix}$$

计算

$$s\boldsymbol{I}-\boldsymbol{A}=s\begin{bmatrix}1 & 0\\ 0 & 1\end{bmatrix}-\begin{bmatrix}-2 & 1\\ 0 & -1\end{bmatrix}=\begin{bmatrix}s+2 & s-1\\ 0 & s+1\end{bmatrix}$$

$$(s\boldsymbol{I}-\boldsymbol{A})^{-1}=\begin{bmatrix}\dfrac{1}{s+2} & \dfrac{1}{s+1}-\dfrac{1}{s+2}\\ 0 & \dfrac{1}{s+1}\end{bmatrix}$$

由式（10.5.5）得

$$\boldsymbol{Y}_{\text{zi}}(s)=\boldsymbol{C}(s\boldsymbol{I}-\boldsymbol{A})^{-1}\boldsymbol{q}(0_-)$$

$$=[1\quad 0]\begin{bmatrix}\frac{1}{s+2} & \frac{1}{s+1}-\frac{1}{s+2}\\ 0 & \frac{1}{s+1}\end{bmatrix}\begin{bmatrix}1\\1\end{bmatrix}=\begin{bmatrix}\frac{1}{s+2} & \frac{1}{s+1}-\frac{1}{s+2}\end{bmatrix}\begin{bmatrix}1\\1\end{bmatrix}=\frac{1}{s+1}$$

$$\boldsymbol{Y}_{\text{zs}}(s)=\left[\boldsymbol{C}\left(s\boldsymbol{I}-\boldsymbol{A}\right)^{-1}\boldsymbol{B}+\boldsymbol{D}\right]\boldsymbol{X}(s)\quad \boldsymbol{Y}_{\text{zs}}(s)=[1\quad 0]\begin{bmatrix}\frac{1}{s+2} & \frac{1}{s+1}-\frac{1}{s+2}\\ 0 & \frac{1}{s+1}\end{bmatrix}\begin{bmatrix}1\\0\end{bmatrix}\frac{1}{s}=\frac{1}{s(s+2)}$$

分别对 $\boldsymbol{Y}_{\text{zi}}(s)$ 和 $\boldsymbol{Y}_{\text{zs}}(s)$ 求逆变换

$$y_{\text{zi}}(t)=L^{-1}\left\{\frac{1}{s+1}\right\}=\mathrm{e}^{-t}u(t)$$

$$y_{\text{zs}}(t)=L^{-1}\left\{\frac{1}{s(s+2)}\right\}=\frac{1}{2}(1-\mathrm{e}^{-2t})u(t)$$

从而系统的全响应为

$$y(t)=y_{\text{zi}}(t)+y_{\text{zs}}(t)=\left(\frac{1}{2}+\mathrm{e}^{-t}-\frac{1}{2}\mathrm{e}^{-2t}\right)u(t)$$

以上是对一个简单二阶系统进行状态变量法求解的过程，可见其运算烦琐。但是，这是一套规范化的求解过程，随着系统的阶数增高以及输入或输出数目的增大，都仅只是增加有关矩阵的阶数。所以将这套解算过程编程，较为复杂的系统也可方便地利用计算机求解。

现在讨论系统函数矩阵 $H(s)$ 与系统稳定性的判断。

由式（10.5.5）可以看出，零状态响应的 $y_{\text{zs}}(t)$ 的象函数 $Y_{\text{zs}}(s)$ 为

$$\boldsymbol{Y}_{\text{zs}}(s)=[\boldsymbol{C\Phi}(s)\boldsymbol{B}+\boldsymbol{D}]\boldsymbol{X}(s)=\boldsymbol{H}(s)\boldsymbol{X}(s)\tag{10.5.7}$$

式中，$\boldsymbol{H}(s)=\boldsymbol{C\Phi}(s)\boldsymbol{B}+\boldsymbol{D}$。它是一个 $p\times q$ 阶的矩阵，常称为系统的系统函数矩阵或转移函数矩阵。可写为

$$\boldsymbol{H}(s)=\begin{bmatrix}\begin{pmatrix}H_{11}(s) & H_{12}(s)\cdots & H_{1q}(s)\\ \vdots & \ddots & \vdots\\ H_{p1}(s) & H_{p1}(s)\cdots & H_{pq}(s)\end{pmatrix}\end{bmatrix}\tag{10.5.8}$$

系统函数矩阵中第 i 行第 j 列的元素

$$H_{ij}(s)=\frac{\text{由第}j\text{个输入所引起的第}i\text{个输出}Y_i(s)\text{的响应分量}}{\text{第}j\text{个输入}X_j(s)}$$

称为第 i 个输出相对于第 j 列输入的转移函数。

由于 $\boldsymbol{\Phi}(s)=(s\boldsymbol{I}-\boldsymbol{A})^{-1}=\dfrac{\operatorname{adj}(s\boldsymbol{I}-\boldsymbol{A})}{|s\boldsymbol{I}-\boldsymbol{A}|}$，这里 $\operatorname{adj}(s\boldsymbol{I}-\boldsymbol{A})$ 是矩阵 $(s\boldsymbol{I}-\boldsymbol{A})$ 的伴随矩阵，代入式（10.5.7）得

$$\boldsymbol{H}(s)=\frac{\boldsymbol{C}\operatorname{adj}(s\boldsymbol{I}-\boldsymbol{A})\boldsymbol{B}+\boldsymbol{D}|s\boldsymbol{I}-\boldsymbol{A}|}{|s\boldsymbol{I}-\boldsymbol{A}|}$$

多项式 $|s\boldsymbol{I}-\boldsymbol{A}|$ 就是系统的多项式，所以 $\boldsymbol{H}(s)$ 的极点就是特征方程

$$|s\boldsymbol{I}-\boldsymbol{A}|=0\tag{10.5.9}$$

的根，即系统的特征根。判断特征根是否在左半平面，即可判断因果系统是否稳定，可见系统是否稳定只与状态方程中的系统矩阵 $\boldsymbol{A}$ 有关。

【例 10.5.2】 描述某因果系统的状态方程为

$$\begin{bmatrix} q_1'(t) \\ q_2'(t) \end{bmatrix}=\begin{bmatrix} 0 & 1 \\ -K & -1 \end{bmatrix}\begin{bmatrix} q_1(t) \\ q_2(t) \end{bmatrix}+\begin{bmatrix} 1 & 2 \\ 4 & 5 \end{bmatrix}\begin{bmatrix} x_1(t) \\ x_2(t) \end{bmatrix}$$

求当常数 K 在什么范围内时，取值系统是稳定的？

解：系统的特征多项式

$$(s\boldsymbol{I}-\boldsymbol{A})=s\begin{bmatrix} 1 & 0 \\ 0 & 1 \end{bmatrix}-\begin{bmatrix} 0 & 1 \\ -K & -1 \end{bmatrix}=\begin{bmatrix} s & -1 \\ K & s+1 \end{bmatrix}=s^2+s+K+1$$

特征方程为

$$s^2+s+K+1=0$$

特征根为 $s_{1,2}=-\frac{1}{2}\pm\frac{1}{2}\sqrt{1-4(K+1)}$。为使系统的特征根都在 s 的左半平面，则有

$$1-4(K+1)<1$$

解得 $K>-1$，即当 $K>-1$ 时，系统稳定。

10.5.2 用时域法求解状态方程

已知状态方程的标准形式，将 $\boldsymbol{q}'(t)=\boldsymbol{A}\boldsymbol{q}(t)+\boldsymbol{B}\boldsymbol{x}(t)$ 两边乘 $\mathrm{e}^{-\boldsymbol{A}t}$ 并移项，得

$$\mathrm{e}^{-\boldsymbol{A}t}\frac{\mathrm{d}\boldsymbol{q}(t)}{\mathrm{d}t}-\mathrm{e}^{-\boldsymbol{A}t}\boldsymbol{A}\boldsymbol{q}(t)=\mathrm{e}^{-\boldsymbol{A}t}\boldsymbol{B}\boldsymbol{x}(t)$$

可将上式变为

$$\frac{\mathrm{d}}{\mathrm{d}t}[\mathrm{e}^{-\boldsymbol{A}t}\boldsymbol{q}(t)]=\mathrm{e}^{-\boldsymbol{A}t}\boldsymbol{B}\boldsymbol{x}(t)$$

在 0_- 至 t 区间进行积分，得

$$\mathrm{e}^{-\boldsymbol{A}t}\boldsymbol{q}(t)-\boldsymbol{q}(0_-)=\int_{0_-}^{t}\mathrm{e}^{-\boldsymbol{A}\tau}\boldsymbol{B}\boldsymbol{x}(\tau)\mathrm{d}\tau$$

移项乘 $\mathrm{e}^{\boldsymbol{A}t}$，得

$$\begin{aligned}\boldsymbol{q}(t)&=\mathrm{e}^{\boldsymbol{A}t}\boldsymbol{q}(0_-)+\int_{0_-}^{t}\mathrm{e}^{\boldsymbol{A}(t-\tau)}\boldsymbol{B}\boldsymbol{x}(\tau)\mathrm{d}\tau \\ &=\mathrm{e}^{\boldsymbol{A}t}\boldsymbol{q}(0_-)+\mathrm{e}^{\boldsymbol{A}t}\boldsymbol{B}*\boldsymbol{x}(t)\end{aligned} \tag{10.5.10}$$

式中，第一项 $\mathrm{e}^{\boldsymbol{A}t}\boldsymbol{q}(0_-)$ 与初始状态有关，是 $\boldsymbol{q}(t)$ 的零输入解 $\boldsymbol{q}_{zi}(t)$，第二项 $\mathrm{e}^{\boldsymbol{A}t}\boldsymbol{B}*\boldsymbol{x}(t)$ 与激励有关，是 $\boldsymbol{q}(t)$ 的零状态解 $\boldsymbol{q}_{zs}(n)$。

将式（10.5.10）代入式 $\boldsymbol{y}(t)=\boldsymbol{C}\boldsymbol{q}(t)+\boldsymbol{D}\boldsymbol{x}(t)$，得

$$\begin{aligned}\boldsymbol{y}(t)=\boldsymbol{C}\boldsymbol{q}(t)+\boldsymbol{D}\boldsymbol{x}(t)&=\boldsymbol{C}\mathrm{e}^{\boldsymbol{A}t}\boldsymbol{q}(0_-)+\int_{0_-}^{t}\boldsymbol{C}\mathrm{e}^{\boldsymbol{A}(t-\tau)}\boldsymbol{B}\boldsymbol{x}(\tau)\mathrm{d}\tau+\boldsymbol{D}\boldsymbol{x}(t) \\ &=\boldsymbol{C}\mathrm{e}^{\boldsymbol{A}t}\boldsymbol{q}(0_-)+[\boldsymbol{B}\boldsymbol{C}\mathrm{e}^{\boldsymbol{A}t}+\boldsymbol{D}\delta(t)]*\boldsymbol{x}(t)\end{aligned} \tag{10.5.11}$$

式中，第一项 $\boldsymbol{C}\mathrm{e}^{\boldsymbol{A}t}\boldsymbol{q}(0_-)$ 是系统的零输入响应，第二项 $[\boldsymbol{B}\boldsymbol{C}\mathrm{e}^{\boldsymbol{A}t}+\boldsymbol{D}\delta(t)]*\boldsymbol{x}(t)$ 与激励有关，是系统的零状态响应。

在时域解法中求解状态变量，必须先求得矩阵 $\mathrm{e}^{\boldsymbol{A}t}$，求此矩阵的方法很多，例如，可以先将 $\mathrm{e}^{\boldsymbol{A}t}$ 用泰勒级数展开，用无穷级数去计算，这种方法的计算量特别大。$\mathrm{e}^{\boldsymbol{A}t}$ 也可以用拉普拉斯变换求解，此式的具体推导过程见连续时间系统状态方程的复频域解法。但是当 $\boldsymbol{A}$ 矩阵的阶数比较高时，用这种方法计算也不是很方便。

这里简要地介绍一种应用凯莱–哈密顿定理（Cayley-Hamilton Theorem）求解 $\mathrm{e}^{\boldsymbol{A}t}$ 的方法。

设 n 阶矩阵 $\boldsymbol{A}$ 的特征方程为

$$\Delta(\lambda)=\lambda^n+a_{n-1}\lambda^{n-1}+\cdots+a_1\lambda+a_0=0 \tag{10.5.12}$$

凯莱–哈密顿定理指出：任一矩阵符合其本身的特征方程，也就是说，如果用原矩阵 $\boldsymbol{A}$ 替换原等式中的特征值 λ，等式依然成立。所以，可以用 $\boldsymbol{A}$ 替换式（10.5.12）中的 λ，得

$$\boldsymbol{A}^n=-a_{n-1}\boldsymbol{A}^{n-1}-\cdots-a_1\boldsymbol{A}-a_0\boldsymbol{I} \tag{10.5.13}$$

即 $\boldsymbol{A}^n$ 可以表示为 $\boldsymbol{I}$、$\boldsymbol{A}$、…、$\boldsymbol{A}^{n-1}$ 等 n 个矩阵的线性组合，可以证明矩阵 $\boldsymbol{A}$ 的任意幂级数 $\boldsymbol{A}^k$ 都可以表示成这 n 个矩阵的线性组合。根据矩阵指数函数的定义，$e^{\boldsymbol{A}t}$ 按泰勒级数展开为

$$e^{\boldsymbol{A}t}=\boldsymbol{I}+\boldsymbol{A}t+\frac{\boldsymbol{A}^2t^2}{2!}+\frac{\boldsymbol{A}^3t^3}{3!}+\cdots+\frac{\boldsymbol{A}^nt^n}{n!}+\cdots=\sum_{n=0}^{+\infty}\frac{\boldsymbol{A}^nt^n}{n!} \tag{10.5.14}$$

$e^{\boldsymbol{A}t}$ 是矩阵 $\boldsymbol{A}$ 的幂级数之和，所以 $e^{\boldsymbol{A}t}$ 同样也可以表示为 $\boldsymbol{I}$、$\boldsymbol{A}$、…、$\boldsymbol{A}^{n-1}$ 等 n 个矩阵的线性组合，即

$$e^{\boldsymbol{A}t}=\sum_{k=0}^{+\infty}\frac{\boldsymbol{A}^kt^k}{k!}=\beta_0(t)\boldsymbol{I}+\beta_1(t)\boldsymbol{A}+\beta_2(t)\boldsymbol{A}^2+\cdots+\beta_{n-1}(t)\boldsymbol{A}^{n-1} \tag{10.5.15}$$

其中，系数 $\beta_{k-1}(t)(k=0,1,\cdots,n-1)$ 是时间函数，只要计算出这 n 个函数，就可以得到 $e^{\boldsymbol{A}t}$。把式（10.5.15）中的 $\mathbf{A}$ 换成 λ，得

$$e^{\lambda}=\beta_0(t)+\beta_1(t)\lambda+\beta_2(t)\lambda^2+\cdots+\beta_{n-1}(t)\lambda^{n-1} \tag{10.5.16}$$

将 n 阶矩阵 $\boldsymbol{A}$ 的 n 个特征值 λ_1、λ_2、…、λ_n 代入式（10.5.16），得到 n 个方程，即

$$\begin{bmatrix}1 & \lambda_1 & \lambda_1^2 & \cdots & \lambda_1^{n-1}\\ 1 & \lambda_2 & \lambda_2^2 & \cdots & \lambda_2^{n-1}\\ \vdots & \vdots & \vdots & \ddots & \vdots\\ 1 & \lambda_n & \lambda_n^2 & \cdots & \lambda_n^{n-1}\end{bmatrix}\cdot\begin{bmatrix}\beta_0(t)\\ \beta_1(t)\\ \vdots\\ \beta_{n-1}(t)\end{bmatrix}=\begin{bmatrix}e^{\lambda_1t}\\ e^{\lambda_2t}\\ \vdots\\ e^{\lambda_nt}\end{bmatrix} \tag{10.5.17}$$

解得系数 $\beta_{k-1}(t)(k=0,1,\cdots,n-1)$，将其代入式（10.5.15）即可得到 $e^{\boldsymbol{A}t}$。

【例 10.5.3】　求 $\boldsymbol{A}=\begin{bmatrix}-3 & 1\\ 2 & -1\end{bmatrix}$ 时的 $e^{\boldsymbol{A}t}$。

解： $|\lambda\boldsymbol{I}-\boldsymbol{A}|=0$

$$\begin{vmatrix}\lambda+3 & -1\\ -2 & \lambda+2\end{vmatrix}=0$$

得

$$\lambda_1=-1,\ \lambda_2=-4$$

将特征值代入式（10.5.17），有

$$\begin{cases}e^{-t}=\beta_0-\beta_1\\ e^{-4t}=\beta_0-4\beta_1\end{cases}$$

解得系数为

$$\begin{cases}\beta_0=\dfrac{4}{3}e^{-t}-\dfrac{1}{3}e^{-4t}\\ \beta_1=\dfrac{1}{3}e^{-t}-\dfrac{1}{3}e^{-4t}\end{cases}$$

于是

$$\begin{aligned}e^{\boldsymbol{A}t}&=\beta_0\boldsymbol{I}+\beta_1\boldsymbol{A}\\ &=\left(\frac{4}{3}e^{-t}-\frac{1}{3}e^{-4t}\right)\cdot\begin{bmatrix}1 & 0\\ 0 & 1\end{bmatrix}+\left(\frac{1}{3}e^{-t}-\frac{1}{3}e^{-4t}\right)\cdot\begin{bmatrix}-3 & 1\\ 2 & -2\end{bmatrix}\\ &=\begin{bmatrix}\frac{1}{3}e^{-t}+\frac{2}{3}e^{-4t} & \frac{1}{3}e^{-t}-\frac{1}{3}e^{-4t}\\ \frac{2}{3}e^{-t}-\frac{2}{3}e^{-4t} & \frac{2}{3}e^{-t}+\frac{1}{3}e^{-4t}\end{bmatrix}\end{aligned}$$

【例 10.5.4】 已知某连续系统状态方程和输出方程中的各矩阵分别为

$$\boldsymbol{A}=\begin{bmatrix}1 & 2\\ 0 & -1\end{bmatrix},\ \boldsymbol{B}=\begin{bmatrix}0 & 1\\ 1 & 0\end{bmatrix},\ \boldsymbol{C}=\begin{bmatrix}1 & 1\\ 0 & -1\end{bmatrix},\ \boldsymbol{D}=\begin{bmatrix}1 & 1\\ 1 & 1\end{bmatrix}$$

起始状态和输入信号分别为$\begin{bmatrix}q_1(0_-)\\ q_2(0_-)\end{bmatrix}=\begin{bmatrix}1\\ -1\end{bmatrix}$和$\begin{bmatrix}x_1(t)\\ x_2(t)\end{bmatrix}=\begin{bmatrix}u(t)\\ \delta(t)\end{bmatrix}$，求系统的状态变量和输出。

解：系统的特征多项式为$|\lambda \boldsymbol{I}-\boldsymbol{A}|=0$

得
$$\begin{vmatrix}\lambda-1 & -2\\ 0 & \lambda+1\end{vmatrix}=0$$

特征值是
$$\lambda_1=1,\ \lambda_2=-1$$

将特征值代入式（10.5.17），有

$$\begin{cases}\mathrm{e}^{t}=\beta_0+\beta_1\\ \mathrm{e}^{-t}=\beta_0-\beta_1\end{cases}$$

解得系数为

$$\begin{cases}\beta_0=\dfrac{1}{2}\mathrm{e}^{t}+\dfrac{1}{2}\mathrm{e}^{-t}\\ \beta_1=\dfrac{1}{2}\mathrm{e}^{t}-\dfrac{1}{2}\mathrm{e}^{-t}\end{cases}$$

得
$$\begin{aligned}\mathrm{e}^{\boldsymbol{A}t}&=\beta_0\boldsymbol{I}+\beta_1\boldsymbol{A}\\ &=\left(\frac{1}{2}\mathrm{e}^{t}+\frac{1}{2}\mathrm{e}^{-t}\right)\begin{bmatrix}1 & 0\\ 0 & 1\end{bmatrix}+\left(\frac{1}{2}\mathrm{e}^{t}-\frac{1}{2}\mathrm{e}^{-t}\right)\begin{bmatrix}1 & 2\\ 0 & -1\end{bmatrix}\\ &=\begin{bmatrix}\mathrm{e}^{t} & \mathrm{e}^{t}-\mathrm{e}^{-t}\\ 0 & \mathrm{e}^{-t}\end{bmatrix}\end{aligned}$$

将$\mathrm{e}^{\boldsymbol{A}t}$、$\boldsymbol{q}(0_-)$、$\boldsymbol{B}$和$\boldsymbol{x}(t)$代入式（10.5.10），得系统的状态方程

$$\begin{aligned}\begin{bmatrix}q_1(t)\\ q_2(t)\end{bmatrix}&=\begin{bmatrix}\mathrm{e}^{t} & \mathrm{e}^{t}-\mathrm{e}^{-t}\\ 0 & \mathrm{e}^{-t}\end{bmatrix}\begin{bmatrix}1\\ -1\end{bmatrix}+\begin{bmatrix}\mathrm{e}^{t} & \mathrm{e}^{t}-\mathrm{e}^{-t}\\ 0 & \mathrm{e}^{-t}\end{bmatrix}\begin{bmatrix}0 & 1\\ 1 & 0\end{bmatrix}*\begin{bmatrix}u(t)\\ \delta(t)\end{bmatrix}\\ &=\begin{bmatrix}2\mathrm{e}^{t}+2\mathrm{e}^{-t}-2\\ 1-2\mathrm{e}^{-t}\end{bmatrix}\qquad t\geqslant 0\end{aligned}$$

代入式（10.5.11），得系统的输出方程为

$$\begin{aligned}\begin{bmatrix}y_1(t)\\ y_2(t)\end{bmatrix}&=\begin{bmatrix}1 & 1\\ 0 & -1\end{bmatrix}\begin{bmatrix}\mathrm{e}^{t} & \mathrm{e}^{t}-\mathrm{e}^{-t}\\ 0 & \mathrm{e}^{-t}\end{bmatrix}\begin{bmatrix}1\\ -1\end{bmatrix}+\begin{bmatrix}0 & 1\\ 1 & 0\end{bmatrix}\begin{bmatrix}1 & 1\\ 0 & -1\end{bmatrix}\begin{bmatrix}\mathrm{e}^{t} & \mathrm{e}^{t}-\mathrm{e}^{-t}\\ 0 & \mathrm{e}^{-t}\end{bmatrix}*\begin{bmatrix}u(t)\\ \delta(t)\end{bmatrix}+\begin{bmatrix}1 & 1\\ 1 & 1\end{bmatrix}\begin{bmatrix}u(t)\\ \delta(t)\end{bmatrix}\\ &=\begin{bmatrix}2\mathrm{e}^{t}\\ 2\mathrm{e}^{-t}\end{bmatrix}\qquad t\geqslant 0\end{aligned}$$

10.6 离散系统状态方程的求解

离散系统状态方程和输出方程的矩阵形式分别为

$$\boldsymbol{q}(n+1)=\boldsymbol{A}\boldsymbol{q}(n)+\boldsymbol{B}\boldsymbol{x}(n)\tag{10.6.1}$$

$$\boldsymbol{y}(n)=\boldsymbol{C}\boldsymbol{q}(n)+\boldsymbol{D}\boldsymbol{x}(n)\tag{10.6.2}$$

与连续系统类似，离散系统状态方程的求解方法有两种，即时域法和 z 变换法。

10.6.1　用时域法求解离散系统的状态方程

离散系统的状态方程为一阶差分方程组，一般可用迭代法求解，迭代法特别适合于计算机求解。

已知系统状态方程、输出方程分别为式（10.6.1）、式（10.6.2），并且 $\boldsymbol{q}(n)$ 和初始状态 $q(0)$ 已知，利用迭代法可以推出：

$$q(1)=\boldsymbol{A}q(0)+\boldsymbol{B}x(0)$$

$$q(2)=\boldsymbol{A}q(1)+\boldsymbol{B}\mathbf{x}(1)=\boldsymbol{A}^2q(0)+\boldsymbol{AB}x(0)+\boldsymbol{B}x(1)$$

$$\vdots$$

$$\begin{aligned}q(n)&=\boldsymbol{A}q(n-1)+\boldsymbol{B}x(n-1)=\boldsymbol{A}^nq(0)+\boldsymbol{A}^{n-1}\boldsymbol{B}x(0)+\cdots+\boldsymbol{B}x(n-1)\\&=\boldsymbol{A}^nq(0)+\sum_{i=0}^{n-1}\boldsymbol{A}^{n-1-i}\boldsymbol{B}x(i)\end{aligned}$$

式中，$\boldsymbol{A}^n$ 称为状态转移矩阵（或状态过渡矩阵），设 $\boldsymbol{\Phi}(n)=\boldsymbol{A}^n$，将 $\boldsymbol{\Phi}(n)$ 代入上式得

$$\begin{aligned}\boldsymbol{q}(n)&=\boldsymbol{\Phi}(n)q(0)+\sum_{i=0}^{n-1}\boldsymbol{\Phi}(n-i-1)\boldsymbol{Bx}(i)\\&=\boldsymbol{\Phi}(n)q(0)+\boldsymbol{\Phi}(n-1)\boldsymbol{B}*\boldsymbol{x}(n)\end{aligned}\tag{10.6.3}$$

式中，$\boldsymbol{\Phi}(n)q(0)$ 是状态的零输入解 $\boldsymbol{q}_{\mathrm{zi}}(n)$，$\boldsymbol{\Phi}(n-1)\boldsymbol{B}*\boldsymbol{x}(n)$ 是状态的零状态解 $\boldsymbol{q}_{\mathrm{zs}}(n)$。

将 $\boldsymbol{q}(n)$ 和 $\boldsymbol{\Phi}(n)$ 代入系统输出方程式（10.6.2），得

$$\begin{aligned}\boldsymbol{y}(n)&=\boldsymbol{Cq}(n)+\boldsymbol{Dx}(n)\\&=\boldsymbol{C\Phi}(n)q(0)+\boldsymbol{C}\sum_{i=0}^{n-1}\boldsymbol{A}^{n-1-i}\boldsymbol{Bx}(i)+\boldsymbol{Dx}(n)\\&=\boldsymbol{CA}^nq(0)+[\boldsymbol{C\Phi}(n-1)\boldsymbol{B}+\boldsymbol{D}\delta(n)]*\boldsymbol{x}(n)\end{aligned}\tag{10.6.4}$$

式中，$\boldsymbol{C\Phi}(n)q(0)$ 是系统的零输入响应 $\boldsymbol{y}_{\mathrm{zi}}(n)$，$[\boldsymbol{C\Phi}(n-1)\boldsymbol{B}+\boldsymbol{D}\delta(n)]*\boldsymbol{x}(n)$ 是系统的零状态响应 $\boldsymbol{y}_{\mathrm{zs}}(n)$。

由式(10.6.3)和式(10.6.4)可以看出，求解状态方程和输出方程的重点在于如何得到 $\boldsymbol{\Phi}(n)=\boldsymbol{A}^n$。当然能够利用 $\boldsymbol{A}$ 直接求解 $\boldsymbol{A}^n$，但是当 n 较大时，计算量过于繁重。在计算状态转移矩阵的所有方法中，利用 z 变换求 $\boldsymbol{A}^n$ 是较为简便的方法之一。$\boldsymbol{A}^n$ 也可以根据凯莱–哈密顿定理，按照与连续系统求 $\mathrm{e}^{\boldsymbol{A}t}$ 的方法相同的方法来求解。

由凯莱–哈密顿定理，对于 $k\times k$ 阶矩阵 $\boldsymbol{A}$，当 $i\geqslant k$ 时，有

$$\boldsymbol{A}^n=\beta_0\boldsymbol{I}+\beta_1(t)\boldsymbol{A}+\beta_2(t)\boldsymbol{A}^2+\cdots+\beta_{k-1}(t)\boldsymbol{A}^{k-1}\tag{10.6.5}$$

将式（10.6.5）中的 $\boldsymbol{A}$ 换成矩阵 $\boldsymbol{A}$ 的特征值 λ，得到 k 元一次方程组，求解后就得到系数 $\beta_j(0\leqslant j\leqslant k-1)$。

【例 10.6.1】　已知某离散系统状态方程和输出方程中的各矩阵分别为

$$\boldsymbol{A}=\begin{bmatrix}0&1\\-2&3\end{bmatrix},\quad \boldsymbol{B}=\begin{bmatrix}0\\1\end{bmatrix},\quad \boldsymbol{C}=\begin{bmatrix}4&2\end{bmatrix},\quad \boldsymbol{D}=0,\quad \begin{bmatrix}q_1(0)\\q_2(0)\end{bmatrix}=\begin{bmatrix}2\\2\end{bmatrix},\quad x(n)=\delta(n)$$

求系统状态方程和输出方程的解。

解： 系统的特征多项式为 $|\lambda\boldsymbol{I}-\boldsymbol{A}|=0$，即

$$\begin{vmatrix}\lambda & -1\\ 2 & \lambda-3\end{vmatrix}=0$$

特征值是 $\lambda_1=1$，$\lambda_2=2$。

$$A^n=\beta_0 I+\beta_1 A$$

于是

$$\begin{cases}1^n=\beta_0+\beta_1\\ 2^n=\beta_0+2\beta_1\end{cases}$$

得

$$\begin{cases}\beta_0=2-2^n\\ \beta_1=2^n-1\end{cases}$$

所以

$$\begin{aligned}A^n=\Phi(n)&=\beta_0 I+\beta_1 A\\ &=(2-2^n)\cdot\begin{bmatrix}1 & 0\\ 0 & 1\end{bmatrix}+(2^n-1)\cdot\begin{bmatrix}0 & 1\\ -2 & 3\end{bmatrix}\\ &=\begin{bmatrix}2-2^n & 2^n-1\\ 2-2^{n+1} & 2^{n+1}-1\end{bmatrix}\end{aligned}$$

系统状态方程

$$\begin{aligned}q(n)&=\Phi(n)q(0)+\Phi(n-1)B*x(n)\\ &=\begin{bmatrix}2-2^n & 2^n-1\\ 2-2^{n+1} & 2^{n+1}-1\end{bmatrix}\cdot\begin{bmatrix}2\\ 2\end{bmatrix}\cdot u(n)+\begin{bmatrix}2-2^{n-1} & 2^{n-1}-1\\ 2-2^n & 2^n-1\end{bmatrix}\cdot\begin{bmatrix}0\\ 1\end{bmatrix}\cdot u(n-1)*\delta(n)\\ &=\cdot\begin{bmatrix}2\\ 2\end{bmatrix}\cdot u(n)+\begin{bmatrix}2^{n-1}-1\\ 2^n-1\end{bmatrix}\cdot u(n-1)\end{aligned}$$

系统的输出方程为

$$\begin{aligned}y(n)&=Cq(n)+Dx(n)\\ &=\begin{bmatrix}4 & 2\end{bmatrix}\cdot\begin{bmatrix}2\\ 2\end{bmatrix}\cdot u(n)+\begin{bmatrix}4 & 2\end{bmatrix}\cdot\begin{bmatrix}2^{n-1}-1\\ 2^n-1\end{bmatrix}\cdot u(n-1)\\ &=12\cdot u(n)+(2^{n+1}-6)\cdot u(n-1)\end{aligned}$$

10.6.2 用 z 变换法求解离散系统的状态方程

与连续系统的拉普拉斯变换法类似，对离散系统用单边 z 变换求解状态方程也比较简便。对式（10.6.1）两边进行 z 变换，得

$$zQ(z)-zq(0)=AQ(z)+BX(z) \tag{10.6.6}$$

式中，$Q(z)=Z[q(n)]$，$X(z)=Z[x(n)]$。

经过移项整理，式（10.6.6）变为

$$(zI-A)Q(z)=zq(0)+BX(z) \tag{10.6.7}$$

解 $Q(z)$ 得

$$\begin{aligned}Q(z)&=(zI-A)^{-1}zq(0)+(zI-A)^{-1}BX(z)\\ &=\Phi(z)q(0)+\Phi(z)z^{-1}BX(z)\end{aligned} \tag{10.6.8}$$

式中，$\Phi(z)=(zI-A)^{-1}z$。

对式（10.6.8）进行逆 z 变换，有

$$\begin{aligned}\boldsymbol{q}(n)&=Z^{-1}\left[(z\boldsymbol{I}-\boldsymbol{A})^{-1}z\mathrm{q}(0)\right]+Z^{-1}\left[(z\boldsymbol{I}-\boldsymbol{A})^{-1}\boldsymbol{B}\boldsymbol{X}(z)\right]\\&=Z^{-1}\left[(z\boldsymbol{I}-\boldsymbol{A})^{-1}z\mathrm{q}(0)\right]+Z^{-1}\left\{\left[(z\boldsymbol{I}-\boldsymbol{A})^{-1}\boldsymbol{B}\right]*\boldsymbol{x}(n)\right\}\end{aligned}\tag{10.6.9}$$

式中，$Z^{-1}\left[(z\boldsymbol{I}-\boldsymbol{A})^{-1}z\mathrm{q}(0)\right]$ 是状态的零输入解 $\boldsymbol{q}_{zi}(n)$，$Z^{-1}\left\{\left[(z\boldsymbol{I}-\boldsymbol{A})^{-1}\boldsymbol{B}\right]*\boldsymbol{x}(n)\right\}$ 是状态的零状态解 $\boldsymbol{q}_{zs}(n)$。比较式（10.6.3）与式（10.6.9），得

$$\boldsymbol{\Phi}(n)=\boldsymbol{A}^{n}=Z^{-1}\left[(z\boldsymbol{I}-\boldsymbol{A})^{-1}z\right]=Z^{-1}\left[\boldsymbol{\Phi}(z)\right]\tag{10.6.10}$$

对式（10.6.2）两边进行 z 变换，得

$$\boldsymbol{Y}(z)=\boldsymbol{C}\boldsymbol{Q}(z)+\boldsymbol{D}\boldsymbol{X}(z)$$

将式（10.6.8）代入上式

$$\begin{aligned}\boldsymbol{Y}(z)&=\boldsymbol{C}\boldsymbol{Q}(z)+\boldsymbol{D}\boldsymbol{X}(z)\\&=\boldsymbol{C}(z\boldsymbol{I}-\boldsymbol{A})^{-1}z\mathrm{q}(0)+\boldsymbol{C}(z\boldsymbol{I}-\boldsymbol{A})^{-1}\boldsymbol{B}\boldsymbol{X}(z)+\boldsymbol{D}\boldsymbol{X}(z)\\&=\boldsymbol{C}\boldsymbol{\Phi}(z)q(0)+\boldsymbol{C}\boldsymbol{\Phi}(z)z^{-1}\boldsymbol{B}\boldsymbol{X}(z)+\boldsymbol{D}\boldsymbol{X}(z)\end{aligned}\tag{10.6.11}$$

对上式进行逆 z 变换，有

$$\begin{aligned}\boldsymbol{y}(n)&=Z^{-1}\left[\boldsymbol{C}(z\boldsymbol{I}-\boldsymbol{A})^{-1}z\mathrm{q}(0)\right]+Z^{-1}\left[\boldsymbol{C}(z\boldsymbol{I}-\boldsymbol{A})^{-1}\boldsymbol{B}+\boldsymbol{D}\right]*\boldsymbol{x}(n)\\&=Z^{-1}[\boldsymbol{C}\boldsymbol{\Phi}(z)q(0)]+Z^{-1}[\boldsymbol{C}\boldsymbol{\Phi}(z)z^{-1}\boldsymbol{B}+\boldsymbol{D}]\boldsymbol{X}(z)\end{aligned}\tag{10.6.12}$$

式中第一项是系统的零输入响应 $\boldsymbol{y}_{zi}(n)$，第二项是系统的零状态响应 $\boldsymbol{y}_{zs}(n)$。

即

$$\boldsymbol{y}_{zi}(n)=Z^{-1}\left[\boldsymbol{C}(z\boldsymbol{I}-\boldsymbol{A})^{-1}z\mathrm{q}(0)\right]=Z^{-1}[\boldsymbol{C}\boldsymbol{\Phi}(z)q(0)]\tag{10.6.13}$$

$$\boldsymbol{y}_{zs}(n)=Z^{-1}\left[\boldsymbol{C}(z\boldsymbol{I}-\boldsymbol{A})^{-1}\boldsymbol{B}+\boldsymbol{D}\right]\boldsymbol{X}(n)=Z^{-1}[\boldsymbol{C}\boldsymbol{\Phi}(z)z^{-1}\boldsymbol{B}+\boldsymbol{D}]\boldsymbol{X}(z)\tag{10.6.14}$$

【例 10.6.2】 已知某离散因果系统的状态方程和输出方程分别为

$$\begin{bmatrix}q_1(n+1)\\q_2(n+1)\end{bmatrix}=\begin{bmatrix}0&1\\-6&5\end{bmatrix}\cdot\begin{bmatrix}q_1(n)\\q_2(n)\end{bmatrix}+\begin{bmatrix}0\\1\end{bmatrix}\cdot\boldsymbol{x}(n)\ 和\ \boldsymbol{y}(n)=\begin{bmatrix}1&1\\2&-1\end{bmatrix}\cdot\begin{bmatrix}q_1(n)\\q_2(n)\end{bmatrix}$$

初始状态为 $\begin{bmatrix}q_1(0)\\q_2(0)\end{bmatrix}=\begin{bmatrix}1\\2\end{bmatrix}$，激励为 $x(n)=u(n)$，求状态方程的解和系统的输出。

解：

$$\begin{aligned}\boldsymbol{\Phi}(z)&=\left[z\boldsymbol{I}-\boldsymbol{A}\right]^{-1}z=\frac{\mathrm{adj}(z\boldsymbol{I}-\boldsymbol{A})}{|z\boldsymbol{I}-\boldsymbol{A}|}z\\&=\begin{bmatrix}\dfrac{z^2-5z}{(z-2)(z-3)}&\dfrac{z}{(z-2)(z-3)}\\\dfrac{-6z}{(z-2)(z-3)}&\dfrac{z^2}{(z-2)(z-3)}\end{bmatrix}\end{aligned}$$

$$\boldsymbol{q}(z)=\boldsymbol{\phi}(z)[q(0)+z^{-1}\boldsymbol{B}\boldsymbol{X}(z)]=\begin{bmatrix}\dfrac{z^2-5z}{(z-2)(z-3)}&\dfrac{z}{(z-2)(z-3)}\\\dfrac{-6z}{(z-2)(z-3)}&\dfrac{z^2}{(z-2)(z-3)}\end{bmatrix}[\begin{bmatrix}1\\2\end{bmatrix}+z^{-1}\begin{bmatrix}0\\1\end{bmatrix}\frac{z}{z-1}]$$

$$=\begin{bmatrix}\dfrac{z^2-5z}{(z-2)(z-3)}&\dfrac{z}{(z-2)(z-3)}\\\dfrac{-6z}{(z-2)(z-3)}&\dfrac{z^2}{(z-2)(z-3)}\end{bmatrix}\begin{bmatrix}1\\\dfrac{2z-1}{z-1}\end{bmatrix}=\begin{bmatrix}\dfrac{\frac{1}{2}z}{z-1}+\dfrac{\frac{1}{2}z}{z-1}\\\dfrac{\frac{1}{2}z}{z-1}+\dfrac{\frac{3}{2}z}{z-1}\end{bmatrix}$$

对上式进行逆变换，得

$$q(n)=\begin{bmatrix}\frac{1}{2}[1+(3)^n]\\ \frac{1}{2}[1+3(3)^n]\end{bmatrix}u(n)$$

由于输出方程比较简单，当求得状态矢量后，直接将状态矢量代入输出方程即可求出系统的输出

$$\begin{bmatrix}y_1(n)\\ y_2(n)\end{bmatrix}=\begin{bmatrix}1 & 1\\ 2 & -1\end{bmatrix}\cdot\begin{bmatrix}q_1(n)\\ q_2(n)\end{bmatrix}=\begin{bmatrix}1 & 1\\ 2 & -1\end{bmatrix}\begin{bmatrix}\frac{1}{2}[1+(3)^n]\\ \frac{1}{2}[1+3(3)^n]\end{bmatrix}u(n)=\begin{bmatrix}1+2(3)^n\\ \frac{1}{2}[1-(3)^n]\end{bmatrix}u(n)$$

现在讨论系统函数矩阵 $H(z)$ 与系统稳定性的判断。

由式（10.6.14）可以看出，零状态响应 $\boldsymbol{y}_{zs}(n)$ 的象函数 $\boldsymbol{Y}_{zs}(z)$ 为

$$\boldsymbol{Y}_{zs}(z)=[\boldsymbol{C\Phi}(z)z^{-1}\boldsymbol{B}+\boldsymbol{D}]\boldsymbol{X}(z)=\boldsymbol{H}(z)\boldsymbol{X}(z) \tag{10.6.15}$$

式中

$$\boldsymbol{H}(z)=\boldsymbol{C\Phi}(z)z^{-1}\boldsymbol{B}+\boldsymbol{D} \tag{10.6.16}$$

它是一个 $p\times q$ 阶的矩阵，常称为系统的系统函数矩阵或转移函数矩阵。容易推出其逆 z 变换就是单位样值响应矩阵 $\boldsymbol{h}(n)$，即

$$Z[\boldsymbol{h}(n)]=\boldsymbol{H}(z)=\boldsymbol{C\Phi}(z)z^{-1}\boldsymbol{B}+\boldsymbol{D}=\boldsymbol{C}(z\boldsymbol{I}-\boldsymbol{A})^{-1}\boldsymbol{B}+\boldsymbol{D} \tag{10.6.17}$$

由于 $(z\boldsymbol{I}-\boldsymbol{A})^{-1}=\dfrac{\text{adj}(z\boldsymbol{I}-\boldsymbol{A})}{|z\boldsymbol{I}-\boldsymbol{A}|}$，代入式（10.6.17）得

$$\boldsymbol{H}(z)=\frac{\boldsymbol{C}\text{adj}(z\boldsymbol{I}-\boldsymbol{A})\boldsymbol{B}+\boldsymbol{D}\text{adj}(z\boldsymbol{I}-\boldsymbol{A})}{|z\boldsymbol{I}-\boldsymbol{A}|}$$

可见，多项式 $|z\boldsymbol{I}-\boldsymbol{A}|$ 就是系统的多项式，所以 $\boldsymbol{H}(z)$ 的极点就是特征方程

$$|z\boldsymbol{I}-\boldsymbol{A}|=0 \tag{10.6.18}$$

的根，即系统的特征根。判断特征根是否在 z 平面的单位圆内，即可判断因果系统是否稳定。可见，系统是否稳定只与状态方程中的系数矩阵 $\boldsymbol{A}$ 有关。

【例 10.6.3】 已知某因果系统的状态方程为

$$\begin{bmatrix}q_1(n+1)\\ q_2(n+1)\end{bmatrix}=\begin{bmatrix}0 & \frac{1}{6}\\ -1 & -\frac{5}{6}\end{bmatrix}\cdot\begin{bmatrix}q_1(n)\\ q_2(n)\end{bmatrix}+\begin{bmatrix}1 & 2\\ 4 & 5\end{bmatrix}\cdot\boldsymbol{x}(n)$$

是判断该系统是否稳定。

解： 系统的特征多项式为

$$[z\boldsymbol{I}-\boldsymbol{A}]=\begin{bmatrix}z & -\frac{1}{6}\\ 1 & z+\frac{5}{6}\end{bmatrix}=z^2+\frac{5}{6}z+\frac{1}{6}=(z+\frac{1}{3})(z+\frac{1}{2})$$

系统的特征根为 $z=-\frac{1}{3}$、$z=-\frac{1}{2}$，它们都在 z 平面的单位圆内，故该因果系统稳定。

【例 10.6.4】 已知离散系统的状态方程和输出方程分别为

$$\begin{bmatrix} q_1(n+1) \\ q_2(n+1) \end{bmatrix} = \begin{bmatrix} 0 & \frac{1}{2} \\ -\frac{1}{2} & 1 \end{bmatrix} \cdot \begin{bmatrix} q_1(n) \\ q_2(n) \end{bmatrix} + \begin{bmatrix} 0 \\ 1 \end{bmatrix} \cdot \boldsymbol{x}(n) \text{ 和 } \boldsymbol{y}(n) = [1 \quad 1] \cdot \begin{bmatrix} q_1(n) \\ q_2(n) \end{bmatrix}$$

求状态转移矩阵 $\boldsymbol{A}^n$ 和描述系统输入–输出关系的差分方程。

解： 特征矩阵为

$$[z\boldsymbol{I}-\boldsymbol{A}] = \begin{bmatrix} z & -\frac{1}{2} \\ \frac{1}{2} & z-1 \end{bmatrix}$$

其逆矩阵为

$$[z\boldsymbol{I}-\boldsymbol{A}]^{-1} = \frac{\operatorname{adj}(z\boldsymbol{I}-\boldsymbol{A})}{|z\boldsymbol{I}-\boldsymbol{A}|} = \frac{1}{z^2-z+\frac{1}{4}} \begin{bmatrix} z-1 & \frac{1}{2} \\ -\frac{1}{2} & z \end{bmatrix} = \begin{bmatrix} \frac{z-1}{\left(z-\frac{1}{2}\right)^2} & \frac{\frac{1}{2}}{\left(z-\frac{1}{2}\right)^2} \\ \frac{-\frac{1}{2}}{\left(z-\frac{1}{2}\right)^2} & \frac{z}{\left(z-\frac{1}{2}\right)^2} \end{bmatrix}$$

$$\boldsymbol{\Phi}(z) = (z\boldsymbol{I}-\boldsymbol{A})^{-1} z = \begin{bmatrix} \frac{-\frac{1}{2}}{\left(z-\frac{1}{2}\right)^2} + \frac{z}{z-\frac{1}{2}} & \frac{\frac{1}{2}z}{\left(z-\frac{1}{2}\right)^2} \\ \frac{-\frac{1}{2}z}{\left(z-\frac{1}{2}\right)^2} & \frac{z}{\left(z-\frac{1}{2}\right)^2} + \frac{z}{z-\frac{1}{2}} \end{bmatrix}$$

对上式进行逆变换，得

$$\boldsymbol{\Phi}(n) = \boldsymbol{A}^n = \begin{bmatrix} (1-n)\left(\frac{1}{2}\right)^n & n\left(\frac{1}{2}\right)^n \\ -n\left(\frac{1}{2}\right)^n & (1+n)\left(\frac{1}{2}\right)^n \end{bmatrix} \qquad n \geqslant 0$$

系统函数矩阵为

$$\boldsymbol{H}(z) = \boldsymbol{C}(z\boldsymbol{I}-\boldsymbol{A})^{-1}\boldsymbol{B}+\boldsymbol{D}$$

$$= [1 \quad 1] \cdot \begin{bmatrix} \frac{z-1}{\left(z-\frac{1}{2}\right)^2} & \frac{\frac{1}{2}}{\left(z-\frac{1}{2}\right)^2} \\ \frac{-\frac{1}{2}}{\left(z-\frac{1}{2}\right)^2} & \frac{z}{\left(z-\frac{1}{2}\right)^2} \end{bmatrix} \cdot \begin{bmatrix} 0 \\ 1 \end{bmatrix} = \frac{z+\frac{1}{2}}{z^2-z+\frac{1}{4}}$$

所以描述系统输入–输出关系的差分方程为

$$y(n) - y(n-1) + \frac{1}{4}y(n-2) = x(n) + \frac{1}{2}x(n-1)$$

10.7 线性系统的可控制性和可观测性

前面各章中已经讨论过系统的多种特性，如系统的频率特性、稳定性和因果性等。从线性系统的状态方程出发，还可以确定系统的另外两个非常重要的特性及判断方法，这两个特性就是系统的可控制性和可观测性。可控制性和可观测性是多输入–多输出系统的两个重要特性，在系统分析与控制等方面都有广泛的应用。下面将分别对这两个性质及其判别方法进行讨论。

10.7.1 线性系统的可控制性

如果存在一个输入矢量，能在有限的时间内使系统的全部初始状态转移至零状态，那么系统是完全可控的，如果只能使系统的部分初始状态转移至零状态，则系统就是不完全可控的。系统的可控制性反映了系统的输入对内部状态的控制能力。

【例 10.7.1】 已知离散系统的状态方程为

$$\begin{bmatrix} q_1(n+1) \\ q_2(n+1) \end{bmatrix} = \begin{bmatrix} 1 & 0 \\ 0 & 1 \end{bmatrix} \cdot \begin{bmatrix} q_1(n) \\ q_2(n) \end{bmatrix} + \begin{bmatrix} 0 \\ 1 \end{bmatrix} \cdot \boldsymbol{x}(n)$$

初始状态 $q_1(0)$、$q_2(0)$ 均不为 0，根据定义判断系统的可控性。

解：由迭代法得

$$\begin{bmatrix} q_1(1) \\ q_2(1) \end{bmatrix} = \begin{bmatrix} q_1(0) \\ q_2(0)+x(0) \end{bmatrix}$$

$$\begin{bmatrix} q_1(2) \\ q_2(2) \end{bmatrix} = \begin{bmatrix} q_1(0) \\ q_2(0)+x(0) \end{bmatrix} + \begin{bmatrix} 0 \\ x(1) \end{bmatrix} = \begin{bmatrix} q_1(0) \\ q_2(0)+x(0)+x(1) \end{bmatrix}$$

$$\vdots$$

$$\begin{bmatrix} q_1(n) \\ q_2(n) \end{bmatrix} = \begin{bmatrix} q_1(0) \\ q_2(0)+x(0)+x(1)+\cdots+x(n-1) \end{bmatrix}$$

按照系统可控性的定义判断，状态变量 $q_2(n)$ 可以由输入 $x(n)$ 从初始状态转移至零状态，但是 $q_1(n)$ 不受输入信号的控制，因此该系统是不完全可控的。

根据系统可控性的定义来判断是否可控是比较困难的，因为它必须考虑所有的状态是否都是可控。下面介绍一种判断系统是否可控的简单方法。

对于一个 n 阶系统，将状态方程中矩阵 $\boldsymbol{A}$ 与矩阵 $\boldsymbol{B}$ 组成矩阵

$$\boldsymbol{M} = \begin{bmatrix} \boldsymbol{B} & \boldsymbol{AB} & \boldsymbol{A}^2\boldsymbol{B} \cdots \boldsymbol{A}^{n-1}\boldsymbol{B} \end{bmatrix} \tag{10.7.1}$$

$\boldsymbol{M}$ 称为系统的可控制判别矩阵。若 $\boldsymbol{M}$ 为满秩（即秩数等于系统的阶数 n），则系统即为完全可控的，否则为不完全可控的。这是判断系统是否完全可控的充要条件，具体证明过程可参阅有关现代控制理论方面的书籍。

【例 10.7.2】 给定系统的状态方程为

（1）$$\begin{bmatrix} \dfrac{\mathrm{d}q_1(t)}{\mathrm{d}t} \\ \dfrac{\mathrm{d}q_2(t)}{\mathrm{d}t} \end{bmatrix} = \begin{bmatrix} 1 & 1 \\ 0 & -1 \end{bmatrix} \begin{bmatrix} q_1(t) \\ q_2(t) \end{bmatrix} + \begin{bmatrix} 2 \\ 0 \end{bmatrix} x(t)；$$

（2）$$\begin{bmatrix} q_1(n+1) \\ q_2(n+1) \end{bmatrix} = \begin{bmatrix} 0 & 1 \\ -1 & 0 \end{bmatrix} \cdot \begin{bmatrix} q_1(n) \\ q_2(n) \end{bmatrix} + \begin{bmatrix} 1 \\ 3 \end{bmatrix} \cdot x(n)；$$

这两个系统是否都完全可控？

解：（1）$\boldsymbol{M}=[\boldsymbol{B}\ \boldsymbol{AB}]=\left(\begin{bmatrix}2\\0\end{bmatrix}\ \begin{bmatrix}1&1\\0&-1\end{bmatrix}\begin{bmatrix}2\\0\end{bmatrix}\right)=\begin{bmatrix}2&2\\0&0\end{bmatrix}$

$\boldsymbol{M}$ 的秩数不等于系统的阶数，因而系统是不完全可控的。

（2）$\boldsymbol{M}=[\boldsymbol{B}\ \boldsymbol{AB}]=\left(\begin{bmatrix}1\\2\end{bmatrix}\ \begin{bmatrix}0&1\\-1&0\end{bmatrix}\begin{bmatrix}1\\2\end{bmatrix}\right)=\begin{bmatrix}1&2\\2&-1\end{bmatrix}$

显然 $\boldsymbol{M}$ 的秩数等于系统的阶数，矩阵是满秩的，因而系统是完全可控的。

对于线性系统，可控性不仅意味着系统可以在激励信号的作用下，从任意一个初始状态回到零状态，而且意味着系统可以在激励信号的作用下，从任意一个状态转移到另一个指定的状态。这一点在控制领域极为重要。例如，在人造卫星发射过程中，必须能够根据系统的初始状态，在给定的时间内，通过实施一定的激励，将卫星的状态调整到一个指定的状态，进而完成卫星的入轨、定位等工作。这就要求系统是一个完全可控制的系统，不能存在不可控制的状态空间。

10.7.2　线性系统的可观测性

在实际应用中，由于客观条件的限制，无法直接观测到所需要的系统状态，因此人们关心能否根据观测到的结果，推算出系统的状态。系统的可观测性研究的就是这一问题。

当系统用状态方程描述时，在给定系统的输入后，若在有限的时间区间内，能根据系统的输出量唯一地确定（或识别）系统的全部初始状态，则称系统是完全可观的。如果只能确定部分起始状态，则系统不完全可观。系统的可观测性反映了从输出量能否获得系统内部全部状态的信息。

对于一个 n 阶系统，完全可观的充要条件是将状态方程和输出方程中 $\boldsymbol{A}$ 与 $\boldsymbol{C}$ 组成的矩阵

$$\boldsymbol{N}=\begin{bmatrix}\boldsymbol{C}\\\boldsymbol{CA}\\\boldsymbol{CA}^2\\\vdots\\\boldsymbol{CA}^{n-1}\end{bmatrix}\tag{10.7.2}$$

满秩。具体证明过程可参阅有关现代控制理论方面的书籍。

【例 10.7.3】　已知系统状态方程和输出方程为

（1）$\begin{bmatrix}q_1(n+1)\\q_2(n+1)\end{bmatrix}=\begin{bmatrix}0&1\\-1&0\end{bmatrix}\cdot\begin{bmatrix}q_1(n)\\q_2(n)\end{bmatrix}+\begin{bmatrix}1\\3\end{bmatrix}\cdot x(n)$；

$\boldsymbol{Y}(n)=[1\quad 0]\cdot\boldsymbol{q}(n)$；

（2）$\begin{bmatrix}\dfrac{\mathrm{d}q_1(t)}{\mathrm{d}t}\\\dfrac{\mathrm{d}q_2(t)}{\mathrm{d}t}\end{bmatrix}=\begin{bmatrix}1&1\\-2&-1\end{bmatrix}\begin{bmatrix}q_1(t)\\q_2(t)\end{bmatrix}+\begin{bmatrix}0\\1\end{bmatrix}x(t)$；

$\boldsymbol{y}(t)=[1\quad 1]\cdot\begin{bmatrix}q_1(t)\\q_2(t)\end{bmatrix}$；

判断系统是否完全可观。

解：（1）

$$N=\begin{bmatrix}C\\CA\end{bmatrix}=\begin{bmatrix}[1 \quad 0]\\ [1 \quad 0]\cdot\begin{bmatrix}0 & 1\\-1 & 0\end{bmatrix}\end{bmatrix}=\begin{bmatrix}1 & 0\\0 & 1\end{bmatrix}$$

N 是满秩的，因而系统是完全可观的。

（2）因为

$$A=\begin{bmatrix}1 & 1\\-2 & -1\end{bmatrix},\quad C=[1 \quad 1]$$

得

$$N=\begin{bmatrix}C\\CA\end{bmatrix}=\begin{bmatrix}[1 \quad 1]\\ [1 \quad 1]\cdot\begin{bmatrix}1 & 1\\-2 & -1\end{bmatrix}\end{bmatrix}=\begin{bmatrix}1 & 1\\-1 & 0\end{bmatrix}$$

N 是满秩的，所以系统是完全可观的。

一个线性系统的可控制性和可观测性也可以根据系统函数来判定。如果系统函数中没有极点、零点相消现象，那么系统一定是完全可控与完全可观测的。如果出现了极点与零点的相消，则系统就是不完全可控的或是不完全可观测的，具体情况视状态变量的选择而定。

习　题

10.1　如题 10.1 图所示电路图，输出量取 $y(t)=u_{C2}(t)$，状态变量取 C_1、C_2 的电压 $q_1(t)=u_{C1}(t)$ 和 $q_2(t)=u_{C2}(t)$，$C_1=C_2=1\text{F}$，$R_0=R_1=R_2=1\Omega$。要求写出系统的状态方程和输出方程。

10.2　已知系统框图如题 10.2 图所示。

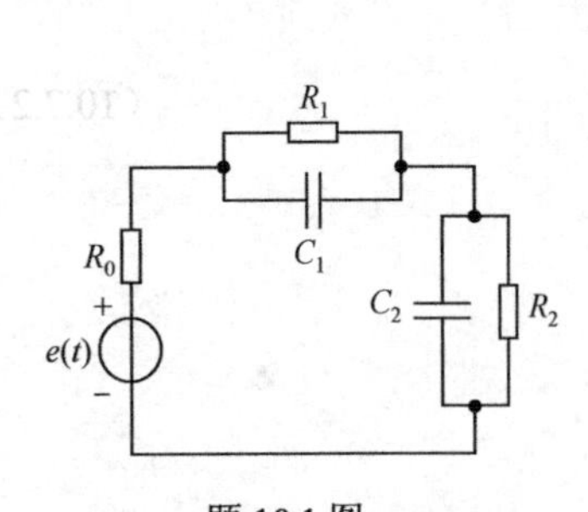

题 10.1 图

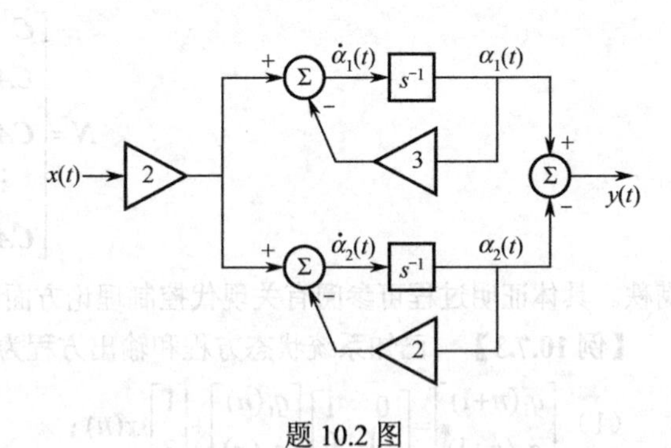

题 10.2 图

试写出其状态方程和输出方程。

10.3　已知一系统连续时间系统函数为

$$H(s)=\frac{s+4}{s^3+6s^2+11s+6}$$

用流图的串联结构形式建立状态方程和输出方程。

10.4　已知系统在零输入条件下的状态方程为

$$\frac{\mathrm{d}\boldsymbol{q}(t)}{\mathrm{d}t}=\boldsymbol{A}\boldsymbol{q}(t)$$

当 $q(0)=\begin{bmatrix}2\\1\end{bmatrix}$ 时，$\boldsymbol{q}(t)=\begin{bmatrix}2\mathrm{e}^{-t}\\ \mathrm{e}^{-t}\end{bmatrix}u(t)$；当 $q(0)=\begin{bmatrix}1\\1\end{bmatrix}$ 时，$\boldsymbol{q}(t)=\begin{bmatrix}\mathrm{e}^{-t}+2t\mathrm{e}^{-t}\\ \mathrm{e}^{-t}+t\mathrm{e}^{-t}\end{bmatrix}u(t)$。求 e^{At} 和 $\boldsymbol{A}$。

10.5　设一连续系统如题 10.5 图所示。

（1）试求该系统的状态方程；

（2）根据状态方程求系统的微分方程；

（3）系统在 $x(t)=u(t)$ 作用下，输出响应为 $y(t)=(\frac{1}{3}+\frac{1}{2}e^{-t}-\frac{5}{6}e^{-3t})u(t)$，求系统的初始状态。

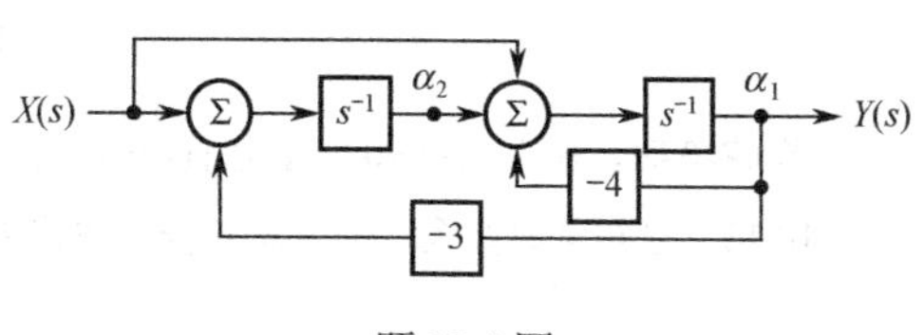

题 10.5 图

10.6　已知系统的状态方程与输出方程为

$$\frac{\mathrm{d}\boldsymbol{q}(t)}{\mathrm{d}t}=\boldsymbol{Aq}(t)+\boldsymbol{Bx}(t)$$

$$\boldsymbol{y}(t)=\boldsymbol{Cq}(t)+\boldsymbol{Dx}(t)$$

式中，$\boldsymbol{A}=\begin{bmatrix}-12 & \frac{2}{3}\\ -36 & -1\end{bmatrix}$，$\boldsymbol{B}=\begin{bmatrix}\frac{1}{3}\\ 1\end{bmatrix}$，$\boldsymbol{C}=\begin{bmatrix}3 & 1\end{bmatrix}$，$\boldsymbol{D}=0$，$\begin{bmatrix}x_1(0\_)\\ x_2(0\_)\end{bmatrix}=\begin{bmatrix}2\\ 1\end{bmatrix}$。输入激励为单位阶跃函数，求系统的零输入响应、零状态响应和全响应。

10.7　已知某连续系统状态方程和输出方程中的各矩阵分别为

$$\boldsymbol{A}=\begin{bmatrix}1 & 2\\ 0 & -1\end{bmatrix}，\boldsymbol{B}=\begin{bmatrix}0 & 1\\ 1 & 0\end{bmatrix}，\boldsymbol{C}=\begin{bmatrix}1 & 1\\ 0 & -1\end{bmatrix}，\boldsymbol{D}=\begin{bmatrix}1 & 0\\ 1 & 0\end{bmatrix}$$

起始状态和输入信号分别为 $\begin{bmatrix}q_1(0\_)\\ q_2(0\_)\end{bmatrix}=\begin{bmatrix}1\\ 0\end{bmatrix}$ 和 $\begin{bmatrix}x_1(t)\\ x_2(t)\end{bmatrix}=\begin{bmatrix}u(t)\\ \delta(t)\end{bmatrix}$，求系统的输出响应。

10.8　已知系统的微分方程为

$$y'''(t)+4y''(t)+5y'(t)+6y(t)=4x(t)$$

$$y''(0_-)=y'(0_-)=y(0_-)=0，\quad x(t)=\delta(t)$$

求系统函数和输出响应。

10.9　描述二阶连续系统的动态方程为

$$\frac{\mathrm{d}\boldsymbol{q}(t)}{\mathrm{d}t}=\begin{bmatrix}0 & -2\\ 1 & -2\end{bmatrix}\boldsymbol{q}(t)+\begin{bmatrix}1\\ 0\end{bmatrix}\boldsymbol{x}(t)$$

$$\boldsymbol{y}(t)=\begin{bmatrix}1 & 1\end{bmatrix}\boldsymbol{q}(t)$$

求描述该系统输入/输出的微分方程。

10.10　已知某离散系统状态方程和输出方程中的各矩阵分别为

$$\boldsymbol{A}=\begin{bmatrix}0 & 1\\ -2 & 3\end{bmatrix}，\boldsymbol{B}=\begin{bmatrix}0\\ 1\end{bmatrix}，\boldsymbol{C}=\begin{bmatrix}2 & 1\end{bmatrix}，\boldsymbol{D}=0$$

初始状态和输入信号分别为 $\begin{bmatrix}q_1(0_-)\\ q_2(0_-)\end{bmatrix}=\begin{bmatrix}1\\ 1\end{bmatrix}$ 和 $x(n)=\delta(n)$，求系统状态方程和输出方程的解。

10.11　已知某离散系统状态方程和输出方程中的各矩阵分别为

$$\boldsymbol{A}=\begin{bmatrix}\frac{1}{2} & 0\\ \frac{1}{4} & \frac{1}{4}\end{bmatrix}，\boldsymbol{B}=\begin{bmatrix}1\\ 0\end{bmatrix}，\boldsymbol{C}=\begin{bmatrix}1 & 1\\ 0 & -1\end{bmatrix}，\boldsymbol{D}=\begin{bmatrix}0\\ 0\end{bmatrix}$$

初始状态和输入信号分别为 $\begin{bmatrix}x_1(0_-)\\ x_2(0_-)\end{bmatrix}=\begin{bmatrix}1\\ 2\end{bmatrix}$ 和 $x(n)=u(n)$，求系统状态方程的解、零输入响应和零状态响应。

10.12　已知一离散系统的状态方程和输出方程分别为

$$\begin{bmatrix}q_1(n+1)\\ q_2(n+1)\end{bmatrix}=\begin{bmatrix}0 & 1\\ a & b\end{bmatrix}\begin{bmatrix}q_1(n)\\ q_2(n)\end{bmatrix}$$

$$y(n)=[3 \quad 1]\cdot\begin{bmatrix}q_1(n)\\q_2(n)\end{bmatrix}$$

当 $n\geqslant 0$ 时，输入 $x(n)=0$，输出 $y(n)=(-1)^n u(n)+3\times 3^n u(n)$。求：（1）系数 a 和 b 的值；（2）状态方程解。

10.13 已知某离散系统的状态方程与输出方程分别为

$$\begin{bmatrix}q_1(n+1)\\q_2(n+1)\end{bmatrix}=\begin{bmatrix}\frac{1}{2} & \frac{1}{4}\\1 & \frac{1}{2}\end{bmatrix}\cdot\begin{bmatrix}q_1(n)\\q_2(n)\end{bmatrix}+\begin{bmatrix}1\\0\end{bmatrix}x(n)$$

$$\begin{bmatrix}y_1(n)\\y_2(n)\end{bmatrix}=\begin{bmatrix}1 & 0\\0 & 1\end{bmatrix}\cdot\begin{bmatrix}q_1(n)\\q_2(n)\end{bmatrix}+\begin{bmatrix}1\\1\end{bmatrix}x(n)$$

初始状态 $\begin{bmatrix}q_1(0_-)\\q_2(0_-)\end{bmatrix}=\begin{bmatrix}1\\1\end{bmatrix}$，激励 $x(n)=u(n)$。试求其状态转移矩阵、状态方程和输出方程的解。

10.14 已知连续系统的状态方程为

$$\frac{\mathrm{d}\boldsymbol{q}(t)}{\mathrm{d}t}=\begin{bmatrix}1 & 0\\-1 & 2\end{bmatrix}\cdot\boldsymbol{q}(t)+\begin{bmatrix}1\\0\end{bmatrix}\cdot\boldsymbol{x}(t)$$

输出方程为 $\boldsymbol{y}(t)=[0 \quad 1]\boldsymbol{q}(t)$。根据定义判断系统的可控制性与可观测性。

10.15 已知系统的状态方程为

$$\frac{\mathrm{d}\boldsymbol{q}(t)}{\mathrm{d}t}=\begin{bmatrix}-2 & 2 & 1\\0 & -2 & 0\\1 & -4 & 0\end{bmatrix}\cdot\boldsymbol{q}(t)+\begin{bmatrix}0\\0\\1\end{bmatrix}\cdot\boldsymbol{x}(t)$$

输出方程为 $\boldsymbol{y}(t)=[1 \quad 0 \quad 0]\boldsymbol{q}(t)$。（1）判断系统的可控制性与可观测性；（2）求系统的系统函数 $\boldsymbol{H}(s)$。

参 考 文 献

[1] 王明泉．信号与系统．北京：科学出版社，2008.

[2] 路宏年，郑兆瑞．信号与测试系统．北京：国防工业出版社，1988.

[3] 陈后金，胡健，薛健．信号与系统（第 2 版）．北京：清华大学出版社，北京交通大学出版社，2003.

[4] 乐正友．信号与系统．北京：清华大学出版社，2004.

[5] 吴湘淇．信号与系统（第 3 版）．北京：电子工业出版社，2009.

[6] B.P. 拉兹著．刘树棠，王薇洁译．线性系统与信号（第 2 版）．西安：西安交通大学出版社，2006.

[7] 于素琴．信号与系统分析基础．北京：北京邮电大学出版社，1997.

[8] M. J. Roberts，Signals and Systems: Analysis Using Transform Methods & MATLAB．McGraw Hill Higher Education，2011.

[9] 管致中，夏恭烙．信号与线性系统（第 5 版）．北京：高等教育出版社，2011.

[10] 熊庆旭，刘锋，常青．信号与系统．北京：高等教育出版社，2011.

[11] Alan V.Oppenheim，Alan S.Willsky，S.Hamid Nawab．刘树棠译．信号与系统（第二版）．北京：电子工业出版社，2012.

[12] 吴大正，杨林耀，张永瑞．信号与线性系统分析(第 4 版)．北京：高等教育出版社，2005.

[13] 郑君里，杨为理，应启衍．信号与系统（第 3 版）上册．北京：高等教育出版社，2011.

[14] 郑君里，杨为理，应启衍．信号与系统（第 3 版）下册．北京：高等教育出版社，2011.

[15] 杨晓非，何丰．信号与系统．北京：科学出版社，2008.

[16] 燕庆明．信号与系统教程（第 2 版）．北京：高等教育出版社，2007.

[17] 胡健，薛健，陈后金．信号与系统学习指导及题解．北京：高等教育出版社，2008.

[18] 胡广书．数字信号处理导论（第 2 版）．北京：清华大学出版社，2013.

[19] 余成波，陶红艳．信号与系统（第二版）．北京：清华大学出版社，2007.

[20] 张华清，许信玉，赵志军．信号与系统分析．北京：机械工业出版社，2007.

[21] Vinay K. Ingle，John G. Proakis，Digital Signal Processing Using MATLAB（Third edtion）．Cengage Learning，2012.

[22] 陈生潭，郭宝龙，李学武等．信号与系统（第二版）．西安：西安电子科技大学出版社，2001.

[23] Charles L. Phillips，John Parr，Eve Riskin，Signals, Systems, and Transforms (4th Edition)．Prentice Hall，2007.

[24] 乐正友．信号与系统例题分析．北京：清华大学出版社，2008.

[25] 王里生，罗永光．信号与系统分析．长沙：国防科技大学出版社，1989.

[26] Zoran Gajic，Linear Dynamic Systems and Signals．Prentice Hall，2003.

[27] 王明泉，王浩全．信息类系列课程教学改革与实践．中北大学学报（社会科学版)，2006，22（3)，76~78.

[28] 王明泉，桂志国，王浩全等．《信号与系统》精品课程的建设与实践．2009 年全国高等学校电子信息科学与工程类专业教学协作会议论文集，2009.

[29] 陈屏．状态变量法及其应用．北京：电子工业出版社，1983.

[30] 郝利华，王明泉，桂志国．信号与系统教材的立体化建设．安徽工业大学学报（社会科学版)，2009，

26（5），109~110.

［31］王明泉，韩焱，宋树争. 工业 X-射线图像退化与恢复方法，应用基础与工程科学学报，2001，Vol.9，No.4：366~372 .

［32］WANG Mingquan，The application and research of high-frequency ultrasonic reflection technique used in the measurement of small diameter's tube cavity size. Measurement，2012.9，SCI 收录.

［33］WANG Mingquan，Application of an improved watershed algorithm in welding image segmentation. Russian Journal of Nondestructive Testing，2011.5，SCI 收录.

［34］WANG Mingquan，Study of mutual information multimodality medical image registration based on modified simplex optimization method. Optik，2013.11，SCI 收录.

［35］WANG Mingquan，Test and analysis on the abnormal noise of the ultrasonic detection device. AIP Advances，2014.3，EI 收录.

［36］WANG Mingquan，An improved ray casting algorithm based on 2D maximum entropy threshold segmentation. Journal of Convergence Information Technology，2012.12，EI 收录.